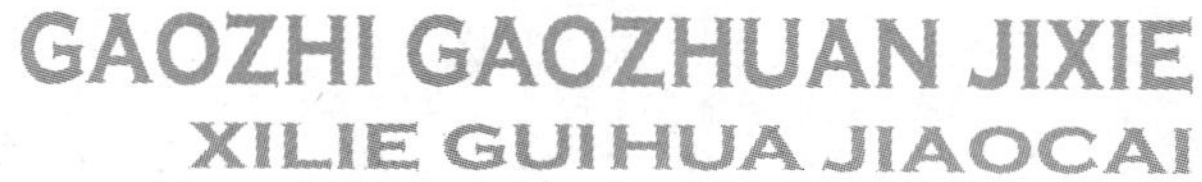

高职高专机械系列规划教材

JIXIE

工程制图基础

gongcheng zhitu jichu

◎主　编　史富强　魏凡杰
◎副主编　王维华

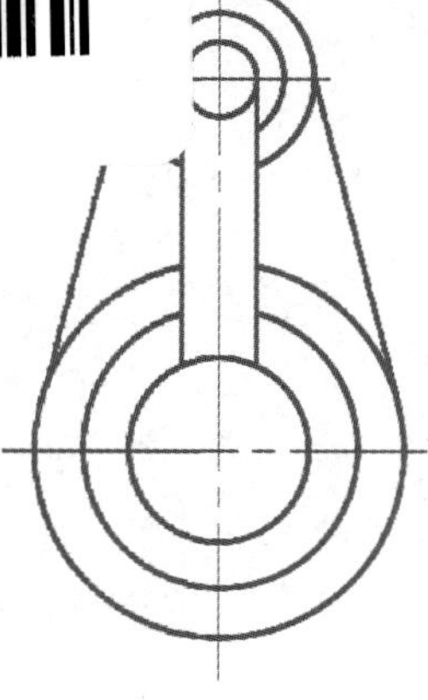

重庆大学出版社

内容提要

本书是根据教育部制定的《高职高专制图课程教学基本要求》,考虑高职高专教育的特点,按照项目化、任务驱动的教学思路,并结合编者多年来从事工程制图教学、教改经验编写而成。本书的特点是:基础理论以应用为目的,以"必需、够用"为度,突出看图能力的培养;以看图为主,强化徒手画图训练;无论是正文还是插图,都按国家新标准进行编写、绘制,充分体现了教材的先进性;突出了职业教育特色,在计算机绘图部分,编写了目前流行和实用的 AutoCAD 2016 的内容,既可使学生掌握计算机绘图的基本技能,又能提高学生的职业能力。

本书按 70 ~ 90 学时编写,全书共分为 16 个项目,主要内容包括制图的基本知识和技能、正投影法和三视图、组合体、机件的表达方法、零件图、标准件和常用零件以及装配图和 AutoCAD 绘图。书中绘图规范、图例多、直观性强,便于学生理解、查阅。全书采用了最新颁布的《工程制图》国家标准,并参照其他相关行业颁布的新标准。本书还有配套的习题集,适合作为高职高专各专业通用教材,也可供其他专业及成人教育使用或参考。

图书在版编目(CIP)数据

工程制图基础 / 史富强, 魏凡杰主编. -- 重庆 : 重庆大学出版社, 2017.7
高职高专机械系列教材
ISBN 978-7-5689-0607-4

Ⅰ. ①工… Ⅱ. ①史… ②魏… Ⅲ. ①工程制图—高等职业教育—教材 Ⅳ. ①TB23

中国版本图书馆CIP数据核字(2017)第145555号

工程制图基础
主　编　史富强　魏凡杰
副主编　王维华
策划编辑:周　立
责任编辑:李定群　姜　凤　　版式设计:周　立
责任校对:谢　芳　　责任印制:赵　晟
*
重庆大学出版社出版发行
出版人:易树平
社址:重庆市沙坪坝区大学城西路 21 号
邮编:401331
电话:(023)88617190　88617185(中小学)
传真:(023)88617186　88617166
网址:http://www.cqup.com.cn
邮箱:fxk@cqup.com.cn(营销中心)
全国新华书店经销
重庆长虹印务有限公司印刷
*
开本:787mm×1092mm　1/16　印张:24.75　字数:596 千　插页:8 开 3 页
2017 年 7 月第 1 版　2017 年 7 月第 1 次印刷
印数:1—2 000
ISBN 978-7-5689-0607-4　定价:45.00 元

前 言 Preface

本书是根据教育部制定的《高职高专制图课程教学基本要求》编写的,并编有配套的习题集。在编写过程中,考虑高职高专教育的特点,按照项目化、任务驱动的教学思路,并结合作者多年教学经验,在精选内容的基础上对课程教学体系进行了大胆的改革与重组。

本书的主要特点如下:

1. 淡化基础理论教学。删减了部分理论性过强(如画法几何部分)的内容,使基础理论以"必需、够用"为度。

2. 突出画图、读图能力的培养。在绘图技能方面,仪器、徒手、计算机绘图3种方法同步进行,并贯穿在每个章节中,互相渗透,紧密结合;在读图方面,增加了大量恰当的图例和习题,强化了从空间到平面的转化和理解。

3. 采用最新的制图国家标准。凡定稿前收集到的新国家标准,均在书中予以体现。

4. 适用性强。本书适用于高等职业技术学院、高等工程专科学校以及成人高等院校机械类各专业的制图教学,也可供其他相关专业和工程技术人员使用或参考。

5. 适应计算机技术的发展,并按照目前高等职业教育工程制图和对计算机制图的新要求,强化了AutoCAD制图的内容。

参加本书编写的有:陕西交通职业技术学院史富强,编写项目6—项目14,重庆电子工程职业学院魏凡杰编写项目15、项目16及附录内容,陕西交通职业技术学院王维华编写项目1—项目5,全书由史富强统稿。

限于作者水平,书中难免有不足之处,欢迎读者朋友们提出宝贵意见。

编 者

2017年1月

目 录 Contents

绪 论

(1)图样及其在生产中的作用

根据投影原理、制图标准或有关规定,表示工程对象并有必要技术说明的图,称为图样。

图样与文字、语言一样,是人类表达和交流思想的重要工具。在现代生产中,无论是机械设备的设计、制造、安装,还是房屋的建造,都要根据图样进行。图样被喻为工程界的共同语言,所有工程技术人员都必须学习和掌握这种语言。

《工程制图基础》就是研究工程图样的绘制(画图)和识读(看图)规律与方法的一门学科,也是理工科高职高专院校一门必修的技术基础课。它是培养学生的空间思维能力和绘图技能的必要基础,又是学习后续课程和完成课程设计、毕业设计不可缺少的基础。

本课程的主要内容包括机械图样的图示原理、绘图方法、读图方法及相关标准,并介绍了计算机绘图的基本操作方法。

(2)本课程的主要任务

本课程的主要任务是培养学生具有画图和看图的能力:

①掌握正投影的基本原理及其应用,培养学生的空间想象和思维能力。

②培养学生具有绘制和识读机械图样的基本能力。

③学习制图国家标准及其他有关规定,初步具有查阅标准和技术资料的能力。

④使学生能够正确、熟练地使用常用的绘图工具,具有一定的徒手画图能力。

⑤掌握计算机 AutoCAD 绘图的基本知识和技能。

⑥培养认真负责的工作态度和一丝不苟的工作作风。

(3)本课程的注意事项

本课程是一门既有理论又注重实践的课程,学习时应注意以下几点:

①在听课和复习过程中,要重点掌握正投影法的基本理论和基本方法,学习时不能死记硬背。通过循序渐进的练习,不断地提高空间思维能力和表达能力。

②本课程的特点是实践性较强。只有通过大量的实践,完成一系列的练习和作业才能掌握主要内容,才能不断提高画图与看图的能力。因此,及时完成规定的练习和作业,是学好本课程的重要环节。每次作业前,必须详细阅读作业指导书,做到动手前心中有数,以便提高完成作业的速度和质量。

③在学习过程中,应正确掌握绘图仪器和工具的使用方法,并加强计算机 AutoCAD 绘图的技能训练,不断提高绘图技能。

④要重视学习和严格遵守制图国家标准,牢固掌握常用的标准并能熟练地运用。学会查阅标准的方法,培养应用标准的意识。

⑤在学习使用计算机绘图时要注意工程制图的基本规定,并始终贯彻《国家标准》的有关规定。

项目 1　制图的基本知识和技能

【项目描述】

技术图样是产品设计、制造、安装、检测等过程中的重要技术资料，是科学技术交流的重要工具。为了便于生产、管理和交流，必须对图样的画法、尺寸注法等方面作出统一的规定。《技术制图》和《机械制图》国家标准是工程界重要的技术基础标准，是绘制和阅读机械图样的准则和依据。需要注意的是，《机械制图》标准适于机械图样，《技术图样》标准则普遍适用于工程界各种专业技术图样。

国家标准，简称“国标”，代号为“GB”。例如 GB /T 14689—1993，其中 GB 为“国家”“标准”两词的汉语拼音第一个字母，T 表示该标准为推荐性国家标准（推荐性标准是必须执行的标准），14689 为该标准的编号，1993 表示该标准是 1993 年颁布的。

本项目将重点介绍技术制图和机械制图国家标准中的一般规定、常见几何作图的方法和基本技能，为今后的学习打下必要的基础。

【学习目标】

通过本项目的学习，要求掌握以下基本知识：

1. 掌握技术制图和机械制图国家标准中的一般规定。
2. 了解平面图形中尺寸类型。
3. 掌握常见的几何作图方法。
4. 掌握平面图形的作图方法和步骤。

【技能目标】

1. 能熟悉国家标准中有关图纸幅面、比例、字体、图线以及尺寸标注的相关规定。
2. 能够按照规定绘制图线、图框、标题栏，并能进行简单的尺寸标注。
3. 能分析识读并绘制常见的几何图形。

任务 1　国家标准《技术制图》与《机械制图》的有关规定

【任务描述】

通过对国家标准《技术制图》与《机械制图》相关规定的学习，使学生能够熟悉并掌握机械制图国家标准中有关图纸幅面及格式、比例、字体、图线以及尺寸标注的相关规定，树立标准化意识，并能将其应用于绘图的过程中。

【任务要求】

1. 熟悉国家标准中有关图纸幅面、比例、字体、图线以及尺寸标注的相关规定。
2. 能够按照规定绘制图线、图框、标题栏，并能进行简单的尺寸标注。
3. 掌握尺寸标准的基本原则、尺寸要素和常用的尺寸标注方法。

【知识准备】

(1)图纸幅面及格式(GB/T 14689—1993)

1)图纸幅面

图纸幅面指的是图纸宽度与长度组成的图面。

绘制机械图样时应优先采用国家标准所规定的(见表1.1)代号为A0、A1、A2、A3、A4的5种基本幅面，绘图时图纸可以横放或竖放。

由表1.1可知，A0的幅面为最大，宽(B)∶长(L)=841∶1 189=1∶$\sqrt{2}$，面积约为1 m^2；A1幅面为A0的一半(以长边对折裁开)；其余都是后一代号是前一代号幅面的一半。绘制机械图样时应优先选择基本幅面，必要时，允许加长幅面，但加长量必须符合GB/T 14689—1993中的规定，如图1.1所示，粗实线为基本幅面，细实线为第二选择加长幅面，虚线为第三加长选择。

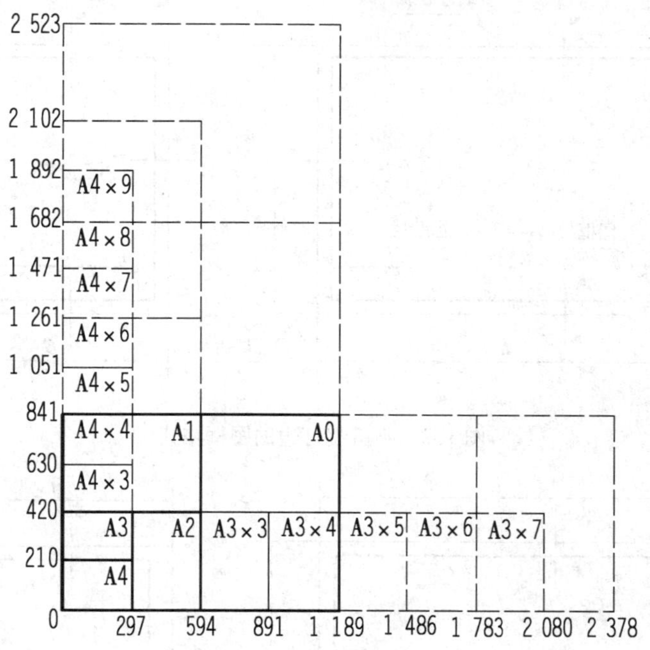

图1.1　基本幅面的尺寸关系

表1.1　图纸幅面

幅面代号	A0	A1	A2	A3	A4
$B \times L$	841×1 189	594×841	420×594	297×420	210×297
a	25				

续表

幅面代号	A0	A1	A2	A3	A4
c		10		5	
e		20		10	

2)图框格式

在图纸上必须用粗实线画出图框,其格式分为不留装订边和留装订边两种,但应注意,同一种产品的图样只能采用一种格式。优先采用不留装订边的格式,其图框格式如图 1.2 所示;留有装订边的图纸,其图框格式如图 1.3 所示;基本幅面的图框及留边宽度 a、e、c 等尺寸,按表 1.1 的规定。

3)标题栏及方位

在机械图样上必须画出标题栏,标题栏的位置应位于图纸的右下角,标题栏中文字的方向为看图的方向,如图 1.2、图 1.3 所示。标题栏的内容、尺寸和格式,应严格执行国家标准 GB/T 10609.1—1989 中的规定。在制图作业中,为了简化作图,建议采用如图 1.4 所示的简化标题栏。

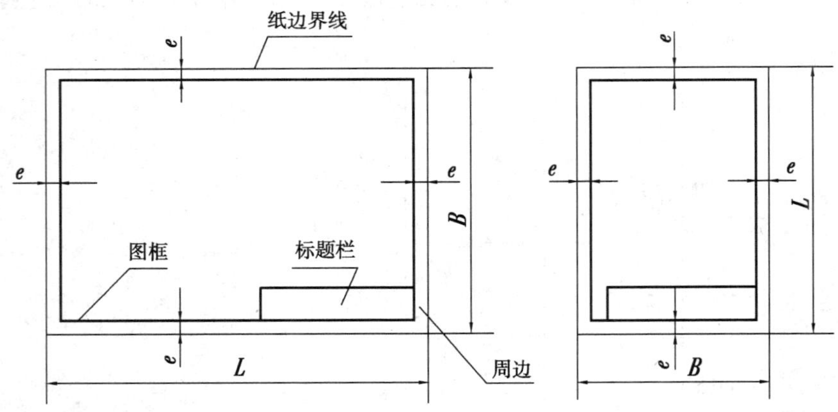

图 1.2　不留装订边的图框格式

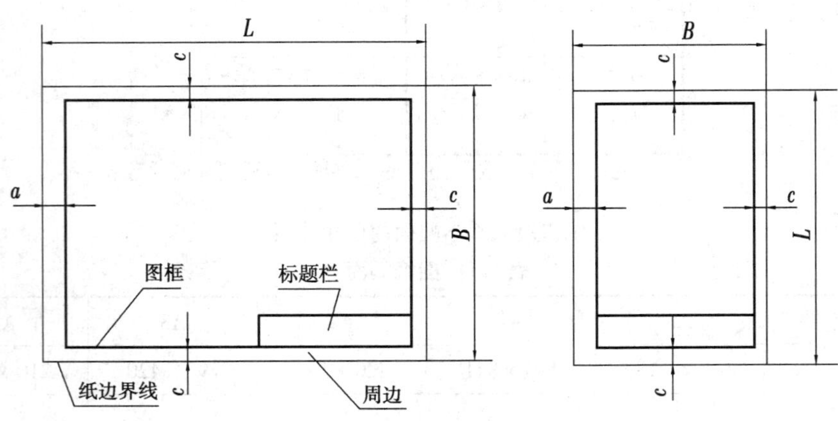

图 1.3　留有装订边的图框格式

<table>
<tr><td colspan="4" rowspan="2">××院（校）××系××班</td><td>比 例</td><td>材料</td><td></td></tr>
<tr><td></td><td>数量</td><td></td></tr>
<tr><td>制图</td><td>（姓名）</td><td>（学号）</td><td colspan="2" rowspan="3">（图名或作业名称）</td><td colspan="2" rowspan="2">（作业编号）</td></tr>
<tr><td>设计</td><td></td><td></td></tr>
<tr><td>审核</td><td></td><td></td><td colspan="2">共 张第 张</td></tr>
<tr><td>12</td><td>28</td><td>15</td><td>30</td><td>15</td><td>10</td><td>(20)</td></tr>
<tr><td colspan="7">130</td></tr>
</table>

7 7 7 7 (7) 35

图1.4 简化标题栏的格式

4)对中符号

为了使图样复制和缩微摄影时定位方便，在图纸各边的中心应分别画出对中符号。对中符号用粗实线绘制，线宽不小于0.5 mm。长度从纸边界开始至伸入图框内约5 mm。当对中符号处在标题栏范围内时，则伸入标题栏部分省略不画，如图1.5所示。对中符号位置误差应不大于0.5 mm。

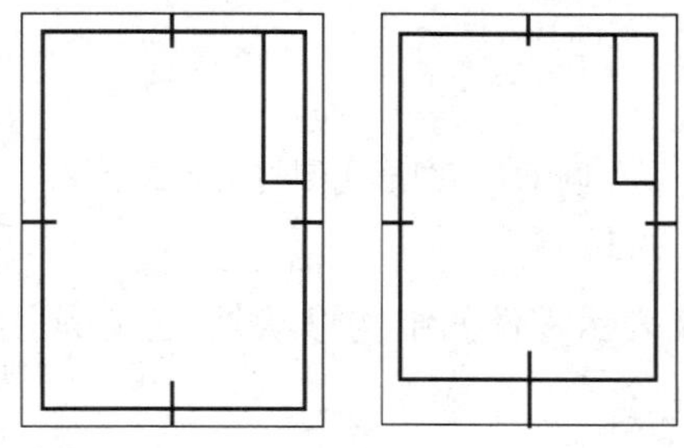

图1.5 对中符号

(2)比例(GB/T 14690—1993)

图中图形与其实物相应要素线性尺寸之比，称为图形的比例。

为了从图样上直接反映出实物的大小，绘图时应尽量采用原值比例，即1:1的比例。因各种实物的大小与结构千差万别，绘图时，应根据实际需要选取放大比例或缩小比例。需要按比例绘制图样时，应从GB/T 14690—1993规定的系列中选取适当的比例，尽可能在“优先选择系列”中选择；必要时可选用“允许选择系列”。国家标准规定的比例系列见表1.2。

表1.2 国家标准规定的比例系列

种 类	定 义	优先选择系列	允许选择系列
原值比例	比值为1的比例	1:1	—
放大比例	比值大于1的比例	5:1 2:1 5×10^n:1 2×10^n:1 1×10^n:1	4:1 2.5:1 4×10^n:1 2.5×10^n:1
缩小比例	比值小于1的比例	1:2 1:5 1:10 1:1.2×10^n 1:5×10^n 1:1×10^n	1:1.5 1:2.5 1:3 1:4 1:6 1:1.5×10^n 1:2.5×10^n 1:3×10^n 1:4×10^n 1:6×10^n

比例一般应在标题栏中的“比例”一栏内填写。

图样中所标注的尺寸数字必须是实物的实际大小，与绘制图形所采用的比例无关，如图1.6所示。

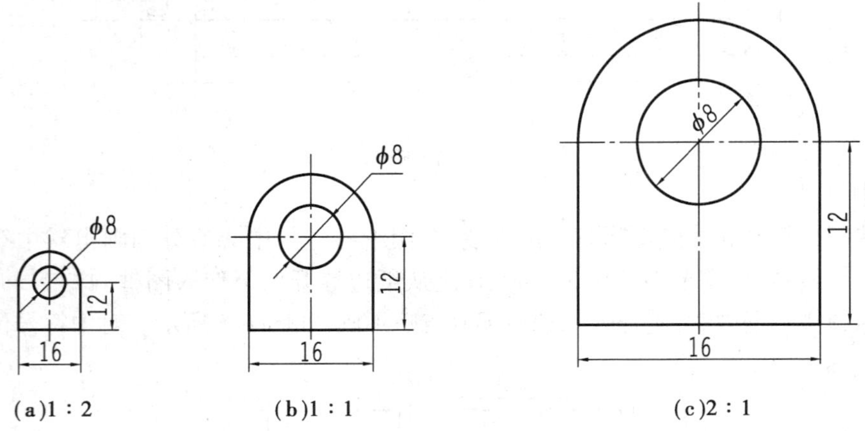

(a)1∶2　　(b)1∶1　　(c)2∶1

图1.6　图形比例与尺寸数字

(3)字体(GB/T 14691—1993)

在图样上除了要用图形来表示零件的结构形状外，还必须用数字及文字来说明它的大小和技术要求等其他内容。

1)基本规定

①在图样和技术文件中书写的汉字、数字、字母都必须做到字体端正、笔画清楚、排列整齐、间隔均匀。

②字体高度 h 的公称尺寸系列为：1.8、2.5、3.5、5、7、10、14、20 mm。需要采用书写更大的字，其字体高度应按 $\sqrt{2}$ 的比率递增。

字体高度代表字体的号数。

③汉字应写成长仿宋体字，并应采用国家正式公布的简化字。汉字的高度 h 应不小于3.5 mm，其宽度一般为 $h/\sqrt{2}$。

书写长仿宋体汉字的要领是：横平竖直、注意起落、结构匀称、填满方格。

④字母和数字分A型和B型。A型字体的笔画宽度 d 为字高 h 的1/14；B型字体的笔画宽度 d 为字高(h)的1/10。在同一张图样中，只允许选用一种形式的字体。

⑤字母和数字可写成斜体和正体。斜体字字头向右倾斜，与水平基准线成75°。

2)字体示例

汉字、字母和数字书写示例，见表1.3。

表1.3　汉字、字母和数字书写示例

字体		示例
长仿宋体汉字	10号	学好制图课,培养和发展空间想象能力
	7号	长仿宋体字书写要领:横平竖直 注意起落 结构均匀 填满方格
	5号	徒手绘图、尺规绘图和计算机绘图都是工程技术人员必须具备的绘图技能
	3.5	图样是设计、制造和技术交流的重要技术文件,是工程技术人员表达设计意图和交流技术思想的语言和工具
拉丁字母	大写斜体	*ABCDEFGHIJKLMNOPQRSTUVWXYZ*
	小写斜体	*abcdefghijklmnopqrstuvwxyz*
阿拉伯数字	斜体	*0123456789*
	正体	0123456789
罗马数字	斜体	*Ⅰ Ⅱ Ⅲ Ⅳ Ⅴ Ⅵ Ⅶ Ⅷ Ⅸ Ⅹ*
	正体	Ⅰ Ⅱ Ⅲ Ⅳ Ⅴ Ⅵ Ⅶ Ⅷ Ⅸ Ⅹ
字体的应用示例		$\phi 20^{+0.010}_{-0.023}$ $7^{\circ}{}^{+1^{\circ}}_{-2^{\circ}}$ $\frac{3}{5}$ 10Js5(±0.003) M24-6h 10^{3} $\phi 25\frac{H6}{m5}$ $\frac{Ⅱ}{2:1}$ 6.3/▽ R8 5% ▽3.50 l/mm m/kg 460r/min 220V 380kPa S^{-1} D_1 T_d

(4) **图线**(GB/T 17450—1998)

图线是指起点和终点间以任意方式连接的一种几何图形,形状可以是直线(或曲线)、连续线和不连续线。

图线是组成图形的基本要素,由点、短间隔、画、长画、间隔等线素构成。

1)线型及图线尺寸

所有线型的图线宽度为 d,应按图样的类型和尺寸大小在下列公比为 $1:\sqrt{2}$($\approx 1:1.4$)的数系中选择:0.18、0.25、0.35、0.5、0.7、1、1.4、2 mm。在同一种图样中,同类图线的宽度应一致。

2)图线的应用

机械图样中粗、细线的比例关系为2∶1。常用的线型、图线宽度及应用见表1.4,应用示例如图1.7所示。

表1.4　图线

序号	线型		名称	图线宽度	在图上的一般应用
01	实线	 d	粗实线	d	①可见轮廓线 ②可见过渡线
			细实线	约 $d/2$	①尺寸线及尺寸界线 ②剖面线、重合断面的轮廓线 ③螺纹的牙底线及齿轮的齿根线 ④引出线、分界线及范围线
			波浪线	约 $d/2$	①断裂处的边界线 ②视图和剖视的分界线
		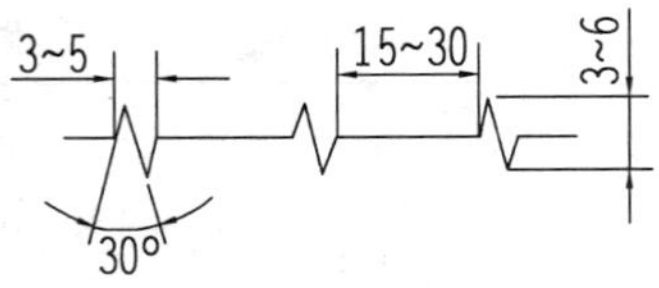 3~5　15~30　3~6　30°	双折线	约 $d/2$	①断裂处的边界线 ②局部剖视图中视图与剖视的分界线
02	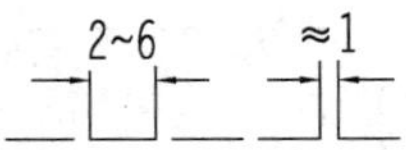 2~6　≈1		虚线	约 $d/2$	①不可见轮廓线 ②不可见过渡线
04	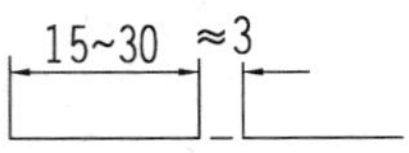 15~30　≈3		细点画线	约 $d/2$	①轴线 ②对称线和中心线 ③齿轮的节圆和节线
			粗点画线	d	有特殊要求的表面表示线
05	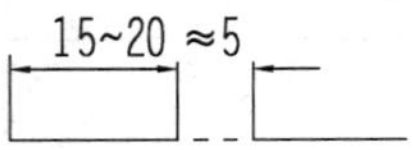 15~20　≈5		双点画线	约 $d/2$	①相邻辅助零件的轮廓线 ②极限位置的轮廓线 ③假想投影轮廓线 ④中断线

3)尺规绘图时图线的画法

①图线与图线平行、相交时的画法。图线与图线平行、相交时的画法见表1.5。

②基本线型重合,绘制的优先顺序。当有两种或更多种的图线重合时,通常应按图线所表达对象的重要程度,优先选择绘制顺序:可见轮廓线→不可见轮廓线→尺寸线→各种用途的细实线→轴线和对称线(中心线)→假想线。

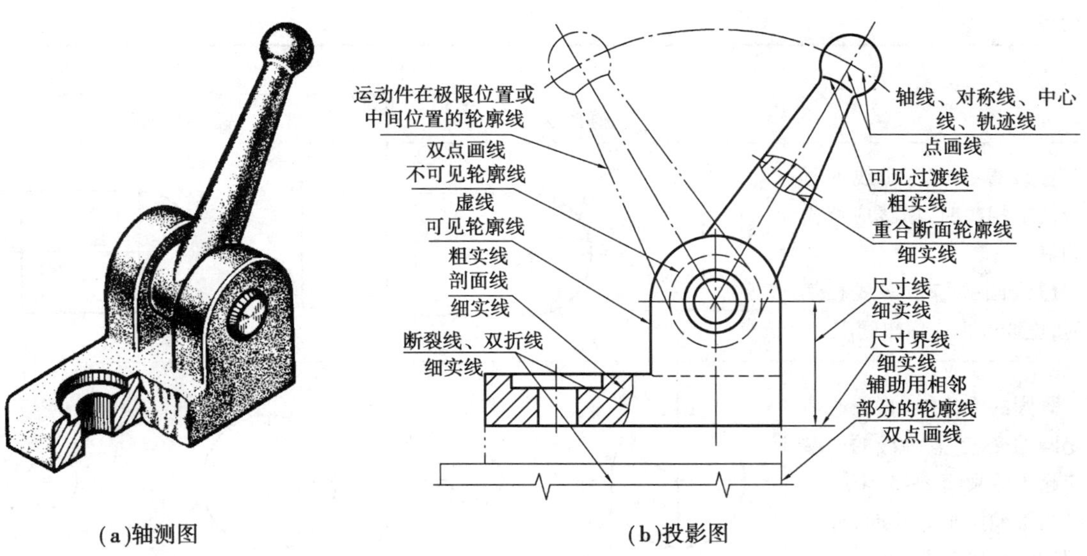

(a)轴测图　　(b)投影图

图 1.7　图线的应用举例

表 1.5　图线的画法

要　求	图　例	
	正确画法	错误画法
为保证图样的清晰度，两条平行线之间的最小间隙不得小于 0.7 mm	≥0.7	<0.7
点画线、双点画线的首末两端应是画线，而不应是点		
各种线型相交时，都应以画线相交，而不应该是点或间隔		
各种线型应恰当地相交于画线处： ——图线起始于相交处； ——画线形成完全的相交； ——画线形成部分的相交		

续表

要　求	图　例	
	正确画法	错误画法
虚线直线在粗实线的延长线上相接时，虚线应留出间隔 虚线圆弧与粗实线相切时，虚线圆弧应留出间隔	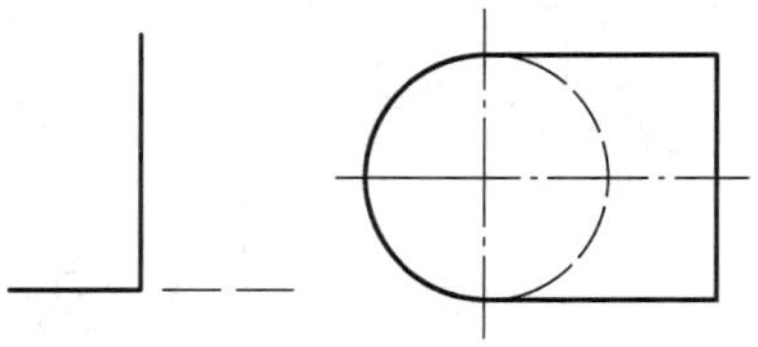	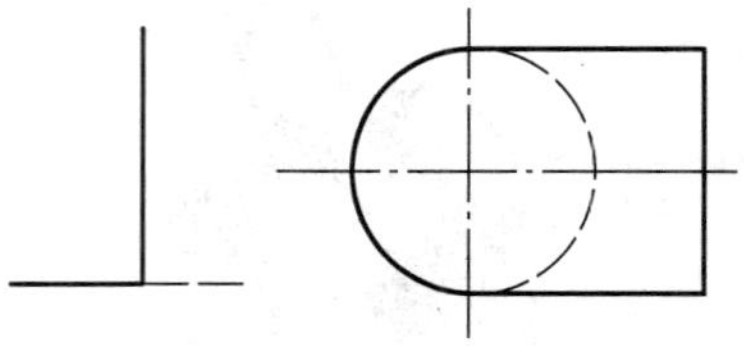
画圆的中心线时，圆心应是画的交点，点画线的两端应超出轮廓线 2 ~ 5 mm 当圆的图形较小时，允许用细实线代替点画线	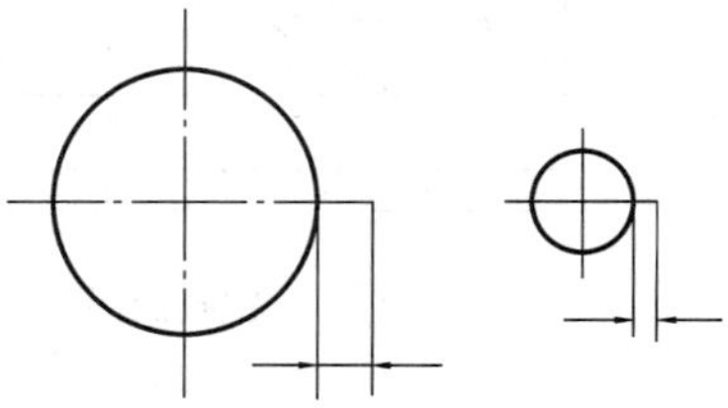	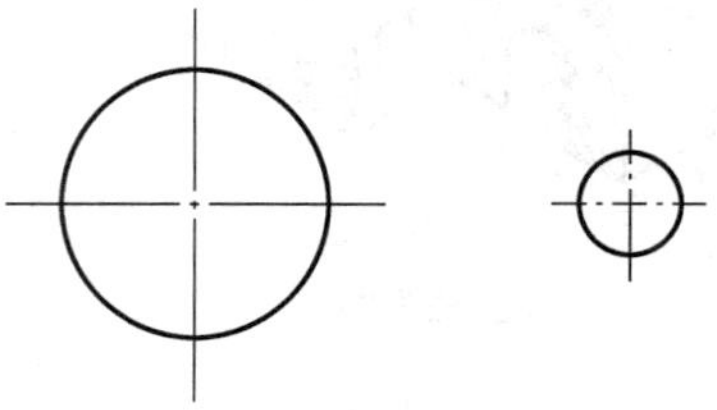

(5)尺寸注法(GB 4458.4—1984 **和** GB/T 16675.2—1996)

在机械图样中，图形只能表达机件的结构形状，若要表达它的大小，则必须在图形上标注尺寸。尺寸是加工制造机件的主要依据，也是图样中指令性最强的部分。如果尺寸注法错误、不完整或不合理，将给生产带来困难，甚至生产出废品而造成经济损失。

1)标注尺寸的基本规则

①机件的真实大小应以图样上所标注的尺寸数值为依据，与图形的大小及绘图的准确度无关。图样中所标注的尺寸，为该图样所示机件的最后完工尺寸，否则应另加说明。

②在机械图样(包括技术要求和其他说明)中的直线尺寸，规定以毫米为单位，不需标注计量单位的代号或名称。如采取其他单位，如英寸、米等，则必须标明相应的计量单位的代号或名称。

③机件的每一个尺寸，一般只标注一次，并应标注在反映该结构最清晰的图形上。

④在保证不致引起误解和不会产生理解多意的前提下，可简化标注，力求制图简便。标注尺寸时，应尽可能地使用符号和缩写词。常用的符号和缩写词见表 1.6。

表 1.6　常用的符号和缩写词

名　称	符号和缩写词	名　称	称号和缩写词
直径	ϕ	45°倒角	C
半径	R	深度	↧
球直径	$S\phi$	沉孔或锪平	⌴
球半径	SR	埋头孔	∨
厚度	t	均布	EQS
正方形	□	—	—

2)尺寸的组成

一个完整的尺寸一般由尺寸数字、尺寸线、尺寸界线及表示尺寸终端的箭头或斜线4部分组成,通常称为尺寸的4个基本要素,如图1.8所示。

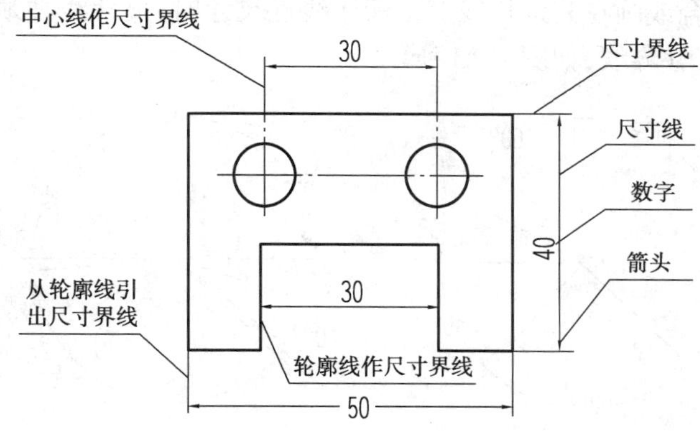

图1.8 尺寸的标注示例

①尺寸数字。用以表示所标注机件尺寸的实际大小。线性尺寸的尺寸数字,一般标注在尺寸线的上方,也允许填写在尺寸线中断处,同一张图样上写法应一致,如图1.9(a)、(b)所示。

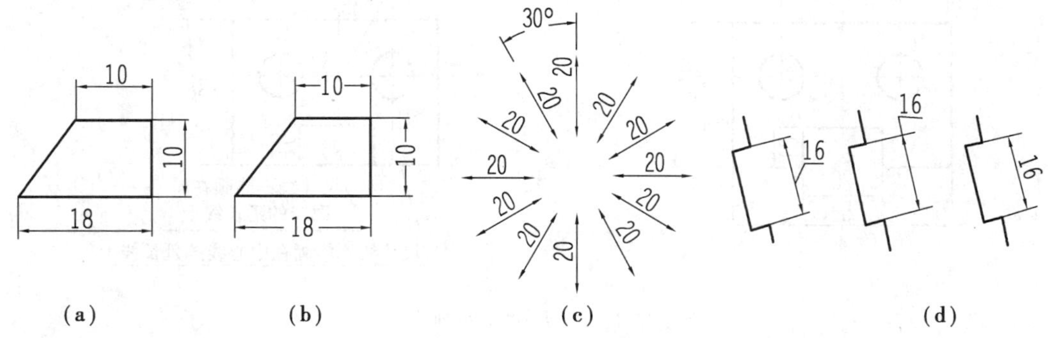

图1.9 线性尺寸注写

线性尺寸的数字方向,一般应按图1.9(c)所示的方向注写,即水平方向字头朝上,竖直方向字头朝左,倾斜方向字头保持朝上的趋势,并尽量避免在图示30°范围内标注尺寸。当无法避免时,可按图1.9(d)所示的形式标注。

对非水平方向的尺寸,其数字可水平注写在尺寸线的中断处,如图1.10所示。尺寸数字不可被任何图线所通过,当不可避免时,图线必须断开,如图1.11所示。

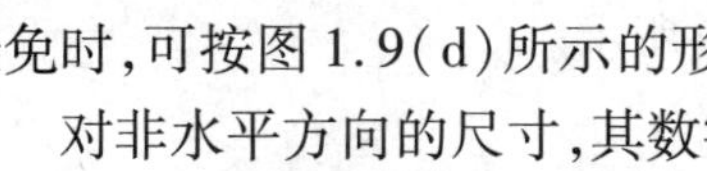

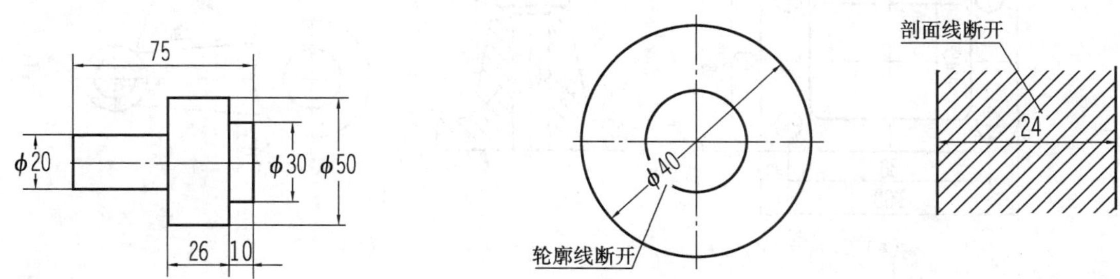

图1.10 非水平方向尺寸的注写

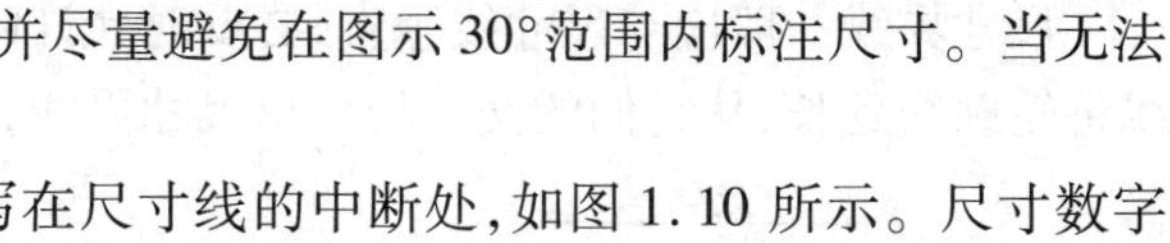

图1.11 尺寸数字不可被任何图线所通过

标注角度的数字尺寸，一律水平填写，角度的尺寸界线必须沿径向引出。角度的数字应在尺寸线中断处，必要时允许写在外面或引出标注，如图 1.12 所示。

②尺寸线。表示尺寸度量的方向。尺寸线必须用细实线单独画出，不能用其他图线代替，也不得与其他图线重合或画在其延长线上。标注线性尺寸时，尺寸线必须与所标注的线段平行，两端箭头应指向尺寸界线，如图 1.13 所示。

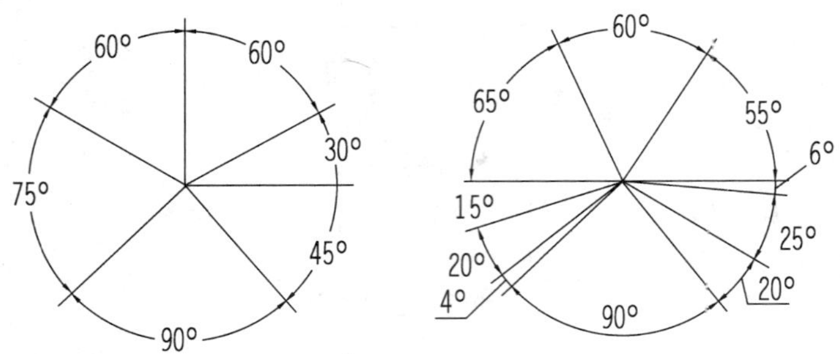

图 1.12　角度尺寸的注写

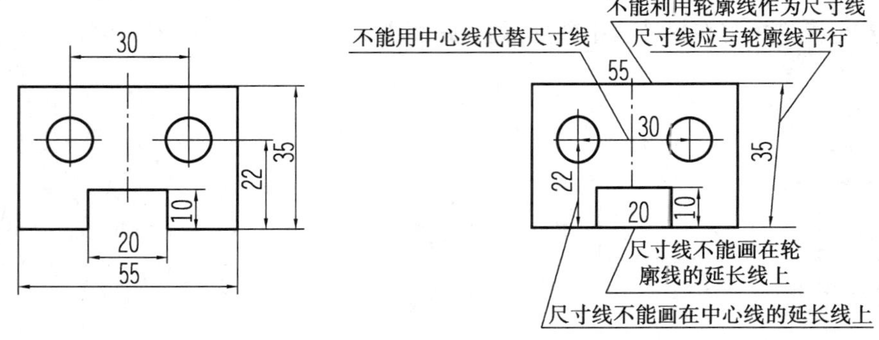

图 1.13　尺寸线的画法

③尺寸界线。表示尺寸的度量范围。尺寸界线一般用细实线绘制，并自图形轮廓线、轴线或中心线引出，也可利用轮廓线或中心线作尺寸界线，如图 1.14(a)所示。

尺寸界线一般应与尺寸线垂直，必要时允许倾斜。在光滑过渡处标注尺寸时，必须用细实线将轮廓线延长，从它们的交点处引出尺寸界线，如图 1.14(b)所示。

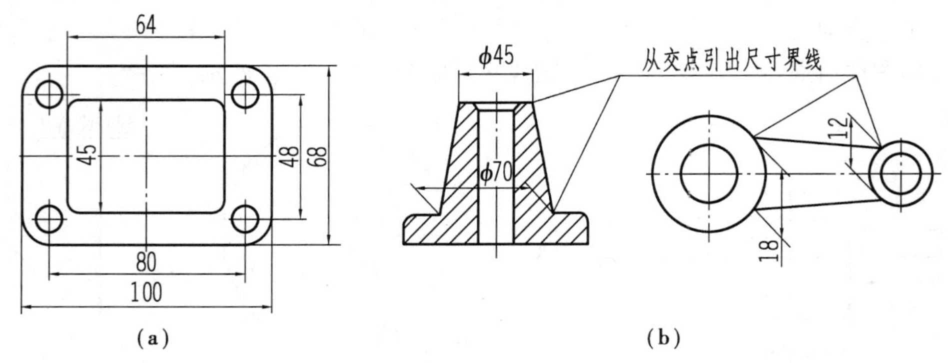

图 1.14　尺寸界线的画法

④尺寸终端。尺规绘图时,图样中的尺寸线终端可以有箭头、斜线两种形式。箭头的形式如图1.15(a)所示,适用于各种类型的图样;斜线用细实线绘制,其方向和画法如图1.15(c)所示。在同一张图样上,尺寸线终端只能采用一种形式,不可交替使用。

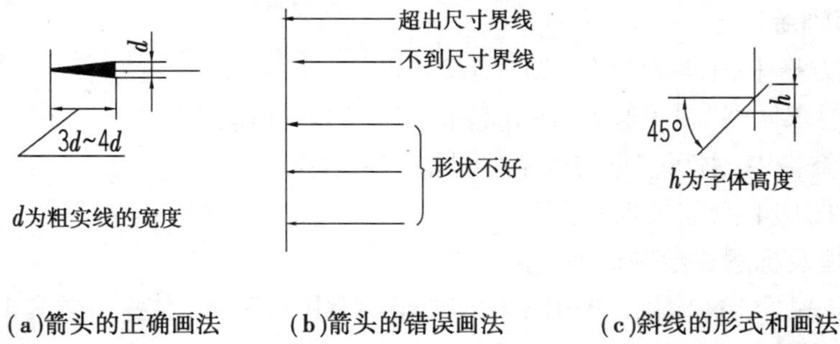

图1.15　尺寸终端的画法

3)常用尺寸的标注

①直径与半径尺寸的标法。标注直径尺寸时,应在尺寸数字前加注直径符号“ϕ”;标注半径尺寸时,加注半径符号“R”,且尺寸线必须通过圆心,如图1.16所示。

②小尺寸的标法。标注一连串的小尺寸时,可用小圆点或斜线代替箭头,但最外两端箭头仍应画出。

当直径或半径尺寸较小时,箭头和数字都可布置在外面,如图1.17所示。

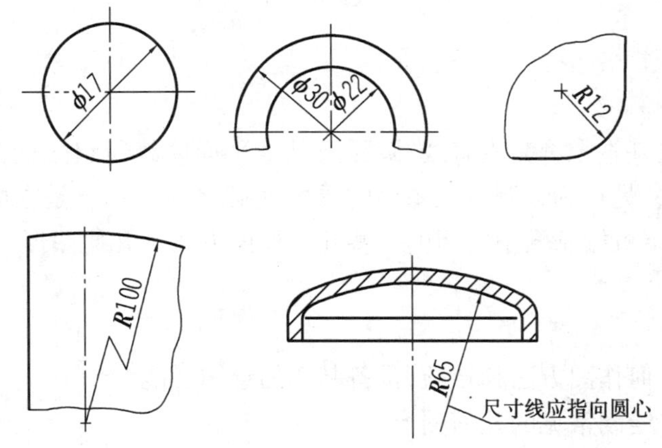

图1.16　直径与半径尺寸的标注

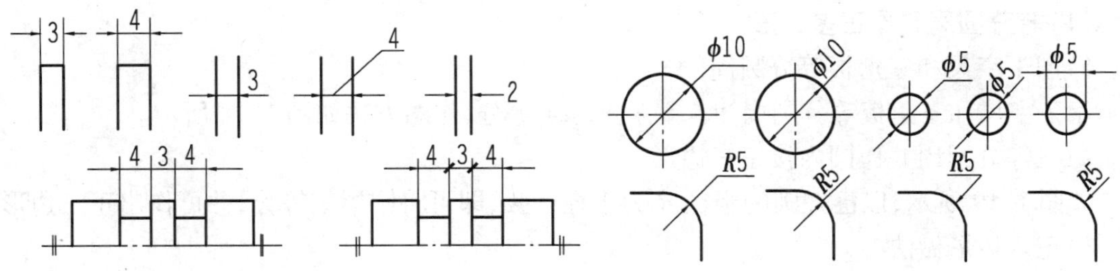

图1.17　小尺寸的标注

【任务实施】

参照与本书配套的《工程制图习题集》完成以下练习。

1. 字体书写训练

训练1　在方格中,书写汉字(习题集1-2、1-3)。

基本要求:要求做到“横平竖直、注意起落、结构均匀、填满方格”。

训练2　在空格中,书写字母与数字(习题集1-2、1-3)。

基本要求:采用斜字,字体倾斜75°。

2. 图线、图框及标题栏绘制训练

训练　准备A4号空白图纸,按国家标准要求绘制图框和标题栏(习题集1-5)。

3. 尺寸标注训练

训练　采用A4号空白图纸,参照习题集1-5右侧的图形绘制并标注平面图形。

绘制要求:

(1)图框、标题栏齐全。

(2)按1∶1绘制。

(3)线型、尺寸标注均应符合国家标准。

任务2　常见几何图形的画法

【任务描述】

零件的轮廓形状基本上都是由直线、圆弧及其他平面曲线所组成的几何图形。掌握常见几何图形的作图方法,是正确绘制机械图样的重要基础之一。本节是在中学几何课程有关作图知识的基础上,介绍机械制图中常用的一些几何作图方法和几何图形的画法。

【任务要求】

1. 掌握常见的几何作图方法和技巧,具备基本的绘图技能。
2. 能分析识读并绘制常见的几何图形。

【知识准备】

(1)等分圆周和作正多边形

1)用丁字尺和三角板等分圆周

用丁字尺和三角板等分圆周为4、6、8、12、24等分,作图方法如图1.18所示。

2)三等分圆周并作圆内接正三边形

如图1.19所示,以已知圆的半径R为半径作弧,即可将圆周三等分,并可作出正三边形。

3)正六边形做法

①将圆周六等分并作圆内接正六边形。如图1.20(a)所示,圆的内接正六边形的对角距AB等于外接圆直径D。以A、B(或C、D)为中心,以$R=D/2$为半径作弧即可将圆周六等分,

并可作出圆内接正六边形。

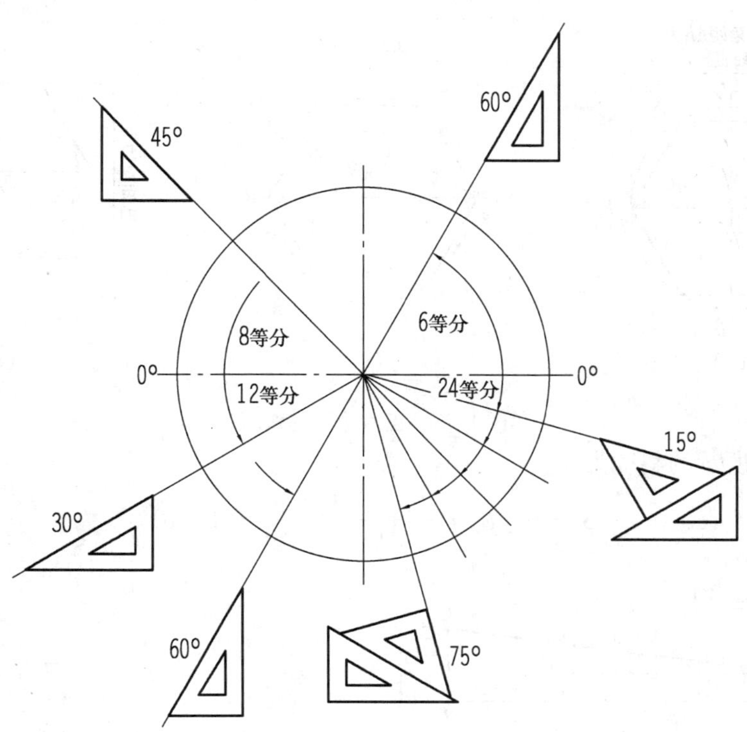

图1.18　用丁字尺和三角板等分圆周

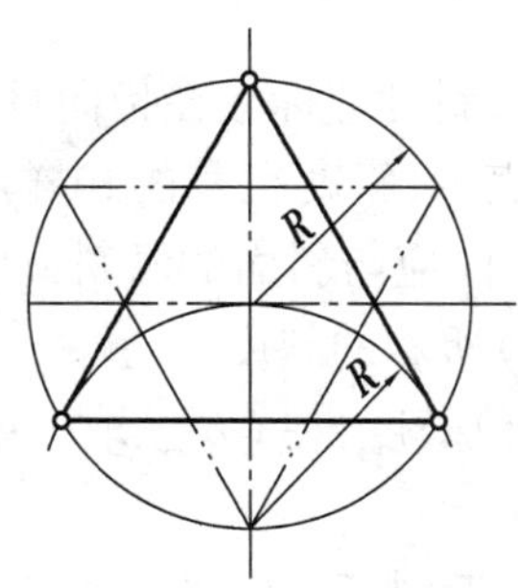

图1.19　正三边形的作图

②已知正六边形的对角距 AB,用丁字尺和三角板作正六边形。如图1.20(b)所示,作出对角距 AB,用30°~60°的三角板和丁字尺,按图中所标次序1~8即可作出正六边形,其中1和2为作图所用辅助线。

③作圆外切正六边形。如图1.20(c)所示,圆外切正六边形的对边距 S 等于圆的直径 D。用30°~60°的三角板和丁字尺作圆的切线,即可作出圆外切正六边形。

(2)斜度和锥度的绘制方法及规定标注方法

1)斜度(GB/T 4069—1983)

①斜度的概念。斜度是指一直线(或平面)对另一直线(或平面)的倾斜程度。

斜度的代号为"S",大小可以用两直线(或平面)间夹角的度数来表示,但通常以垂直于底线并相隔一定距离的两高度差与两高度间距离之比表示,写成 1∶n 的形式。

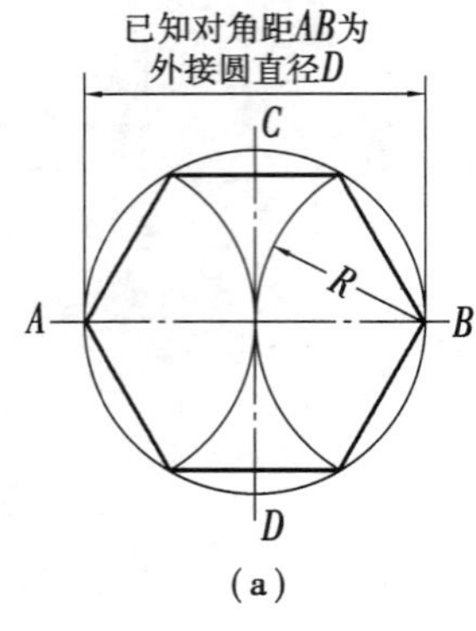

(a)

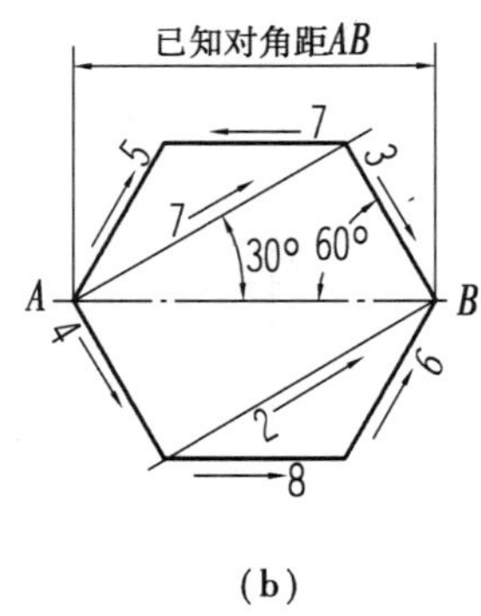

(b)

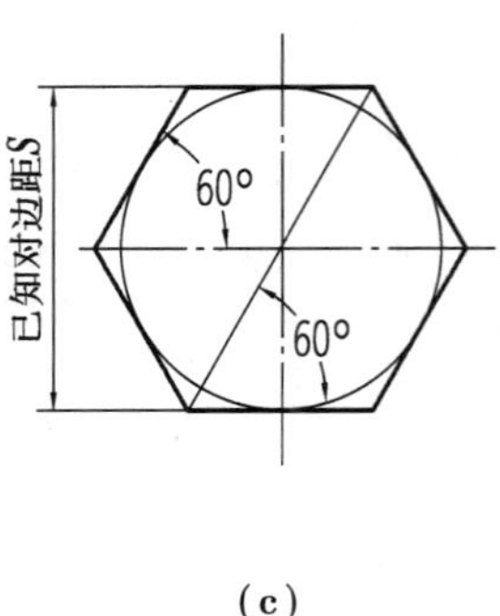

(c)

图 1.20　正六边形的作图

如图 1.21 所示的斜度为

$$S = \tan\beta = \frac{BC - AD}{AB} = \frac{5}{50} = 1:10$$

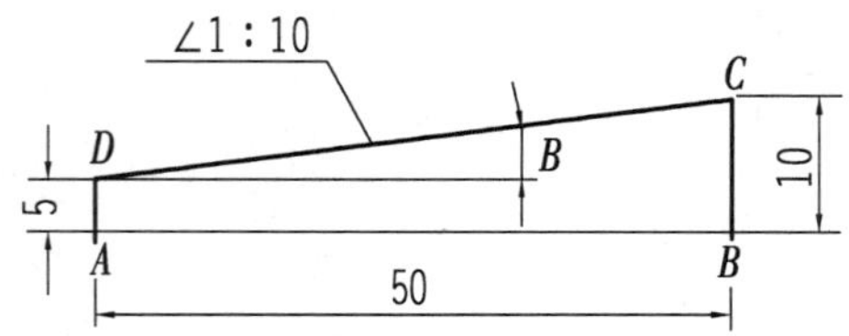

图 1.21　斜度

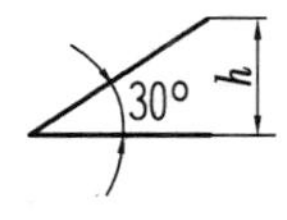

图 1.22　斜度符号

②斜度的标注。如图 1.21 所示,斜度应标注在指向具有斜度的轮廓线的引出线上。标注斜度时,在比数之前,要用斜度符号表示,斜度符号的式样可按图 1.22 所示绘制,符号的底线应与基准面(线)平行,符号的尖端方向应与斜面的倾斜方向一致。

③斜度的画法。作如图 1.23(a)所示的斜度。

a. 作 $OB \perp OA$,在 OA 上取 10 单位长度,在 OB 上取 1 单位长度,连接 10 和 1,作出 1∶10 的参考斜度线,如图 1.23(b)所示。

b. 按尺寸定出 C 点,过 C 点作参考斜度线的平等线,即为所求,如图 1.23(c)所示。

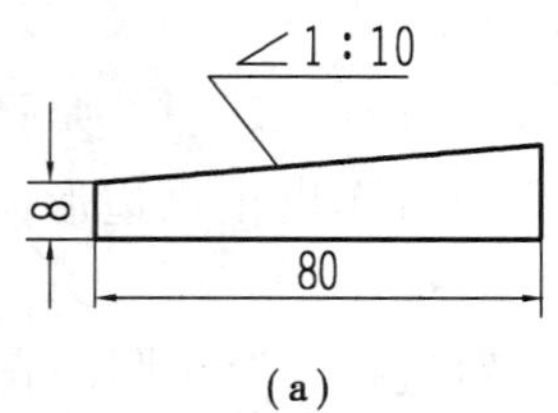

(a)

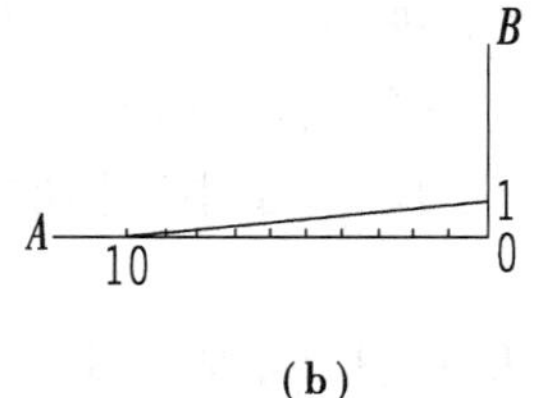

(b)

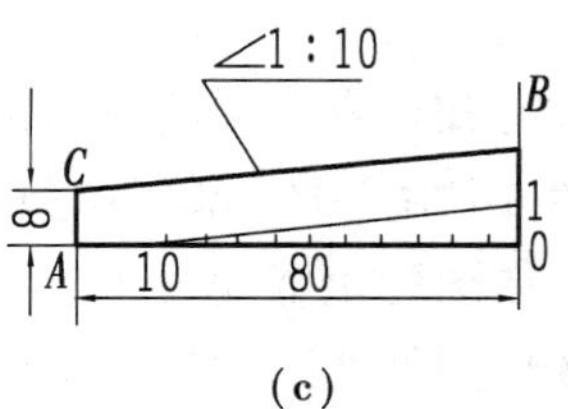

(c)

图 1.23　斜度的画法

2)锥度(GB/T 15754—1995)

①锥度的概念。锥度是指两个垂直圆锥轴线的圆锥直径差与该两截面间的轴向距离之比。

与斜度的表示方法一样,锥度也通常写成 1∶n 的形式。如图 1.24 所示,α 为圆锥角,D 为

最大端圆锥直径,d 为最小端圆锥直径,L 为圆锥长度,锥度的代号为“C”,

$$C = \frac{D - d}{L} = 2\tan\left(\frac{\alpha}{2}\right)$$

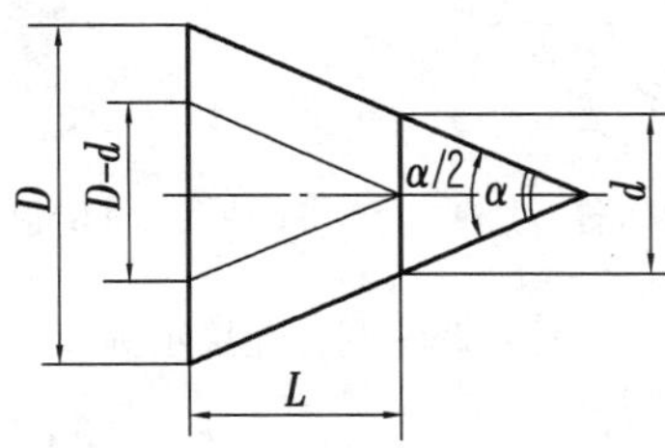

图1.24　锥度的定义

②锥度的标注。锥度的标注方法如图1.25所示,应按国标《机械制图——圆锥的尺寸和公差注法》(GB/T 15754—1995)规定,锥度用引出线从锥面的轮廓线上引出标注,锥度符号的尖端指向锥度小头方向;锥度符号的画法如图1.26所示。

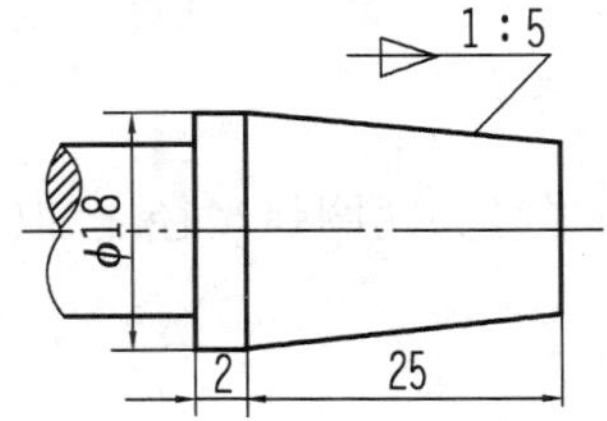

图1.25　锥度的标注

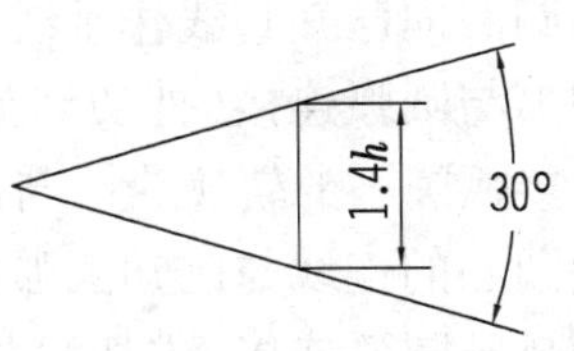

图1.26　锥度符号的画法

③锥度画法。作如图1.27(a)所示的锥度。

a. 如图1.27(b)所示,从 O 点向小端方向取5单位长度,得点 C,在 O 点上下各取半个单位长度,连两条 BC 即为1∶5的参考锥度线。

b. 如图1.27(c)所示,过 A 点分别作两条 BC 的平行线,即为所求。

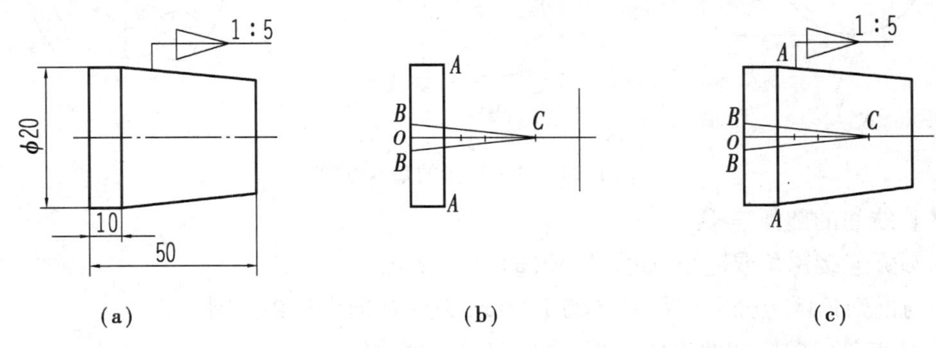

(a)　(b)　(c)

图1.27　锥度的画法

(3)圆弧连接

用一圆弧光滑地连接相邻两线段(直线或圆弧)的作图方法,称为圆弧连接。圆弧连接在机件的轮廓图中经常可见,如图1.28所示为扳手的轮廓图。

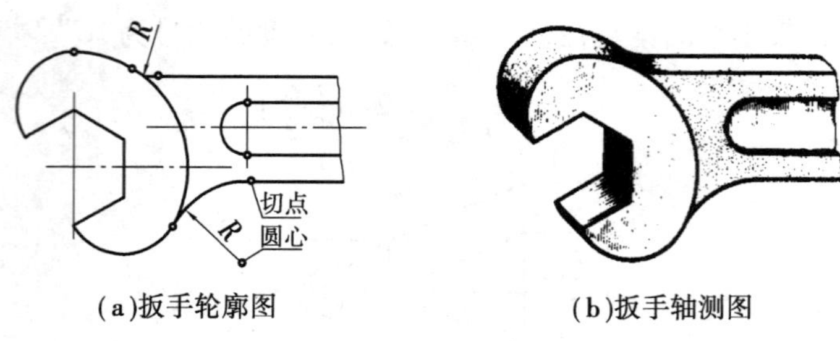

(a)扳手轮廓图　　(b)扳手轴测图

图 1.28　圆弧连接示例

1)圆弧连接的基本原理

由图 1.28 可知,圆弧连接实质就是圆弧与直线、圆弧和圆弧相切。因此,作图时必须先求出连接圆弧圆心,然后引垂线或连心线定出连接点(切点),最后画出连接圆弧。

①圆弧与直线连接(相切),如图 1.29(a)所示。

a. 连接弧圆心的轨迹为一平行于已知直线的直线,两直线间的垂直距离为连接圆弧的半径 R。

b. 由圆心向已知直线作垂线,其垂足即为切点。

②圆弧与圆弧连接(外切),如图 1.29(b)所示。

a. 连接弧圆心的轨迹为一与已知圆弧同心的圆,该圆的半径为两圆弧半径之和(R_1+R)。

b. 两圆心的连线与已知圆弧的交点即为切点。

③圆弧与圆弧连接(内切),如图 1.29(c)所示。

a. 连接弧圆心的轨迹为一与已知圆弧同心的圆,该圆的半径为两圆弧半径之差(R_1-R)。

b. 两圆心连线的延长线与已知圆弧的交点即为切点。

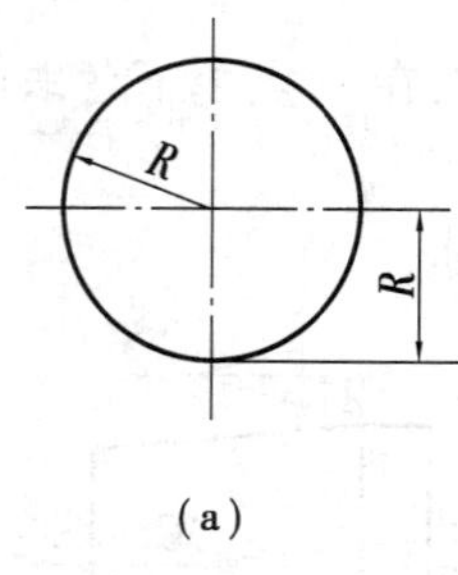

(a)

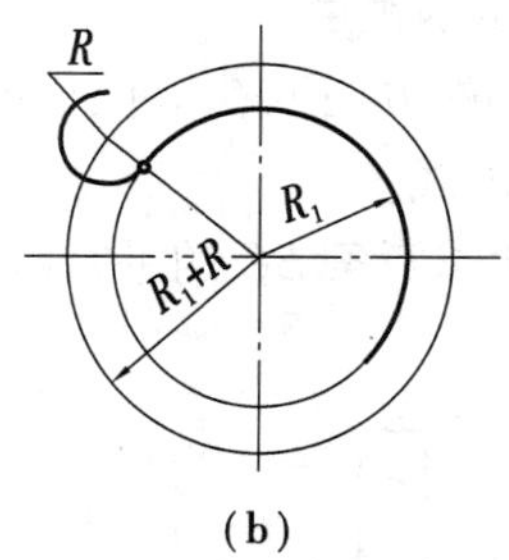

(b)

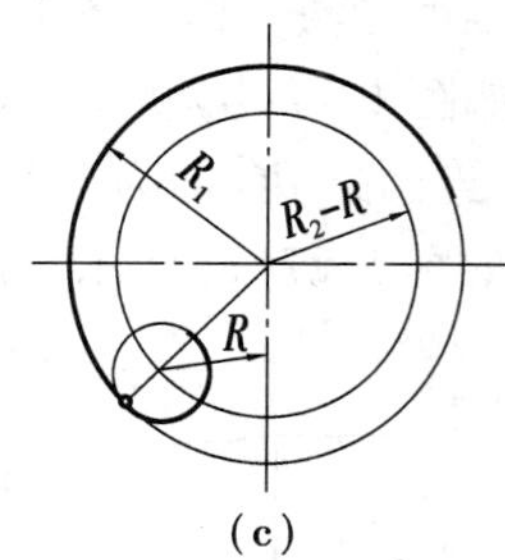

(c)

图 1.29　圆弧连接的基本原理

2)两直线间的圆弧连接

①用圆弧连接锐角或钝角,如图 1.30(a)、(b)所示。

a. 作与已知角两边分别相距为 R 的平行线,交点 O 即为连接弧圆心。

b. 从 O 点分别向已知两边作垂线,垂足 M、N 即为切点。

c. 以 O 为圆心,R 为半径在两切点 M 和 N 之间画连接圆弧,即为所求。

②用圆弧连接直角,如图 1.30(c)所示。

a. 以直角顶点为圆心,R 为半径作圆弧交直角两边于 M 和 N。

b. 以 M、N 为圆心,R 为半径画弧,相交得连接弧圆心 O。

c. 以 O 为圆心,R 为半径在 M、N 间画连接圆弧,即为所求。

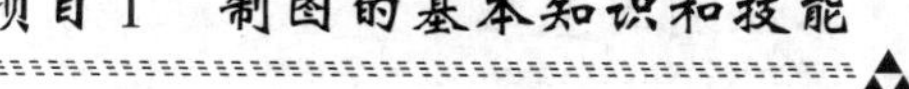

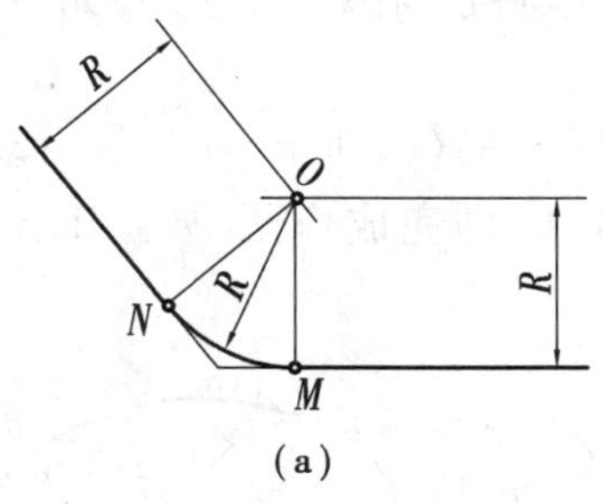

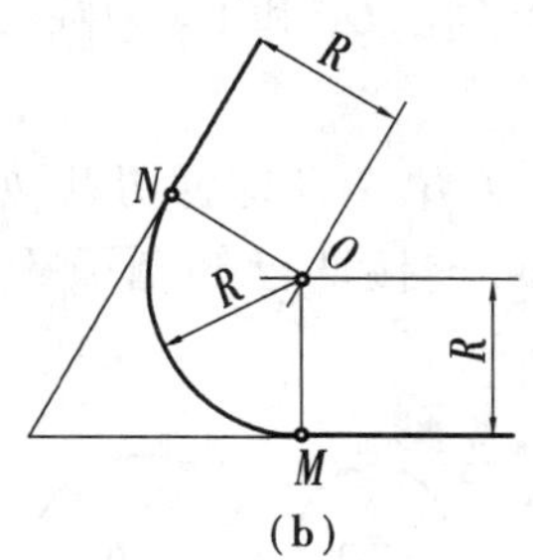

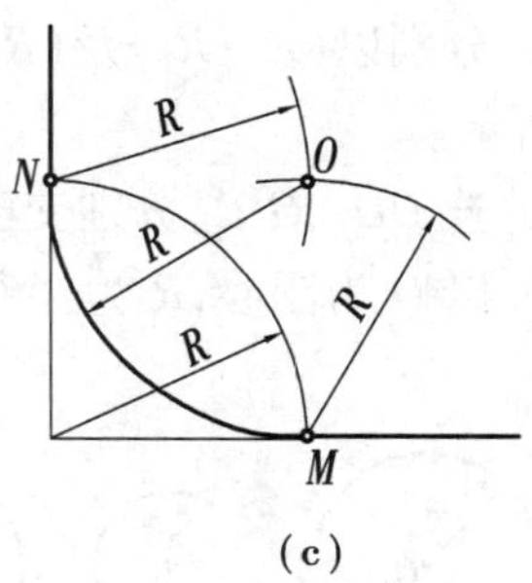

图 1.30　两直线间的圆弧连接

3）两圆弧之间的圆弧连接。

①直线与圆弧间的圆弧连接，如图 1.31（a）所示，已知连接弧半径 R，画圆弧与直线 I 和 O 圆外切。作图步骤如下：

a. 作直线 II 平行于直线 I（其间距离为 R）；再作已知圆弧的同心圆（半径为 R_1+R）与直线 II 相交于 O，如图 1.31（b）所示。

b. 作 OA 垂直于直线 I；连 OO_1 交圆弧于 B，A、B 即为切点，如图 1.31（c）所示。

c. 以 O 为圆心，R 为半径画圆弧，连接直线 I 和圆弧 O_1 于 A、B，即完成作图，如图 1.31（d）所示。

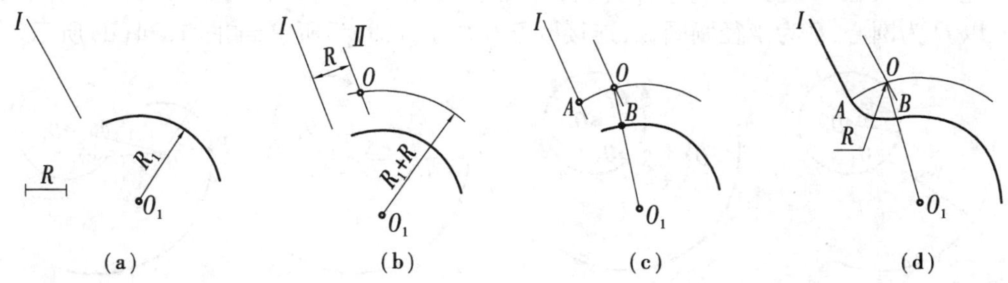

图 1.31　直线与圆弧间的圆弧连接

②圆弧与圆弧的外连接，如图 1.32（a）所示，求作以 R 为半径的连接圆弧，与两圆 O_1 和 O_2 外切，O_1、O_2 的半径分别为 R_1 和 R_2，作图步骤如下：

a. 分别以（R_1+R）及（R_2+R）为半径，O_1 和 O_2 为圆心，画弧交于 O，如图 1.32（b）所示。

b. 连 OO_1 交已知弧于 A，连 OO_2 交已知弧于 B，A、B 即为切点，如图 1.32（c）所示。

c. 以 O 为圆心，R 为半径画圆弧，连接已知圆弧于 A、B 即完成作图，如图 1.32（d）所示。

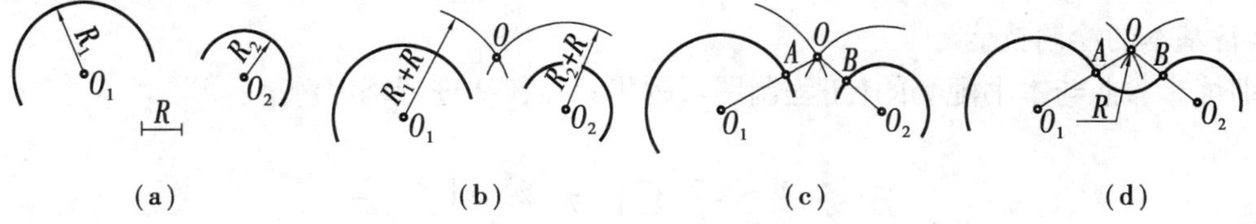

图 1.32　圆弧与圆弧的外连接

③圆弧与圆弧的内连接，如图 1.33（a）所示，求作以 R 为半径的连接圆弧，与两已知圆 O_1 和 O_2 内切，O_1、O_2 的半径分别为 R_1、R_2。

a. 分别以$(R-R_1)$及$(R-R_2)$为半径，O_1 和 O_2 为圆心，作同心圆弧相交于 O，如图 1.33(b)所示。

b. 连 OO_1、OO_2，分别交已知弧于 A、B，A、B 即为切点，如图 1.33(c)所示。

c. 以 O 为圆心，R 为半径画圆弧，连接两已知圆弧于 A、B，即完成作图，如图 1.33(d)所示。

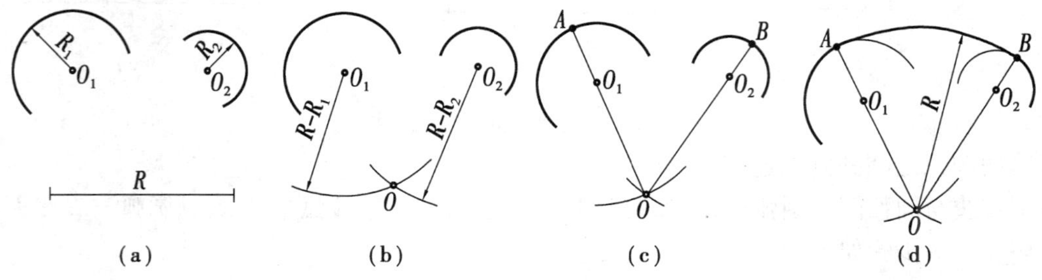

图 1.33　圆弧与圆弧的内连接

④圆弧与圆弧的混合连接，如图 1.34(a)所示，求作以 R 为半径的连接圆弧分别与圆心为 O_1，半径为 R_1 的圆外切，与圆心为 O_2，半径为 R_2 圆内切。

a. 分别以(R_1+R)及(R_2-R)为半径，O_1 和 O_2 为圆心，画弧交于 O，如图 1.34(b)所示。

b. 连 OO_1 交已知弧于 A，连 OO_2 并延长交已知弧于 B，A、B 即为切点，如图 1.34(c)所示。

c. 以 O 为圆心，R 为半径画圆弧，连接两已知弧于 A、B，为所求，如图 1.34(d)所示。

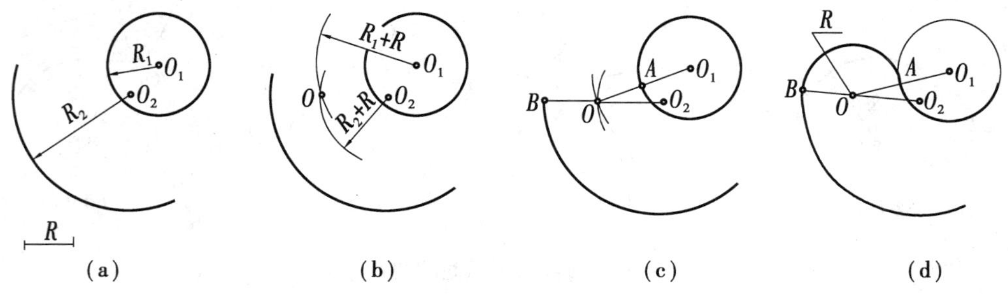

图 1.34　圆弧与圆弧的混合连接

【任务实施】

通过等分直线、等分圆周和绘制正多边形、绘制并标注斜度和锥度、圆弧连接等基本几何作图知识的学习与练习后，再通过平面图形绘图的综合训练，能让学生掌握几何作图的基本方法、具备基本的绘制技能。

训练　参照与本书配套的《工程制图习题集》1-8、1-9 进行练习。

任务 3　平面图形绘制方法

【任务描述】

平面图形由许多线段连接而成，这些线段之间的相对位置和连接关系，靠给定的尺寸来确定。画平面图形时，只有通过分析尺寸和线段之间的关系，才能掌握正确的作图方法和步骤。

【任务要求】

1. 了解平面图形中的尺寸类型。
2. 掌握平面图形的作图方法和步骤。

【知识准备】

(1)平面图形的尺寸分析

平面图形中的尺寸，按其作用可分为定形尺寸和定位尺寸两大类。

1)定形尺寸

确定平面图形几何元素形状大小的尺寸，称为定形尺寸。如线段长度、圆的直径、圆弧的半径以及角度的大小等。如图1.35所示中的ϕ5、ϕ20、*R*10等都是定形尺寸。

2)定位尺寸

确定几何元素位置的尺寸，称为定位尺寸。定位尺寸一般在平面图形中用以确定圆心、线段等的位置，如图1.35所示中8确定了ϕ5的圆心位置；75确定了*R*10的圆心位置；45确定了*R*50的圆心的一个坐标值。

3)尺寸基准

标注定位尺寸时的起点位置，称为尺寸基准。平面图形有长和宽两个方向，每个方向至少应有一个尺寸基准。定位尺寸通常以图形的对称线、中心线、较长的底线或边线作为尺寸基准，如图1.35所示中的*A*和*B*。

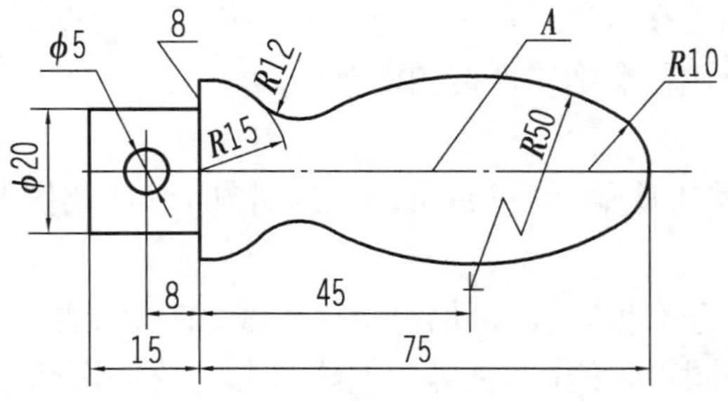

图1.35　手柄的平面图形

(2)平面图形的线段性质分析

在平面图形中，有些线段具有完整的定形和定位尺寸，绘图时，可根据标注的尺寸直接绘出；而有些线段的定形尺寸和定位尺寸并未完全注出，要根据已注出的尺寸和该线段与相邻线段的连接关系，通过几何作图才能画出。因此，按线段的尺寸是否标注齐全，通常将线段分为已知线段、中间线段和连接线段。

1)已知线段

根据作图基准线和已知尺寸就能直接作出的线段，称为已知线段。如图1.35所示中的*R*10、*R*15，此类线段可直接画出。

2)中间线段

尺寸不全，但只要一端的相邻线段先作出后，就可由已知的尺寸和几何条件作出的线段，称为中间线段。如图 1.35 所示中的 *R*50 圆弧,圆心的左右位置由定位尺寸 45 确定,但缺少确定圆心上下位置的定位尺寸,画图时,必须根据它和 *R*10 圆弧相切的这一条件才能将其画出。每个封闭图形可有一个或多个中间线段,也可无中间线段,由图形中线段的连接情况而定。

3)连接线段

尺寸不全,需要依赖相邻线段的连接关系,待两端相邻线段先作出后,才能作本线段者称为连接线段。如图 1.35 所示中的 *R*12 连接圆弧,只标注半径尺寸而无圆心定位尺寸,作图时只能根据它和相邻的 *R*50 和 *R*15 两圆弧的相切条件,才能将其画出。

在画平面图形时,先要进行线段性质分析,以便决定画图步骤和选用连接方法。一般应先画已知线段,再画中间线段,最后画连接线段。

在标注尺寸时,也要由线段性质正确地标出所需尺寸。例如,连接圆弧圆心的两个定位尺寸和中间圆弧的一个定位尺寸是根据相切的几何条件由作图确定的,就不需要标注。平面图形中凡是由作图确定的尺寸不需要在图中注出,以免引起矛盾而影响图形的正确画法。

【任务实施】

平面图形的作图方法和步骤如下:

1)准备工作

分析平面图形的尺寸及线段,拟订作图步骤→确定比例→选择图幅→固定图纸→画出图框和标题栏,如图 1.36(a)所示。

2)绘制底稿

合理、匀称地布图,画出基准线(见图 1.36(b))→画已知线段(见图 1.36(c))→画中间线段(见图 1.36(d))→画连接线段(见图 1.36(e))→画尺寸界线、尺寸线(见图 1.36(f))。

绘制底稿时,图线要清晰、准确并保持图面整洁。

3)加深加粗

加深描粗前,要全面检查底稿,修正错误,擦去画错的线条及作图辅助线。加深描粗的步骤如下:

①先粗后细。先加深全部粗实线,再加深全部虚线、细点画线及细实线等。

②先曲后直。在加深同一种线(特别是粗实线)时,应先画圆弧或圆,后画直线。

③先水平,后垂斜。先用丁字尺自上而下画出水平线,再用三角板自左向右画出垂直线,最后画出倾斜直线。

④画箭头、标注尺寸、填写标题栏。此步骤可将图纸从图板上取下来进行。

加深描粗时,应尽量使同类图线粗细、浓淡一致,连接光滑,字体工整,图面整洁。

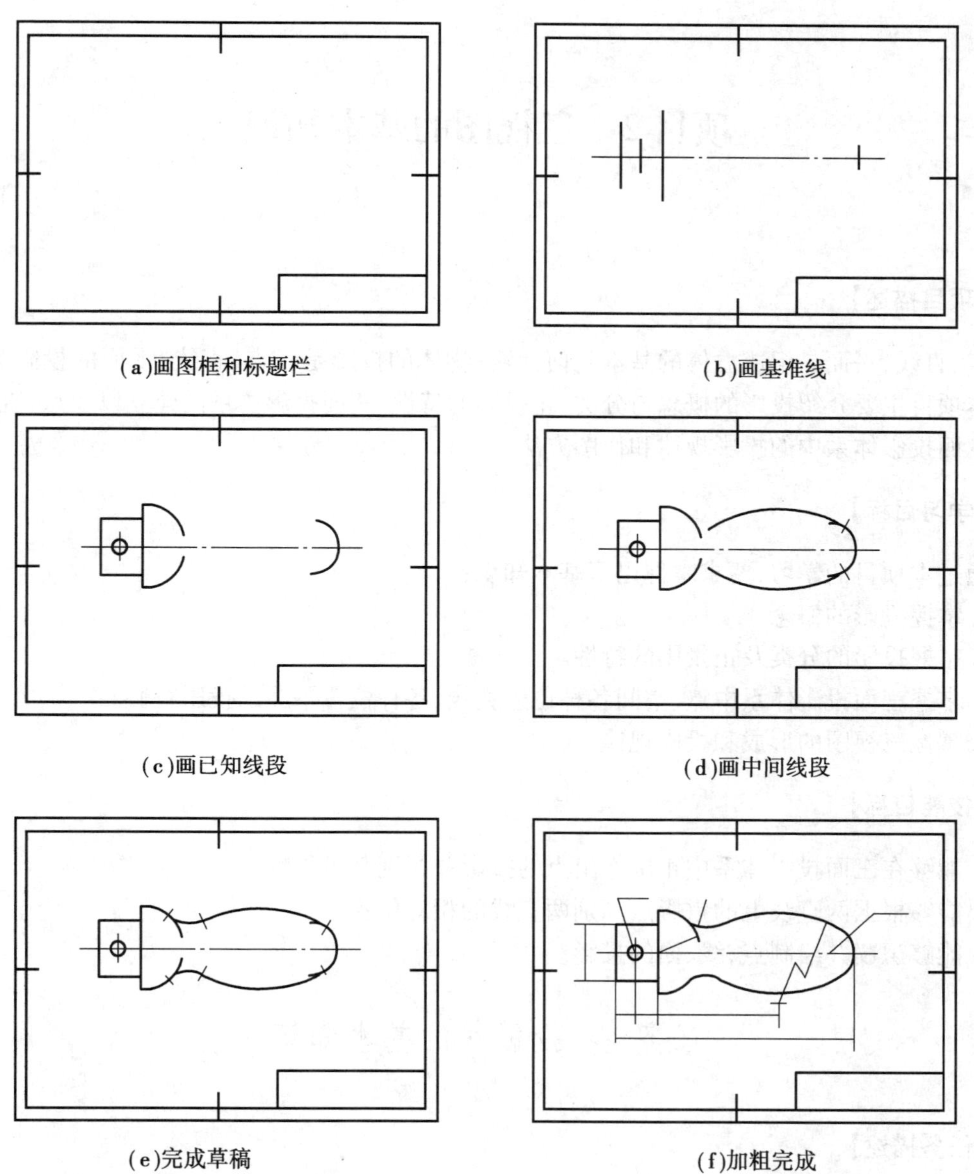

图1.36　画底稿的步骤

训练　参照与本书配套的《工程制图习题集》1-10进行练习。

项目2　三视图的基本知识

【项目描述】

点、直线、平面是组成立体的基本几何元素;物体的投影是以点、直线、平面的投影为基础的。本项目主要介绍投影的概念与分类、正投影的特性、三面投影体系的建立以及点、直线、平面在三面投影体系中的投影规律和作图方法。

【学习目标】

通过本项目的学习,要求掌握以下基本知识:

1. 掌握投影的概念。
2. 掌握投影的分类及正投影的特性。
3. 掌握三面投影体系中点、空间各种位置直线、各种位置平面的投影特性。
4. 掌握三视图的形成和投影规律。

【技能目标】

1. 能够在三面投影体系中正确作出点的投影并判别其可见性。
2. 能够根据两直线上的重影点判别两直线的相对位置。
3. 能够识读并绘制点、线、面的投影。

任务1　投影法的基本知识

【任务描述】

通过学习投影的概念及原理,掌握三视图的形成和投影规律,能识读三视图所表达物体的形状结构,具备空间分析想象能力和图示空间物体的能力,为识读和绘制零件图打下基础。

将物体向投影面投影所得到的图形称为视图。在正投影中,一般一个视图不能完整地表达物体的形状和大小,也不能区分不同的物体,如图2.1所示,3个不同的物体在同一投影面上的视图完全相同。因此,要反映物体的完整形状和大小,必须有几个从不同投影方向得到的视图。至于究竟要设几个投影面,画几个投影或视图,要视物体的复杂程度而定。初学者常以三面投影(三视图)作为基本训练方法。

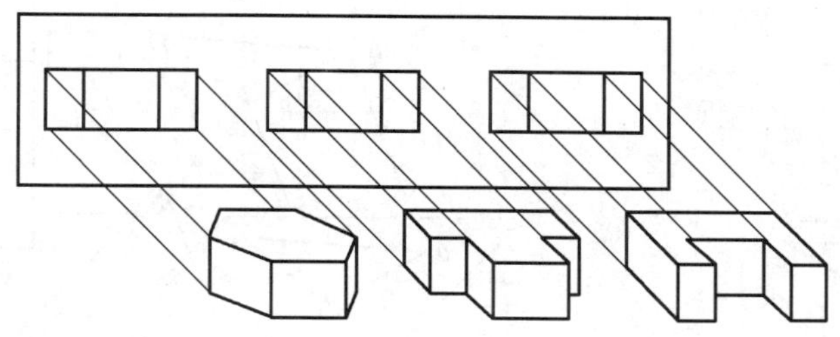

图 2.1　不同的物体在同一投影面上的视图

【任务要求】

1. 掌握投影的概念。
2. 掌握投影的分类以及正投影的特性。
3. 掌握三视图的形成和投影规律。

【知识准备】

(1)投影的概念

投射线通过物体向选定的平面投射,并在该面上得到图形的方法,称为投影法。根据投影法所得到的图形,称为投影图,简称投影。

如图 2.2 所示,定点 S 是投射线的起源点,称为投射中心;直线 SA、SB 是发自投射中心且通过被表示物体(直线 AB)上各点的直线,称为投射线;平面 P 是投影法中得到投影的面,称为投影面。

(2)投影法分类

根据投射线是汇交还是平行,投影法可分为:中心投影法和平行投影法两种。

1)中心投影法

由点光源产生放射状的光线使物体产生投影的方法,称为中心投影法,如图 2.3 所示。

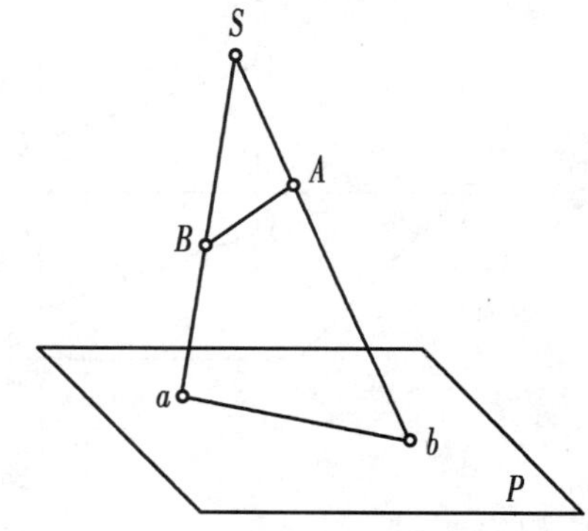

图 2.2　投影的概念

2)平行投影法

光线与光线互相平行使物体产生投影的方法,称为平行投影法。平行投影法可分为正投影法和斜投影法。

如图 2.4 所示,正投影是投影线与投影面垂直所得的投影。正投影具有作图简单、度量方便的特点,被广泛应用于工程制图中,也是本课程学习的主要内容,今后除特别指明外,所述及的投影均指正投影法或正投影,其缺点是直观性较差,投影图的识读较难,如图 2.5 所示为正投影所绘的三视图。

投影线与投影面倾斜的投影称为斜投影,如图 2.6 所示,为运用斜投影绘制的轴测图。斜投影直观性较好,但度量性较差。

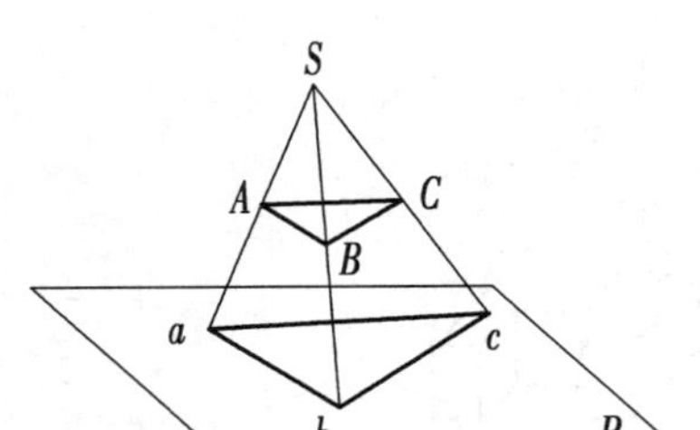

图 2.3　中心投影法

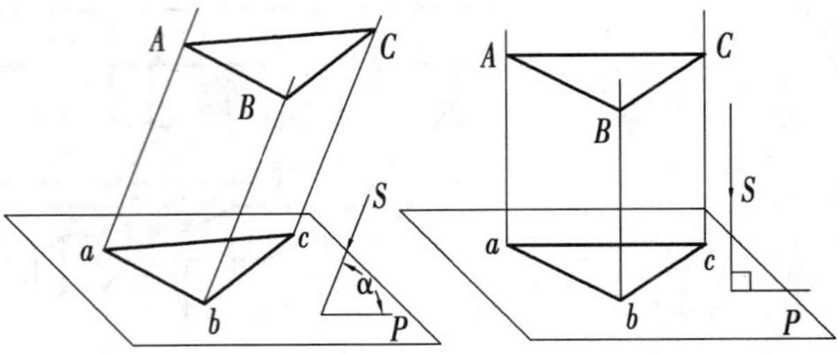

图 2.4　平行投影法

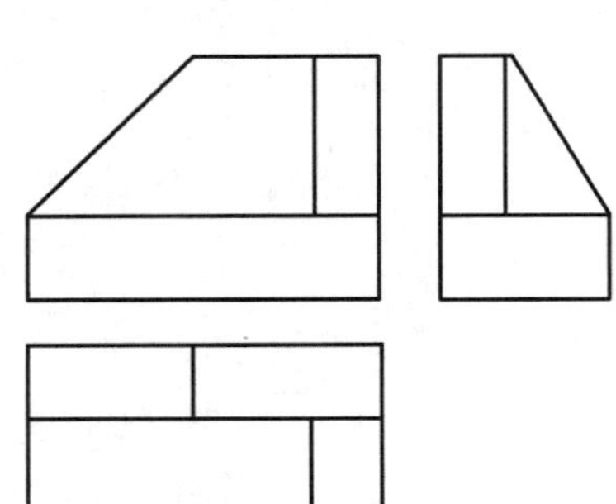

图 2.5　正投影

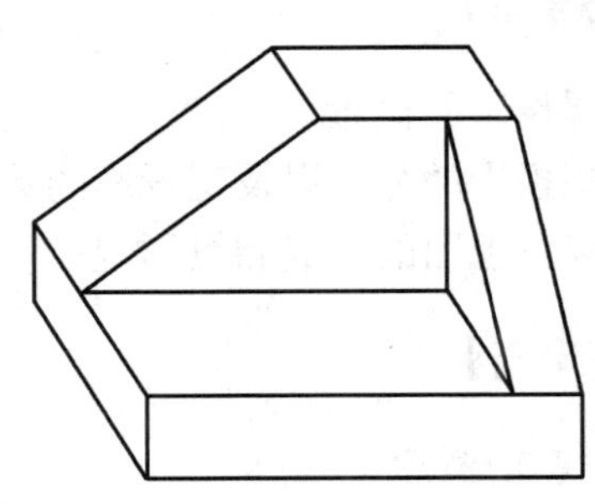

图 2.6　斜投影

(3)正投影的特性

1)显实性

直线或平面与投影面平行时,其投影反映直线或平面的实长或实形,如图 2.7 所示,这种性质称为正投影的显实性。

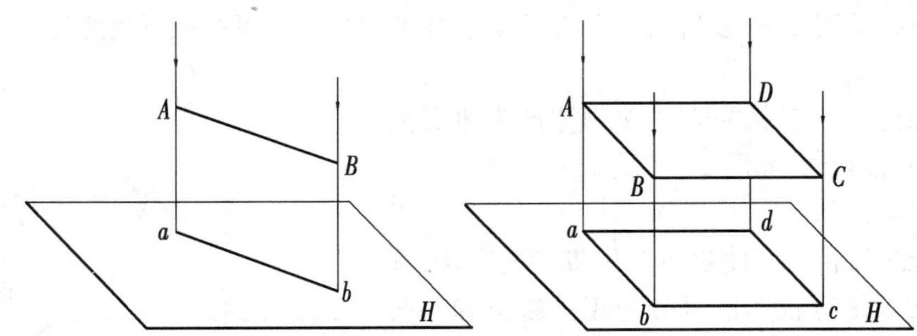

图 2.7　投影的显实性

2)积聚性

直线或平面与投影面垂直时,其投影积聚成点或直线,如图 2.8 所示,这种性质称为正投影的积聚性。

3)类似性

直线或平面与投影面倾斜时,直线的投影仍为直线,但短于原直线的实长;平面的投影仍为平面,但形状和大小都发生了变化,如图 2.8 所示,这种性质称为正投影的类似性。

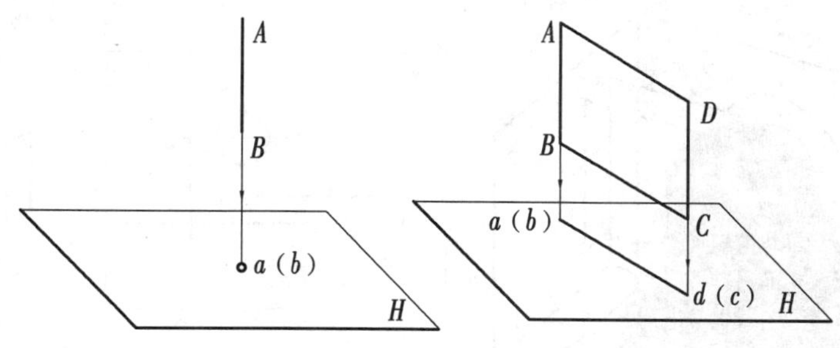

图 2.8　正投影的积聚性

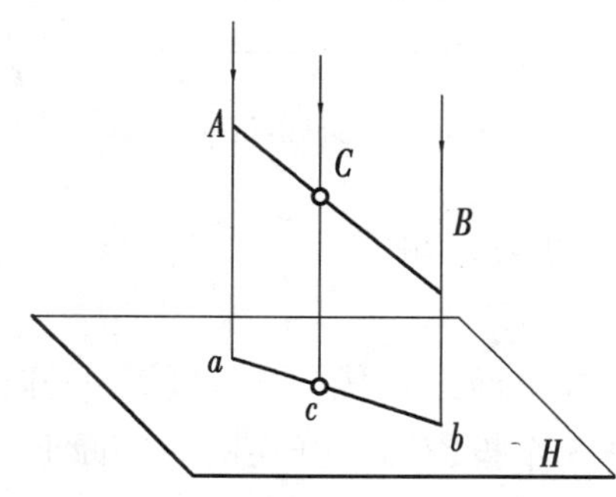

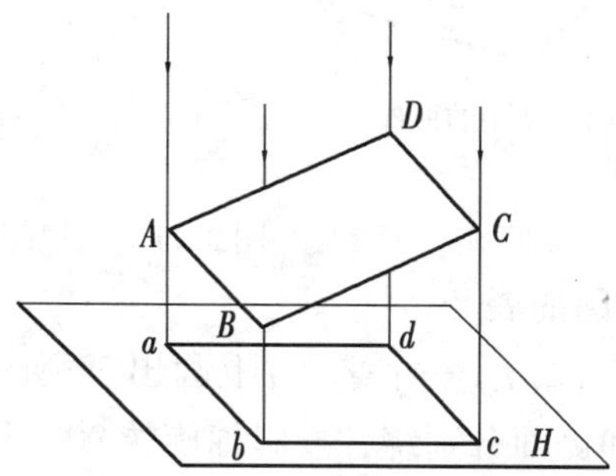

图 2.9　正投影的类似性

(4)三视图的形成

1)投影面的设置及名称

三投影面体系由 3 个互相垂直的投影面所组成,如图 2.10 所示。

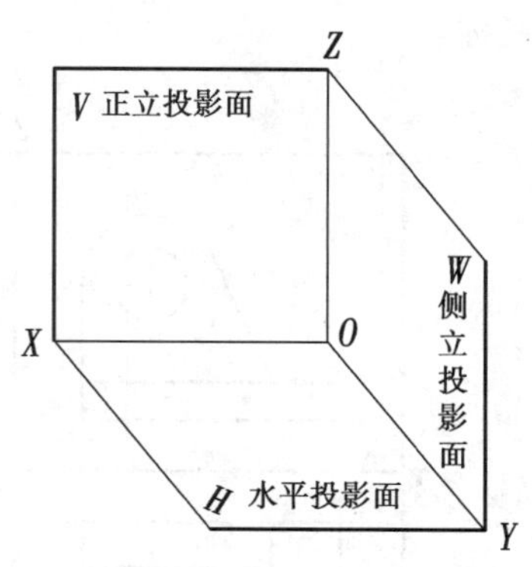

图 2.10　三投影面体系

在三投影面体系中,3 个投影面分别为:

①正立投影面,简称为正面,用 V 表示。

②水平投影面,简称为水平面,用 H 表示。

③侧立投影面,简称为侧面,用 W 表示。

3 个投影面的相互交线,称为投影轴。分别为:

①OX 轴,V 面和 H 面的交线,它代表长度方向。

②OY 轴,H 面和 W 面的交线,它代表宽度方向。

③OZ 轴,V 面和 W 面的交线,它代表高度方向。

3 个投影轴垂直相交的交点 O,称为原点。

2)三视图的形成

如图 2.11(a)所示,把支架在 3 个互相垂直的投影面体系中进行投影时,可得到支架的 3 个投影。由前向后投影,在正面上所得视图称为主视图;由上向下投影,在水平面上所得视图称为俯视图;由左向右投影,在侧面上所得视图称为左视图。

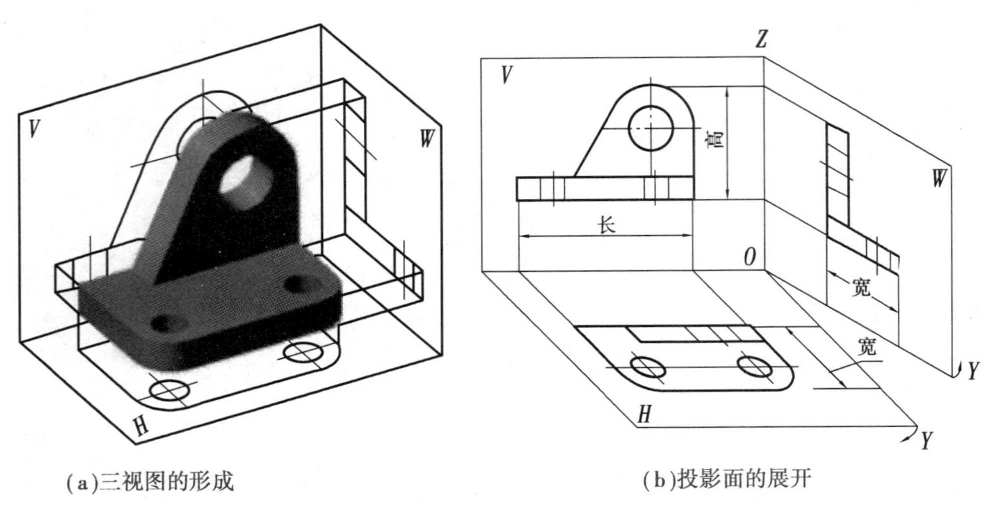

(a)三视图的形成

(b)投影面的展开

图 2.11　三视图的形成及其投影特性

3)三视图的展开

为了在图纸上(一个平面)上画出三视图,3 个投影面必须像图 2.11(b)一样,使正面不动,水平面和侧面分别绕各投影轴旋转 90°,从而把 3 个投影面展开在同一平面上,如图 2.12(a)所示。在图样上通常只画出零件的视图,而投影面的边框和投影轴都省略不画。图 2.12(b)即为支架的三视图。在同一张图纸内按照图 2.12(b)那样配置视图时,一律不注明视图的名称。

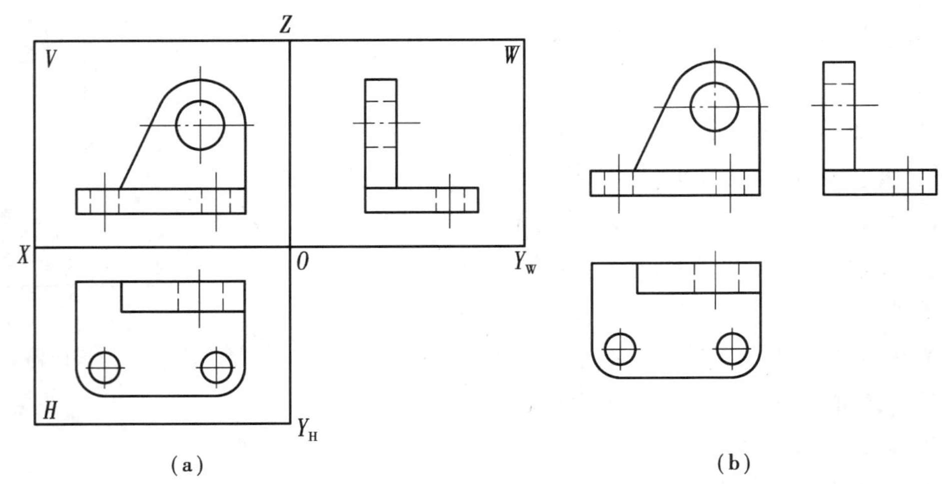

(a)

(b)

图 2.12　展开后的三视图

(5)三视图的关系

1)三视图与物体的关系

由图 2.13 可知,主视图反映了支架的长度和高度,俯视图反映了长度和宽度,左视图反映了宽度和高度,且每两个视图之间有一定的对应关系。

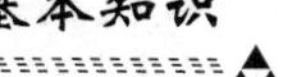

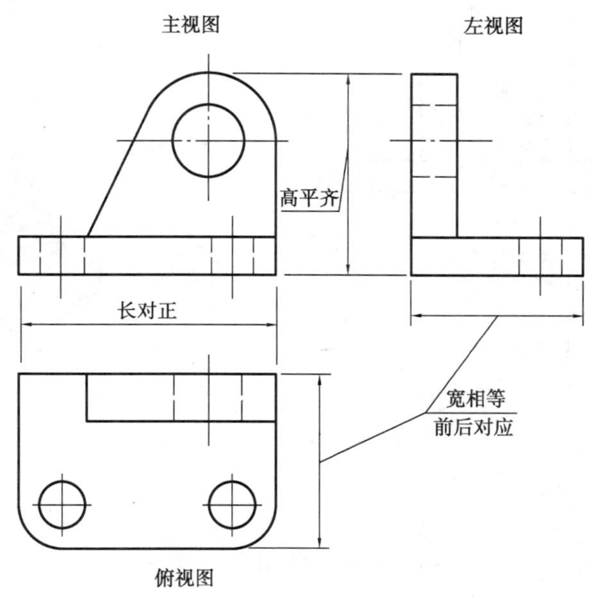

图 2.13　3 个视图的投影关系

2)三视图的位置关系

以主视图为主,俯视图在主视图的下方,左视图在主视图的右方。画三视图时必须以主视图为主按上述投影关系配置视图,称按投影关系配置视图。这个位置关系是不能更动的。并且视图之间要相互对齐、对正、不能错开,更不能倒置。

3)三视图的尺寸关系

由三视图与物体之间的关系可知,每对相邻视图同一方向的尺寸相等,即:主、俯视图长度相等且对正,长对正;主、左视图高度相等且平齐,高平齐;俯、左视图宽度相等,宽相等。

4)三视图的方位关系

用如图 2.14 所示来分析支架各部分的相对位置关系。从图 2.14 的主视图可知,带斜面的竖板位于底板的上方;从俯视图可知竖板位于底板的后边;从左视图还可看出竖板位于底板的上方后边。由上可知,一旦零件对投影面的相对位置确定后,零件各部分的上、下、前、后及左、右位置关系在三面视图上也就确定了。由此可见:主视图反映上、下、左、右的位置关系;俯视图反映左、右、前、后的位置关系;左视图反映上、下、前、后的位置关系。三视图的方位关系可概括为:

①主视图和俯视图反映物体各结构左右之间的位置关系;

②主视图和左视图反映物体各结构上下之间的位置关系;

③俯视图和左视图靠近主视图的一面是物体的后面,远离主视图的一面是物体的前面。

方位关系可由尺寸关系推论得到,例如,由长度方向可分出左右位置,由高度方向可分出上下或高低位置,由宽度方向可分出前后位置。其中,俯视图和左视图所反映的前后关系容易搞错,一定要注意。

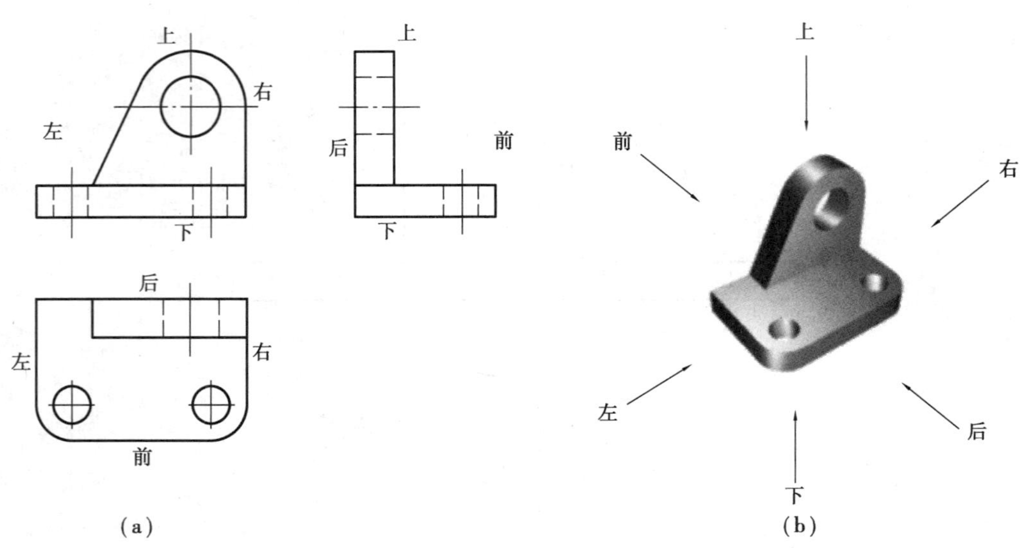

图 2.14　3 个视图的位置关系

【任务实施】

1. 三视图的形成训练

训练 1　参照与本书配套的《工程制图习题集》2-1、2-2 进行练习。

2. 三视图与物体的关系训练

训练 2　参照与本书配套的《工程制图习题集》2-3 进行练习。

任务 2　点的投影

【任务描述】

点是构成立体最基本的几何要素，一切几何形体都可以看成是某些点的集合。点的投影仍然是点，并且是唯一的。如图 2.15 所示中的点 A，在 P 面上的投影为一点 a'。但若根据点的一个投影却不能确定点的空间位置，如图 2.15 所示中的投影 b' 不能唯一确定空间一点 B 与其对应。它需要由几个在不同投影面上的投影来确定，故须采用多面投影体系确定其位置。

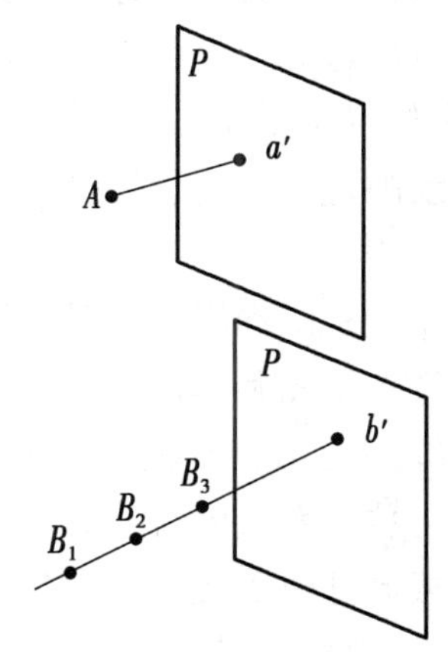

图 2.15　点与投影的关系

【任务要求】

1. 理解点的直角坐标和三面投影的关系。

2. 掌握三面投影体系中点的投影规律。

3. 能够在三面投影体系中正确作出点的投影并判别其可见性。

【知识准备】

(1)点的直角坐标和三面投影的关系

若把三投影面体系看成是空间直角坐标体系,则 H、V、W 面即为坐标面,X、Y、Z 轴即为坐标轴,O 点即为坐标原点。由图2.16可知,A 点的3个直角坐标 x_A、y_A、z_A 即为 A 点到3个坐标面的距离,它们与 A 点的投影 a、a'、a'' 的关系如下:

$$Aa'' = aa_Y = a'a_Z = Oa_X = x_A$$

$$Aa' = aa_X = a''a_Z = Oa_Y = y_A$$

$$Aa = a'a_X = a''a_Y = Oa_Z = z_A$$

由此可知,点的投影与坐标关系:

①a 由 Oa_X 和 Oa_Y,即 A 点的 x_A、y_A 两坐标确定。

②a' 由 Oa_X 和 Oa_Z,即 A 点的 x_A、z_A 两坐标确定。

③a'' 由 Oa_Y 和 Oa_Z,即 A 点的 y_A、z_A 两坐标确定。

由此可知,点的一个投影不能确定该点空间的唯一位置,必须两个投影才行。空间点 A(x_A、y_A、z_A)在三投影面体系中有唯一的一组投影(a、a'、a'')。

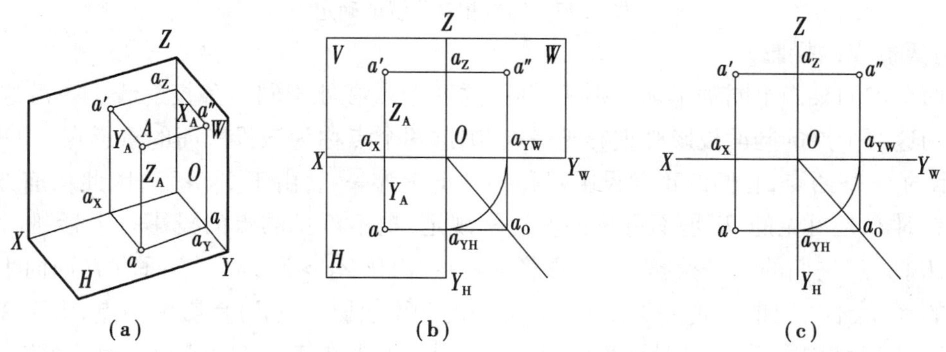

图2.16　点在三投影体系中的投影

(2)三面体系中点的投影规律

通过点的三面投影图的形成过程,可总结出点的投影规律:

①点的相邻两面投影连线,必定垂直于相应的投影轴,即:

$$a'a \perp OX, a'a'' \perp OZ, aa_Y \perp OY, a''a_Y \perp OY$$

②点的投影到投影轴的距离,等于空间点到相应的投影面的距离,且两两相等,即

$aa_Y = a'a_Z = Aa''$,Aa'' 为点到 W 面的距离;

$aa_X = a''a_Z = Aa'$,Aa' 为点到 V 面的距离;

$a'a_X = a''a_Y = Aa$,Aa 为点到 H 面的距离。

根据点的三面投影规律,可由点的3个坐标值画出其三面投影图,也可根据点的两面投影求作第三投影。

(3)两点的相对位置

空间点的位置可由点相对于 W、V、H 面的距离,即绝对坐标值来确定,也可由点相对于另一个点的位置即相对坐标来确定。两点的相对位置分左右、前后、上下,相对坐标是两点的同轴坐标差。通常 X 坐标值大的点位于左，小的位于右；Y 坐标值大的点位于前，小的点位于后；Z 坐标值大的点位于上，小的点位于下。如图 2.17 所示，已知空间两点 $A(x_A、y_A、z_A)$ 和 $B(x_B、y_B、z_B)$，分析 B 相对于 A 的位置，在 X 方向的相对坐标为 $(x_B - x_A)$，Y 方向的相对坐标为 $(y_B - y_A)$，Z 方向的相对坐标为 $(z_B - z_A)$。由于 $x_A > x_B$，故 A 点在左，B 点在右。由于 $y_A > y_B$，故 A 点在前，B 点在后。由于 $z_B > z_A$，故 B 点在上，A 点在下。

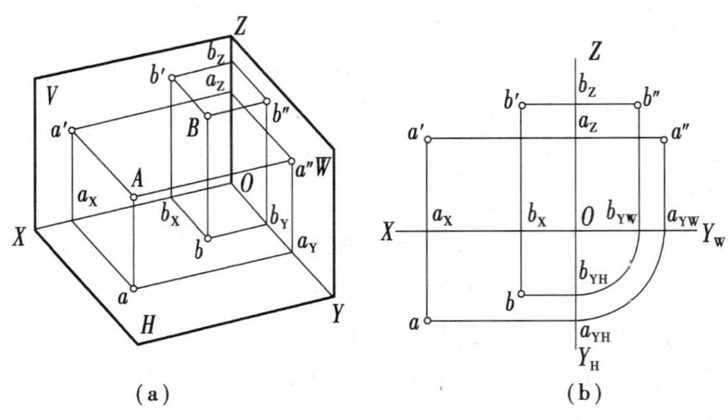

图 2.17　两点相对位置的确定

(4)重影点的投影

当两个点的某两个同轴坐标分别相等时，这两个点必处于同一条投射线上。沿这条投射线得到的这两个点的同面投影必重影于一点，则这两个点称为该投影面的重影点。如图 2.18(a)所示的 C、D 两点，它们的正面投影 c' 和 (d') 重影为一点，由于 $Y_C > Y_D$，因此从前方垂直 V 面向后看时 C 是可见的，D 是不可见的。通常规定，把不可见的点的投影打上括弧，如 (d')。又如 C、E 两点，它们的水平投影 (c)、e 重影为一点，由于 $Z_E > Z_C$，从上方垂直 H 面向下看时 E 是可见的，C 是不可见的。再如 C、F 两点，它们的侧面投影 c''、(f'') 重影为一点，由于 $X_C > X_F$，从左方垂直 W 面向右看时，C 是可见的，F 是不可见的，如图 2.18(b)所示。由此可知，对正投影面、水平投影面、侧投影面的重影点，它们的可见性，应分别是前遮后、上遮下、左遮右。利用重影点的投影特点可判别空间几何要素的可见性。

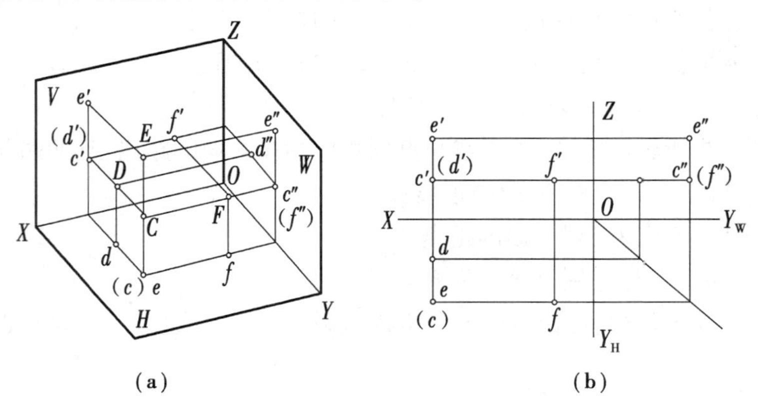

图 2.18　重影点的投影

【任务实施】

已知 A 点的坐标(20、15、10);B 点的坐标(30、10、0);C 点的坐标(15、0、0),作出各点的三面投影图(见图2.19)。

分析:A 点在空间,B 点在 H 面上,C 点在 X 轴上。

作图:A 点的投影:从 O 点到 X、Y、Z 轴上分别量取 $x_A=20$,$y_A=15$,$z_A=10$,然后各引所在轴的垂线,根据点的直角坐标和三面投影的关系知,aa_X 与 aa_{YH} 相交决定 a;$a'a_X$ 与 $a'a_Z$ 相交决定 a';$a''a_{YW}$ 与 $a''a_Z$ 相交决定 a''。

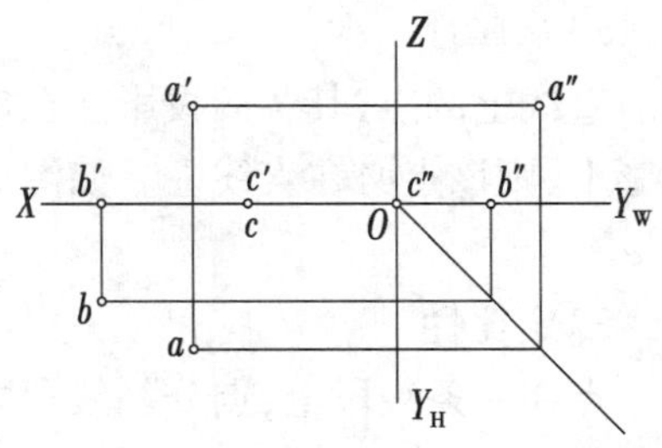

图2.19 根据点的坐标作投影图

B 点的投影:从 O 点在 X、Y 轴上分别量取 $x_B=30$,$y_B=10$,然后由 bx、b_{YH} 作所在轴的垂线,相交得 b 点。由于 $z_B=0$,所以 b' 在 X 轴上,b'' 在 Y_W 轴上。

C 点的投影:从 O 点在 X 轴上量取 $x_c=15$,由于 $y_c=0$,$z_c=0$,所以 c、c' 重合在 X 轴上,c'' 与原点 O 重合。

任务3 直线的投影

【任务描述】

如图2.20(a)所示,直线的空间位置可由直线上的任意两点的空间位置来确定,画出直线上任意两点的三面投影,然后分别连接这两点的同面投影,即是该直线的三面投影。如图2.20(b)所示,直线 AB 的三面投影为 ab、$a'b'$、$a''b''$。直线的两个投影即完全能确定直线的空间位置,通常多使用两面投图。如 AB 线画成图2.20(c)所示的投影图。

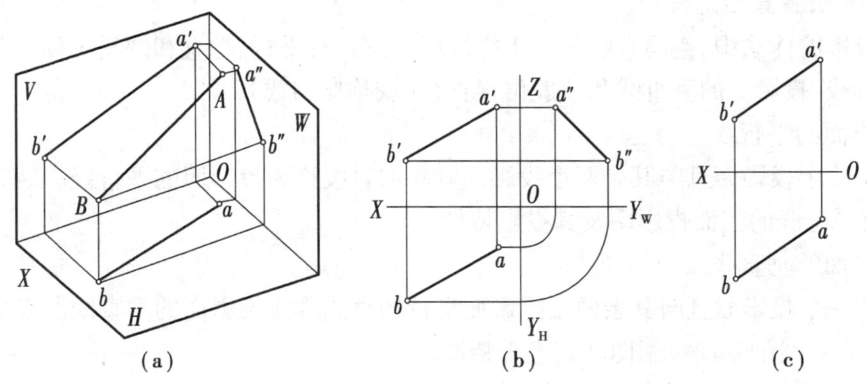

图2.20 直线的投影图

【任务要求】

1. 理解空间各种位置直线的投影特性。
2. 能够根据两直线上的重影点判别两直线的相对位置。

【知识准备】

(1)直线上点的投影

根据正投影基本特性可知,当点位于直线上时,两者的投影具有从属性和定比性。

1)从属性

直线上的点,其各面投影必在该直线的同面投影上;反之,如点的各面投影在直线的同面投影上,则该点必在直线上。如图 2.21 所示,C 点在直线 AB 上,则 c' 在 $a'b'$ 上,c 在 ab 上,c'' 在 $a''b''$ 上。

2)定比性

点在一条线段上,点分割线段之比,等于点的各面投影分割线段的同面投影之比。如图 2.21 所示中线段 AB 上的 C 点分割线段为 AC、CB 两段,且 $AC:CB=3:2$,则 $AC:CB=ac:cb=a'c':c'b'=a''b'':c''b''=3:2$。(证明从略)

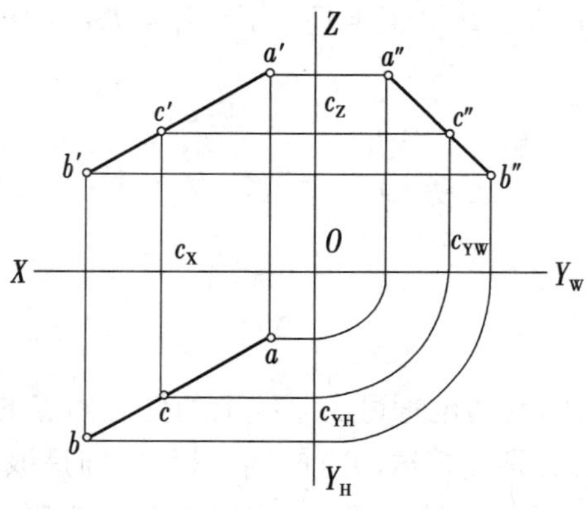

图 2.21　直线上点的投影

(2)各种位置直线的投影

在三投影的体系中,空间直线相对于投影面的位置有平行、垂直和倾斜 3 种。分别称为投影面的平行线,投影面的垂直线和一般位置直线(或称倾斜线)。

1)投影面的平行线

平行于一个投影面且与其余两个投影面倾斜的直线称为投影面的平行线。表 2.1 列出了 3 种投影面平行线的三面投影图及其投影特性。

2)投影面的垂直线

垂直于一个投影面且与其余两个投影面平行的直线称为投影面的垂直线。表 2.2 列出了 3 种投影面垂直线的三面投影图及其投影特性。

3)投影面的一般位置直线

与 3 个投影面都不平行也不垂直的直线称为投影面的一般位置直线。它在 3 个投影面上的投影延长后均与投影轴相交,但其交角都不反映直线对投影面的倾角,线段的投影长度也都小于线段的实长。如图 2.22 所示中的线段 AB 为一般位置直线,它的投影 ab、$a'b'$、$a''b''$均不平行各投影轴,且都小于 AB 实长。

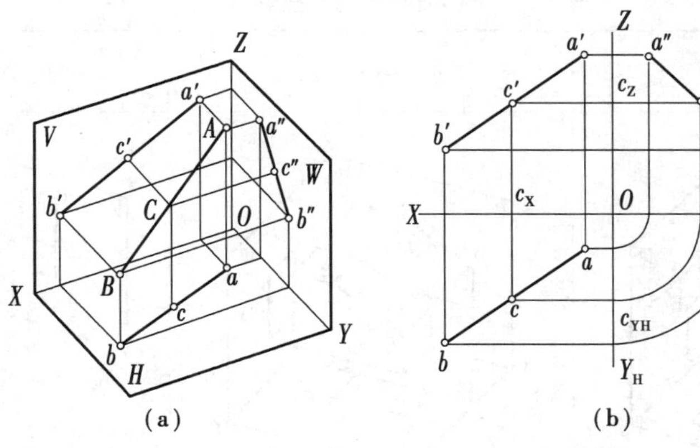

图 2.22　一般位置直线的投影

表 2.1　投影面平行线的投影特性

名称	铅垂线(⊥H)	正垂线(⊥V)	侧垂线(⊥W)
立体图			
投影图			
投影特性	①水平投影积聚为一点 $a(b)$ ② $a'b' = a''b'' = AB$ ③ $a'b' \perp OX, a''b'' \perp OY_W$	①正面投影积聚为一点 $a'(b')$ ② $ab = a''b'' = AB$ ③ $ab \perp OX, a''b'' \perp OZ$	①侧面投影积聚为一点 $a''(b'')$ ② $a'b' = ab = AB$ ③ $a'b' \perp OZ, ab \perp OY_H$
	小结:1. 在所垂直的投影面上的投影积聚为一点 2. 另外两个投影反映线段实长,且分别垂直于相应的投影轴		

表 2.2 投影面垂直线的投影特性

名称	水平线（$/\!/ H$）	正平线（$/\!/ V$）	侧平线（$/\!/ W$）
立体图	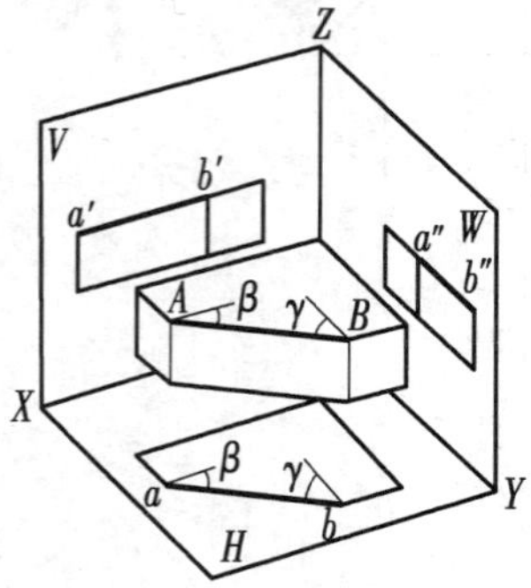	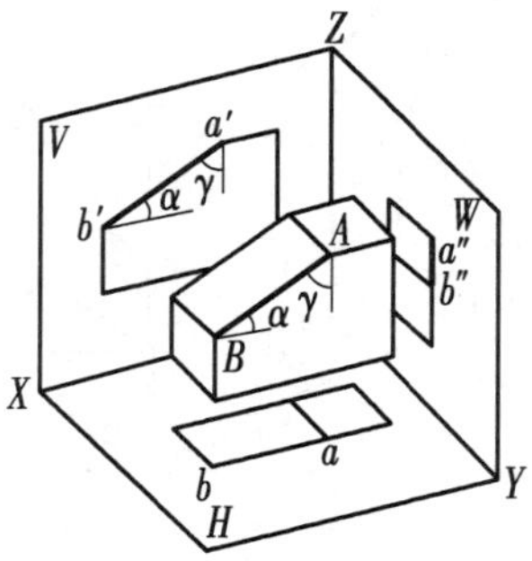	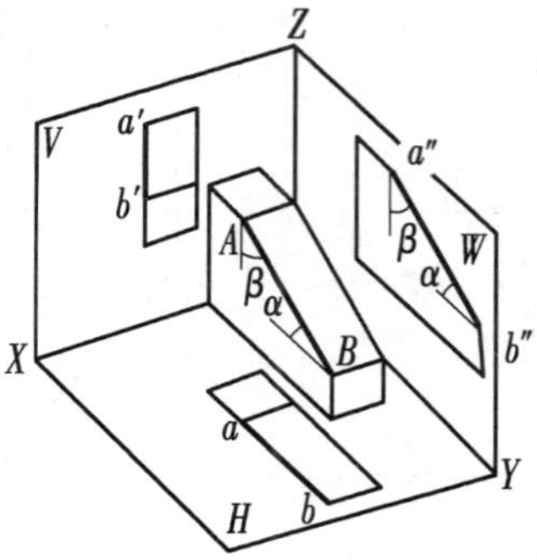
投影图	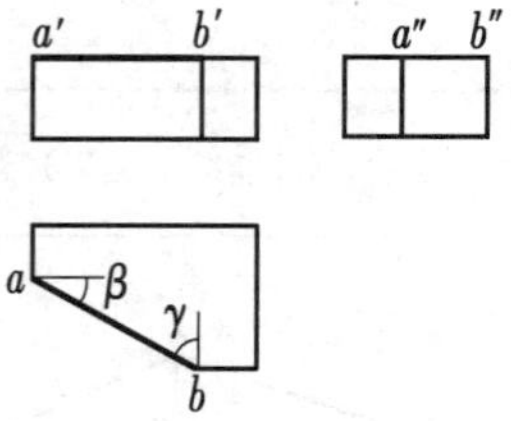	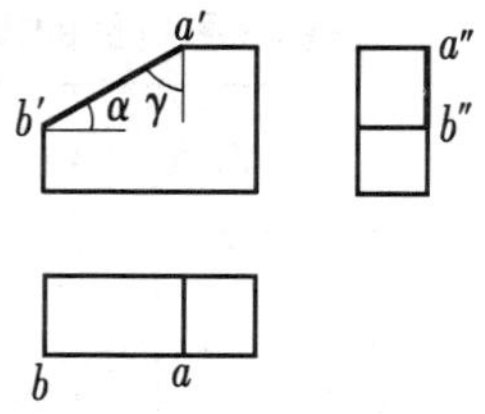	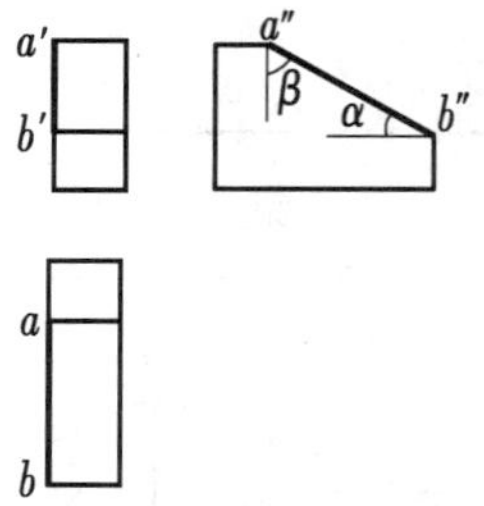
投影特性	①$ab = AB$ ②$a'b' /\!/ OX, a''b'' /\!/ OY_W$ ③ab 与 OX、OY_H 的夹角 β、γ 分别等于 AB 对 V、W 面倾角	①$a'b' = AB$ ②$ab /\!/ OX, a''b'' /\!/ OZ$ ③$a'b'$ 与 OX、OZ 的夹角 α、γ 分别等于 AB 对 H、W 面倾角	①$a''b'' = AB$ ②$ab /\!/ OY_H, a'b' /\!/ OZ$ ③$a''b''$ 与 OY_W、OZ 的夹角 α、β 分别等于 AB 对 H、V 面倾角
	小结：1. 在所平行的投影面上的投影反映实长，它与投影轴的夹角等于直线对另外两个投影面的倾角 2. 另外两个投影平行于相应的投影轴，且小于实长		

(3)两直线相对位置

空间两直线的相对位置有平行、相交、交叉 3 种情况。

1)平行两直线

若空间两直线相互平行，则它们的各同面投影必然相互平行。反之，若两直线的各同面投影都相互平行，则此两直线在空间也必定相互平行。

如图 2.23 所示，直线 AB 平行直线 CD，AB、CD 两直线向 H 面作投射线时，可构成两平行平面 $ABba$ 和 $CDdc$，它们与 H 面的交线 ab 和 cd 也相互平行，即 $ab /\!/ cd$。同理，可以证明投影 $a'b' /\!/ c'd'$，$a''b'' /\!/ c''d''$。由于空间两平行线相对于同一投影面的倾角相同，故两直线的长度之比也等于此两直线各同面投影长度之比，即 $AB : CD = ab : cd = a'b' : c'd' = a''b'' : c''d''$。

在两面投影中，一般只要两直线的每组同面投影都平行，就可反映两直线在空间互相平行。但像图 2.24 所示的两条侧面平行线，画出正面投影和水平投影并不能反映它们彼此平行与否，还须画出其侧面投影。

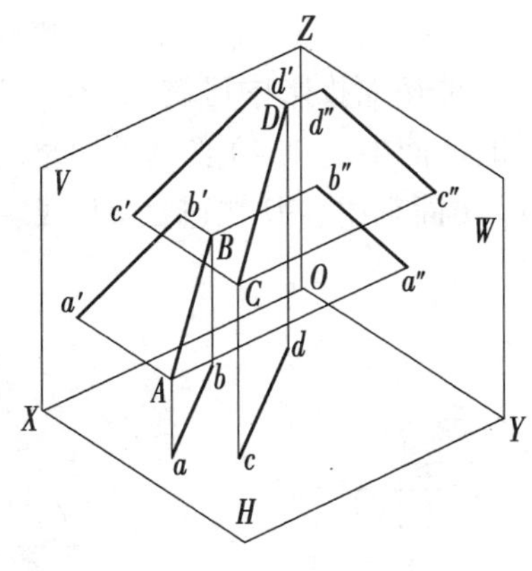

(a)

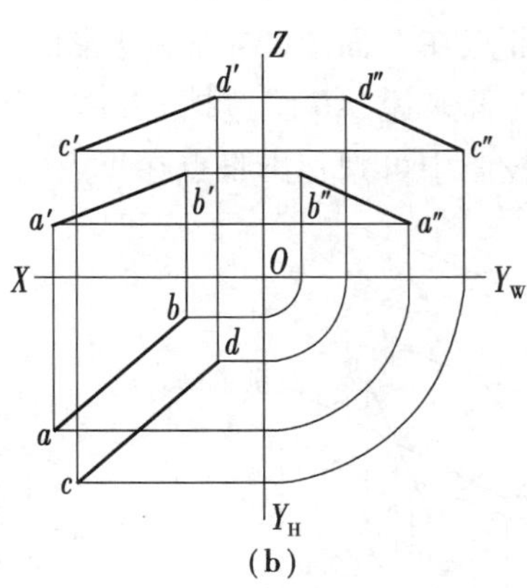

(b)

图2.23 平行两直线的投影

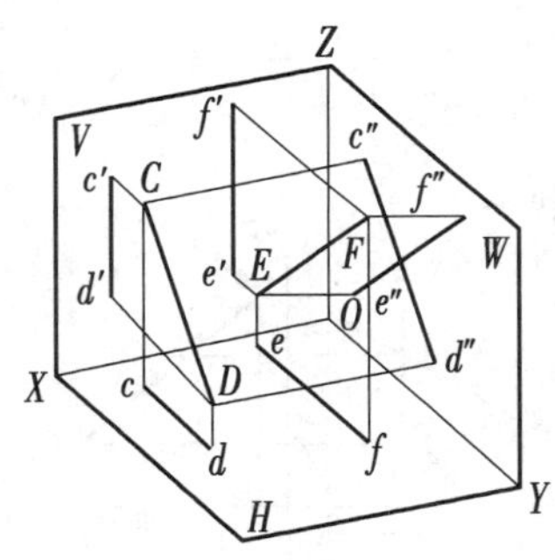

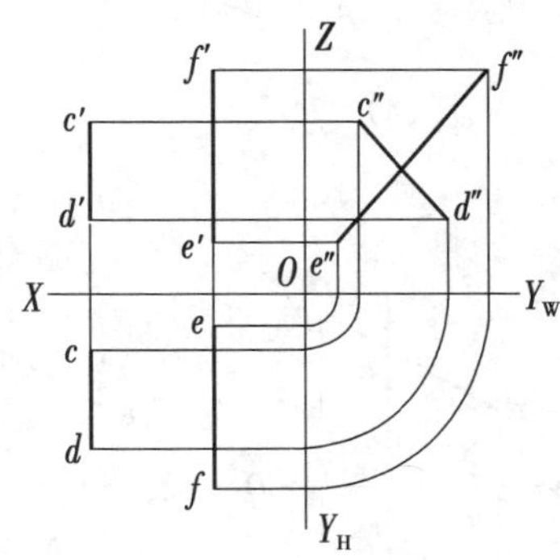

图2.24 判断两侧平线是否平行

2)相交两直线

若空间两直线相交,则它们的各个同面投影也一定相交,且交点符合点的三面投影规律。反之,若两直线的各个同面投影都相交且交点的投影符合点的三面投影规律,则此两直线在空间必定相交。如图2.25(b)所示,当*AB*、*CD*两直线相交时,则交点*K*便是*AB*、*CD*两直线上的共有点,根据直线与点从属性的投影特性可知,*k′*必在*a′b′*和*c′d′*上,即*k′*必是*a′b′*和*c′d′*的交点,同样*k*和*k″*也必定分别是*ab*、*cd*和*a″b″*、*c″d″*的交点。

在两投影面的投影图中,一般只要查看两直线的两组同面投影是否相交,且两投影交点的连线是否垂直投影轴,就可以判断这两条直线在空间是否相交(见图2.25(c))。但是,当两直线之一是投影面平行线时(见图2.26(a)),则需用点分割线段成定比例的方法或用三面投影的方法检查是否相交,如图2.26(b)、(c)所示。经检查,*K*点不属*EF*直线上的点,而只位于*GH*直线上,故两直线不相交。

3)交叉两直线(异面直线)

交叉两直线在空间既不平行,也不相交。因此,两直线的各组同面投影不可能同时都平行,或各组同面投影虽相交,但交点的各面投影之间不可能符合三面投影的规律。如图2.27(b)所示两直线的两组同面投影虽相交,但交点投影的连线不与*X*轴(或*Z*轴)垂直,所以*AB*和*CD*两直线在空间是交叉而不相交。此时,交叉两直线同面投影的交点是两直线上各自的一个点在该投影面上的重影，如图 2.27(a)中，$a'b'$与$c'd'$的交点 1′(2′)是 AB 直线上的Ⅰ点与 CD 直线上的Ⅱ点在 V 面上的重影。从图 2.27(b)中的 H 面投影中可看出，$y_{\text{I}} > y_{\text{II}}$，所以Ⅰ在Ⅱ的前方；对 V 面来说，AB 线遮挡 CD 线。同理可知，H 面中的 3(4)点也是两直线上重影点的投影，从 V 面投影中可判别出Ⅲ点在Ⅳ点的上方；对 H 面来说，CD 线遮挡 AB 线。

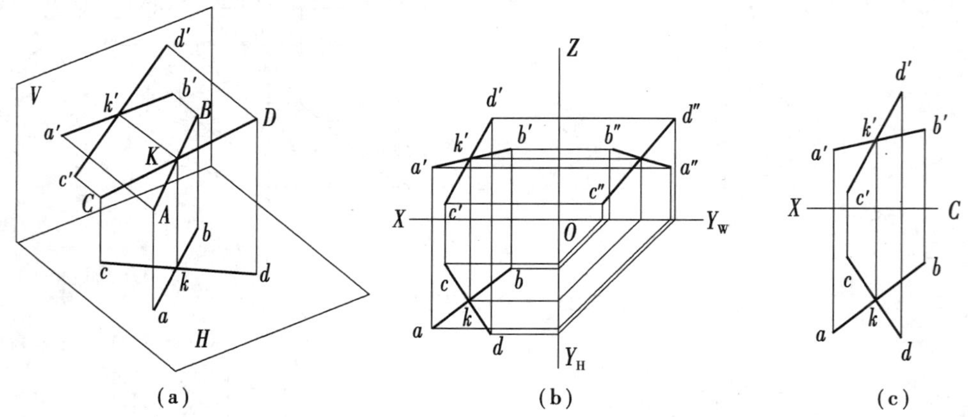

图 2.25　相交两直线的投影

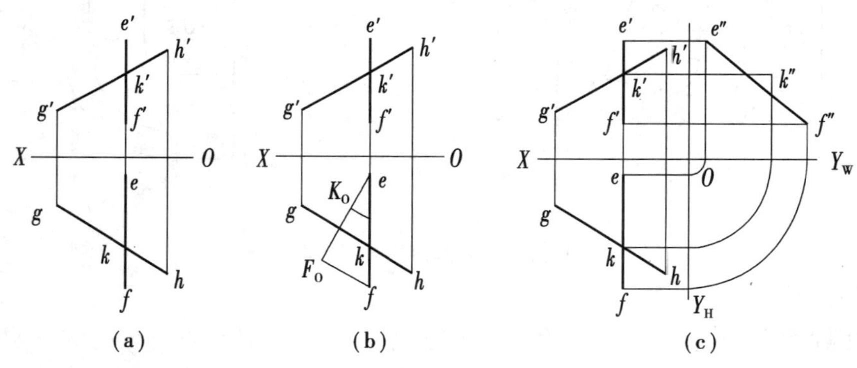

图 2.26　判断两直线是否相交

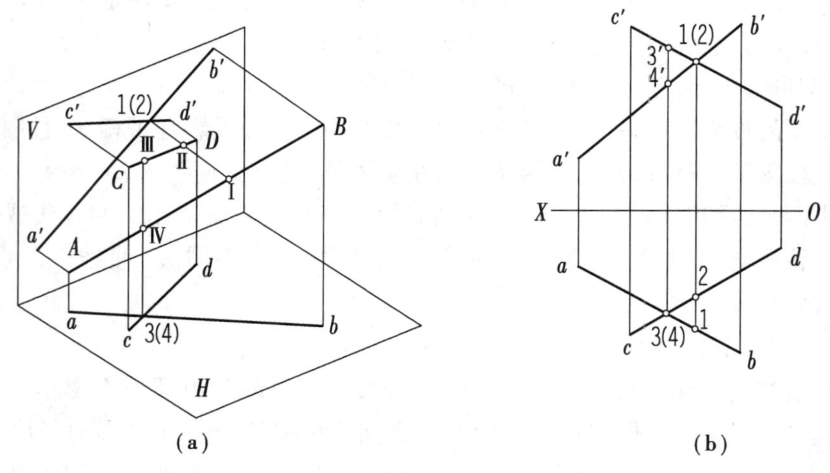

图 2.27　交叉两直线的投影

利用交叉两直线上两重影点判别两直线的相对位置的方法,是以后研究几何要素相交问题,判别投影可见与不可见的基本方法。

【任务实施】

已知 K 点在线段 AB 上,由已知投影 k' 求投影 k(见图2.28)。

分析:由图可知 $a'k'\colon k'b' = ak\colon kb$,用点与直线投影的从属性和定比性,可完成作图。

作图:

(1)过 a 任作一辅助线 aB_0(用细线)。

(2)在辅助线上取 $aK_0 = a'k'$,$K_0B_0 = k'b'$。

(3)连接 B_0b,并过 K_0 作平行于 B_0b 的直线 K_0k,此直线与 ab 的交点 k 即为所求。

应用点分割线段成定比的投影特点,也可检查点是否在特殊位置的直线上,如图2.29所示,K 点经作图检查表明它不在线段 AB 上。

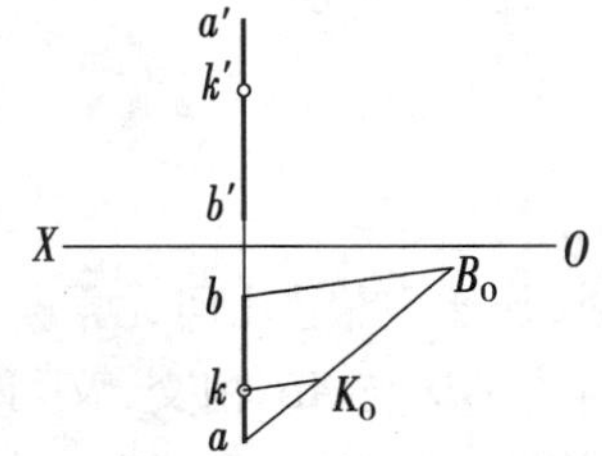

图2.28　由直线上点的一个投影求作另一个投影

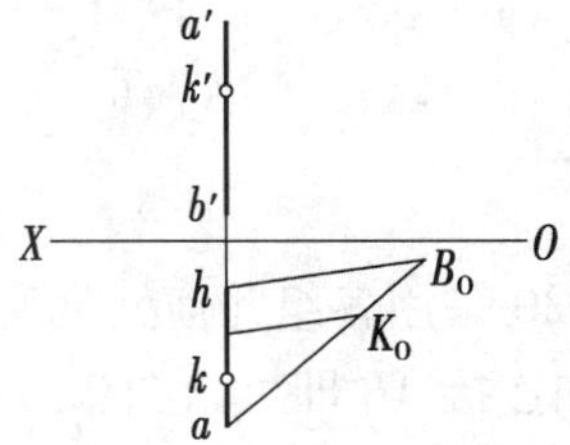

图2.29　判断 K 点是否在直线 AB 上

任务4　平面的投影

【任务描述】

平面图形的投影一般仍然是类似的平面图形,可先通过平面上点的投影进而得到平面的投影。具体作图时,一般根据作图方便和平面的表达效果,平面的表达方法常采用两条相交直线、三角形和多边形平面。

【任务要求】

1. 掌握平面的基本表示方法。
2. 理解各类位置平面的投影特性。
3. 能够识读并绘制平面的投影。

【知识准备】

(1)平面的表示法

1)用几何元素表示平面

由初等几何可知,下列几何元素组都可以确定平面在空间的位置:

①不在同一直线上的3个点(见图2.30(a))。

②一直线和直线外的 1 个点(见图 2.30(b))。

③相交两直线(见图 2.30(c))。

④平行两直线(见图 2.30(d))。

⑤任意平面图形,如三角形、平行四边形、圆形等,如图 2.30(e)所示。

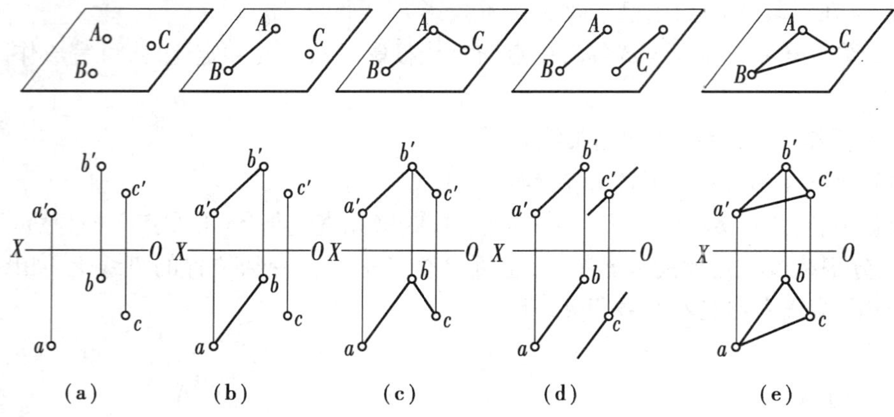

图 2.30 用几何元素表示平面

图 2.30 是用各组几何元素所表示的同一平面的投影图,显然,各组几何元素是可以互相转换的,如连接 *AB* 即可由图 2.30(a)转换成图 2.30(b),再作 *CD* 与 *AB* 相交,又可转换成图 2.30(c),或作 *CD*∥*AB*,可转换成图 2.30(d)。从图中可以看出,不在同一直线上的 3 个点是决定平面位置的最基本几何元素组。

2)用迹线表示平面

如图 2.31 所示为用平面上的特殊直线来表示平面的方法。该特殊直线是平面与投影面的交线,称为迹线。平面 *P* 与 *H*、*V*、*W* 面的交线分别称为水平迹线、正面迹线和侧面迹线,用 P_H、P_V、P_W 表示。

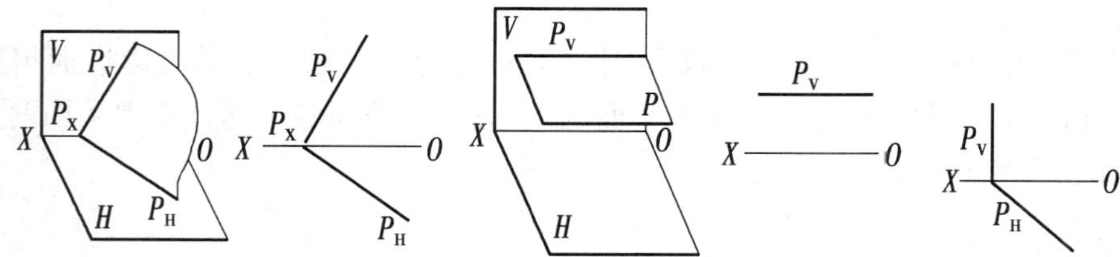

图 2.31 用迹线表示平面

由于迹线在投影面上,因此迹线在这投影面上的投影必定与其本身重合,并用迹线符号标记,即在投影图上直接用 P_V 标记正面迹线的正面投影;用 P_H 标记水平迹线的水平投影;用 P_W 标记侧面迹线的侧面投影。迹线的另两个投影与相应的投影轴重合,一般不再标记。这种用迹线表示的平面称为迹线平面。

(2)各种位置平面的投影特性

平面在三投影面体系中相对于投影面的位置可分为 3 种,即投影面垂直面、投影面平行面和倾斜面。其中投影面垂直面和投影面平行面称为特殊位置平面,倾斜面又称为一般位置平面。

1)投影面垂直面

垂直于一个投影面而与其余两个投影面都成倾斜的平面称为投影面垂直面。

垂直于 H 面的称为铅垂面;垂直于 V 面的称为正垂面;垂直于 W 面的称为侧垂面。

表2.3分别列出了铅垂面正垂面和侧垂面的直观图、投影图及其投影特性。

2)投影面平行面

平行于一个投影面且与其余两投影面都垂直的空间平面称为投影面平行面。

平行于 H 面的称为水平面;平行于 V 面的称为正平面;平行于 W 面的称为侧平面。

表2.4中分别列出正平面、水平面、侧平面的直观图、投影图及其投影特性。

3)投影面的倾斜面(一般位置平面)

与3个投影面都倾斜的平面称为投影面的倾斜面或一般位置平面,简称倾斜面。

如图2.32(a)所示,因倾斜面与3个投影面都既不平行也不垂直,所以在3个投影面上的投影既不反映实形也没有积聚性,也不能直接反映出该平面对投影面的倾角。图2.32(b)中 $\triangle ABC$ 的3个投影 $\triangle abc$、$\triangle a'b'c'$、$\triangle a''b''c''$ 都是 $\triangle ABC$ 的类似形,都不反映 $\triangle ABC$ 的实形。

表2.3　投影面垂直面的投影特性

名称	铅垂面($\perp H$)	正垂面($\perp V$)	侧垂面($\perp W$)
立体图	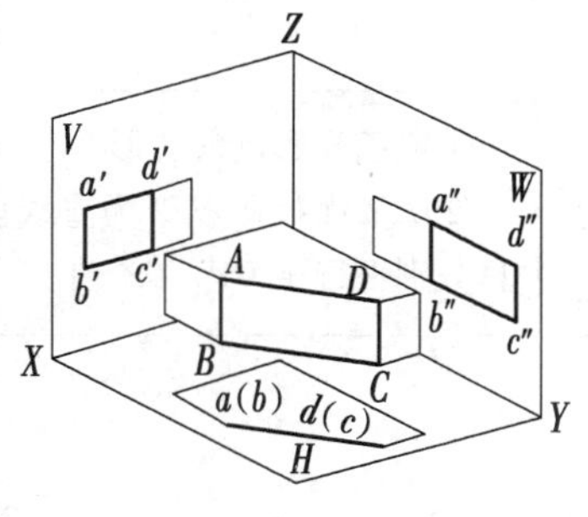	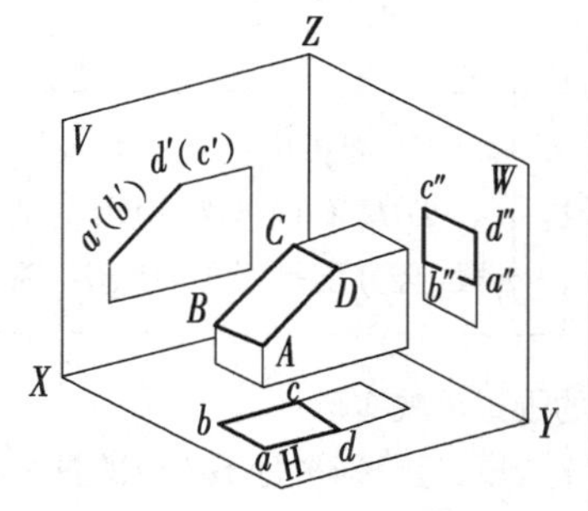	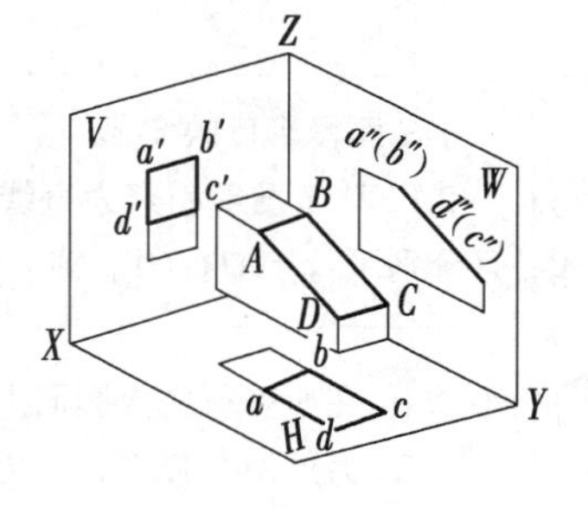
投影面	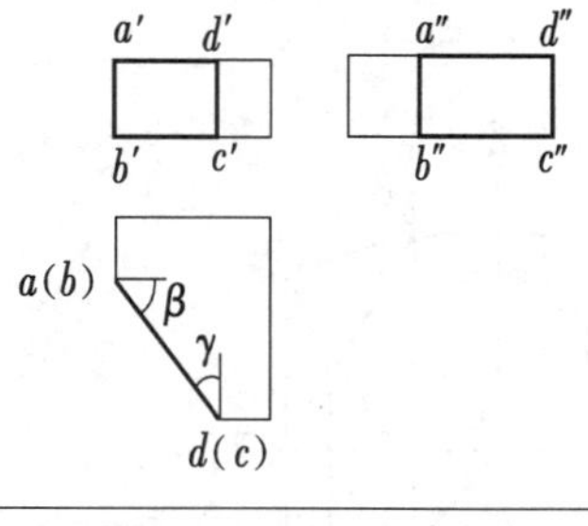	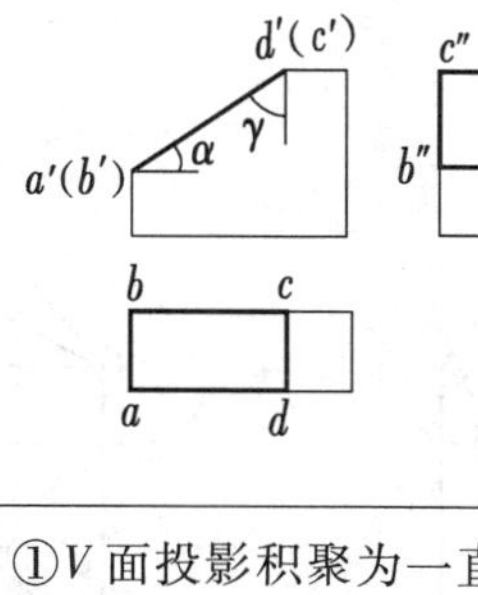	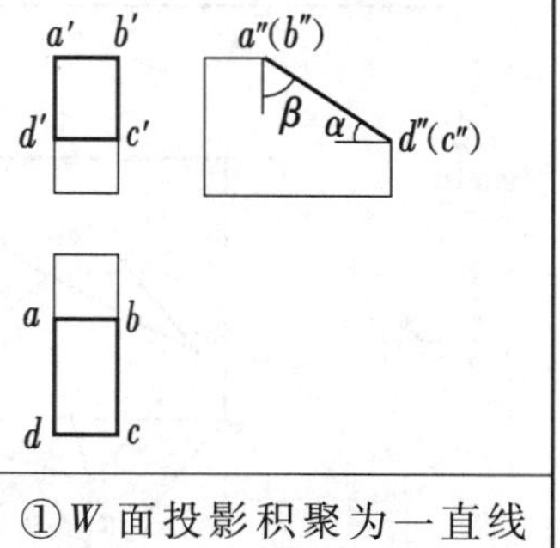
投影特性	① H 面投影积聚为一直线段,它与 OX、OY_H 轴的夹角为对 V、W 面的倾角 β、γ ② V、W 面投影为类似形	① V 面投影积聚为一直线段,它与 OX、OZ 轴的夹角为对 H、W 面的倾角 α、γ ② H、W 面投影为类似形	① W 面投影积聚为一直线段,它与 OZ、OV_W 轴的夹角为对 V、H 面的倾角 β、α ② V、H 面投影为类似形
	小结:1. 在所垂直的投影面上投影积聚为一倾斜的直线段,它与投影轴的夹角分别反映该平面对另两投影面的倾角; 2. 另外两个投影面上的投影为类似形。		

表 2.4　投影面平行面的投影特性

名称	水平面（$/\!/H$）	正平面（$/\!/V$）	侧平面（$/\!/W$）
立体图	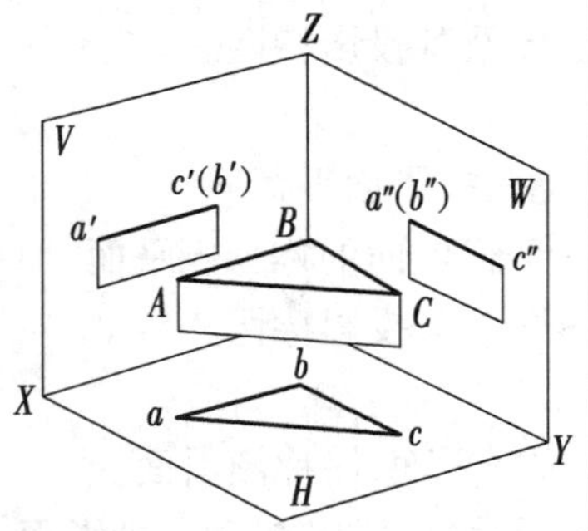	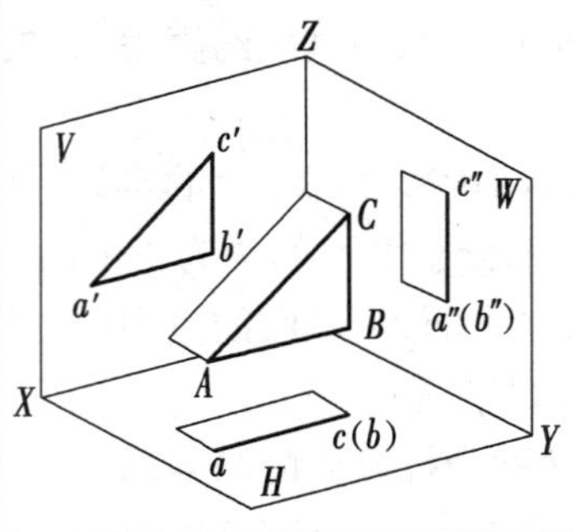	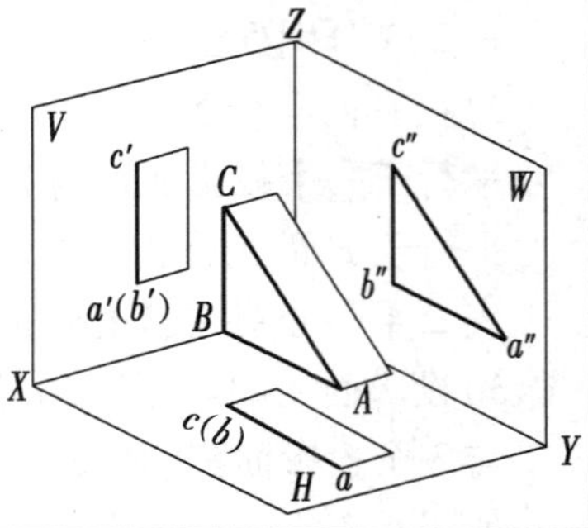
投影图	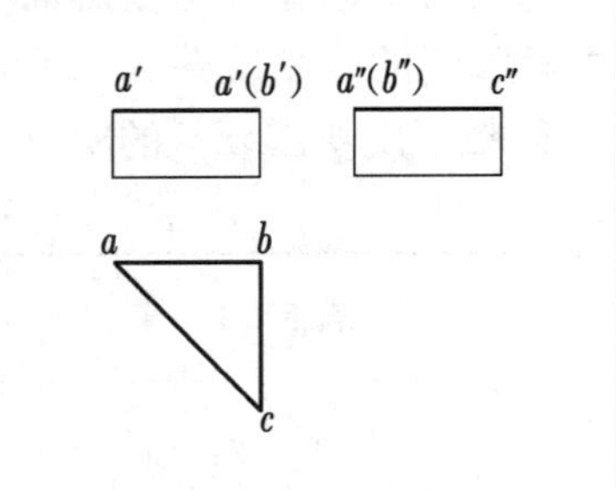	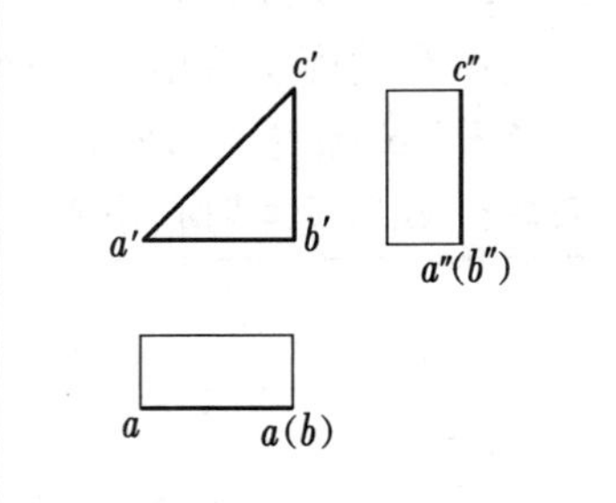	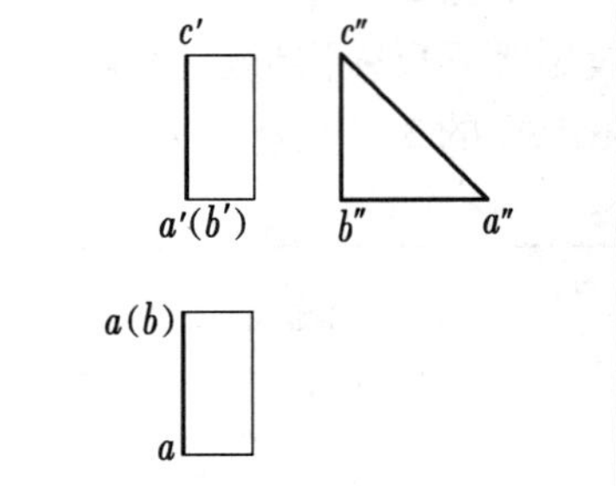
投影特性	①H 面投影反映实形 ②V、W 面投影积聚为直线段，且分别平行于 OX、OY_W 轴	①V 面投影反映实形 ②H、W 面投影积聚为直线段，且分别平行于 OX、OZ 轴	①W 面投影反映实形 ②H、V 面投影积聚为直线段，且分别平行于 OY_H、OZ 轴
	小结：1. 在所平行的投影面上的投影反映实形； 2. 另外两个投影积聚为直线段，且分别平行于相应的投影轴。		

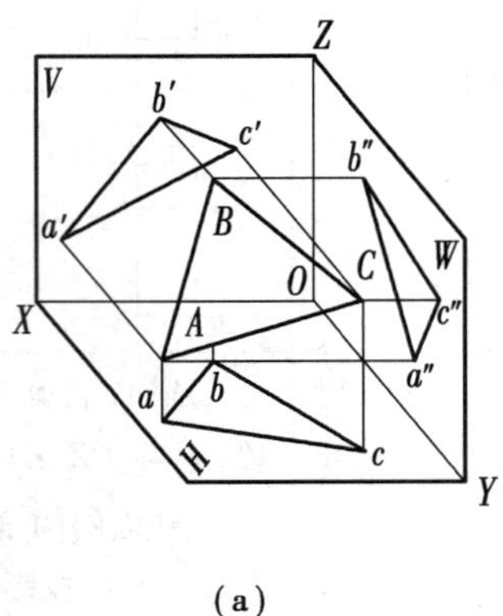

(a)

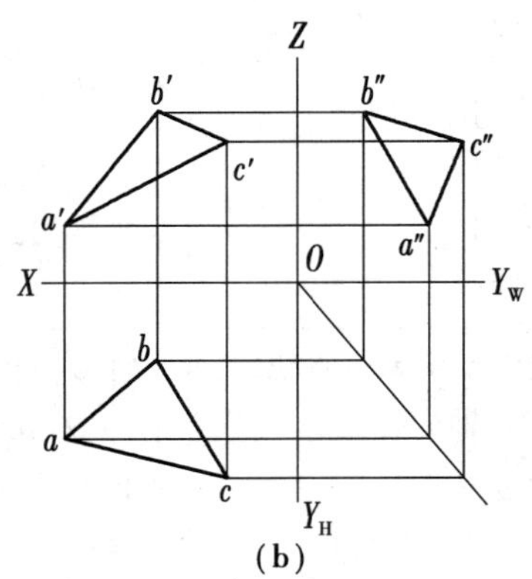

(b)

图 2.32　倾斜面的投影

图 2.33 是立体上投影面的倾斜面（一般位置平面）的三投影图，绘制了立体三视图中 $\triangle ABC$ 平面的三投影 $\triangle abc$、$\triangle a'b'c'$、$\triangle a''b''c''$，表明了倾斜面的投影特点。

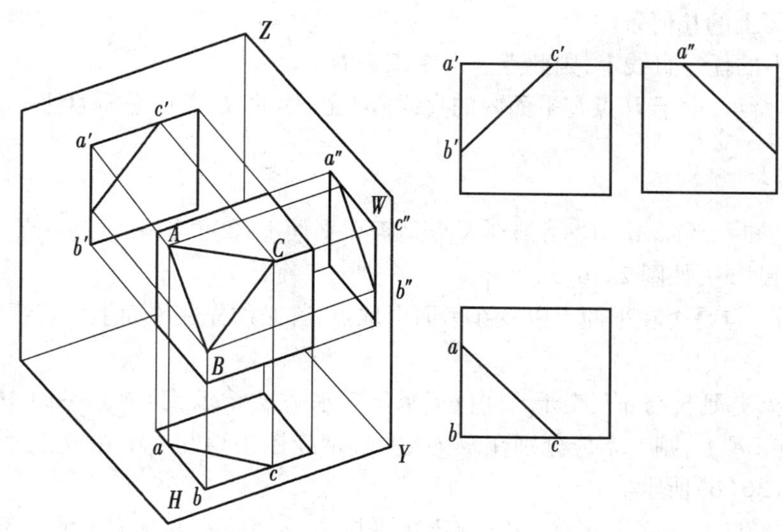

图 2.33　立体上的倾斜面投影

(3)平面上直线和点的投影

1)直线在平面上的几何条件

①一直线若通过平面上的两个点,则此直线一定在该平面上。如图 2.34 所示相交两直线 AB、BC 确定一平面 P,由于 K、L 两点分别在 AB、BC 上,所以 KL 连线定在 P 平面上。

②一直线若通过平面上一个点且平行于平面上的另一条直线,则此直线一定在该平面上。如图 2.35 所示相交两直线 AB、BC 确定一平面 Q。G 是 AB 上的一个点,如过 G 作线 $GH /\!/ BC$,则 GH 一定在 Q 平面上。

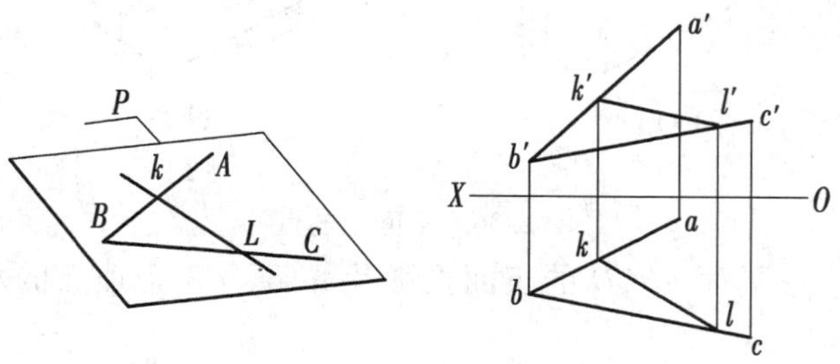

图 2.34　平面上取直线(一)

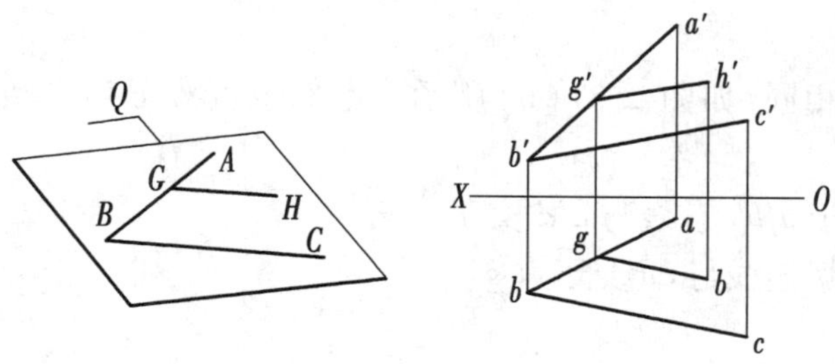

图 2.35　平面上取直线(二)

2)点在平面上的几何条件

点在平面内的任一直线上,则此点一定在该平面上。

如图 2. 35 所示,由于 H 点在平面内的直线 GH 上,因此,H 点在平面 Q 上。

【任务实施】

训练 1　已知一平面 $ABCD$,①判别 K 点是否在平面上;②已知平面上一点 E 的正面投影 e',作出其水平投影 e,如图 2. 36(a)所示。

分析:判别一点是否在平面上以及在平面上取点,都必须先在平面上取直线。

作图:

①连接 c'、k'并延长与 $a'b'$交于 f',由 $c'f'$求出其水平投影 cf,则 CF 是平面 $ABCD$ 上的一条直线,如 K 点在 CF 上,则 k、k'应分别在 cf、$c'f'$上。从作图中得知 k 不在 cf 上,所以 K 点不在平面上,如图 2. 36(b)所示。

②连接 a'、e'与 $c'd'$ 交于 g',由 $a'g'$求出水平投影 ag,则 AG 是平面上的一条直线,如 E 点在平面上,则 E 应在 AG 上,所以 e 应在 ag 上,于是过 e'作投影连线与 ag 延长线的交点 e 即为所求 E 点的水平投影。

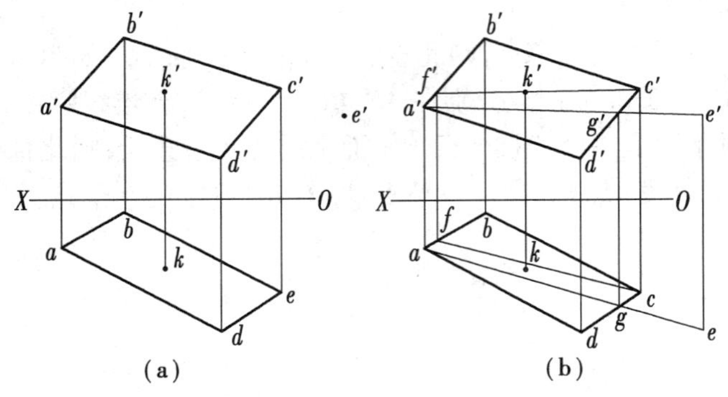

图 2. 36　平面上的点

训练 2　已知四边形平面 $ABCD$ 的正面投影及 A、B、D 3 个顶点的水平投影(见图 2. 37(a))试补全水平投影。

分析:因四边形已知 3 个顶点的两面投影,故该平面空间位置已定,C 点在该平面上,由 c' 可在该平面上取 C。

作图:

作图方法与上例相同,如图 2. 37(b)所示。本例也可按下列步骤作图,如图 2. 37(c)所示。

①过 c'作线平行于 $a'b'$,该线与 $a'd'$交于点 g。

②由 g'向下引投影连线与 ad 交于点 g。

③过 g 作 $gc/\!/ab$。

④由 c'向下引投影连线与 gc 交于点 c。

⑤连 bc、cd 即为所求。

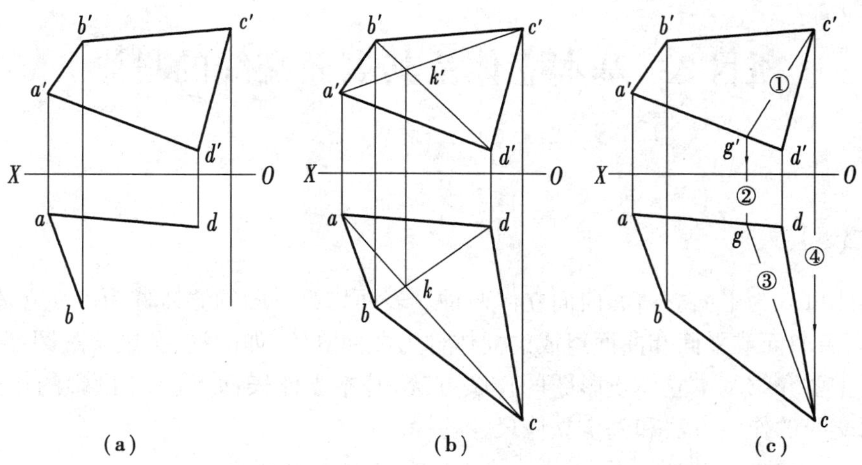

图2.37　补全平面四边形的水平投影

项目 3　基本立体及其表面交线的投影

【项目描述】

基本立体可分为平面立体和曲面立体两种。表面均为平面的立体称为平面立体,如棱柱、棱锥等;表面由曲面或平面和曲面组成的立体称为曲面立体,如圆柱、圆锥、球、圆环等。

本项目主要介绍基本立体投影图的作图方法,基本立体表面点(线)投影的作图方法,基本立体表面交线的作图方法和基本立体尺寸的标注。

【学习目标】

通过本项目的学习,要求掌握以下基本知识:

1. 掌握基本立体表面点(线)投影的作图方法。
2. 掌握回转体表面上点的投影作图方法。
3. 掌握不同截交线(平面立体的截交线、回转体截交线)的作图方法。
4. 掌握回转体表面相贯线的作图方法。
5. 掌握基本体的尺寸标注方法。

【技能目标】

1. 能进行基本立体和回转体上点的投影绘制。
2. 能够掌握截交线和相贯线的作图方法。
3. 能进行基本体的尺寸标注。

任务 1　基本立体的投影

【任务描述】

本次任务我们将在学习点、直线、平面三面投影特性的基础上学习常见基本立体:平面立体、平面立体表面点(线)、回转体、回转体表面点(线)三面投影的作图。

【任务要求】

1. 掌握基本立体表面点(线)投影的作图方法。
2. 掌握回转体表面上点投影的作图方法。

【知识准备】

(1)平面立体的投影

平面立体的表面都是多边形平面,因此绘制平面立体的投影,可归纳为绘制其各多边形平面的投影,也就是绘制这些多边形的边和各个顶点的投影。

1)棱柱的投影

棱柱可以看成由多边形平面沿某一与其垂直的直线移动(拉伸)而成。棱柱的顶面和底面是两个形状相同而且互相平行的多边形平面,这两个确定棱柱形状特征的面称为棱柱的特征面,其他面均为矩形,垂直于特征面,如图 3.1 所示。

绘制如图 3.1(a)所示的正五棱柱的三面投影图。

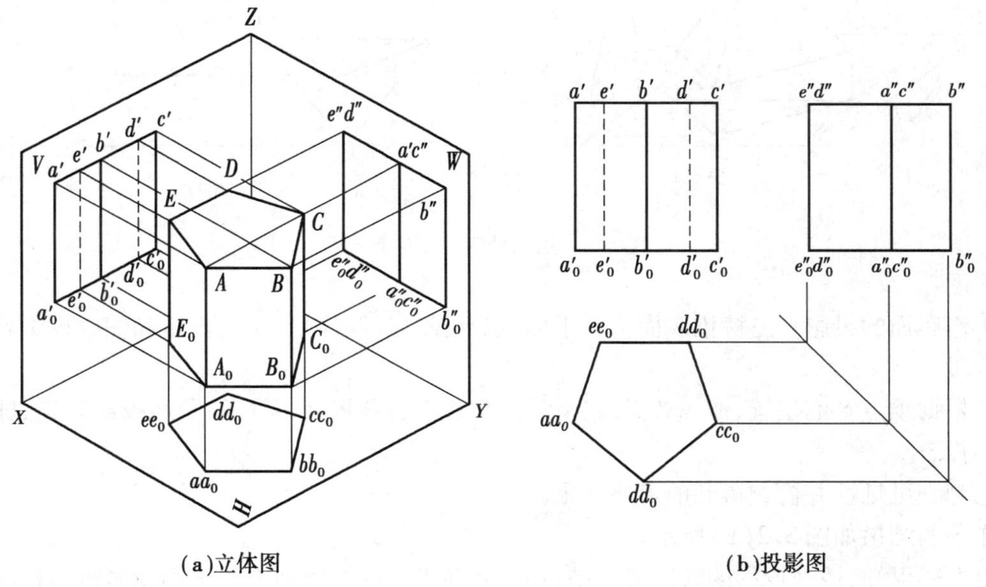

(a)立体图　　(b)投影图

图 3.1　正五棱柱的三面投影

分析:正五棱柱的顶面和底面为水平面,一个侧面为正平面,其余 4 个侧面均为铅垂面,5 条棱线均为铅垂线。

作图:

①作顶面和底面的投影。顶面和底面均为水平面,其正面和侧面投影分别积聚为一直线段,水平投影反映正五边形的实形,且顶面和底面的水平投影重合。

②作侧面的投影。5 个侧面中有 4 个为铅垂面,水平投影积聚成直线,正面投影和侧面投影是类似形,一个为正平面,正面投影反映实形,水平投影和侧面投影积聚成直线。

③判别可见性。将立体的表面向投影面投影时,可见的面的轮廓线画粗实线,不可见的面的轮廓线画虚线,粗实线与虚线重合时,只画粗实线。

作图的结果如图 3.1(b)所示。

由上述可知,棱柱投影的共同特点是:在与特征面平行的投影面上的投影为多边形且反映特征面的实形(特征投影),另两面投影均为一个或多个、可见与不可见矩形的组合。

作棱柱的投影时，宜先画特征投影，再画其他投影。

2）棱锥的投影

棱锥的底面为多边形，各侧面均为过锥顶的三角形。如图3.2所示的正三棱锥，底面为正三角形，三个侧面均为等腰三角形。

绘制如图3.2(a)所示的正三棱锥的三面投影图。

分析：正三棱锥底面为水平面，前边的两个侧面为一般位置平面，后边的侧面为侧垂面。

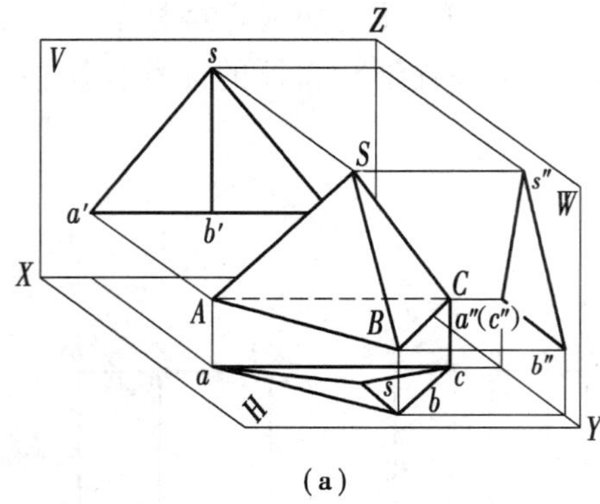

(a)

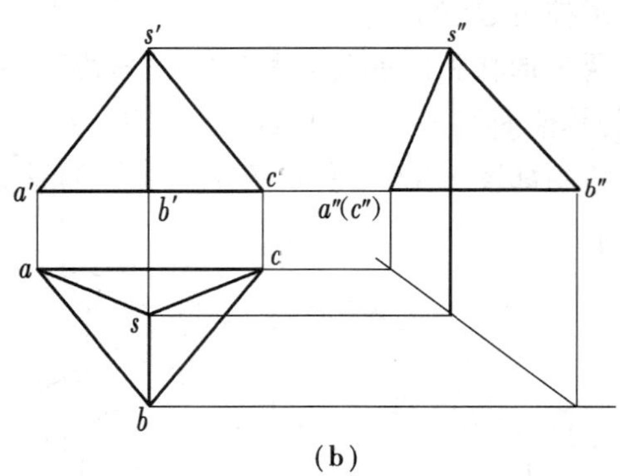

(b)

图3.2 正三棱锥的三面投影

作图：

①作底面的投影。三棱锥底面为水平面，水平投影反映实形，正面投影和侧面投影均积聚成直线段。

②根据顶点 S 的位置，作 s、s'、s''，将 s、s'、s'' 与底面各顶点 A、B、C 的同面投影相连，即得各侧面的投影。

③判别可见性并检查得到的最终结果。

作图的结果如图3.2(b)所示。

由上述可知，棱锥投影的共同特点是：在与底面平行的投影面上的投影为多边形且反映底面的实形，它由数个具有公共交点的三角形组合而成；另两个投影为一个或多个、可见与不可见具有公共顶点的三角形的组合。

作棱锥的投影图时，一般应先画底面各投影（先画底面反映实形的投影，再画底面积聚性投影），再画出锥顶点各投影，然后连接各棱线并区分可见性。

（2）平面体表面的点（线）

在平面立体表面上作点（线）的投影时，可按以下步骤进行：

①判断点属于哪个平面。

②判断该平面对投影面的相对位置。

a. 如果该平面是特殊位置平面，则可利用积聚性作图，即在该平面具有积聚性的投影上先作出点的投影，然后利用投影规律作出点的其他两面的投影。如图3.3所示的五棱柱表面 M、N、P 3点的投影作图（线的投影可在点投影的基础上通过判断可见性，用实（虚）直线段连接，如图3.3所示中的线段 PN）。

b. 如果该平面是一般位置平面，则要利用辅助线作图，即先在已知点投影的投影面内通过点的已知投影作辅助线（锥顶到底锥边的线或平行锥底边的线），然后作辅助线的其他投影并求出点的投影。如图3.4所示的三棱锥表面点 M 投影。

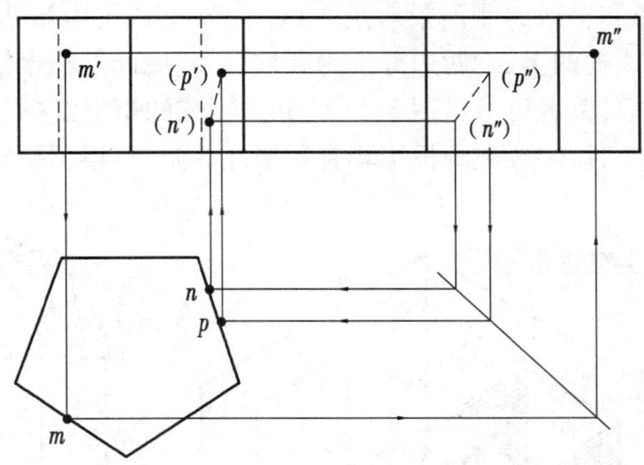

图3.3　五棱柱表面点(线)的作图

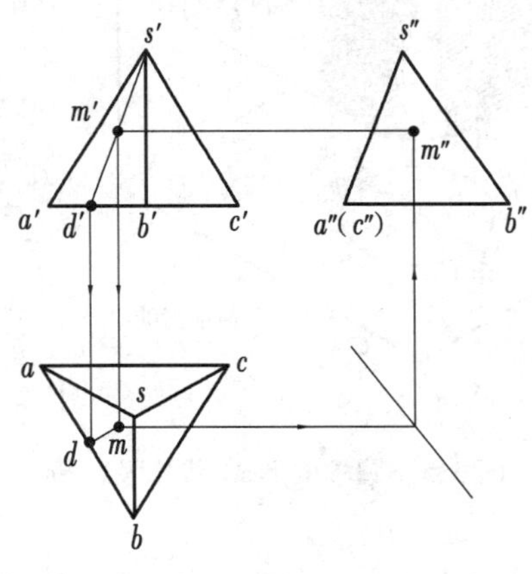

图3.4　三棱锥表面点的作图

③判别可见性。如果点所在平面的投影可见,则点的投影可见;反之,点的投影不可见,不可见的投影必须加括号,如图3.3、图3.4所示。

(3)回转体的投影

曲面立体中最常见的是回转体,它是由母线(直线或曲线)绕轴线旋转而成的光滑曲面或由光滑曲面和平面所围成的立体,母线在回转面上的任意位置称为素线。常见的回转体有圆柱、圆锥、圆球、圆环等。

1)圆柱的投影

①圆柱面的形成。如图3.5(a)所示,圆柱面可看成是一条直线 AB 围绕与它平行的轴线 OO 回转而成。

②圆柱的三面投影。分析如图3.5(b)所示的圆柱的三面投影图。由于圆柱轴线是铅垂线,圆柱面上所有直素线都是铅垂线,因此,圆柱面的水平投影积聚为一个圆,圆柱顶面、底面的投影(反映实形)也与该圆相重合。

正面投影是一个矩形线框,左右两轮廓线是两个和圆柱面相切的投射面与 V 面的交线,如图3.5(b)所示。这两条交线也是圆柱面上最左、最右素线的投影,它们把圆柱面分为前后两个部分,其投影前半部分可见,后半部分不可见,而这两条素线是可见与不可见的分界线。最左、最右素线的侧面投影和轴线的侧面投影重合(不需画出其投影),水平投影在横向中心线和圆周的交点处。矩形线框的上、下两边分别为圆柱顶面、底面的积聚性投影。

对左视图的矩形线框,读者可参见图3.5(b)和主视图的矩形线框作类似地分析。

画圆柱的三面投影图时,一般先画投影具有积聚性的圆,再根据投影规律和圆柱的高度完成其他两个投影。

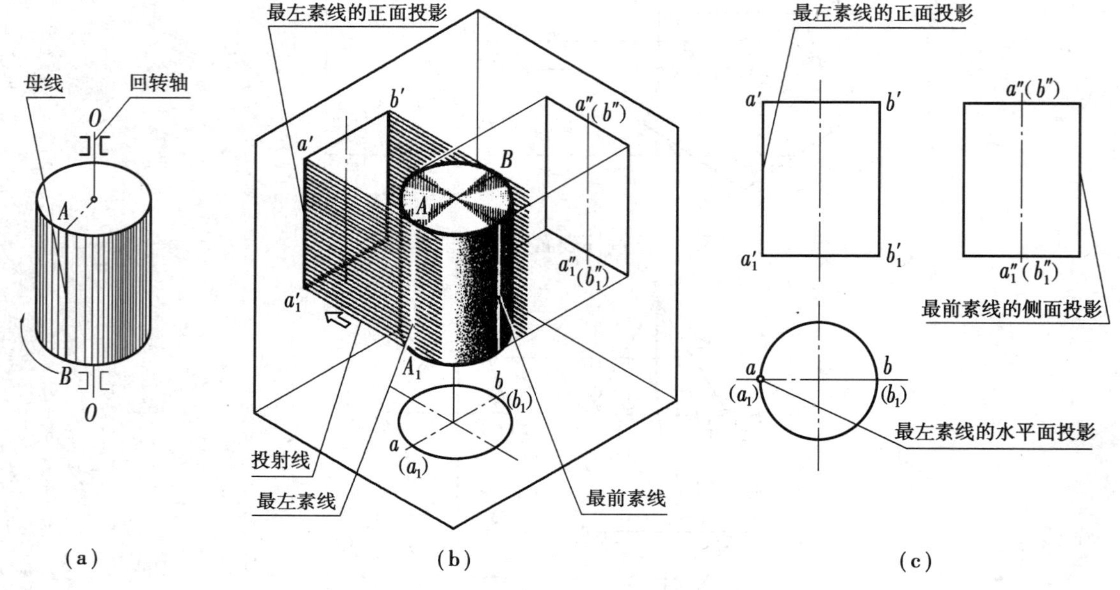

图3.5 圆柱的形成、投影及分析

2)圆锥面的投影

①圆锥面的形成。圆锥面可看成是由一条直母线 SA 围绕和它相交的轴线回转而成,如图3.6(a)所示。

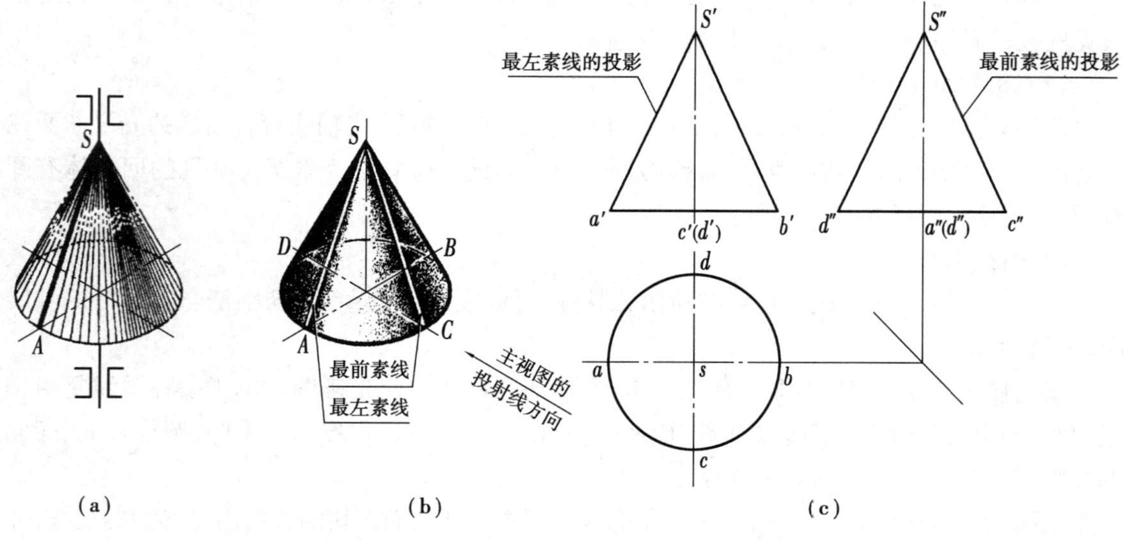

图3.6 圆锥的形成、投影及分析

②圆锥的三面投影。如图3.6(c)所示为圆锥的三面投影图。水平投影为圆形,反映圆锥底面的实形,同时也表示圆锥面的投影。圆锥的正面投影和侧面投影为等腰三角形线框,其下边为圆锥底面的积聚性投影。正面投影中三角形的左、右两边分别表示圆锥面最左、最右素线的投影,它们是圆锥面正面投影可见与不可见部分的分界线;侧面投影中三角形的两边,分别表示圆锥面最前、最后素线的投影,它们是圆锥面侧面投影可见与不可见部分的分界线。上述4条线的其他两面投影,请读者自行分析。

画圆锥的三视图时,先画出圆锥底面的各个投影,再画出锥顶点的投影,然后分别画出特殊位置素线的投影,即完成圆锥的三面投影。

3)圆球面的投影

①圆球面的形成。圆球面可看成是一条圆母线绕其直径回转而成,如图3.7所示。

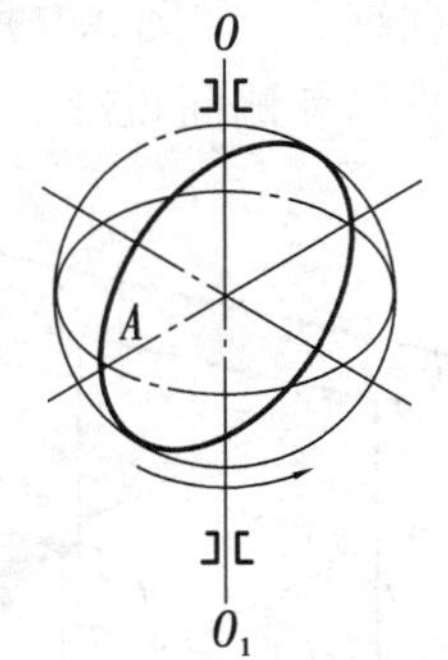

图3.7　圆球面的形成

②圆球的投影。圆球在3个投影面上的投影都是与圆球直径相等的圆,它分别表示3个不同方向的球面的转向轮廓线的投影,如图3.8(a)所示。

在图3.8(b)中,正面投影圆1′,表示前半个球与后半个球的分界线,是平行于V面的前后方向转向轮廓素线圆的投影,它在H和V面的投影与圆球的前后对称中心线1、1″重合(仍画中心线)。水平投影和侧面投影,读者自行分析。

画圆球的三面投影图时,应先画3个圆的中心线,然后分别画圆。

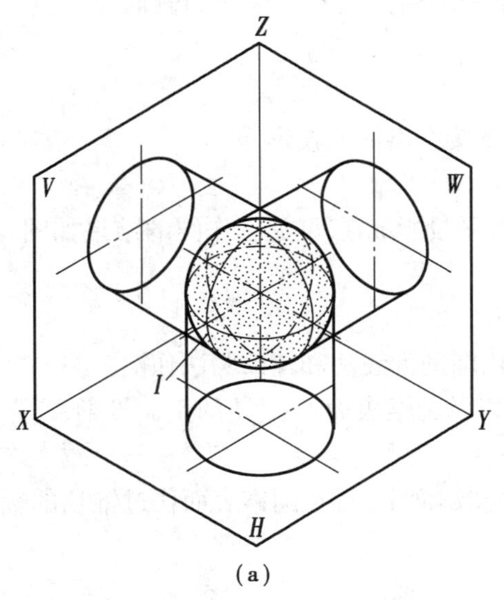

(a)

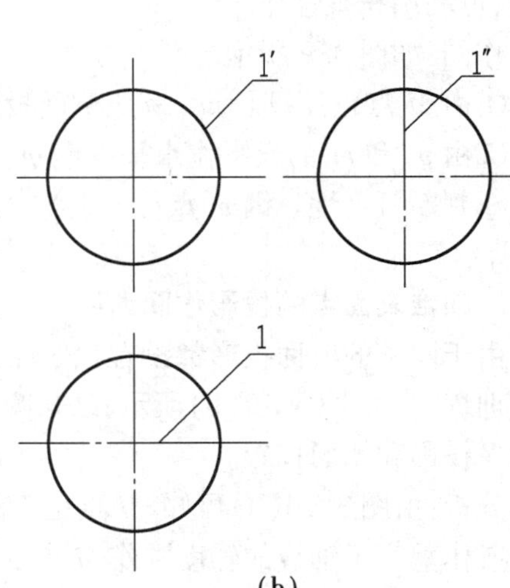

(b)

图3.8　圆球的投影

(4)回转体表面上的点的投影

回转体表面点的投影作图可用积聚性投影和作辅助线两种方法。

【任务实施】

1. 圆柱表面点的投影作图训练

圆柱表面点的投影可利用圆柱投影的积聚性求得。

训练 1　如图 3.9 所示，已知圆柱的三面投影及圆柱表面上点 M 的正面投影。求点 M 的水平投影和侧面投影。

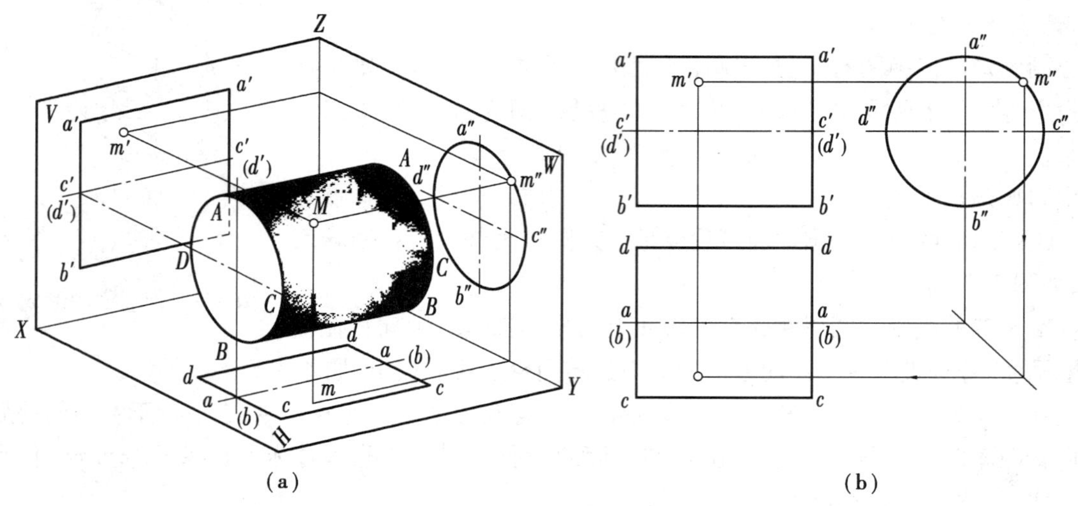

图 3.9　圆柱表面取点

分析：由图 3.9 正面投影 m' 可知，点 M 位于前半个圆柱面上。圆柱面的侧面投影具有积聚性，可利用积聚性作图。

作图：如图 3.9 所示。

①由 M 点正面投影 m'，利用侧面投影的积聚性直接作出侧面投影 m''。

②由 m' 和 m'' 的投影作水平投影 m。

③判断可见性。因 m 点位于上半个圆柱面上，水平投影 m 点可见。作图的结果如图 3.9(b) 所示。

2. 圆锥表面点的投影作图训练

由于圆锥的三面投影都没有积聚性，因此，只能用辅助素线法和辅助圆法作图。

训练 2　如图 3.10(b) 所示，已知圆锥的三面投影及圆锥表面上点 M 的正面投影，作点 M 的水平投影和侧面投影。

分析：由图 3.10(b) 可知，M 点位于前面、左边的圆锥面上，可在圆锥表面作过锥顶的辅助素线或作垂直于轴线的辅助圆作 M 点的投影。

作图：

1) 辅助素线法（见图 3.10(c)）

①连接 s' 和 m' 并延长使其与底圆相交于 $1'$，$s'1'$ 即为圆锥面上过点 M 的辅助素线 $S1$ 的正面投影。

②作辅助素线 $S1$ 的水平投影，作出 M 点的水平投影 m 和侧面投影 m''。

③判别 M 点各投影的可见性，并得最终结果。

2)辅助圆法(见图3.10(d))

①过 m' 点作一水平线,这条线就是过点 M 的辅助圆的正面投影。

②作出辅助圆的水平投影和侧面投影,从而作出 m 和 m''。

③判别 M 点各投影的可见性,并得最终结果。

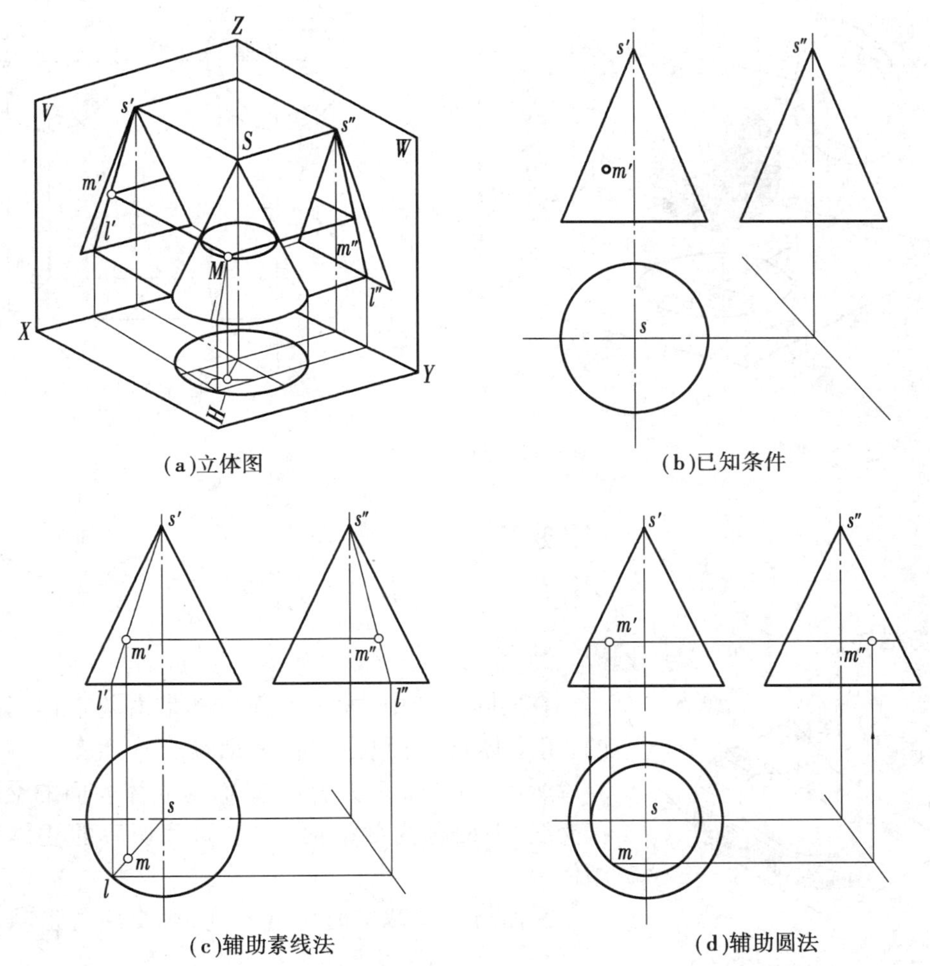

图3.10 圆锥表面取点

3.圆球表面点的投影作图训练

训练3 如图3.11(b)所示,已知圆球的三面投影及圆球表面上的点 M 的水平投影,作点 M 的正面投影和侧面投影。

分析:球面的投影没有积聚性,要在其表面作点的投影,可过该点在球面上作出平行于投影面的辅助圆,如图3.11(b)所示,作平行于正面的圆。

作图:

①过 M 点的水平投影 m 作平行于投影轴的平直线12,12即为平行于正面辅助圆的水平投影。

②在正面投影上作以12为直径的圆,因 M 点在圆周上,则可作出 m';由 m、m' 作出 m''。

③判断可见性。由 M 点的位置可知，m'、m'' 均可见。

本例也可过 M 点作平行于水平面或侧面的圆作辅助线求解，请读者自行分析。

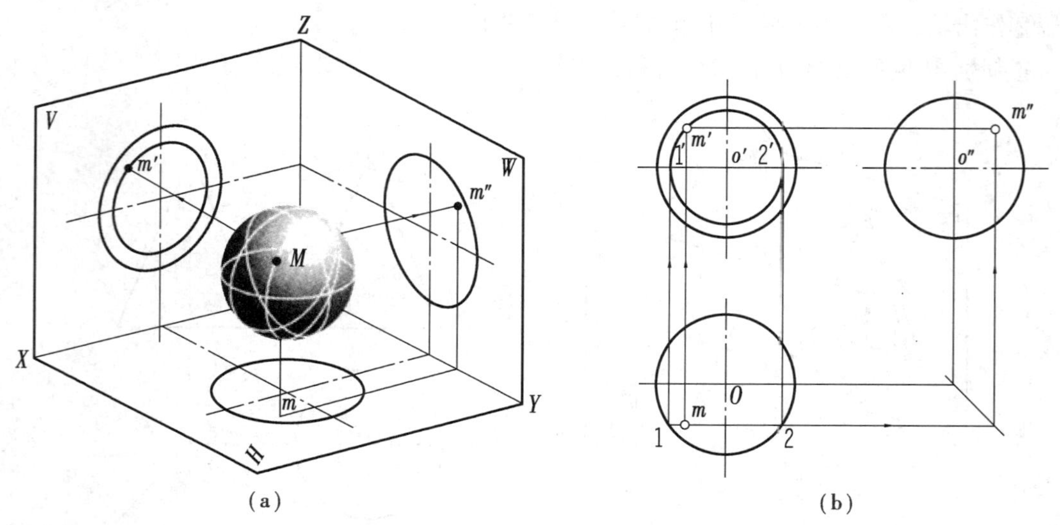

图 3.11　圆球表面取点

任务2　截交线

【任务描述】

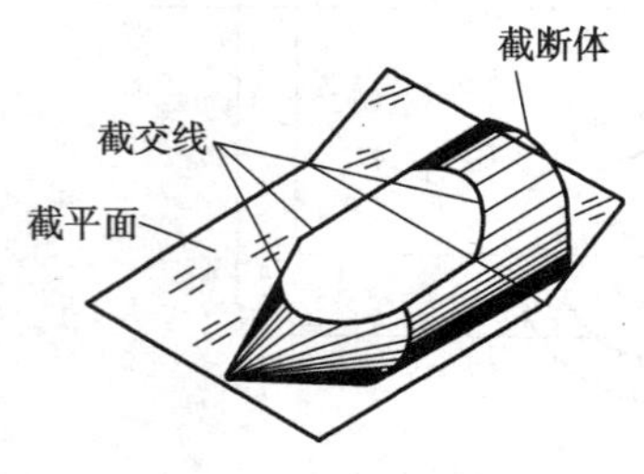

图 3.12　立体表面的截交线

在实际生产中，大多数零件都是由基本体切割而成的，基本体被平面切割后，表面就会产生截交线。如图3.12所示，用平面截切立体，平面与立体表面的交线称为截交线，平面称为截平面，被平面截切后的立体称为截断体。

平面与立体截交时位置不同，截交线的形状也不相同，但截交线都具以下两个基本性质：

①截交线是截平面和立体的共有线。

②截交线一般是封闭的平面图形。

由于截交线是截平面和立体表面的共有线，截交线上的点，是截平面与立体表面的共有点，因此，求截交线的实质，就是求截平面和立体表面共有点的集合。

【任务要求】

1. 了解截交线的产生原因及性质。
2. 掌握不同截交线（平面立体的截交线、回转体截交线）的作图方法。

【知识准备】

(1) 平面立体的截交线

求平面立体截交线就是求平面与平面立体各表面的交线,或平面与平面立体各棱线的交点。

(2) 回转体截交线

回转体截交线一般是封闭的平面曲线,特殊情况下也可能是直线与平面曲线组成的截交线或完全由直线段组成的截交线,其几何形状取决于截平面与回转体轴线的相对位置,求回转体的截交线,就是求截平面与回转体表面的共有点,然后用光滑曲线依次连接。

1) 圆柱的截交线

根据截平面相对于圆柱轴线的位置不同,截交线有3种形状,见表3.1。

表3.1　圆柱的截交线

截平面的位置	与轴线平行	与轴线垂直	与轴线倾斜
截交线形状	直线	圆	椭圆
轴测图	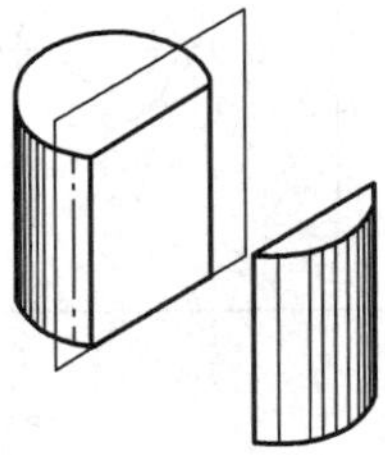	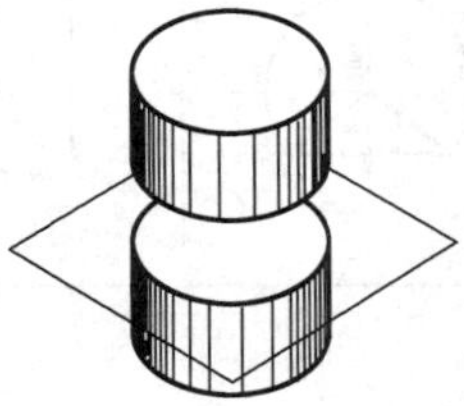	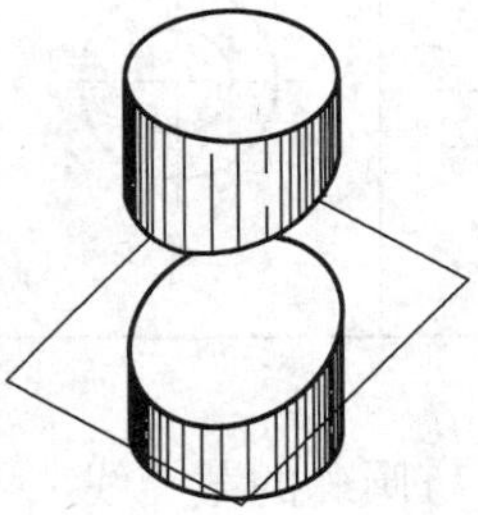
投影图	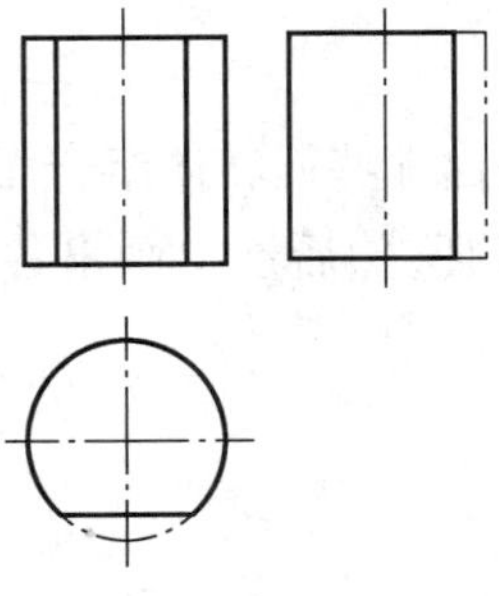	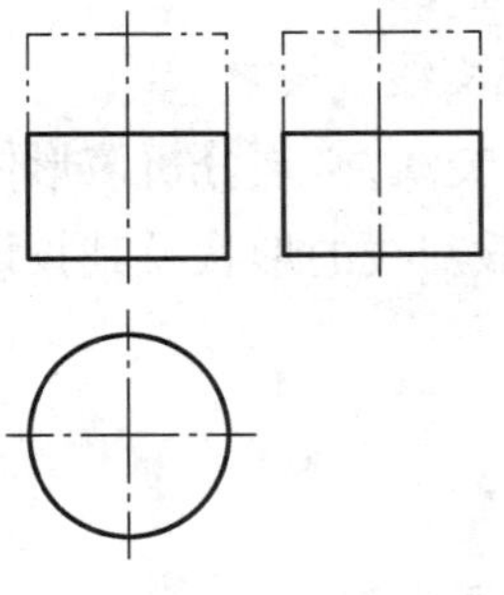	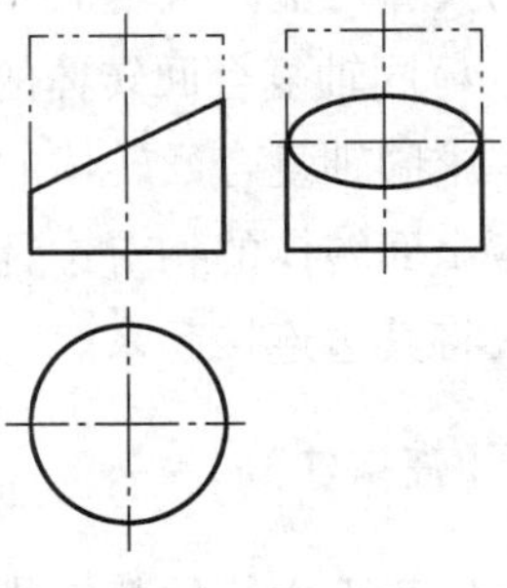

2) 圆锥的截交线

截平面与圆锥轴线处于不同的相对位置时,可得到5种截交线,见表3.2。

表 3.2 圆锥的截交线

截平面的位置	与轴线垂直	过圆锥顶点	平行于一条素线	与轴线倾斜（不平行于在一素线）	与轴线平行
截交线的形状	圆	两相交直线	抛物线	椭圆	双曲线
轴测图	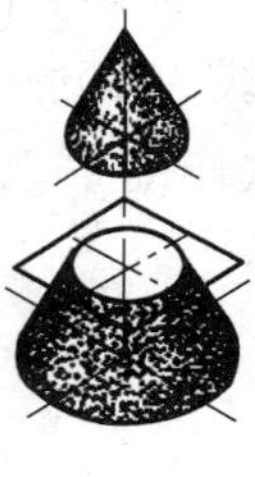	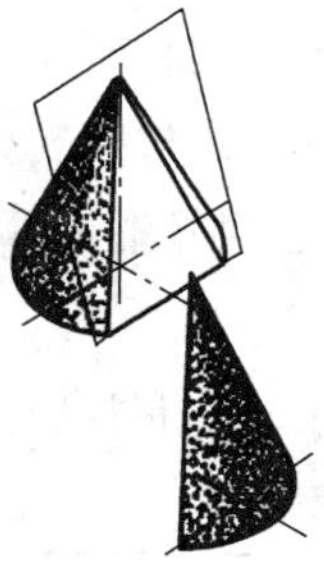	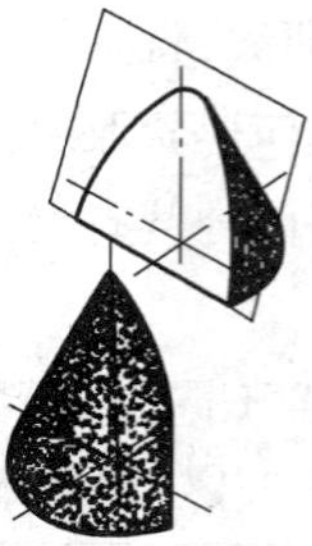	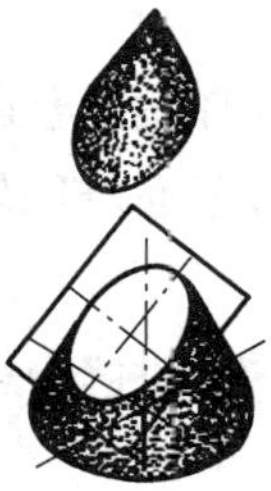	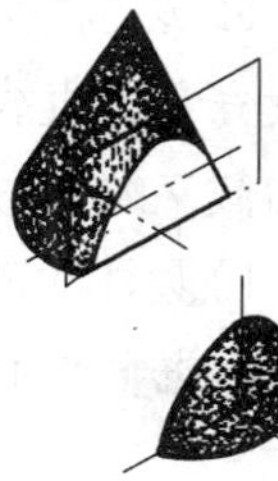
投影图	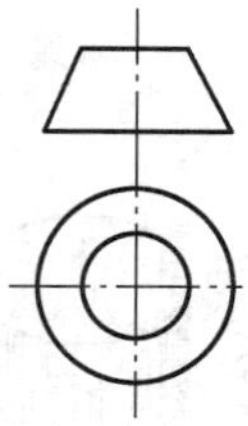	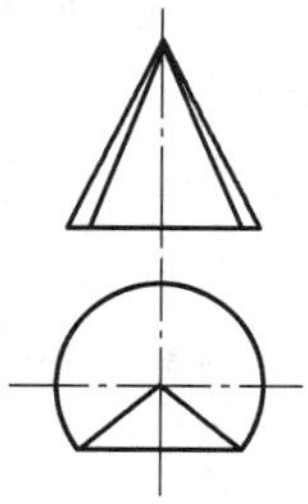	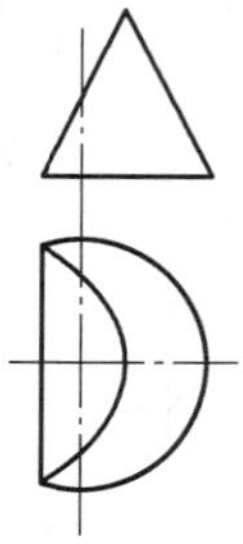	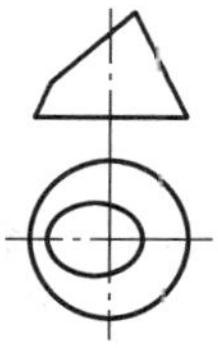	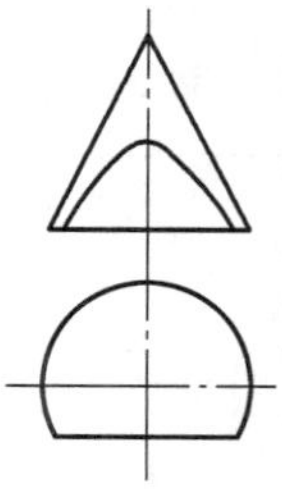

3）圆球的截交线

圆球被任何位置的平面截切，其截交线都是圆。由于截平面相对投影面的位置不同，截交线的投影可能是圆、椭圆或直线。

4）同轴复合回转体的截交线

求同轴复合回转体的截交线，必须分析该形体是由那些回转体组合而成，截平面与被截切的各个回转体的相对位置，截交线的形状及其投影特征，然后逐个画出各回转体的截交线，再依次将其边连接起来。

【任务实施】

1. 平面立体的截交线作图训练

训练 1　已知四棱柱上切口的正面投影（见图 3.13（a））求作其余两个投影。

分析：从正面投影可知，切口是由正垂面 P 截切四棱柱所形成的。平面 P 与棱柱体表面的交线形成一多边形，多边形上的点 E、F、G 是棱线 A、B、D 与平面 P 的交点；多边形的边 HI 是平面 P 与棱柱上底面的交线，又因截平面的正面投影和四棱柱各侧面的水平投影均具有积聚性，故多边形各顶点的正面投影积聚在 P_V 上，水平投影积聚在四边形各边上，根据投影规律即可求出其侧面投影。

作图：

①根据截交平面的积聚性投影直接作出f'、e'、g'、I'、h'，由f'、e'、g'、I'、h'向下作垂线与相应棱面的水平投影相交得水平投影f、e、g、i、h，并连接hi。

②根据点的投影规律分别作出f''、e''、g''、I''、h''。

③判别可见性，按水平投影的顺序将各点的侧面投影相连，即得截交线的侧面投影。

④擦去多余的线，补画虚线，完成整个立体的侧面投影，如图3.13(b)所示。

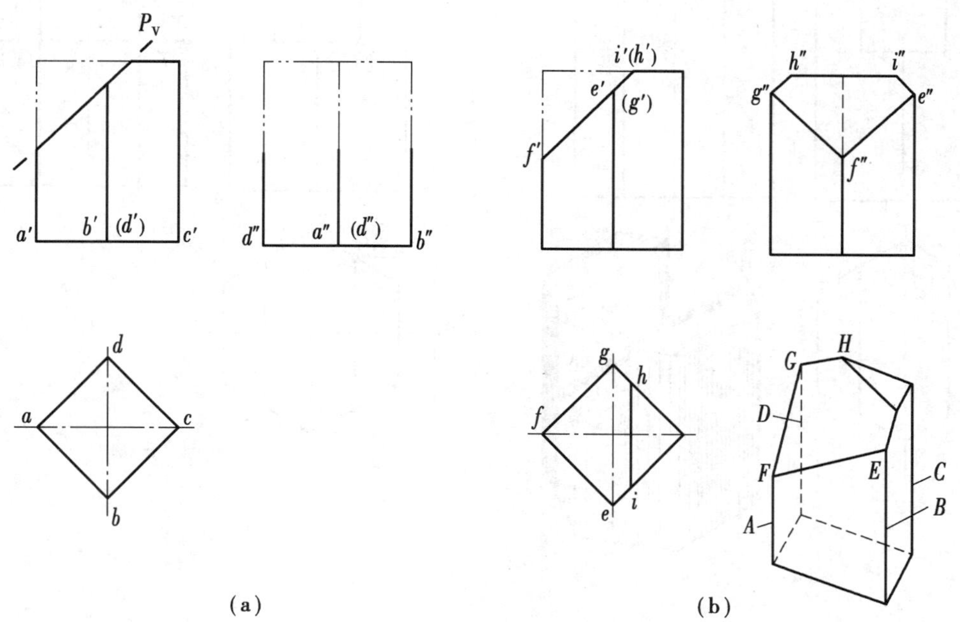

图3.13 切口四棱柱的投影

训练2 已知图3.14(a)所示立体的正面投影和水平投影，完成其侧面投影。

分析：图示立体为正中间开槽的正六棱柱，槽是由两个侧平面P和水平面Q组合截切而成。槽底六边形Q是水平面，水平投影反映实形，其余两投影积聚为线段；槽的两侧面均为侧平面，正面、水平投影积聚为竖线段，侧面投影反映实形。

作图：

①用细实线作出未开槽六棱柱的侧面投影，如图3.14(a)所示。

②作出水平面Q(槽底六边形)的侧面投影(积聚为直线段)及侧平面P(槽两侧)的侧面投影(矩形)。

③用直线连接相邻的侧面投影，去掉六棱柱被切的部分，完成开槽六棱柱的侧面投影。

④判断可见性，因为六棱柱中间开槽，故$7''2''$线段不可见，用虚线画出；六棱柱前后两条棱线和棱面都被切去了一部分，故在侧面投影图中形成两个缺口。

训练3 如图3.15(a)、(b)所示，试完成带切口的正四棱锥的水平投影和侧面投影。

分析：从正面投影可知，切口是被两平面截切四棱锥后形成的，其中平面EFG是水平面，

平面 FGH 是正垂面，因此，这两个平面的正面投影均有积聚性。切口的轮廓线 EF、FH、GH、EG 分别是棱锥侧面 SAB、SBC、SCD、SAD 上的线，FG 为切口上两个截面的交线，切口的顶点 E、F、H、G 分别是棱线 SA、SB、SC、SD 上的点，根据上述分析，并利用投影关系，即可作出切口的其他投影。

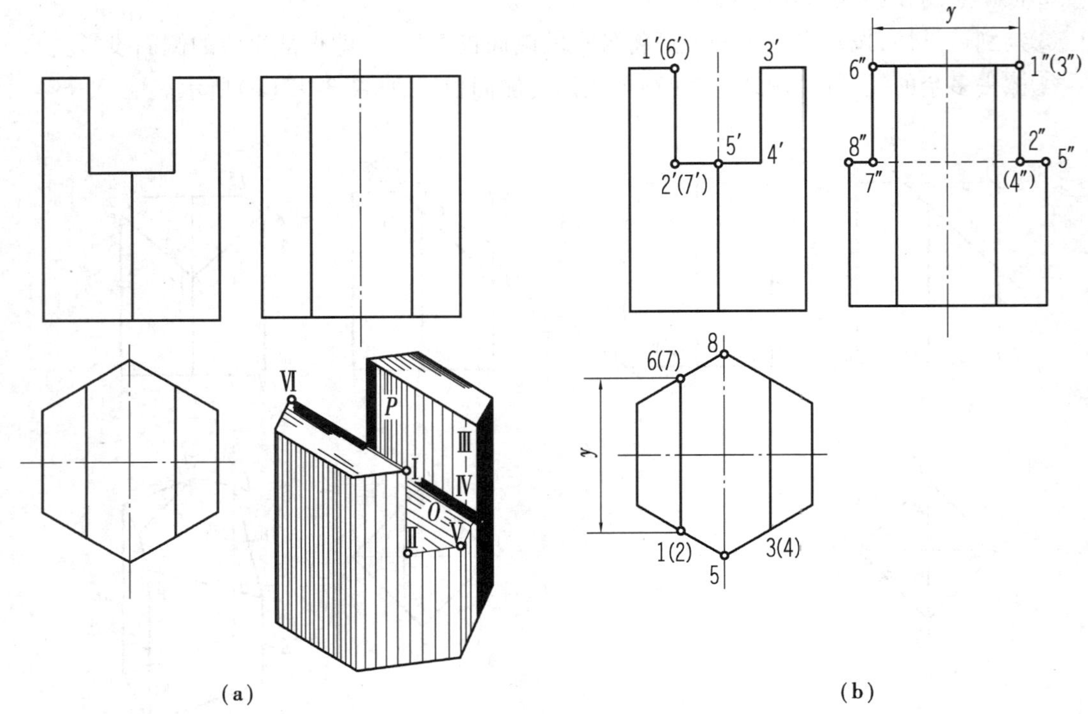

图 3.14　正中间开槽的正六棱柱

作图：

①在正面投影上直接作出 e'、f'、g'、h' 各点。

②根据点在直线上的投影特性及点投影规律作出 E、F、H、G 各点的水平投影和侧面投影。对 E、H 两点，可先作出水平投影 e、h，然后再作侧面投影 e''、h''；对 F、G 两点，应先作出侧面投影 f''、g''，再作出水平投影 f、g。

③用直线连接相应各点的同面投影，并判断可见性，即得切口的投影。

最终结果如图 3.15(c)所示。

2. 回转体(圆柱)的截交线作图训练

训练4　求正垂面 P 截切圆柱的截交线，如图 3.16(a)所示。

分析：因截平面与圆柱轴线倾斜，截交线为椭圆，又因截平面的正面投影和圆柱面的水平投影均有积聚性，因此，截交线的正面投影积聚在 P_V 平面上，水平投影积聚在圆周上，因此，只需求截交线的侧面投影即可完成作图，而截交线的侧面投影又可利用圆柱投影的积聚性进行作图。

作图：

①作出完整圆柱的侧面投影，如图 3.16(b)所示。

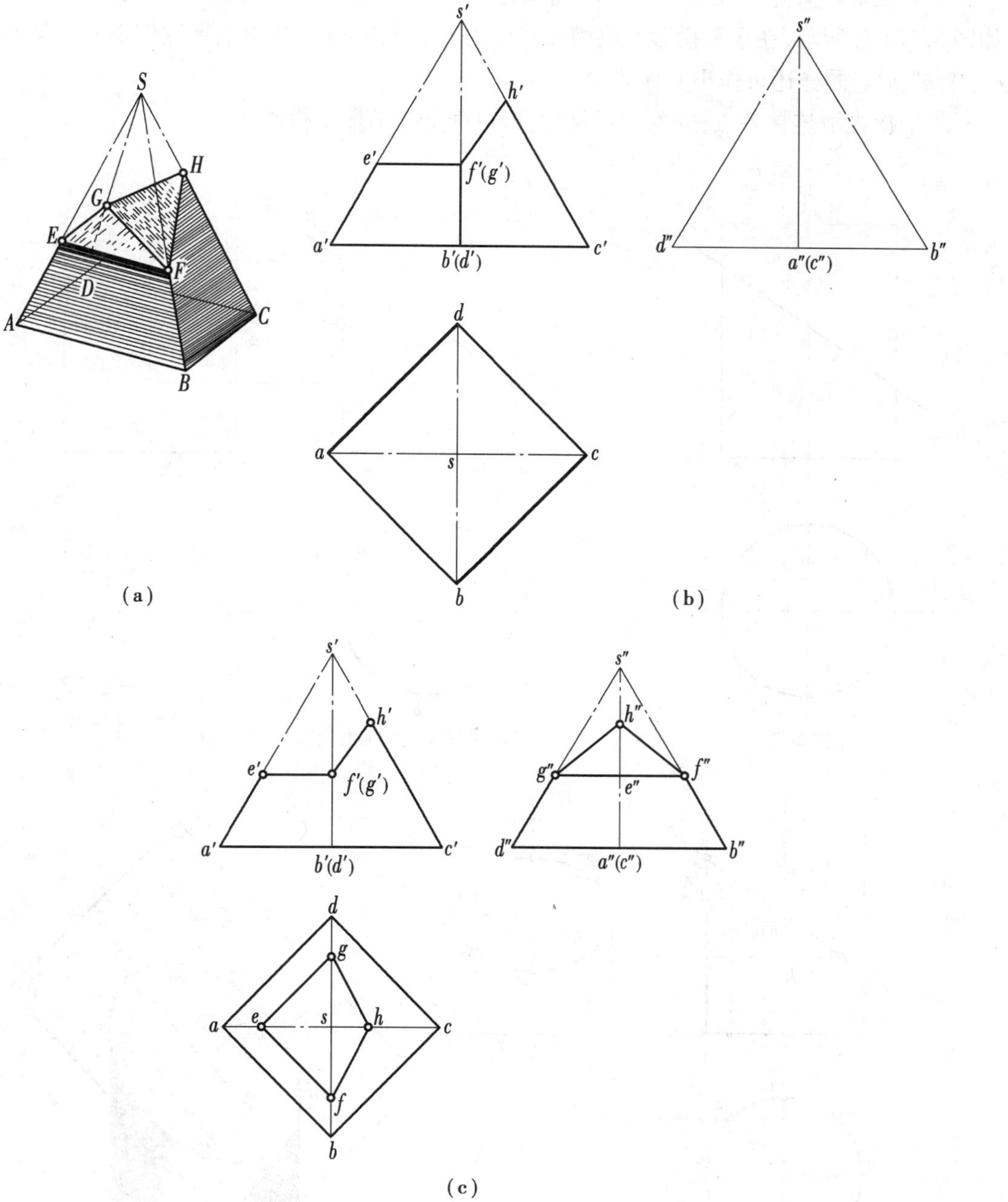

(a)　　(b)

(c)

图 3.15　用正垂面及水平面截切四棱柱

②求特殊位置点的投影。特殊位置的点是指截交线上能决定其大致范围和形状的点,包括曲面投影转向轮廓线和对称轴上的点,以及最高、最低、最前、最后、最左、最右点等。如图 3.16(b)所示,正面投影可定出最低点 A 和最高点 C,由水平投影可定出最前点 B 和最后点 D,这 4 点也正是椭圆长、短轴的端点。利用点的投影规律即可作出 A、C、B、D 4 点的三面投影,如图 3.16(b)所示。

③求一般位置点的投影。为了准确地作出椭圆，还必须适当地作出一些一般位置的点。如图 3. 16(c)所示，在水平投影上取相互对称的 e、f、g、h 4 点，利用积聚性作出 e'、f'、g'、h'和 e''、f''、g''、h''。同样还可作出其他若干点。

④依次光滑连接各点，并判别可见性，即得截交线的侧面投影。

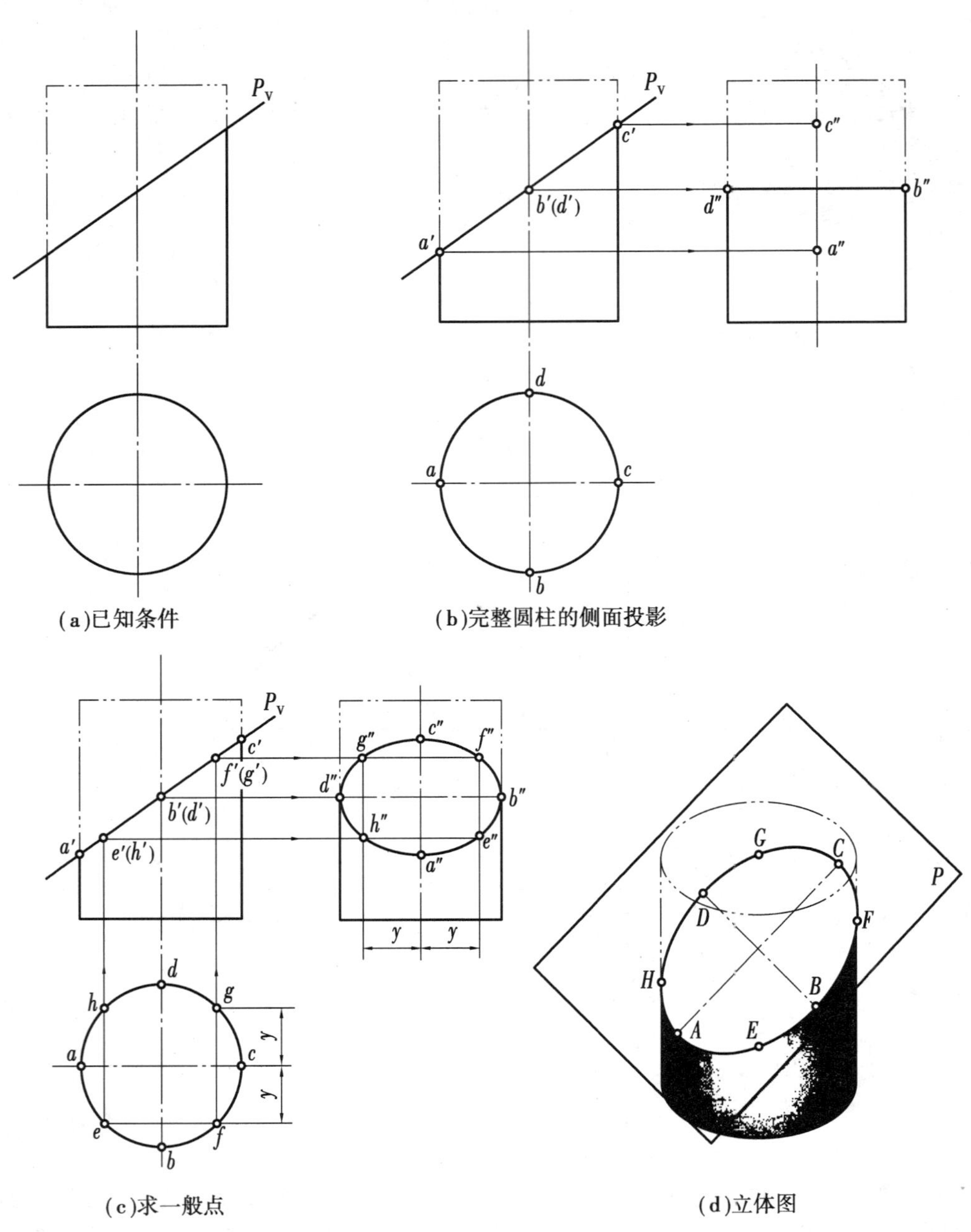

图 3. 16　正垂面截切圆柱体的截交线

训练 5　如图 3. 17(a)所示，已知圆柱被截切后的正面投影，求作水平投影和侧面投影。

分析：由图 3. 17(a)可知，该立体由正垂面 P、水平面 Q、侧平面 R 截切而成；各截平面的正面投影和圆柱面的水平投影均具有积聚性，因此，各截交线的正面投影分别积聚在 P_V、Q_V 及 R_V 上，水平投影积聚在圆周上；侧平面 R 与圆柱面的交线为两平行直线，侧面投影反映实形；水平面 Q 与圆柱面的交线为圆，侧面投影积聚成线段；正垂面 P 与圆柱面的交线为椭圆的一部分，侧面投影反映椭圆的类似形。

作图：

①作圆柱完整的侧面投影，如图3.17(b)所示。

②作侧平面 R 与圆柱面的截交线。侧平面 R 的水平投影积聚成直线并与圆周交点于 $a(b)$、$c(d)$ 4点，根据投影规律可作出侧面投影矩形 $a''b''c''d''$，如图3.11(b)所示。

③作水平面 Q 与圆柱面的截交线。水平面 Q 的侧面投影积聚成线段 $e''f''$，水平投影 e、f 积聚在圆周上，如图3.17(b)所示。

④作正垂面 P 与圆柱面的截交线。如图3.17(c)所示，先作最高点 G、H 和最低点 K；再作一般点 M、N 的各面投影，最后将各点的同面投影光滑连接。

⑤作 P、Q 面交线的水平投影。

⑥擦去被截切的多余轮廓线，判断可见性并校对后描深，结果如图3.17(d)所示。

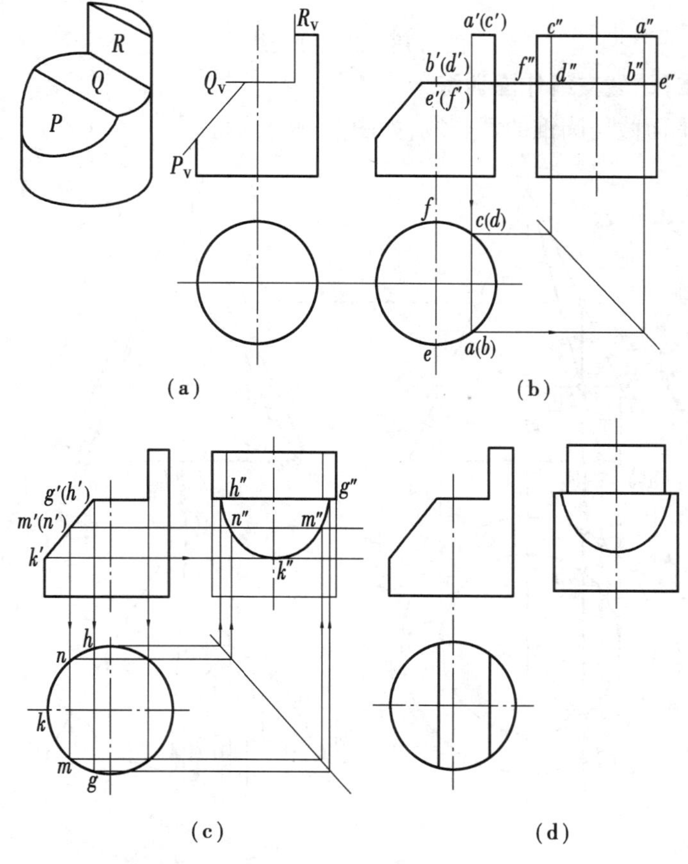

图3.17　圆柱被3个平面截切

图3.18是圆筒截交线的画法，请读者自行分析作图步骤，并注意圆柱体轮廓线及截交线

的变化。

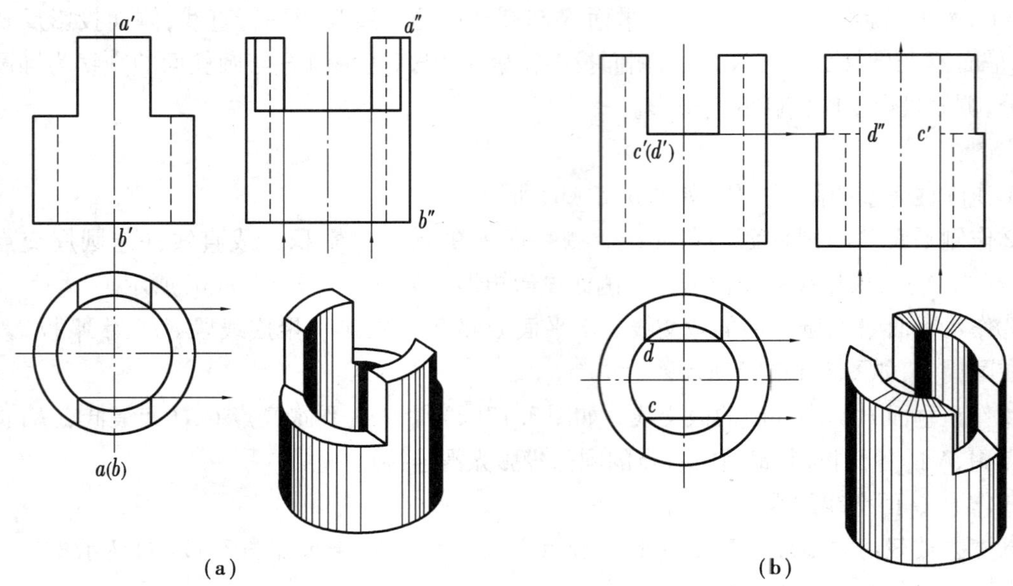

图 3.18　圆筒截交线

3. **回转体(圆锥)的截交线作图训练**

训练 6　求侧平面截切圆锥的截交线,如图 3.19 所示。

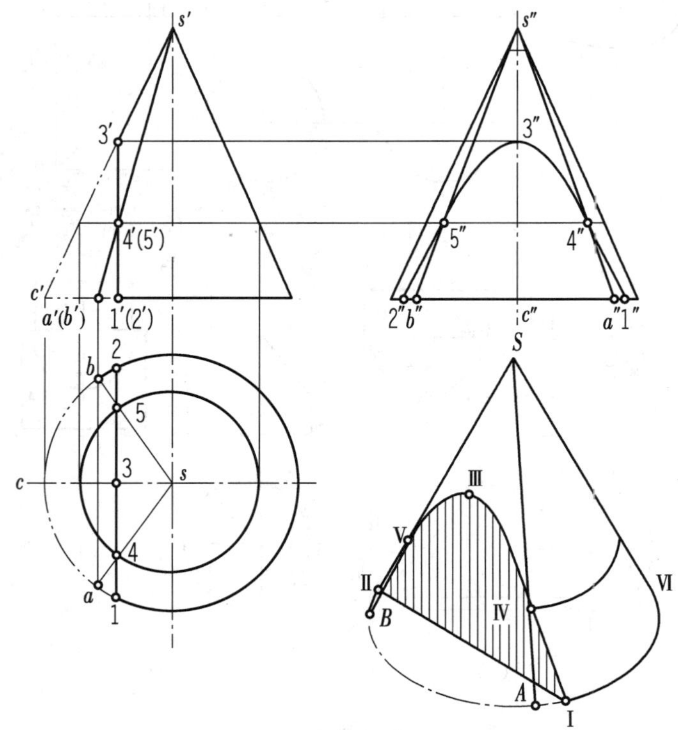

图 3.19　圆锥的截交线

分析：截平面为侧平面，与圆锥轴线平行，截交线为双曲线的一支。截交线的正面投影和水平投影都积聚为直线段，侧面投影反映双曲线的实形，可根据圆锥表面取点的方法求出。

作图：

①求特殊位置的点。对双曲线上的最高点Ⅲ，可在圆锥最左的素线 SC 上可直接作出3′、3″；对于最低最前（最后）点Ⅰ（Ⅱ），可先作出水平投影1、2，再作下面投影1′、2′和侧面投影1″、2″。

②求一般位置的点。在最高点和最低点之间适当位置取两点Ⅳ、Ⅴ，先确定其正面投影4′(5′)，再利用辅助圆或辅助素线（SA、SB）求出其水平投影4、5，最后求出其侧面投影4″、5″。也可用同样的方法再求出一定数量的一般点。

③判别可见性，并光滑连接所求出的各点的侧面投影，即得截交线的侧面投影。

图3.20为一般圆锥被3个平面截切后的三面投影图和立体图，请读者自行分析其作图方法。

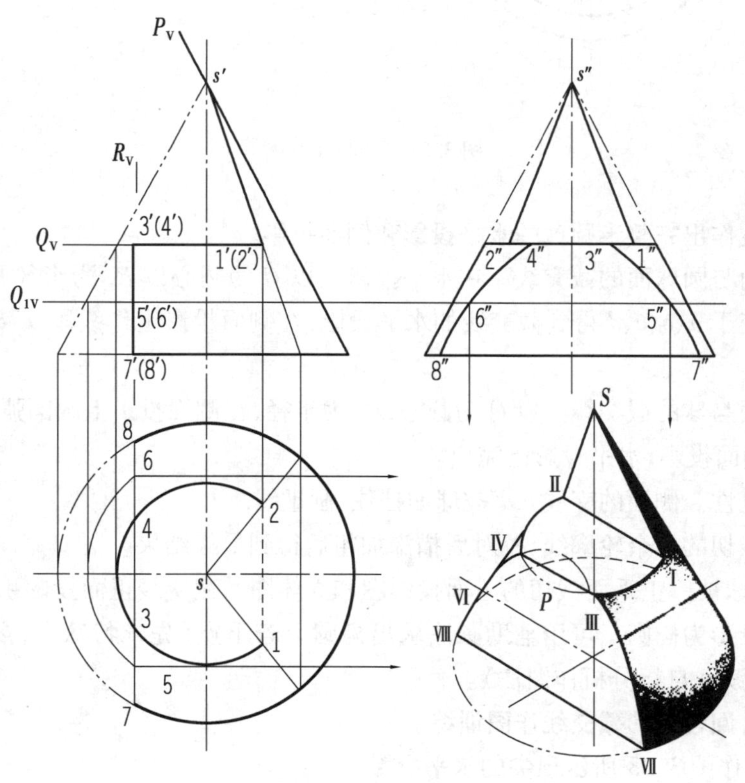

图3.20　圆锥被3个平面截切

4. 回转体（圆球）的截交线作图训练

训练7　如图3.21所示，已知半圆球被切后的正面投影，求其水平投影和侧面投影。

分析：由图3.21可知，半圆球被两个侧平面和一个水平面切去一槽，被水平面截切的截交线，水平投影反映圆弧的实形，正面投影和侧面投影均积聚成一直线段；被侧平面截切的截交线，侧面投影反映圆弧的实形，水平投影和正面投影均积聚成直线段。

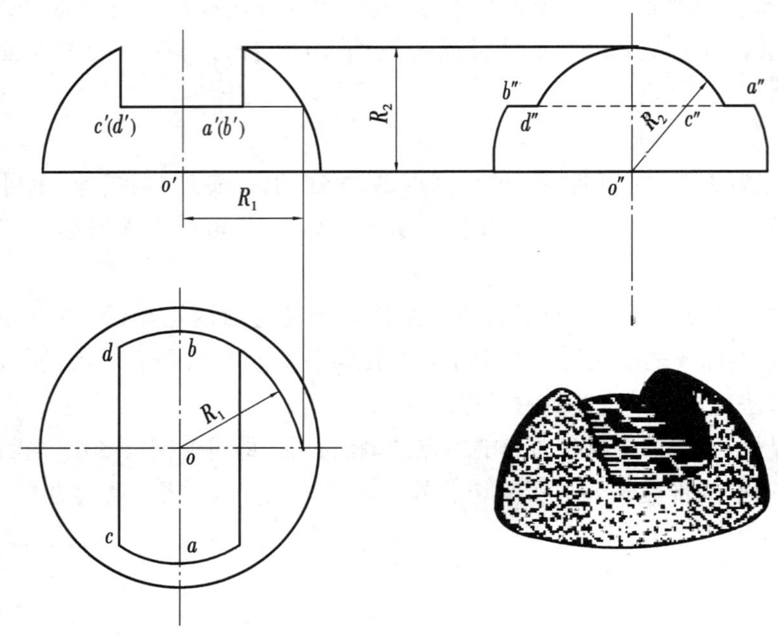

图 3.21　半圆球开槽

作图：

①用细实线作出完整半圆球的水平投影和侧面投影。

②作水平面与圆球面的截交线。在水平投影上以 O 为圆心以 R_1 为半径画圆弧并与侧平面的水平投影交于 a、b、c、d 得到截交线的水平投影，在侧面投影上作线段 $a''b''$得到截交线的侧面投影。

③作侧平面与球的截交线。以 O 为圆心，R_2 为半径，在侧面投影上画圆弧，与线段 $a''b''$相交于 $c''d''$得到侧面投影，水平投影已完成。

④判别可见性。侧面的交线 $c''d''$被球面挡住，画虚线。

⑤擦去被截切的多余轮廓线，校对后描深加粗后得到最终结果。

图 3.22 为球被一正垂面截切的三面投影图和立体图。截交线正面投影积聚成直线段，水平投影和侧面投影为椭圆。可用辅助圆法求出椭圆上若干点（先求特殊点，再求一般点），然后光滑连接（请读者自行分析作图法）。

5. 同轴复合回转体的截交线作图训练

训练 8　求作图 3.23 所示顶尖的水平投影。

分析：该顶尖头部由同轴的圆锥和圆柱组合而成，被水平面 P 和正垂面 Q 截交而成。水平面 P 与圆锥面的交线是双曲线，与圆柱面的交线是两条直线；正垂面 Q 与圆柱面的交线是一段椭圆弧。它们的正面投影和侧面投影均有积聚性为已知，需求作其水平投影。

作图：

①作出该立体截切前的水平投影。

②求作左端双曲线的水平投影（用辅助圆法求一般点的水平投影 2、10）。

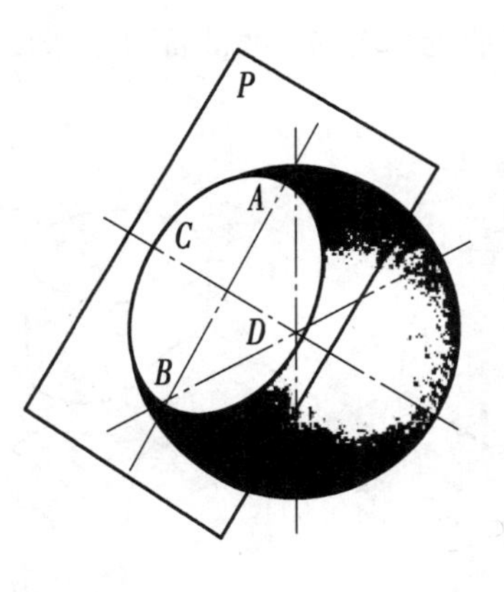

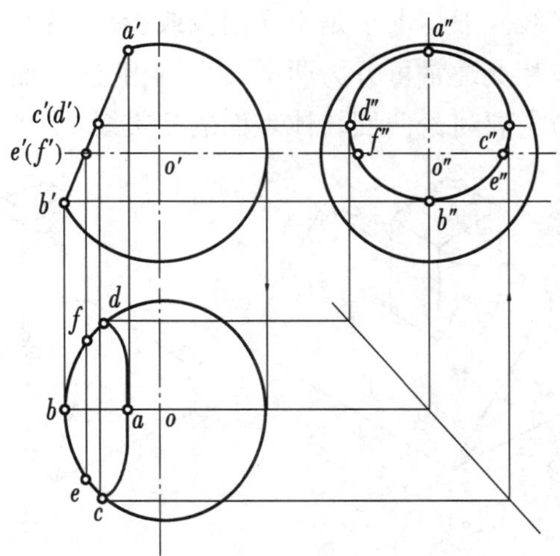

图3.22 正垂面与圆球截交

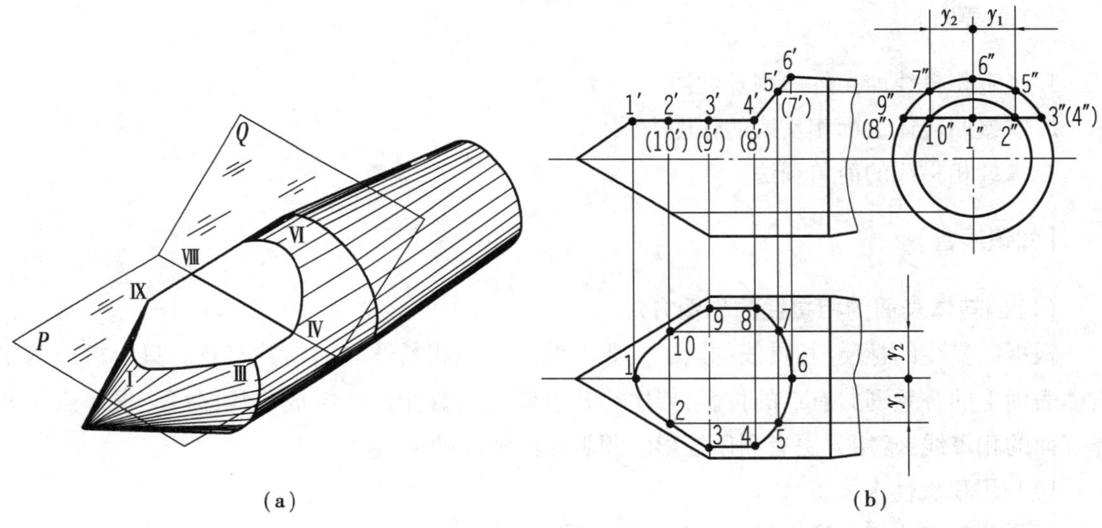

图3.23 求同轴复合回转体(顶尖)的截交线

③求作中部两平行直线的水平投影。

④求作右端椭圆弧的水平投影(利用投影关系求一般点的水平投影5、7)。

⑤擦去多余图线,加深,完成全图。注意,不要漏画两截平面交线的水平投影和圆锥与圆柱交线的水平投影(3、9之间的虚线)。

任务3 相贯线

【任务描述】

两立体相交,在立体表面形成的交线称为相贯线。相贯线具有以下性质:

①相贯线是两立体表面的共有线,也是两立体表面的分界线。

②相贯线一般情况下是空间曲线或折线,特殊情况下为平面曲线或直线。

两立体相交通常可分为两平面立体相交、平面体与曲面体相交、两曲面体相交,如图 3.24 所示。本节主要讨论两回转体表面的相贯线。

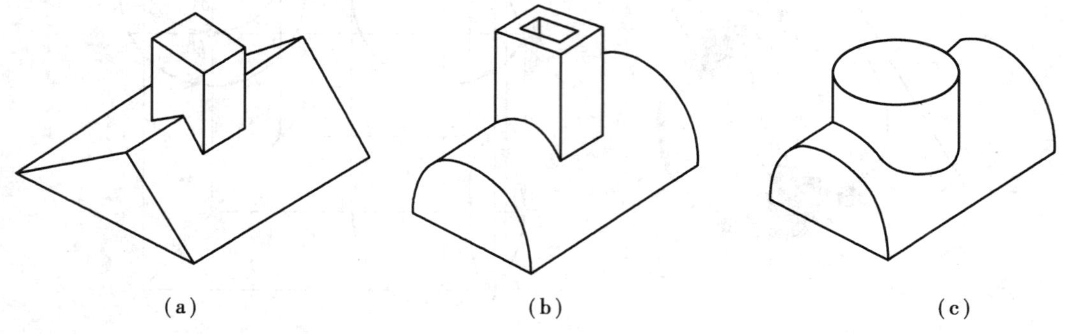

图 3.24　两立体相交

【任务要求】

1. 了解相贯线产生的原因及性质。
2. 掌握回转体表面相贯线的作图方法。
3. 掌握相贯线的简单画法。

【知识准备】

(1)回转体表面的相贯线的作图方法

根据相贯线的性质,相贯线的画法实质上就是求两相贯体表面的共有点。只要求出两相贯体表面上的一系列共有点的投影,依次将各点同面投影光滑连接成曲线即可。求作两回转体表面的相贯线,常用方法有利用投影的积聚性法和辅助平面法。

1)利用积聚性求相贯线

两圆柱正交的情况最为常见。通常有如图 3.25 所示的 3 种形式,即两实体圆柱正交、实体圆柱与圆柱孔正交、两圆柱孔正交。它们的相贯线求法与上例相同。

2)利用辅助平面法求相贯线

无法利用积聚性求相贯线时,可用辅助平面法求解。辅助平面法是利用三面共点原理求作相贯线的一种方法。假想用一种辅助平面截切两相交曲面立体,截平面与两立体交线的交点就是相贯线上的点,该点既在截平面上,又在两相交曲面立体表面上。如图 3.26 所示,圆柱和圆锥正交,作一辅助平面 P(图示为水平面)同时截切两立体,辅助平面与圆锥面的交线(圆)及圆柱面的截交线(两平行直线)相交,交点是 3 个面(圆柱面、圆锥面、辅助平面)的共有点,也是相贯线上的点。

选择辅助平面应遵循的一般原则是:①所选择辅助平面与两曲面立体表面的交线应是便于作图的直线和圆。常用特殊位置平面作为辅助平面。②辅助平面应位于两曲面立体的共有区域内,否则得不到共有点。

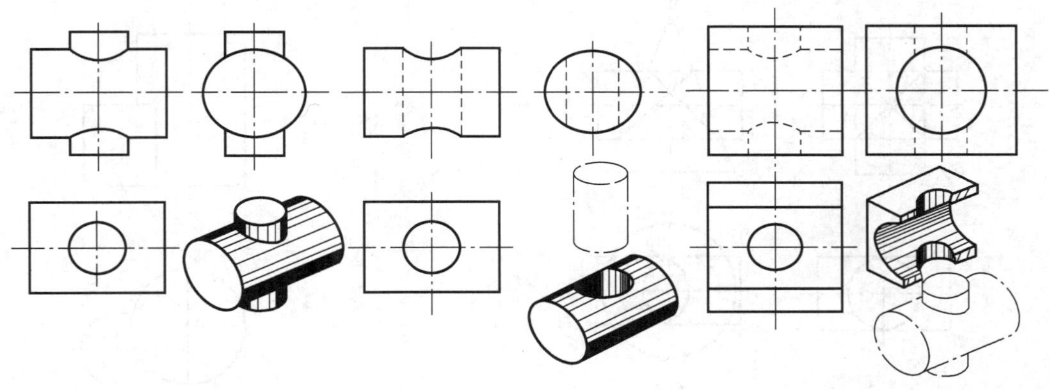

图 3.25　两圆柱正交的 3 种形式

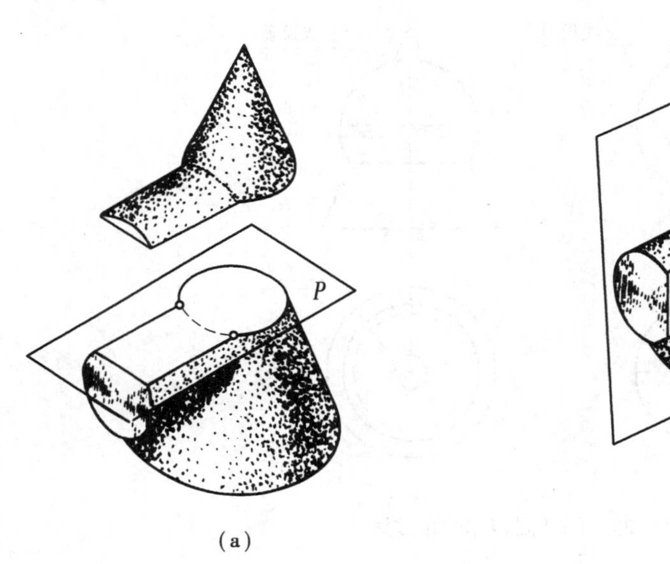

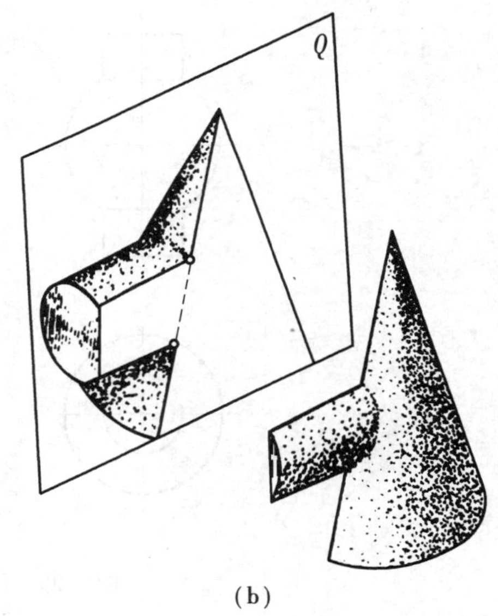

图 3.26　两曲面立体相交

(2)相贯线的特殊情况

两曲面相交时,相贯线一般是封闭的空间曲线,但在特殊情况下,相贯线是平面曲线或直线。

①公切于一球的两个回转体相交,它们的交线均为平面曲线——椭圆,如图 3.27 所示,其正面投影为两条相交直线。

②轴线互相平行的两圆柱相交,其交线为两条平行的直线,如图 3.28 所示。

③同轴回转体相交,它们的相贯线为一垂直于回转体轴线的圆,如图 3.29 所示。

(3)相贯线的简化画法

在实际画图中,若对相贯线的准确度要求不高时,两正交圆柱相贯线的投影可采用圆弧代替的近似画法,如图 3.30 所示。作图时,以大圆柱半径为圆弧半径,其圆心在小圆柱轴线上,相贯线弓向大圆柱的轴线。

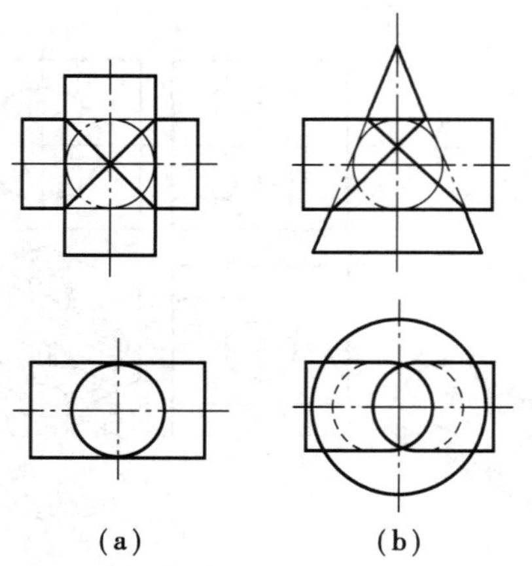

图 3.27　外切于同一球面的回转体相交

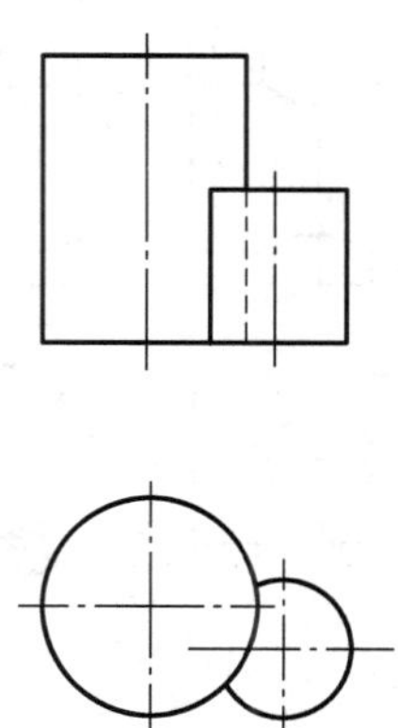

图 3.28　相贯线为直线

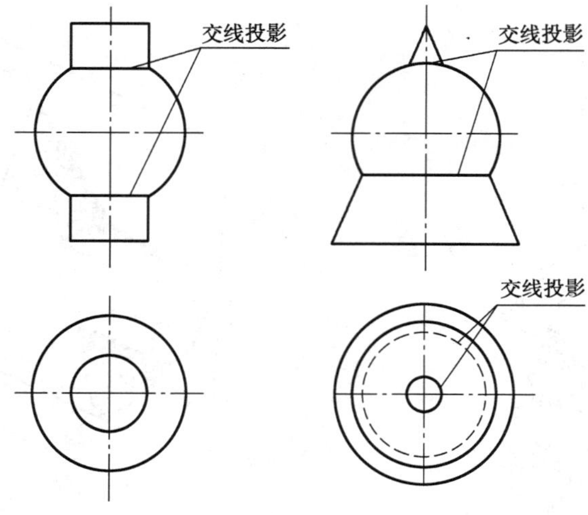

图 3.29　同轴回转体的相贯线

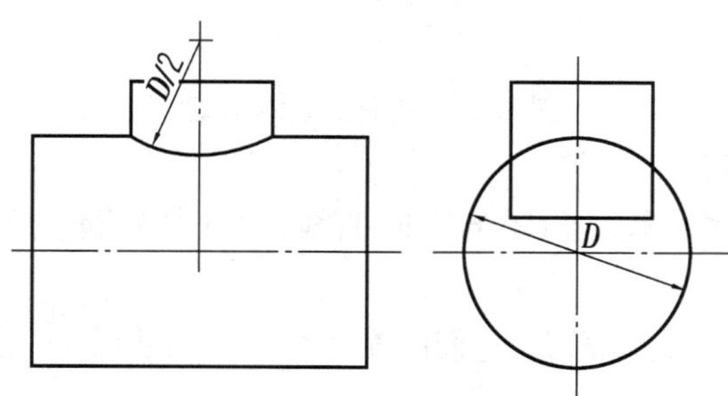

图 3.30　相贯线的简化画法

【任务实施】

训练　试求两圆柱正交的相贯线,如图 3.31 所示。

分析:直立圆柱和水平圆柱轴线正交,相贯线为前后、左右都对称的封闭空间曲线;直立圆柱的水平投影和水平圆柱的侧面投影都具有积聚性,因此相贯线的水平投影积聚在整个圆周上，侧面投影积聚在两圆柱的一段公共圆弧上，相贯线的水平投影和侧面投影均已知，仅需求正面投影。

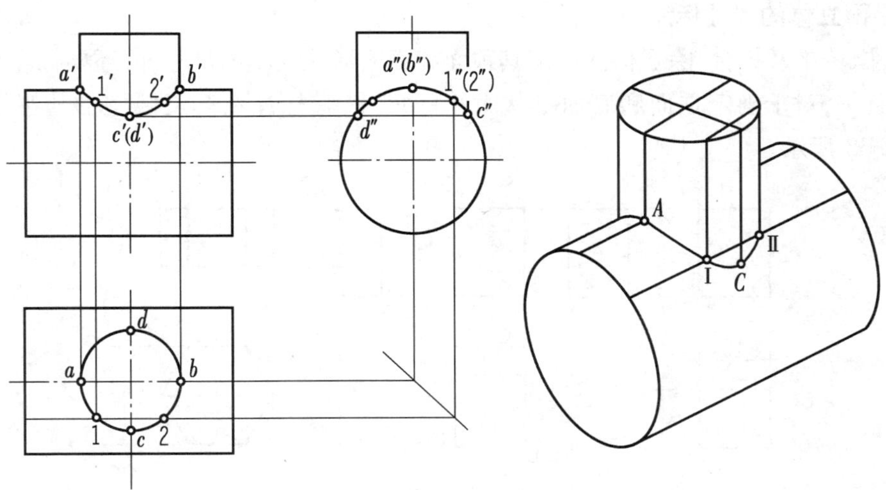

图3.31 利用积聚性求相贯线

作图：

①求特殊点。先在相贯线的水平投影上定出最高最左、最右点 A、B 以及最低最前、最后点 C、D 的水平投影 a、b、c、d；然后在相贯线的侧面投影上作出点 a''、b''、c''、d''，最后在正面投影上作出 a'、b'、c'、d'。

②求一般点。在侧面投影上取Ⅰ点的侧面投影为 $1''$，根据投影关系在水平投影的圆周上作出1，再由1求出 $1'$。同理可作出Ⅱ点的各面投影。

③判别可见性并连接面光滑曲线。两立体的投影均可见时相贯线才可见。本例中相贯线前后对称，其可见与不可见部分投影重合，故只需用光滑的粗实线连接各点的正面投影即得相贯线的正面投影。

任务4 基本体和截断体的尺寸标注

【任务描述】

视图只能表达物体的结构和形状，而物体的大小是根据尺寸来确定的。掌握基本体的尺寸注法，是学习各种物体尺寸标注的基础。

【任务要求】

1. 掌握平面立体的尺寸标注方法。
2. 掌握回转体的尺寸标注方法。
3. 了解截断体和相贯体的尺寸标注。

【知识准备】

(1)平面立体的尺寸标注

对棱柱、棱锥及棱台,除了标注确定其顶面和底面形状大小的尺寸外,还要标注高度尺寸。为了便于看图,对于确定顶面和底面形状大小的尺寸,宜标注在其反映实形的视图上,如图3.32、图3.33所示。

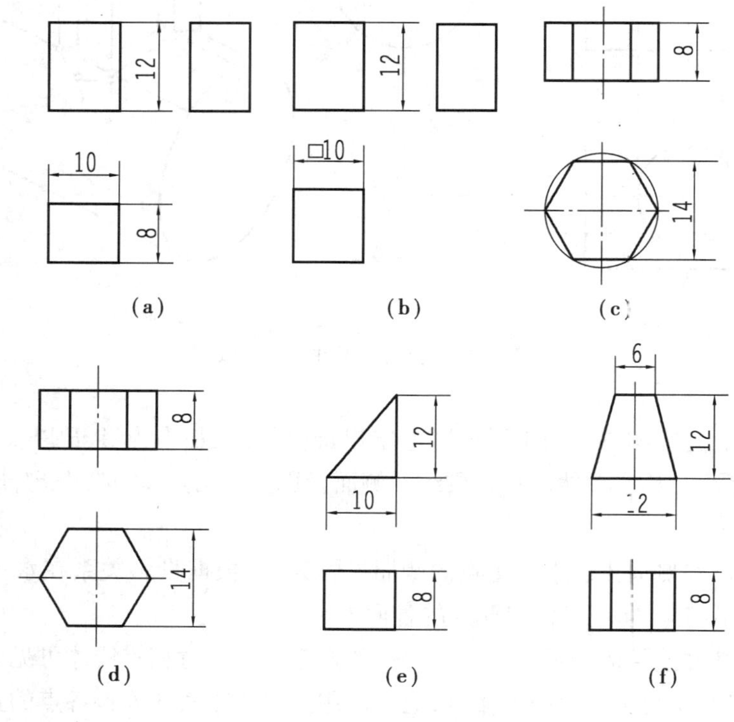

图3.32 棱柱的尺寸标注

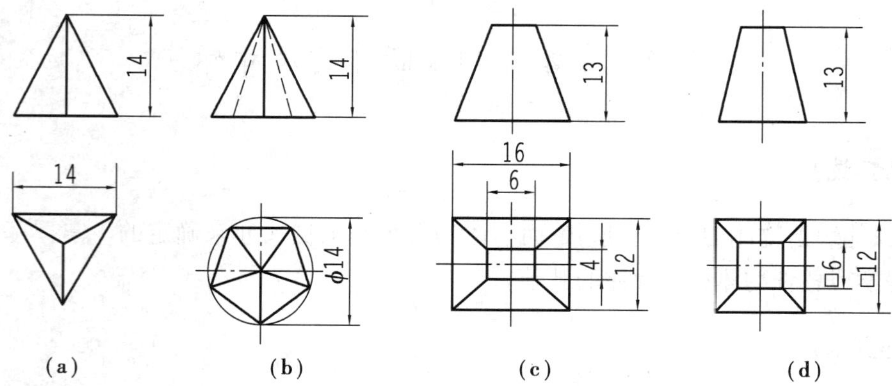

图3.33 棱锥、棱台的尺寸标注

标注正方形尺寸时,应在正方形边长尺寸数字前,加注正方形符号“□”,如图3.32(b)、图3.33(d)所示。

(2)回转体的尺寸标注

圆柱、圆锥和圆锥台,应标注底圆直径和高度尺寸,并在直径数字前加注直径符号“ϕ”。标注圆球尺寸时,在直径数字前加注球直径符号“$S\phi$”。

直径尺寸一般标注在非圆视图上。当尺寸集中标注在一个非圆视图上时,一个视图即可表达清楚它们的形状和大小。如图3.34所示,圆柱、圆锥、圆台、圆球均用一个视图即可。

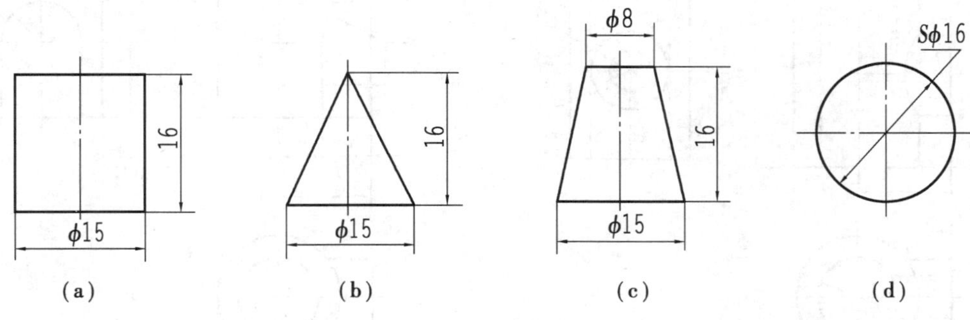

图3.34　回转体的尺寸标注

(3)截断体和相贯体的尺寸标法

标注截断体尺寸时,除了注出基本形体的尺寸外,还应注出截平面的定位尺寸。当基本形体的形状和大小、截平面的相对位置被确定后,截交线的形状、大小及位置也就自然确定了,因此截交线上不应标注尺寸。图3.35中有“×”的尺寸不应注出。

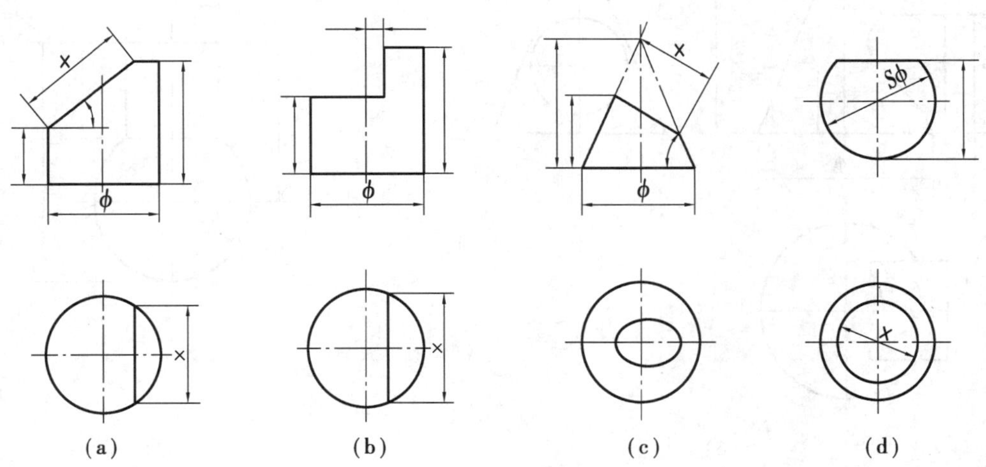

图3.35　截断体的尺寸标注

标注相贯体的尺寸时,除了注出相交两基本形体的尺寸外,还要注出相交两基本形体的相对位置尺寸。当相交两基本形体的形状、大小和相对位置确定后,相贯线的形状、大小和位置已自然确定,因此相贯线上不应标注尺寸。图3.36中有“×”的尺寸不应注出。

【任务实施】

训练　按要求对图 3.36 中相贯体的尺寸进行标注。

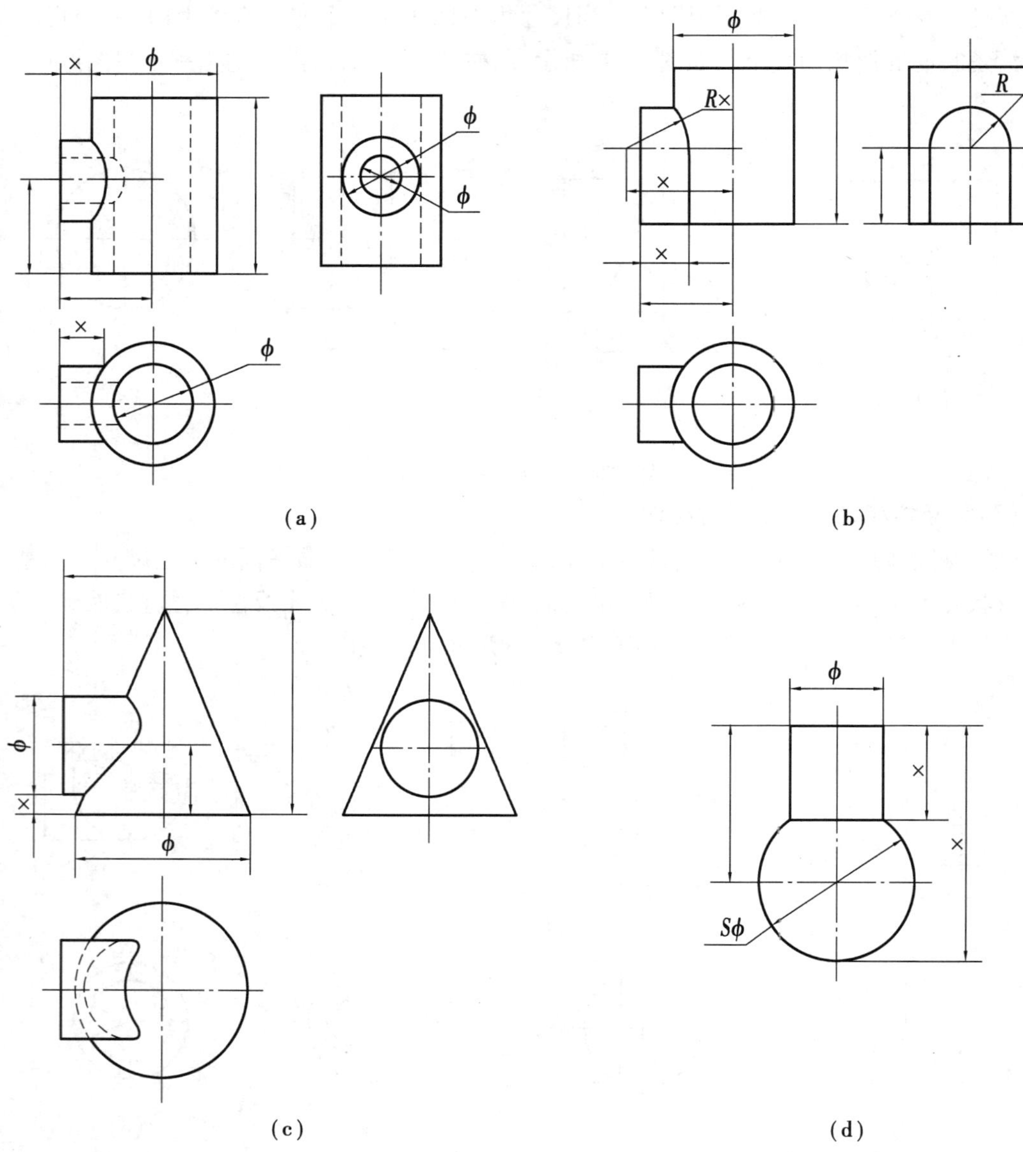

图 3.36　相贯体的尺寸标注

项目4　轴测图的基本知识

【项目描述】

用多面正投影法绘制的工程图样,能准确地表达出物体的形状,但缺乏立体感,直观性差。轴测投影图是一种能够在一个投影面上同时表达物体长、宽和高3个方向信息的图样,立体感强,直观明了。但其投影有变形,度量性差,对复杂形状的立体不易表示清楚,作图烦琐,因而在生产中常用来作为辅助图样。本项目将简要介绍轴测图的基本知识。

【学习目标】

通过本项目的学习,要求掌握以下基本知识:

1. 了解轴间角和轴向伸缩系数的概念。
2. 掌握轴测图的基本性质。
3. 掌握平面立体正等轴测图的绘制方法。
4. 掌握回转体正等轴测图的绘制方法。
5. 掌握组合体正等轴测图的绘制方法。

【技能目标】

1. 能够绘制平面立体的正等轴测图。
2. 能够绘制回转体的正等轴测图。
3. 能够绘制组合体的正等轴测图。

任务1　轴测投影的基本知识

【任务描述】

用多面正投影图绘制的工程图样能完整、正确地表达出零件形状,但这种图样直观性差。为了能在一个投影图上同时反映出物体的长、宽、高3个方向的尺度,通常采用轴测图的方法表示。由于轴测图不能确切地表达零件原本的形状且作图较复杂,因而在工程实际中一般用作辅助图样。

【任务要求】

1. 了解轴间角和轴向伸缩系数的概念。
2. 掌握轴测图的基本性质。

【知识准备】

(1)轴测图的形成

如图 4.1 所示,将长方体向 V、H 面作正投影得主、俯两视图,若用平行投影法将长方体连同固定在其上的参考直角坐标系一起沿不平行于任何一个坐标平面的方向投射到一个选定的投影面上,在该面上得到的具有立体感的图形称为轴测投影图,又称轴测图。这个选定的投影面就是轴测投影面。

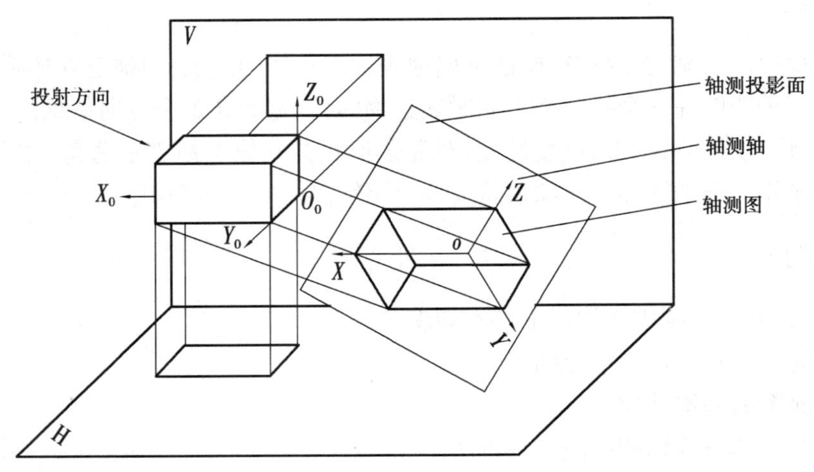

图 4.1 轴测图的形成

(2)轴间角和轴向伸缩系数

1)轴间角

如图 4.1 所示,物体参考直角坐标系的 3 根坐标轴 O_0X_0、O_0Y_0 和 O_0Z_0 在轴测图上的投影 OX、OY、OZ 称为轴测投影轴,简称轴测轴。每两根轴测轴之间的夹角 $\angle XOY$、$\angle YOZ$ 和 $\angle ZOX$ 称为轴间角。

2)轴向伸缩系数

轴测轴 O_0X_0、O_0Y_0 和 O_0Z_0 上的线段长度与空间直角坐标轴 OX、OY、OZ 上的对应线段长度之比,称为沿 OX、OY、OZ 轴的轴向伸缩系数。

在画轴测图时,如果知道了轴间角和轴向伸缩系数,只要沿物体上平行于各参考坐标轴方向度量线段的长度,并乘以相应轴测轴的轴向伸缩系数,再将这个长度画到对应的轴测轴方向上即可。

(3)轴测图的投影特性

由于轴测图是用平行投影法得到的,因此,必然具有平行投影的投影规律:

①物体上互相平行的线段,在轴测图上仍然互相平行。

②物体上两平行线段或同一直线上的两线段长度之比值,在轴测图上应保持不变。

③物体上平行于轴测投影面的直线和平面,在轴测图上则反映实际形状和大小。

④物体上平行于轴测轴的线段,在轴测轴上的长度等于沿该轴的轴向伸缩系数与该线段的长度之积。

由上述可知,在轴测图中只有沿着轴测轴方向测量的长度才与原坐标轴方向的长度有成定比的对应关系,“轴测投影”由此得名。因此在画轴测图时,只需将与坐标轴平行的线段乘以相应的轴向伸缩系数,再沿相应的轴测轴方向上量画即可。工程上用得最多的轴测图是正等轴测图和斜二轴测图。

正等轴测图简称正等测。当空间直角坐标轴 O_0X_0、O_0Y_0 和 O_0Z_0 与轴测投影面倾斜的角度相同时,用正投影法得到的投影图称为正等轴测图。

1)正等测的轴间角

由于3根坐标轴与轴测投影面倾斜的角度相同,因此,3个轴间角∠XOY、∠YOZ 和∠ZOX 相等,都是120°,并规定 OZ 轴画成铅垂方向,如图4.2所示。

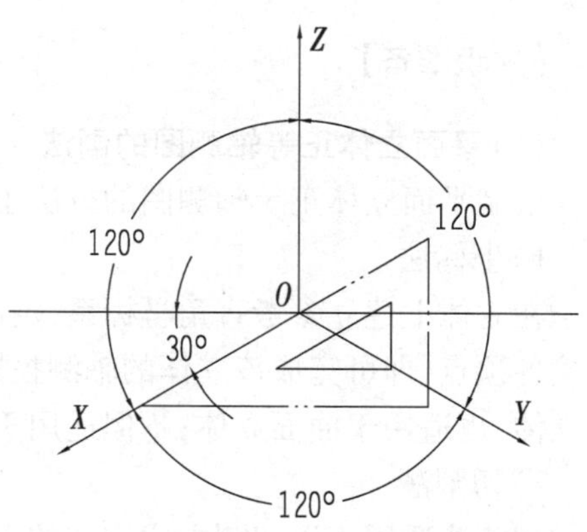

图4.2 正等测的轴间角

2)正等测的轴向伸缩系数

正等测沿3根坐标轴的轴向伸缩系数相等,根据计算,约为0.82。为了作图简便起见,取轴向伸缩系数为1,这样画出的正等轴测图就比采用轴向伸缩系数为0.82的轴测图在线形尺寸上放大了1/0.82≈1.22倍,但是形状不变,而且作图简便,只需将物体沿各坐标轴的长度直接度量到相应轴测轴方向上即可。如图4.3(b)、(c)所示为分别用这两种轴向伸缩系数画出的长方体的轴测图。

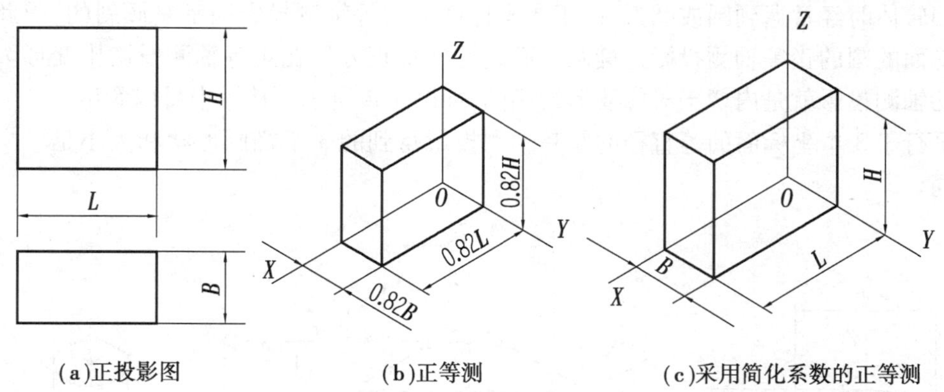

(a)正投影图　(b)正等测　(c)采用简化系数的正等测

图4.3 长方体的正等轴测图

【任务实施】

训练　参照与本书配套的《工程制图习题集》4-1进行练习。

任务2　基本体正等轴测图

【任务描述】

通过绘制平面体、回转体和简单形体的正等轴测图的学习,掌握正等轴测图的特点、应用及绘图方法,能够较熟练地运用轴测图来表达机件的形状结构。

【任务要求】

1. 掌握平面立体正等轴测图的绘制方法。
2. 掌握回转体正等轴测图的绘制方法。

【知识准备】

(1)平面立体正等轴测图的画法

绘制平面立体正等轴测图的方法主要有坐标法和切割法两种。

1)坐标法

在立体上建立参考直角坐标系,定出各顶点的坐标,再在轴测投影面内找出各顶点位置,连接各顶点,即可完成该立体的轴测投影图。坐标法是绘制轴测图的基本方法,不但适用于平面立体,也适用于曲面立体;不但适用于正等测,也适用于其他轴测图的绘制。

2)切割法

切割法适用于以切割方式构成的平面立体,先绘制出挖切前的完整形体的轴测图,再依据形体上的相对位置逐一进行切割。

(2)回转体正等轴测图的画法

1)平行于坐标平面的圆的正等轴测图特点

画回转体时经常遇到圆或圆弧,由于各坐标面对正等轴测投影面都是倾斜的,因此,平行于坐标平面的圆的正等轴测投影是椭圆。而圆的外切正方形在正等轴测投影中变形为菱形,因而圆的轴测投影就是内切于对应菱形的椭圆,如图 4.4 所示。从图中可以看出:

①平行于 3 个坐标面的等直径的圆其轴测投影得到的 3 个椭圆形状和大小是一样的,但方向不同。

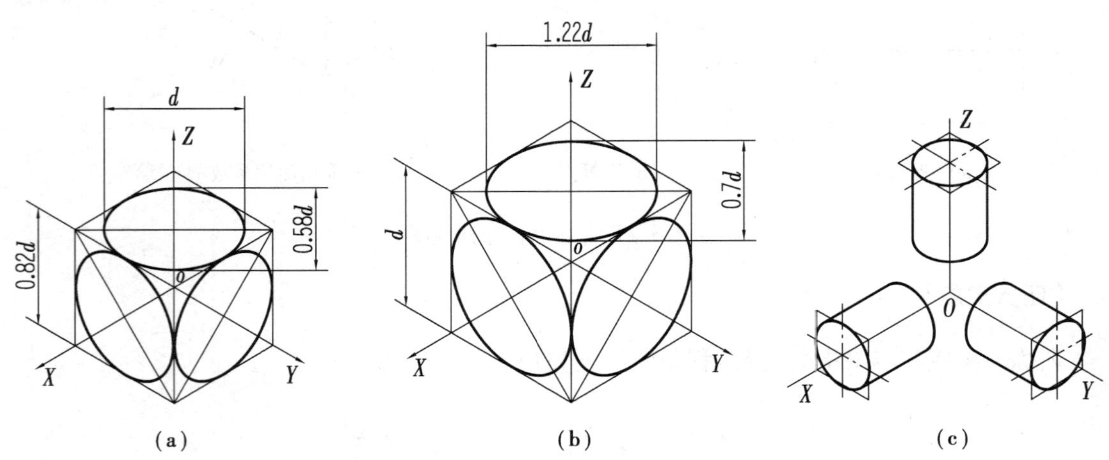

图 4.4　平行于坐标面的圆的正等轴测图

②水平面内椭圆的长轴处于水平位置,正平面内的椭圆长轴为向右上倾斜 60°,侧平面上的椭圆长轴方向为向左上倾斜 60°,而 3 个椭圆的短轴分别与相应菱形的短对角线相重合,并且短轴方向就是与圆所在的平面垂直的坐标轴的方向,如图 4.4(a)、(b)所示。如果要作轴线

与坐标轴平行的圆柱或圆锥，则其上下底面椭圆的短轴与轴线方向一致，如图4.4(c)所示。

如果采用理论轴向伸缩系数0.82，则椭圆的长轴为圆的直径d，短轴为$0.58d$，如图4.6(a)所示。用简化轴向伸缩系数1作图，如图4.4(b)所示，其长短轴的长度均放大1.22倍，长轴长为$1.22d$，短轴长为$0.7d$。

2)圆的正等测画法

①弦线法(坐标法)。这种方法画出的椭圆较准确，但作图较麻烦。步骤如图4.5所示。

a.如图4.5(a)所示，在圆上作若干弦线。

b.如图4.5(b)所示，作出轴测轴，按各弦线分点坐标画出弦线的轴测投影。

c.如图4.5(c)所示，依次光滑连接各端点。

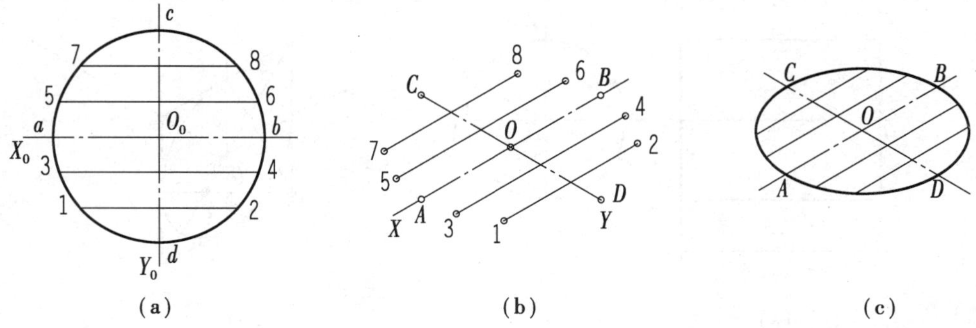

图4.5 弦线法画圆弧

②菱形四心法。为了简化作图，轴测投影中的椭圆常采用近似画法，用四段圆弧连接近似画出。这四段圆弧的圆心是用椭圆的外切菱形求得的，因此也称此方法为“菱形四心法”。

以水平面内的圆的正等轴测图为例说明这种画法。作图步骤如图4.6所示。

①如图4.6(a)所示，作轴测轴OX、OY、OZ，在各轴上取圆的真实半径，得A、B、C、D、E、G6点。

②如图4.6(b)所示，圆平行于H面，则OZ为椭圆短轴，即E、G为两大圆弧的圆心。将E、G分别与C、D和A、B相连，所得的1、2点即为两小圆弧的圆心。

③如图4.6(c)所示，分别以E、G、1、2为圆心，画对应段的圆弧，完成作图。

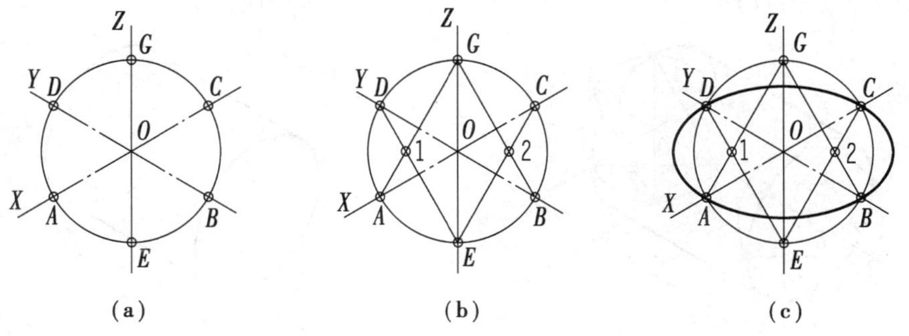

图4.6 求四心的简便方法

3)圆柱体的正等轴测图画法

掌握了圆的正等轴测图画法，圆柱体的正等测也就容易画了。只要分别作出其顶面和底面的椭圆，再作其公切线即可。图4.7(a)—(e)为绘制轴线为侧垂线的圆柱体的正等测图的步骤。

①如图4.7(a)所示，根据投影图定出坐标原点和坐标轴。

②如图4.7(b)所示，绘制轴测轴，作出侧平面内的菱形，用圆的正等测四心简化画法绘出左侧圆的轴测图。

③如图4.7(c)所示，沿 X 轴方向平移左面椭圆的四心，平移距离为圆柱体长度 h。

④如图4.7(d)所示，用平移所得的四心绘制右侧面椭圆，并作左侧面椭圆和右侧面椭圆的公切线。

⑤如图4.7(e)、(f)所示，擦除不可见轮廓线并加深结果。

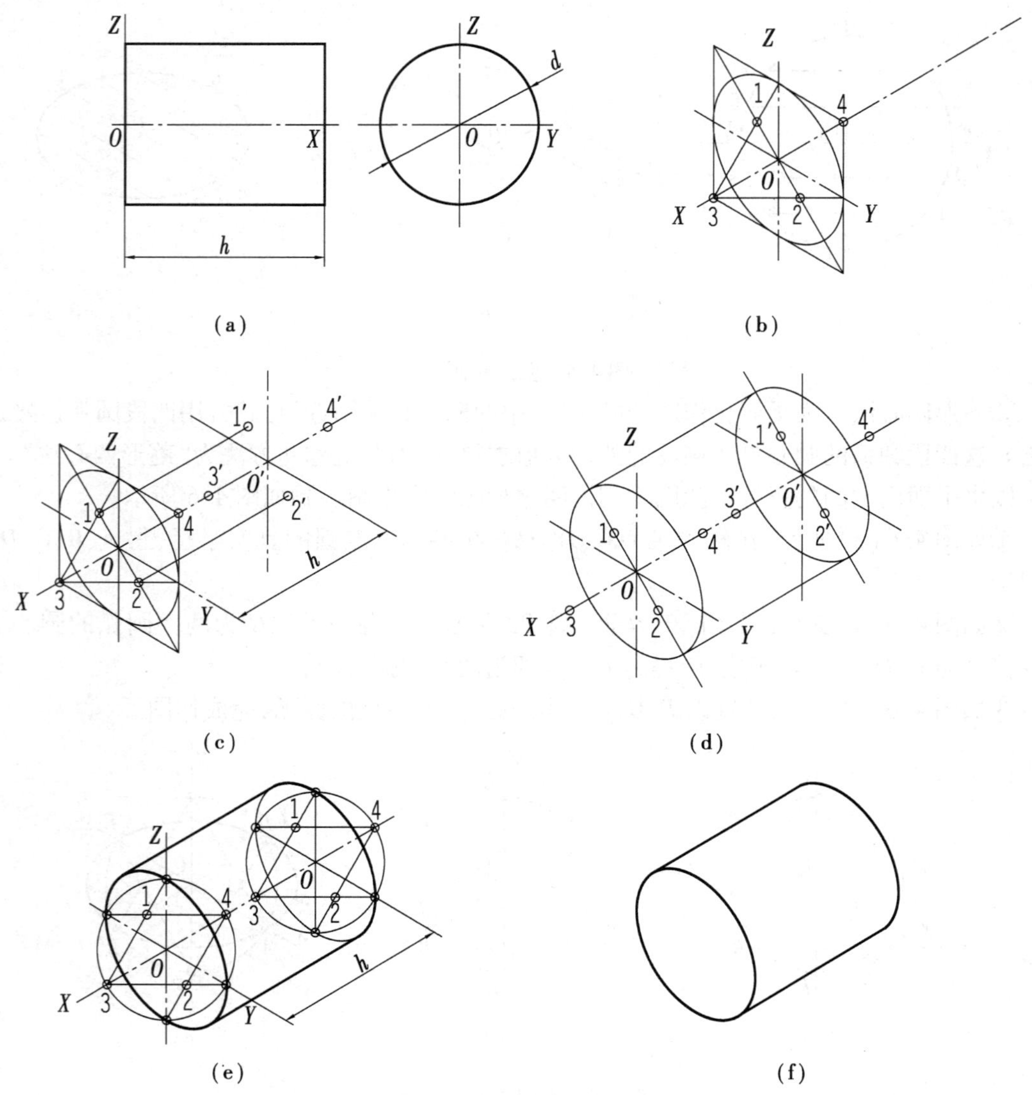

图4.7　圆柱体的正等测图的作图步骤

4)圆角的正等测画法

机件的底板或底座四角经常呈圆形,圆角可看成是整圆的1/4,从如图4.6所示的近似画法中可以看出,1/4圆弧的轴测图就是取菱形内椭圆弧的对应部分。菱形的钝角与椭圆的大圆弧相对应,锐角与椭圆的小圆弧相对应,菱形相邻两边中垂线的交点就是圆心,由此可直接画出圆角的正等测图。但通常不画出整个椭圆而采用简化画法。其作图步骤如下:

①如图4.8(b)所示,先画出平板不带圆角时的正等轴测图。

②如图4.8(c)所示,根据圆角半径 R,在平板表面的边上找出切点 $ABCD$,过切点分别作相应边的垂线,交点 O_1、O 即为圆心,以 O_1A、OC 为半径在 A、B 及 C、D 间画圆弧得到平板上表面圆角的正等轴测图。

③如图4.8(d)所示,将圆心和切点下移平板的高度,得平板下表面圆角的圆心和切点,然后画圆弧,在平板右端左上、下表面两个小圆弧的公切线。

④如图4.8(e)所示,擦除不可见轮廓线并加深结果。

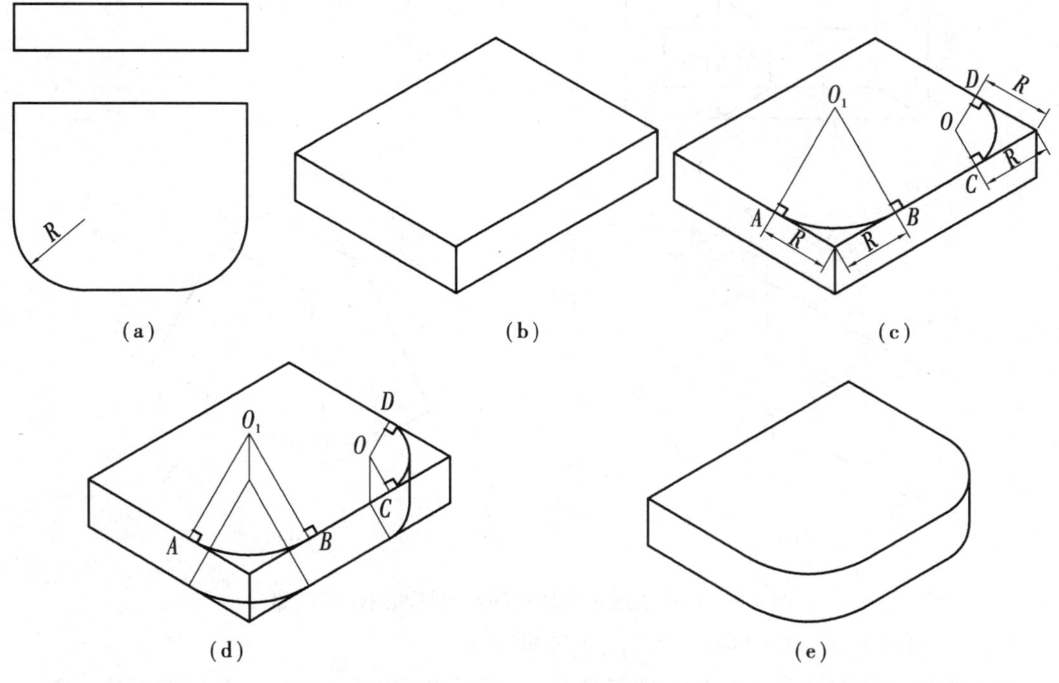

图4.8　圆角的正等测图的作图步骤

【任务实施】

训练1　绘制图4.9(a)所示的正六棱柱的正等轴测图。

分析:从投影图可知,该四棱台前后、左右对称,考虑作图简便,宜用坐标法作图。

作图:作图步骤如图4.9所示。

①在视图上确定坐标原点,选择底面中心为坐标原点,建立坐标系。

②画出轴测轴,作出底面的轴测投影。先根据底边中点 a、b、c、d 的坐标找出它们的轴测投影 A、B、C、D,再过这4点分别作相应轴测轴的平行线,得到底面的轴测投影,如图4.9(b)

所示。

③由尺寸 h 定出顶面中心，同上一步方法便可作出顶面的轴测投影，如图 4.9(c)所示。

④连接底面、顶面的对应顶点，擦去作图辅助线和不可见轮廓线(通常轴测图中不画不可见轮廓线)，并加深所得结果图形，如图 4.9(d)所示。

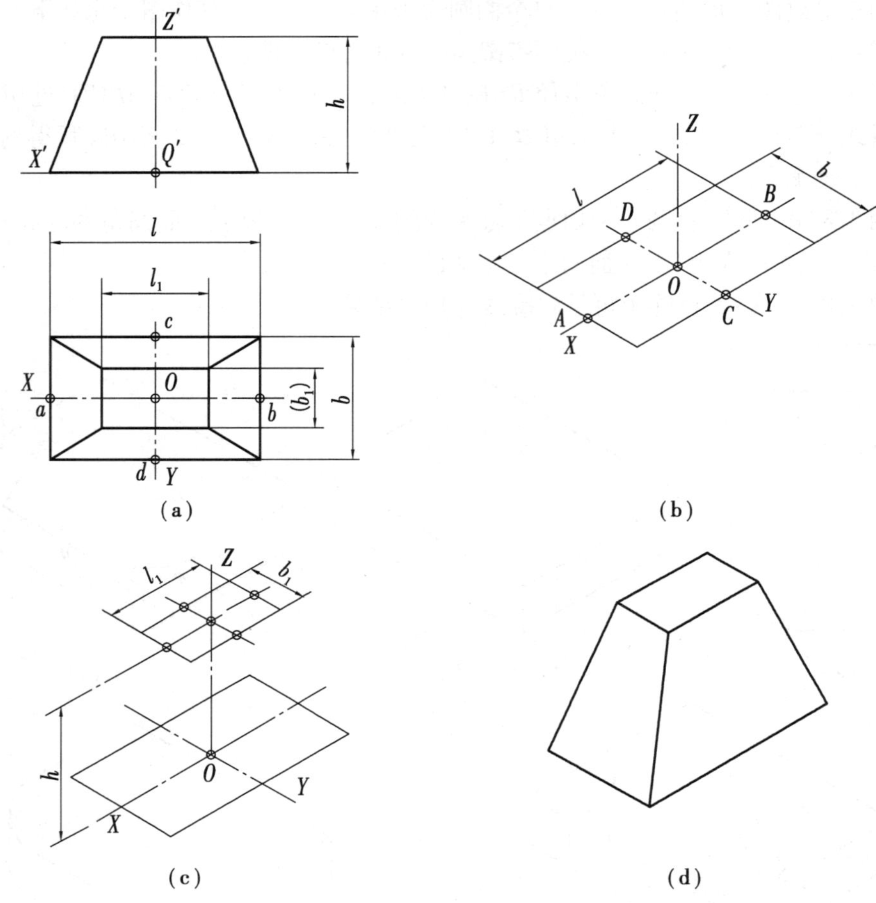

图 4.9　坐标法求正六棱柱的正等轴测图作图步骤

训练 2　求作图 4.10(a)所示立体的正等轴测图。

分析：由投影图知该立体为长方体经切角、挖槽后形成的切割体，宜采用切割法作图。

作图：步骤如图 4.5 所示。

①如图 4.10(a)所示，在视图上定坐标原点 O 于立体左、下、前角。

②如图 4.10(b)所示，作出挖切前的基本立体，按立体的长、宽、高尺寸画出外形。

③如图 4.10(c)所示，由投影图知切斜角所用尺寸：X 轴方向为 8，Z 轴方向为 4，在轴测图上找到对应点，并连线切去左上角。

④如图 4.10(d)所示，由俯视图知所挖槽在立体前后对称线上，由槽宽尺寸 6，槽深尺寸 10 所确定。在轴测图长方体的顶面找出槽宽尺寸 6，再由顶面向下量出槽深 10，至于槽与切去左上角而得的正垂面的交线，只需作与正垂面各边对应的平行线即可。

⑤如图 4.10(e)所示，整理全图，擦去作图辅助线和不可见轮廓线，加深可见轮廓线。

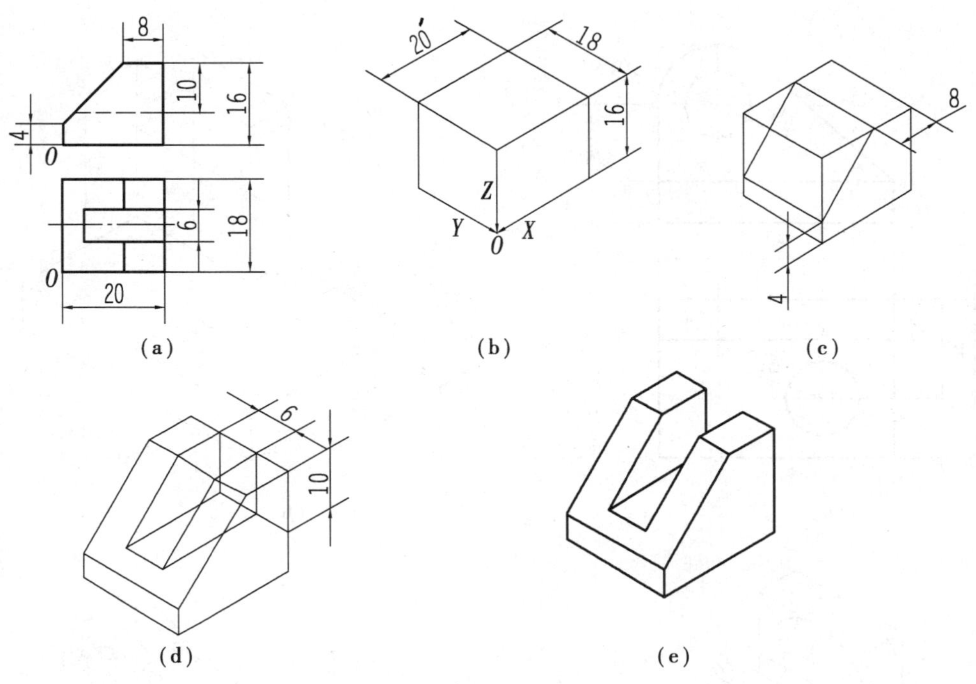

图4.10 切割法求立体的正等轴测图的作图步骤

任务3 组合体正等轴测图的画法

【任务描述】

通过绘制组合体的正等轴测图的学习,进一步巩固正等轴测图的绘制方法及步骤。

【任务要求】

1. 掌握组合体正等轴测图的绘制方法。
2. 熟悉组合体轴测图绘制的基本步骤。

【知识准备】

画组合体的正等轴测图一般先用形体分析法将其分解为基本立体,画出基本立体的轴测图,再逐一细化。

【任务实施】

训练 如图4.11所示为由组合体视图绘制其正等测图的作图步骤。

①组合体的视图,如图4.11(a)所示。

②如图4.11(b)所示,画基本立体,并确定底板圆孔ϕ18和立板圆孔ϕ16(与R15圆弧同心)的圆心位置。

③如图4.11(c)所示,作出R15圆弧的对应菱形,定出两心1和2,作出它在立板前面的轴

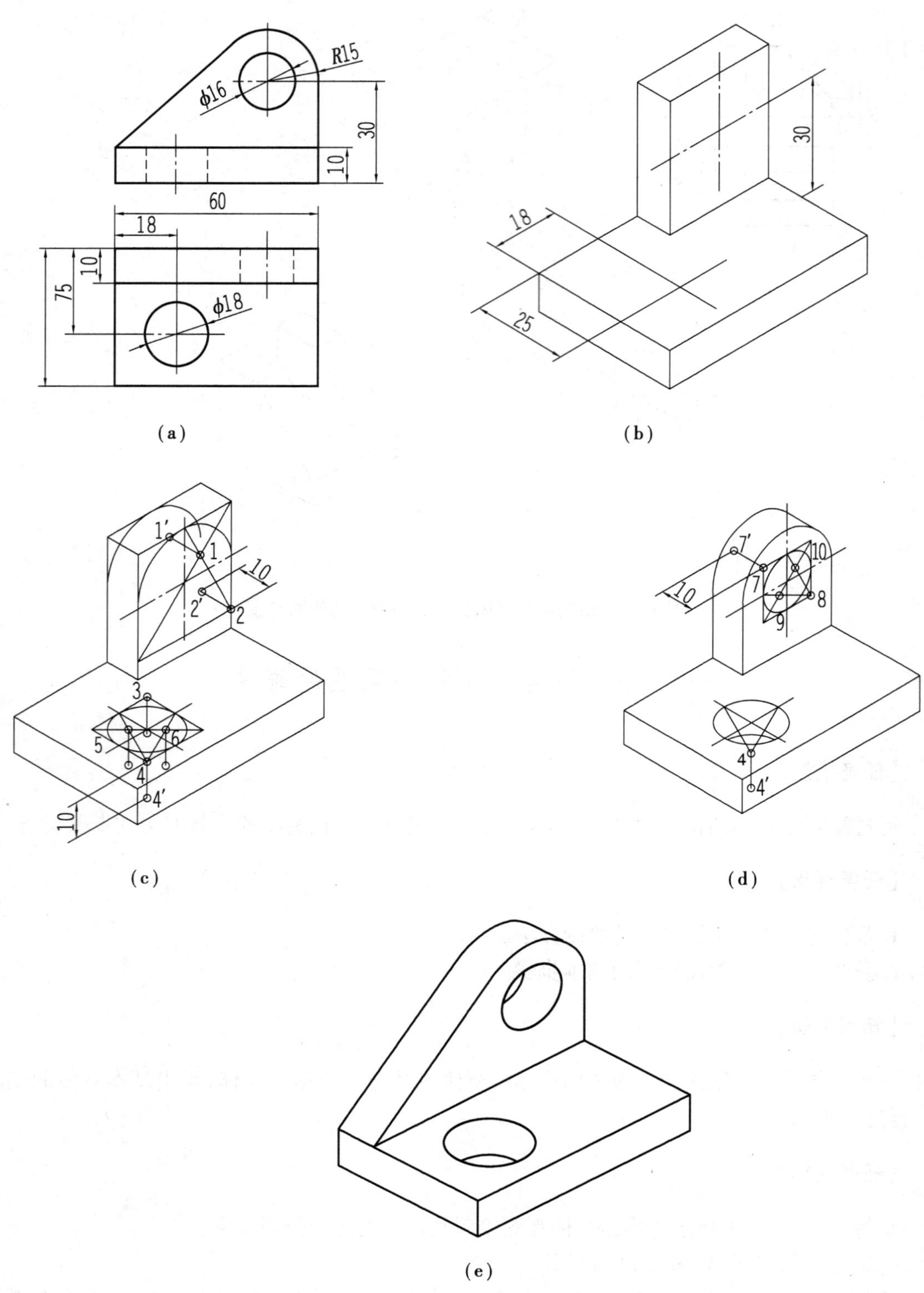

图 4.11　组合体的轴测画法

测投影，将 1、2 两心向后平移立板厚 10，作出该弧在立板后面的投影；作出底板上面 $\phi18$ 圆孔的对应菱形求得四心，作出该孔的上底面轴测投影椭圆，将圆心 4 向下平移底板厚 10。

④如图 4.11(d)所示，作出立板上 $\phi18$ 圆孔的对应菱形，求得它在立板前面的轴测投影，将圆心 7 向后平移立板厚 10，作该孔在立板后面的投影(只作可见部分)；作出底板圆孔 $\phi18$ 的下底面投影。

⑤如图 4.11(e)所示，作立板上两条公切线，擦去不可见轮廓线，并加深结果。完成组合体的正等轴测图。

项目 5　组合体

【项目描述】

任何复杂的形体,都可看成是由若干基本形体(柱、锥、球等)按一定的连接方式组合而成的,通常称为组合体。本项目主要介绍组合体的形体分析法、组合体的画法、尺寸标注、读图方法和组合体的形体构型训练等内容。教学与实施的目的旨在使学生能熟练进行组合体三视图的绘制和尺寸标注,能准确识读三视图所表达物体的形状结构,使学生具备一定的空间分析想象能力,为识读和绘制零件图打下基础。

【学习目标】

通过本项目的学习,要求掌握以下基本知识:

1. 掌握组合体的概念、形体分析法及表面连接关系。
2. 掌握应用投影规律分析和绘制组合体视图。
3. 掌握在组合体视图上正确、齐全、清晰地标注尺寸的方法。
4. 掌握识读组合体视图的基本方法及步骤。
5. 了解构型设计的基本方法。

【技能目标】

1. 能正确绘制形体间不同表面连接关系的画法。
2. 能熟练绘制简单组合体的三视图。
3. 能正确地在三视图中标注组合体的尺寸。
4. 具备应用形体分析法对组合体进行分析的能力。

任务 1　组合体的形体分析

【任务描述】

组合体的形体分析法是画图、看图和标注尺寸的基本方法。画图时,利用它可将复杂的形体简化为若干个基本形体进行绘制;看图时,利用它可从简单的基本几何体着手,看懂复杂形体的视图。

【任务要求】

1. 了解形体分析法的概念。

2. 能正确绘制形体间不同表面连接的画法。

【知识准备】

(1)形体分析法

任何复杂的物体,都可以看成是由一些基本体组合而成的。如图5.1(a)所示中的组合体,可看成是由两个尺寸不同的四棱柱和一个半圆柱叠加起来后,再切去一个较大圆柱体和两个小圆柱体而成的,如图5.1(b)、(c)所示。

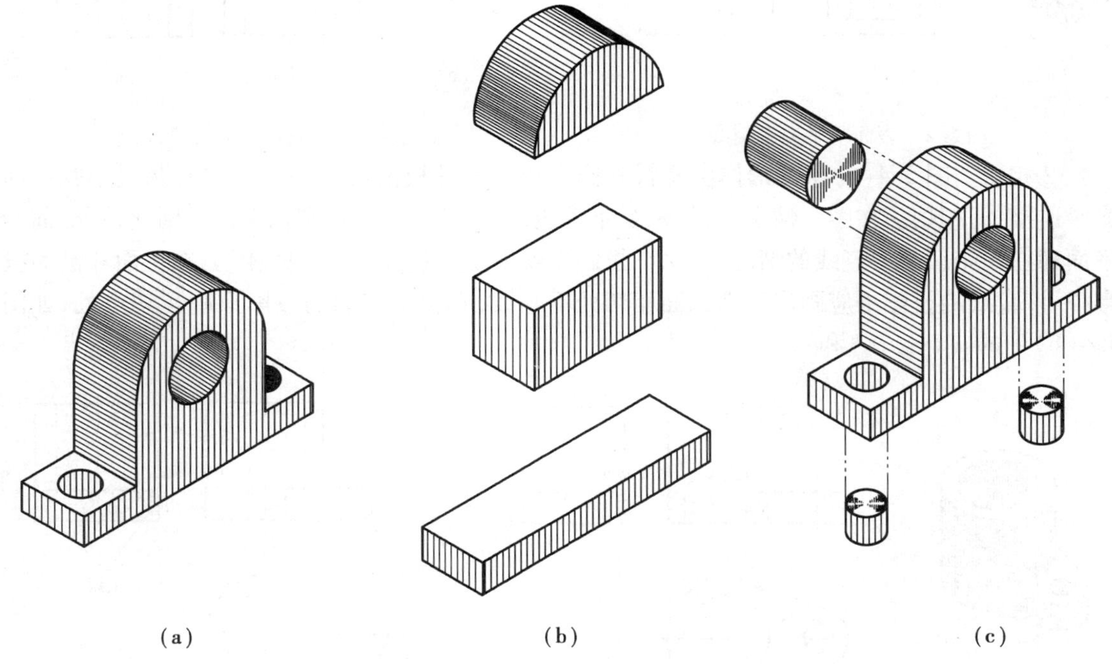

(a) (b) (c)

图5.1 承座的形体分析

既然如此,画组合体的三视图时,就可采用"先分后合"的方法。即先在想象中将组合体分解成若干个基本形体,然后按其相对位置逐个画出各基本形体的投影,综合起来即得到整个组合体的视图。这样,就可以把一个复杂的问题分解成几个简单的问题加以解决。

这种为了便于画图和看图,通过分析将物体分解成若干个基本形体,并弄清它们之间的相对位置和组合形式的方法,称为形体分析法。

(2)组合体的组合形式及相邻表面的连接关系

组合体的组合形式,可粗略地分为叠加型、切割型和综合型3种。分析组合体的组合形式,关键是弄清相邻两形体间的接合形式,以利于分析接合处两形体分界线的投影。

1)叠加型

叠加型是两形体组合的基本形式,按照形体表面接合的方式不同,又可分为堆积、相切和相贯等。

①堆积。两形体如以平面相接合,称为堆积。它们的分界线为直线或平面曲线。画这种组合形式的视图,实际上是将两个基本形体的投影,按其相对位置堆积。此时,应注意区分分界处的情况:

a. 当两形体的表面不平齐时,连接处应有交线,如图 5.2 所示。

b. 当两形体的表面平齐时,连接处没有交线,如图 5.3 所示。

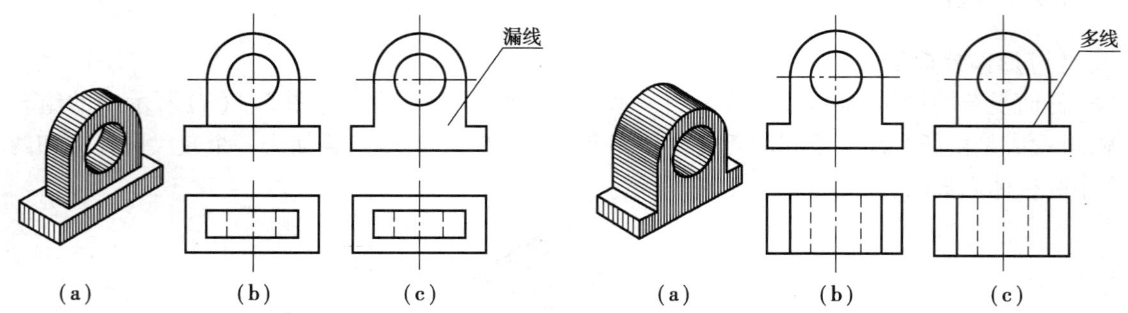

图 5.2　表面不平齐有交线

图 5.3　表面平齐无交线

②相切。图 5.4(a)中的形体由耳板和圆筒组成。耳板前后两平面与左右两大小圆柱面光滑连接,即相切。在图示情况下,柱轴是铅垂线,柱面的水平投影有积聚性。因此,耳板前后平面和柱面相切于一直线的情况,在水平投影中就表现为直线和圆弧的相切;在正面和侧面投影中,该直线的投影不应画出。即二面相切处不画线,耳板上表面的投影只画至切点处,如图 5.4(b)中的 $a'(c')$、a'' 和 c''。

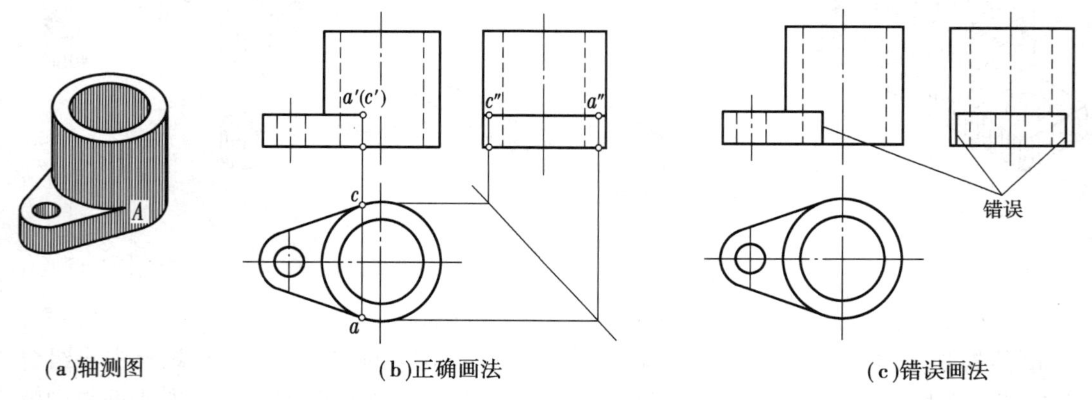

图 5.4　两体表面相切的画法

2)切割型

对不完整的形体,可采用切割的概念对它进行分析为宜。如图 5.5 所示的物体,可看成是长方体经切割而形成的。

3)综合型

如图 5.6 所示中的组合体,既有叠加又有切割,属综合型。画图时,一般可先画叠加各形体的投影,再画被切各形体的投影。

综上所述,正确地掌握、熟练地运用形体分析法,对画图、看图和标注尺寸都非常有益。但在实际应用时,对那些简单清楚或实难分辨的形体,也没有必要硬性分解,只要能正确地作出投影就可以了。

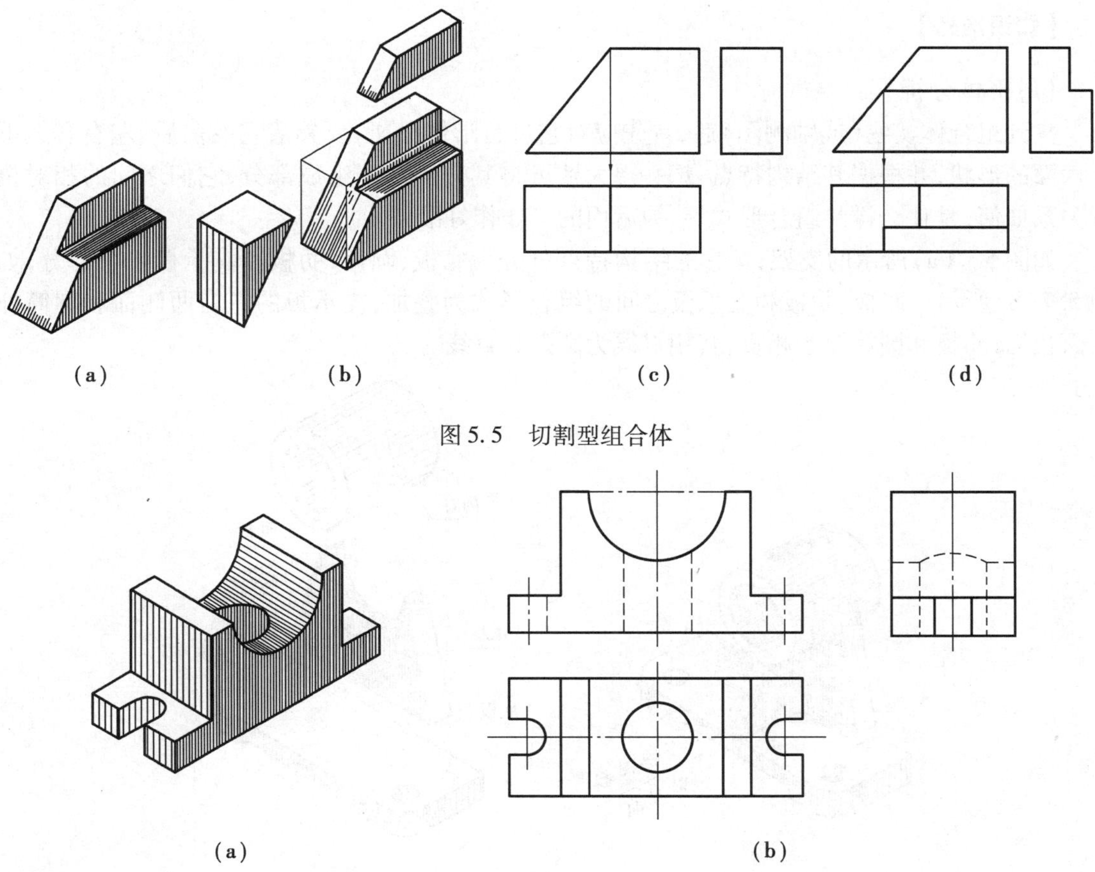

图5.5　切割型组合体

图5.6　综合型组合体

【任务实施】

训练　结合轴承座(见图5.1)实例,运用形体分析法进行分解练习,并判断各相邻表面间的连接关系。

任务2　组合体三视图的画法

【任务描述】

形体分析法是将复杂形体简单化的一种思维方法。因此,画组合体视图时,一般采用形体分析法。本任务结合图例,说明利用形体分析法绘制组合体视图的方法及步骤。

【任务要求】

1. 掌握组合体三视图的画图方法和步骤。
2. 能熟练绘制简单组合体的三视图。

【知识准备】

(1)形体分析

拿到组合体实物(或轴测图)后,首先应对它进行形体分析,要弄清它的前后、左右和上下等六面的形状,并根据其结构特点,想一想大致可将其分成几个组成部分,它们之间的相对位置关系如何,是什么样的组合形式等,为后面的工作作好准备。

如图 5.7(a)所示的支架,按它的结构特点可分为底板、圆筒、肋板和支承板 4 个部分,如图 5.7(b)所示。底板、肋板和支承板之间的组合形式为叠加;支承板的左右两侧面和圆筒外表面相切;肋板和圆筒属于相贯,其相贯线为圆弧和直线。

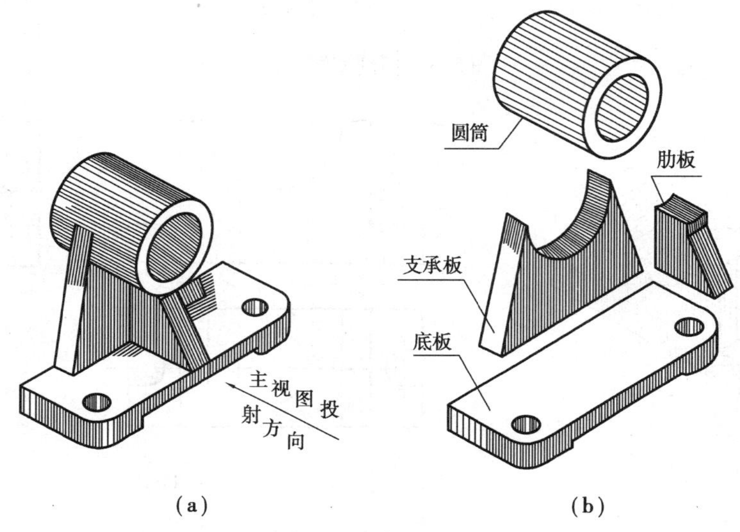

图 5.7 支架的形体分析

(2)视图选择

视图选择的内容包含主视图的选择和视图数量的确定。

1)主视图的选择

主视图是表达组合体的一组视图中最主要的视图。通常要求主视图能较多地反映物体的形体特征,即反映各组成部分的形状特点和相互位置关系。

图 5.7(a)中的支架,从箭头方向投射所得的视图,满足了上述的基本要求,可作为主视图。

2)视图数量的确定

在组合体形状表达完整、清晰的前提下,其视图数量越少越好。如图 5.7 所示的支架,主视图按箭头方向确定后,还要画出俯视图,表达底板的形状和两孔的中心位置,并用左视图表达肋板的形状。因此,要完整地表达出该支架的形状,必须画主、俯、左 3 个视图。

【任务实施】

训练　绘制支架的三视图。

画图的方法与步骤如下:

(1)选择比例,确定图幅

视图确定后,便要根据组合体的大小和复杂程度,选定作图比例和图幅。应注意的是,所选的幅面要比绘制视图所需的面积大一些,以便标注尺寸和画标题栏。

(2)布置视图

布图时,应将视图匀称地布置在幅面上,视图间的空当应保证能注全所需的尺寸。

(3)绘制底稿

支架的画图步骤如图5.8所示。

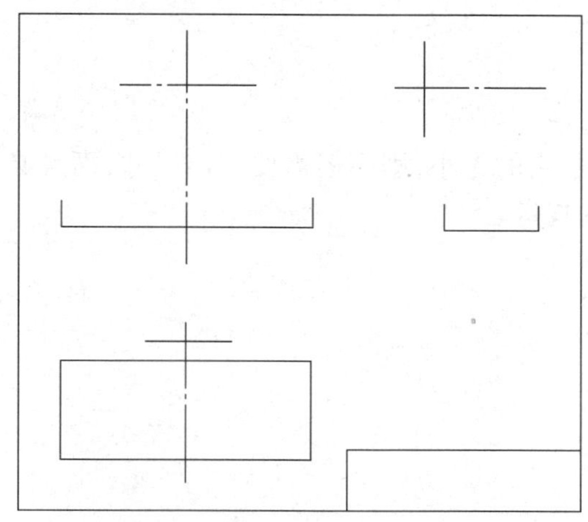

(a)布置视图并画出基准线

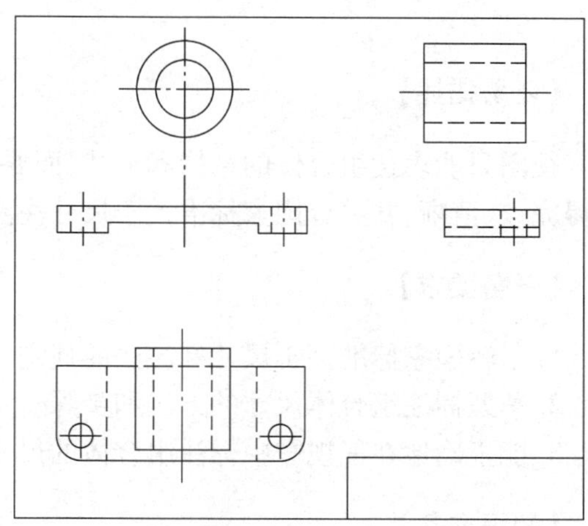

(b)画空心圆柱和底板

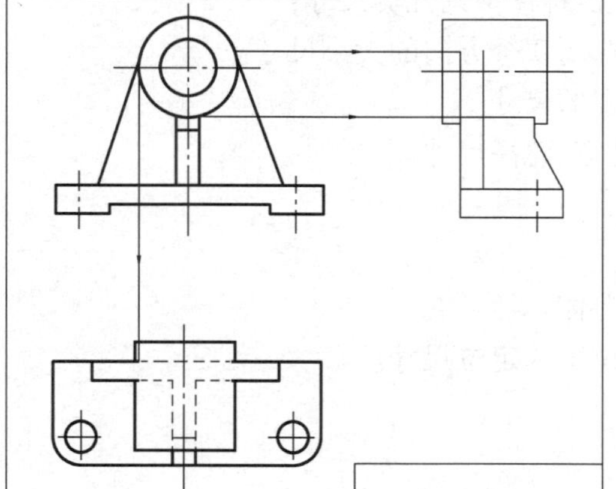

(c)画支承板和肋板

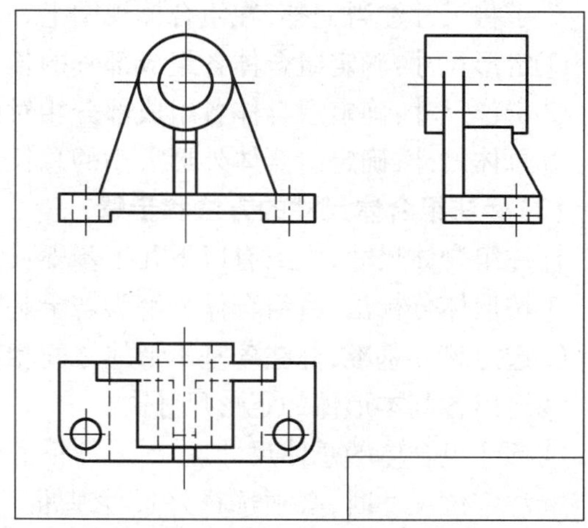

(d)画细部,补虚线,描深,完成全图

图5.8 支架的画图步骤

为了迅速而正确地画出组合体的三视图,画底稿时,应注意以下两点:

①画图的先后顺序,一般应从形状特征明显的视图入手。先画主要部分,后画次要部分;先画看得见的部分,后画看不见的部分;先画圆或圆弧,后画直线。

②画图时,形体的每一组成部分,最好是按三等规律、3个视图配合着画。也就是说,不要

先把一个视图画完再画另一个视图。这样,不但可以提高绘图速度,还能避免多线、漏线。

(4)检查描深

底稿完成后,应认真进行检查。在三视图中依次核对各组成部分的投影对应关系正确与否;分析清楚相邻两形体衔接处的画法有无错误,是否多线、漏线;再以实物或轴测图与三视图对照,确认无误后,描深图线,完成全图,如图5.8(d)所示。

任务3 组合体的尺寸注法

【任务描述】

视图只能表达组合体的结构和形状,而要表示它的大小,则不但需要注出尺寸,而且必须注得完整、清晰,并符合国家标准关于尺寸注法的规定。

【任务要求】

1. 了解国家标准关于尺寸标注法的规定。
2. 掌握标注组合体尺寸的方法和步骤。
3. 能正确地在三视图中标注组合体的尺寸。

【知识准备】

(1)尺寸种类

为了将尺寸注得完整,在组合体视图上,一般需标注下列几类尺寸:

①定形尺寸:确定组合体各组成部分的长、宽、高3个方向的大小尺寸。

②定位尺寸:确定组合体各组成部分相对位置的尺寸。

③总体尺寸:确定组合体外形大小的总长、总宽、总高尺寸。

(2)标注组合体尺寸的方法和步骤

标注组合体尺寸,大致有以下几个步骤:

①按形体分析法,将组合体分解为若干基本形体。

②选定尺寸基准,标注各基本形体之间相对位置的定位尺寸。

③注出各基本形体的定形尺寸。

④标注组合体的总体尺寸。

标注定位尺寸时,必须选择好尺寸基准。标注尺寸时,用以确定尺寸位置所依据的一些面、线或点称为尺寸基准。组合体有长、宽、高3个方向的尺寸,每个方向至少有一个尺寸基准,以它来确定基本形体在该方向的相对位置。标注尺寸时,通常以组合体的底面、端面、对称面、回转体轴线等作为尺寸基准。当各基本形体的相对位置对称时,可省略一些定位尺寸。

(3)注意事项

尺寸标注除要求完整、正确外,还要求标得清晰、明显,以方便看图。为此,必须注意下列各点:

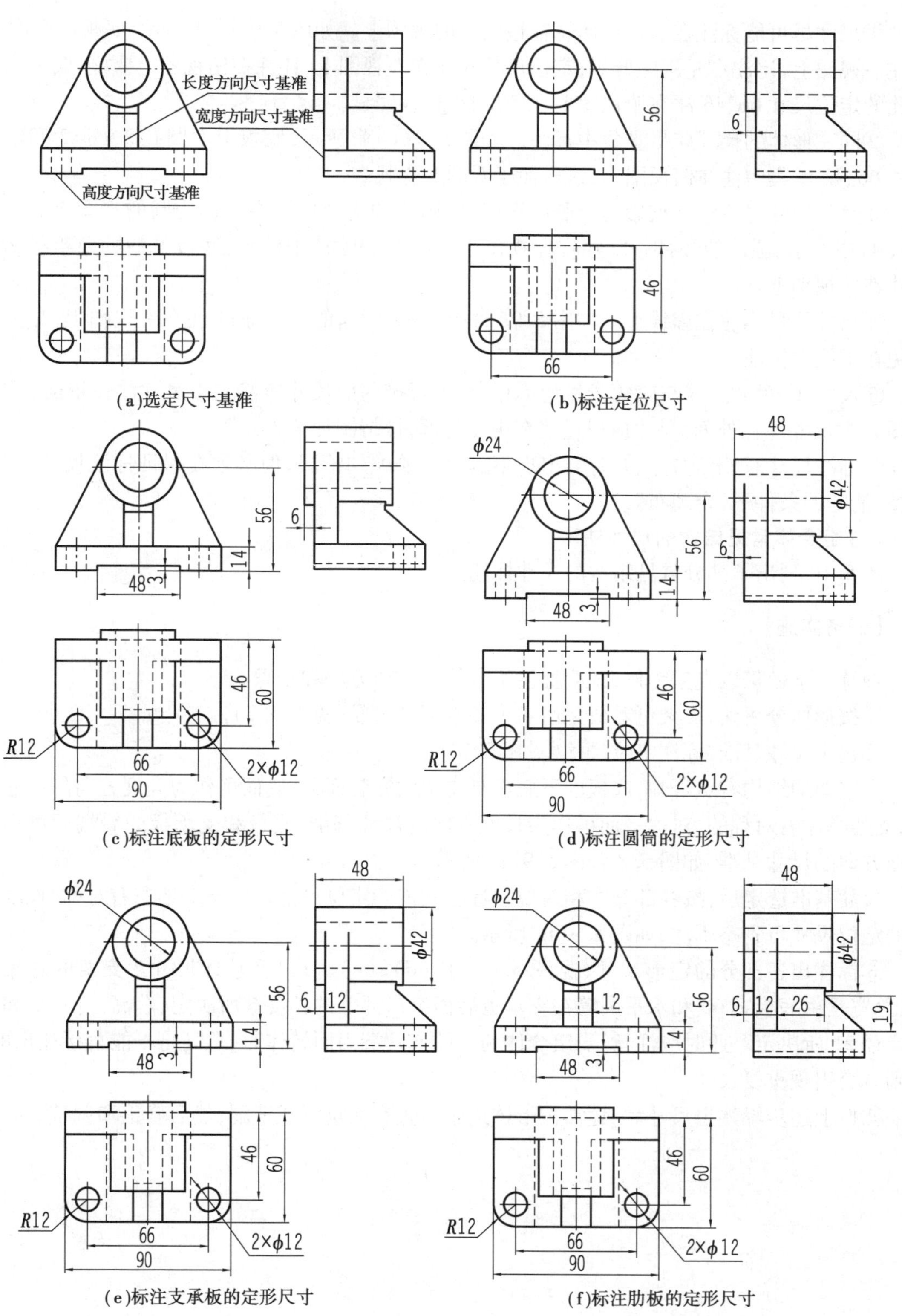

(a)选定尺寸基准

(b)标注定位尺寸

(c)标注底板的定形尺寸

(d)标注圆筒的定形尺寸

(e)标注支承板的定形尺寸

(f)标注肋板的定形尺寸

图 5.9 支架尺寸标注的步骤

①尺寸尽可能标注在表示形体特征最明显的视图上。如图 5. 9(c)中所示,底板的高度 14 注在主视图上,比注在左视图要好;定位尺寸 6 注在左视图上,比注在俯视图上要好;底板上两圆孔的定位尺寸 66、46 注在俯视图上,则看起来比较明显。

②同一形体的尺寸应尽量集中标注。如图 5. 9(c)中所示,底板上两圆孔 $2\times\phi12$ 和定位尺寸 66、46 就集中注在俯视图上,这样便于看图时查找。

③直径尺寸尽量注在投影为非圆的视图上,圆弧的半径应注在投影为圆的视图上。如图 5. 9(d)中所示,圆筒的外径 $\phi42$ 注在左视图上,如图 5. 9(c)中所示,底板上的圆角半径 $R12$ 则注在俯视图上。

④尺寸尽量不注在虚线上。如图 5. 9(d)中所示,圆筒的孔径 $\phi24$ 注在主视图上,是为了避免在虚线上标注尺寸。

⑤尺寸线、尺寸界线与轮廓线尽量不相交,平行排列的尺寸应使较小尺寸注在里面(靠近视图),大尺寸注在外面;尺寸应尽量注在视图外部,保持图形清晰。

在标注尺寸时,上述各点有时会出现不能完全兼顾的情况,但必须在保证标注尺寸正确、完整、清晰的条件下,合理布置。

(4)组合体常见结构的尺寸注法

图 5. 10 列出了部分常见结构的尺寸标注。

【任务实施】

训练　下面仍以支架为例,说明标注组合体尺寸的方法和步骤。

①按形体分析法,支架可看成是由 4 个基本部分组成(见图 5. 7)。

②选定尺寸基准,标注定位尺寸(见图 5. 11)。

由支架的结构特点可知,底板的下底面是支架的安装面,下底面可作为高度方向的尺寸基准;支架是左右对称的,对称平面可作为长度方向的尺寸基准;底板和支承板的后端面可作为宽度方向的尺寸基准,如图 5. 8 和图 5. 9(a)所示。

尺寸基准选定后,按各部分的相对位置标注它们的定位尺寸。由于支架左右对称,长度方向的定位尺寸可省略不注,如图 5. 9(b)所示。

③标注出各部分的定形尺寸(见图 5. 9(c)、(d)、(e)、(f))及总体尺寸。支架的总长是 90,总宽是由底板宽 60 和水平圆筒在支承板后面突出部分的长度 6 所决定,总高是由 56 和圆筒半径 21 所决定。此时应注意:当组合体的一端或两端为回转体时,总高是不能直接注出的,否则就会出现重复尺寸。

④按上述步骤注出尺寸后,还需按形体逐个检查有无重复或遗漏,然后修正和调整。

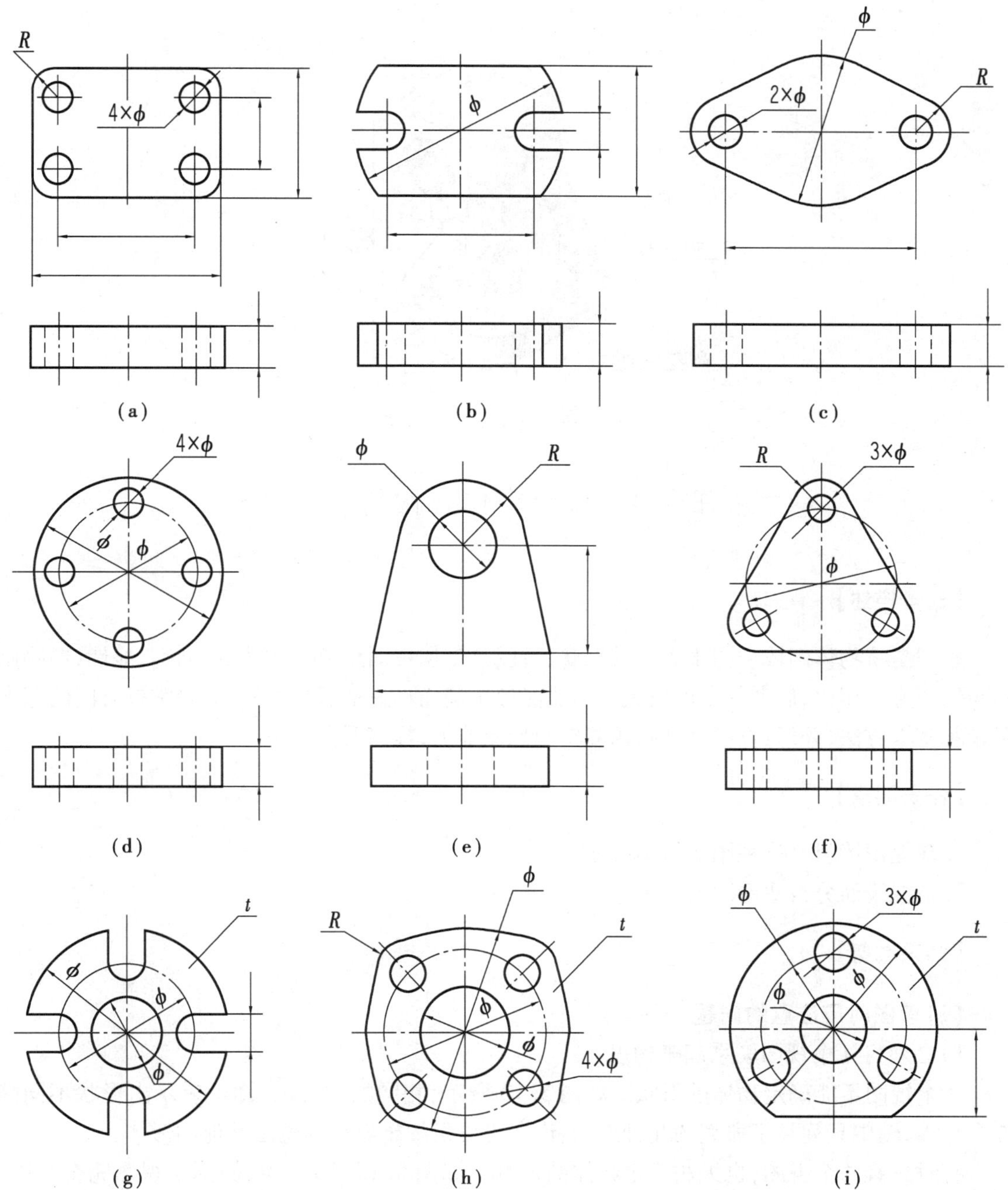

图5.10 部分常见结构的尺寸标注

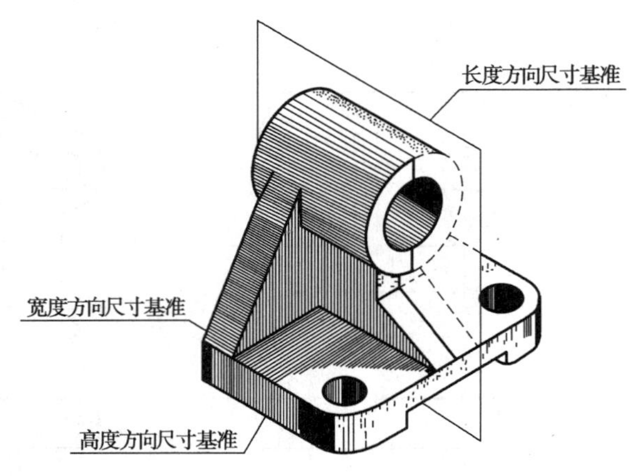

图 5.11　支架的尺寸基准

任务4　读组合体视图的方法

【任务描述】

画图是将物体画成视图来表达其形状;看图是依据视图想象出物体的形状。显然,照物画图与依图想物相比,后者的难度较大。为了能够正确而迅速地看懂视图,必须掌握看图的基本要领和基本方法,并通过反复实践,培养空间想象能力,提高看图水平。

【任务要求】

1. 掌握识读组合体视图的基本方法。
2. 掌握线面分析法看图的步骤。

【知识准备】

(1)读图时应注意的问题

1)必须将几个视图联系起来构思

一个视图不能确定物体的形状。如图 5.12 所示,相同的主视图,却可表示出形状不同的许多物体,图中只列举了典型的几种形状,读者可以发挥想象再构思出其他的形体。

有时只看两个视图,也无法确定物体的形状。如图 5.13 所示,主、俯两个视图完全相同,却有多个形状不同的物体。当然,读者可以发挥想象再构思出其他的形体。

由此可知,看图时,必须把所给的视图联系起来看,才能想象出物体的确切形状。

2)必须弄清视图中图线和线框的含义

视图是由一个个封闭线框组成的,而线框又是由图线构成的。因此,弄清图线及线框的含义是十分必要的。

①视图中图线的含义。如图 5.14 所示,视图中的图线有 3 种含义:

a. 有积聚性的面的投影,如 a、b 等线。

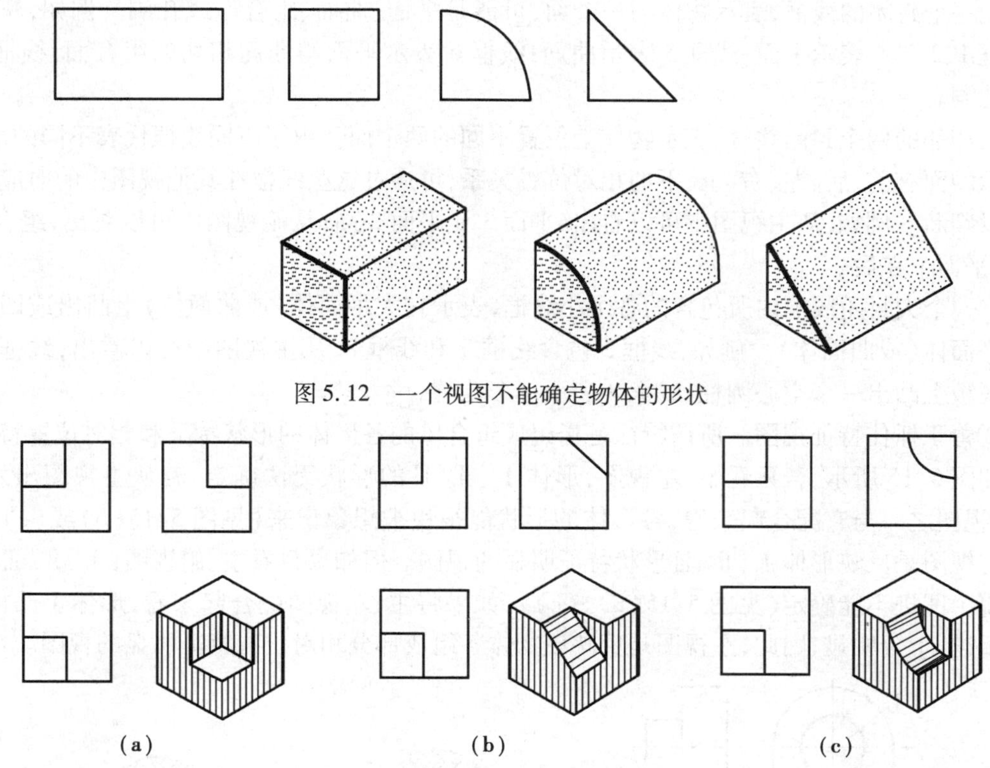

图5.12　一个视图不能确定物体的形状

图5.13　两个视图不能确定物体的形状

b. 面与面的交线，如 c 为圆柱与三角肋板的交线。

c. 曲面的转向轮廓线，如 d、e 为圆柱及其中间孔的轮廓线。

②视图中线框的含义(见图5.14)。

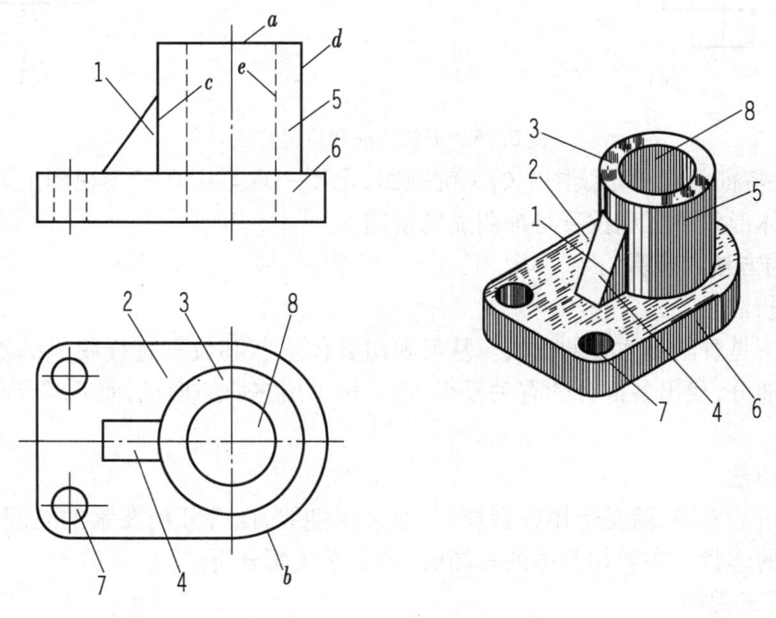

图5.14　视图中图线与线框的分析

a. 一个封闭的线框,表示物体的一个面,可能是平面、曲面、组合面或孔洞。例如,视图中的线框 1、2、3、4 表示平面;线框 5 表示曲面;线框 6 表示平面与曲面相切的组合面;线框 7、8 表示孔洞。

b. 相邻的两个封闭线框,表示物体上位置不同的两个面。由于不同线框代表不同的面,它们表示的面有前、后、左、右、上、下的相对位置关系,可通过这些线框在其他视图中的对应投影来加以判断。例如,从主视图中可以看出,平面 3 比平面 2 高;从俯视图中可以看出,组合面 6 在前,平面 1 在后。

c. 一个大封闭线框内所包含的各个小线框,表示在大平面体(或曲面体)上凸出或凹下各个小平面体(或曲面体)。例如,线框 2 包含线框 3 和线框 8,从主视图中可以看出,线框 3 表示在底板上凸出一个空心圆柱,线框 8 表示一个孔洞。

③善于抓住特征视图。所谓特征是指组成组合体的各形体的形状特征和相对位置特征。

如图 5.15 所示,若只看俯、左视图,形体Ⅰ、Ⅱ、Ⅲ的形状无法确定,若从主视图出发,将俯、左视图之一与它配合起来看,各形体的形状能很快被想象出来(见图 5.15(b)或(c)),所以说主视图是反映形体Ⅰ、Ⅱ、Ⅲ形状特征明显的视图。但如果只看主、俯视图,Ⅰ、Ⅱ、Ⅲ哪个凸出哪个凹进不能确定(见图 5.15(b)、(c)),如果将主、左视图配合起来看,形体Ⅰ凸出,形体Ⅲ凹进,十分明显,因此,左视图是反映该物体各组成部分相对位置特征明显的视图。

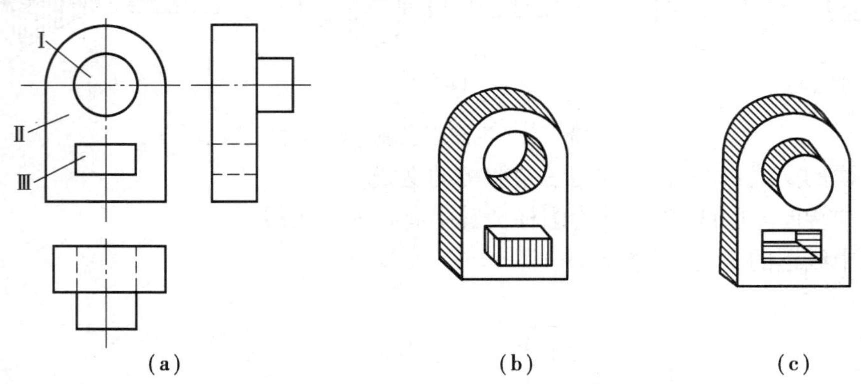

图 5.15　形状特征和位置特征

可见,反映特征的视图是读图中的关键视图,但不一定集中在一个视图上。读图时,要善于抓住反映物体形状特征和位置特征明显的视图。

(2)看图的方法和步骤

1)形体分析法

形体分析法是看图最主要的方法。从反映组合体形状和位置特征明显的视图着手,将视图分解为几个部分,找出各部分的有关投影,逐一构思出它们的形状,而后综合起来,想象物体的整体形状。

2)线面分析法

用线面分析法看图,就是运用投影规律,通过识别线、面等几何要素的空间位置、形状,进而想象出物体的形状。在看切割体的视图时,主要靠线面分析法。

(3)补画第三视图

由已知的两个视图补画所缺的第三视图,是培养和检验读图能力的一种重要方法。一般在读懂已知视图、想象出物体形状的基础上进行。由于想象的物体形状已完全被已知视图所确定，因此这种想象确定物体形状的过程是再造形象思维与构思。

(4)补画视图中的漏线

补漏线就是在给出的三视图中，补画缺漏的线条。首先，运用形体分析法，看懂三视图所表达的组合体形状，然后细心检查组合体中各组成部分的投影是否有漏线，最后将缺漏的线补出。

【任务实施】

训练1　读图5.16所示的组合体的三视图——形体分析法。

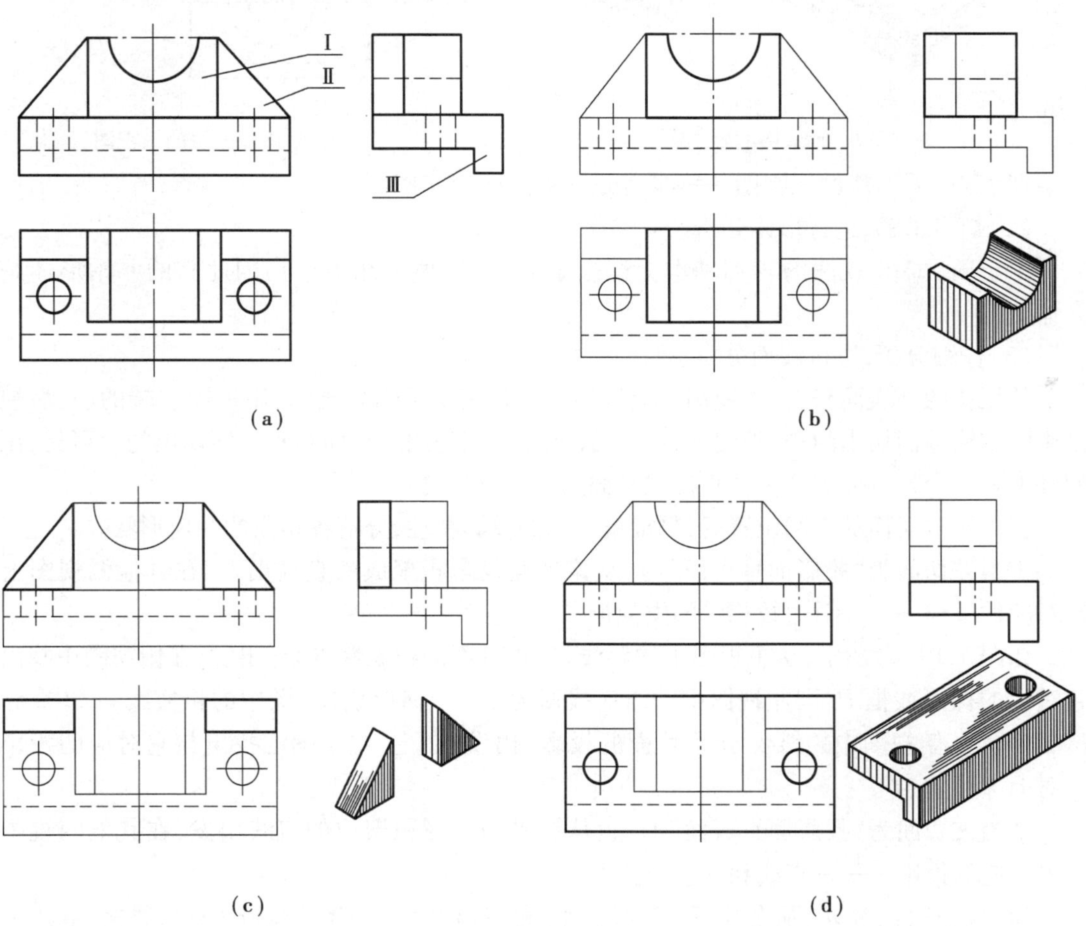

图5.16　形体分析法读图

①分线框，对投影。先将反映特征明显的视图(一般为主视图)划分成几个封闭线框，然后运用投影规律，借助丁字尺、三角板和分规等绘图工具，逐一找出每一线框所对应的其他投影，据此，该轴承座可大体分为3个部分，如图5.16所示。

②分析投影想形状。形体Ⅰ、Ⅱ从主视图出发；形体Ⅲ从左视图出发，依据“三等”规律，分别在其他两视图上找出对应投影(如图5.16中所示的粗实线所示)，并想出它们的形状，如图5.16(b)、(c)、(d)中的轴测图所示。

③综合起来想整体。长方体Ⅰ在底板Ⅲ的上面，两形体的对称面重合且后面靠齐；肋板Ⅱ在长方体Ⅰ的左、右两侧，且与其相接，后面靠齐。综合想象出物体的整体形状，如图5.17所示。

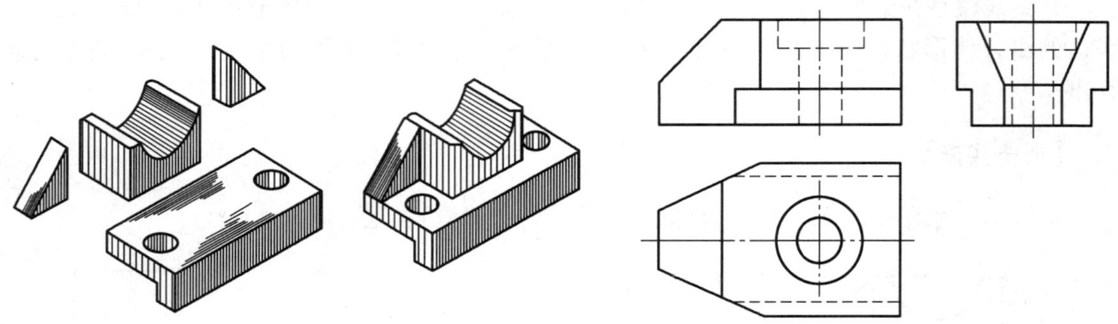

图5.17　轴承座的轴测图　　　　图5.18　压块的三视图

训练2　看压块的三视图——线面分析法（见图5.18）。

（1）初步了解，进行形体分析

由于压块3个视图的轮廓基本上都是矩形（只切掉了几个角），因此它的原始形体是长方体。

（2）仔细分析，进行线面分析

从压块的外表面来看，主视图左上方的缺角是用正垂面切出的；俯视图左端的前、后缺角是用两个铅垂面切出的；左视图下方前、后的缺块，则是用正平面和水平面切出的。可见，压块的外形是一个长方体被几个特殊位置平面切割后形成的。

在弄清被切面的空间位置后，再根据平面的投影特性，分清各切面的几何形状。

①当被切面为“投影面垂直面”时，从该平面投影积聚成的直线出发，在其他两视图上找出对应的线框——一对边数相等的类似形。

如图5.19（a）所示，从主视图中的斜线p'（正垂面的积聚性投影）出发，在俯视图中找出与它对应的梯形线框P，则左视图中的对应投影P''，一个梯形线框（图中的粗实线）；如图5.19（b）所示，从俯视图中的斜线q（铅垂面的投影）出发，在主、左视图上找出与它对应的投影是一对七边形q'、q''。

②当被切面为“投影面平行面”时，也从该平面投影积聚成的直线出发，在其他两视图上找出对应的投影——一直线和一平面图形。

如图5.19（c）所示，从左视图r''直线入手，再找出R面的正面投影r'（矩形线框）和水平投影r（一直线）；如图5.19（d）所示，从左视图的直线s''出发，找出S面的水平投影s（四边形）和正面投影s'（一直线）。由此可知，R面是正平面，S面是水平面。

另外，经过分析判断可知，在图5.19（d）中，$a'b'$不是平面投影，而是R面和Q面的交线；同理，$c'd'$是T面和Q面的交线。

③综合想象。

通过上述既从形体上，又从线面投影上分析了压块的三视图后，明确了各线框表示的平面的空间位置，即可综合想象出压块的整体形状（见图5.20）。

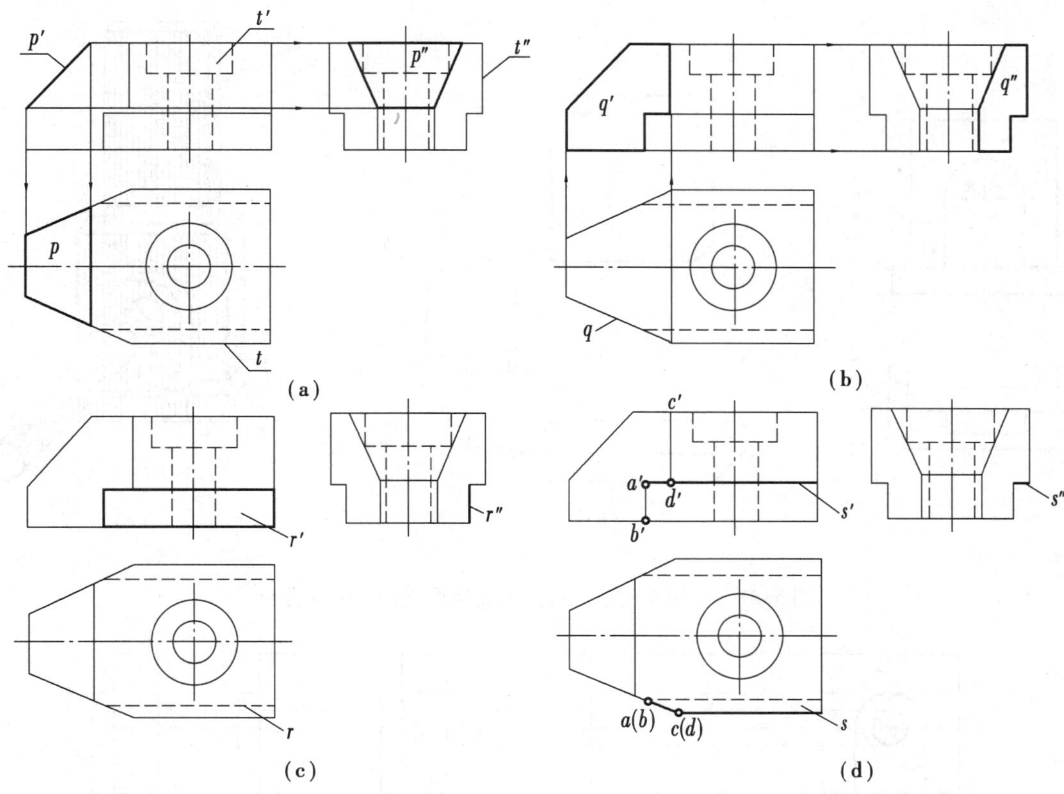

图5.19 压块的看图方法

可以看出,在读图过程中,一般先用形体分析法作粗略分析,然后对图中的难点,再利用线面分析法作进一步地分析。通常是以形体分析法为主,线面分析法为辅,两种方法并用。

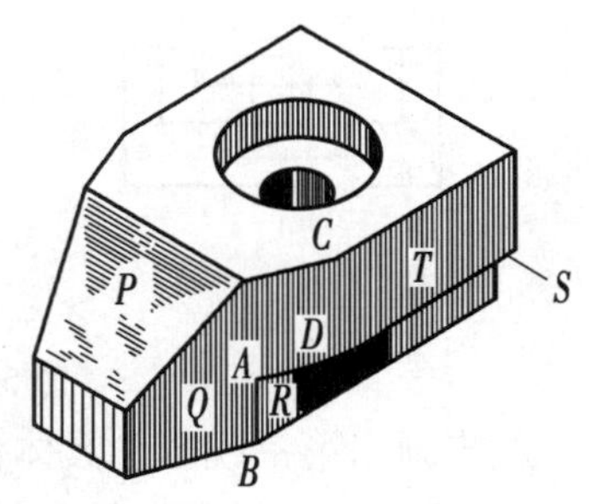

图5.20 压块的轴测图

训练3 由图5.21(a)所示的两视图,补画左视图。

根据所给出的两视图上对应的封闭线框,可以看出该物体是由长方形底板Ⅰ,竖板Ⅱ和拱板Ⅲ叠加后,竖板立在底板之上,后平面平齐,拱形板立在底板之上,与竖板前面接触,整体左右对称,又切去一个长方形凹槽钻一个圆孔而成的,如图5.21(b)、(c)所示。

补画左视图的作图步骤,如图5.22所示。

训练4 由如图5.23(a)所示机座的两视图,补画第三视图。

看懂机座的主视图和俯视图,想象出它的形状。从主视图着手,按主视图上的封闭实线线框,可将机座大致分成3个部分:底板、圆柱体、右端与圆柱面相交的厚肋板。

再进一步分析细节,主视图的虚线和俯视图的虚线表示什么?通过逐个对投影的分析可知,主视图右边的虚线表示直径不同的阶梯圆柱孔,左边的虚线表示一个长方形槽和上下挖通的缺口。

在形体分析的基础上,根据三部分在俯视图上的对应投影,综合想象出机座的整体形状,如图5.23(b)所示。

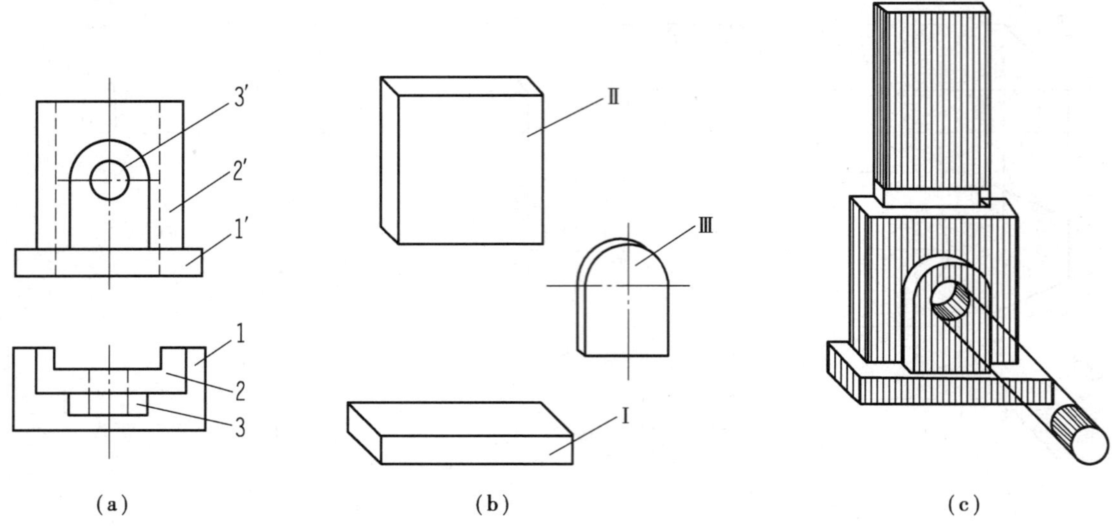

图 5.21　已知支座的两视图及支座两视图的形体分析

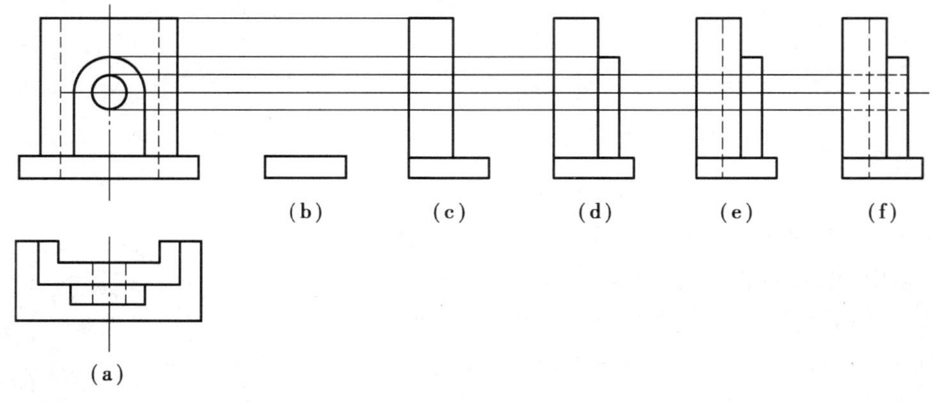

图 5.22　由已知两视图补画第三视图的步骤

逐步画出第三视图。具体作图步骤,如图 5.24(a)、(b)、(c)、(d)所示。

通过以上两个例子可知,看懂已知的两视图,想出零件的形状,是补画第三视图的必备条件。所以看图和画图是密切相关的。在整个看图过程中,一般是以形体分析法为主,边分析,边作图,边想象。这样,就能较快地看懂组合体的视图,想象出其整体形状,正确补画出第三视图。

训练 5　补画图 5.25(a)所示的组合体中缺漏的图线。

通过投影分析可知,三视图所表达的组合体由柱体和座板组成,组合形式为叠加,两组成部分分界处的表面是相切的,如图 5.25(b)所示。对照各组成部分在三视图中的投影,发现在主视图中相切处(座板最前面)缺少一条实线,左视图中缺少座板顶面的投影(一条虚线)。将它们逐一补上,如图 5.25(c)所示。

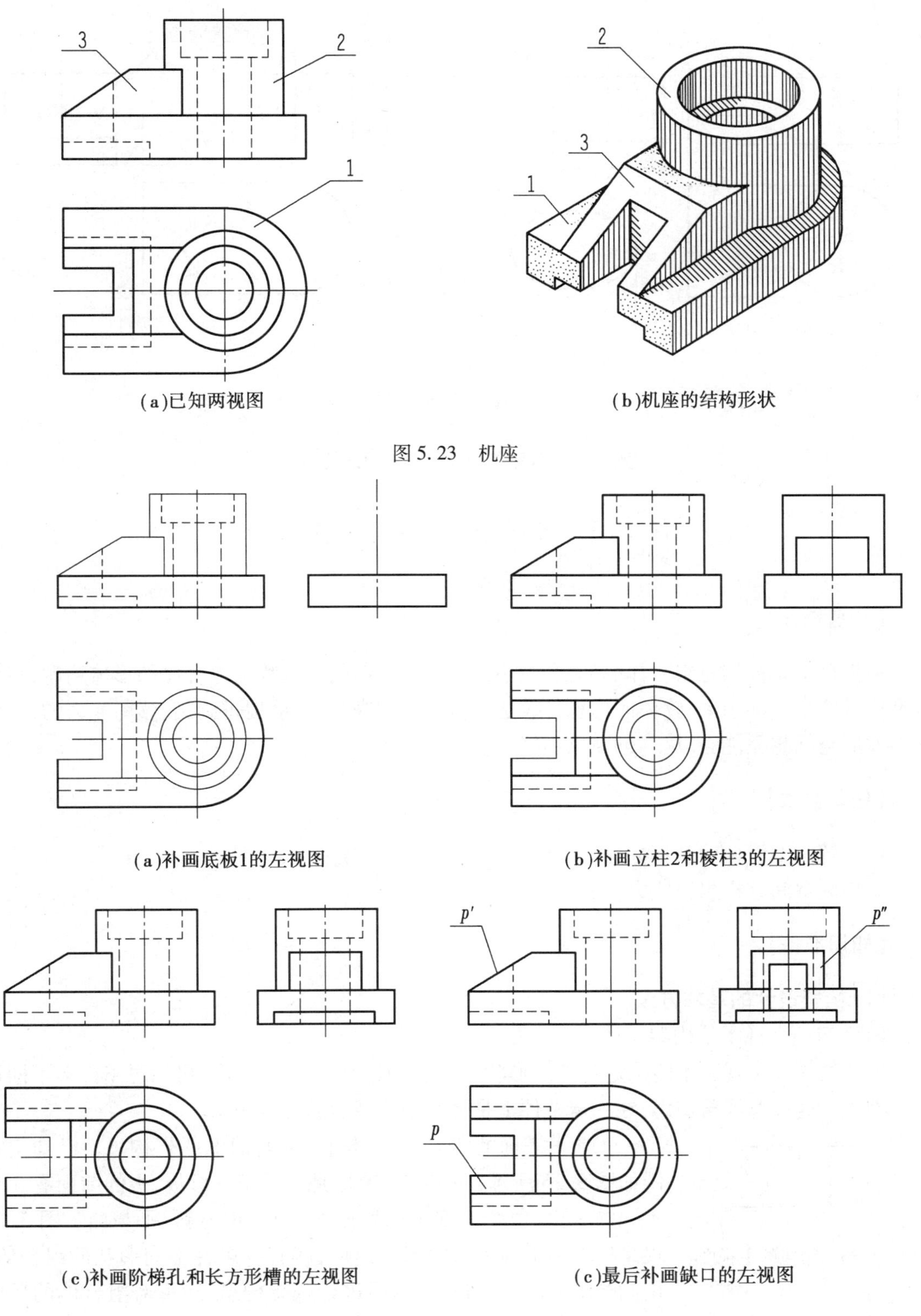

(a)已知两视图

(b)机座的结构形状

图 5.23 机座

(a)补画底板1的左视图

(b)补画立柱2和棱柱3的左视图

(c)补画阶梯孔和长方形槽的左视图

(c)最后补画缺口的左视图

图 5.24 补画机座的左视图

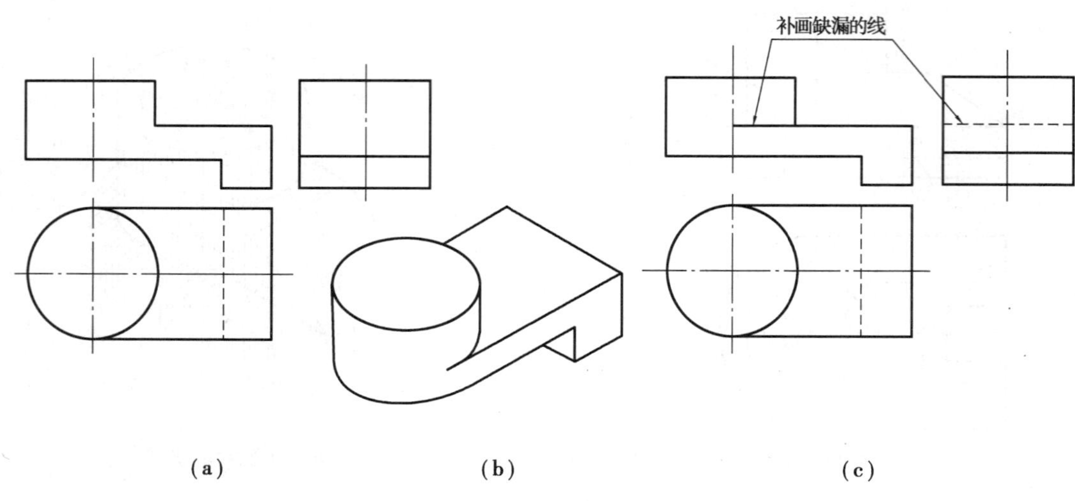

图 5.25　补画组合体视图中缺漏的图线

任务 5　组合体的形体构型设计

【任务描述】

根据已知条件构思组合体的形状、大小并能表达成图的过程称为组合体的形体构型设计。构型设计能把空间想象、物体的构思与表达三者结合起来，不仅能促进画图、读图能力的提高，还能发展空间想象能力、培养创新思维能力。

【任务要求】

1. 了解构型设计的基本方法。
2. 拓展空间分析想象能力。

【知识准备】

(1)构型设计的基本方法

1)已知一个视图的构型设计

由于物体一个视图不能确定物体的形状，因此根据所给的一个视图，可构思出许多不同形状的物体。这种思维与构思，在一定条件下是带有创造性的思维与构思。

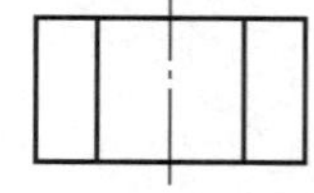

图 5.26　物体的主视图

①通过表面的凹与凸、正与斜、平与曲的联想构思。已知主视图如图 5.26 所示，假定它的原形是一块长方形板，板的前面有 3 个不同的表面，每个面都可构思成凹与凸、正与斜、平与曲。图 5.27 仅是构思出中间表面的部分面形，就有许多种不同形状的组合体。用同样的方法，可对左右两面进行联想构思，还可对组合体的后面进行凹与凸、正与斜、平与曲的联想构思。

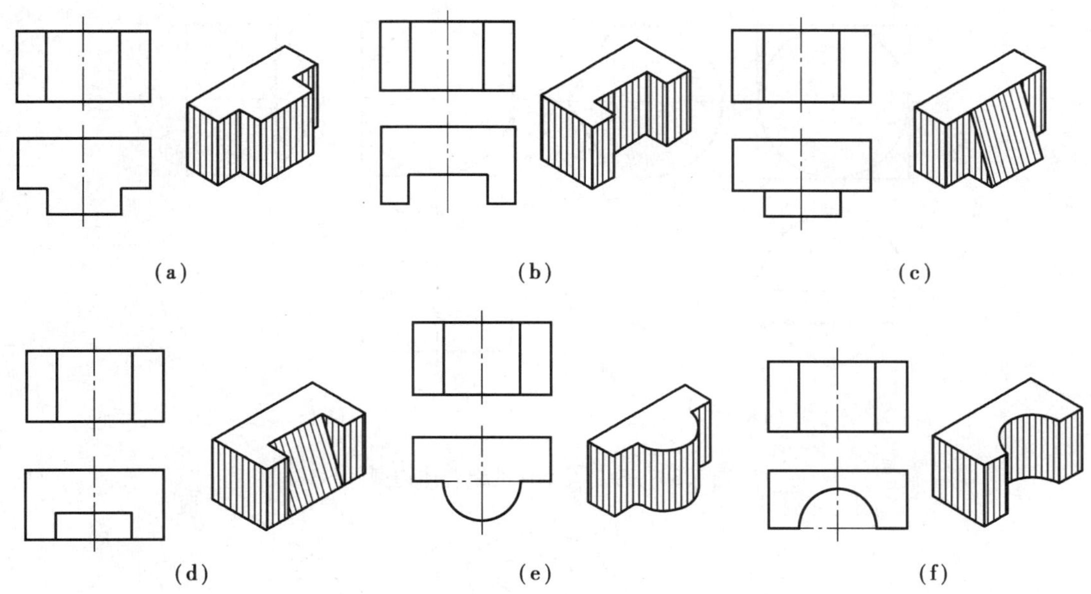

图 5.27 中间表面的部分面形构思

②通过基本体之间不同组合方式的联想构思。已知主视图如图 5.28 所示，它既可构思为两个基本体的简单叠加与切挖（见图 5.29），也可构思为多个基本体的叠加与切挖（见图 5.30）等。

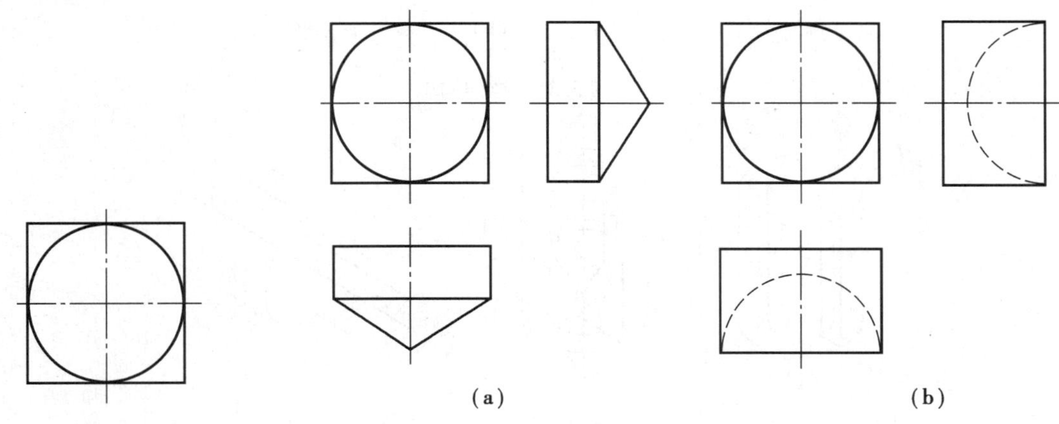

图 5.28 物体的主视图

图 5.29 两个基本体的组合体构型

③通过虚线投影重影的联想构思。如图 5.26 所示，如果设想在矩形中间的两粗实线各重有一条或多条虚线或粗实线的投影，图 5.28 粗实线的圆重有一个或多个虚线圆或粗实线圆的投影，构思的物体形状又将如何？读者可发挥创新思维能力，大胆地构思出新颖、独特、造型美观的组合体来。

④拉伸构思。一个平面沿着与该平面垂直的方面拉伸形成柱体（拉伸体），如图 5.31 所示。

⑤旋转构思。一个平面绕轴线旋转形成回转体，如图 5.32 所示。

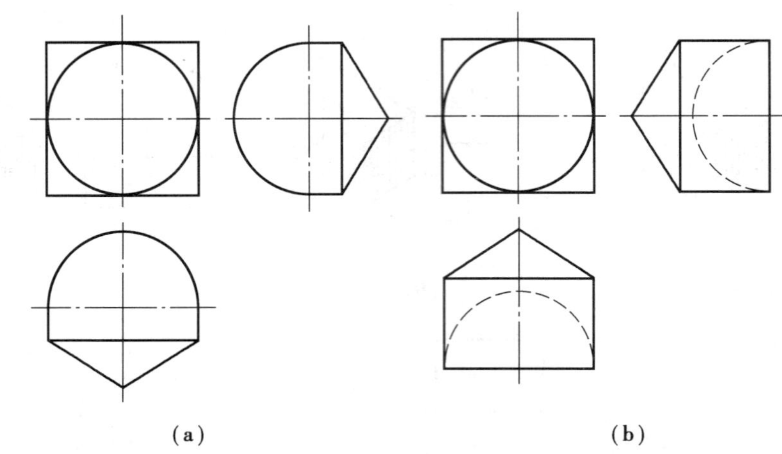

图 5.30　多个基本体的组合体构型

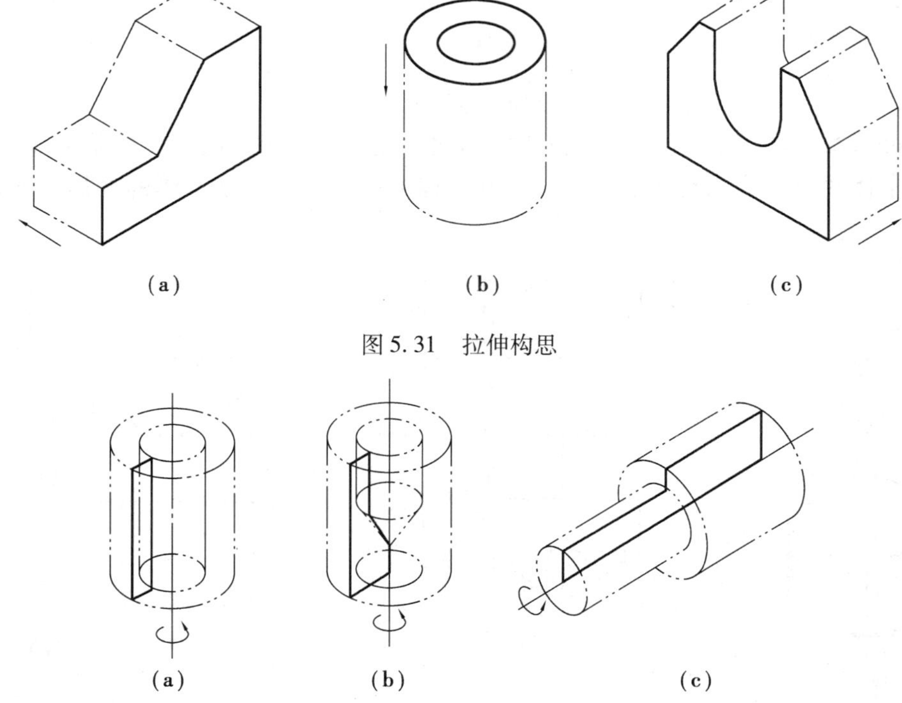

图 5.31　拉伸构思

图 5.32　旋转构思

2)已知两个视图的构型设计

图 5.33 给出的主、俯两个视图,不能唯一确定组合体形状,可构思出两种以上的形状,补画出两种以上的第三视图。如图 5.33(b)、(c)、(d)所示为其中 4 种不同的左视图及其表达的立体形状。

(2)构型设计应注意的问题

①构型设计的组合体应是实际可以存在的实体,所以,两形体之间不能以点、线连接,如图 5.34 所示。

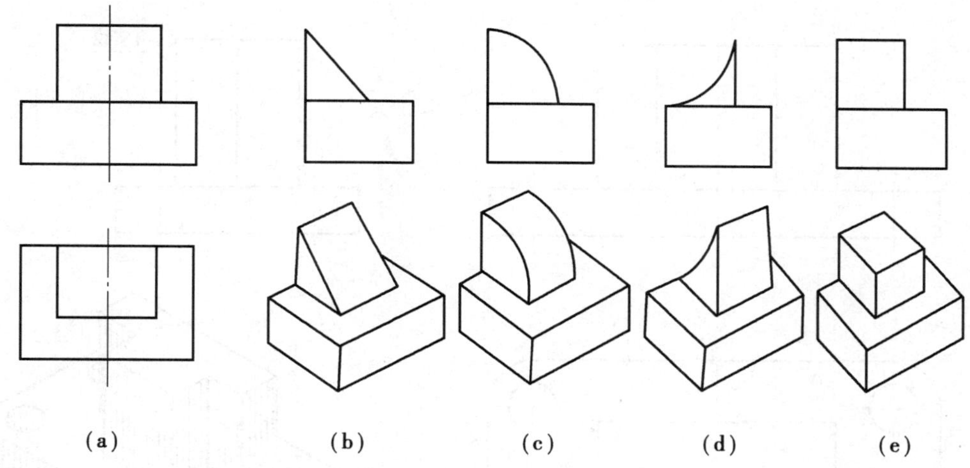

图5.33 两视图的多种形体构思训练

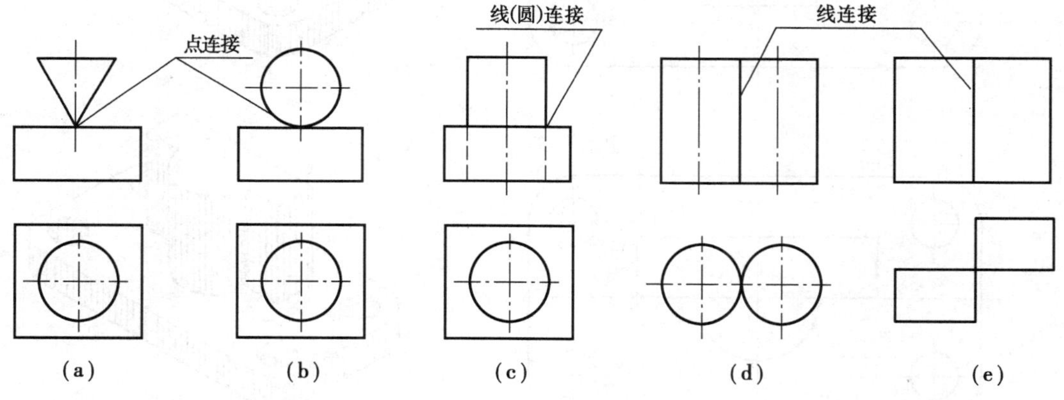

图5.34 形体之间不能以点、线连接

②构型应简洁、美观，一般使用平面立体、回转体来转型。无特殊需要时，不使用其他曲面立体。构型设计的组合体应力求和谐、美观。

③构思的形状应符合生产实际。例如，不宜在四周完全密闭的长方体中心挖出空腔。

④要熟悉与组合体有关的知识；要多参观、观察，增加表象积累；要自觉应用联想方法，多想象，多练习。

【任务实施】

训练1 根据图5.35中的主、左视图，构思并补画出表示不同形体的3个俯视图。

根据已知的两视图，可构想出图5.35(a)、(b)、(c)所示的右侧组合体的空间形状，然后补画出其俯视图。补画后再与主、左视图综合起来对照，检查是否有矛盾之处。除图中3种形状外，读者还可想象出其他符合主、左两视图投影要求的形体。

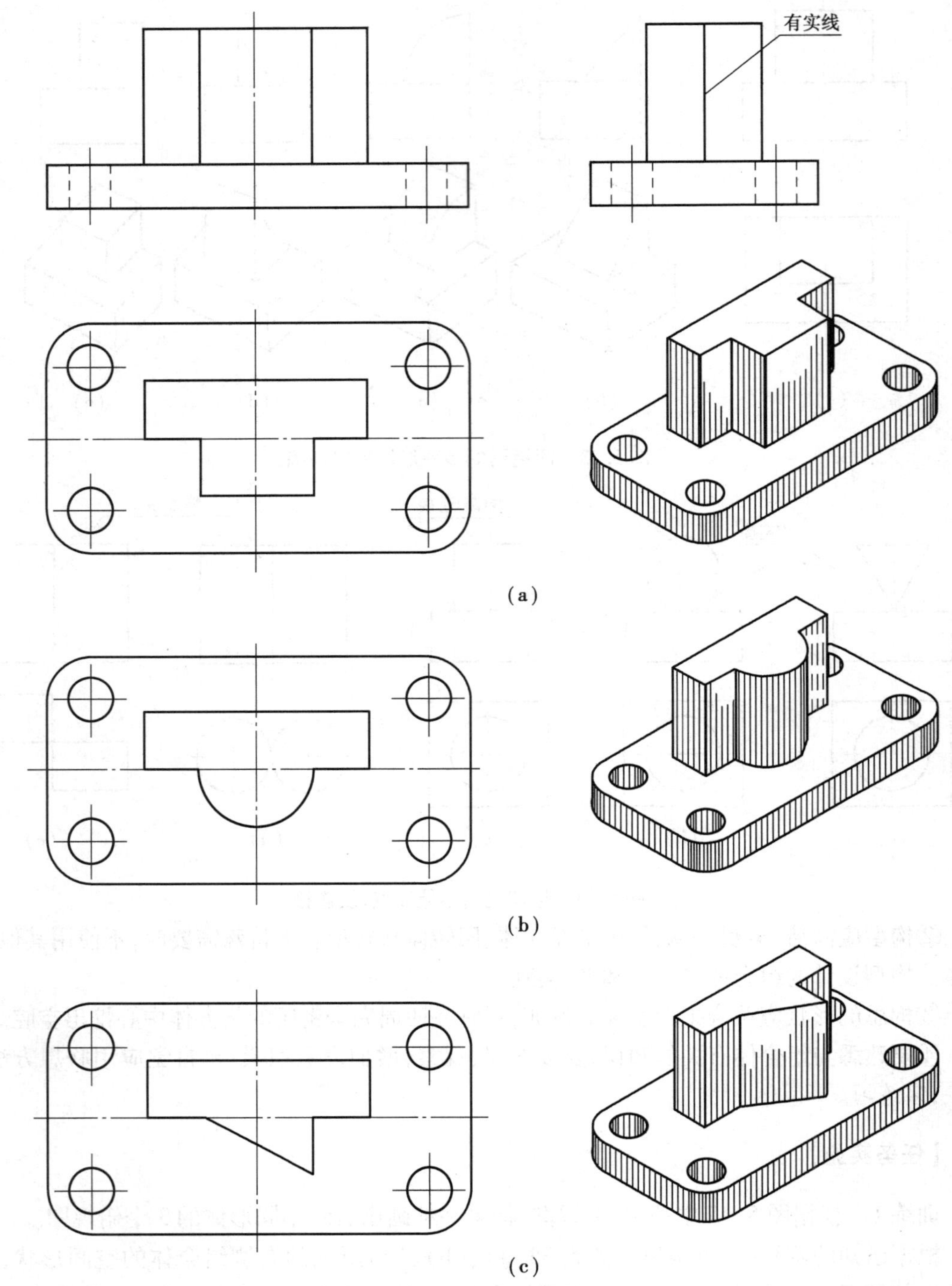

图 5.35　由主、左两视图构思并补画左俯视图

训练 2　根据图 5.36(a)中的主视图,构思出 3 个不同物体的形状并分别画出它们的左视图。

构想出 3 个形体的空间立体形状及补画的左视图,如图 5.36(b)、(c)、(d)所示。读者也可进一步补画出以上 3 种物体的俯视图。

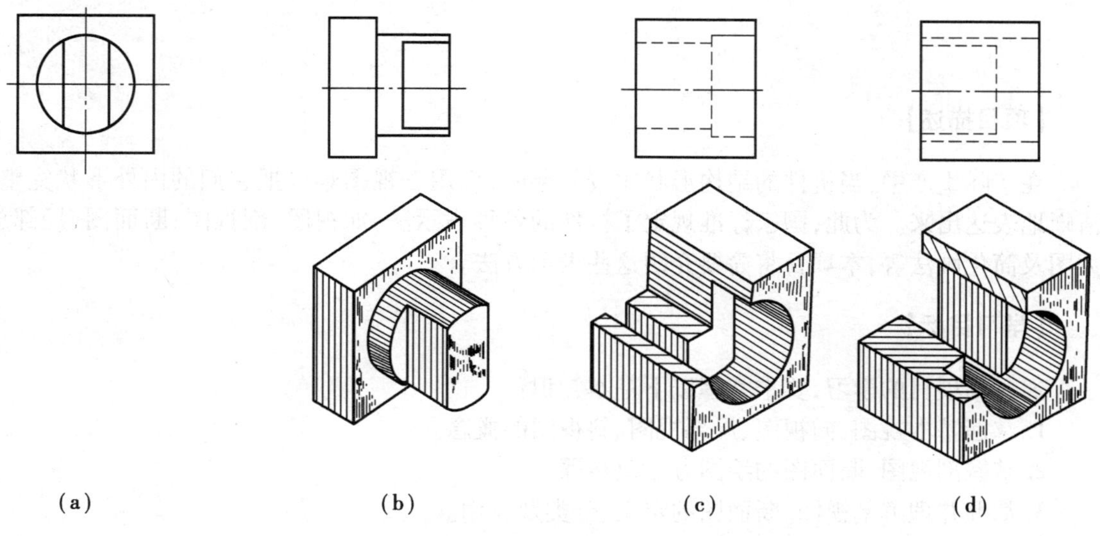

图 5.36　根据主视图构思并补画左视图

项目6 机件的表达方法

【项目描述】

在实际生产中，当机件的结构形状比较复杂时，仅用三视图难以把它们的内外形状完整、清晰地表达出来。为此，国家标准规定了机件的各种表示法，如视图、剖视图、断面图、局部放大图及简化画法等，本项目将简要介绍这些表示方法。

【学习目标】

通过本项目的学习，要求掌握以下基本知识：

1. 掌握基本视图、向视图、局部视图、斜视图的概念。
2. 掌握剖视图、断面图的绘图方法及步骤。
3. 掌握并理解剖视图、断面图的定义、分类及应用。
4. 了解局部放大视图的简化画法。

【技能目标】

1. 能较为熟练地运用视图、剖视图、断面图等常用的表示方法。
2. 能够识读图样中所表达机件的形状结构。
3. 具备绘制和识读机械图样的能力。

任务1 视 图

【任务描述】

根据有关标准和规定，用正投影法绘制的多面正投影图，称为视图。视图主要用于表达机件的可见部分，必要时才画出其不可见部分。国家标准规定表示物体的视图通常有：基本视图、向视图、局部视图和斜视图。

【任务要求】

1. 掌握基本视图、向视图、局部视图、斜视图的概念。
2. 掌握4种视图的画法和标注规定。

【知识准备】

(1)基本视图(GB/T 17451—1998)

将机件向基本投影面投射所得的视图，称为基本视图。

国家标准规定,在原有3个投影面的基础上,再增设3个投影面,组成一个正六面体,六面体的6个面称为基本投影面,如图6.1(a)所示。将机件置于六面体中,分别向基本投影面投射,即可得到6个基本视图。

6个基本视图的名称及投射方向规定如下(见图6.1(b)):

①主视图——自机件的前方(a方向)投射所得的视图。

②俯视图——自机件的上方(b方向)投射所得的视图。

③左视图——自机件的左方(c方向)投射所得的视图。

④右视图——自机件的右方(d方向)投射所得的视图。

⑤仰视图——自机件的下方(e方向)投射所得的视图。

⑥后视图——自机件的后方(f方向)投射所得的视图。

6个基本投影面展开的方法如图6.2所示,即正面保持不动,其他投影面按箭头所示方向旋转到与正面共处在同一平面。

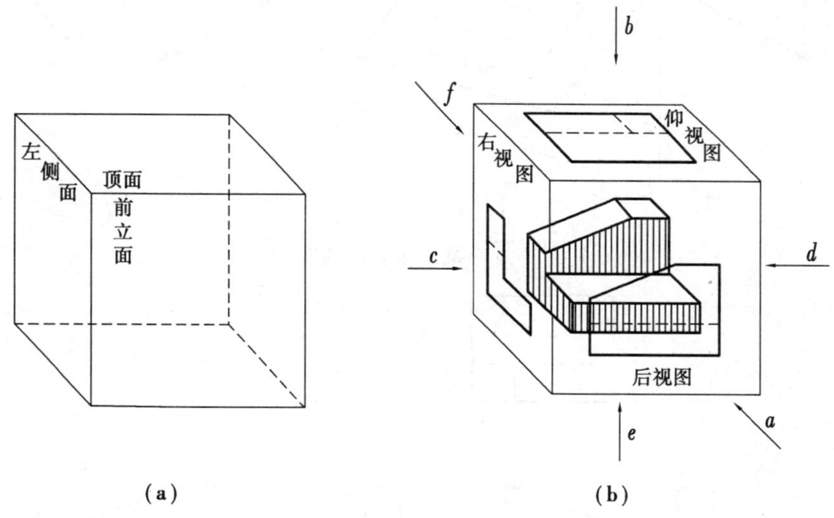

图6.1　基本视图的获得

6个基本视图在同一张图样内按图6.3配置时,各视图一律不注图名。6个基本视图仍符合“长对正、高平齐、宽相等”的投影规律。除后视图外,其他视图靠近主视图的一边是机件的后面,远离主视图的一边是机件的前面。

在绘制机械图样时,一般并不需要将机件的6个基本视图全部画出,而是根据机件的结构特点和复杂程度,选择适当的基本视图。优先采用主、俯、左视图。

(2)向视图(GB/T 17451—1998)

向视图是可以自由配置的基本视图。在实际绘图过程中,有时难以将6个基本视图按图6.3的形式配置,此时,如采用向视图的形式配置,即可使问题得到解决。如图6.4所示,在向视图的上方标注“×”(×为大写英文字母,即A、B、C、D、E、F中的某一个),在相应的视图附近用箭头指明投射方向,并标注相同的字母。向视图是基本视图的一种表达形式,它们的主要区别在于视图的配置形式不同。

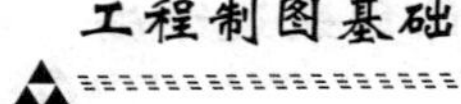

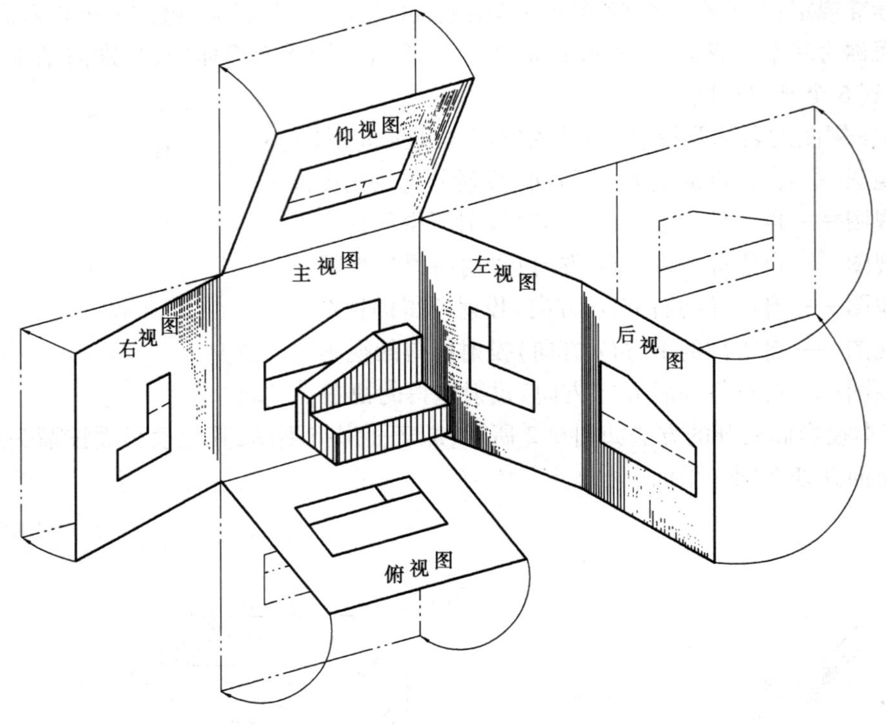

图 6.2　6 个基本投影面的展开

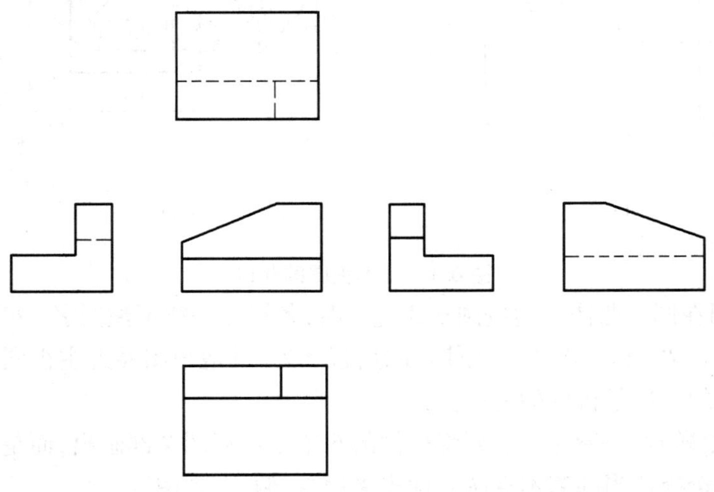

图 6.3　6 个基本视图的配置

(3) **局部视图**(GB/T 17451—1998)

将机件的某一部分向基本投影面投射所得的视图,称为局部视图。如图 6.5 所示,机件左侧的凸台在主、俯视图中未表达清楚,而又不必画出完整的左视图,这时可用"*A*"局部视图表示。

局部视图的断裂边界通常以波浪线(或双折线)表示,如图 6.5 所示。当所表示的局部结构是完整的,且外轮廓又成封闭时,波浪线可省略不画,如图 6.7 中所示的"*B*"局部视图。

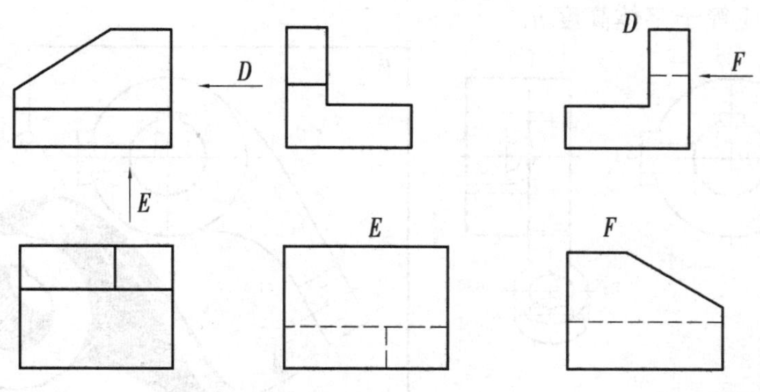

图6.4　向视图

当局部视图按基本视图的形式配置，中间又无其他图形隔开时，可省略标注，如图6.7(b)中所示的俯视图。局部视图也可按向视图的配置形式配置并标注，如图6.5所示。

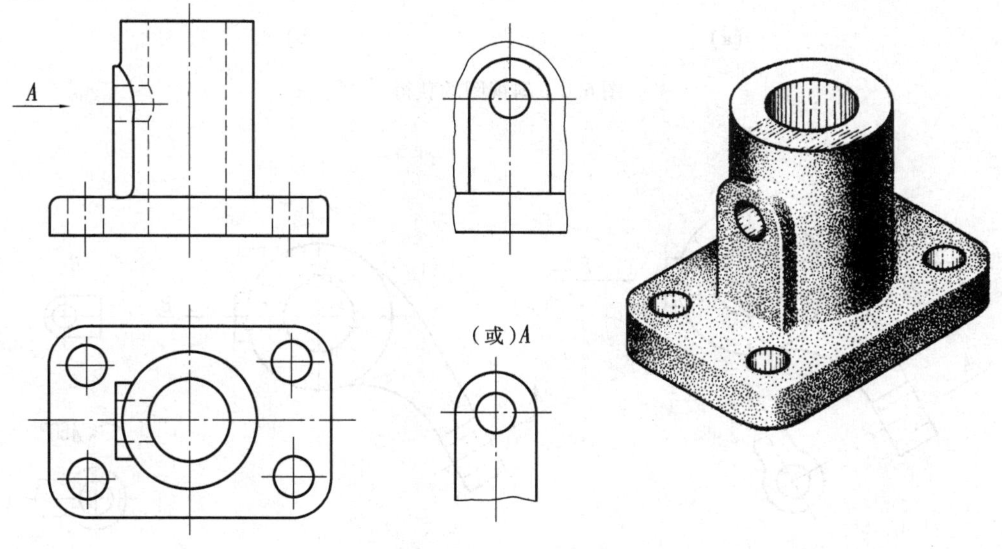

图6.5　局部视图

(4)**斜视图**(GB/T 17451—1998)

将机件向不平行于基本投影面的平面投射所得的视图，称为斜视图。斜视图常用于表达机件上的倾斜部分。

如图6.6(a)所示，机件左侧部分与基本投影面倾斜，其俯、左视图不反映实形，给绘图和看图带来一定的困难。为简化作图，增设一个与倾斜部分平行的辅助投影面 P(P 垂直于 V 面)，将倾斜部分向 P 面投射(见图6.6(b))，然后将 P 面旋转到与 V 面重合的位置，即可得到反映该部分实形的视图——斜视图，如图6.7所示。

斜视图一般只画出倾斜部分的局部形状，其断裂边界用波浪线表示，并通常按向视图的配置形式配置并标注，如图6.7(a)中所示的"A"图。必要时，允许将斜视图旋转配置。此时，表示该视图名称的大写英文字母，要靠近旋转符号的箭头端；也允许将旋转角度标注在字母之后，如图6.7(b)中的"⌒A60°。旋转符号的箭头指向，应与实际旋转方向一致。旋转符号是一个半圆,其半径应等于字体高度 h。

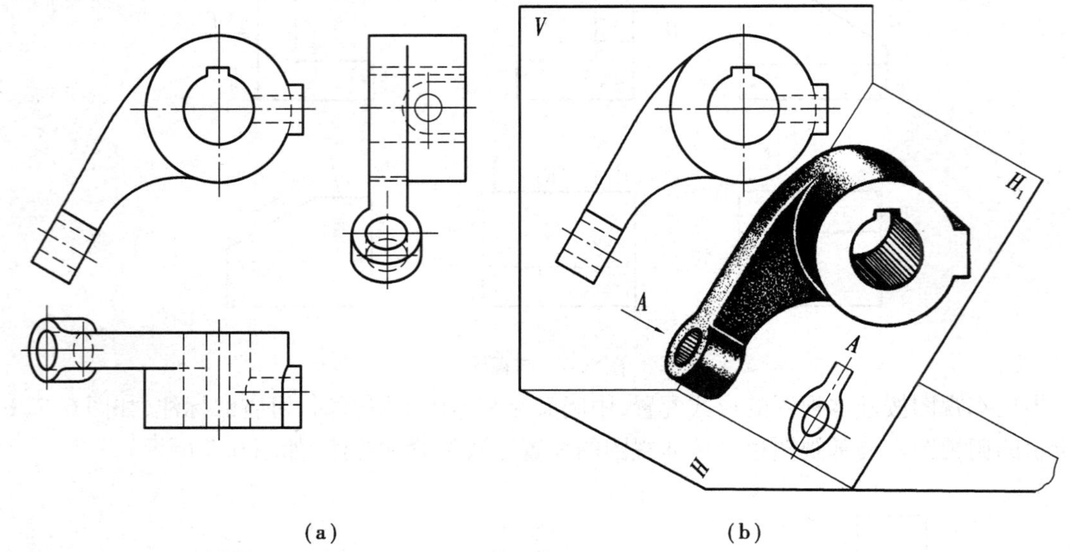

图 6.6　斜视图的获得

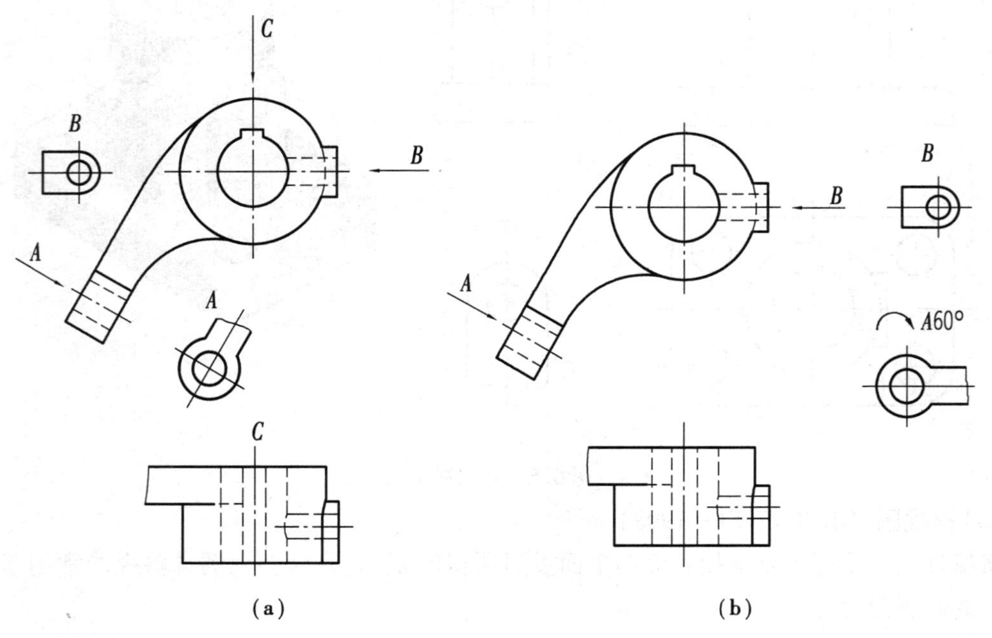

图 6.7　局部视图与斜视图的配置

【任务实施】

参照与本书配套的《工程制图习题集》完成以下练习。

训练 1　绘制出零件的右视图和仰视图(习题集 6-2)。

训练 2　绘制出零件的斜视图和局部视图(习题集 6-3)。

任务2 剖视图

【任务描述】

当机件的内部结构比较复杂时,视图中就会出现较多的虚线,既影响图形清晰,又不利于标注尺寸。为了清晰地表示机件的内部形状,国家标准规定了剖视图的画法。

【任务要求】

1. 掌握剖视图的有关概念。
2. 掌握剖视图的做法及应用。

【知识准备】

(1)剖视图的基本概念和画法

1)剖视图的概念(GB/T 17452—1998)

假想用剖切面剖开机件,将处在观察者和剖切面之间的部分移去,而将其余部分向投影面投射所得的图形,称为剖视图,简称剖视,如图6.8所示。

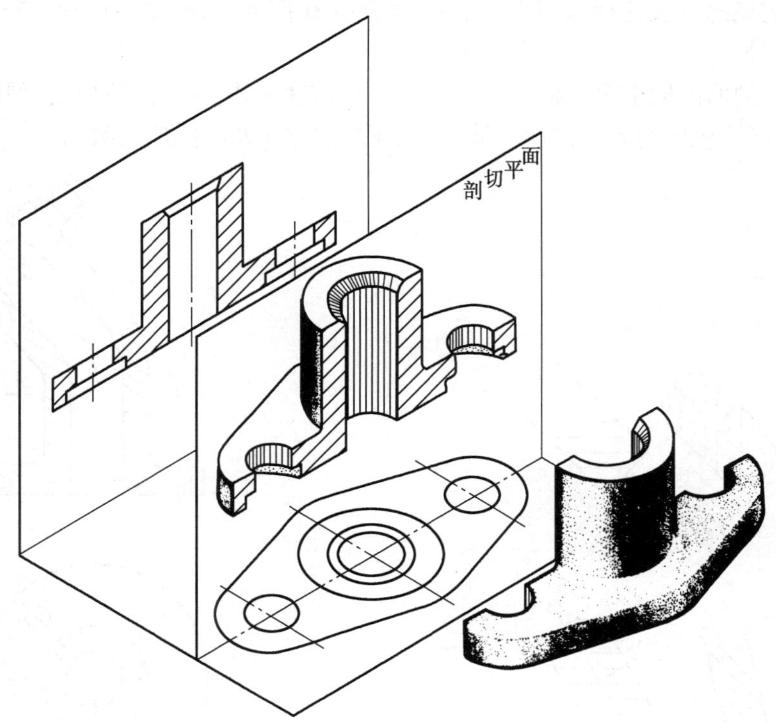

图6.8 剖视图

如图6.9所示,将视图与剖视图相比较可知,由于主视图采用了剖视的画法,原来不可见的孔成为可见的,视图上的虚线在剖视图上变成了实线,再加上在剖面区域内画出了规定的剖面符号,使图形层次分明,更加清晰。

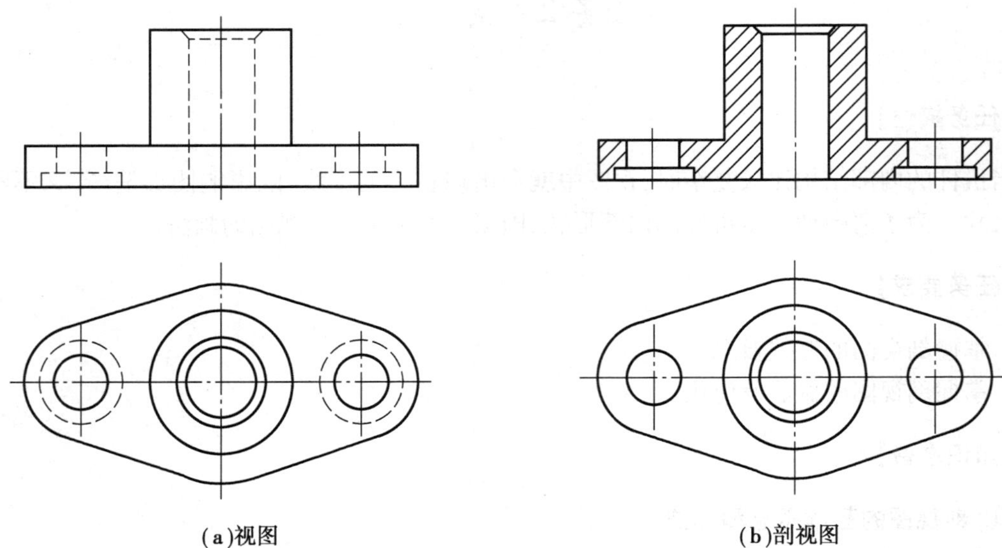

图 6.9　视图与剖视图的比较

2)剖面区域的表示法(GB/T 17453—1998)

为了增强剖视图的表达效果,明辨虚实,通常要在剖面区域(即剖切面与机件的接触部分)画出剖面符号。

①当不需在剖面区域中表示机件的材料类别时,应根据国家标准的规定:剖面符号用通用的剖面线表示;同一机件的各个剖面区域,其剖面线的方向及间隔应一致。

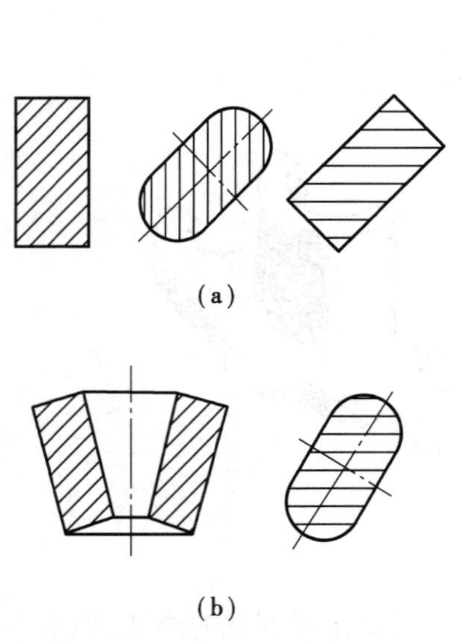

图 6.10　通用剖面线的画法

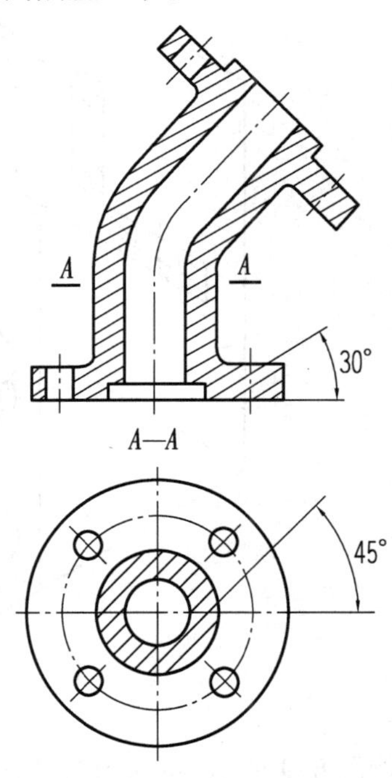

图 6.11　30°或 60°剖面线的画法

通用剖面线是与图形的主要轮廓线（见图6.10（a））或剖面区域的对称线（见图6.10（b））成45°的细实线。用金属材料制造的机件，其剖面符号与通用的剖面线一致，如图6.8所示。但在如图6.11所示的主视图中，由于机件倾斜部分的轮廓与底面成45°，而不宜将剖面线画成与主要轮廓成45°时，可将该图形的剖面线画成与底面成30°或60°的平行线，但其倾斜方向仍应与其他图形的剖面线一致。

②当需要在剖面区域中表示机件的材料类别时，应根据国家标准《机械制图　剖面符号》（GB/T 4457.5—1984）中的规定绘制，详见表6.1。

表6.1　剖面符号（摘自GB/T 4457.5—1984）

材料类别	剖面符号	材料类别	剖面符号	材料类别	剖面符号
金属材料（已有规定剖面符号者除外）		非金属材料（已有规定的剖面符号者除外）		线圈绕组元件	
型砂、填砂、粉末冶金、砂轮、陶瓷刀片、硬质合金刀片等		液体		木材纵剖面	
转子、电枢、变压器和电抗器等叠钢片		玻璃及供观察用的其他透明材料		木材横剖面	
混凝土		砖		木质胶合板（不分层数）	
钢筋混凝土		基础周围的泥土		格网（筛网、过滤网等）	

3）剖视图的标注

为了便于看图，在画剖视图时，应将剖切面位置、剖切后的投射方向和剖视图名称标注在相应的视图上。标注的内容包括剖切符号和剖视图名称两种。

①剖切符号。表示剖切面的位置。在相应的视图上，用剖切符号（粗短画线，线宽 $1d \sim 1.5d$，线长5～8 mm）表示剖切面的起、迄和转折处的位置，并尽可能不与图形的轮廓线相交。在剖切符号的两端外侧，用箭头指明剖切后的投射方向。剖切面用剖切线（细点画线）表示，可以省略。

②剖视图名称。在剖视图的上方用大写英文字母标注剖视图的名称“×—×”，并在剖切符号的两侧注上同样的字母。

在下列情况下，可省略或简化标注：

a. 当单一剖切平面通过机件的对称面或基本对称面,且剖视图按投影关系配置,中间又没有其他图形隔开时,可省略标注,如图 6.9(b)所示。

b. 当剖视图按投影关系配置、中间又没有其他图形隔开时,可省略箭头,如图 6.11 所示。

4)画剖视图应注意的问题

①因为剖视图是机件被剖切后剩余部分的完整投影,所以,凡是剖切面后面的可见轮廓线应全部画出,不得遗漏,见表 6.2。

②剖切面一般应通过机件的对称面、基本对称面或内部孔、槽的轴线,并与投影面平行。如图 6.8 所示中的剖切面通过机件的前后对称面且平行于正面。

③在剖视图中,表示机件不可见部分的虚线,如在其他视图中已表示清楚,可省略不画。

如图 6.11 所示,主视图中上下突缘的后部,在剖视图中是不可见的,该结构在俯视图中已表达清晰,主视图中的虚线予以省略;俯视图中省略了下突缘内一个孔的虚线。

只有对尚未表示清楚的结构形状,才用虚线画出,如图 6.12 中所示的主视图。

④由于剖视图是一种假想画法,并不是真的将机件切去一部分,因此,当机件的一个视图画成剖视图后,其他视图应完整地画出。如图 6.13 中所示的俯视图,仍应画成完整的。

表 6.2　剖视图中漏画线的示例

轴测剖视图	正确画法	漏线示例
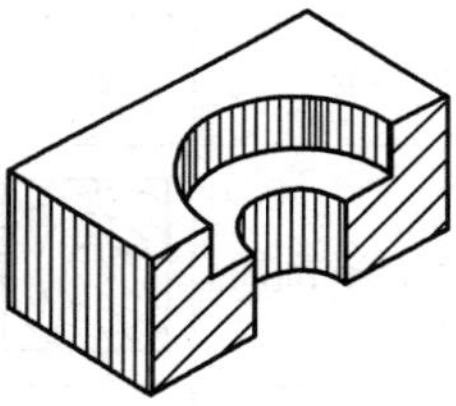	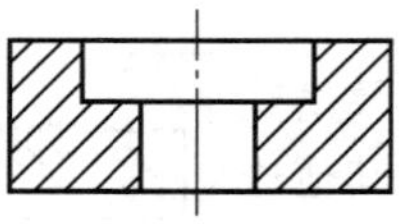	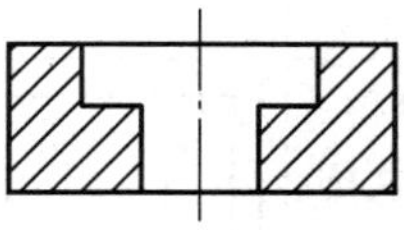
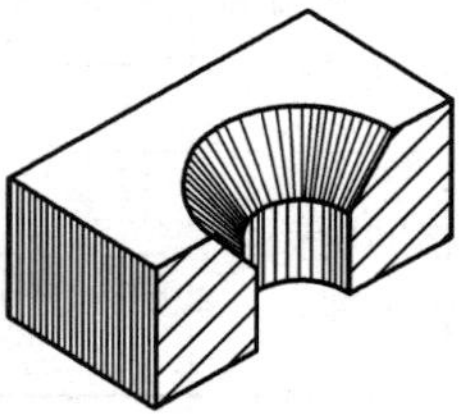	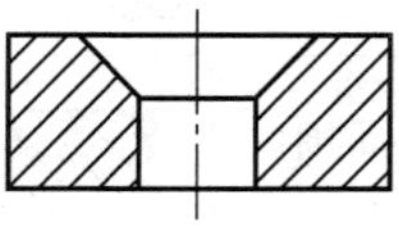	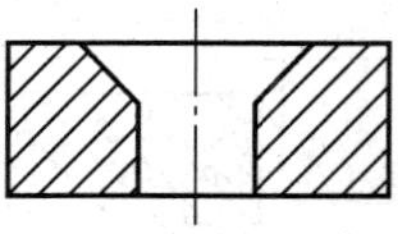
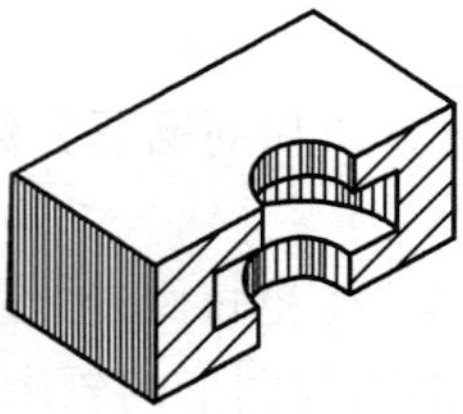	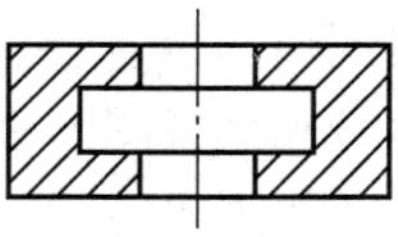	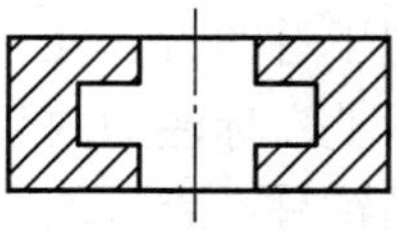

(2)剖视图的种类

根据剖开机件的范围,可将剖视图分为全剖视图、半剖视图和局部剖视图。

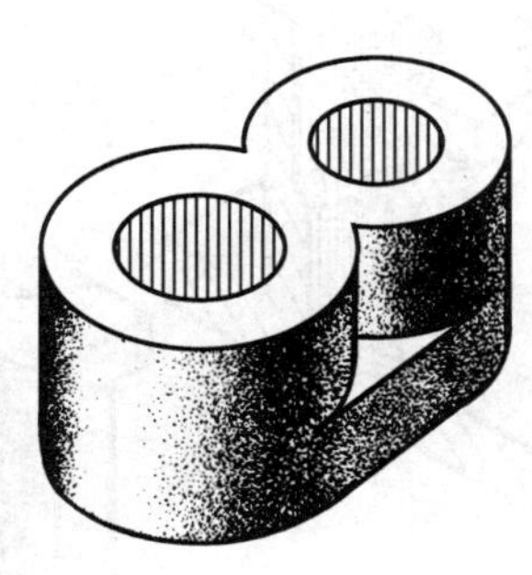

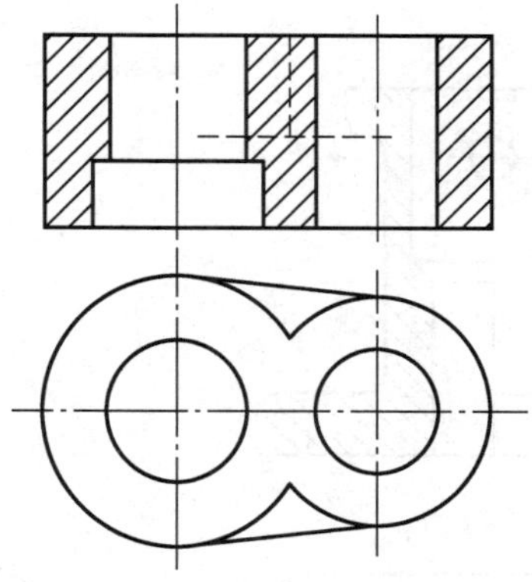

图6.12　剖视图中必要的虚线

1)全剖视图

用剖切面完全地剖开机件所得的剖视图,称为全剖视图,简称全剖视。

全剖视图主要用于表达外形简单、内形复杂而又不对称的机件,如图6.13所示。对于外形简单的对称机件也可采用全剖视图,如图6.9(b)所示。全剖视图的标注规则如前所述。

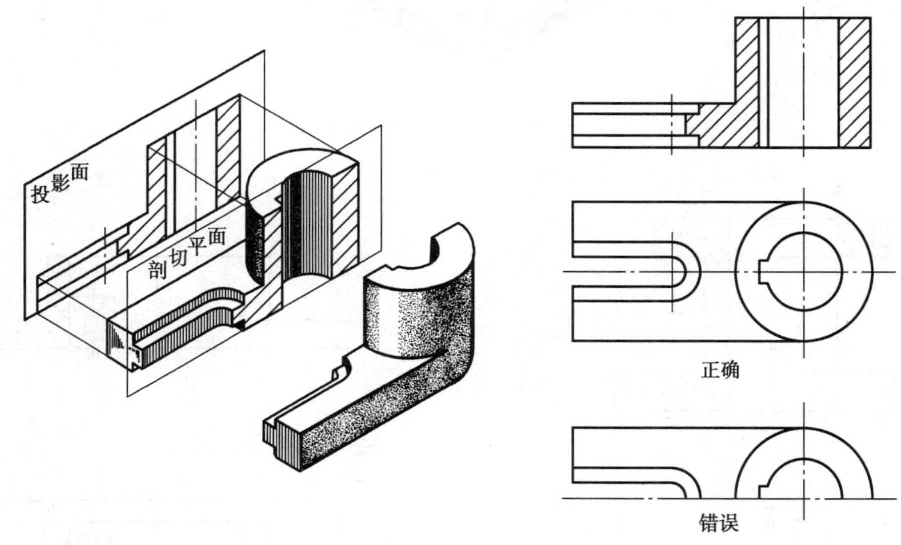

图6.13　全剖视图

2)半剖视图

当机件具有垂直于投影面的对称平面时,在该投影面上投射所得的图形,可以对称线为界,一半画成剖视图,另一半画成视图,这种组合的图形称为半剖视图,简称半剖视,如图6.14所示。

半剖视图主要用于内、外形状都需要表示的对称机件。

画半剖视图应注意以下几点:

①视图部分和剖视部分必须以细点画线为界。在半剖视图中,剖视部分的位置通常可按以下原则配置:主视图中,位于对称线的右侧;俯视图中,位于对称线的下方;左视图中,位于对称线的右侧。

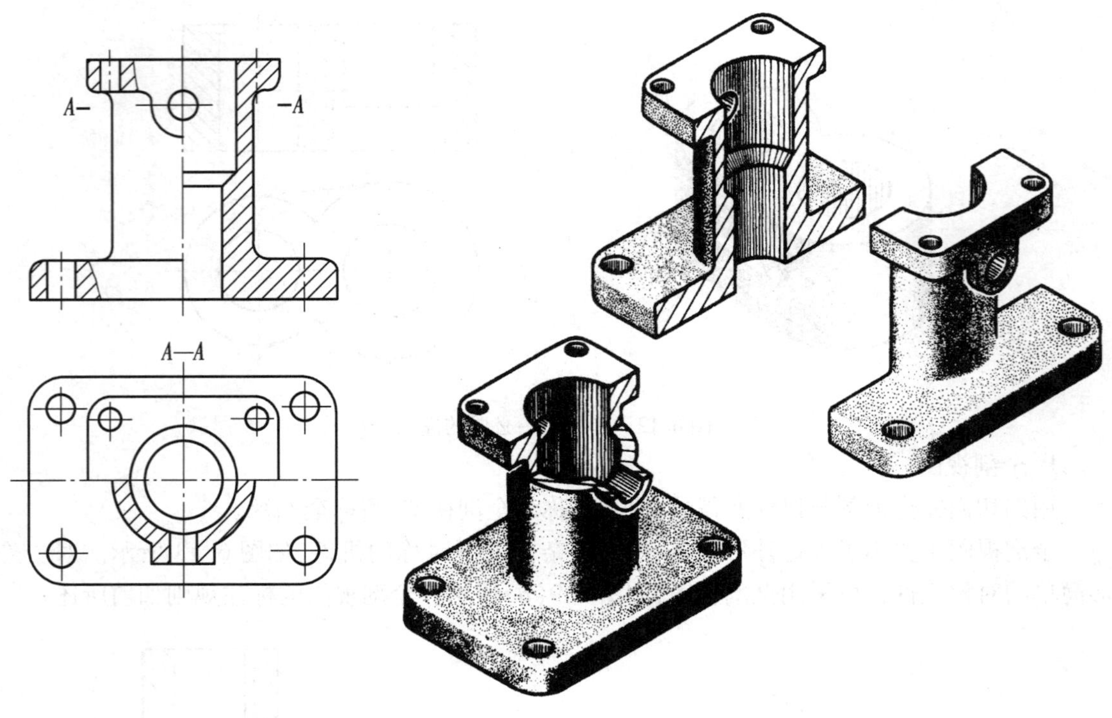

图 6.14　半剖视图

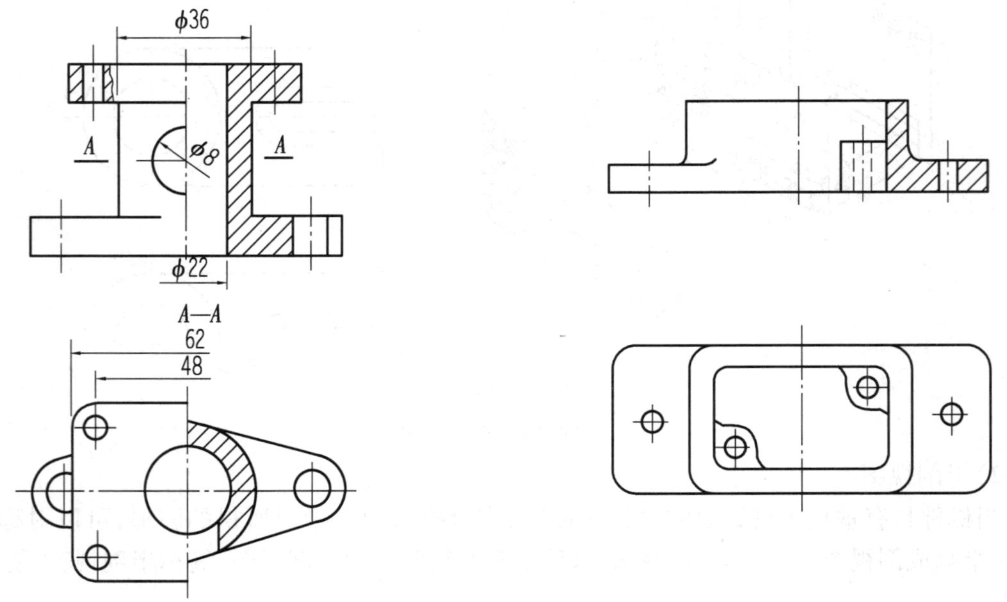

图 6.15　半剖视图的标注　　　　图 6.16　基本对称机件的半剖视图

②由于机件的内部形状已在半个剖视图中表示清楚，因此在半个视图中的虚线省略，但对孔、槽等需用细点画线表示其中心位置。

③对于那些在半剖视图中不易表达的部分，如图 6.14、图 6.15 所示中安装板上的孔，可

在视图中以局部剖视的方式表达。

④半剖视图的标注方法与全剖视图相同。应注意的是剖切符号仍应画在图形轮廓线以外,如图6.14主视图中所示的“A—A”。

⑤在半剖视图中标注对称结构的尺寸时,由于结构形状未能完整显示,则尺寸线应略超过对称线,并只在另一端画出箭头,如图6.15所示。

⑥当机件形状接近对称,且不对称部分已在其他视图中表达清楚时,也可画成半剖视图,如图6.16所示。

3)局部剖视图

用剖切面局部地剖开机件所得的剖视图,称为局部剖视图,简称局部剖视。

当机件只有局部内形需要表示,而又不宜采用全剖视时,可采用局部剖视图表达,如图6.17所示。局部剖视图是一种灵活、便捷的表达方法。它的剖切位置和剖切范围,可根据实际需要确定。但在一个视图中,不宜过多地选用局部剖视,否则会使图形零乱,给看图造成困难。

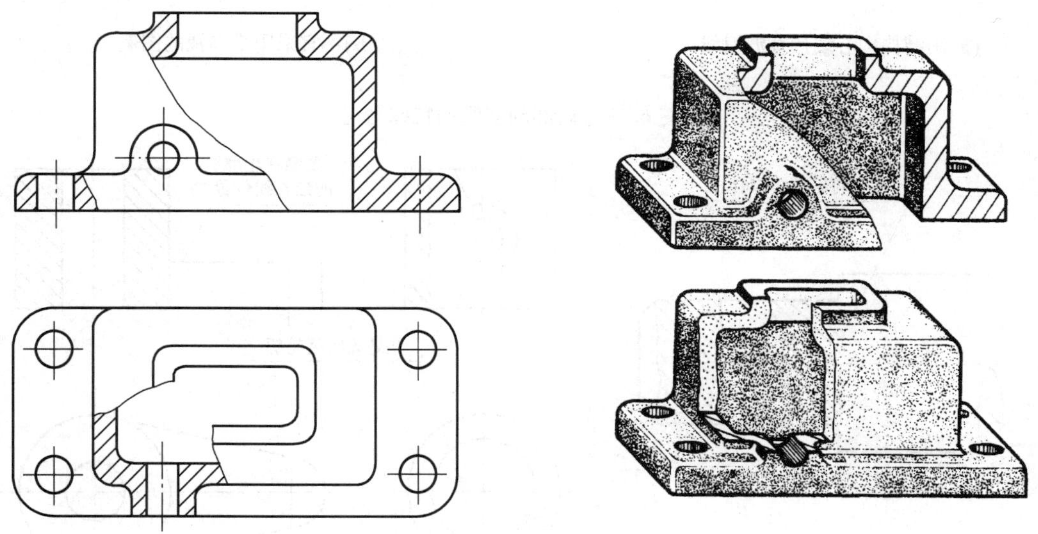

图6.17 局部剖视图

画局部剖视图时应注意以下几点:

①当被剖结构为回转体时,允许将该结构的中心线作为局部剖视图与视图的分界线,如图6.18(a)所示的主视图。

②当对称机件的内部(或外部)轮廓线与对称线重合而不宜采用半剖视时,可采用局部剖视,如图6.18(b)所示。

③局部剖视图的视图部分和剖视部分以波浪线分界。波浪线要画在机件的实体部分,不应超出视图的轮廓线,也不能与其他图线重合,如图6.19所示。

对于剖切位置明显的局部剖视图,一般不予标注,如图6.17、图6.18所示。必要时,可按全剖视图的标注方法标注。

(3)剖切面的种类

国家标准规定,剖切面可以是平面或曲面。绘图时,根据机件的结构特点,从下列3种剖切面中选用:单一剖切面;几个平行的剖切平面;几个相交的剖切面(交线垂直于某一投影面)。不论采用哪种剖切面,都可得到全剖视图、半剖视图和局部剖视图。绘图时,应根据机件的结构特点,恰当地选用剖切面。

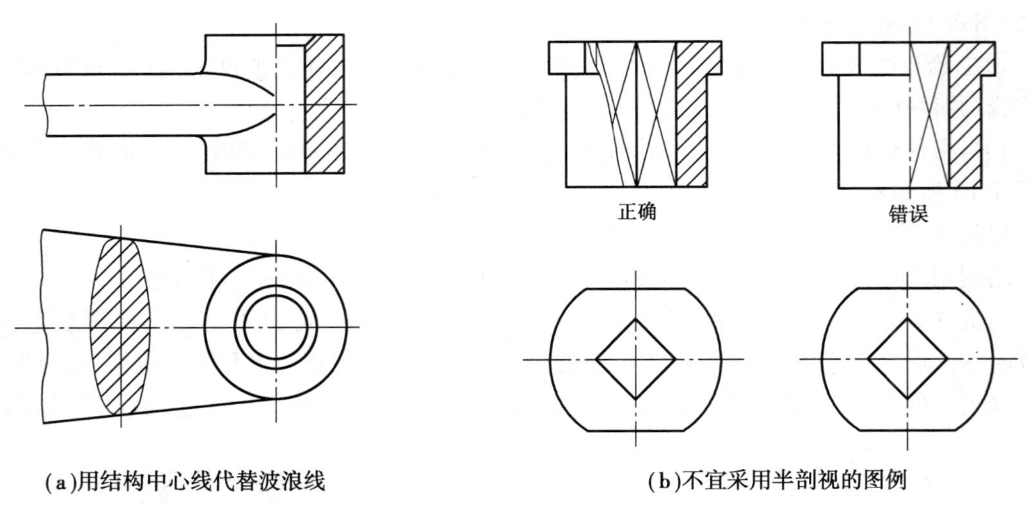

图 6.18　局部剖视图的特殊情况

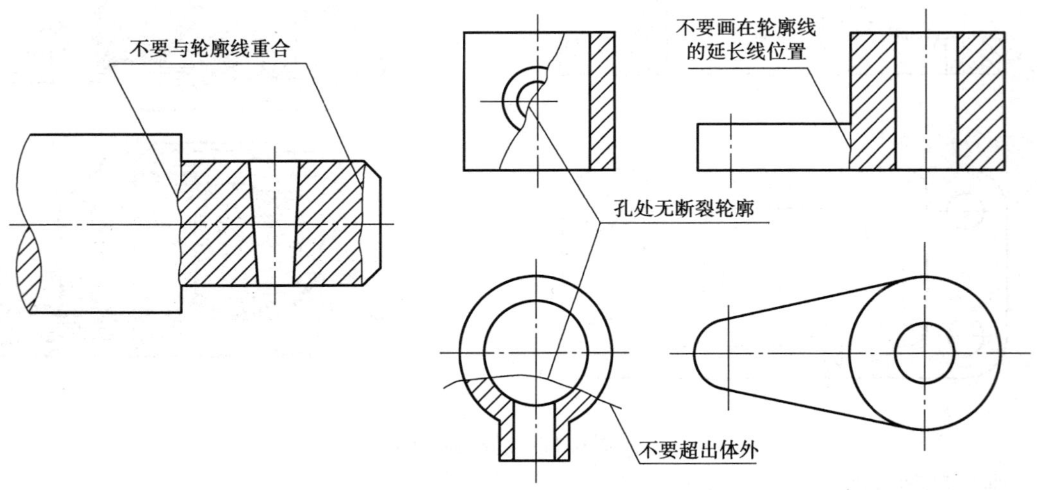

图 6.19　波浪线的错误画法

1)单一剖切面

单一剖切平面通常指平面或柱面。前面介绍的全剖视图、半剖视图和局部剖视图都是用单一剖切平面剖切得到的,是最常用的剖切形式。

如图 6.20 所示的“*A—A*”剖视图,是用单一斜剖切面完全地剖开机件得到的全剖视图,主要用于表达机件上倾斜部分的结构形状。

用单一斜剖切面剖切时,必须对剖视图进行标注。剖视图一般按投影关系配置,如图6.20所示的“*A—A*”,将剖视图平移到适当位置。必要时允许将图形旋转配置,但必须标注旋转符号,如图 6.20 所示的“*A—A* ⌒”。

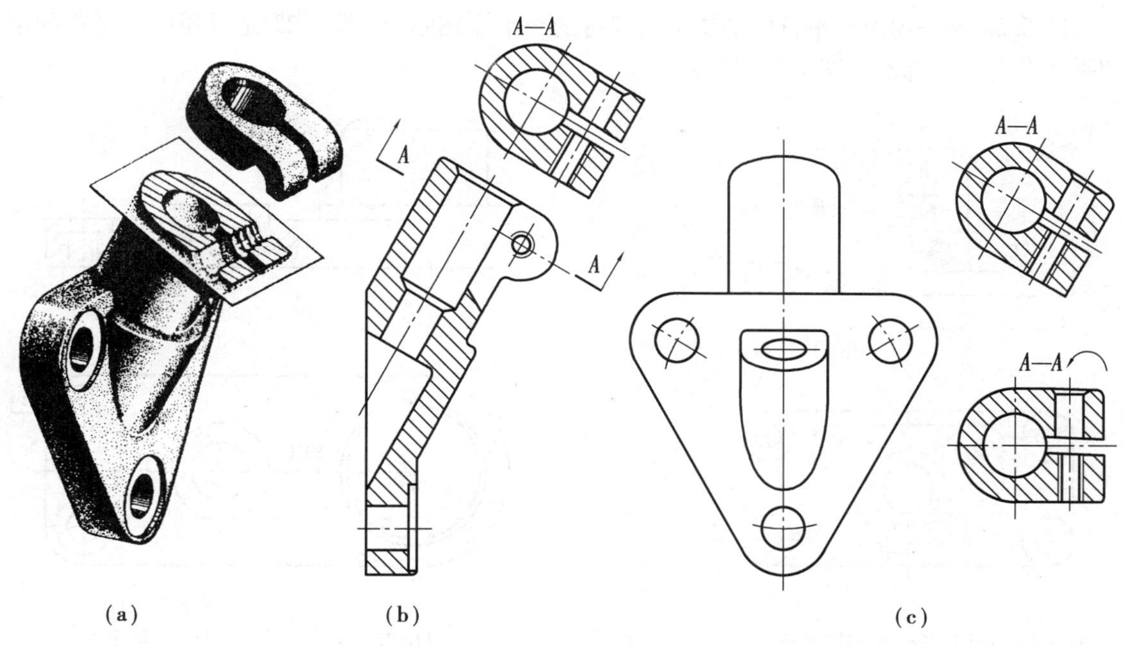

图6.20 单一剖切面剖切的全剖视图

2)几个平行的剖切平面

当机件上有若干不在同一平面上而又需要表达的内部结构时,可采用几个平行的剖切平面剖开机件。几个平行的剖切平面可能是两个或两个以上,各剖切平面的转折必须是直角。

用几个平行平面剖切,可得到全剖视图、半剖视图和局部剖视图。

如图6.21所示,机件上的3个孔不在前后对称面上,用一个剖切平面不能同时剖到。这时,可用两个相互平行的剖切平面分别通过左侧的阶梯孔和前后对称面,再将两个剖切平面后面的部分同时向基本投影面投射,即得到用两个平行平面剖切的全剖视图。

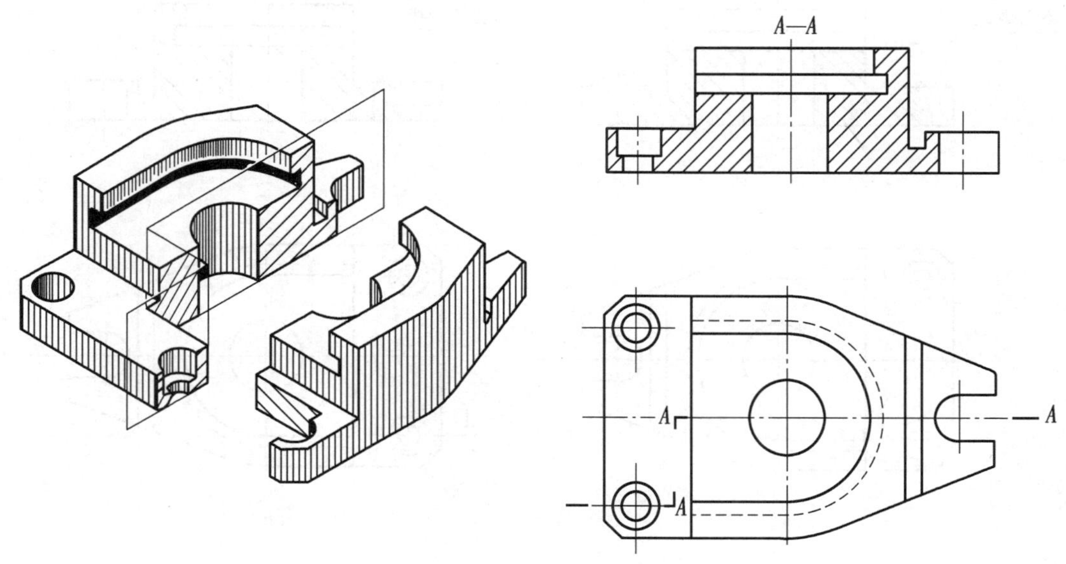

图6.21 两个平行的剖切平面获得的全剖视图

图 6. 22 是采用两个平行的剖切平面获得的半剖视图示例,图 6. 23 是采用两个平行的剖切平面获得的局部剖视图示例。

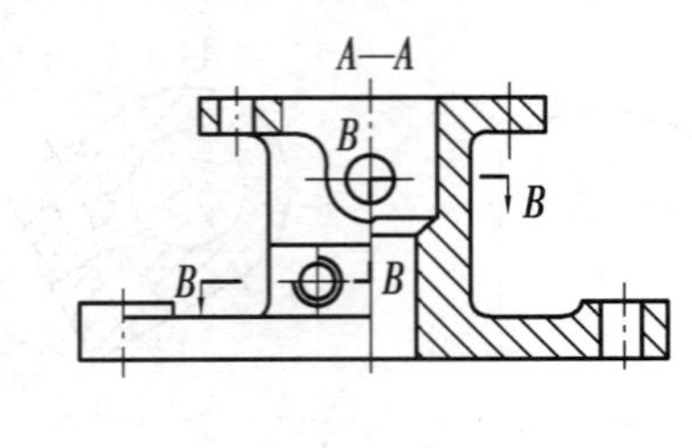

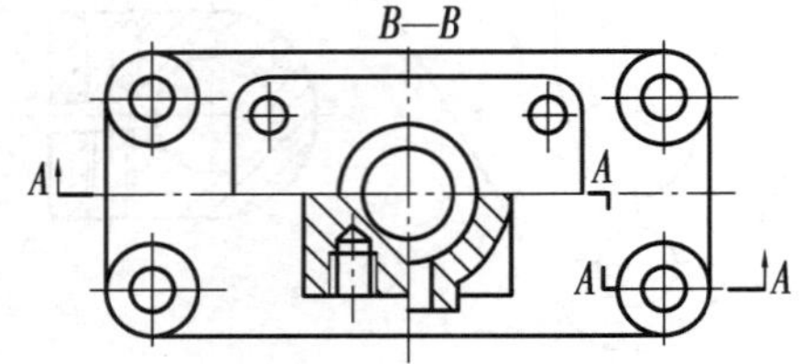

图 6. 22　两个平行的剖切平面获得的半剖视图

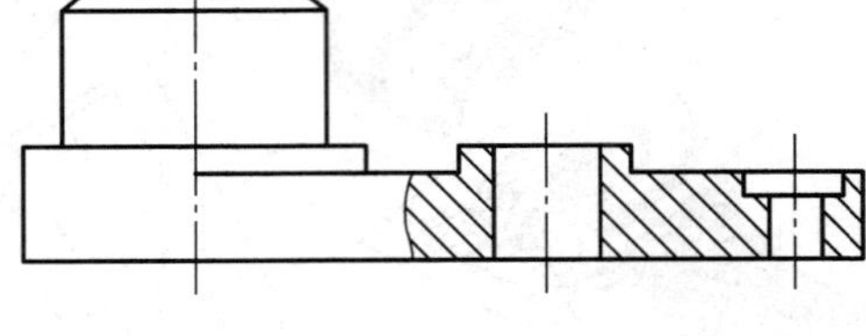

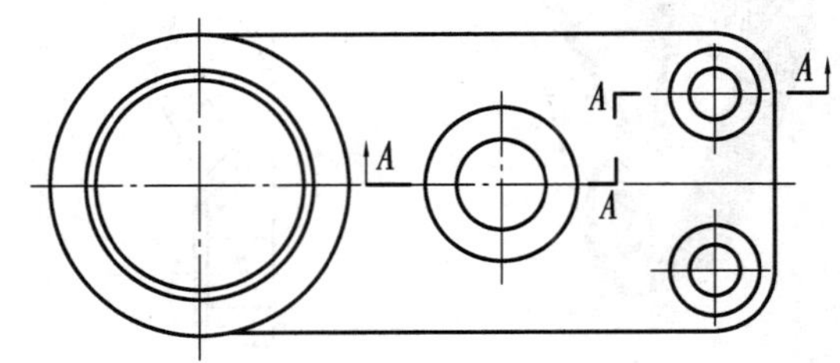

图 6. 23　两个平行的剖切平面获得的局部剖视图

用几个平行的剖切平面剖切时,应注意以下几点:

①在剖视图的上方,用大写英文字母标注图名“ × — × ”,在剖切平面的起、迄和转折处画出剖切符号,并注上相同的字母。

若剖视图按投影关系配置,中间又没有其他图形隔开时,允许省略箭头,如图 6. 21 所示。当剖切平面转折处地方有限且不致引起误解时,允许省略字母。

②在剖视图中一般不应出现不完整的结构要素,如图 6. 24(a)所示。

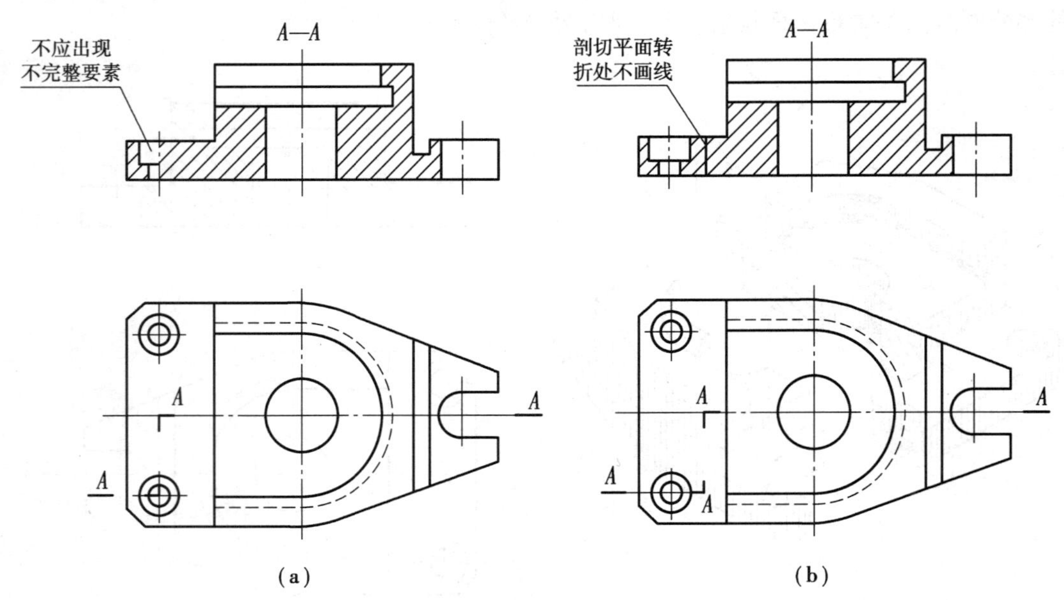

图 6. 24　用几个平行平面剖切时的错误画法

③剖视图中不应画出剖切平面转折处的界线，且剖切平面的转折处也不应与图中的轮廓线重合，如图6.24(b)所示。

④只有当两个要素在图形上具有公共对称线或轴线时，才可各画一半，并以对称线或轴线为分界线，如图6.25所示。

3)几个相交的剖切面

当机件上的孔(槽)等结构不在同一平面上，但却沿机件的某一回转轴线分布时，可采用几个相交于回转轴线的剖切面剖开机件，将剖切面剖开的结构及有关部分旋转到与选定的投影面平行后，再进行投射。几个相交剖切面的交线，必须垂直于某一基本投影面。

用几个相交的剖切面剖切，可得到全剖视图、半剖视图和局部剖视面。

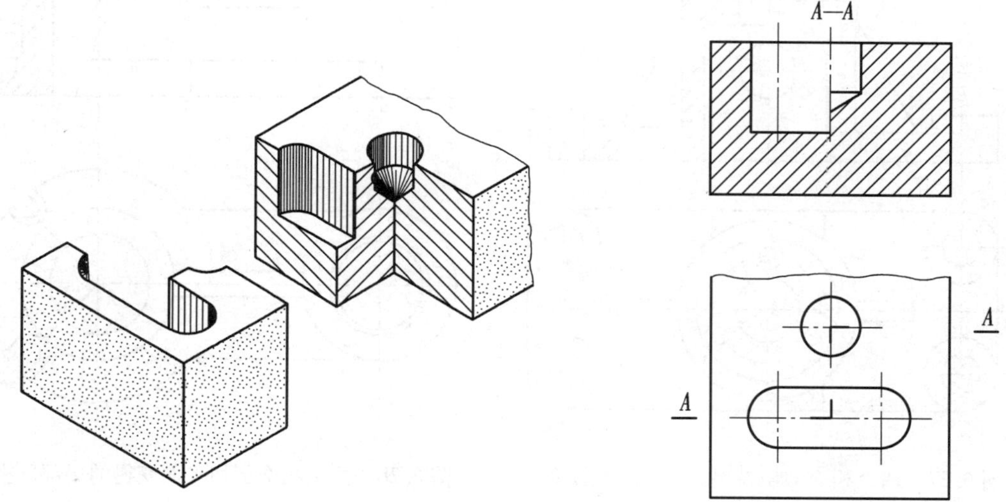

图6.25　可以各画一半的示例

如图6.26所示，用相交的侧平面和正垂面将机件剖切，并将倾斜部分绕轴线旋转到与侧平面平等后再向侧平面投射，即得到用两个相交平面剖切的全剖视图。

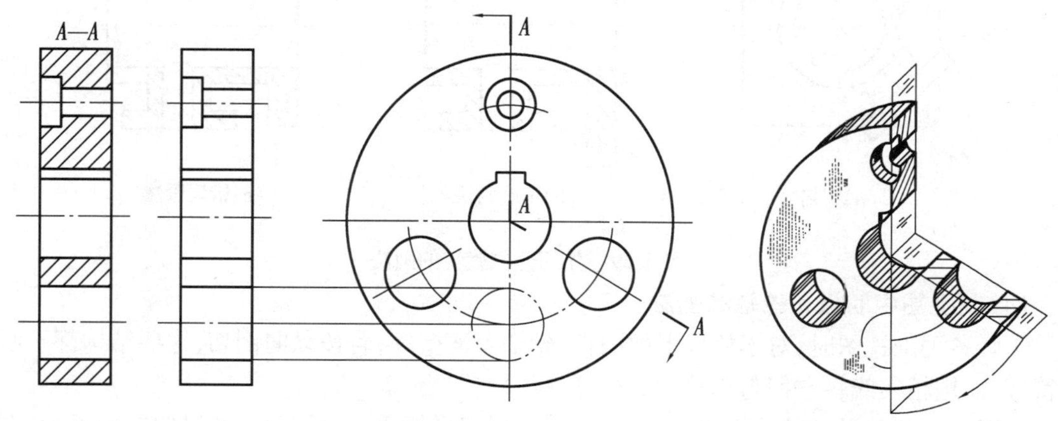

图6.26　两个相交平面剖切获得的全剖视图

图6.27是采用两个相交的剖切平面获得的半剖视图示例。图6.28是采用两个相交的剖

切平面获得的局部剖视图示例。

用几个相交的剖切面剖切时,应注意以下几点:

①先切开,然后再旋转,而不是将要表达的结构先旋转,然后再切开。因此,采用几个相交剖面剖切时,往往图形的有些部分会伸长,如图 6.29 所示。

②剖切平面后的其他结构,一般仍按原来的位置进行投射,如图 6.30 所示。

③剖切平面的交线应与机件的回转轴线重合。

④必须对剖视图进行标注,其标注形式及内容与几个平行平面剖切的剖视图相同。

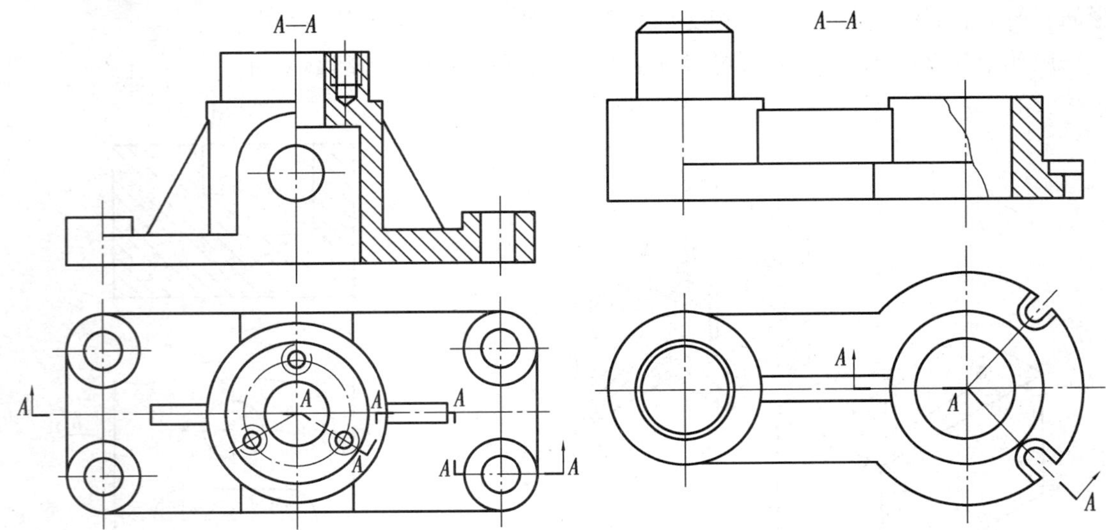

图 6.27　两个相交剖切平面获得的半剖视图　　图 6.28　两个相交剖切平面获得的局部剖视图

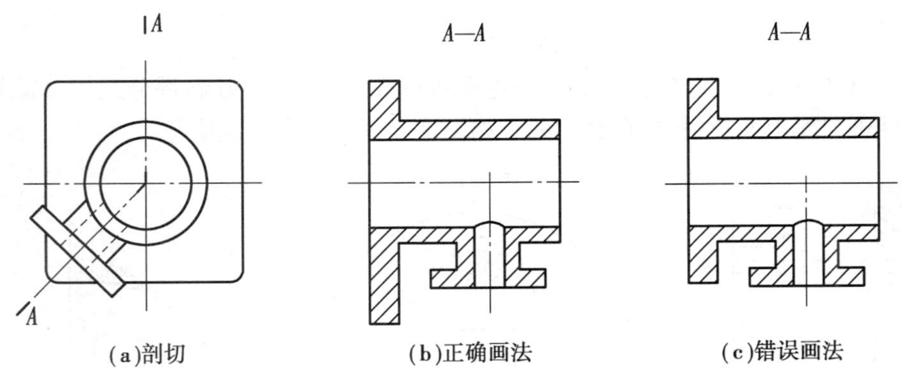

(a)剖切　(b)正确画法　(c)错误画法

图 6.29　先切开再旋转的画法

(4)剖视图中肋板和轮辐的画法

①画各种剖视图时,对于机件上的肋板、轮辐及薄壁等,若按纵向剖切,这些结构都不画剖面符号,而用粗实线将它们与邻接部分分开。

如图 6.31 所示的左视图,当采用全剖视时,剖切平面通过中间肋板的纵向对称平面,在肋板的范围内不画剖符号,肋板与其他部分的分界处均用粗实线绘出。

如图 6.31 所示的“A—A”剖视图,因为剖切平面垂直于肋板和支承板(即横向剖切),因此仍要画出剖面符号。

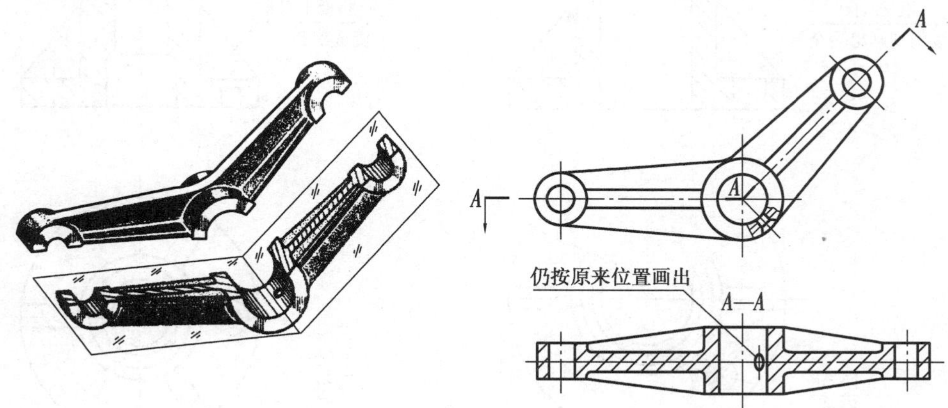

图6.30 剖切平面后的结构画法

②回转体机件上均匀分布的肋板、孔等结构不处于剖切面上时,可假想将这些结构旋转到剖切面上画出,如图6.32所示。

③当剖切平面通过辐条的基本轴线(即纵向)时,剖视图中辐条部分不画剖面符号,且不论辐条数量是奇数还是偶数,在剖视图中要画成对称的,如图6.33所示。

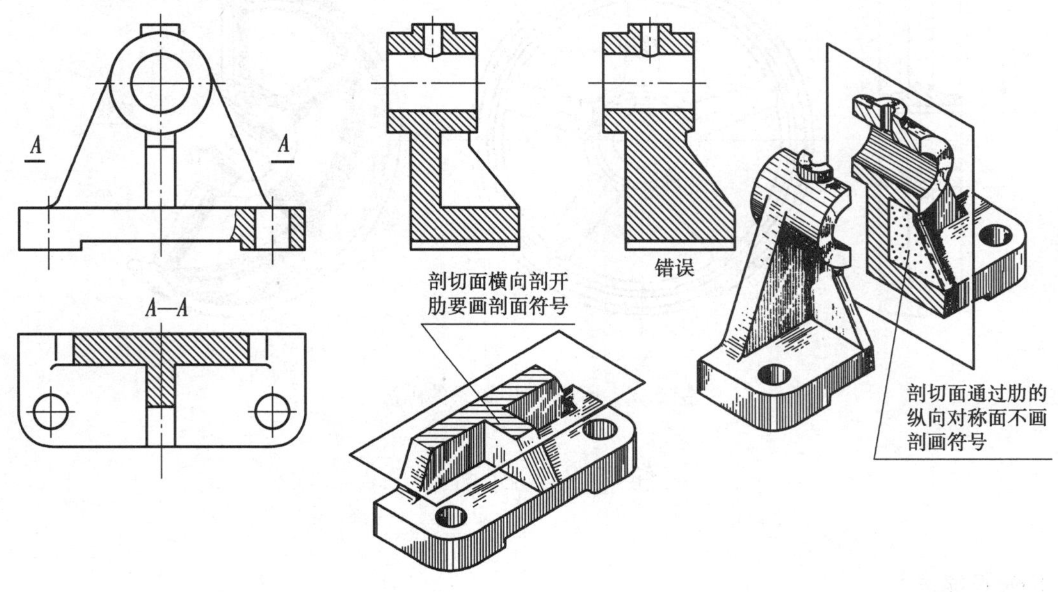

图6.31 剖视图中肋板的画法

【任务实施】

要掌握剖视图绘制的方法步骤,除了要具备较强的识图能力、空间分析和想象能力,还必须进行较多的绘图训练才能达到目的。

训练 绘制机件的剖视图(习题集图6-11-1、图6-11-2)。

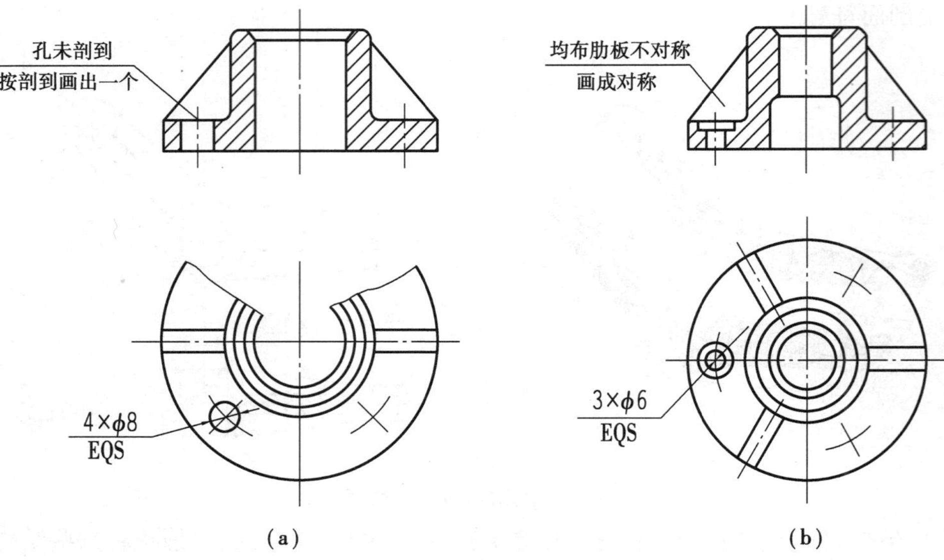

图 6.32　回转体机件上均布结构的画法

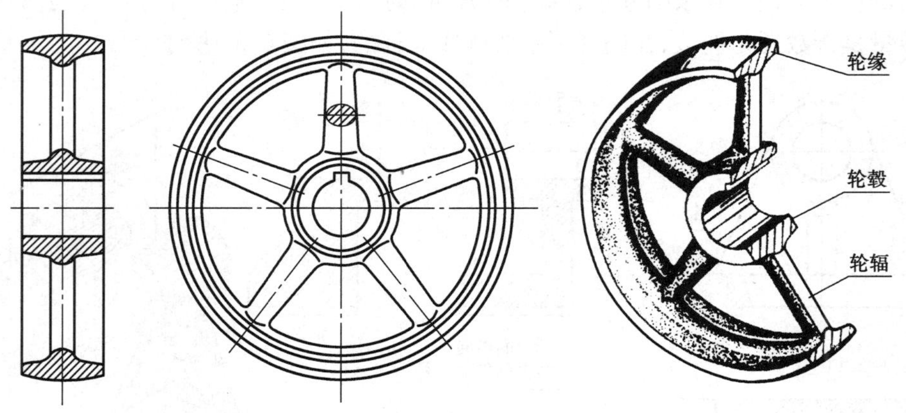

图 6.33　剖视图中辐条的画法

任务 3　断面图

【任务描述】

假想用剖切面将机件的某处切断,仅画出该剖切面与机件接触部分的图形,这种图形称为断面图,简称断面。断面图通常用来表示机件上某一局部结构的断面形状,如图 6.34 所示。

断面图,实际上就是使剖切平面垂直于结构要素的中心线(轴线或主要轮廓线)进行剖切,然后将断面图形旋转 90°,使其与纸面重合而得到的。断面图与剖视图的区别在于:断面图仅画出断面的形状,而剖视图除画出断面的形状外,还要画出剖切面后面机件的完整投影,如图 6.34(b)所示。

断面图主要用于表达机件某局部的断面形状,例如,机件上的肋板、轮辐、键槽、小孔及各种型材的断面形状等。

根据断面图在图样中的不同位置,可分为移出断面和重合断面。

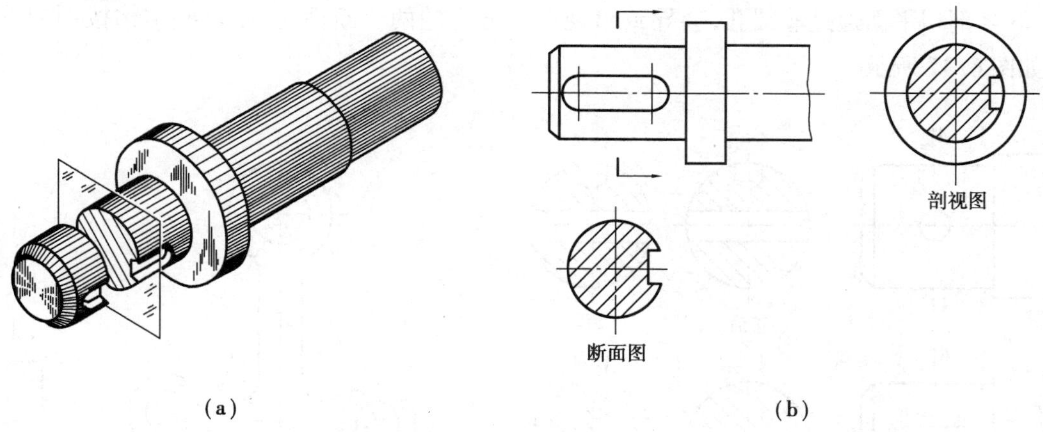

图6.34 断面图

【任务要求】

1. 掌握并理解断面的定义、分类及画法。
2. 能判断断面图中常见的错误。

【知识准备】

(1)移出断面图

画在视图之外的断面图,称为移出断面图,简称移出断面。移出断面的轮廓线用粗实线绘制,如图6.35所示。

1)画移出断面图的注意事项

①移出断面应尽量配置在剖切线的延长线上,如图6.35(a)中所示的圆孔和键槽处的断面;也可配置在其他适当位置,如图6.35(b)中的"*A—A*""*B—B*"断面。

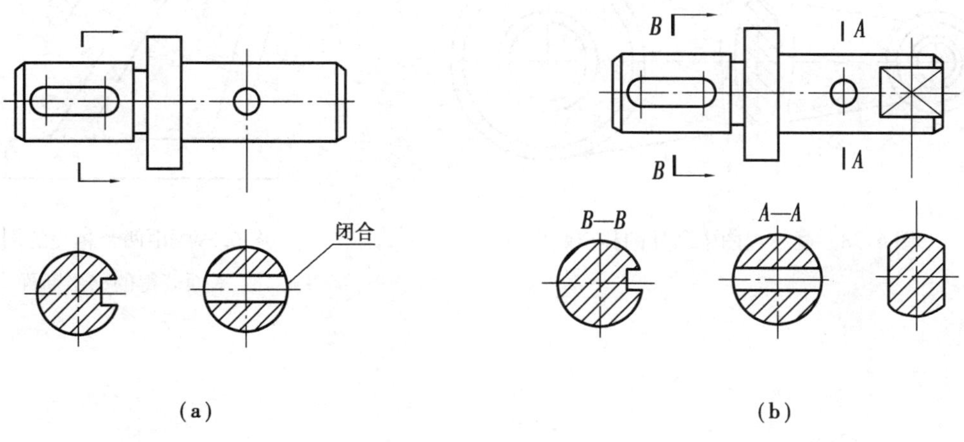

图6.35 移出断面的配置

②当剖切平面通过回转面形成的孔或凹坑的轴线时，这些结构按剖视图绘制，如图 6. 36 所示。

③当剖切平面通过非圆孔，会导致出现完全分离的两个断面时，则这些结构按剖视图绘制，如图 6. 37 所示。

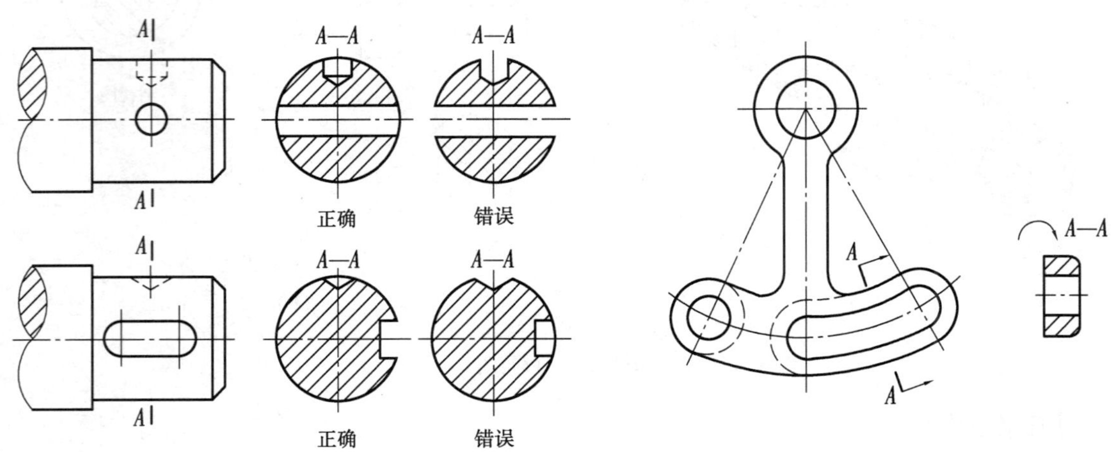

图 6. 36　带有孔或凹坑的断面图

图 6. 37　按剖视图绘制的移出断面

④断面图形对称时，可画在视图的中断处，如图 6. 38 所示。当移出断面是由两个或多个相交的剖切平面形成时，断面的中间应断开，如图 6. 39 所示。

2）移出断面的标注

移出断面的标注形式及内容与剖视图相同。根据具体情况，标注可简化或省略，见表 6. 3。

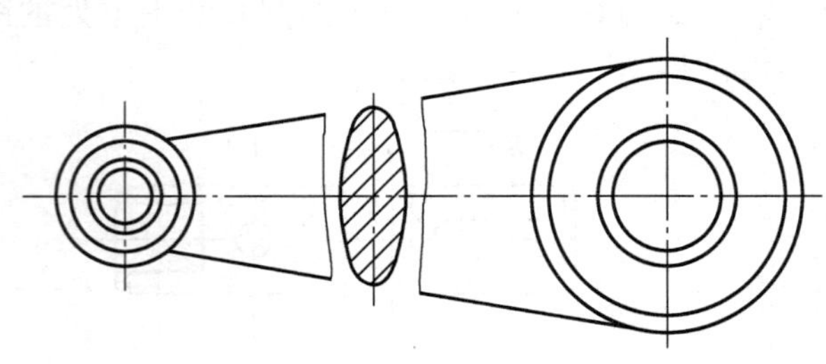

图 6. 38　画在视图中断处的移出断面

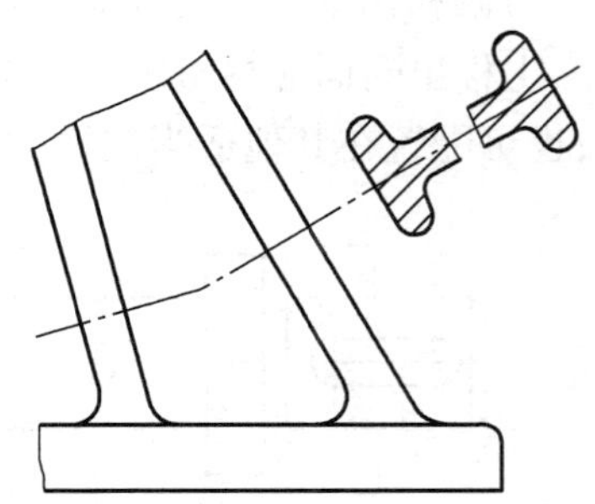

图 6. 39　由两个相交的剖切平面获得的移出断面

表6.3 移出断面的标注

断面类型	剖切平面的位置		
	在剖切符号的延长线上	按投影关系配置	其他位置
对称的移出断面	省略标注	A A—A A 省略箭头	A A A—A 省略箭头
不对称的移出断面	省略字母	省略箭头 A A—A A 省略箭头	A A—A A 标注剖切符号、箭头、字母

(2)重合断面图

画在视图之内的断面图,称为重合断面图,简称重合断面。重合断面的轮廓线用细实线绘制,如图6.40所示。

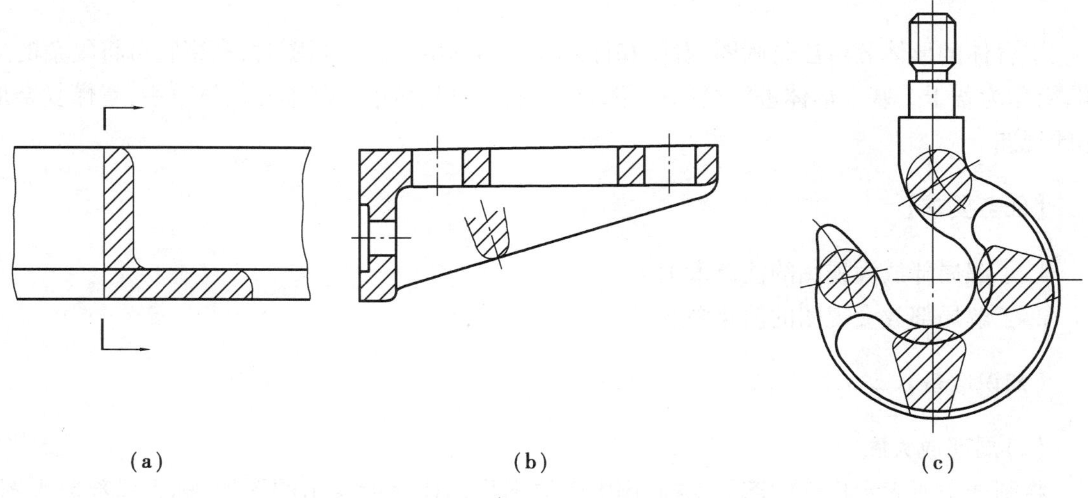

图6.40 重合断面

画重合断面图应注意以下两点：

①重合断面与视图中的轮廓线重叠时，视图的轮廓线应连续画出，不可间断，如图 6.40(a)、(c)所示。

②不对称的重合断面，标注剖切符号和箭头，如图 6.40(a)所示；对称的重合断面省略标注，如图 6.40(b)、(c)所示。

【任务实施】

训练 1　绘制断面图(习题集图 6-12-1)。

训练 2　绘制机件的剖视图(习题集图 6-17-1)。

(1)作业目的

①训练选择机件表达方法的基本能力。

②理解剖视、断面等表达方法的基本概念和表达能力。

(2)基本要求

①用 A3 图纸，根据模型(轴测图或视图)画图。

②标注尺寸，线型符合国家标准要求。

(3)注意事项

①应用形体分析法，看清机件的形状结构，特别是内部结构，既要表达清楚形体的外部结构，又要表达清楚形体的内部结构，在此基础上，尽量减少视图的数量。

②剖切位置的标注，国家标准规定可省略的要求省略，不能省略的一定要标注出来。

③应用形体分析法标注尺寸，尺寸标注既不可遗漏，也不可重复。

任务 4　局部放大图和简化画法

【任务描述】

组合体的形体分析法是画图、看图和标注尺寸的基本方法。画图时，利用它可将复杂的形体，简化为若干个基本形体进行绘制；看图时，利用它可从简单的基本几何体着手，看懂复杂形体的视图。

【任务要求】

1. 了解局部放大视图的注意事项。
2. 了解局部放大视图的简化画法。

【知识准备】

(1)局部放大图

将图样中所表示机件的部分结构，用大于原图形的比例所绘出的图形，称为局部放大图，如图 6.41 所示。

当机件上的细小结构在视图中表达不清楚或不便于标注尺寸时，可采用局部放大图。局部放大图的比例，是指该图形中机件要素的线性尺寸与实际机件相应要素的线性尺寸之比，而与原图形所采用的比例无关。

局部放大图可画成视图、剖视图和断面图，与被放大部分的原表达方式无关。

画局部放大图应注意以下几点：

①局部放大图应尽量配置在被放大部位附近，用细实线圈出被放大的部位。当同一机件上有几处被放大的部位时，必须用罗马数字依次标明被放大的部位，并在局部放大图的上方，标注相应的罗马数字和所采用的比例，如图6.41所示。

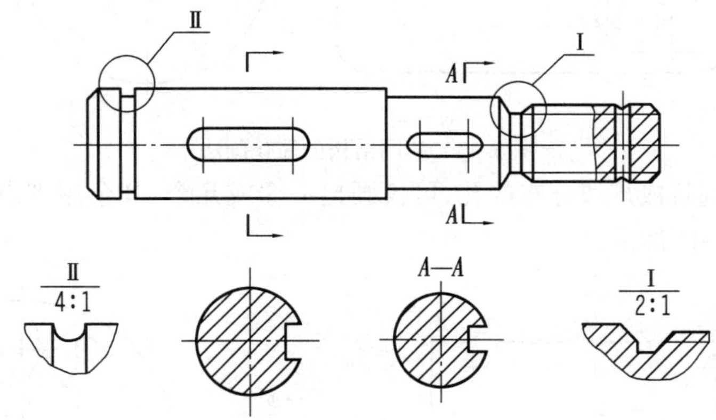

图6.41　局部放大图(一)

②当机件上只有一处被放大时，在局部放大图的上方只需注明所采用的比例，如图6.42(a)所示。

③同一机件上不同部位的局部放大图，其图形相同或对称时，只需画出一个，如图6.42(b)所示。

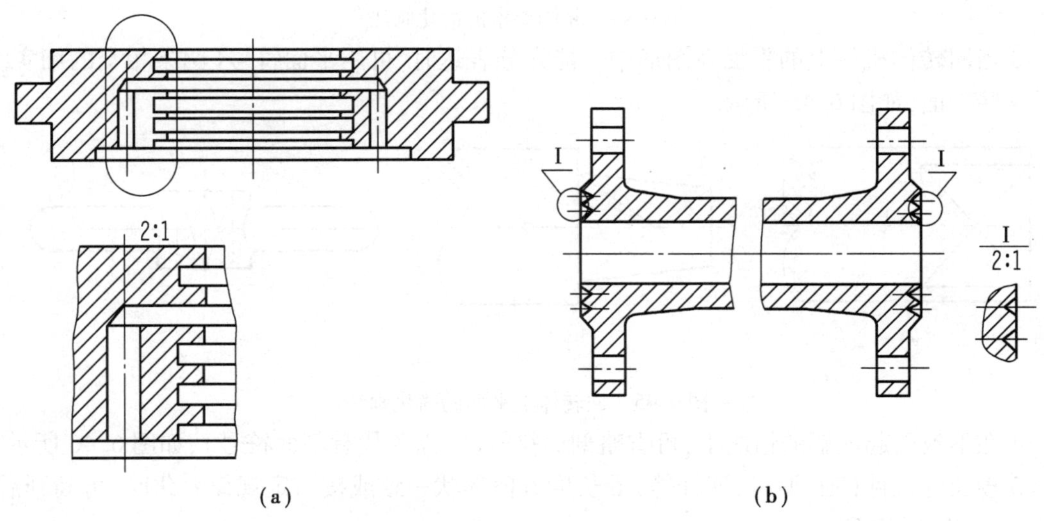

图6.42　局部放大图(二)

(2)简化画法

①当机件具有若干相同结构(如齿、槽等),只需画出几个完整的结构,其余用细实线连接,并注明该结构的总数,如图6.43所示。

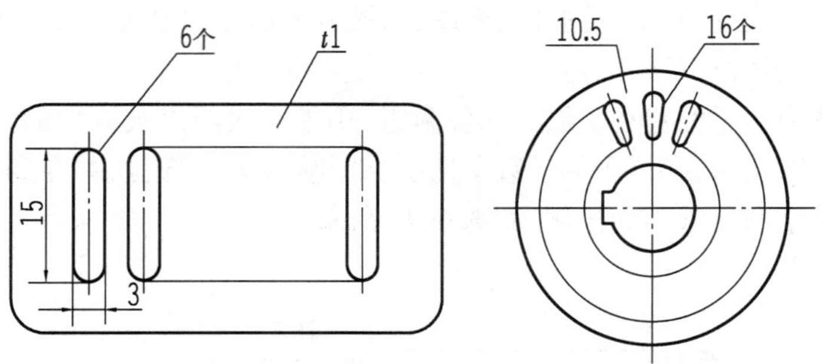

图6.43　相同结构的简化画法

②若干直径相同且成规律分布的孔,可仅画出一个或几个,其余用细点画线或"+"表示其中心位置,如图6.44所示。

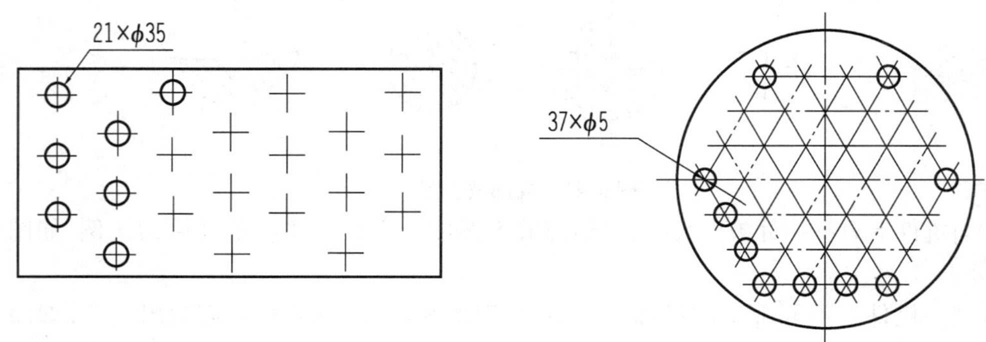

图6.44　相同要素的简化画法

③当回转体机件上的平面在图形中不能充分表达时,可用平面符号(两条相交的细实线)表示这些平面,如图6.45所示。

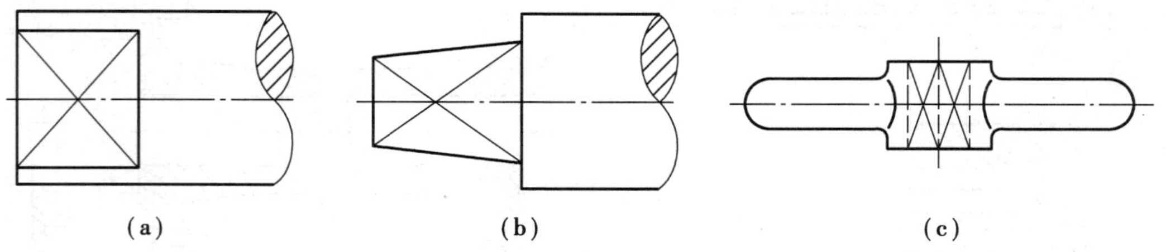

图6.45　回转体上平面的简化画法

④在不致引起误解的情况下,可省略剖面符号(或涂色代替剖面符号),如图6.46所示。

⑤较长的机件(轴、型材、连杆等)沿长度方向形状一致或按一定规律变化时,可断开后缩短绘制,如图6.47所示。

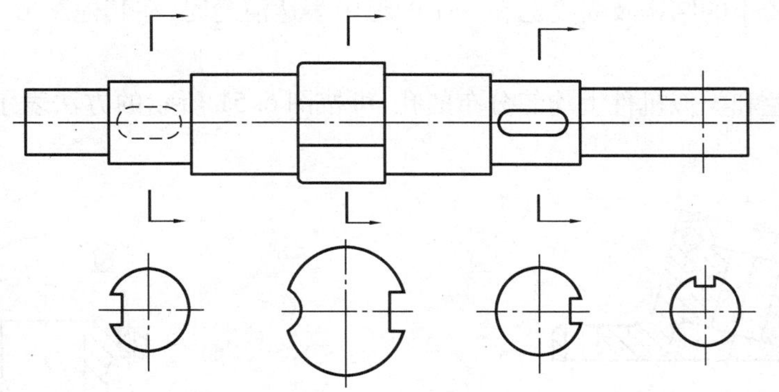

图 6.46 可省略剖面符号

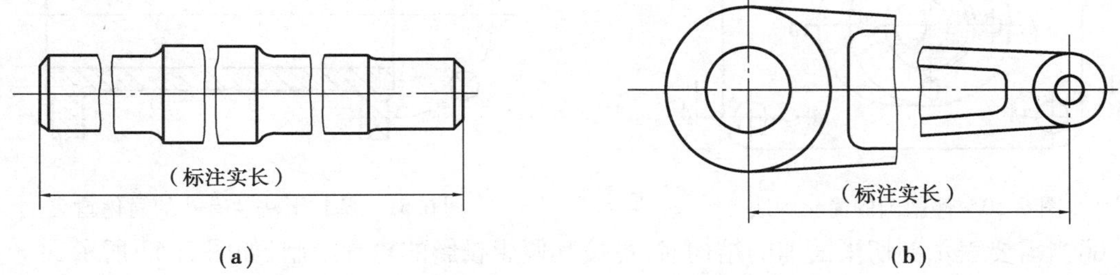

图 6.47 较长机件的折断画法

⑥除确属需要表示的圆角、倒角外，其他圆角、倒角在零件图中均可不画，但必须注明尺寸，或在技术要求中加以说明，如图 6.48 所示。

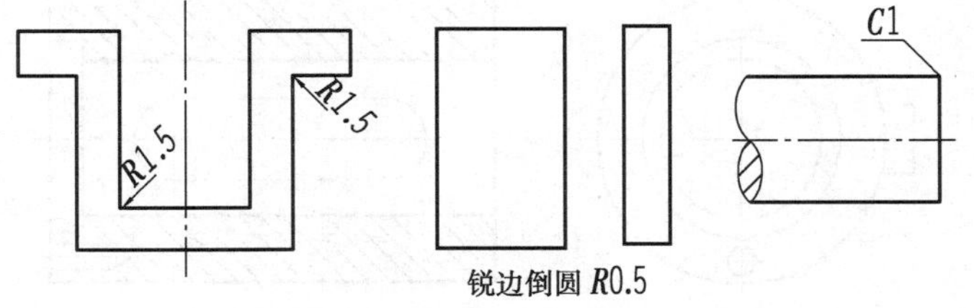

图 6.48 圆角、倒角的简化画法

⑦机件上对称结构的局部视图，可按图 6.49 所示的简化画法绘制。

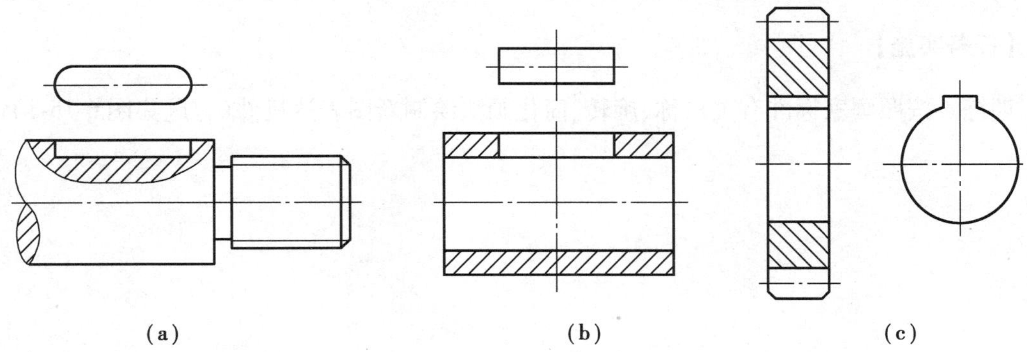

图 6.49 对称结构的局部视图的简化画法

⑧当机件上较小的结构及斜度已在一个图形中表达清楚时，在其他图形上应简化或省略，如图 6. 50 所示。

⑨圆柱形法兰和类似机件上均匀分布的孔，可按图 6. 51 所示的方法表示（由机件外向该法兰端面投射）。

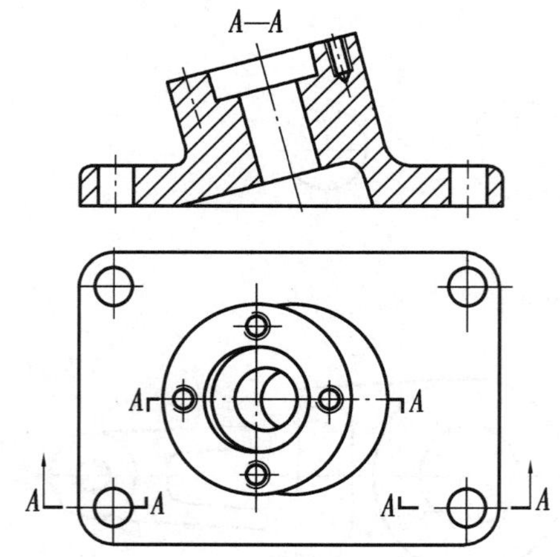

图 6. 50　倾斜圆的简化画法

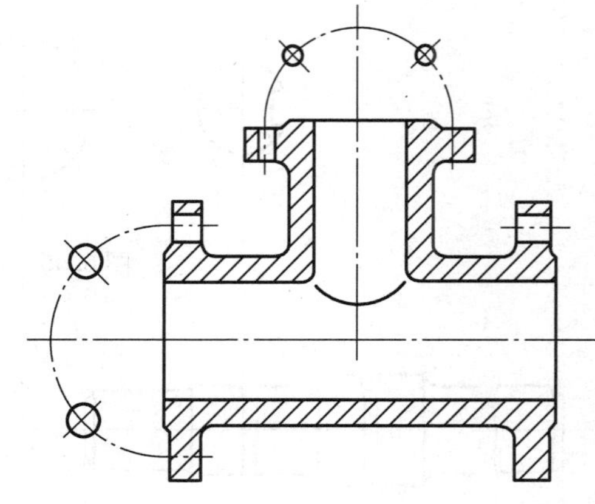

图 6. 51　圆柱形法兰有孔的简化画法

⑩当需要表示剖切平面前的结构时，可按其假想投影的轮廓绘制，如图 6. 52 所示。

⑪图形中的过渡线、相贯线，在不致引起误解时，可用圆弧或直线代替非圆曲线，如图 6. 53（a）所示。也可采用模糊画法，如图 6. 53（b）所示。

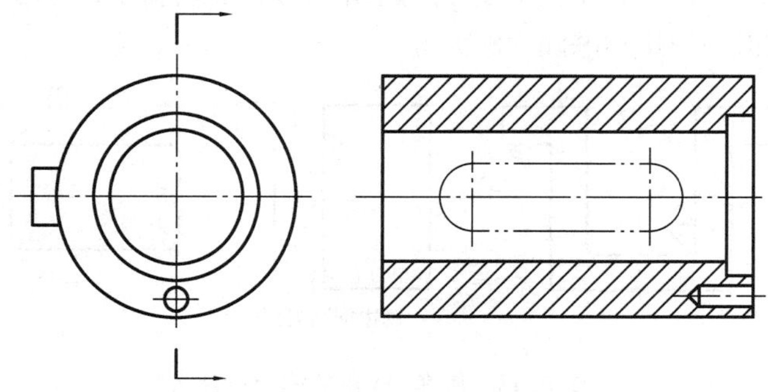

图 6. 52　剖切平面前的结构表示法

【任务实施】

训练　按照国家标准有关对称、旋转、简化画法绘制新图表达机件（习题集图 6-15-1）。

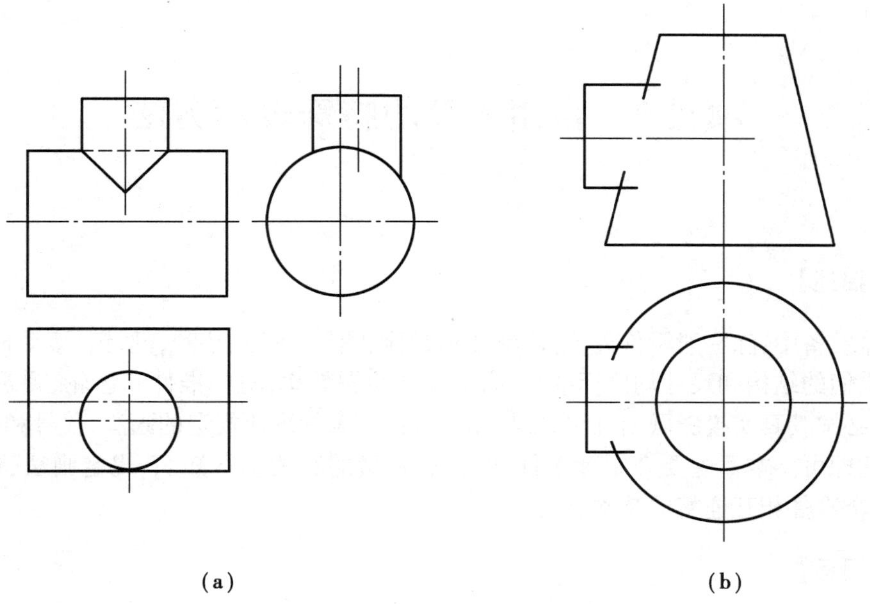

图 6.53　相贯线的简化画法

项目 7　常用零件的特殊表示方法

【项目描述】

在机器设备中，除一般零件外，还广泛使用螺栓、螺母、螺钉、垫圈、键、销、滚动轴承等标准件。由于它们的结构和尺寸均已标准化，为了提高绘图效率，对标准件和齿轮、弹簧的结构与形状，可不必按其真实投影画出，而只要根据相应的国家标准所规定的画法、代号和标记，进行绘图和标注即可。本章主要介绍标准件和齿轮、弹簧的有关基本知识、规定画法、代号、标注法，以及几个零件相互连接的装配画法。

【学习目标】

通过本项目的学习，要求掌握以下基本知识：

1. 了解标准件和常用件相关国家标准。
2. 了解标准件和常用件的分类、用途及有关参数的意义。
3. 了解直齿轮轮齿各部分的名称、定义和尺寸关系。
4. 掌握螺纹及螺纹紧固件连接、键连接、齿轮、滚动轴承、弹簧等标准件和常用件的规定画法。

【技能目标】

1. 能正确地识读和绘制技术图样中的螺纹结构、各种标准件及常用件的标记。
2. 能查阅标准件和常用件的有关标准或设计手册。
3. 能按照规定画法绘制螺纹及螺纹紧固件连接、键连接、齿轮、滚动轴承、弹簧等标准件和常用件。

任务 1　螺　纹

【任务描述】

螺纹是零件上常见的一种结构。螺纹是在圆柱或圆锥表面上，沿着螺旋线所形成的具有相同剖面的连续凸起（凸起是指螺纹两侧面间的实体部分，又称牙）。螺纹分外螺纹和内螺纹两种，成对使用。在圆柱或圆锥外表面上加工的螺纹，称为外螺纹；在圆柱或圆锥内表面上加工的螺纹，称为内螺纹。

【任务要求】

1. 认识螺纹的形成、基本参数及种类。

2. 掌握螺纹的规定画法,能正确绘制内外螺纹。

【知识准备】

(1)螺纹的种类和要素

1)螺纹的种类

根据螺纹的用途,可将螺纹分成4种类型:

①连接和紧固用螺纹。如粗牙普通螺纹、细牙普通螺纹。

②管用螺纹。如用螺纹密封的管螺纹、非螺纹密封的管螺纹。

③传动螺纹。如梯形螺纹、锯齿形螺纹。

④专门用途螺纹。如气瓶螺纹、灯泡螺纹、自行车螺纹等。

工业上制造螺纹有许多种方法,图7.1是在车床上加工内、外螺纹的情况。

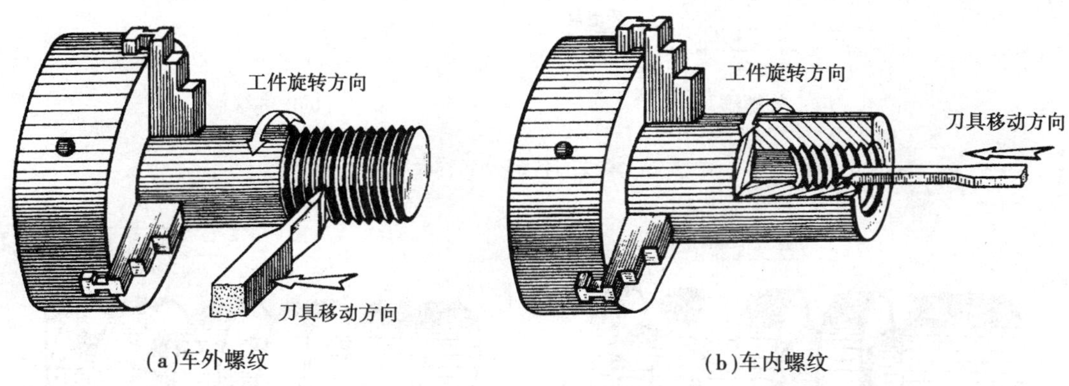

(a)车外螺纹　　(b)车内螺纹

图7.1　车削螺纹

2)螺纹的要素

①牙型。在通过螺纹轴线的剖面上,螺纹的轮廓形状称为牙型,如图7.2所示。常见的有三角形、梯形和锯齿形等。

②直径。直径有大径(d、D)、中径(d_2、D_2)和小径(d_1、D_1)之分,如图7.2所示。其中外螺纹大径d和内螺纹小径D_1也称顶径。

大径,是指与外螺纹牙顶或内螺纹牙底相切的、假想圆柱或圆锥的直径。

小径,是指与外螺纹牙底或内螺纹牙顶相切的、假想圆柱或圆锥的直径。

中径,是指一个假想圆柱或圆锥的直径,该圆柱或圆锥的母线通过牙型上沟槽和凸起宽度相等的地方。

螺纹大径的基本尺寸称为公称直径,是代表螺纹尺寸的直径(管螺纹用尺寸代号表示)。

③线数。螺纹有单线与多线之分。沿一条螺旋线所形成的螺纹,称为单线螺纹;沿两条或两条以上在轴向等距分布的螺旋线所形成的螺纹,称为多线螺纹。线数的代号用n表示。

④螺距和导程。螺距P是指相邻两牙在中径线上对应两点间的轴向距离;导程P_n是指同一条螺旋线上的相邻两牙在中径线上对应两点间的轴向距离。螺距和导程是两个不同的概念,如图7.3所示。

螺距、导程、线数之间的关系是$P=P_n/n$,对于单线螺纹,则$P=P_n$。

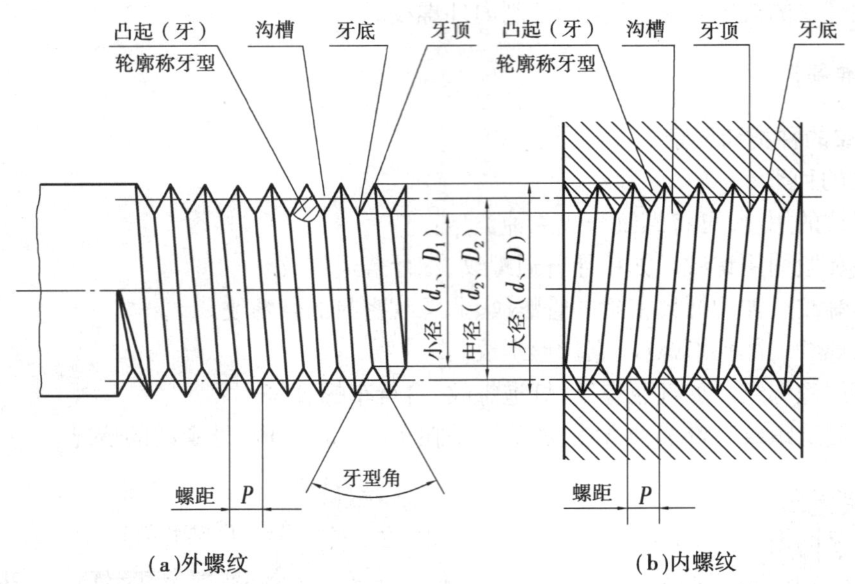

(a)外螺纹　　(b)内螺纹

图 7.2　螺纹的各部分名称及代号

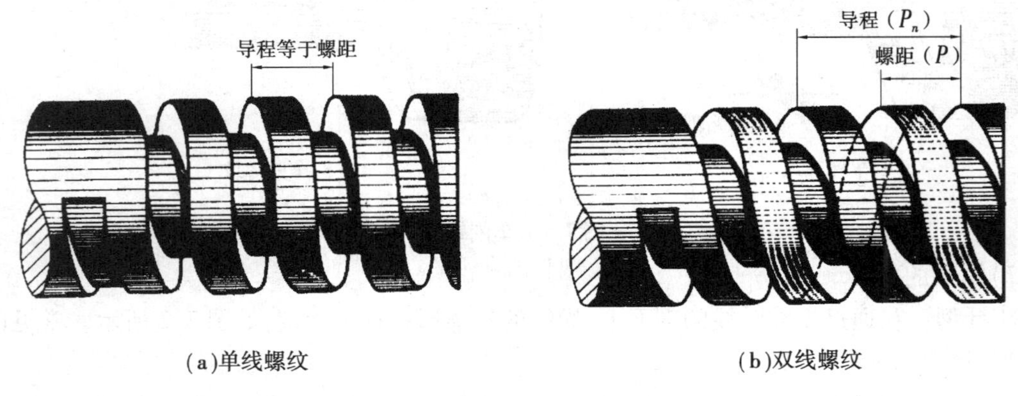

(a)单线螺纹　　(b)双线螺纹

图 7.3　螺距与导程

⑤旋向。内外螺纹旋合时的旋转方向称为旋向。螺纹的旋向有左、右之分:顺时针旋转时旋入的螺纹,称为右旋螺纹;逆时针旋转时旋入的螺纹,称为左旋螺纹。

旋向可按下列方法判定:将外螺纹轴线垂直放置,螺纹的可见部分是右高左低者为右旋螺纹;左高右低者为左旋螺纹,如图 7.4 所示。

对于螺纹来说,只有牙型、大径、螺距、线数和旋向等诸要素都相同的内、外螺纹才能旋合在一起。在螺纹的诸要素中,牙型、大径和螺距是决定螺纹结构规格的最基本的要素,称为螺纹三要素。凡螺纹三要素符合国家标准的,称为标准螺纹;牙型不符合国家标准的,称为非标准螺纹。

(2)螺纹的规定画法

1)外螺纹的画法

如图 7.5 所示,外螺纹的牙顶(大径 d)及螺纹终止线用粗实线绘制,牙底(小径 d_1)用细实线绘制($d_1 \approx 0.85d$),并应画进倒角内。在投影为圆的视图中,表示牙底的细实线只画约

3/4圈,倒角圆省略不画。在剖视图中,剖面线应画到粗实线。

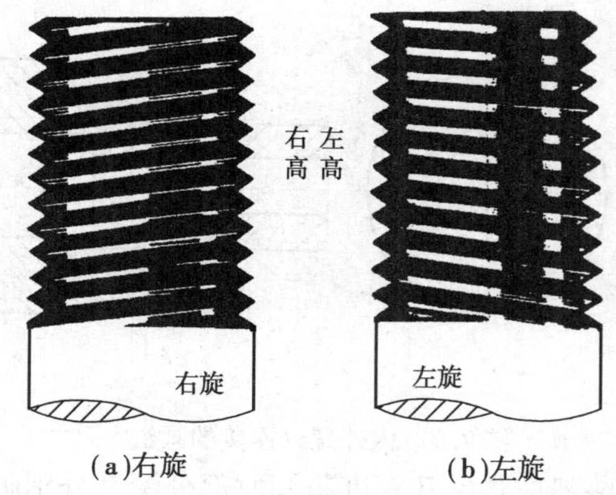

(a)右旋　(b)左旋

图7.4　螺纹的旋向

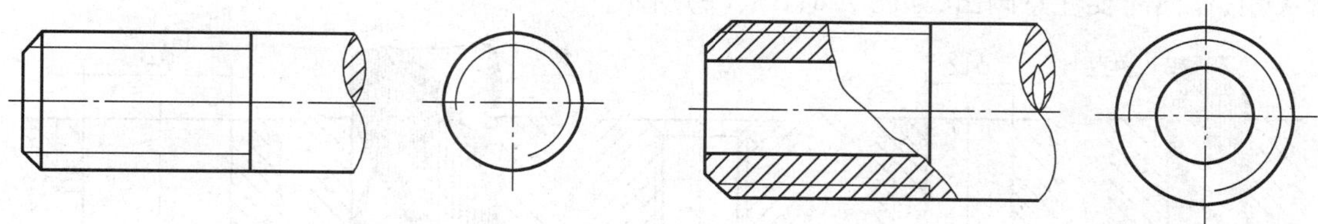

图7.5　外螺纹的画法

2)内螺纹的画法

如图7.6所示,内螺纹(螺孔)一般应画成剖视图。在剖视图中内螺纹的牙底(大径 D)用细实线绘制,牙顶(小径 d)及螺纹终止线用粗实线绘制,剖面线应画粗实线。在投影为圆的视图中,表示牙底的细实线圆只画约3/4圈,倒角圆省略不画(见图7.6(a))。不剖时,牙底、牙顶和螺纹终止线皆画虚线。

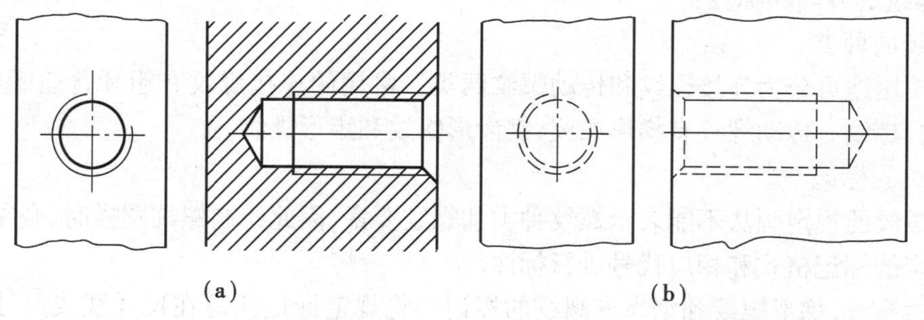
(a)　(b)

图7.6　内螺纹的画法

3)螺纹连接的画法

如图7.7所示,如用剖视图表示内、外螺纹连接时,其旋合部分应按外螺纹的规定画法绘制,其余部分按各自的规定画法绘制。应注意的是,表示大、小径的粗实线和细实线应分别对齐,而与倒角的大小无关。

4)钻孔底部与螺纹孔的画法

由于钻头的尖角接近120°,用它钻出的不通孔,底部便有个顶角接近120°的圆锥面,在图中,因钻尖而成的圆锥孔,顶角要画成 120°,但不必注尺寸,如图 7.8(a)、(b)所示。

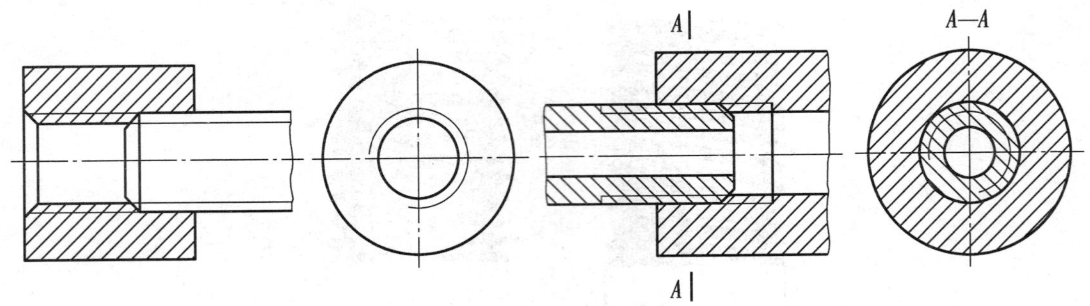

图 7.7　内外螺纹连接的画法

绘制不穿通的螺孔时,一般应将钻孔深度与螺纹部分深度分别画出,钻孔深应比螺孔深度大 0.2 ~0.5D(螺纹大径),如图 7.8(c)所示。两级钻孔(阶梯孔)的过渡处,也存在 120°的部分尖角,作图时要注意画出,如图 7.8(d)、(e)所示。

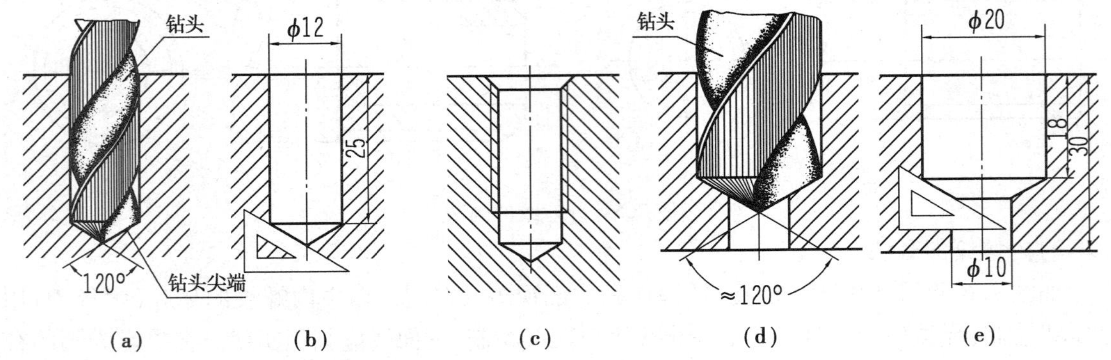

图 7.8　钻孔底部与螺纹孔的画法

(3)螺纹的种类和标注

1)螺纹的种类

螺纹按用途可分为连接螺纹和传动螺纹两类。常用的连接螺纹有粗牙普通螺纹、细牙普通螺纹和管螺纹。传动螺纹有梯形螺纹、锯齿形螺纹和矩形螺纹。

2)螺纹的标记

由于螺纹的规定画法不能表示螺纹种类和螺纹要素,因此绘制螺纹图样时,必须按照国家标准所规定的标记格式和相应代号进行标注。

①普通螺纹、梯形螺纹和锯齿形螺纹的标记。将规定标记注写在尺寸线或尺寸线的延长线上,尺寸线的箭头指在螺纹大径上。具体的标记格式为:

特征代号 公称直径 × 导程(P 螺距) 旋向——公差带代号——旋合长度代号

螺纹特征代号为 M;粗牙普通螺纹不标注螺距;细牙普通螺纹却一定要标注螺距,左旋螺纹以“LH”表示,右旋螺纹不标注旋向(所有螺纹旋向的标记,均与此相同)。

公差带代号由中径公差带和顶径公差带(对外螺纹指大径公差带、对内螺纹指小径公差带)两组公差带组成。大写字母代表内螺纹,小写字母代表外螺纹。若两组公差带相同,则只写一组(常用的公差带见附录)。

旋合长度分为短(S)、中等(N)、长(L)3种。一般采用中等旋合长度,N省略不注。

②管螺纹标记。管螺纹分为55°密封管螺纹和55°非密封管螺纹,标注时,用一条斜向细实线,一端指向螺纹大径,另一端引一横向细实线,将螺纹标记注写在横线上方。其标记格式如下:

特征代号 尺寸代号 公差等级代号——旋向代号

需注意的是,管螺纹的尺寸代号并非公称直径,也不是管螺纹本身任何一个直径的尺寸,而是有效通孔的直径。管螺纹的大径、中径、小径及螺距等具体尺寸,只有通过查阅相关的国家标准才能知道。

③特殊螺纹和非标准螺纹的标注。对特殊螺纹,应在螺纹特征代号前面加注"特"字;对于非标准螺纹,应画出螺纹的牙型,并标出所需要的尺寸和要求,如图7.9所示。

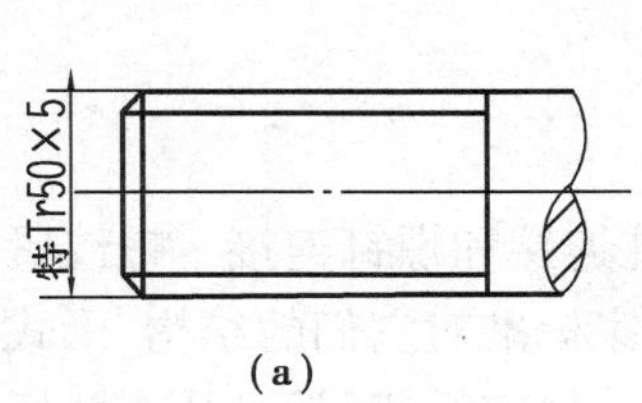

(a)

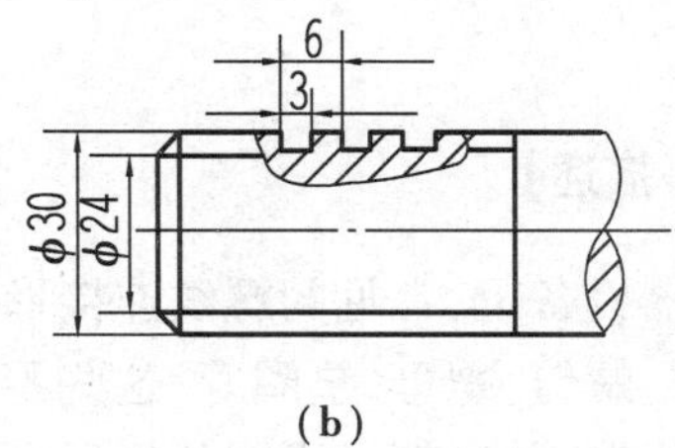

(b)

图7.9　特殊螺纹的标注

【任务实施】

训练1　解释"M10-5g6g"的含义并标注。

表示粗牙普通外螺纹,大径为10 mm,螺距为1.5 mm,右旋,中径公差带为5g,大径公差带为6g,标注如图7.10(a)所示。

训练2　解释"M12×1.5-6g"的含义并标注。

表示细牙普通内螺纹,大径为12 mm,螺距为1.5mm,右旋,中径和小径公差带均为6g,中等旋合长度。标注方法与粗牙螺纹相同,标注如图7.10(b)所示。

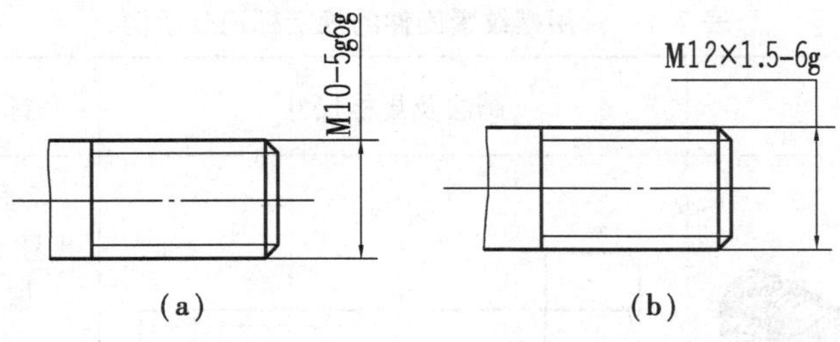

(a)　　(b)

图7.10　螺纹的标记示例

训练3　解释"Rc 1/2"的含义并进行标记。

表示右旋圆锥内螺纹,尺寸代号为1/2,标记如图7.11(a)所示。

训练4　解释"G1/2A"的含义并进行标记。

表示右旋圆柱外螺纹,尺寸代号为1/2,螺纹公差等级为A级,标记如图7.11(b)所示。

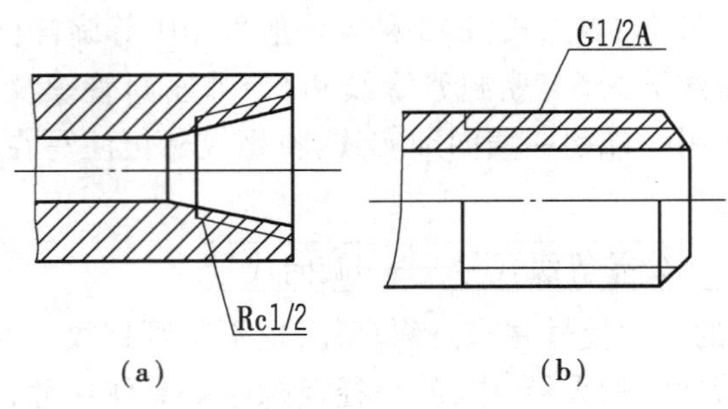

图 7.11　管螺纹的标记示例

任务 2　常用螺纹紧固件

【任务描述】

在机器设备上,常见的螺纹连接形式有螺栓连接、螺柱连接和螺钉连接。螺纹紧固件包括螺栓、螺柱、螺钉、螺母、垫圈等,这些零件都是标准件。国家标准对它们的结构、形式和尺寸大小都作了规定,并制订了不同的标记方法。因此只要知道其规定标记,就可从有关标准中查出它们的结构、形式及全部尺寸。

【任务要求】

1. 了解螺纹紧固件的规定标记。
2. 掌握常用螺纹连接的画法。

【知识准备】

(1)螺纹紧固件的规定标记

常用螺纹紧固件的规定标记及示例,见表 7.1。

表 7.1　常用螺纹紧固件的规定标记及示例

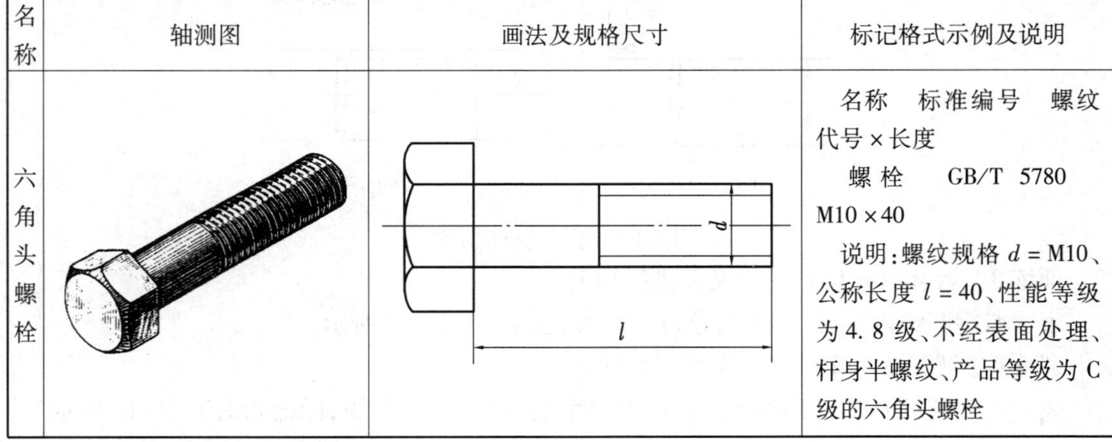

名称	轴测图	画法及规格尺寸	标记格式示例及说明
六角头螺栓		d l	名称　标准编号　螺纹代号×长度 螺栓　GB/T 5780 M10×40 说明:螺纹规格 d = M10、公称长度 l = 40、性能等级为 4.8 级、不经表面处理、杆身半螺纹、产品等级为 C 级的六角头螺栓

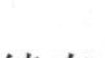

续表

名称	轴测图	画法及规格尺寸	标记格式示例及说明
双头螺柱	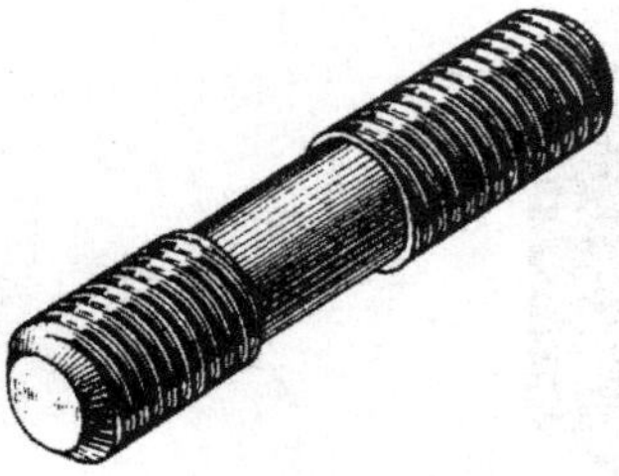	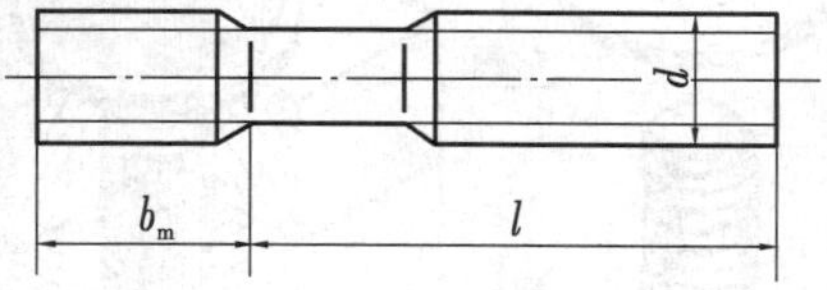	名称　标准编号　类型　螺纹代号×长度 螺柱 GB/T 899 M10×40 说明：螺柱两端均为粗牙普通螺纹、d = M10、l = 50、性能等级为4.8级、不经表面处理、B型（B省略不标）、b_m = 1.5d 的双头螺柱
六角螺母		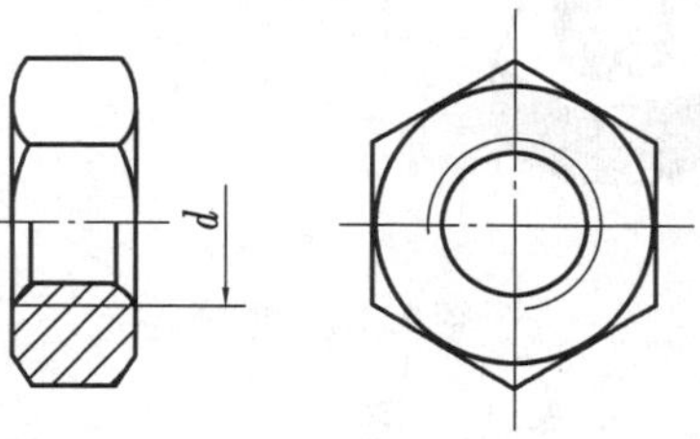	名称　标准编号　螺纹代号 螺母　GB/T 41　M10 说明：螺纹规格 d = M10、性能等级为5级、不经表面处理、产品等级为C级的六角螺母
垫圈	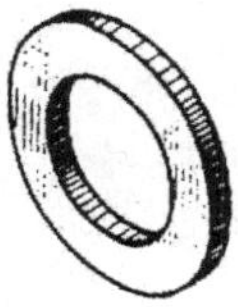	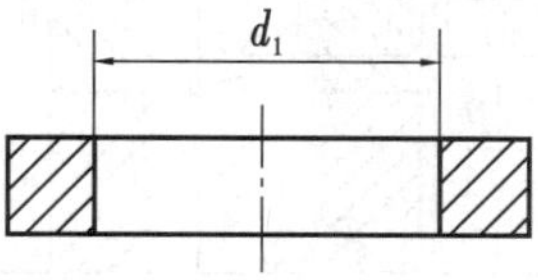	名称　标准编号　公称尺寸 垫圈　GB/T 95　10 说明：标准系列、规格10、性能等级为140HV级、不经表面处理的平垫圈
螺钉	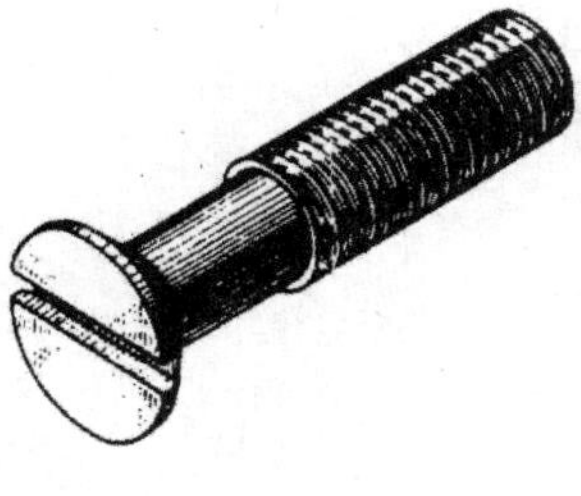	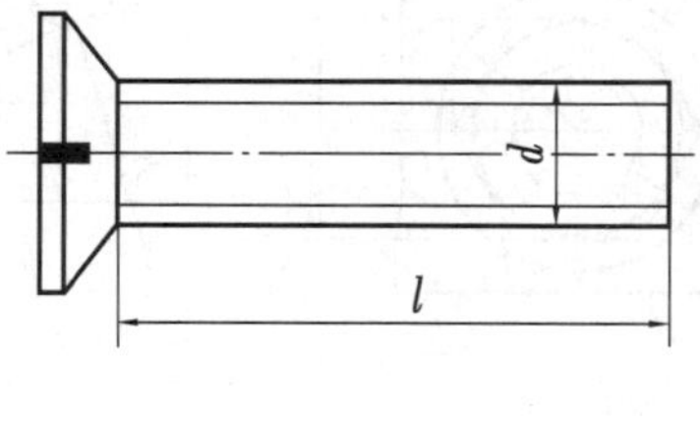	名称　标准编号　螺纹代号×长度 螺钉　GB/T 68　M8×30 说明：螺纹规格 d = M8、公称长度 l = 30、性能等级为4.8级、不经表面处理的开槽沉头螺钉

(2)螺栓连接的画法

螺栓连接是将螺栓的杆身穿过两个被连接零件上的通孔，套上垫圈，再用螺母拧紧，使两个零件连接在一起的一种连接方式，如图7.12所示。

为提高画图速度，对连接件的各个尺寸，可不按相应的标准数值画出，而是采用近似画法，如图7.13所示。

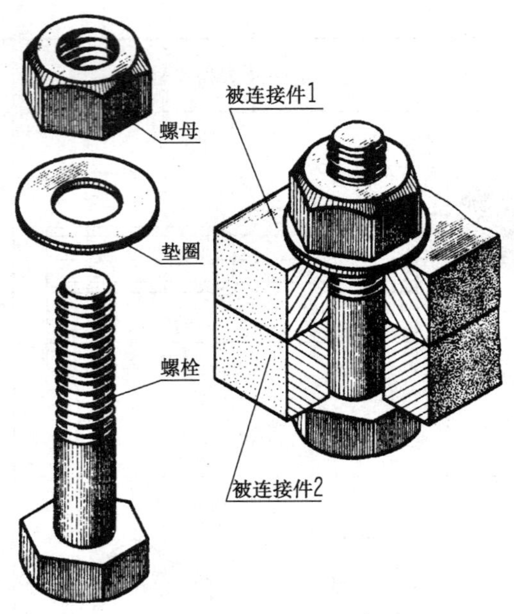

图 7.12　螺栓连接

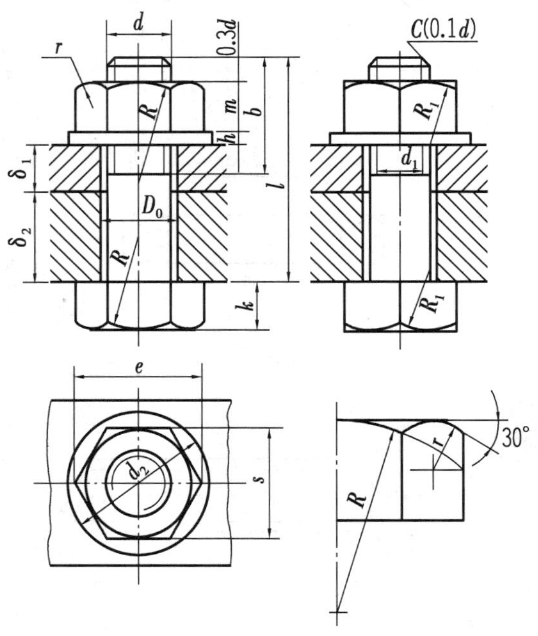

图 7.13　螺栓连接的近似画法

采用近似画法时，除螺栓长度 l 需计算并取标准值外，其他各部分都取与螺栓直径成一定的比例来绘制。螺栓、螺母、垫圈的各部分尺寸比例关系，参见表 7.2，螺栓长度 l 按下式计算：

$$l \approx \delta_1 + \delta_2 + h + m + (0.3 - 0.4)d$$

表 7.2　螺栓连接件近似画法的比例关系

部　位	尺寸比例	部　位	尺寸比例	部　位	尺寸比例	部　位	尺寸比例
螺栓	$b=2d$ $k=0.7d$ $R=1.5d$ $R_1=d$	螺栓	$e=2d$ $d_1=0.85d$ $c=0.1d$ s 由作图决定	螺母	$e=2d$ $R=1.5d$ $R_1=d$ $m=0.8d$ r 由作图决定 s 由作图决定	平垫圈	$h=0.15d$ $d_2=2.2d$
						被连接件	$D_0=1.1d$

画图时必须遵守下列基本规定：

①在装配图中，当剖切平面通过螺栓、螺柱、螺钉、螺母及垫圈等标准件的轴线时，应按未剖切绘制，即只画外形；螺纹连接件上的工艺结构，如倒角、退刀槽、缩颈、凸肩等均省略不画。

②两个零件接触面处只画一条粗实线，不能将轮廓线再加粗。凡不接触的表面，不论间隙多小，在图上应画出间隙。

③在剖视图中，相互接触的两个零件其剖面线方向应相反或间隔不同。而同一个零件在各剖视图中，剖面线的倾斜方向和间隔应相同。

螺栓连接还可采用简化画法，螺栓倒角、六角头部曲线等均可省略不画（见图 7.16）。

(3)螺柱连接的画法

双头螺柱多用在被连接件之一较厚，不便使用螺栓连接的地方。这种连接是在机体上加工出螺孔，而另一端穿过被连接零件的通孔，放上垫圈后再拧紧螺母的一种连接方式，其连接画法如图 7.14 所示。δ_1 加工成通孔（一般为 $1.1d$），在 δ_2 中先加工一直径约为 $0.85d$ 的孔，孔深为 l_1+d，然后在孔内加工螺纹，螺孔深为 $l_1+0.5d$。l_1 为螺柱旋入端的长度，根据被旋入零件的材料不同，分为 4 种长度：当材料为钢时，l_1+d；当材料为铸铁时，$l_1=1.25d$ 或 $l_1=1.5d$；当材料为轻金属时，$l_1=2d$。连接时，将螺柱旋入端完全旋入 δ_2 的螺孔，然后装上 δ_1，套上垫圈，拧紧螺母。螺柱连接的比例画法，如图 7.14 所示。螺柱的计算公式为：

$$l=\delta_1+\text{垫圈厚度}+\text{螺母厚度}+(0.3\sim0.4)d$$

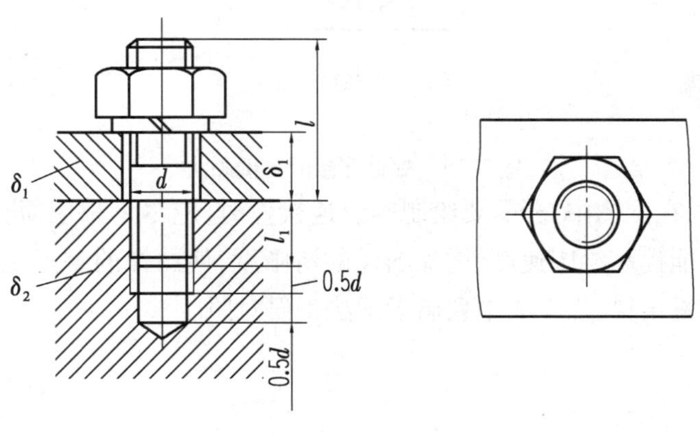

图 7.14　螺柱连接的比例画法

根据上式计算出螺柱长度后,再从螺柱标准中选取接近的标准值。

画图时,应注意以下几点:

①螺柱旋入端的螺纹终止线应与结合面平齐,以示拧紧。

②结合面以上部位的画法与螺栓连接一样。

(4)螺钉连接的画法

螺钉连接用在受力不大和不经常拆卸的地方。螺钉连接按其用途分为连接螺钉和紧定螺钉。紧定连接用于防止两个相配合零件产生相对运动。

螺钉连接是在较厚的机件上加工出螺孔,而另一被连接件上加工成通孔,用螺钉穿过通孔拧入螺孔,从而达到连接的目的,螺钉连接的比例画法如图 7.15 所示。

l_1 的长度与螺柱连接相同。螺钉的有效长度计算方法为:$L=\delta_1+l_1$;然后根据标准校正。

画图时,应注意以下几点:

①沉头螺钉以锥面作为螺钉的定位面。

②螺钉的螺纹终止线应高出螺孔端面或在螺杆全长上都有螺纹。

③在投影为圆的视图上,一字槽或十字槽投影应画成与中心线倾斜 45°。槽宽小于 2 mm 时,可涂黑表示。

④紧定螺钉是利用其端部起定位、固定作用。

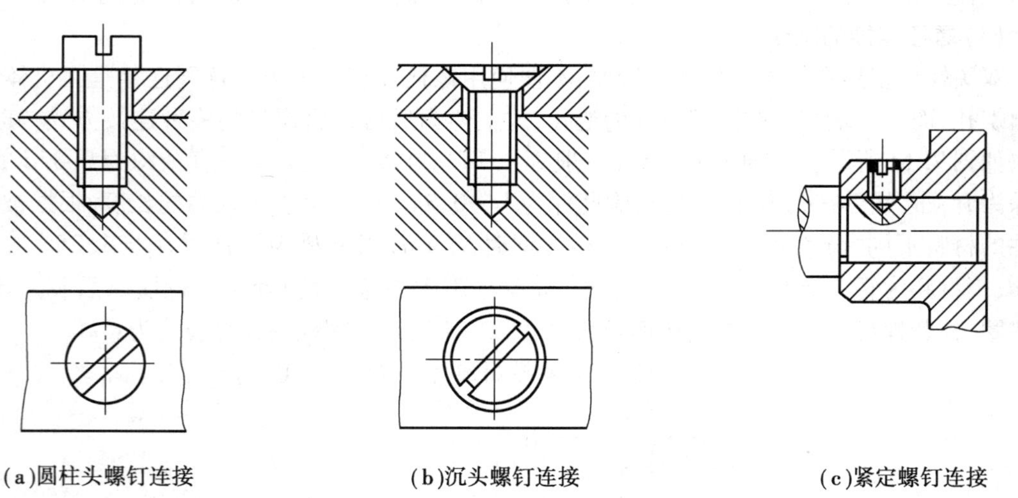

(a)圆柱头螺钉连接　　(b)沉头螺钉连接　　(c)紧定螺钉连接

图 7.15　螺钉连接的比例画法

如图 7.16 所示,在配图中,若需要绘制螺纹连接件时,应尽量采用简化画法,这样既可减少绘图的工作量,又能提高绘图速度,增加图样的清晰度,使图样的重点更加突出。螺纹连接的画法比较烦琐,容易出错,表 7.3 中列出了画法正误对照。

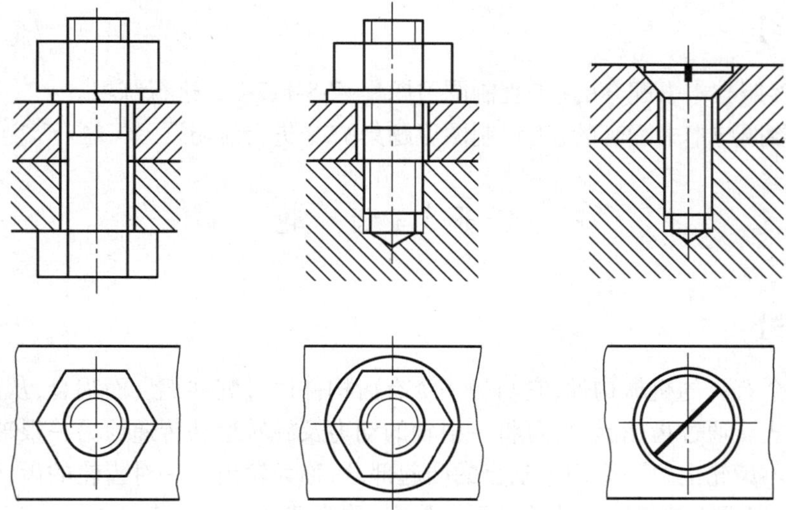

图 7.16　在装配图中螺纹紧固件的简化画法

表 7.3　螺纹连接件连接画法正误对照

名称	正确画法	错误画法	说　明
螺栓连接	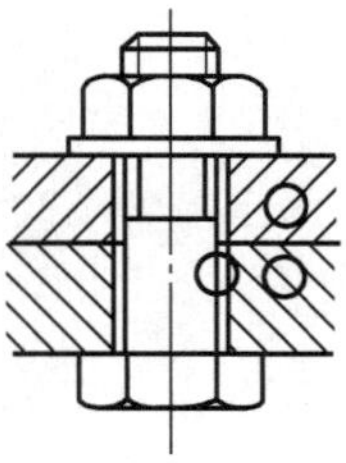	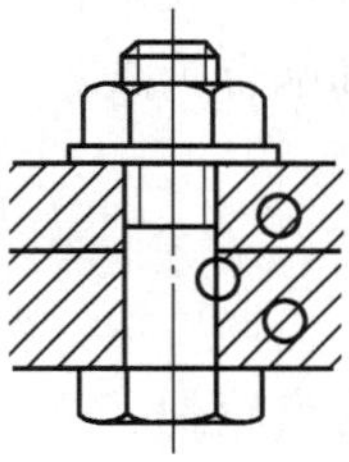	①两被连接件的剖面线应反向 ②螺栓与孔之间应画出间隙
螺柱连接	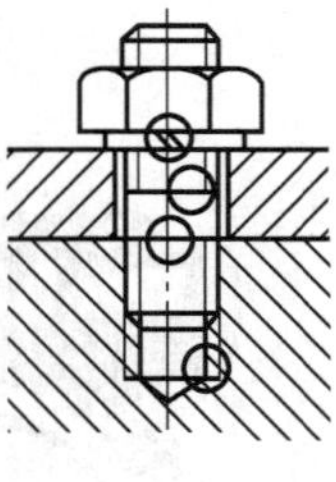	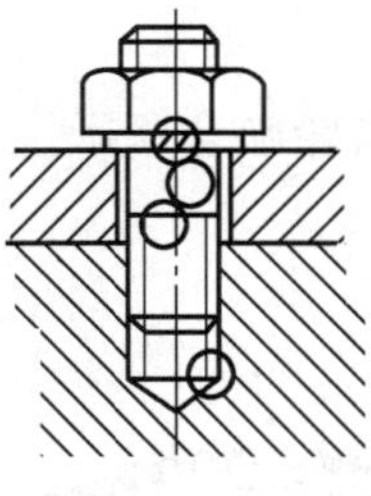	①弹簧垫圈开口方向应左倾斜 ②螺柱旋入端螺纹终止线与两被连接件接触面轮廓线平齐表示已拧紧 ③紧固端螺纹终止线不应漏线 ④螺纹孔底部的画法应符合加工实际
螺钉连接	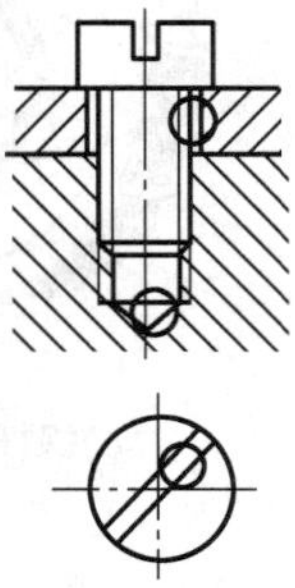	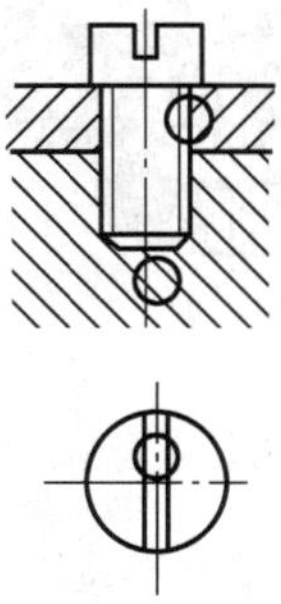	①螺钉与孔之间应画间隙 ②螺纹孔深应长于螺纹旋入的深度 ③螺钉头槽沟在俯视图中规定应画成与中心线倾斜 45°

【任务实施】

训练 1　参照与本书配套的《工程制图习题集》7-8-1、7-8-2 进行练习。

训练 2　参照与本书配套的《工程制图习题集》7-9 进行练习。

任务 3　齿　轮

【任务描述】

齿轮是一个有齿的机械构件，它与另一个有齿构件通过其共轭齿面啮合，从而传递运动或改变运动的形式。通过齿轮啮合，可将一根轴的动力及旋转运动传递给另一根轴，也可改变转速和旋转方向。齿轮上每一个用于啮合的凸起部分，称为轮齿。一对齿轮的齿，依次交替地接触，从而实现一定规律的相对运动的过程和形态，称为啮合。

【任务要求】

1. 了解齿轮的种类及用途。
2. 了解直齿轮轮齿各部分的名称、定义和尺寸关系。
3. 掌握直齿圆柱齿轮的画法、尺寸标注和啮合画法。

【知识准备】

(1)齿轮的基本知识

由两个啮合的齿轮组成的基本机构，称为齿轮副。

常用的齿轮副按两轴的相对位置不同，可分成以下 3 种：

1)平行轴齿轮副

两平行轴间的传动，如图 7.17(a)圆柱齿轮啮合所示。

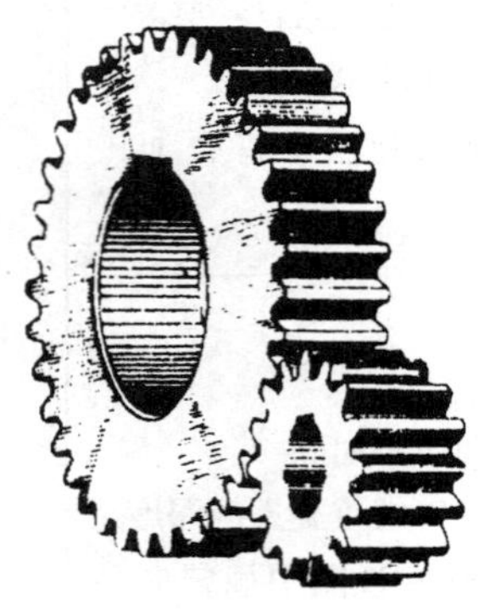

(a)圆柱齿轮啮合

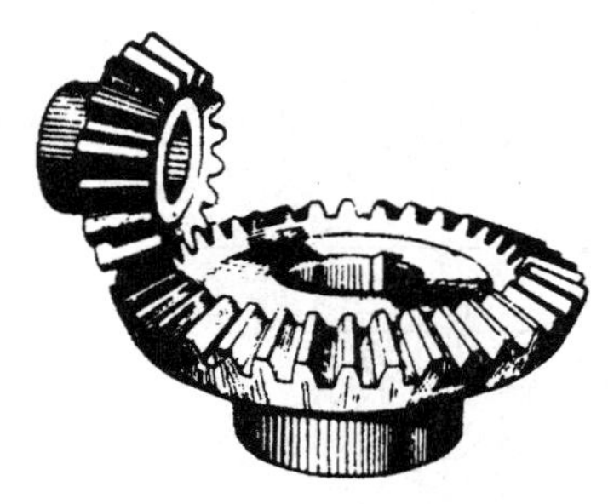

(b)锥齿轮啮合

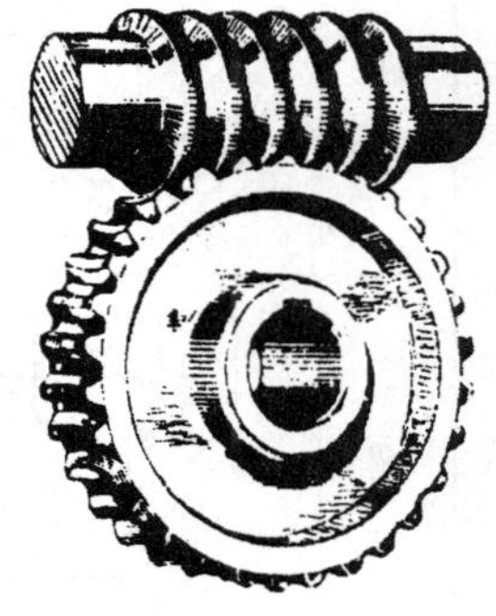

(c)蜗杆与蜗轮啮合

图 7.17　齿轮传动

2)相交轴齿轮副

两相交轴间的传动,如图7.17(b)锥齿轮啮合所示。

3)交错轴齿轮副

两交错轴间的传动,如图7.17(c)蜗杆与蜗轮啮合所示。

分度曲面为圆柱面的齿轮,称为圆柱齿轮。

圆柱齿轮的轮齿有直齿、斜齿、人字齿等,其中最常用的是直齿圆柱齿轮(简称直齿轮),如图7.18所示。齿轮轮齿最常用的齿形曲线是渐开线。

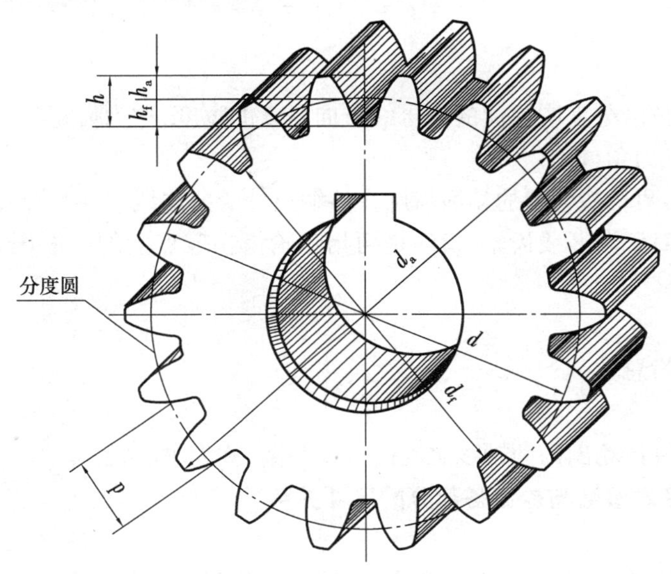

图7.18　直齿轮各部分名称及代号

(2)直齿轮轮齿各部分的名称及代号

1)齿顶圆 d_a

在圆柱齿轮上,齿顶圆柱面与端平面的交线,称为齿顶圆。

2)齿根圆 d_f

在圆柱齿轮上,齿根圆柱面与端平面的交线,称为齿根圆。

3)分度圆 d 和节圆 d'

圆柱齿轮的分度曲面与端平面的交线,称为分度圆;平行轴齿轮副中的圆柱齿轮的节曲面与端平面的交线,称为节圆。在一对标准齿轮中,两齿轮分度曲面相切。

4)齿顶高 h_a

齿顶圆与分度圆之间的径向距离,称为齿顶高。标准齿轮中,$h_a = m$。

5)齿根高 h_f

齿根圆与分度圆之间的径向距离,称为齿根高。标准齿轮中,$h_f = 1.25m$。

6)齿高 h

齿顶圆与齿根圆之间的径向距离,称为齿高。

7)齿距 p

两个相邻而同侧的端面齿廓之间的分度圆弧长,称为齿距。

8)槽宽 e

齿轮上两相邻轮齿之间的空间称为齿槽。在端平面上,一个齿槽的两侧齿廓之间的分度圆弧长,称为槽宽。

9)齿厚 s

在圆柱齿轮的端平面上,一个齿的两侧端面齿廓之间的分度圆弧长,称为齿厚。在标准齿轮中,槽宽与齿厚各为齿距的一半,即

$$s = e = \frac{p}{2}, p = s + e$$

10)齿宽 b

齿轮的有齿部位沿分度圆柱面的直母线方向量度的宽度,称为齿宽。

11)啮合角和压力角(α)

在一般情况下,两相啮轮齿的端面齿廓在接触点处的公法线,与两节圆的内公切线所夹的锐角,称为啮合角;对于渐开线齿轮,指的是两相啮轮齿在节点上的端面压力角。标准齿轮的啮合角 $\alpha = 20°$。

12)齿数 z

一个齿轮的轮齿总数。

13)中心距 a

平行轴或交错轴齿轮副的两轴线之间的最短距离,称为中心距。

(3)直齿轮的基本参数与轮齿各部分的尺寸关系

1)模数

齿轮上有多少齿,在分度圆周上就有多少齿距,即分度圆周总长为:

$$\pi d = zp \tag{7.1}$$

则分度圆直径

$$d = \left(\frac{p}{\pi}\right)z \tag{7.2}$$

齿距 p 除以圆周率 π 所得的商,称为齿轮的模数,用符号“m”表示,尺寸单位为 mm,即

$$m = \frac{p}{\pi} \tag{7.3}$$

将式(7.3)代入式(7.2),得:

$$d = mz \tag{7.4}$$

即

$$m = \frac{d}{z} \tag{7.5}$$

相互啮合的一对齿轮,其齿距 p 应相等;由于 $p = m\pi$,因此,它们的模数也应相等。当模数 m 发生变化时,齿高 h 和齿距 p 也随之变化,即模数 m 越大,轮齿就越大;模数 m 越小,轮齿就越小。由此可知,模数是表征齿轮轮齿大小的一个重要参数,是计算齿轮主要尺寸的一个基本依据。

为了简化和统一齿轮的轮齿规格,提高齿轮的互换性,便于齿轮的加工、修配,减少齿轮刀

具的规格品种，提高其系列化和标准化程度，国家标准对齿轮的模数作了统一规定，见表7.4。

表7.4 标准模数(摘自GB/T 1357—1987)

圆柱齿轮 m	第一系列	1、1.25、1.5、2、2.5、3、4、5、6、8、10、12、16、20、25、32、40
	第二系列	1.75、2.25、2.75、(3.25)、3.5、(3.75)、4.5、5、(6.5)、7、9、(11)、14、18、22

注：选用圆柱齿轮模数时，应优先选用第一系列，其次选用第二系列，括号内的模数尽可能不用。

2)模数与轮齿各部分的尺寸关系

齿轮的模数确定后，按照与 m 的比例关系，可算出轮齿部分的各基本尺寸，详见表7.5。

表7.5 模数与轮齿各部分的尺寸关系

名称及代号	计算公式	名称及代号	计算公式
模　数 m	$m=d/z$　并按表6.4取标准值	分度圆直径 d	$d=mz$
齿顶高 h_a	$h_a=m$	齿顶圆直径 d_a	$d_a=d+2h_a=m(z+2)$
齿根高 h_f	$h_f=1.25m$	齿根圆直径 d_f	$d_f=d-2h_f=m(z-2.5)$
齿高 h	$h=h_a+h_f=2.25m$	中心距 a	$a=\dfrac{d_1+d_2}{2}=\dfrac{m(z_1+z_2)}{2}$

(4)直齿圆柱齿轮的规定画法

1)单个齿轮的规定画法

图7.19为单个圆柱齿轮的规定画法。国家标准规定，齿顶圆和齿顶线用粗实线绘制；分度圆和分度线用细点画线绘制；齿根圆或齿根线用细实线绘制或省略不画。在剖视图中，当剖切平面通过齿轮的轴线时，轮齿一律按不剖处理，齿根线用粗实线绘制。对于斜齿或人字齿，在投影为非圆的视图中，可画成半剖视图或局部视图，在外形上画3条与齿线方向一致的细实线，如图7.19所示。

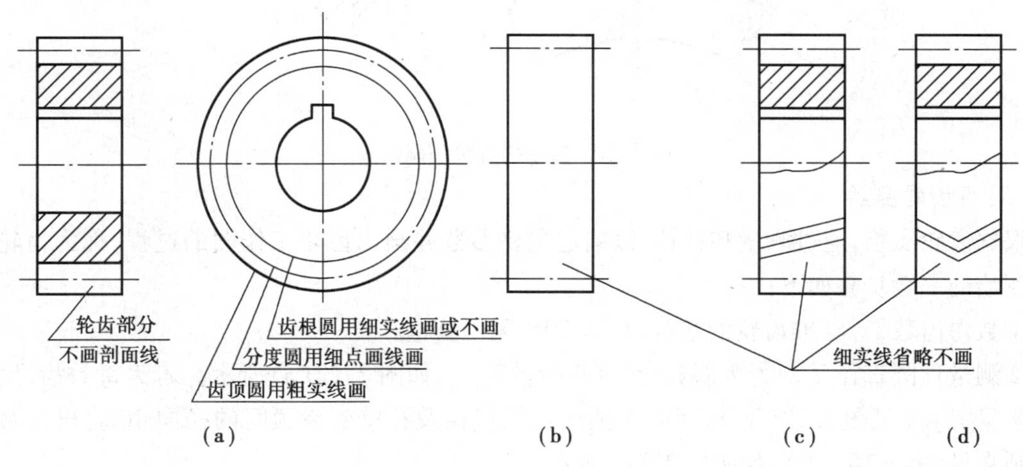

图7.19 单个齿轮的画法

2)齿轮啮合时的规定画法

在投影为圆的视图中,啮合区的节圆相切,齿顶圆均用粗实线绘制,也可省略不画。在通过轴线的剖视图中,啮合区内,一个轮齿用粗实线绘制,另一个轮齿被遮挡的部分用虚线绘制(也可省略不画),其余部分仍按单个齿轮的规定画法绘制,如图 7.20 所示。若不作剖视,则啮合区内的齿顶线不必画出,此时分度线用粗实线绘制,如图 7.20(d)所示。需注意的是,齿顶与齿根之间有 0.25m 的间隙,在剖视图中,应按图 7.21 所示的形式画出。

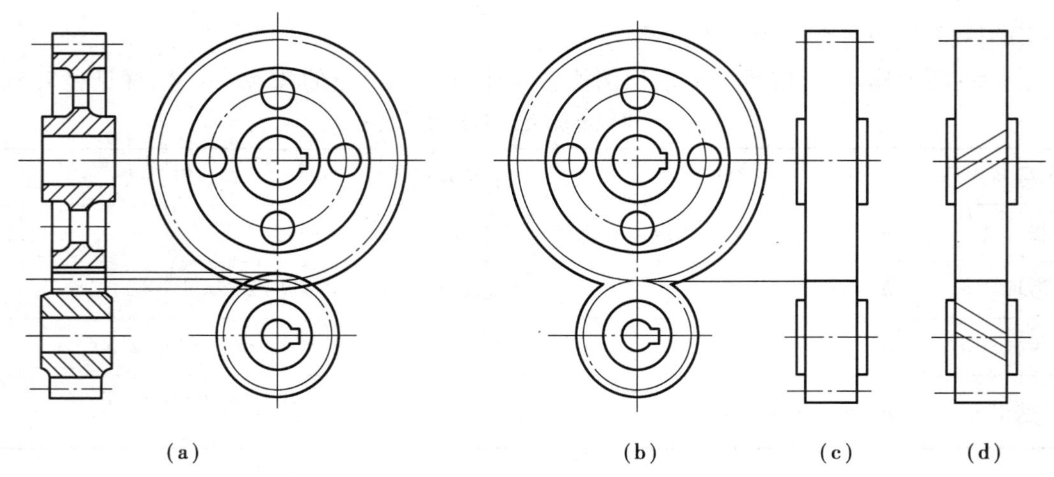

图 7.20　齿轮啮合的画法

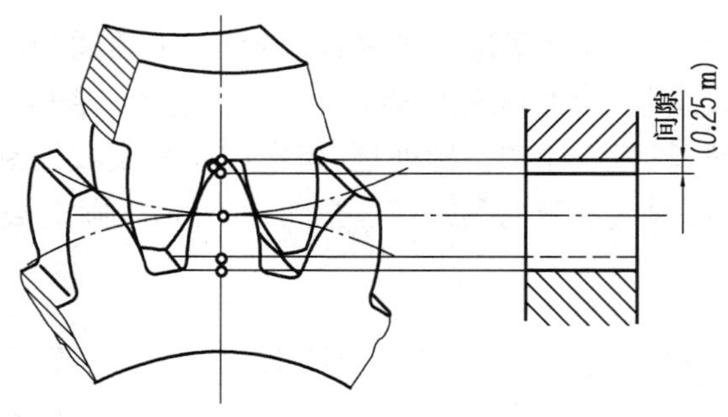

图 7.21　齿轮啮合区的画法

(5)直齿轮测绘

根据齿轮实物,通过测量和计算,以确定主要参数并画出齿轮工作图的过程,称为齿轮测绘。测绘的一般步骤如下:

①数得齿数 z。标准齿轮的啮合角 $\alpha=20°$,无须测量。

②测量顶圆直径 d_a。若为偶数齿,可直接量得 d_a,如图 7.22(a)所示。若为奇数齿,则不能直接量得 d_a(见图 7.22(b)),而应先测出孔的直径及孔壁到齿顶间的径向距离,再计算得到顶圆直径($d_a=2H=D$),如图 7.22(c)所示。

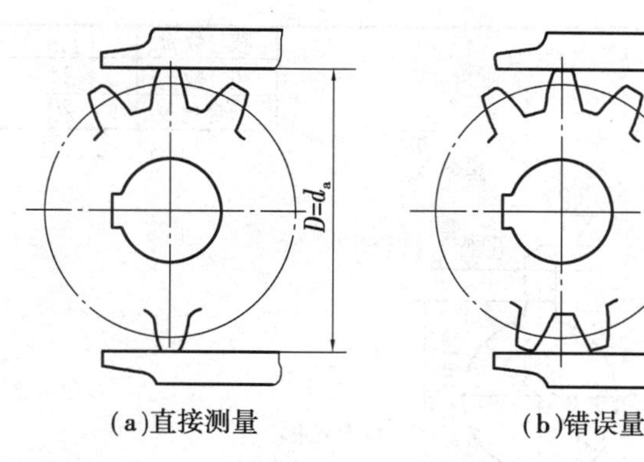

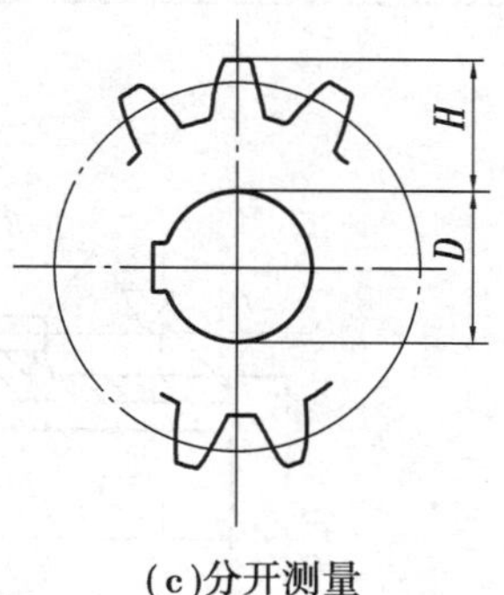

(a)直接测量　　(b)错误量法　　(c)分开测量

图 7.22　奇数齿轮的测量方法

③计算并取标准模数 m。可按 d_a 的公式导出，即 $m=\dfrac{d_a}{z+2}$，即可计算出模数。然后，与表 7.4 核对，取相近的标准模数。

④根据标准模数，再计算出轮齿的各基本尺寸。齿轮的其他尺寸，按实际测量获得。

⑤绘制齿轮零件图。

【任务实施】

训练 1　某直齿圆柱齿轮，齿数 $z=34$，通过测量 $d_a=53$ mm，试绘制齿轮零件图。

(1)计算并取标准模数 m

$$m=\frac{d_a}{z+2}=\frac{53}{34+2}\text{ mm}=1.47\text{ mm}$$

与表 7.4 核对，和 1.47 最接近的标准模数为 1.5 mm，故取 $m=1.5$ mm。

(2)轮齿各部分的尺寸计算

$$h_a=m=1.5\text{ mm}$$

$$h_f=1.25m=1.25\times1.5\text{ mm}=1.875\text{ mm}$$

$$h=h_a+h_f=(1.5+1.875)\text{mm}=3.375\text{ mm}$$

$$d=mz=1.5\times34\text{ mm}=51\text{ mm}$$

$$h_a=m(z+2)=[1.5\times(34+2)]\text{mm}=54\text{ mm}$$

$$h_f=m(z-2.5)=[1.5\times(34-2.5)]\text{mm}=47.25\text{ mm}$$

(3)测量和确定齿轮其他部分的尺寸

如齿轮宽度($b=13$ mm)，轮孔尺寸($\phi28$ mm)，键槽尺寸(宽 6 mm，槽顶至孔底 30.6 mm)，轮毂直径($\phi40$ mm)，齿轮总长(35 mm)等。

(4)绘制齿轮零件图(见图 7.23)。

训练 2　参照与本书配套的《工程制图习题集》7-12 进行练习。

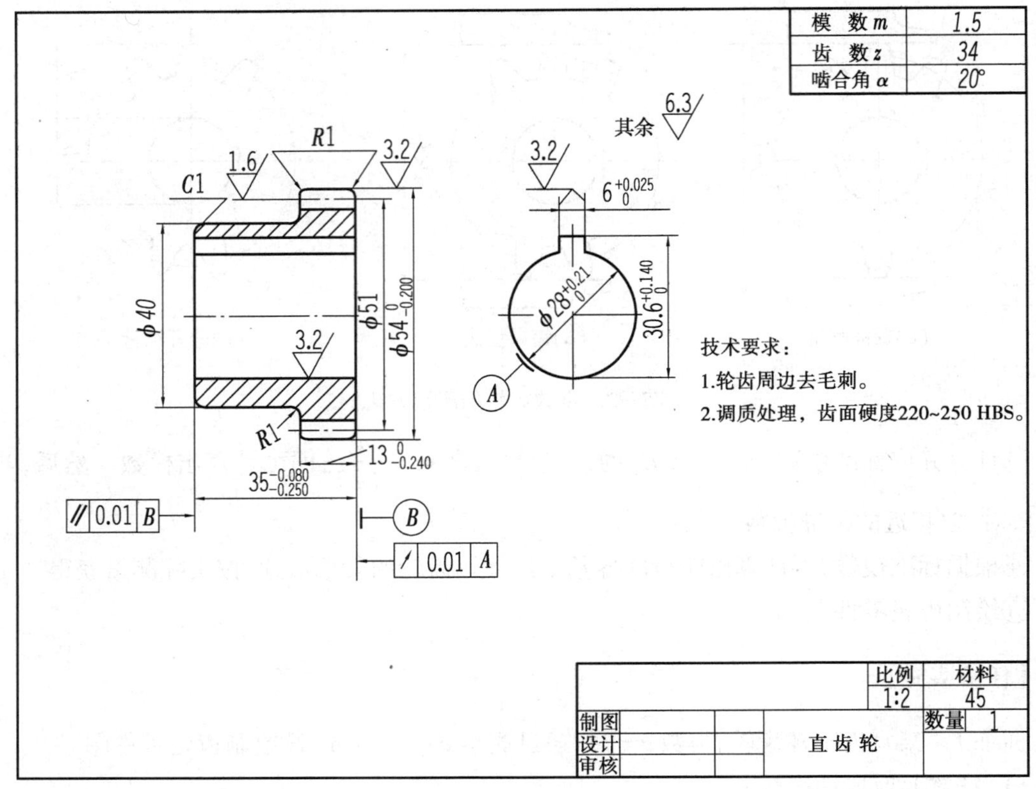

图 7.23　齿轮零件图

任务 4　键、销连接

【任务描述】

键主要用于轴和轴上零件之间的连接，以传递扭矩和运动，销主要用于零件之间的定位。

【任务要求】

1. 了解键的作用、形式和普通平键的标记。
2. 掌握键连接和销连接的画法。

【知识准备】

(1) 键连接

为了使齿轮、带轮等零件和轴一起转动，通常在轮孔和轴上分别加工出键槽，用键将轮和轴连接起来进行传动，如图 7.24 所示。

键连接有多种形式，各有其特点和适用场合。平键连接制造简单，装拆方便，轮与轴的同心度较好，应用最为广泛。普通平键有圆头（A 型）、平头（B 型）和单圆头（C 型）3 种形式，其形状如图 7.25 所示。

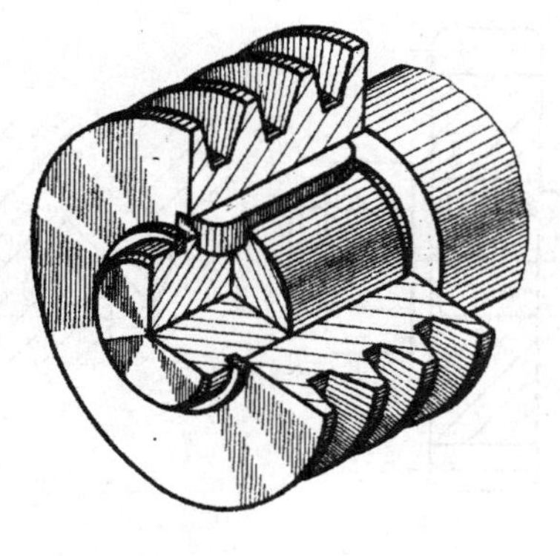

图 7.24　键连接

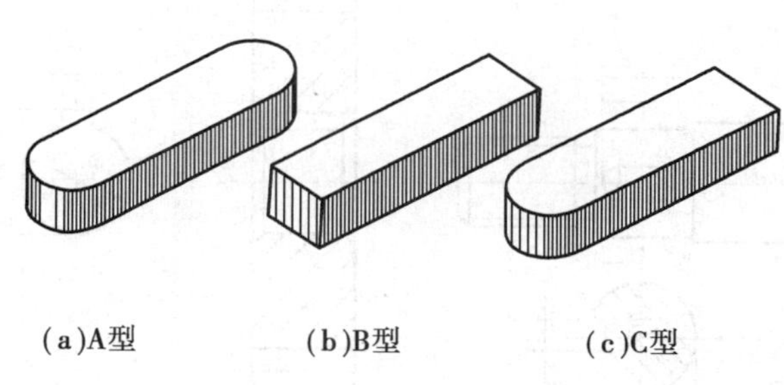

(a)A型　(b)B型　(c)C型

图 7.25　普通平键的形式

普通平键是标准件。选择平键时，先根据轴径 d 从标准中查取键的截面尺寸 $b \times h$，然后按轮毂宽度 B 选定键长 L，一般 $L = B - (5 \sim 10)$ mm，并取 L 为标准值。键和键槽的形式、尺寸，参见附录。

键的标记格式为：

名称　形式　键宽 × 键长　标准编号

A 型普通平键(A 型普通平键不注“A”)，键宽 $b = 18$ mm，键高 $h = 11$ mm，键长 $L = 100$ mm，键的标记为：

键　18 × 100　GB/T 1096

(2)销连接

销是标准件，主要用于零件间的连接或定位。销的类型较多，但最常见的两种基本类型是圆柱销和圆锥销，如图 7.26 所示。

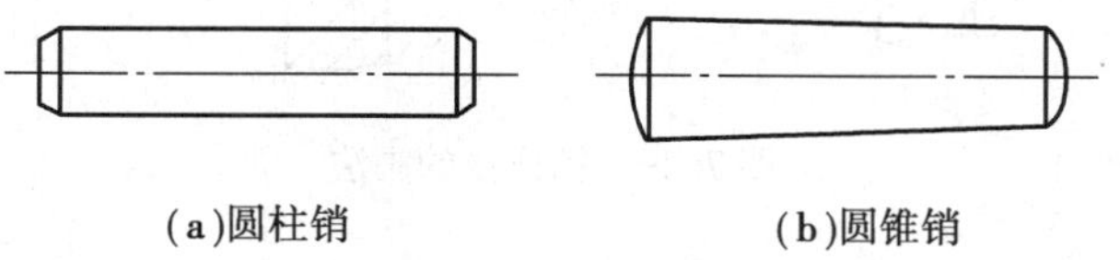

(a)圆柱销　(b)圆锥销

图 7.26　销的基本类型

销的标记格式为：

名称　标准编号　形式　公称直径 × 长度

根据销的标记，即可查出销的形式和尺寸，详见书后附表。需注意的是，圆锥销的公称直径是指小端直径。

【任务实施】

1. 键连接的作图训练

训练 1　图 7.27 表示在零件图中，键槽的一般表示法和尺寸注法。图 7.28 表示键连接的画法。在键连接的画法中应注意以下几点：

①键与槽在顶面不接触，应画出间隙。

②键的倒角省略不画。

③沿键的纵向剖切时，键按不剖处理；横向剖切时，要画剖画线。

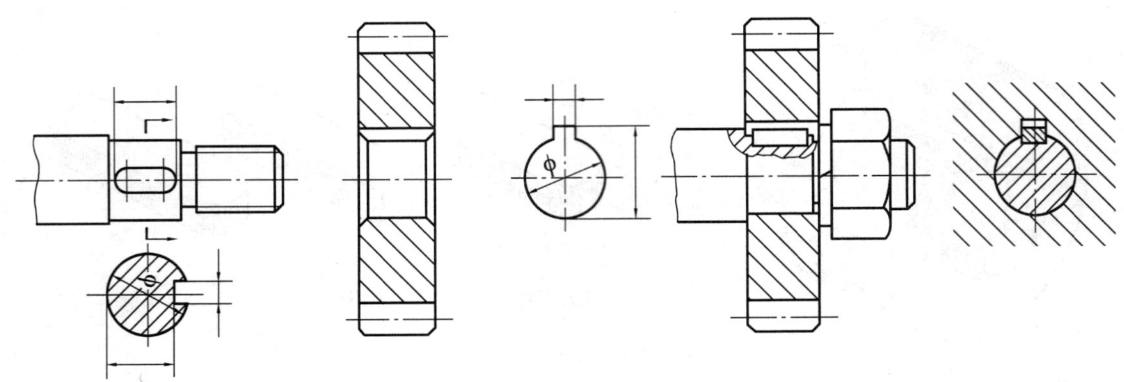

图 7.27　键槽的表示法和尺寸标注　　图 7.28　键连接的画法

2. 销连接的作图训练

训练 1　图 7.29 表示销连接的画法。在销连接的画法中应注意以下几点：

①当剖切平面沿销的轴线剖切时，销按不剖处理；垂直销的轴线剖切时，要画剖面线。

②销的倒角也可省略不画。

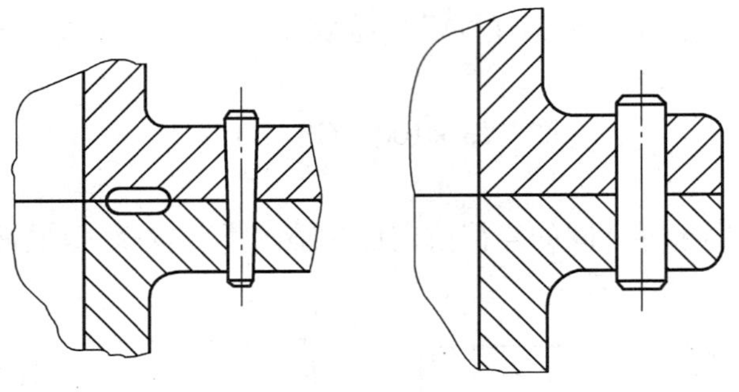

图 7.29　销连接的画法

任务 5　滚动轴承

【任务描述】

滚动轴承是支承轴并承受轴上载荷的标准组件。由于其结构紧凑、摩擦力小，因此得以广泛使用。滚动轴承一般由内圈、滚动体、保持架、外圈 4 个部分组成，如图 7.30 所示。

【任务要求】

1. 了解滚动轴承的种类及用途。
2. 掌握滚动轴承的基本代号及规定画法。

【知识准备】

滚动轴承的基本代号代表轴承的基本类型、结构和尺寸，是滚动轴承代号的基础。基本代号的组成方式如下：

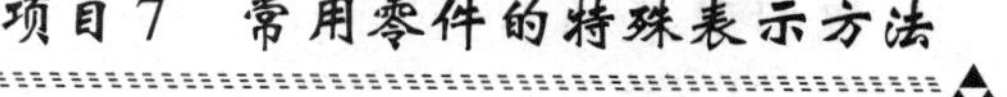

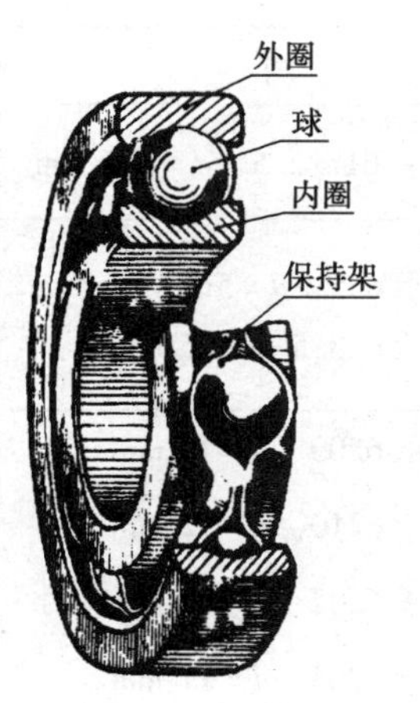

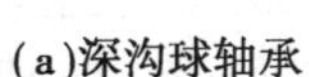
(a)深沟球轴承

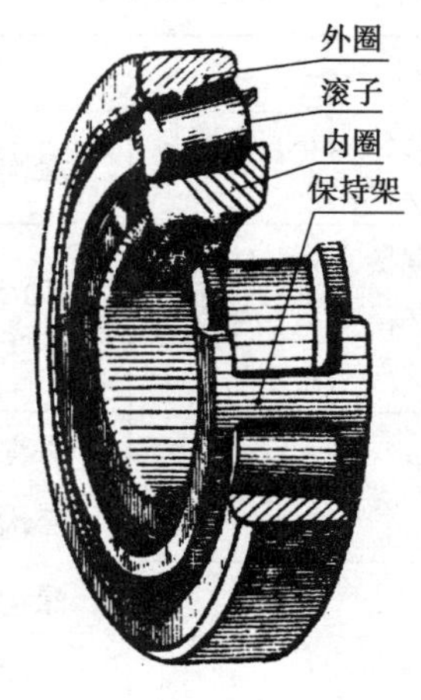

(b)圆锥滚子轴承

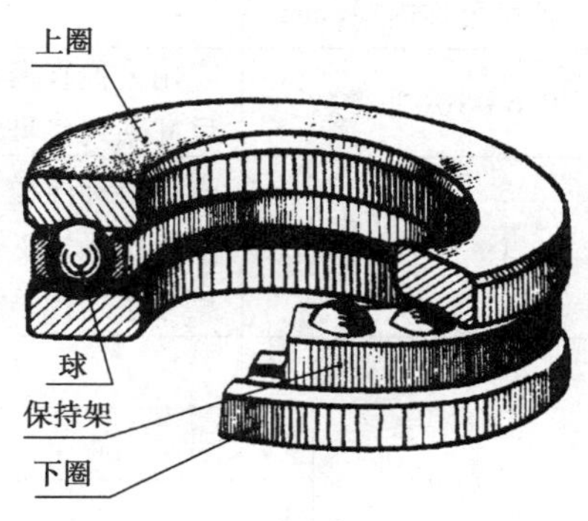

(c)推力球轴承

图 7.30　滚动轴承的结构及类型

轴承类型代号　尺寸系列代号　内径代号

1)轴承类型代号

滚动轴承类型代号用数字或字母来表示,见表 7.6。

表 7.6　滚动轴承类型代号(摘自 GB/T 272—1993)

代号	0	1	2	3	4	5	6	7	8	N	U	QJ
轴承代号	双列角接触球轴承	调心球轴承	调心滚子动轴承和推力调心滚子轴承	圆锥滚子轴承	双列深沟球轴承	推力球轴承	深沟球轴承	角接触球轴承	推力圆柱滚子轴承	圆柱滚子轴承	外球面球轴承	四点接触球轴承

2)尺寸系列代号

尺寸系列代号包括滚动轴承的宽(高)度系列代号和直径系列代号两部分,用两位阿拉伯数字来表示。它的主要作用是区别内径相同,而宽度和外径不同的滚动轴承。具体代号需查阅相关的国家标准。

3)内径代号

内径代号表示滚动轴承的公称直径,一般用两位阿拉伯数字表示。其表示方法见表 7.7。

表 7.7　滚动轴承内径代号(摘自 GB/T 272—1993)

轴承公称内径/mm		内径代号	示　例
0.6～10(非整数)		用公称直径毫米数直接表示,在其与尺寸系列代号之间用“/”分开	深沟球轴承 618/2.5　d=2.5 mm
1～9(整数)		用公称内径毫米数直接表示,对深沟及角接触轴承 7、8、9 直径系列,内径与尺寸系列代号之间用“/”分开	深沟球轴承 625　d=5mm 深沟球轴承 618/5　d=5 mm
10～17	10	00	深沟球轴承 6200　d=10 mm
	12	01	深沟球轴承 6210　d=12 mm
	15	02	深沟球轴承 6202　d=15 mm
	17	03	深沟球轴承 6203　d=17 mm
20～480 (除 22、28、32 外)		公称内径除以 5 的商数,商数为个位数,需要在商数左边加“0”,如 08	圆锥滚子轴承 30308　d=40 mm 深沟球轴承 6215　d=75 mm
≥500 以及 22、28、32		用公称内径毫米直接表示,但在与尺寸系列之间用“/”分开	深沟球轴承 230/500　d=500 mm 深沟球轴承 62/22　d=22 mm

滚动轴承的基本代号举例:

①6212:可分为6　2　12 3 个部分。

6——轴承类型代号:深沟球轴承。

2——尺寸系列代号(02):宽度系列代号 0 省略,直径系列代号为 2。

12——内径代号:$d=12\times5=60$ mm。

②62/22:可分为6　2　/　22 3 个部分。

6——轴承类型代号:深沟球轴承。

2——尺寸系列代号(02):宽度系列代号 0 省略,直径系列代号为 2。

22——内径代号:$d=22$ mm。

③30310:可分为3　03　10 3 个部分。

3——轴承类型代号:圆锥球轴承。

03——尺寸系列代号:宽度系列代号 0 省略,直径系列代号为 3。

10——内径代号:$d=10\times5=50$ mm。

【任务实施】

当需要在图样上表示滚动轴承时,可采用简化画法(即通用画法和特征画法)或规定画法。

训练 1　简化画法。

(1)通用画法

在剖视图中,当不需要确切地表示滚动轴承的外形轮廓、载荷特征、结构特征时,可用矩形线框及位于线框中央正立的十字形符号表示滚动轴承。

(2)特征画法

在剖视图中,如需较形象地表示滚动轴承的结构特征时,可采用在矩形线框内画出其结构要素符号表示滚动轴承。

通用画法和特征画法应绘制在轴的两侧。矩形线框、符号和轮廓线均用粗实线绘制。

表7.8 滚动轴承的画法(GB/T 4459.7—1998)

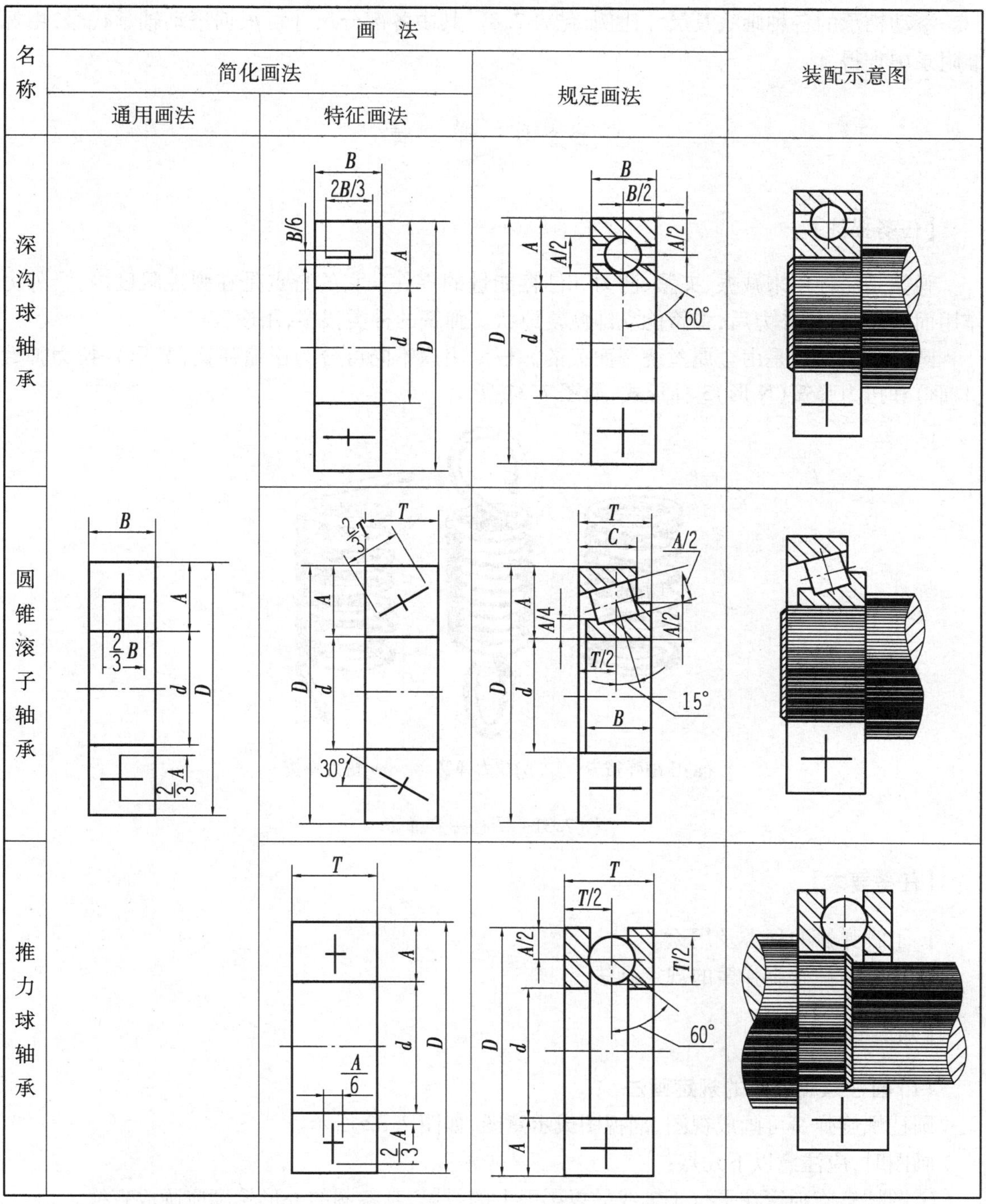

名称	画法			装配示意图
	简化画法		规定画法	
	通用画法	特征画法		
深沟球轴承				
圆锥滚子轴承				
推力球轴承				

训练2　规定画法。

必要时，在滚动轴承的产品图样、产品样本和产品标准中，采用规定画法表示滚动轴承。采用规定画法绘制滚动轴承的剖视图时，轴承的滚动体不画剖面线，其内外圈可画成方向和间隔相同的剖面线；在不致引起误解时，也允许省略不画。滚动轴承的倒角省略不画。

规定画法一般绘制在轴的一侧，另一侧按通用画法绘制。

滚动轴承的各种画法及尺寸比例，见表7.8。其中各部分尺寸可根据滚动轴承代号，由标准附录中查得。

任务6　弹　簧

【任务描述】

弹簧是一种用来减振、夹紧、测力和储存能量的零件。它的特点是在弹性限度内，受外力作用而变形，去掉外力后，弹簧能立即恢复原状。弹簧的种类很多，用途较广。

圆柱螺旋弹簧是由金属丝绕制而成的。根据用途不同可分为压缩弹簧（Y形）、拉力弹簧（L形）和扭力弹簧（N形）3种形式，如图7.31所示。

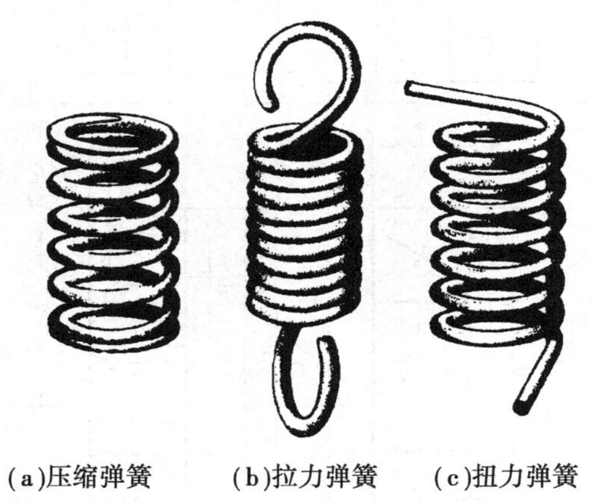

(a)压缩弹簧　(b)拉力弹簧　(c)扭力弹簧

图7.31　圆柱螺旋弹簧

【任务要求】

1. 了解弹簧的种类及用途。
2. 了解圆柱螺旋弹簧的规定画法。

【知识准备】

(1)圆柱螺旋弹簧的规定画法

圆柱螺旋弹簧可画成视图、剖视图或示意图，如图7.32所示。

画图时，应注意以下几点：

①圆柱螺旋弹簧在平行于轴线的投影面上的投影，其各圈的外形轮廓应画成直线。

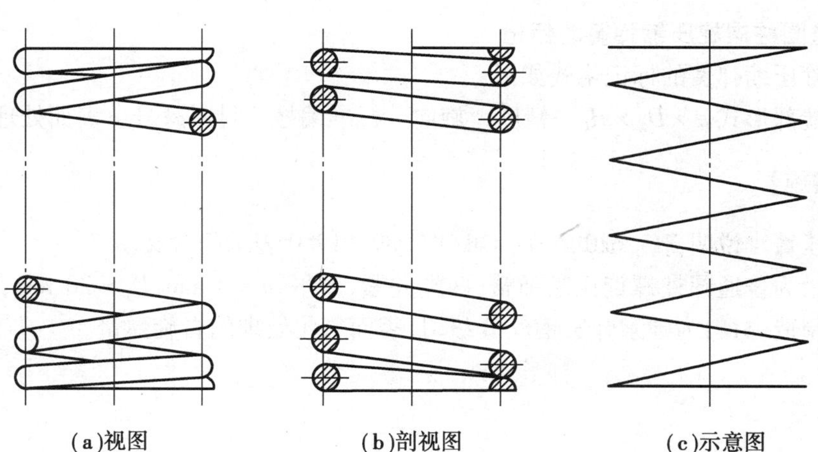

图7.32 圆柱螺旋弹簧的画法

②有效圈数在4圈以上的螺旋弹簧,允许每端只画2圈(不包括支承圈),中间各圈可省略不画,只画通过簧丝断面中心的两条细点画线。当中间部分省略后,也可适当地缩短图形的长(高)度,如图7.32(a)、(b)所示。

③在装配图中,弹簧中间各圈采取省略画法后,弹簧后面被挡住的零件轮廓不必画出,如图7.33(a)所示。

④当簧丝直径在图上小于或等于2 mm时,可采用示意画法,如图7.33(c)所示;如果是断面,可涂黑表示,如图7.33(b)所示。

⑤右旋弹簧或旋向不作规定的螺旋弹簧,在图上画成右旋。左旋弹簧允许画成右旋,但左旋弹簧不论画成左旋或右旋,一律要加注"LH"。

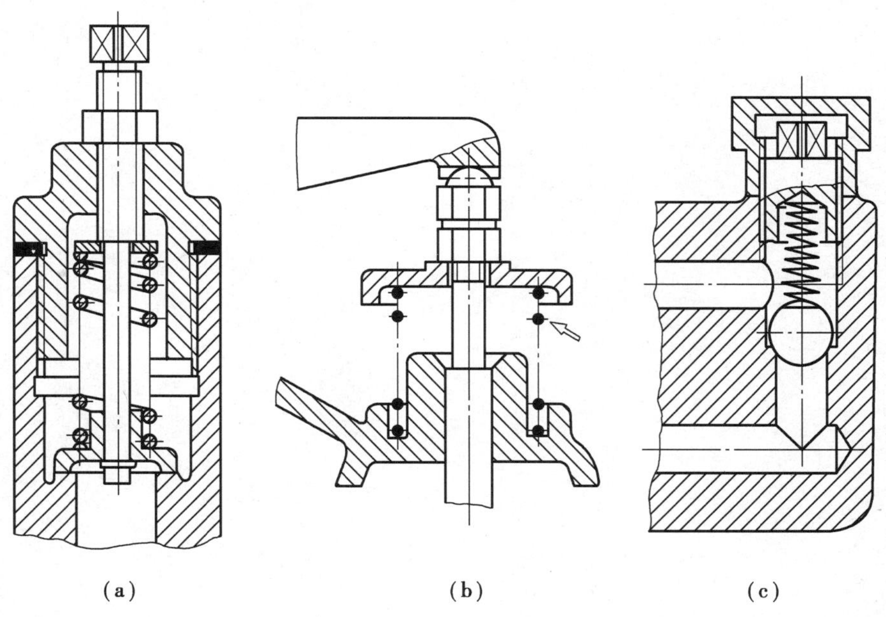

图7.33 弹簧在装配图中的画法

(2)普通圆柱螺旋压缩弹簧的标记

圆柱螺旋压缩弹簧的标记格式如下：

名称　端部形式 $d \times D_2 \times H_0$—精度　旋向　标准编号　材料牌号—表面处理

【任务实施】

训练　压簧　说明 YI3 ×20 ×80　GB/T 2089—1980 表示的含义。

此例所示为普通圆柱螺旋压缩弹簧,两端并紧、磨平,$d = 3$ mm,$D_2 = 20$ mm,$H_0 = 80$ mm,按 3 级精度制造,材料为碳素弹簧钢丝 B 级,且表面氧化处理的右旋弹簧。

项目 8　零件图

【项目描述】

任何机器设备都是由若干零件按照一定的工作原理、装配关系和技术要求组装而成的。制造机器时,先按零件图要求制造出全部零件,再按装配图的要求将零件装配成机器或部件。本项目主要通过学习零件图的有关知识及进行识读与绘制零件图的训练,使学生了解零件图的主要内容及作用,能合理地选择主视图并确定表达方案,能按照国家标准规定正确绘制零件图,能识别常见的零件工艺结构,能识别和注写尺寸与技术要求等,并具备零件测绘的基本技能。

【学习目标】

通过本项目的学习,要求掌握以下基本知识:

1. 了解零件图的内容及作用。
2. 理解并掌握零件主视图的选取原则,并能合理地选择主视图并确定表达方案。
3. 掌握零件标注的基本原则和标注方法。
4. 掌握表面粗糙度符号、代号及其标注方法。
5. 理解公差与配合的概念,掌握尺寸公差与配合的识读及在图样上的标注。
6. 掌握零件测绘、识读零件图的方法和步骤。

【技能目标】

1. 能正确、合理地选择基准,标注中等难度零件的尺寸。
2. 能按照国家标准规定正确绘制零件图,并识读中等难度的零件图。
3. 能识别常见的零件工艺结构。
4. 能识别和注写零件图的尺寸与技术要求。
5. 能具备一般零件的测绘技能,并绘制出零件草图。

任务 1　零件图的认知

【任务描述】

机器或部件由零件装配而成,如供油系统部件齿轮泵。制造机器或部件必须先依照零件图制造零件。零件图是指导零件生产的重要技术文件之一,是零件制造和检验的依据。

【任务要求】

1. 了解零件图的作用。
2. 了解一张完整的零件图应包含的主要内容。

【知识准备】

(1)零件图的作用

表达零件结构形状、尺寸大小、加工和检验时需要满足技术要求的图样,称为零件图。如图 8.1 所示的齿轮泵,由泵体、泵盖、齿轮轴、从动齿轮、从动轴、压盖、螺母等零件和一些标准件组成。零件图是生产中进行加工制造与检查零件质量的主要依据,是反映设计意图,进行技术交流的重要技术文件。

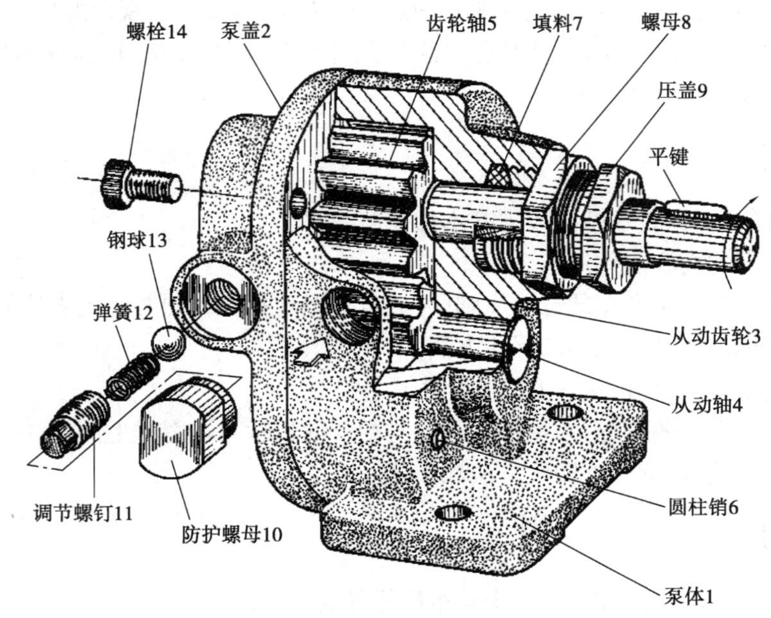

图 8.1 齿轮泵轴测图

(2)零件图的内容

图 8.2 是齿轮泵中齿轮轴的零件图。从图中可知,一张完整的零件图,应包括以下几个方面的内容:

1)一组图形

用视图、剖视图、断面图及其他方法,正确、完整、清晰地表达零件的内、外结构形状。

2)完整的尺寸

正确、完整、清晰、合理地标注出零件在制造和检验时所需的全部尺寸。

3)技术要求

用规定的代号或文字,注出零件在制造、检验和装配时应达到的要求,如表面粗糙度、尺寸公差、形状和位置公差、热处理等。

4)标题栏

说明零件的名称、件数、材料、比例、图号、制图及校核人的姓名、日期等。

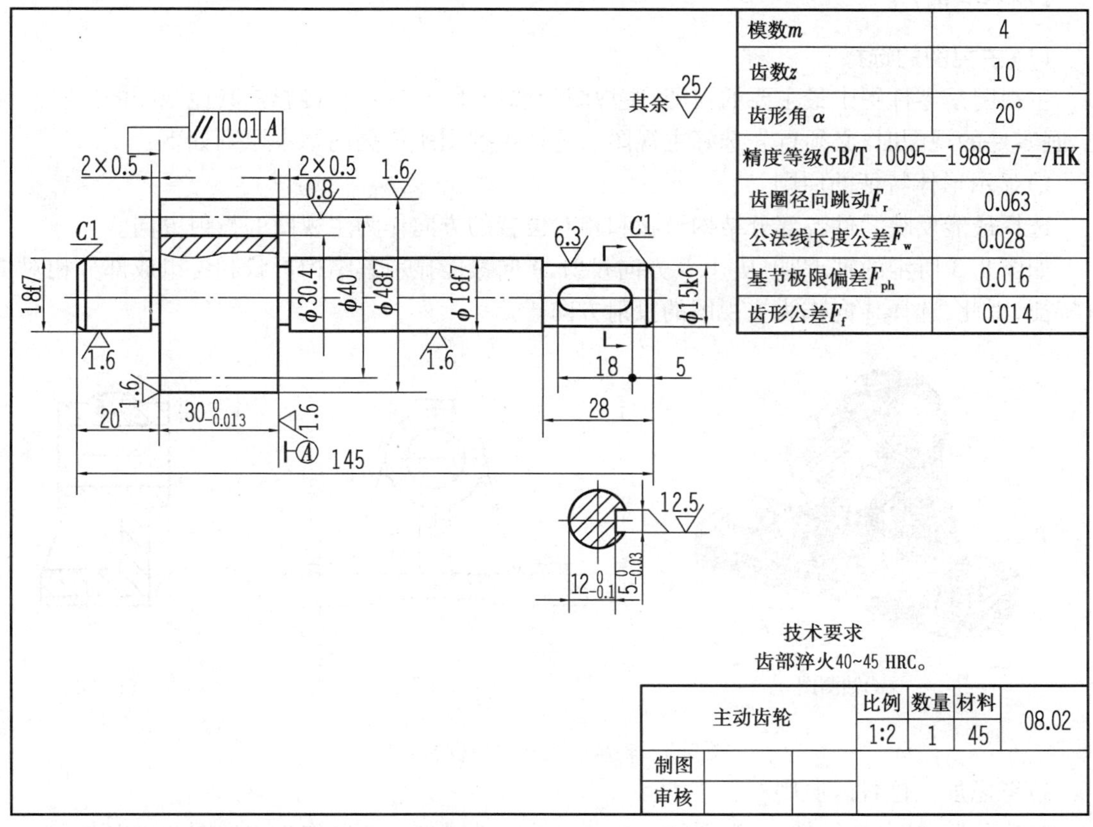

图8.2 齿轮轴的零件图

【任务实施】

训练 思考一张完整的零件图应包括哪些内容,有何要求。

任务2 零件图视图与表达方案的选择

【任务描述】

零件图视图选择的基本要求是:能完整、清晰地表达出零件的结构形状,并力求制图简便,易于看懂。由于组成机器的各个零件所起的作用不同,因此,它们的结构形状也不相同,在视图的表达上应根据具体情况进行分析,只有确定合理的表达方案,才能画好零件图。

【任务要求】

1. 理解并掌握零件主视图的选取原则。
2. 能合理地选择主视图并确定表达方案。

3. 掌握四类典型零件的表达方案。

【知识准备】

(1)主视图的选择

主视图是零件图中最主要的视图,主视图的选择适当与否,直接影响其他视图的选择。因此,画零件的视图时,必须首先选好主视图。选择主视图所依据的基本原则如下:

1)显示形体特征的原则

选择最能反映零件各部分结构形状和相对位置的方向作为主视图的投射方向。

如图 8.3 所示的轴承座,从 A、B 方向投射,A 向最能显示其结构形状和各组成部分相对位置特征,因此,选择 A 向作为主视图的投射方向。

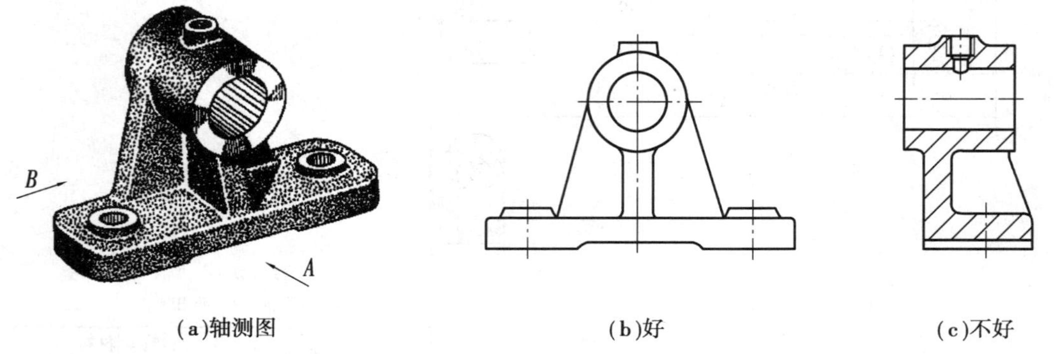

(a)轴测图　　(b)好　　(c)不好

图 8.3　轴承座主视图的投射方向

2)考虑加工位置的原则

对轴套类、轮盘类零件,主视图常常按制造该零件时加工位置作为主视图的投射方向。这样,便于加工时看图。如图 8.4 所示的轴的加工,以它在车床上的加工位置作为主视图是合适的。

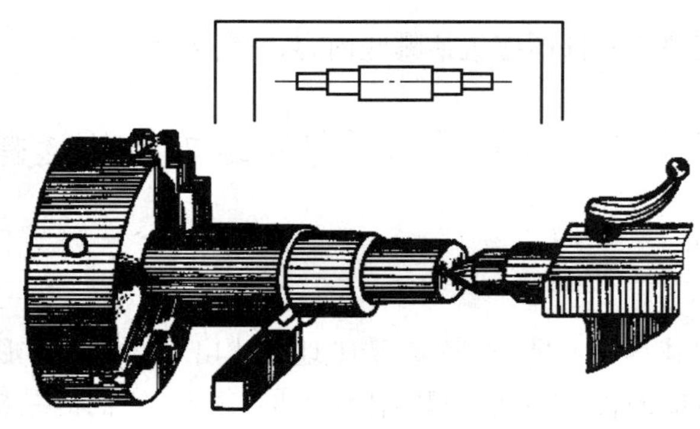

图 8.4　轴在车床上的加工位置

图 8.5 为车床尾座上的端盖,其外圆内孔和侧表面是在车床上加工的。因此,应把轴线水平放置时的加工位置,作为主视图的方向。

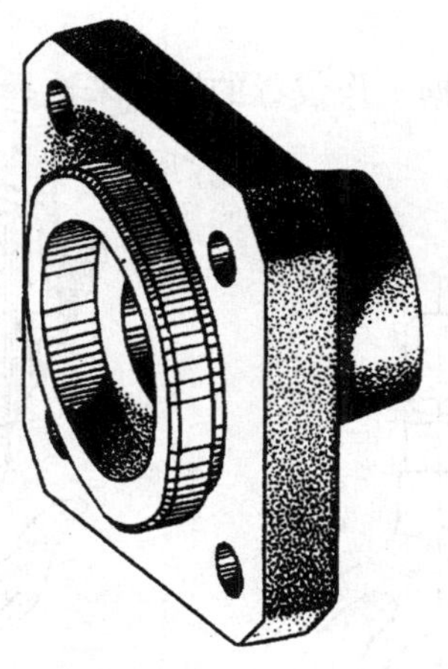

(a)端盖轴测图

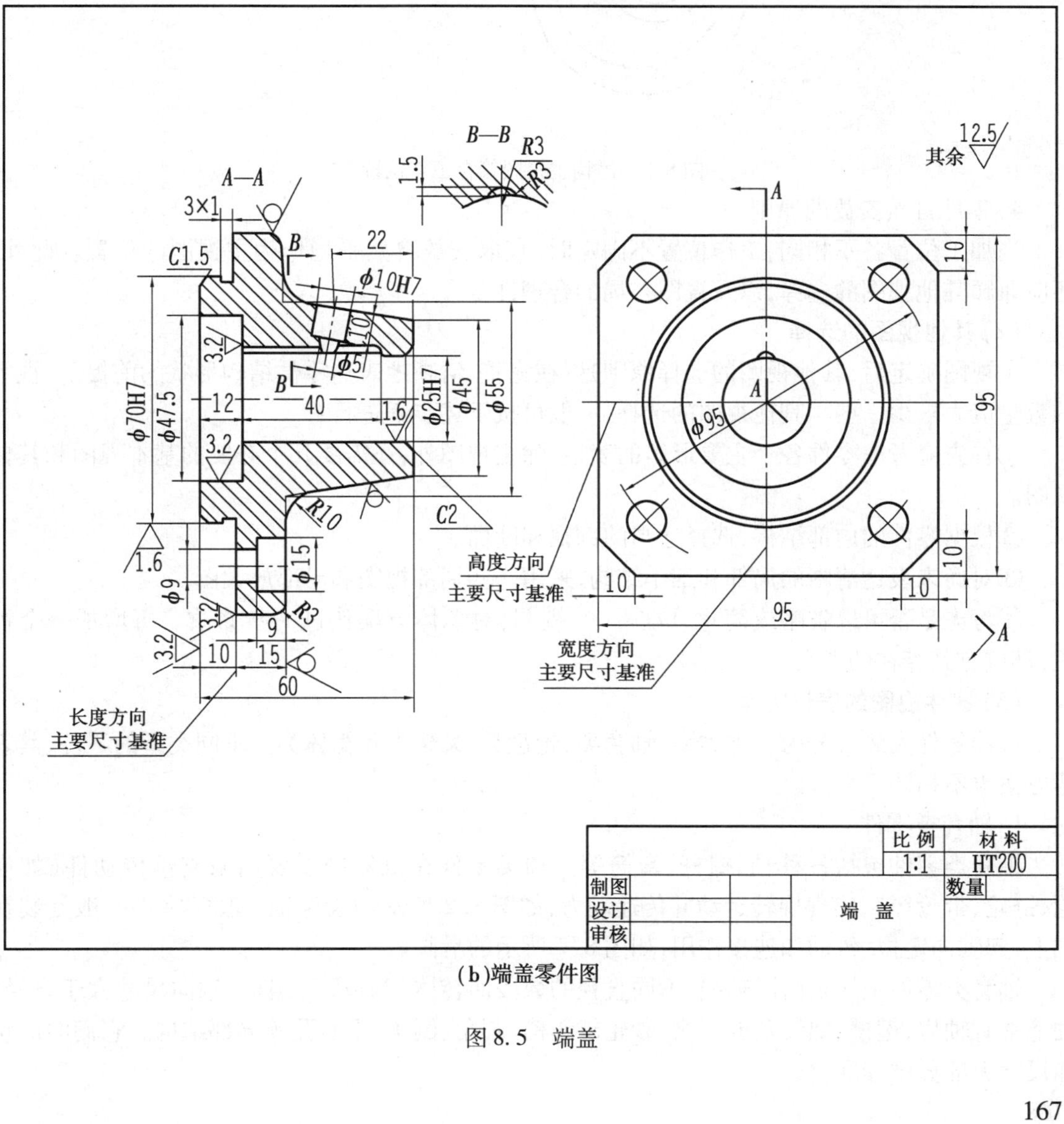

				比例	材料
				1:1	HT200
制图			端　盖	数量	
设计					
审核					

(b)端盖零件图

图 8.5　端盖

3)考虑工作位置的原则

对支架类、箱体类零件,一般根据工作位置的原则来选择主视图,如图8.6所示的吊钩。

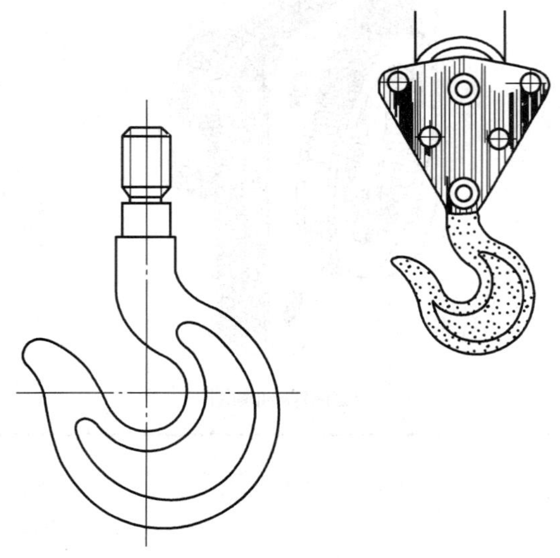

图8.6 吊钩主视图符合工作位置

4)零件自然安放的原则

当加工位置各不相同,工作位置不固定时,宜取安放自然平稳作为主视图的位置。此外,还应兼顾其他视图的选择,以及视图布局的合理性。

(2)其他视图的选择

主视图确定后,其他视图的选择原则是:在完整、清晰地表达零件结构形状的前提下,视图的数量应力求少一些。其他视图的选择,一般可按下述步骤进行:

①首先应考虑零件各个主要形体的表达,除主视图外,还需要几个必要的基本视图和其他视图。

②根据零件的内部结构,选择适当的剖视和断面。

③对尚未表达清晰的局部和细小结构,采用一些局部视图和局部放大图。

④考虑是否可以省略或简化,取舍一些视图,对总体方案作进一步修改。每增加一个视图,都应有其存在的意义。

(3)零件视图的表达方案

机器零件大致可分为4种类型,轴套类、轮盘类、叉架类和箱体类。不同类型的零件,其表达方案也不相同。

1)轴套类零件

轴套类零件包括各种轴、螺杆、套筒等。轴类零件在机器中主要用来支承传动件(如齿轮、链轮、带轮等),实现旋转运动并传递动力,如图8.2所示的齿轮轴。套类零件一般是装在轴上,起轴向定位、传动和连接作用,如图8.7所示的滑阀。

轴套类零件主体是由同轴线、不同直径的数段回转体(“轴段”)组成,轴向尺寸大于直径。轴上常有轴肩、键槽、螺纹及退刀槽、砂轮越程槽、圆角、倒角、中心孔等局部结构。它们的形状和尺寸大部分已标准化。

轴套类零件加工的主要工序一般都在车床、磨床上进行。这类零件常采用一个基本视图——主视图,轴线水平放置表示它的主体结构;对轴上的孔、键槽等结构,一般用局部剖视图或断面图表示;对退刀槽、圆角等细小结构用局部放大图表示,如图 8.2、图 8.7 所示。

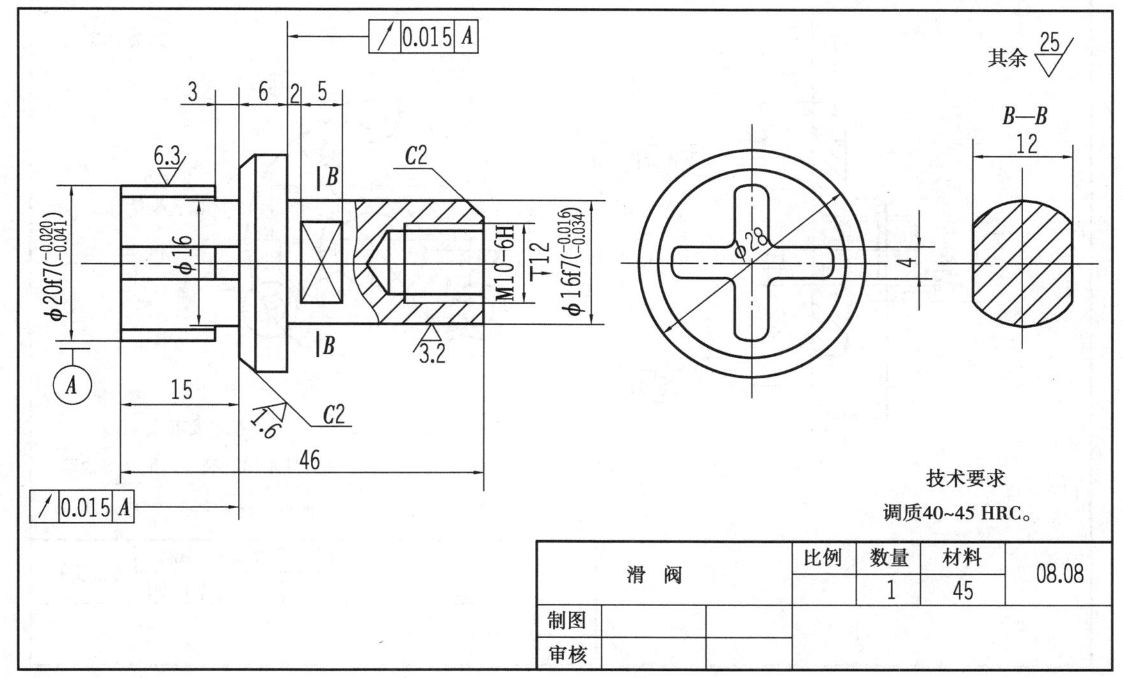

图 8.7　滑阀零件图

2)轮盘类零件

轮盘类零件包括法兰盘、端盖、各种轮子(手轮、齿轮、带轮)等。轮类零件一般用于传递动力和扭矩,盘类零件主要起支承、轴向定位和密封等作用。这类零件主体一般为同轴线不同直径的回转体,直径尺寸大于轴向尺寸;或其他几何形状的扁平板状。常见局部结构有凸台、凹坑、均布安装孔、轮辐、键槽、退刀槽等。

这类零件一般需要两个基本视图,常按加工位置放置,轴线水平,以反映厚度方向的全剖视图为主视图。侧视图表达外形轮廓和孔槽的分布情况(扁平板状有的采用俯视图),个别细节采用局部视图、断面图、局部放大图等表示,如图 8.8 所示。

3)叉架类零件

叉架类零件包括拨叉、连杆、支架、摇臂、杠杆等。叉架类零件的结构形状多样,差别较大,但其主体结构都是由安装支承部分、工作部分和连接部分组成,局部结构有肋、凸台、凹坑、铸造圆角等。

叉架类零件一般以自然位置或工作位置放置,并选取最能反映形状特征的方向作为主视图的投射方向。这类零件一般需要两个或两个以上的基本视图,因有形状歪斜,常辅以斜视图或局部视图;为表示局部内形,常采用斜剖视图或局部剖视图;连接部分、肋板的断面形状,常采用断面图,图 8.9 是拨叉的视图表达方案。主视图以表达外形为主,俯视图表达各部分在宽度方向的相对位置,并取全剖视图表示左右两部分内外形状和肋板连接关系;为表达凸台形状，采用了 *A* 向局部视图，选择这些基本视图，拨叉的形状基本上表达清楚了；肋板的形状则采用重合断面表示。

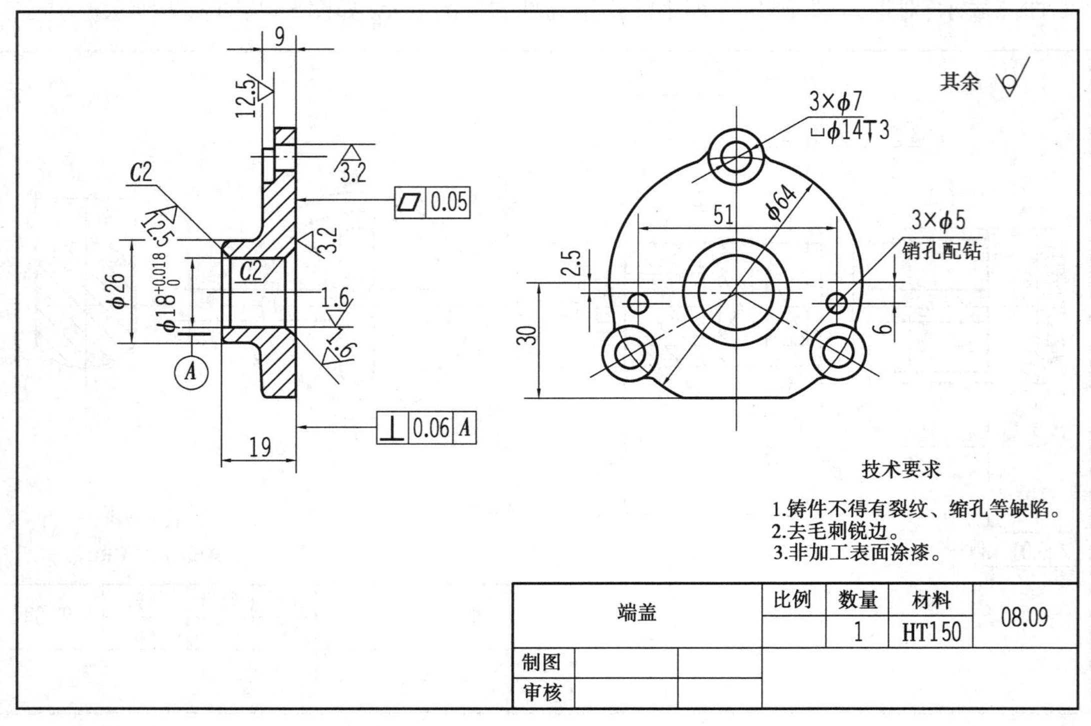

图 8.8　端盖零件图

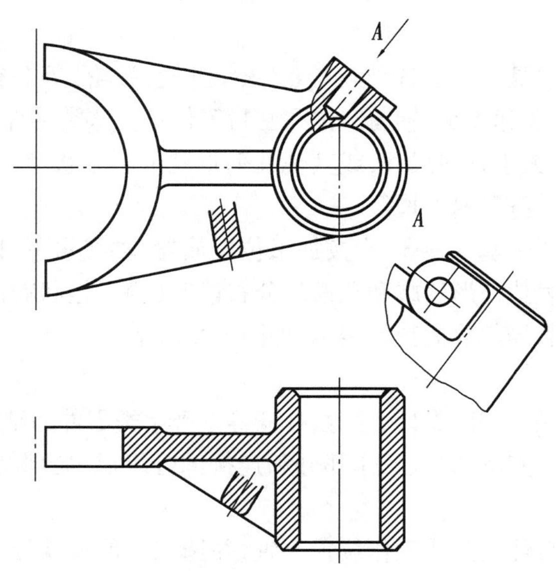

图 8.9　拨叉的视图表达

4）箱体类零件

箱体是机器或部件的外壳或座体，它是机器或部件中的骨架零件，起着支承、包容、安装、固定部件中其他零件的作用。

箱体类零件结构比较复杂，主体结构一般具有内腔的体身，安装、支承轴承的孔，与机架相连的底板，与箱盖相连的顶板。局部结构有凸台、凹坑、肋板、导轨、螺孔、销孔、沟槽与螺栓通孔、铸造圆角等结构。毛坯多为铸件。

由于箱体类零件结构形状较复杂、加工位置多变，因此一般以工作位置及最能反映其各组成部分形状特征和相对位置的方向作为主视图的投射方向。根据具体零件，往往需要多个视图、剖视以及其他表示方法来表示。

图 8.10 是图 8.1 所示的齿轮泵泵体的零件图，主视图采用全剖视，表达内部形状和各部分的相对位置；左、右视图采用局部剖视，反映两侧外形和孔的形状及位置；俯视图采用对称画法并作局部剖，反映底板和螺孔的形状。

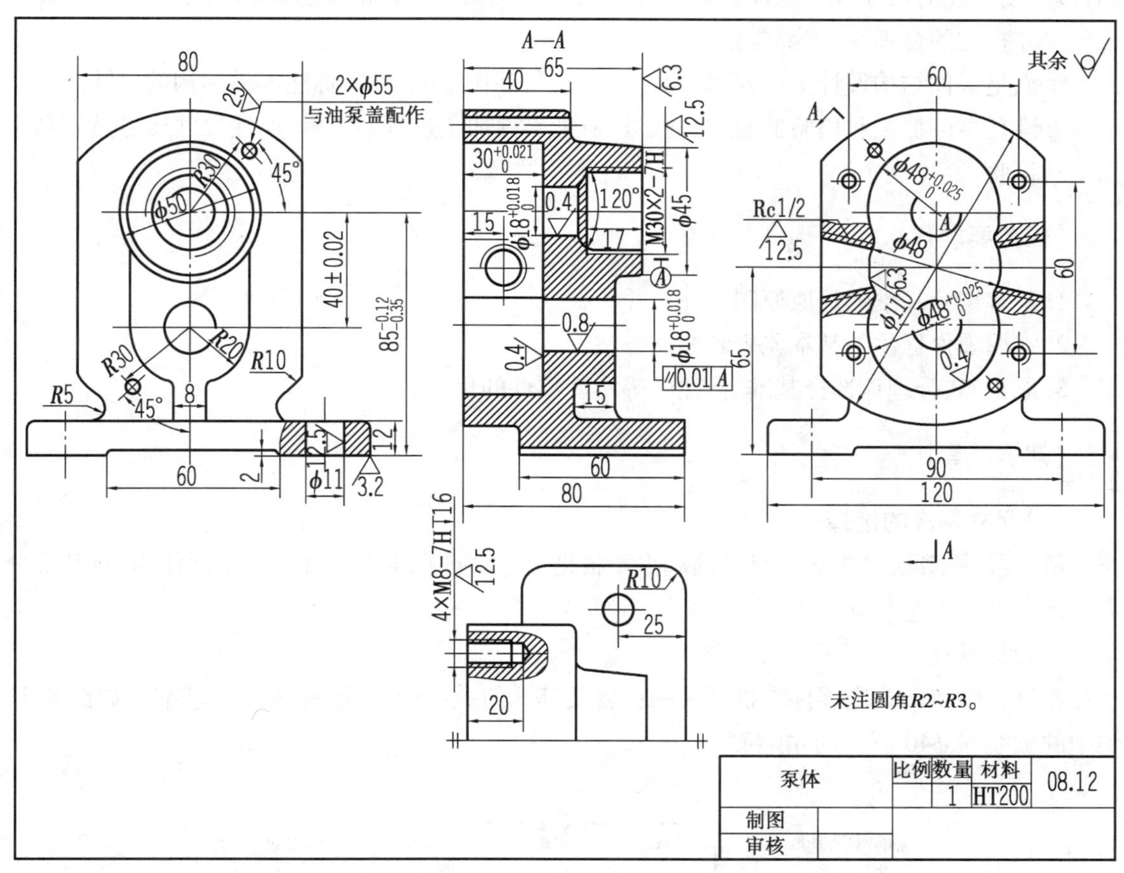

图 8.10 泵体零件图

通过以上 4 类零件分析可知，选择零件图的表达方案，首先要对零件的结构形状进行分析，在确定主视图的基础上，根据零件的内外形状特点，选用合适的表达方法。

零件视图表达的是一个整体，各个视图必须突出重点，又相互补充，从而达到完整、清晰、简洁地表达零件结构形状，而且又方便读图的目的。

【任务实施】

训练 参照与本书配套的《工程制图习题集》8-2 进行练习。

任务3 零件图的尺寸标注

【任务描述】

零件图中的尺寸是制造和检验零件的重要依据之一，除应达到正确、完整、清晰外，还应做到合理，使所注的尺寸既要保证设计要求，又要符合加工、测量等工艺要求。

尺寸标注的合理性，主要是指：

①满足零件结构设计上的要求，通过对所画零件作用的了解，标注零件结构的尺寸。

②满足零件加工和检验的要求，通过对所画零件加工过程的了解，所注尺寸要尽量有利于加工和检验。

【任务要求】

1. 了解尺寸基准的选取原则。
2. 掌握零件标注的基本原则和标注方法。
3. 能正确、合理地选择基准，标注中等难度零件的尺寸。

【知识准备】

(1)尺寸基准的选择

所谓尺寸基准，是指标注尺寸的起点。根据尺寸基准在生产过程中的不同作用，将基准分为设计基准和工艺基准。

1)设计基准

在设计中用以确定零件在机器中的位置及其几何关系的基准，称为设计基准。如图 8.11 轴中的轴线和 $\phi40$ 圆柱的左端面。

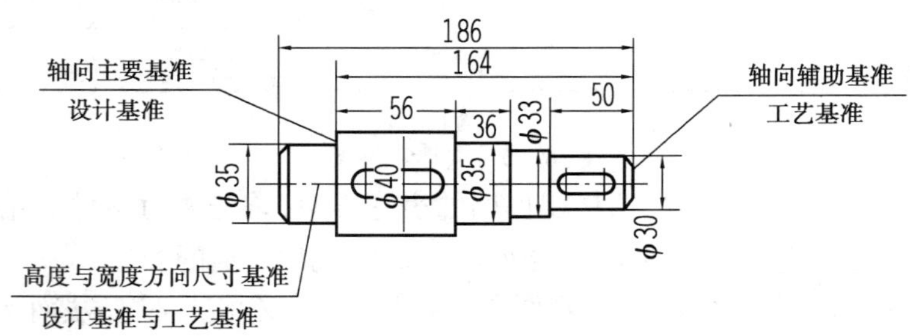

图 8.11 轴的尺寸基准

2)工艺基准

根据零件加工、测量、检验的要求而确定的基准,称为工艺基准。如图 8.11 所示,从轴的右端面注出轴向尺寸 50。

每个零件都有长、宽、高 3 个度量方向尺寸,每一个方向上至少应选择一个基准,如图 8.5(b)所示。但有时为了考虑加工和测量方便,常增加一些辅助基准。一般把确定重要尺寸的基准称为主要基准,把附加的基准称为辅助基准。

在选择辅助基准时,要注意主要基准和辅助基准之间、两辅助基准之间,都需要直接标注尺寸,应将它们联系起来,如图 8.12 所示。

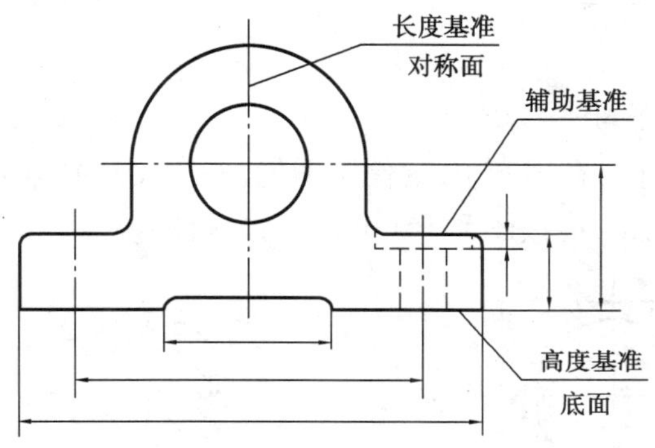

图 8.12　主要基准与辅助基准间的关系

尺寸基准选择的基本原则是:尽可能地使设计基准与工艺基准一致。

(2)标注尺寸的基本原则

①对设计中的重要尺寸,要从基准出发直接注出,以保证设计要求。

②尺寸标注时,不允许注成封闭的尺寸链。如图 8.13(a)所示,就形成了封闭的尺寸链,前一尺寸的终点,即为后一尺寸的起点(尺寸的基准各不相同,并互为基准)。此时,总长的误差是各段误差的总和。图 8.13(b)中选择一段(称为开口环)空出不注,是合理的。

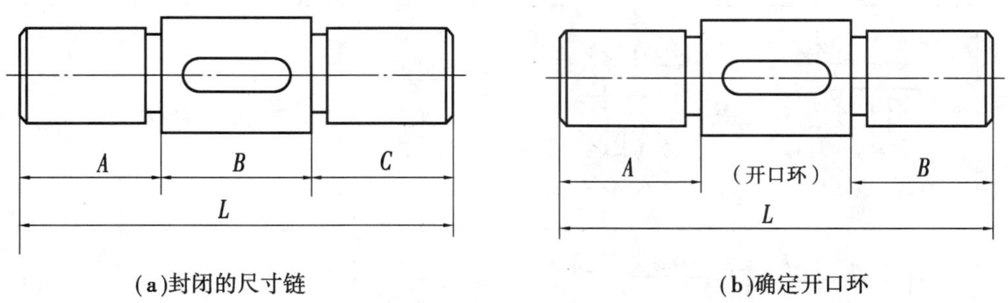

图 8.13　尺寸链与开口环

③标注尺寸时要考虑加工方便。使不同工种的工人看图方便,应将零件上的加工面与非加工面的尺寸尽量分别注在图形的两边(见图 8.14)。对同一工种的加工尺寸要适当集中,如图 8.15 所示,以便于加工时查找。

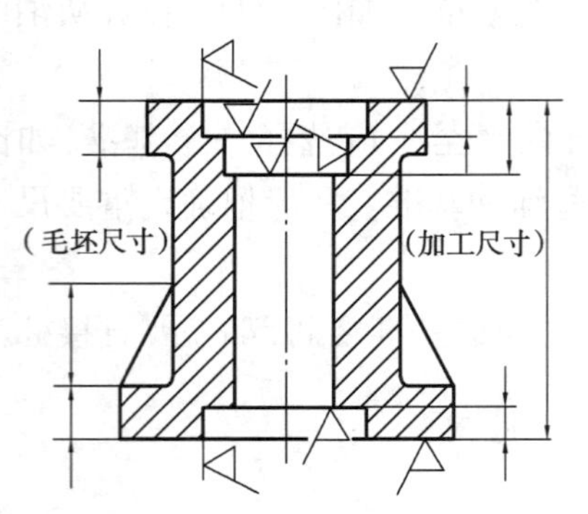

图 8.14　加工面与非加工面和尺寸注法

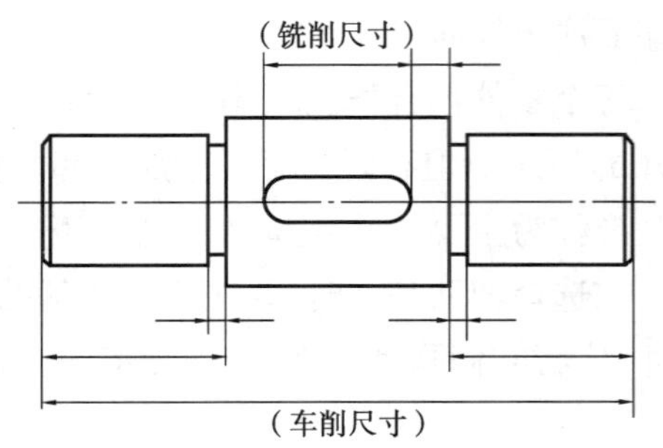

图 8.15　同一工种的加工尺寸的注法

④按测量要求标注尺寸。在生产中，为便于测量，所注尺寸要尽量使用普通量具测量。图 8.16(a)中的尺寸不便于测量，应按图 8.16(b)的形式标注。

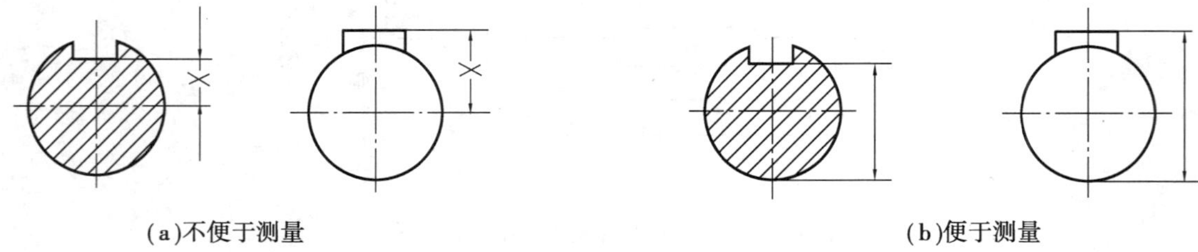

(a)不便于测量　　(b)便于测量

图 8.16　按测量要求标注尺寸

(3)零件中常见结构的尺寸注法

零件上倒角、退刀槽、光孔、螺孔等结构的尺寸注法，参见表 8.1 中的示例标注。两种注法为同一结构的两种注写形式。标注尺寸时，可根据图形情况及尺寸位置来选择。

表 8.1　零件上常见孔的尺寸注法

类型	普通注法	旁注法		说　明
光孔	4×ϕ4 10	4×ϕ4↧10	4×ϕ4↧10	“↧”为孔深度符号
	4×ϕ4H7 10 12	4×ϕ4H7↧10 12	4×ϕ4H7↧10 12	钻孔深度为 12，精加工孔(铰孔)深度为 10

续表

类型	普通注法	旁注法		说 明
锪孔	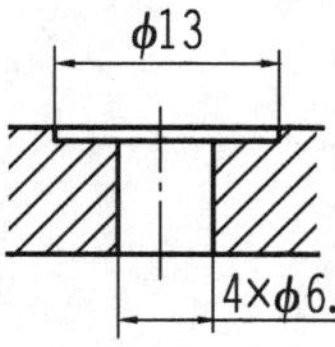 φ13 4×φ6.6	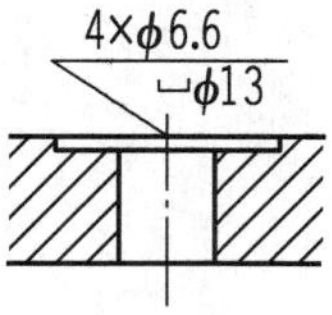 4×φ6.6 ⌴φ13	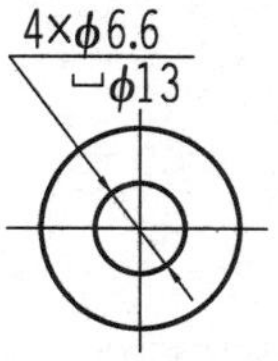 4×φ6.6 ⌴φ13	“⌴”为锪平符号，锪孔通常只需锪出圆平面即可，故沉深度一般不注
沉孔	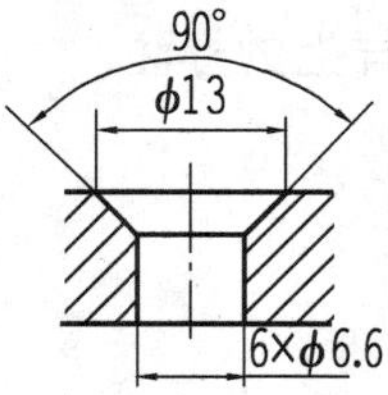 90° φ13 6×φ6.6	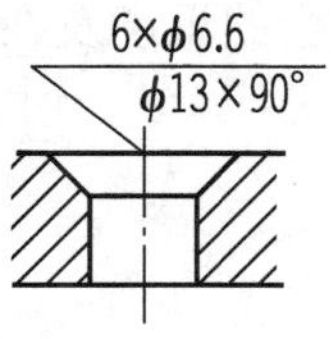 6×φ6.6 φ13×90°	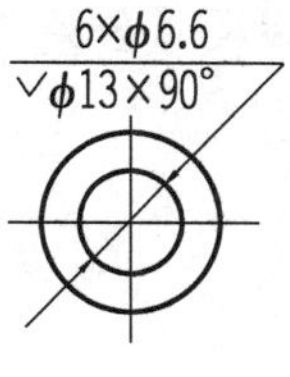 6×φ6.6 ⌵φ13×90°	“⌵”为埋头孔符号，该孔为安装开槽沉头螺钉所用
沉孔	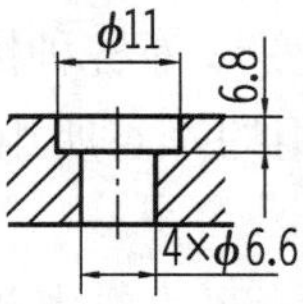 φ11 6.8 4×φ6.6	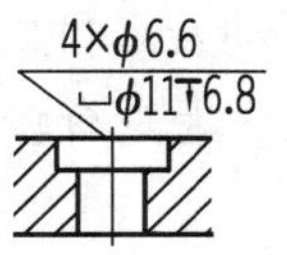 4×φ6.6 ⌴φ11↧6.8	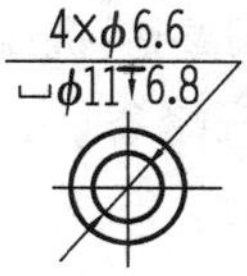 4×φ6.6 ⌴φ11↧6.8	该孔为安装内六角圆柱头螺钉所用，承装头部的孔深应注出
螺孔	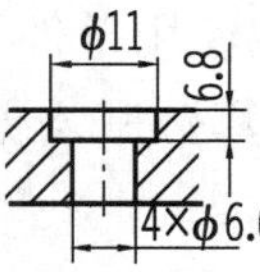 φ11 6.8 4×φ6.6	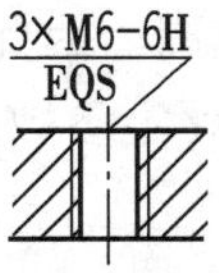 3×M6-6H EQS	 3×M6-6H EQS	“EQS”为均布孔的缩写词
螺孔	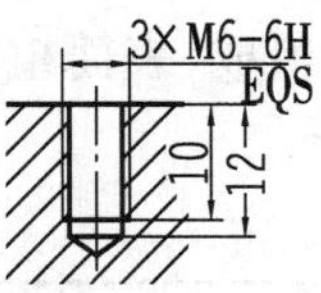 3×M6-6H EQS 10 12	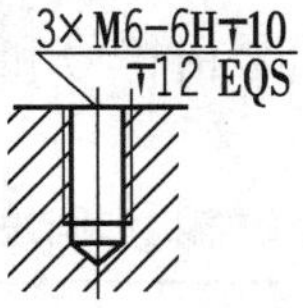 3×M6-6H↧10 ↧12 EQS	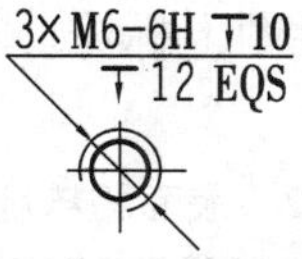 3×M6-6H ↧10 ↧12 EQS	

【任务实施】

训练　参照与本书配套的《工程制图习题集》8-3 进行练习。

任务4　零件图上技术要求的注写

【任务描述】

零件图中除了图形和尺寸外，还应具备加工和检验零件的技术要求。零件图的技术要求包含以下几个方面：

①零件的表面粗糙度。

②尺寸公差、形状和位置公差。

③对零件材料的热处理和表面修饰的说明。

④对指定加工方法和检验的说明。

以上内容可用符号在图中标注,也可用文字在标题栏上方注写,本节就有关技术要求及其标注方法作一简要介绍。

【任务要求】

1. 理解表面粗糙度的概念。
2. 掌握表面粗糙度符号、代号及其标注方法。
3. 理解公差与配合的概念,掌握尺寸公差与配合的识读及在图样上的标注。

【知识准备】

(1)表面粗糙度

1)表面粗糙度的基本概念

零件在加工时,由于刀具运动与摩擦、机床的振动及零件的塑形变形等各种因素,形成了零件加工表面存在着间距较小的轮廓峰谷。这种表面上具有较小间距的峰谷所组成的微观几何形状特征,称为表面粗糙度。

表面粗糙度是评定零件表面质量的一项重要技术指标。表面粗糙度的要求越高(即表面粗糙度数值越小),零件表面质量越高,其加工成本越高。因此,在满足使用条件下,应合理地选用表面粗糙度参数。国家标准规定的表面粗糙度评定参数有:轮廓算数平均偏差 R_a、微观不平度十点高度 R_z 和轮廓最大高度 R_y 等。

2)表面粗糙度的符号和代号

表面粗糙度以代号形式在零件图上标注。其代号由符号和参数组成,表面粗糙度符号的意义和画法见表 8.2。

表 8.2 表面粗糙度符号的意义和画法

符　号	意义及说明	符号画法
√	基本符号,表示表面可用任何方法获得	3.2; h; 1.4h; 60°; 60°; ≈2.1h
(加工符号)	表示表面是用去除材料的方法获得,如车、铣、刨、磨、钻等。可称其为加工符号	
(毛坯符号)	表示表面是用不去除材料的方法获得,如铸、锻、轧等。可称其为毛坯符号	1.4h; 60°; 60°; ≈2.1h; h=字体高度

3)表面粗糙度的标注

在图样中,零件表面粗糙度是用代(符)号标注的。它由规定的符号和有关参数组成,一般情况下，只将表面粗糙度高度参数 Ra 的上限值（以 μm 为单位），注在符号上方。表面粗糙度的标注示例，见表8.3。

表8.3　表面粗糙度在图样上的标注

标注要求	图　例
图样中，零件的每一个表面通常只标注一次代（符）号，并尽量标注在确定该表面大小或位置的视图上 代（符）号应当注在可见轮廓线、尺寸线、尺寸界线或它们的延长线上，符号的尖端必须从材料外面指向表面 表面粗糙度代号中的数字及符号，其注写方向必须与尺寸数字方向一致	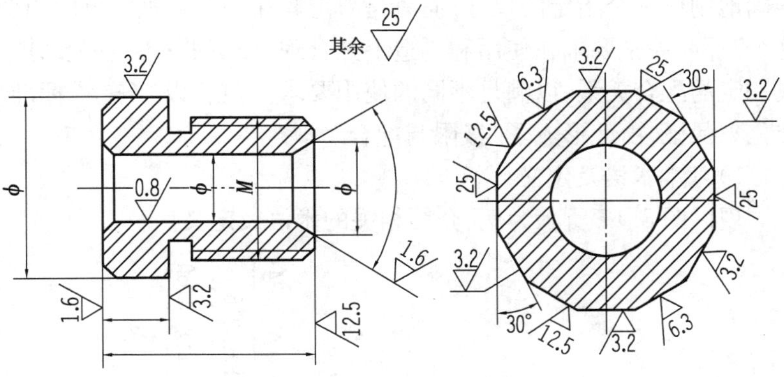
为简化标注方法，或者标注位置受到限制，可标注简化代号，但必须在标题栏附近说明此简化代（符）号的意义 当零件全部表面粗糙度要求均相同时，其代（符）号可以在图样的右上角统一标注	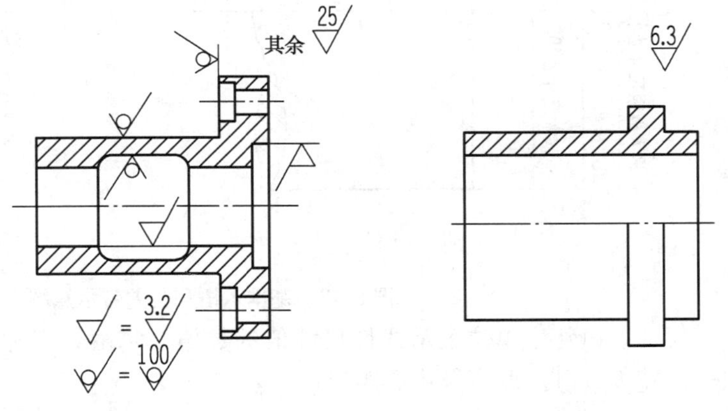
中心孔的工作表面、键槽工作面、倒角、圆角的表面粗糙度代（符）号，可以按右图所示的简化标注	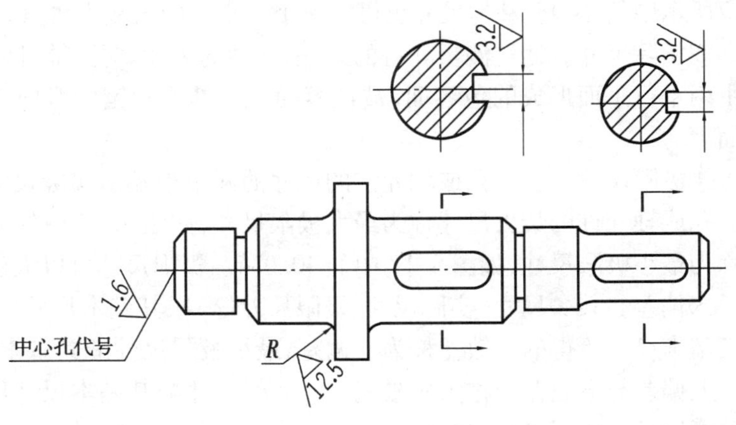

(2)极限与配合

在一批相同的零件中任取一个,不需修配便可装到机器上并能满足使用要求的性质,称为互换性。

为使零件具有互换性,必须保证零件的尺寸、表面粗糙度、几何形状及零件上有关要素的相互位置等技术要求的一致性。就尺寸而言,互换性要求尺寸的一致性,并不是要求零件都能准确地制成一个指定的尺寸,而只是限定其在一个合理的范围内变动。对于相互配合的零件,这个范围,一是要求在使用和制造上是合理、经济的;再就是要求保证相互配合的尺寸之间形成一定的配合关系,以满足不同的使用要求。前者以“公差”标准化来保证,后者以“配合”标准化来保证,由此形成了“极限与配合”。

1)基本术语及定义

现以图 8.17 所示为例,介绍相关的术语及定义。

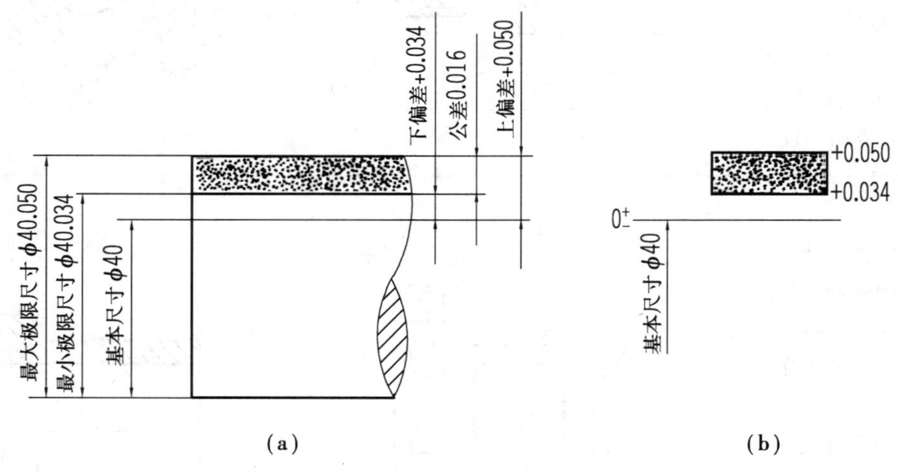

图 8.17 基本术语和公差带示意图

①尺寸。以特定单位表示线性尺寸值的数值。它由数字和长度单位组成,包括直径、半径、长度、宽度、高度、厚度及中心距等。

②基本尺寸。是设计给定的尺寸,通过它应用上、下偏差可算出极限尺寸的尺寸,如图 8.17所示中的 $\phi40$。基本尺寸也可是一个带小数的值或小数值。

③实际尺寸。通过测量获得的某一孔、轴的尺寸。孔、轴可以是圆柱形内、外表面,也可以是由两平行平面形成的包容面、被包容面。如键槽和键的宽向两侧面,即分别为内表面和外表面。

④极限尺寸。一个孔或轴允许的尺寸的两个极端。实际尺寸位于其中,也可达到极限尺寸。孔或轴允许的最大尺寸称为最大极限尺寸,如图 8.17 中的 40.050;孔或轴允许的最小尺寸称为最小极限尺寸,如图 8.17 中的 40.034。极限尺寸可以大于、小于或等于基本尺寸。

⑤偏差。某一尺寸(实际尺寸、极限尺寸等)减其基本尺寸所得的代数差。最大极限尺寸减其基本尺寸所得的代数差称为上偏差;最小极限尺寸减其基本尺寸所得的代数差称为下偏差。上偏差与下偏差统称为极限偏差。实际尺寸减其基本尺寸所得的代数差称为实际偏差。偏差可以是正值、负值或零。

孔的上、下偏差代号用大写字母 ES、EI 表示;轴的上、下偏差代号用小写字母 es、ei 表示。

图8.17中轴的极限偏差计算如下：

上偏差(es) = 40.050 − 40 = 0.050，下偏差(ei) = 40.034 − 40 = 0.034。

⑥尺寸公差(简称公差)。最大极限尺寸减最小极限尺寸之差，或上偏差减下偏差之差。它是允许尺寸的变动量，恒为正值。图8.17中轴的公差计算如下：

$$\text{公差} = \text{最大极限尺寸} - \text{最小极限尺寸} = 40.050 - 40.034 = 0.016$$

或

$$\text{公差} = \text{上偏差} - \text{下偏差} = 0.050 - 0.034 = 0.016$$

由此可知，公差用于限制尺寸误差，它是尺寸精度的一种度量。公差越小，零件的精度越高，实际尺寸的允许变动量也越小；反之，公差越大，尺寸的精度越低。

⑦公差带和零线。在公差分析中，常把基本尺寸、偏差及公差之间的关系简化成图8.17(b)所示的图形。在公差带图中，由代表上、下偏差的两条直线所限定的一个区域称为公差带。在公差带图中，确定偏差的一条基准直线称为零偏差线，简称零线。通常零线表示基本尺寸。

2)配合

基本尺寸相同，相互结合的孔和轴公差带之间的关系称为配合。根据使用要求的不同，配合有松有紧。有的具有间隙，有的具有过盈(孔的尺寸减去相配合的轴的尺寸之差，为正称为间隙，为负称为过盈)，因此有以下几种不同的配合。

①间隙配合。具有间隙(包括最小间隙等于零)的配合。间隙配合中孔的最小极限尺寸大于或等于轴的最大极限尺寸，孔的公差带位于轴的公差带之上，如图8.18所示。

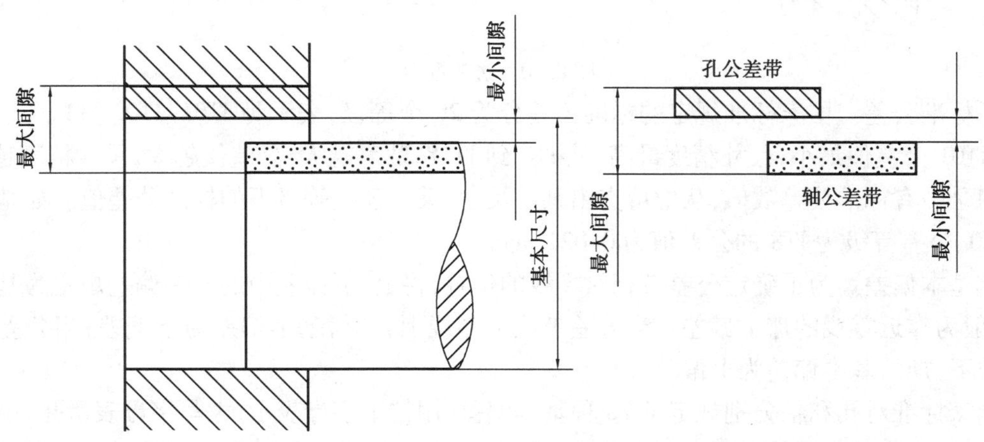

图8.18 间隙配合

②过盈配合。具有过盈(包括最小过盈等于零)的配合。过盈配合中孔的最大极限尺寸小于或等于轴的最小极限尺寸，孔的公差带位于轴的公差带之下，如图8.19所示。

③过渡配合。可能具有间隙或过盈的配合。过渡配合中，孔的公差带与轴的公差带相互交叠，如图8.20所示。

3)标准公差和基本偏差

公差带由“公差带大小”和“公差带位置”两个要素组成。标准公差确定公差带的大小，基本偏差确定公差带的位置。

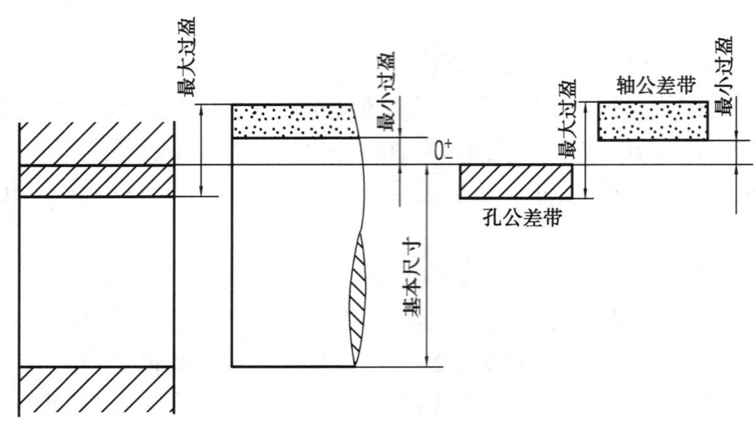

图 8.19　过盈配合

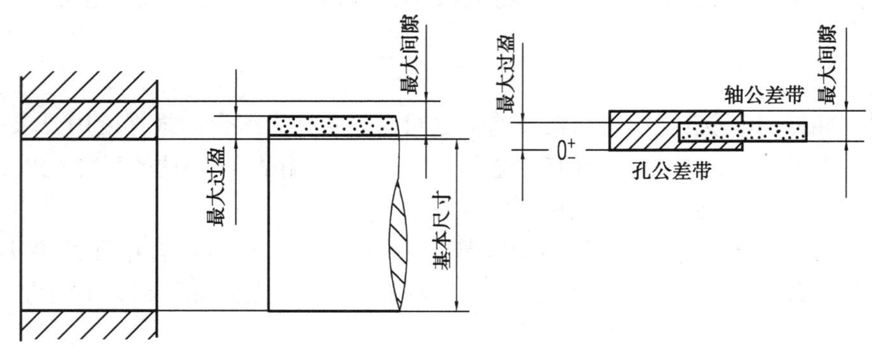

图 8.20　过渡配合

①标准公差。国家标准规定的标准公差分为 20 个等级,表示为 IT01、IT0、IT1、…、IT18。其中,IT01 公差值最小,尺寸精度最高;从 IT0 到 IT18,数字越大,公差值越大,尺寸精度越低。

附录中有标准公差数值,从中可查出某一尺寸、某一公差等级下的标准公差值。如基本尺寸为 20、公差等级为 IT8 的公差值为 0.021 mm。

②基本偏差。为了确定公差带相对零线的位置,将上、下偏差中的某一偏差规定为基本偏差,一般为靠近零线的那个偏差。当公差带位于零线上方时,基本偏差为下偏差;当公差带位于零线下方时,基本偏差为上偏差。

国家标准对孔和轴分别规定了 28 种基本偏差,用拉丁字母表示,大写字母表示孔,小写字母表示轴,构成基本偏差系列。基本偏差系列中 A-H(a-h)用于间隙配合;J-ZC(j-zc)用于过渡配合和过盈配合。本书附录中摘录了轴和孔不同尺寸段的各种基本偏差数值。

图 8.21 为基本偏差系列示意图,图中各公差带只表示了公差带位置(即基本偏差),另一端开口,应由相应的标准公差确定。

4)配合基准制

为了满足零件结构和工作要求,在加工制造相互配合的零件时,采取其中一个零件作为基准件,使其基本偏差不变,通过改变另一零件的基本偏差以达到不同的配合性质的要求。国家标准规定了两种配合基准制。

①基孔制配合。基本偏差为一定的孔的公差带,与不同基本偏差的轴的公差带形成各种

配合的一种制度。基孔制中选择基本偏差为H,即下偏差为0的孔为基准孔,如图8.22(a)所示。由于轴较孔易于加工,应优先选用基孔制配合。

②基轴制配合。基本偏差为一定的轴的公差带,与不同基本偏差的孔的公差带形成各种配合的一种制度。基轴制中选择基本偏差为h,即上偏差为0的轴为基准轴,如图8.22(b)所示。

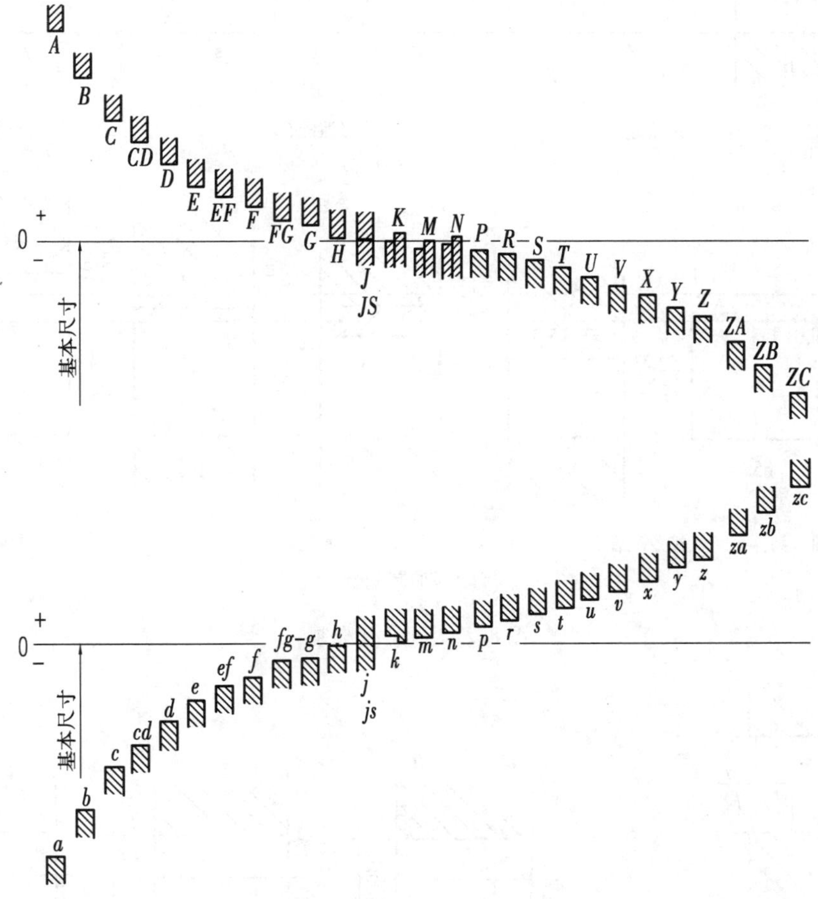

图8.21 基本偏差系列示意图

5)极限与配合在图样中的标注

①在装配图中标注方法。配合代号由两个相互结合的孔和轴的公差带代号组成,用分数形式表示,分子为孔的公差带代号,分母为轴的公差带代号,在分数形式之前注写基本尺寸数值,标注形式如图8.23所示。

②在零件图中标注方法。在零件图上标注公差的方法有3种形式:标注公差带代号,如图8.24(a)所示;标注极限偏差数值,如图8.24(b)所示;同时标注公差带代号和极限偏差数值,如图8.24(c)所示。

(3)形状和位置公差简介

形状和位置公差(简称形位公差)是指零件的实际形状和实际位置对理想形状和理想位置的允许变动量。

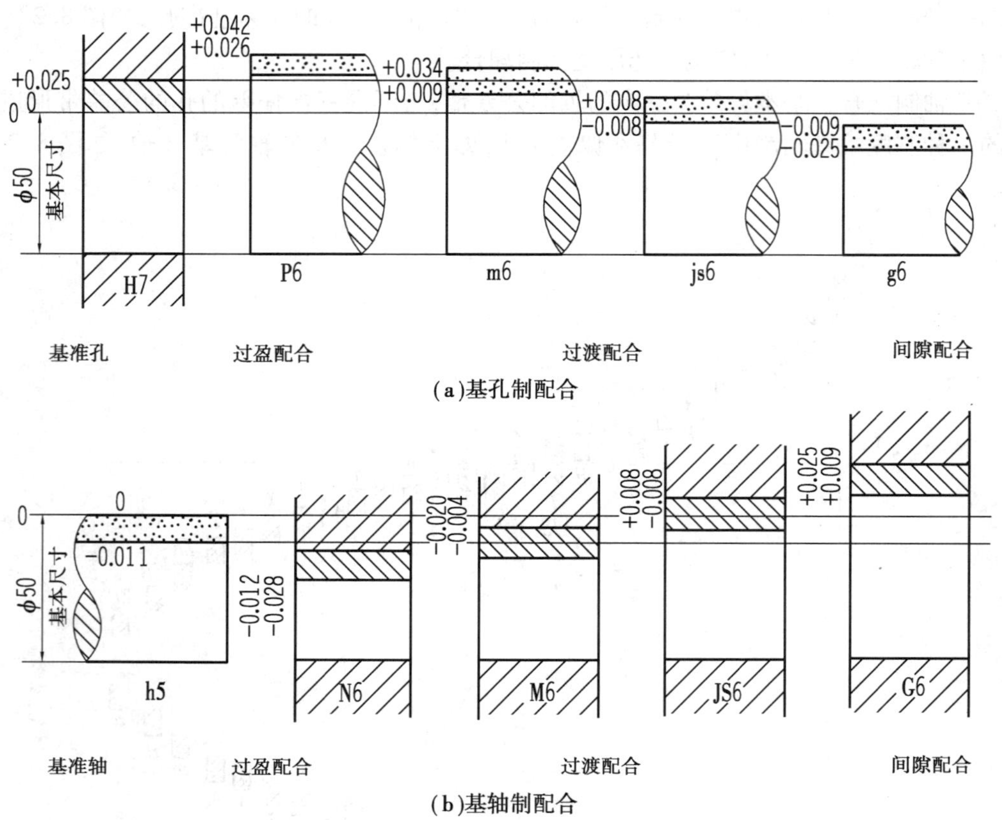

(a)基孔制配合

(b)基轴制配合

图 8.22 配合基准制

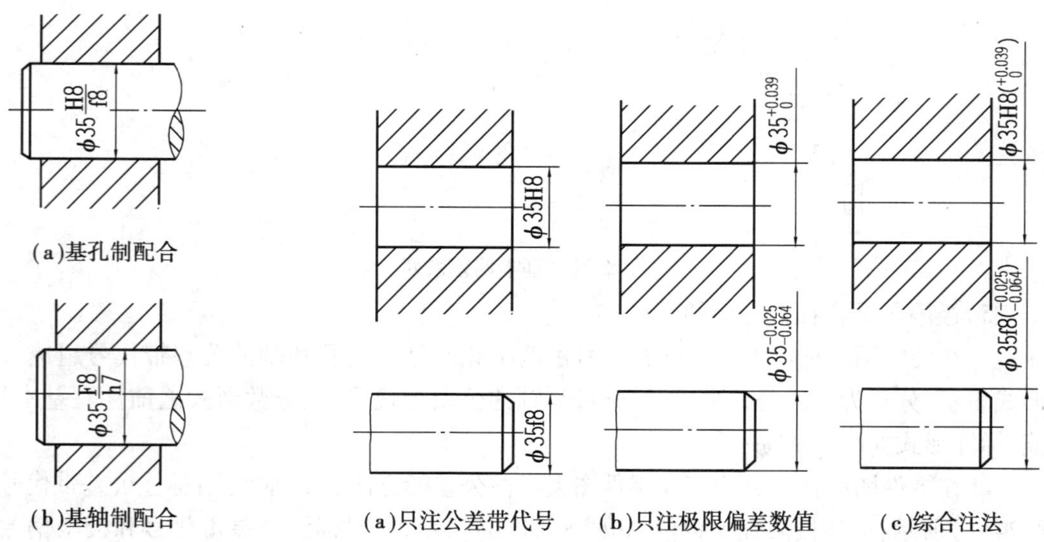

(a)基孔制配合

(b)基轴制配合

图 8.23 在装配图中的标注

(a)只注公差带代号　(b)只注极限偏差数值　(c)综合注法

图 8.24 在零件图中的标注

对一般零件来说,它的形状和位置公差,可由尺寸公差和机床的精度给予保证。对于精度要求较高的零件,要规定其表面形状和相互位置的公差,合理地确定形状和位置公差是保证产品质量的重要措施。

1)形状和位置公差代号

国家标准 GB/T 1182—1996 规定,形位公差可分为2类14项,即形状公差6项,位置公差8项。形位公差的分类、项目及符号见表8.4。

表8.4 形位公差的分类、项目及符号

公差		特征项目	符号	有或无基准要求
形状	形状	直线度	—	无
		平面度	▱	无
		圆度	○	无
		圆柱度	⌭	无
形状或位置	轮廓	线轮廓度	⌒	有或无
		面轮廓度	⌓	有或无

公差		特征项目	符号	有或无基准要求
位置	定向	平行度	//	有
		垂直度	⊥	有
		倾斜度	∠	有
	定位	位置度	⌖	有或无
		同轴度(同心度)	◎	有
		对称度	⌯	有
	跳动	圆跳动	↗	有
		全跳动	⌰	有

2)形位公差的标注

形位公差要求在矩形方框中给出。该方框由两格或多格组成,框格中的内容从左至右按公差特性符号、公差值、基准要素的次序填写,其基本形式及其框格、符号、数字规格等,如图8.25所示。

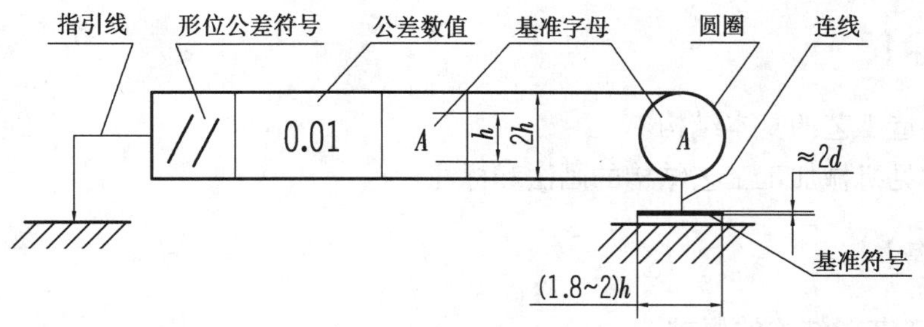

图8.25 形位公差代号及基准代号

(注:h 表示图中的尺寸数字高。)

图8.26是形位公差标注的示例。从图中可以看出,当被测要素是表面或素线时,从框格引出的指引线箭头,应指在该要素的轮廓线或其延长线上;当被测要素是轴线时,应将箭头与该要素的尺寸线对齐,如 M8×1 轴线的同轴度注法;当基准要素是轴线时,应将基准符号与该要素的尺寸线对齐,如基准 A。

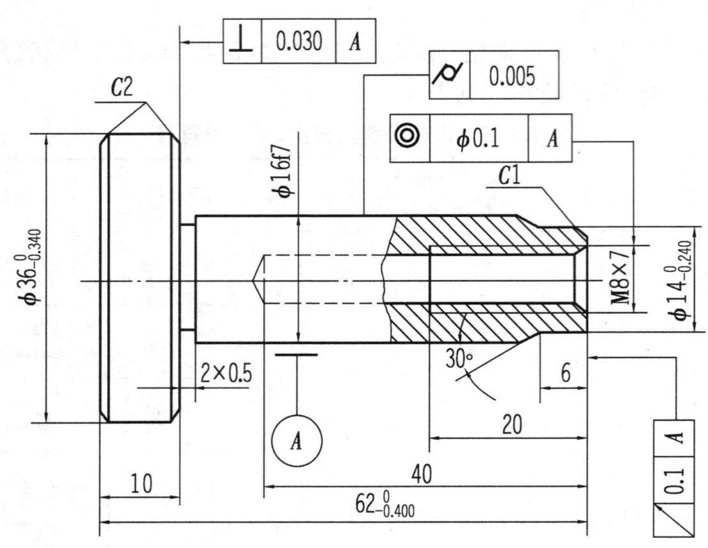

图 8.26 形位公差标注示例

【任务实施】

训练　参照与本书配套的《工程制图习题集》8-7-1、8-7-2 进行练习。

任务5　零件上常见的工艺结构

【任务描述】

零件的结构形状，是根据它在机器中的作用来决定的。除了满足设计要求外，还要考虑在零件加工、测量、装配过程中所提出的一系列工艺要求，使零件具有合理的工艺结构。

【任务要求】

1. 了解铸造工艺的基本结构。
2. 掌握常见机械加工工艺结构的画法和标注。

【知识准备】

(1) 铸造工艺对结构的要求

1) 起模斜度

在铸造零件毛坯时，为了便于在砂型中取出模样，一般沿着起模方向设计出起模斜度，通常为 1∶20。铸造零件的起模斜度在图中可不画出、不标注，必要时，可在技术要求中用文字说明，如图 8.27 所示。

2) 铸造圆角及过渡线

为了便于铸件造型时起模，防止铁水冲坏转角处，冷却时产生缩孔和裂缝，将铸件的转角处制成圆角，此种圆角称为铸造圆角，如图8.28所示。铸造圆角在图上一般不予标注，常注写在技术要求中。

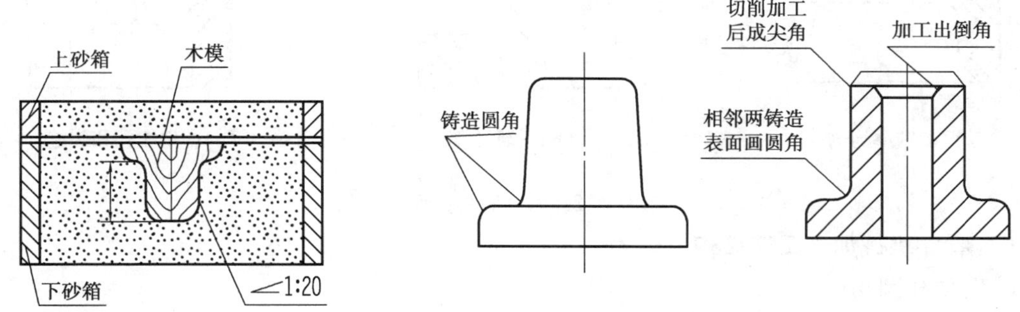

图8.27　铸件的起模斜度与圆角

由于铸件表面的转角处有圆角，因此，其表面产生的交线不清晰，为便于看图要画出交线。此时，交线两端空出不与轮廓线圆角相交，这种交线称为过渡线，如图8.28所示。

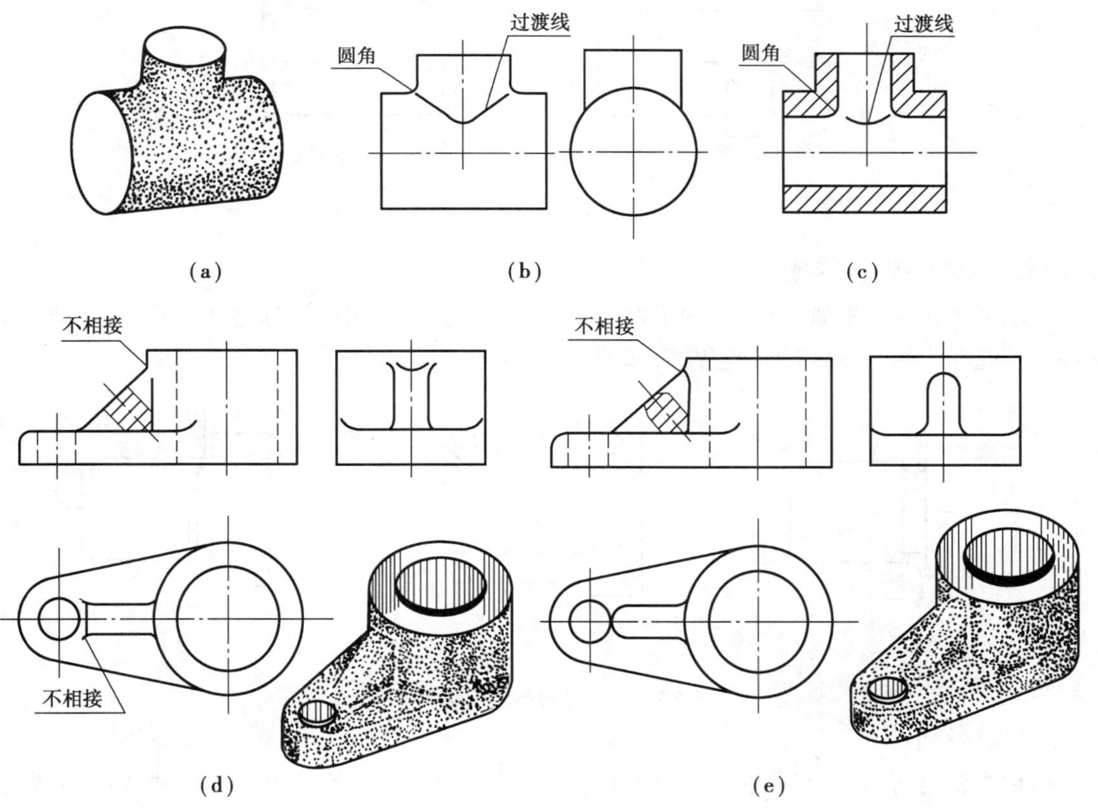

图8.28　铸造圆角和过渡线

3）铸件壁厚

铸件的壁厚不宜相差太大，如壁厚不均匀，铁水冷却速度不同，会产生缩孔和裂缝，如图8.29所示。

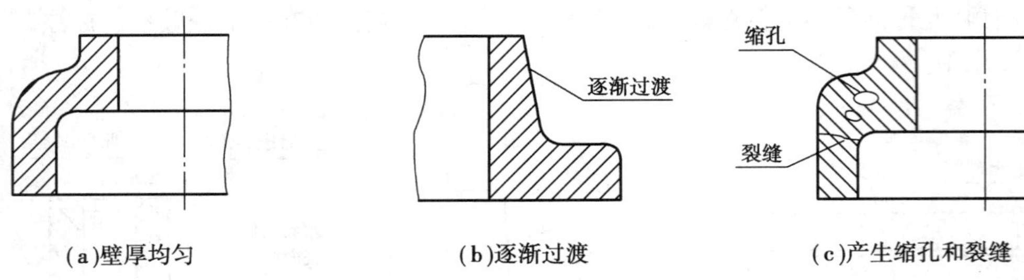

图 8.29 铸件过渡

(2)零件机械加工工艺结构

1)倒角和圆角

为了便于安装和安全,轴或孔的端部一般都被加工成圆角或倒角;为避免应力集中产生裂纹,在轴肩处往往加工成圆角过渡,称为倒圆,如图 8.30 所示。

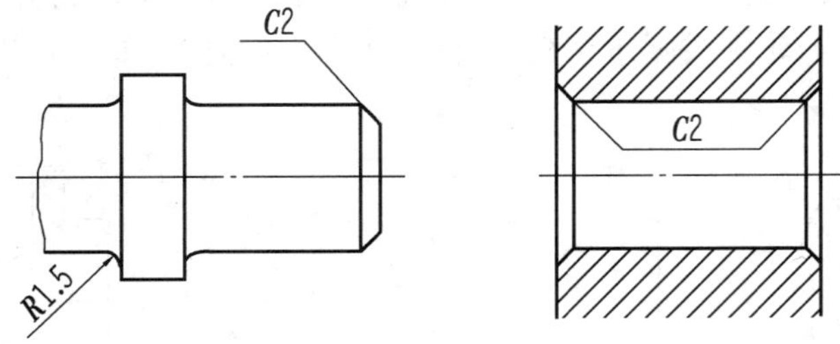

图 8.30 倒角和圆角

2)退刀槽和砂轮越程槽

在车削螺纹和磨削轴表面时,为了便于退出刀具或使砂轮可以稍越过加工面,常在被加工零件上预先车出退刀槽或砂轮越程槽,如图 8.31 所示。

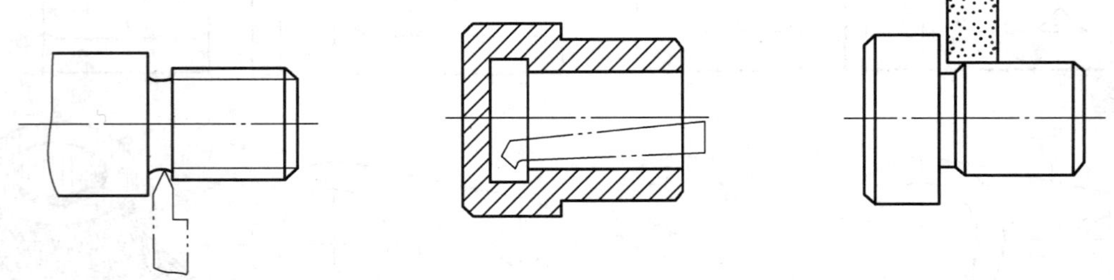

图 8.31 退刀槽和砂轮越程槽

3)钻孔结构

用钻头钻出不透孔,在孔的底部有 120°锥角,钻孔深度不包括锥角。钻孔时,要求钻头尽量垂直于被钻孔的端面,以保证钻孔准确和避免钻头折断,如图 8.32 所示。

4)凸台和凹坑

为了保证零件表面的良好接触和减少机械加工的面积,常在铸件表面上设计出凸台或锪平成凹坑,如图 8.33 所示。

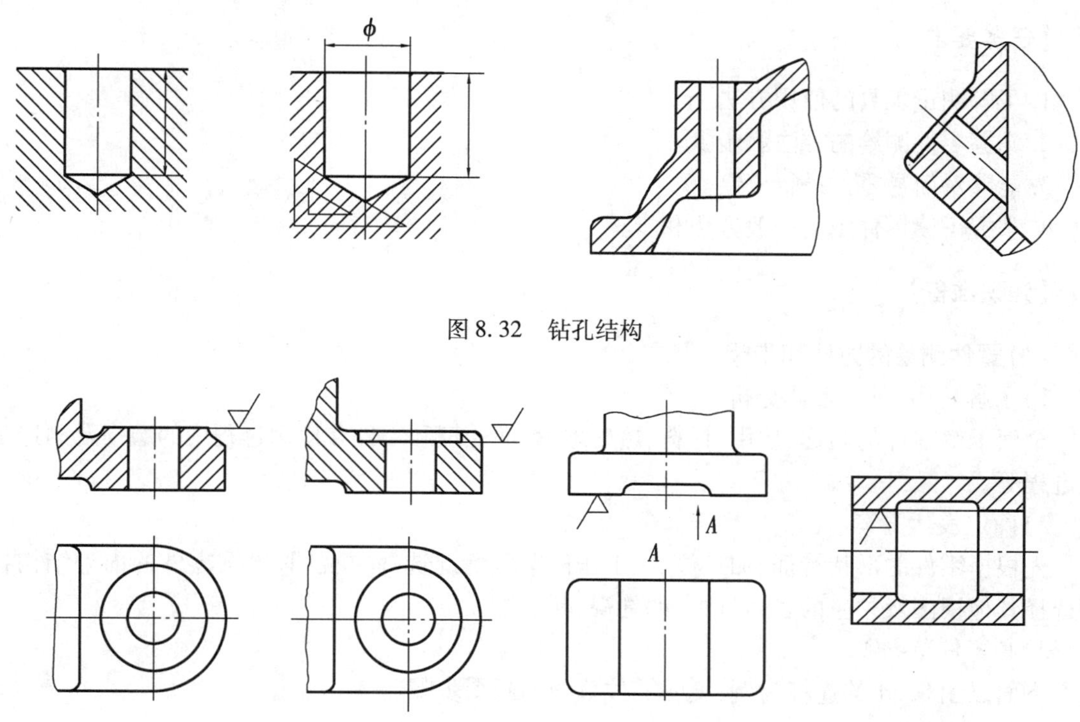

图 8.32　钻孔结构

图 8.33　凸台和凹坑

【任务实施】

训练　参照与本书配套的《工程制图习题集》8-6 进行练习。

任务 6　零件测绘与零件图的识读

【任务描述】

零件测绘就是依据实际零件徒手绘制零件草图（目测比例），测量并标注尺寸及技术要求，经整理画出零件图的过程。在改造、仿制已有设备或修配损坏的零件时，需要进行零件测绘。因此，测绘是工程技术人员必须掌握的基本技能之一。

零件草图是绘制零件图的重要依据，其要求完全同零件图一样，两者的区别仅在于一个是徒手绘制，另一个是用仪器绘制。零件草图应做到：视图表达正确、尺寸完整、线型分明、字体工整，并包含全部技术要求等有关内容。

识读零件图的目的，就是要求根据零件图想象出零件的结构形状，了解零件的尺寸和各项技术要求，研究该零件的加工制造过程。

【任务要求】

1. 了解测量工具的使用方法。
2. 掌握零件测绘的方法和步骤。
3. 能够对简易零件进行测绘。
4. 掌握识读零件图的一般方法和步骤。

【知识准备】

(1)零件测绘的方法和步骤

1)了解功用,进行形体分析

全面了解零件的名称、功用、材料、热处理、表面处理和零件在使用过程中的磨损及制造工艺过程等。

2)确定表达方案

先根据零件的形状特征、加工位置、工作位置等情况选择主视图,再按零件的内外结构特点选择其他视图及相应的表达方法,如剖视、断面等。

3)画零件草图

下面以图 8.34 的连杆为例,说明零件草图的画图步骤。

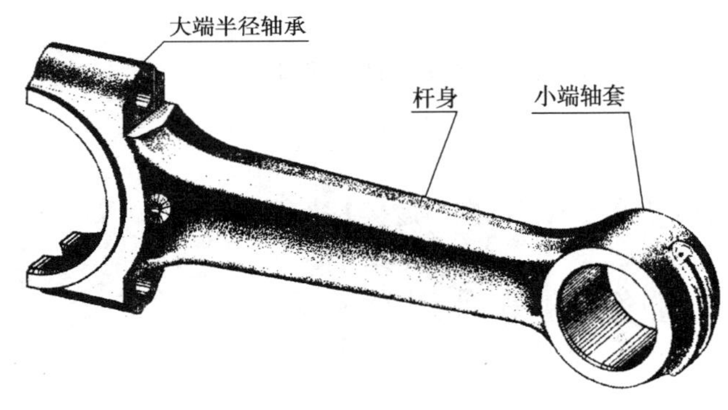

图 8.34　连杆轴测图

①布置视图,画出主、俯视图的对称线(要考虑到标注尺寸的位置)。

②以目测比例,徒手、详细地画出零件的结构形状。

③选定尺寸基准,画出全部尺寸界线、尺寸线和箭头。反复检查后,按规定线型加深,画出剖面符号。

④测量并填写全部尺寸,标注各表面的表面粗糙度代号,填写技术要求和标题栏。

4)画零件图

对画好的零件草图进行复核,再根据草图完成连杆的零件工作图,如图 8.35 所示。

(2)零件尺寸的测量方法

测量零件尺寸是测绘过程中的一个重要步骤,零件上全部尺寸的测量应集中进行,这样可以提高效率,避免错误和遗漏。测量尺寸要做到:基准合理、方法正确、结果准确无误。

常见的测量方法见表 8.5。

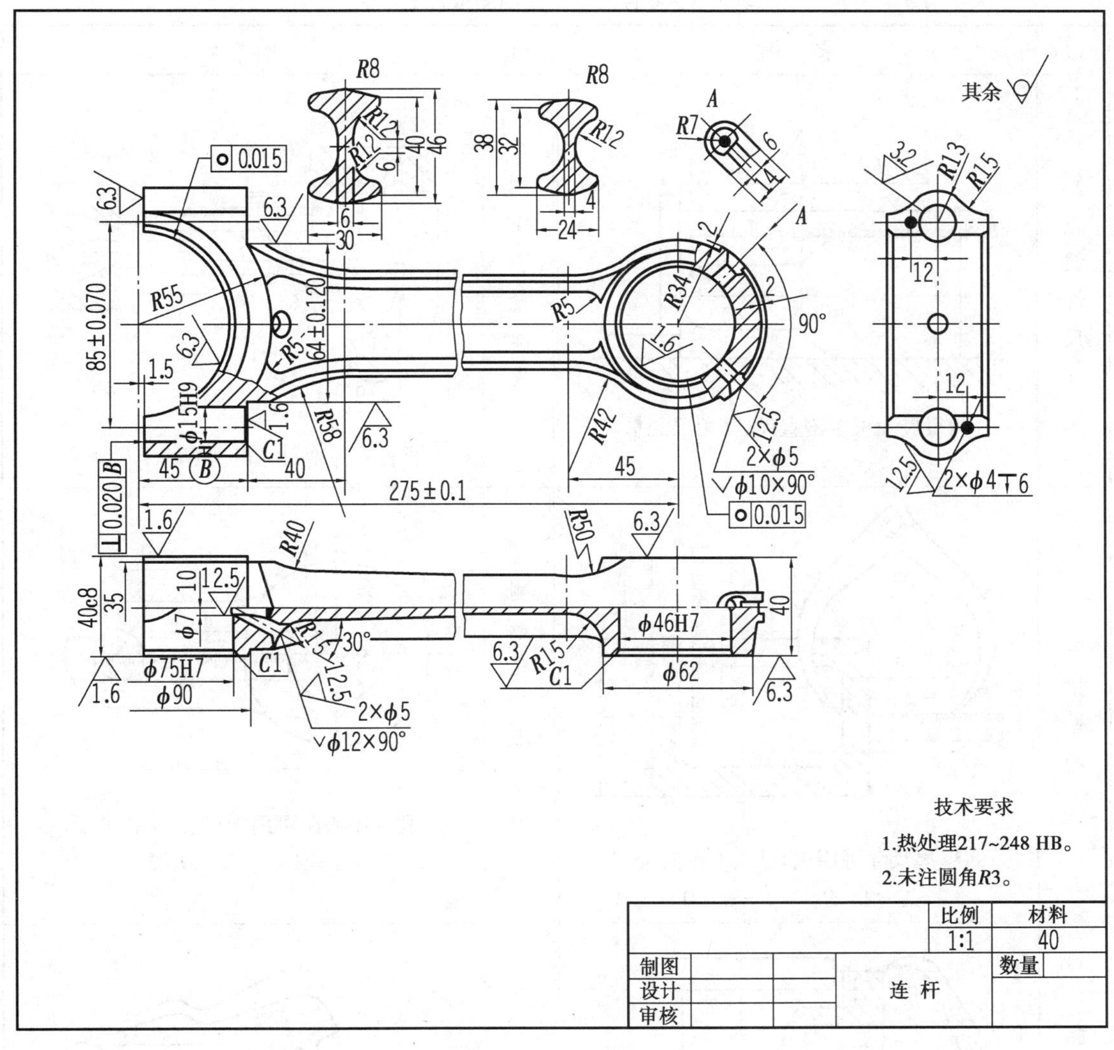

图 8.35　连杆零件图

(3)零件测绘的注意事项

零件测绘是一项比较复杂的工作,要认真地对待每个环节,测绘时应注意以下几点:

①对于零件制造过程中产生的缺陷(如铸造时产生的缩孔、裂纹,以及应对称的不对称等)和使用过程中造成的磨损、变形等,画草图时应予以纠正。

②零件上的工艺结构,如倒角、圆角、退刀槽等,虽小也应完整表达,不可忽略。

③检查尺寸是否遗漏或重复,相关零件尺寸是否协调,以保证零件图、装配图顺利绘制。

④对于零件上的标准结构要素,如螺纹、键槽、轮齿等尺寸,以及与标准件配合或相关联的结构(如轴承孔、螺栓孔、销孔等)的尺寸,应把测量结果与标准核对,圆整成标准数值。

表 8.5　零件尺寸常用的测量方法示例

部位	图　例	部位	图　例
测量线性尺寸	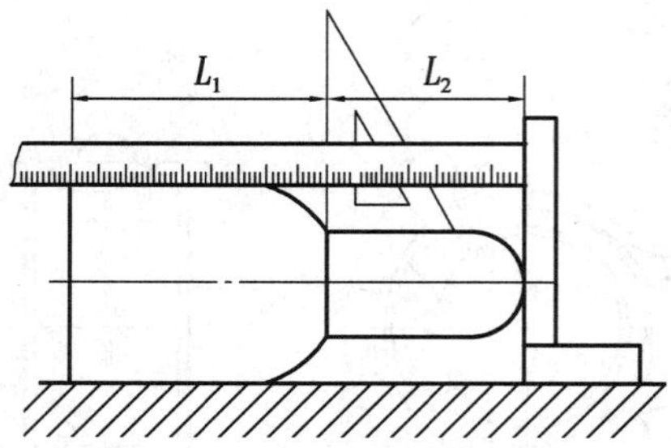 测量尺寸可用钢直尺、直角尺测量	测量直径深度	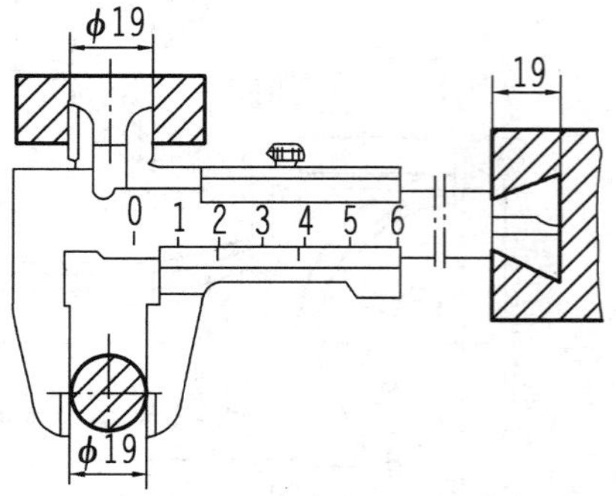 直径和深度尺寸可用游标卡尺测量
测量壁厚	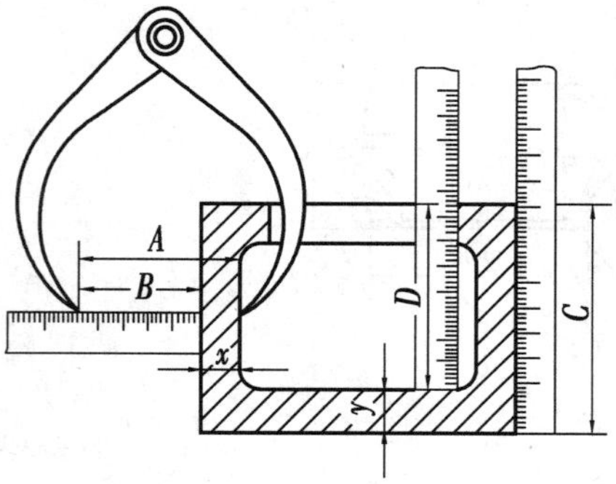 壁厚尺寸可用钢直尺、卡钳测量 $X=A-B$　　$Y=C-D$	测量孔的中心距	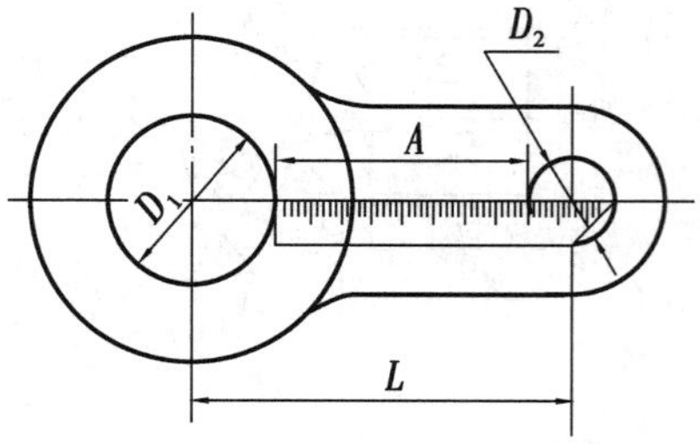 孔的中心距可用钢尺、内卡钳测量 $L=A+D_1/2+D_2/2$
测量中心高度	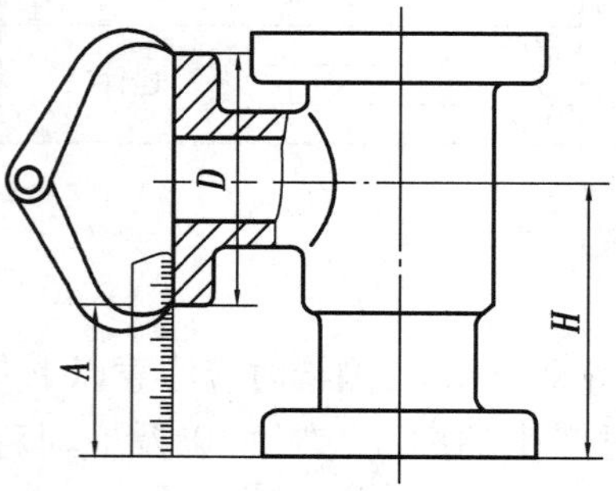 中心高可用钢尺结合外卡钳测量 $H=A+D/2$	测量螺纹	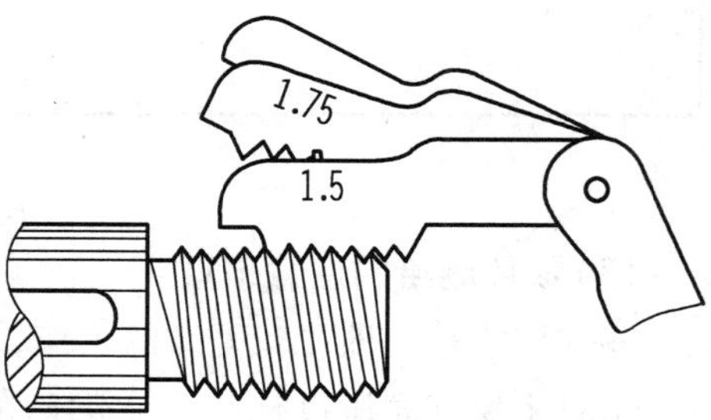 用螺纹规测量螺距，用卡尺测量螺纹大径，再查表核对螺纹标准

【任务实施】

1. 零件图的识读训练

读零件图的目的，就是要求根据零件图想象出零件的结构形状，了解零件的尺寸和各项技术要求，研究该零件的加工制造过程。

训练1 下面以图8.36所示的齿轮油泵右端盖零件图为例,说明看零件图的一般方法和步骤。

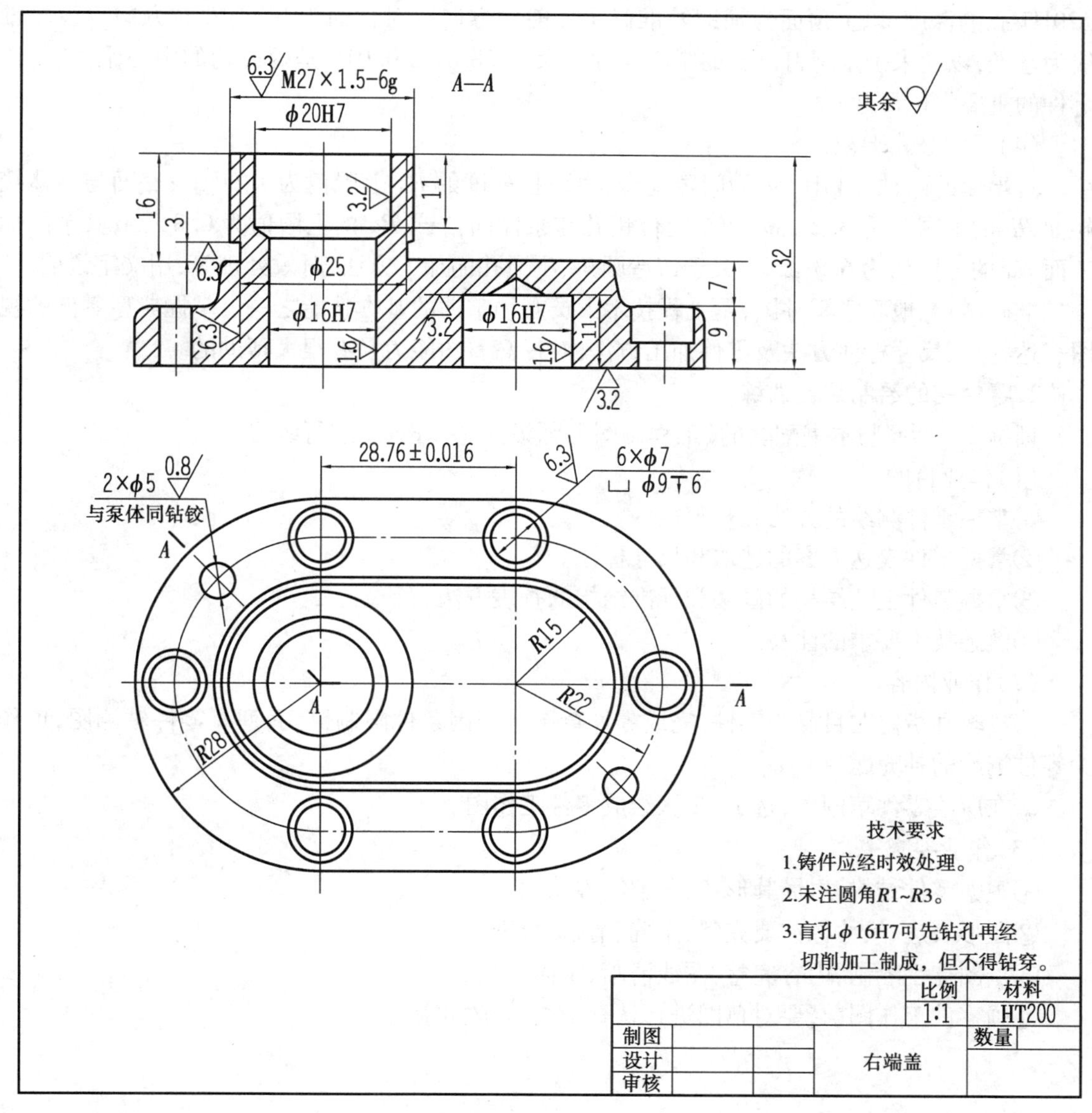

图8.36 右端盖零件图

(1)一般了解

右端盖是齿轮油泵上用于支承齿轮轴及密封泵体的零件。从标题栏得知,零件的名称为右端盖,材料为铸铁,牌号为HT200,图样比例为1∶1。

(2)分析视图

右端盖采用了两个基本视图。主视图采用全剖视,表达了两齿轮轴轴孔和螺钉,以及定位销孔的内部结构。其剖切平面位置从俯视图可找到,两个Φ16H7轴孔是用以支承齿轮轴的。在俯视图上可以看出右端盖的形状特征,6个螺钉沉孔和两个定位销孔的分布情况。综合主、俯两个视图,按形体分析方法,想象出右端盖的整体形状。

(3)分析尺寸

右端盖的高度方向主要基准为底面,以此来定不通孔深度 11 及板厚 9、16、32 等尺寸;ϕ20H7 孔的深度,以上顶面为辅助基准确定。前后方向以对称面为基准,左右方向以齿轮轴线为基准,以此来确定螺钉沉孔的中心尺寸。尺寸 28.76 ±0.016 是两齿轮的中心距,它是该零件的重要定位尺寸。

(4)了解技术要求

右端盖的两轴孔 ϕ16H7 为间隙配合,表面粗糙度的 Ra 上限值为 1.6 μm;底面与泵体接触面 Ra 的上限值为 3.2 μm;两个定位销孔与泵体同钻铰,Ra 的上限值为 0.8 μm;其余的加工面 Ra 的上限值为 6.3 μm。关于铸造圆角、不通孔的加工方法、时效处理等,用文字说明。

准确、熟练地看懂零件图,是工程技术人员必须掌握的基本技能之一。掌握典型零件的视图表达特点、尺寸标注方法及零件加工方法,对提高看图能力是有很大帮助的。

2. 零件图的绘制综合训练

训练 2　参照与本书配套的《工程制图习题集》8-9-1、8-9-2 进行练习。

(1)作业目的

①掌握零件测绘的方法和步骤。

②掌握零件表达方案的选取和尺寸标注。

③掌握零件工艺结构的画法和标准结构的查表方法。

④熟悉技术要求的注写。

(2)作业内容

①按教师指定题目测绘零件,完成零件草图。若因条件限制,后面列有零件轴测图,可作为零件测绘的补充题目。

②在所绘零件草图中,选 1 ~ 2 张绘成零件工作图。

(3)作业要求

①观察零件结构,看懂其形状,了解零件功用。

②图形表达、尺寸标注要完整、正确、清晰、合理。

③草图徒手绘制,内容完整,图线清晰,字体工整。

④画零件工作图前,要对草图进行认真检查、修改和补充。

项目9　装配图

【项目描述】

机器或部件是由若干零件按一定的装配关系和技术要求装配而成的。表示机器或部件(统称装配体)等产品及其组成部分的连接、装配关系的图样,称为装配图。它是设计、安装、维修机器或进行技术交流的一项重要技术资料。

【学习目标】

通过本项目的学习,要求掌握以下基本知识:

1. 了解装配图的作用和内容。
2. 掌握装配图的规定画法和特殊表达方法。
3. 掌握装配图中的尺寸标注方法及零件编号、明细栏的规范画法。
4. 了解装配图的测绘方法和步骤。
5. 掌握识读和绘制装配图的方法和步骤。

【技能目标】

1. 能识别标准装配图的各类尺寸。
2. 能正确地测绘和绘制简单装配图。
3. 能读懂中等复杂程度的装配图。
4. 能根据简单装配图进行零件图的拆分和测绘。

任务1　装配图的认知

【任务描述】

装配图是用来表达机器或装配关系的图样,是机械工程中的重要技术文件。它是设计、安装、维修机器或进行技术交流的一项重要技术资料。

【任务要求】

1. 掌握装配图的作用。
2. 掌握一张完整的装配图应包括的主要内容。

【知识准备】

(1)装配图的作用

装配图和零件图一样都是生产中的重要技术文件。它用来表示机器(或部件)的工作原理、各零件之间装配关系、传动路线和主要零件的结构形状等。在机器的设计中,首先要画出装配图,再根据装配图进行零件设计并画出零件图;在机器制造中,装配图是制订装配工艺规程、进行装配和检验的依据;在操作和维修设备时,需要通过装配图来了解机器的构造。

(2)装配图的内容

图9.1是滑动轴承的轴测剖视图,图9.2是滑动轴承的装配图。从图中可知,一张完整的装配图包括以下内容:

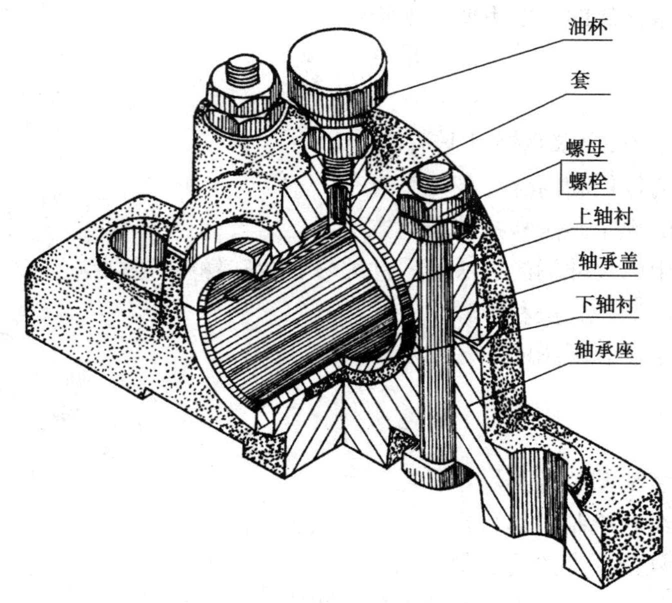

图9.1　滑动轴承的轴测剖视图

1)一组图形

用视图、剖视图或其他表达方案表达装配体的工作原理、装配关系、传动路线、各零件的相对位置、连接方式和主要零件结构形状等的图形。

2)必要的尺寸

用于表明装配体规格、性能、装配、检验、安装时所必需的重要尺寸。

3)技术要求

用符号或文字说明装配体在装配、调试、安装和使用中的技术要求。

4)零件序号、明细栏和标题栏

为了便于看图,在装配图中必须对每个零件进行编号,并在标题栏上方按编号绘成明细栏,说明零件的名称、材料、数量等;在标题栏中填写装配体的名称、图号、比例、图样的有关责任者签名、日期等内容。

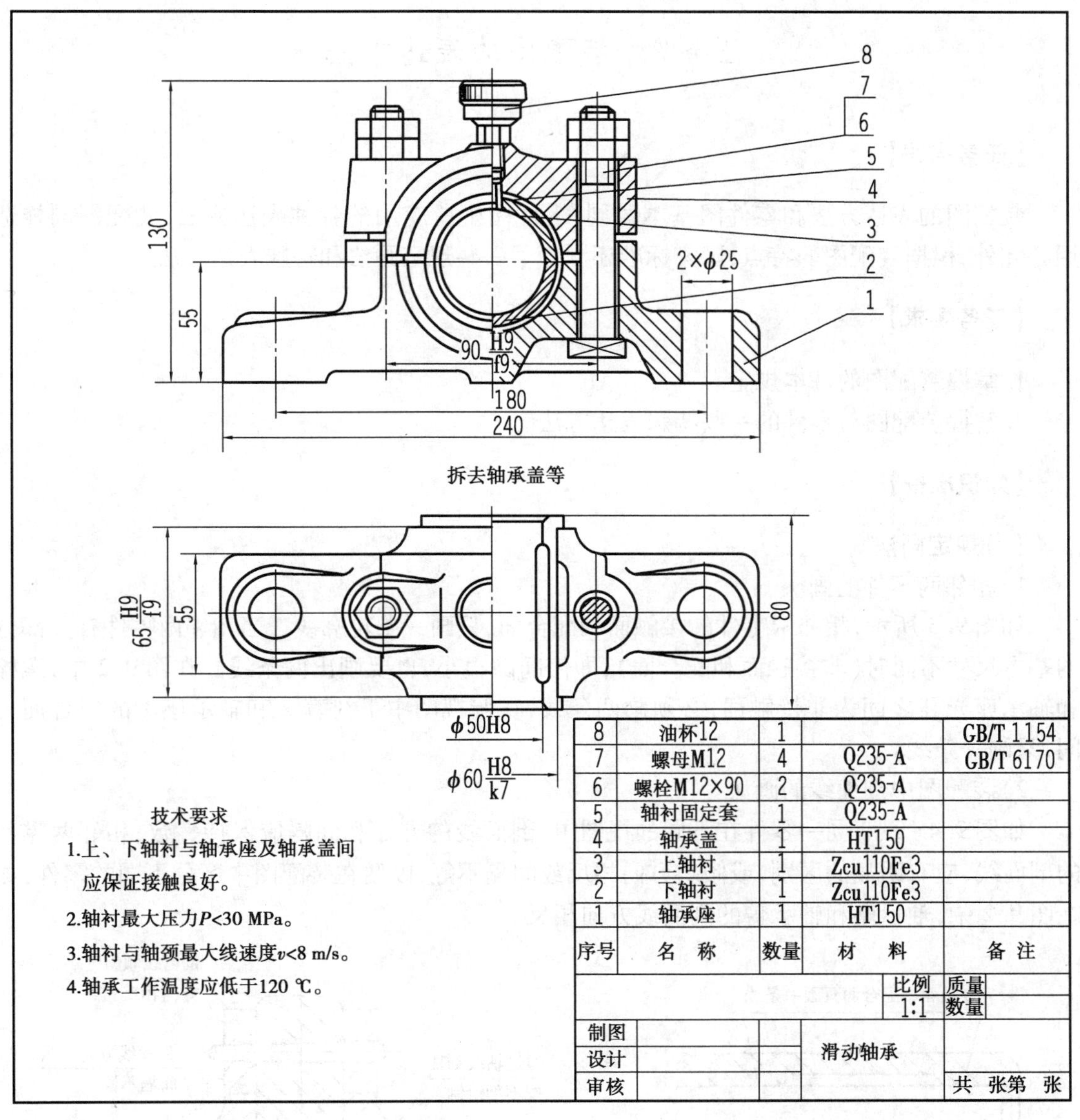

图 9.2 滑动轴承的装配图

【任务实施】

训练 思考一张完整的装配图应包括哪些内容,具体有何要求。

任务2 装配图的表达方法

【任务描述】

装配图的表达方法和零件图基本相同，零件图中所应用的各种表达方法，装配图同样适用。此外，根据装配图的特点，国家标准还制订了一些规定画法和特殊表达方法。

【任务要求】

1. 掌握装配图的基本规定。
2. 掌握装配图对零件的一些特殊表达方法。

【知识准备】

(1)规定画法

1)相邻两零件的画法

如图9.3所示，相邻两零件的接触面和配合面，只画一条轮廓线。当相邻两零件有关部分的基本尺寸不同时(非接触面和配合面)，即使间隙很小，也要画出两条线。在图9.2中，螺栓和轴承座光孔之间为非接触面，必须画两条线；在俯视图中下衬套2和轴承座1的配合面之间，只画一条线。

2)装配图中剖面线的画法

如图9.4所示，同一零件在不同的视图中，剖面线的方面和间隔应保持一致；相邻两零件的剖面线，应有明显的区别，或倾斜方向相反或间隔不等，以便在装配图中区分不同的零件，如在图9.2中，轴承座和轴承盖的剖面线方向相反。

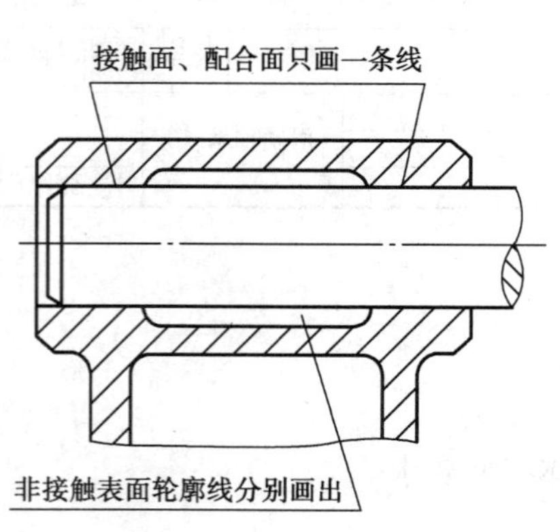

图9.3 接触面与非接触面的画法

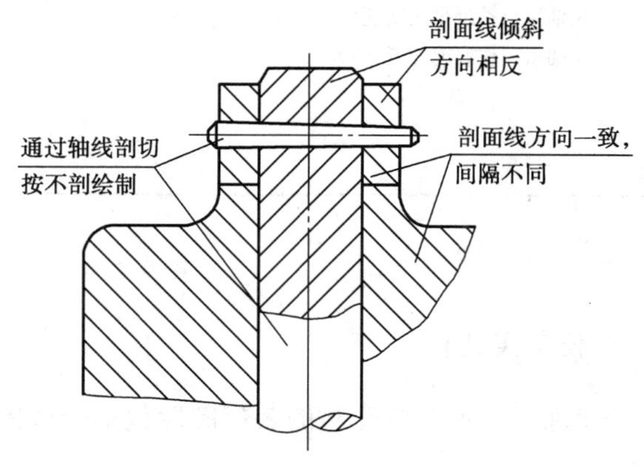

图9.4 装配图中剖面线的画法

3)螺纹紧固件及实心件的画法

螺纹紧固件及实心的轴、手柄、键、销、连杆、球等零件，若按纵向剖切，剖切平面通过其轴线或对称面时，则这些零件均按未剖绘制，如图9.2中的螺栓6和螺母7及图9.4中的销；当剖切平面垂直轴线剖切时，则应按剖开绘制，如图9.2所示俯视图中的螺栓剖面。

(2)装配图的某些特殊表达方法

1)假想画法

如图9.5所示,在装配图中为了表示运动零件的极限位置或本零部件与相邻零部件的相互关系时,可用双点画线画出该零部件的外形轮廓图。

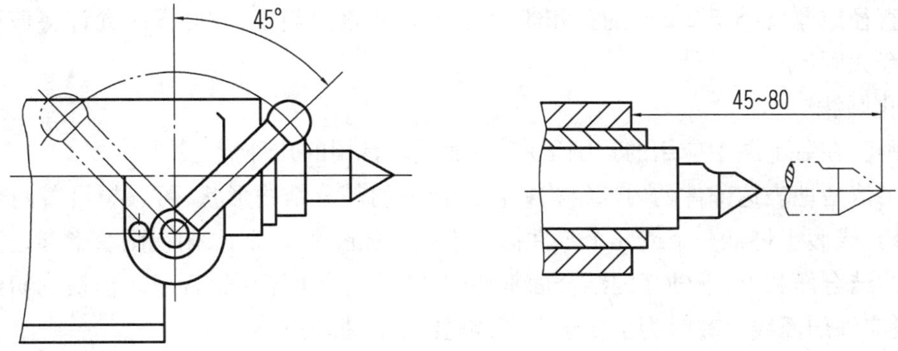

图9.5 假想画法

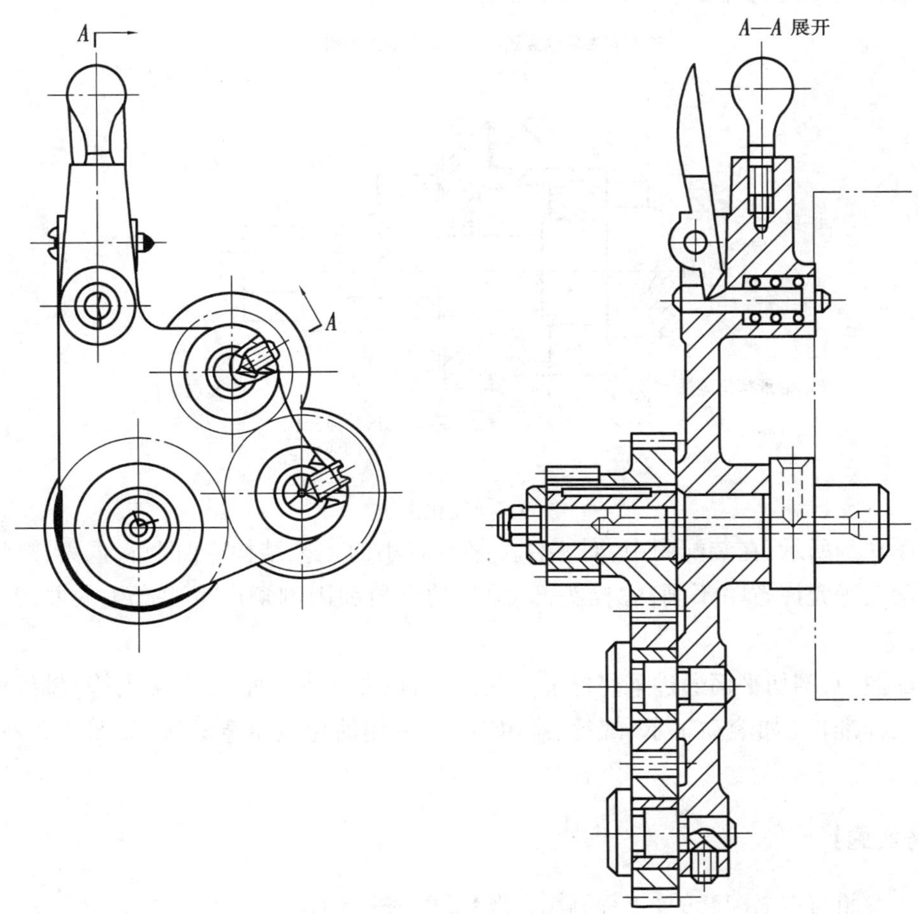

图9.6 轮系的展开画法

2)展开画法

如图9.6所示的装配图为了表示传动机构的传动路线和装配关系,可假想沿传动路线上的轴线顺序剖切,然后展开在同一平面上,画出其剖视图。

3)夸大画法

对于直径或厚度小于2 mm的孔和薄片、较小的锥度或斜度,在画图时允许将该部分不按原比例而夸大画出。

4)简化画法

简化画法在装配图中应用的范围很广,下面是较常用的几种情况:

①为了清楚地表达部件的内部结构或被遮挡住的部分结构形状,可假想沿着两个零件的结合面剖切,或假想将某一个或几个零件拆去不画。如图9.2所示,俯视图右半部是沿轴承盖与轴承座的结合面和上、下轴瓦的结合面剖切的,零件结合面不画剖面线。但被剖切到其他零件时,一般应画剖面线。有时为了便于看图,需要加注"拆去××"。

②对于装配图中的螺栓连接等若干相同零件组,允许仅详细地画出一组,其余用细点画线表示出中心位置即可,如图9.2、图9.7中的螺栓画法。

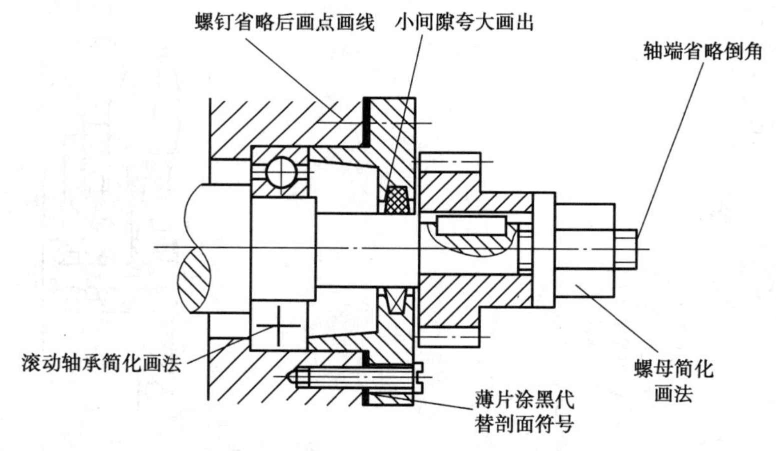

图9.7　简化画法

③如图9.7所示,在装配图中,对零件上某些较小的工艺结构,如倒角、退刀槽、凹坑、凸台、沟槽、滚花等允许省略不画,螺栓头部、螺母的倒角和因倒角产生而产生的曲线,也允许不画。

④装配图中,剖切平面通过某些标准产品组合件(如油杯、油标、管接头等)轴线时,可以只画外形。标准件(如滚动轴承、螺栓、螺母等)可采用简化或示意画法,如图9.2所示中的油杯。

【任务实施】

训练　参照与本书配套的《工程制图习题集》9-1进行练习。

任务3 装配图的尺寸标注和技术要求

【任务描述】

在装配图中,不必注全所属零件的全部尺寸,只需注出用以说明机器或部件的性能、工作原理、装配关系和安装要求等方面的尺寸,这些必要的尺寸是根据装配图的作用确定的。

【任务要求】

1. 掌握装配图中需要标注的尺寸类型。
2. 了解装配图中零件编号和明细栏的规范画法。

【知识准备】

(1)装配图的尺寸标注

装配图和零件图在生产中的作用不同,因此在图上标注尺寸的要求也不同。在装配图中需注出一些必要的尺寸,这些尺寸按作用的不同可分为以下几类:

1)性能(规格)尺寸

性能尺寸表示该机器的性能(规格)尺寸,它是设计产品时的主要依据。如图9.2中滑动轴承的轴孔直径ϕ50H8。

2)装配尺寸

保证机器中各零件装配关系的尺寸。装配尺寸包括配合尺寸和主要零件相对位置的尺寸。如图9.2中轴承座与下轴衬间的ϕ60H8/k7、轴承座与轴承盖间的90H9/f9和中心高55。

3)安装尺寸

机器和部件安装时所需的尺寸。如图9.2中轴承座安装孔直径ϕ25和两孔中心距180。

4)外形尺寸

表示机器或部件外形轮廓尺寸,即总长、总宽和总高。根据外形尺寸,可考虑机器或部件在包装、运输、安装时所占的空间。

5)其他重要尺寸

根据装配体的特点和需要,必须标注的尺寸。如经过计算的重要设计尺寸、重要零件间的定位尺寸、主要零件的尺寸等。

装配图上的尺寸要根据情况具体分析,上述5类尺寸并不是每一张装配图都必须标注的,有时同一尺寸就兼有几种意义。

(2)装配图的技术要求

装配图上的技术要求,主要包括装配方法,调试、检验的有关数据,以及安装、使用中的注意事项等内容。一般用文字写在明细栏上方或图样下方的空白处。

(3)装配图的零件序号和明细栏

为了便于看图、管理图样,装配图中必须对每种零、部件进行编号,并根据零件编号绘制相应的明细栏。

①装配图中所有零件,应按顺序编写序号;同种零件只编一个序号,一般只注一次。

②零件序号应标注在视图周围,按水平或垂直方向排列整齐,按顺时针或逆时针方向排列。

③零件序号应填写在指引线一端的横线上(或圆圈内或末端附近),指引线的另一端应自所指零件的可见轮廓内引出,并在末端画一圆点,如所指部分内不宜画圆点(很薄的零件或涂黑的剖面)时,可在指引线一端画箭头指向该部分的轮廓,如图 9.8(b)所示。

④序号的字号应比图中尺寸数字大一号或大两号,如直接将序号写在指引线附近,这时序号应比图中字号大两号(见图 9.8(a))。

⑤一组紧固件或装配关系明显的零件组,可采用公共指引线,如图 9.8(b)所示。

⑥零件的明细栏应画在标题栏上方,当标题栏上方位置不够时,可在标题栏左边继续列表。明细栏也可单独编写,明细栏的内容如图 9.2 所示或和第一章相关要求。

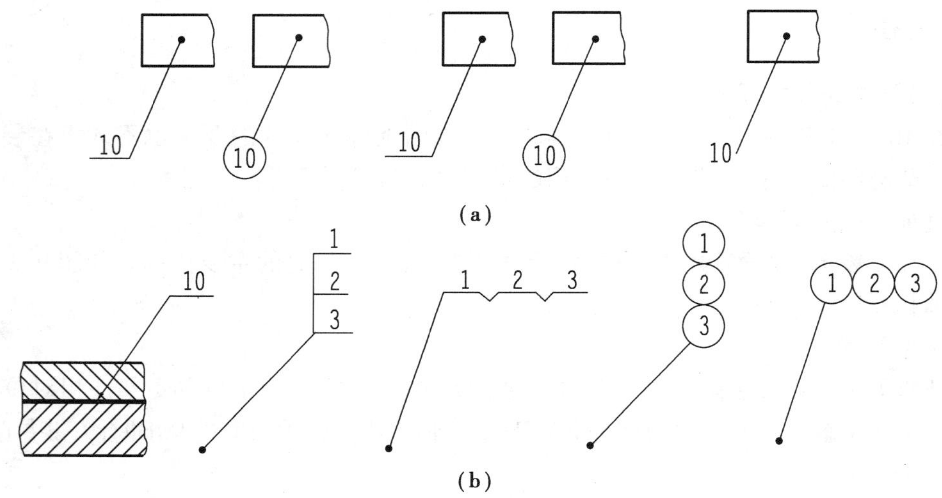

图 9.8　零件序号编写形式

【任务实施】

训练 1　思考装配图中应标注哪些必要尺寸。

训练 2　参照与本书配套的《工程制图习题集》9-4 进行装配图的尺寸标注练习。

任务 4　装配体部件的测绘和装配图画法

【任务描述】

在生产实践中,根据现有部件(或机器)画出其装配图和零件图的过程,称为部件(或机器)测绘。装配体的测绘,对技术改造、仿制和引进先进技术都有着十分重要的意义。

【任务要求】

1. 了解装配图的测绘方法和步骤。
2. 能绘制装配示意图。
3. 掌握绘制装配图的方法和步骤。

【知识准备】

(1)了解和分析装配体

装配体测绘时,首先要对装配体进行分析,了解其用途、性能、工作原理、结构特点和各零件间的装配关系,还要查阅有关技术资料,到现场了解使用情况等。现以图9.9所示的齿轮泵为例,说明装配体的测绘方法和步骤。

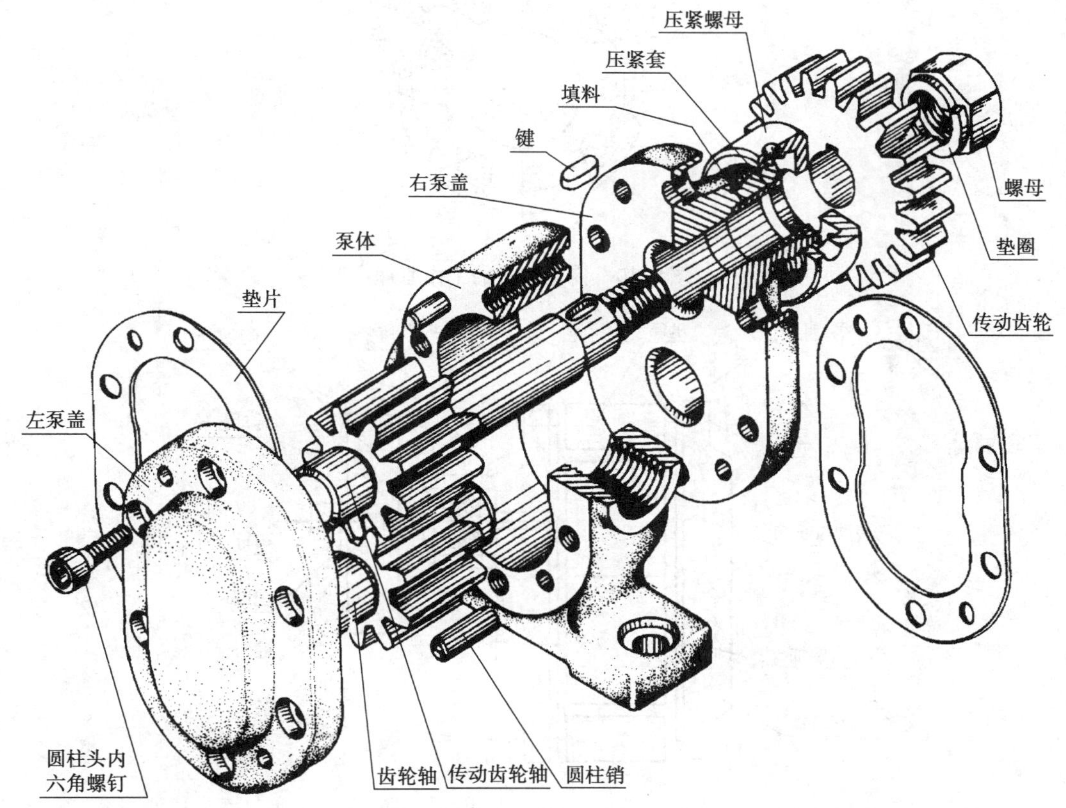

图9.9 齿轮油泵的轴测分解图

图9.9为齿轮油泵的轴测分解图。齿轮油泵是机床润滑系统的供油泵,其主要零件有泵体、泵盖、齿轮、轴等。

齿轮油泵的工作原理如图9.10所示。在泵体的内腔装有一对相互啮合的圆柱齿轮,传动齿轮轴的轴端伸出泵体外,以连接动力。当主动轮逆时针转动时,从动轮按顺时针转动。当两个齿轮做啮合传动时,啮合区内右边空间的压力下降而产生局部真空,油池内的油在大气压力作用下进入油泵低压区内的吸油口,随着齿轮的连续转动,齿槽中的油不断地沿箭头方向被带至左边的出油口把油压出,送往各润滑管路中。

(2)画装配示意图、拆卸装配体

在了解和分析装配体的基础上,为了记录零件间的相对位置、工作原理和装配关系,为画装配图作好准备,首先应画出装配示意图,如图 9.11 所示。

画装配示意图,是按标准规定的机构运动简图符号,用简单的线条、徒手画出零件的大致轮廓,并将各零件编写序号或写出名称,然后准备拆卸零件,画零件草图。

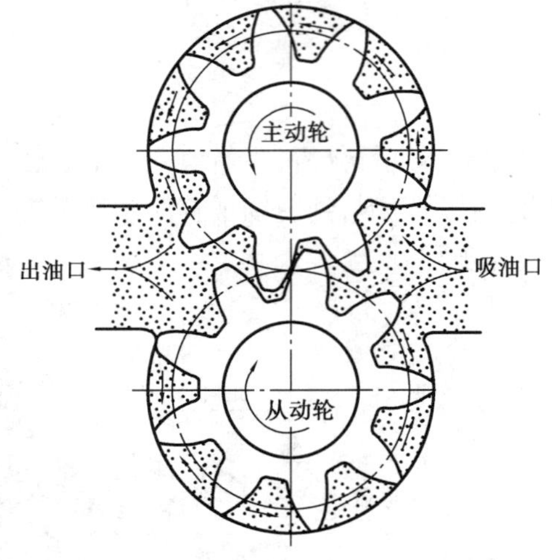

图 9.10　齿轮油泵的工作原理

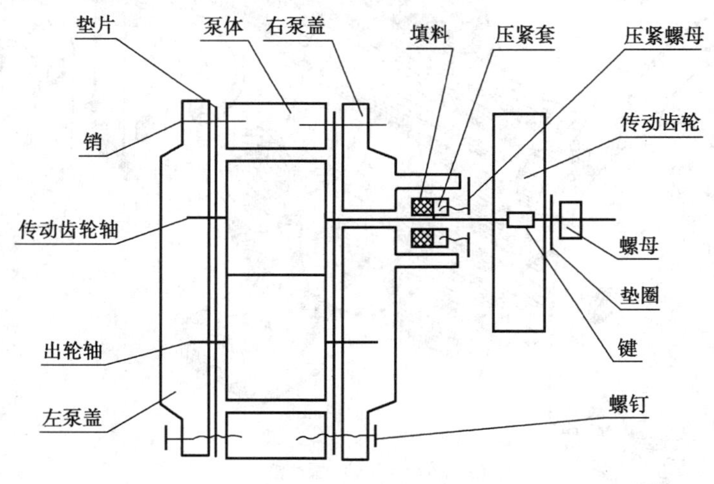

图 9.11　齿轮油泵装配示意图

(3)画零件草图

画零件草图是装配体测绘的重要步骤和基础工作。装配体中零件可分为两类:一类是标准件,只需测出其规格尺寸按规定标记写在明细栏中,不必画出零件草图。另一类零件为非标准件,则需画出全部零件草图。零件草图要求同零件图完全一样,绝不是潦草的图,区别仅在于零件草图是徒手完成的,零件图是用仪器画出的。

(4)画装配图和零件图

根据装配示意图和徒手绘制的零件草图绘制装配图,再由装配图拆画零件图。这不是简单的拼凑和重复,而是从装配体的整体功用、工作原理出发,对零件草图和装配示意图进行一次校对。当发现它们有不协调甚至错误之处,应立即改正。对于零件草图上注写的技术要求,通过画装配图,对机器(或部件)有了更深一步的认识之后,尚需进行再一次审定。

(5)装配结构合理性简介

在设计和绘制装配图的过程中,应考虑装配结构的合理性,以保证机器和部件的性能要求,并给零件的加工和装拆带来方便。下面对常见的装配结构作简要的介绍。

①为了避免装配时不同的表面互相发生干涉,两零件之间在同一个方向上的接触面数量,一般不得多于一个,否则会给加工和装配带来困难,如图9.12所示。

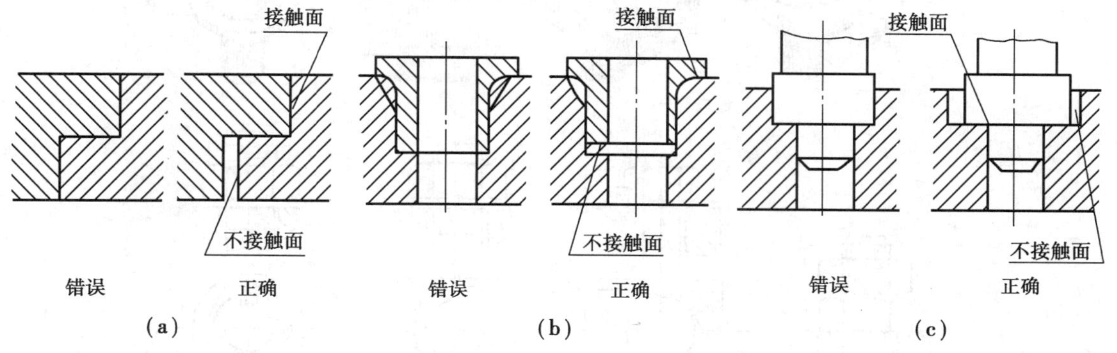

图9.12 常见的装配结构(一)

②轴与孔配合且轴肩与端面相互接触时,则孔应倒角或轴的根部应加工出退刀槽,以保证端面接触良好,如图9.13所示。

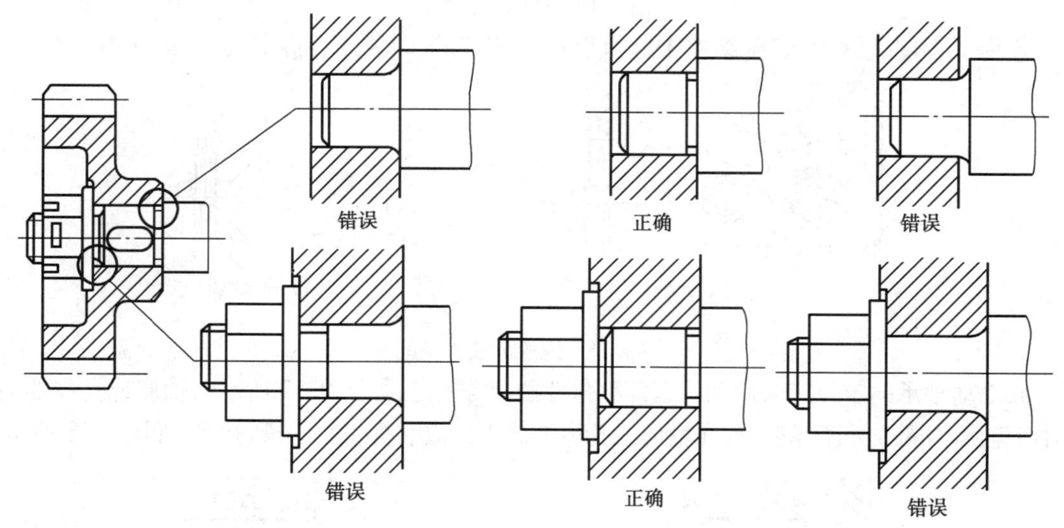

图9.13 常见装配结构(二)

③为了保证两零件在拆卸前后不至于降低装配精度,一般用圆柱销将两零件定位。为了加工和装拆方便,在可能的条件下,最好将销孔做成通孔的形式,如图9.14所示。

④为了防止机器在工作中由于振动而将螺纹连接松开,常采用螺纹防松装置,其结构形式如图9.15所示。

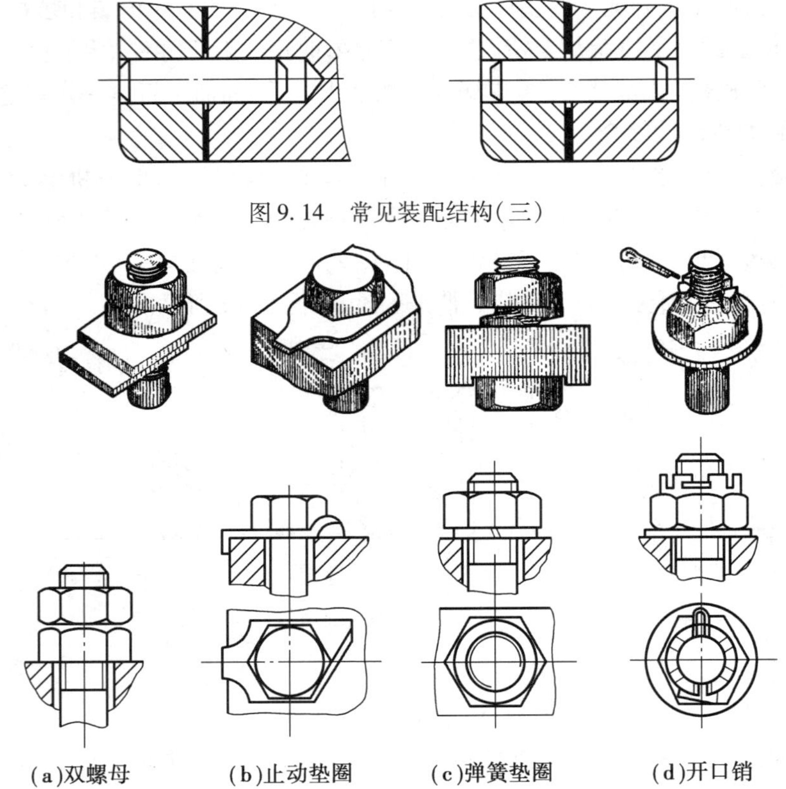

图 9.14　常见装配结构(三)

(a)双螺母　(b)止动垫圈　(c)弹簧垫圈　(d)开口销

图 9.15　螺纹防松装置

⑤为了方便装拆,在装配结构中应留出螺栓、螺钉等固件的装拆空间,如图 9.16 所示。

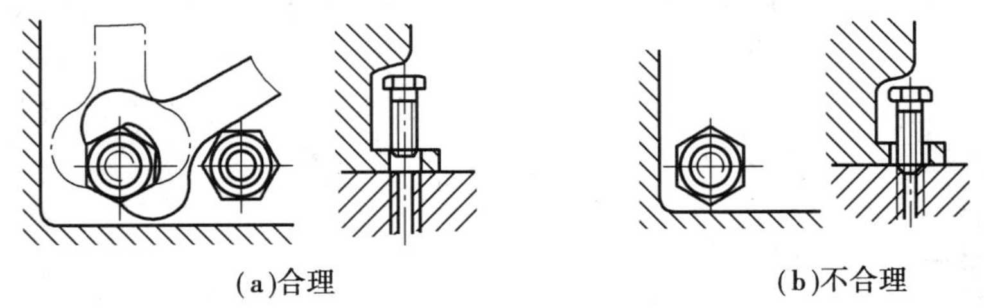

(a)合理　(b)不合理

图 9.16　螺栓的装拆空间

⑥滚动轴承的定位应采用轴肩、套筒、弹性挡圈等固定,如图 9.17 所示。轴肩或孔肩的高度应小于轴承内圈或外圈厚度,或在轴肩或孔肩上加工出放装拆工具的槽、孔等,如图 9.18 所示。

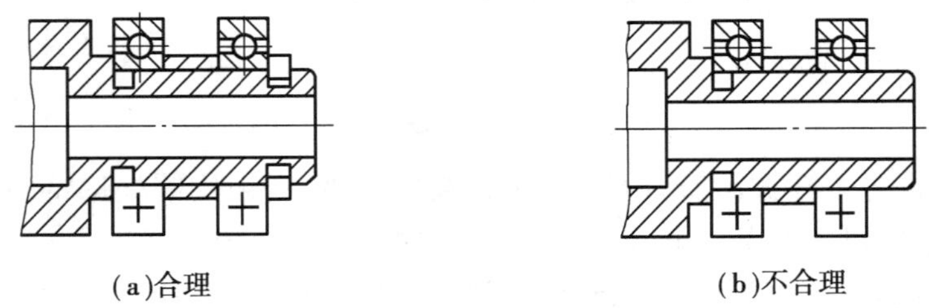

(a)合理　(b)不合理

图 9.17　滚动轴承的定位

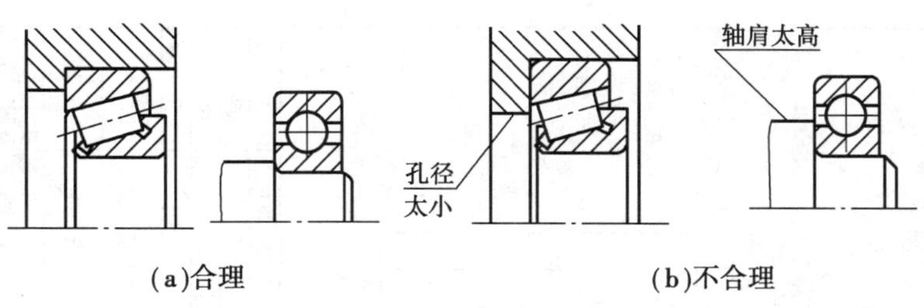

(a)合理　　(b)不合理

图9.18 方便滚动轴承的装拆

【任务实施】

训练 绘制齿轮油泵的装配图。

画装配图的方法和步骤基本与画零件图相同,关键在于要从整体出发。选择好表达方案,画装配图的一般步骤如下(见图9.19):

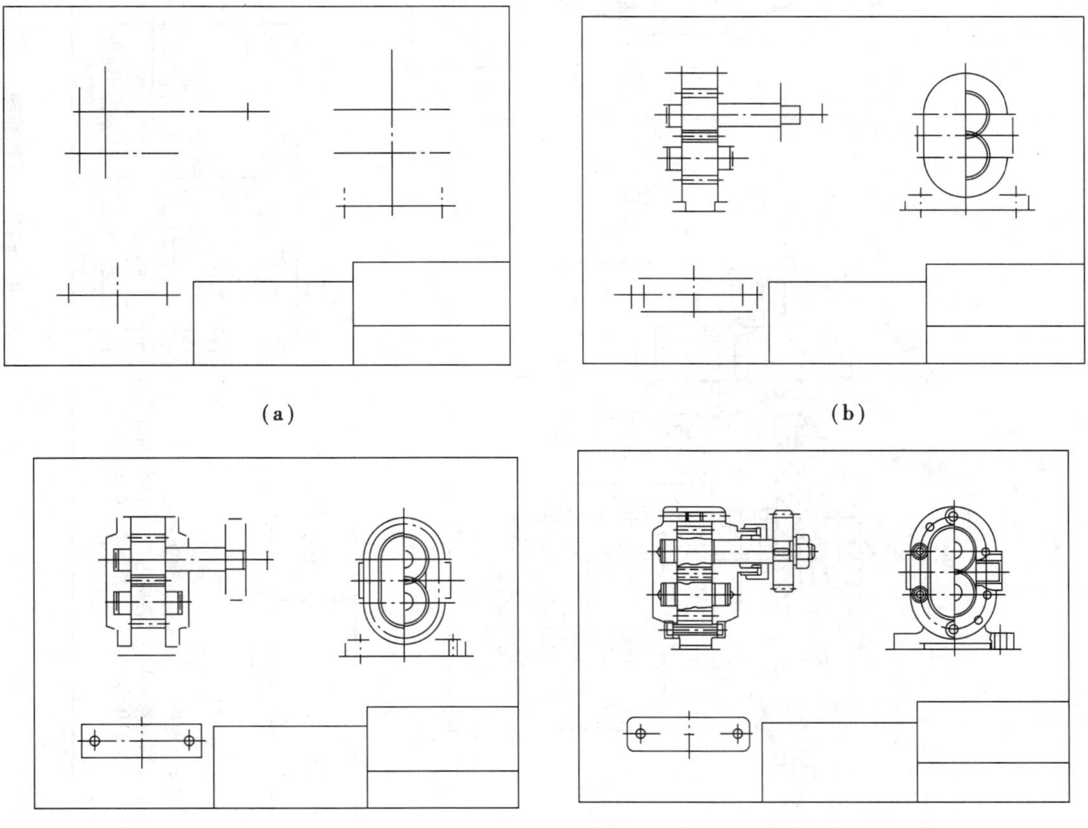

(a)　　(b)

(c)　　(d)

图9.19 装配图的画图步骤

①确定比例、合理布局。根据装配体大小和复杂程度,确定比例和图幅,同时要考虑标题栏、明细栏、零件序号、尺寸标注和技术要求等内容的布置。

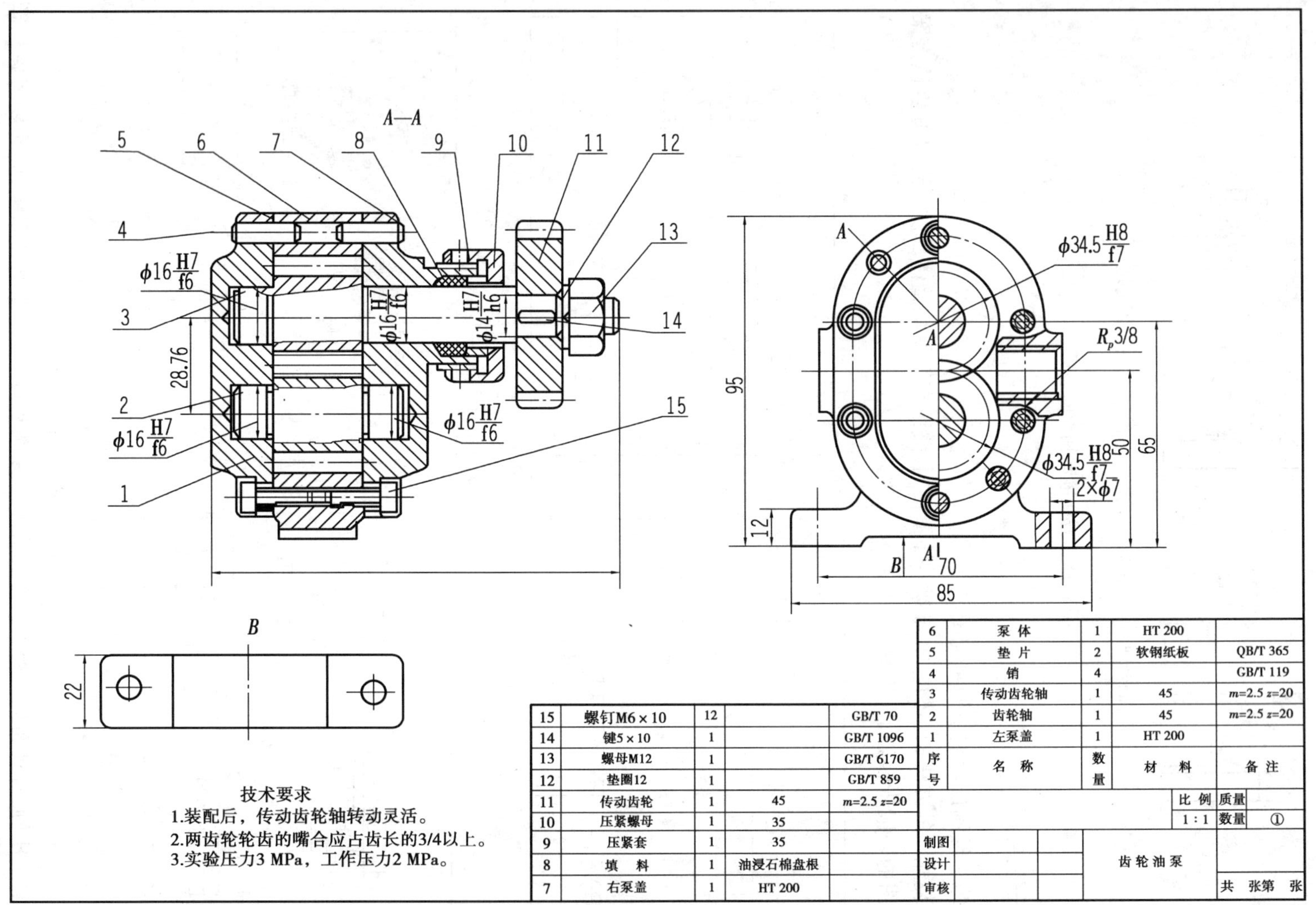

图9.20 齿轮油泵装配图

②画装配体的主要结构。一般可先从主视图画起，从主要结构入手，由主到次；从装配干线出发，由内向外，逐层画出。综合表达方案，把装配体所有零件都显示出来是最基本的要求。在此基础上再将装配体的工作原理、装配关系、连接方式和基本结构等表达清楚。

③画出次要结构和细节。例如，画出各视图中的泵体、泵盖等详细结构形状及其螺母、螺栓、垫片、键等。

④检查校对底稿并加深全图。

⑤标注必要尺寸，编注零件序号，填写标题栏、明细栏和技术要求，最后完成装配图，如图9.20所示。

任务5　读装配图和由装配图拆画零件图

【任务描述】

由于装配图在生产、设计和使用过程中的重要作用，因此熟练地阅读装配图，正确地从装配图拆画零件图，是每个工程技术人员必须具备的基本技能之一。

【任务要求】

1. 了解识读装配图的基本要求。
2. 掌握识读装配体的方法和步骤。
3. 能够根据装配图进行零件图的拆分。

【知识准备】

(1)读装配图

1)读装配图的基本要求

①了解装配体的名称、用途、性能、工作原理及结构特点。

②弄清各零件之间的相互位置、装配关系、连接关系和装拆顺序。

③弄清各零件的结构形状和作用。

2)读装配图的方法和步骤

①概括了解。看装配图时，首先要看标题栏、明细栏和产品说明书等有关技术资料，从中了解组成该机器的零件名称、数量、材料以及标准件的规格等。根据视图的大小、画图的比例和装配体的外形尺寸等，对装配体有一个初步印象。

②分析工作原理和各零件的装配关系。对于比较简单的装配体，可直接对装配图进行分析。对于比较复杂的装配体，需要结合说明书来阅读图样。分析各条装配干线，仔细研究各相关零件间的连接方式，判明固定件与运动件，弄清传动路线和工作原理。

③分析视图，看懂零件的结构形状。在弄清上述内容的基础上，还要看懂每一个零件形状。先从主要零件着手，然后是次要零件。有些零件具体形状可能表达不够清楚，这时需要根据该零件的作用及与相邻零件的装配关系进行推想，完整构思出零件的结构形状，为拆画零件图作准备。

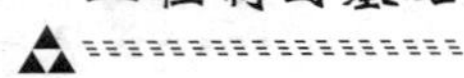

(2)拆画零件图

由装配图拆画零件图,简称拆图。在完全读懂装配图的基础上,带设计性地画出零件图。拆图时,先要正确地分离零件。一般应先拆主要零件,然后再逐一画出有关零件,以便保证各零件的结构形状合理,并使尺寸配合性质和技术要求等能够协调一致。

【任务实施】

1. 识读装配图的综合训练

训练1　图9.21是专用铣床上的铣刀头装配图。现以铣刀头的装配图为例,说明看装配图的一般方法。

(1)概括了解

首先看标题栏、明细栏和产品说明书等有关技术资料,从中可知,铣刀头是专用于铣床上的一个部件,是用来切削零件端面的一种刀具。其中,由键、销、滚动轴承、螺钉等9种标准件及座体、轴、端盖等7种非标准件组成。

(2)分析工作原理和各零件之间的装配关系

由图9.21可知,铣刀装在铣刀盘上,铣刀盘通过键13与轴7连接。当动力通过带轮4,经键5传递到轴7时,即可带动铣刀盘旋转,从而对零件进行铣削加工。轴7由两圆锥滚动轴承6及座体8支承,用两端盖11和调整环9调整滚动轴承的松紧及轴7的轴向位置。两端盖用螺钉10与座体8连接在一起,端盖内装入起密封作用的毡圈12。带轮4的轴向固定是由挡圈1及螺钉2、销3来实现的。铣刀盘的轴向固定是由挡圈14、垫圈16及螺栓15来实现的。

(3)分析视图,看懂零件结构形状

由图9.21可知,为了清晰地表达出上述关系,主视图选用了沿装配体前后对称平面剖切而得到的全剖视图。这样,铣刀头的传动路线和各零件之间的相对位置,就被完整清晰地表达出来。

在主视图中,除了座体的结构形状尚未表示清楚外,其他零件基本上已表达清楚。为了表示螺钉10的分布情况和座体的大致结构形状,又增加了拆卸画法及局部剖视图的左视图。为了反映座体底板的形状特征,采用了一个局部视图的俯视图。

座体的结构大致可由容纳轴7的空心圆筒、底板、连接空心圆筒和底板的工字形加强肋板组成。

2. 拆画零件图的综合训练

训练2　下面以图9.21铣刀装配图为例来说明拆图时应注意的问题。在全面看懂铣刀头装配图的基础上,按照零件图的内容和要求,拆画出零件图。下面以图主轴7和座体8为例介绍拆画零件图的方法。

(1)准备工作

根据零件序号和明细栏,找到要拆画的零件序号和名称,如7号零件是轴,8号零件是座体。

根据轴、杆等实心零件,当剖切平面通过其轴线时,在剖视图中按不剖处理的规定,从主视图中可将轴7左端的挡圈1、螺钉2、销3、键5及右端的键13、挡圈14、螺栓15、垫圈16等分离出去。

1 2 3 4 5 6 7 8 9 10 11 12 13 14 15 16
φ80 K7/f8
φ28 H8/R7
φ35K6
φ80K7
φ44
φ80K7
φ35K6
φ25h6
B
A
φ120
115
115
418
拆去零件2,3,4,5
φ115
φ98
4×φ11
150
190
技术要求
1.主轴轴线对底面的平行度公差为0.04/100。
2.刀盘定位轴颈A的径向全跳动公差为0.02。
3.刀盘定位端面B对φ25轴线的端面全跳动公差为0.02。
4.铣刀轴端的轴向窜动公差为0.001。
16 垫圈 1 GB/T 93
15 螺栓 1 GB/T 5782
14 挡圈 1 GB/T 892
13 键8×20 2 GB/T 1096
12 毡圈 2 半粗羊毛毡
11 端盖 2 HT 150
10 螺钉M8×22 12 GB/T 70
9 调整环 1 35
8 座体 1 HT 150
7 轴 1 45
6 滚动轴承30307 2 GB/T 297
5 键8×30 1 GB/T 1096
4 带 轮 1 HT150 A型
3 销6×32 1 GB/T 119
2 螺钉M6×8 1 GB/T 68
1 挡圈A35 1 GB/T 891
序号 名 称 数量 材 料 备 注
比例 质量
1:1 数量 1
制图
设计
审核
铣刀头
共 张第 张

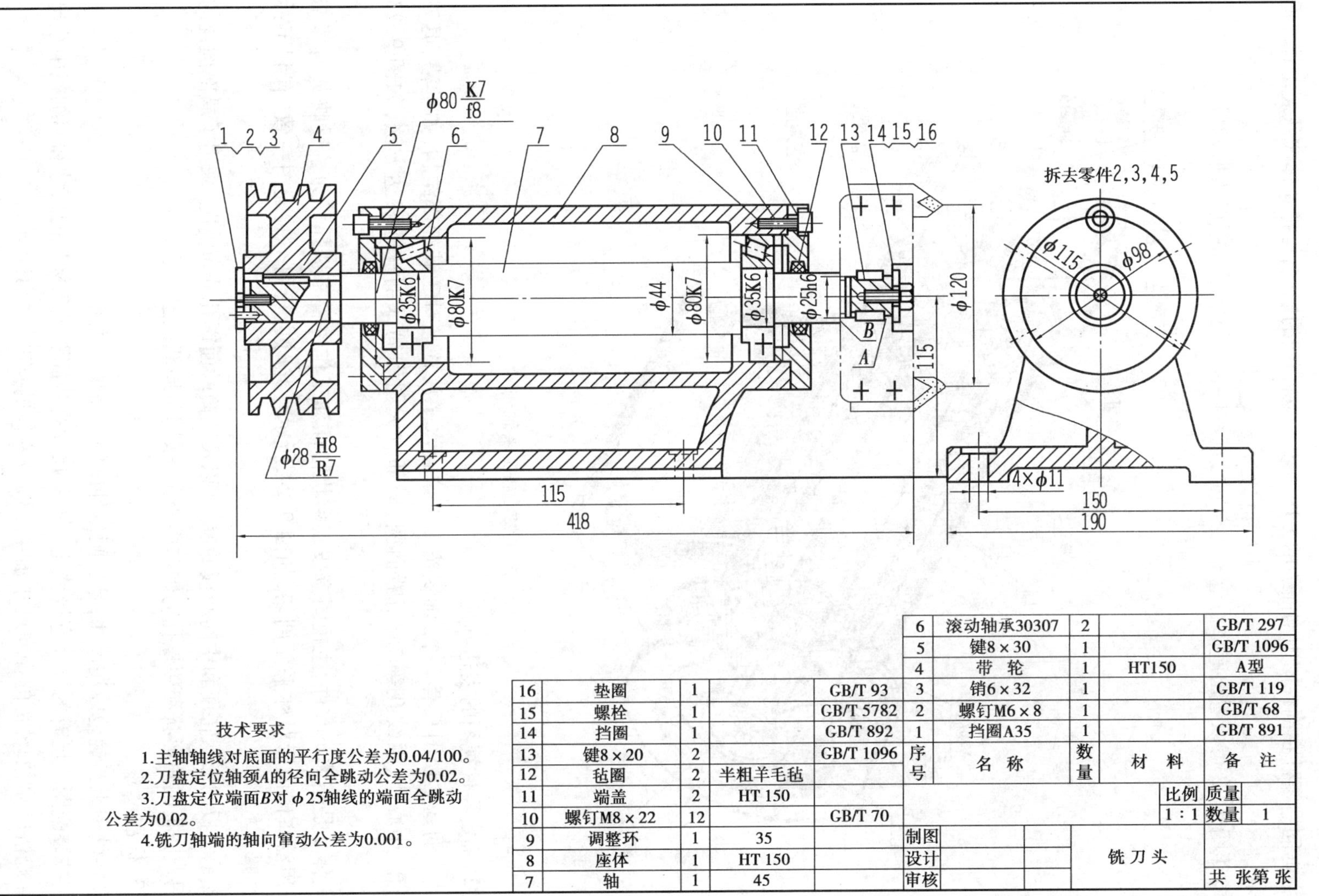

图9.21 铣刀头装配图

根据同一零件在剖视图中剖面线的方向一致、间隔相同的规定，可把座体 8 从装配体中分离出来。

参照图 9. 22 可以看出座体由上部的空心圆筒和底板及工字形加强肋板所构成。

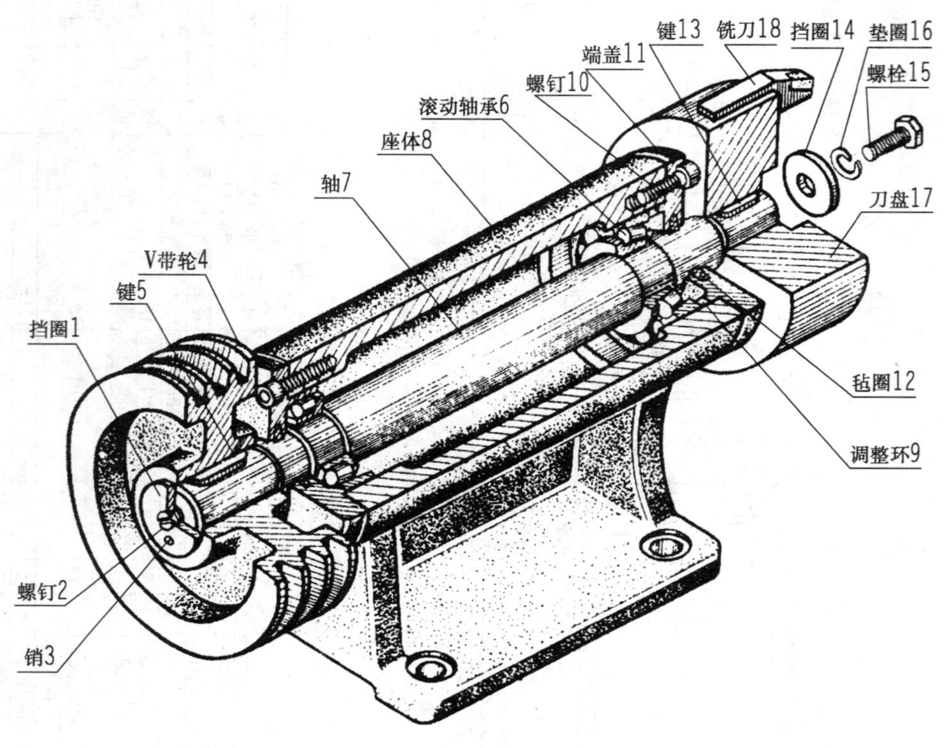

图 9. 22　铣刀头轴测图

(2)确定零件视图的表达方案

轴 7 的基本视图只有一个，轴线按加工位置水平放置。对于其细部结构，如键槽、退刀槽、销孔、中心孔、螺纹孔等，采用断面图、局部放大图和局部剖视等表达方法，如图 9. 23 所示。

座体 8 是箱体类零件，主视图应按其形状特征和工作位置来选择。为了反映其内部结构，采用沿座体前后对称平面剖切，如图 9. 24 所示。此时主视图与装配图一致，有利于拆图时对照。

支承肋板的形状特征和中间肋板的厚度，以及圆筒端面螺孔分布情况，采用了局部剖视的左视图。底板圆角形状和两螺孔的轴向中心距，采用了局部视图表示。

(3)标注尺寸

在零件图上正确地标注尺寸，是拆画零件图的一项重要内容。

①按装配图上已有的尺寸直接移注。这些尺寸是装配图上已标注的尺寸和明细栏中注出的零件规格尺寸，如轴 7 的径向尺寸 $\phi44$、$\phi35$ 及座体的宽度尺寸 190 等。

②查表确定的尺寸。对于零件上标准结构的尺寸，如螺栓通孔、倒角、退刀槽、键槽、沉孔等，可查有关标准确定，如图 9. 23 所示的键槽、退刀槽尺寸。

③需要计算确定的尺寸。这些尺寸都是零件上比较重要的尺寸，如根据带轮槽型 A，查阅手册画出带轮的轮槽。再如，根据齿轮参数 m、z 等，计算齿轮轮齿的各部尺寸。

④在装配图上直接量取。零件上大部分不重要的或非配合的尺寸，一般均可从装配图上按比例直接量取。量得的尺寸，应圆整成整数。如座体的壁厚尺寸 15、板厚尺寸 18、底座总长 255 等。

在标注尺寸时，应考虑零件在装配体中的作用，然后从零件设计、加工工艺等方面来考虑尺寸基准。先确定长、宽、高 3 个方向的主要基准，再根据加工和测量的需要，适当选择一些辅助基准，以便合理地标注零件各部分尺寸。

(4)填写技术要求

零件上各表面粗糙度的要求，应根据表面的作用和两零件间的配合性质进行选择。对配合表面，则应根据配合性质、公差等级等，查阅手册来解决。

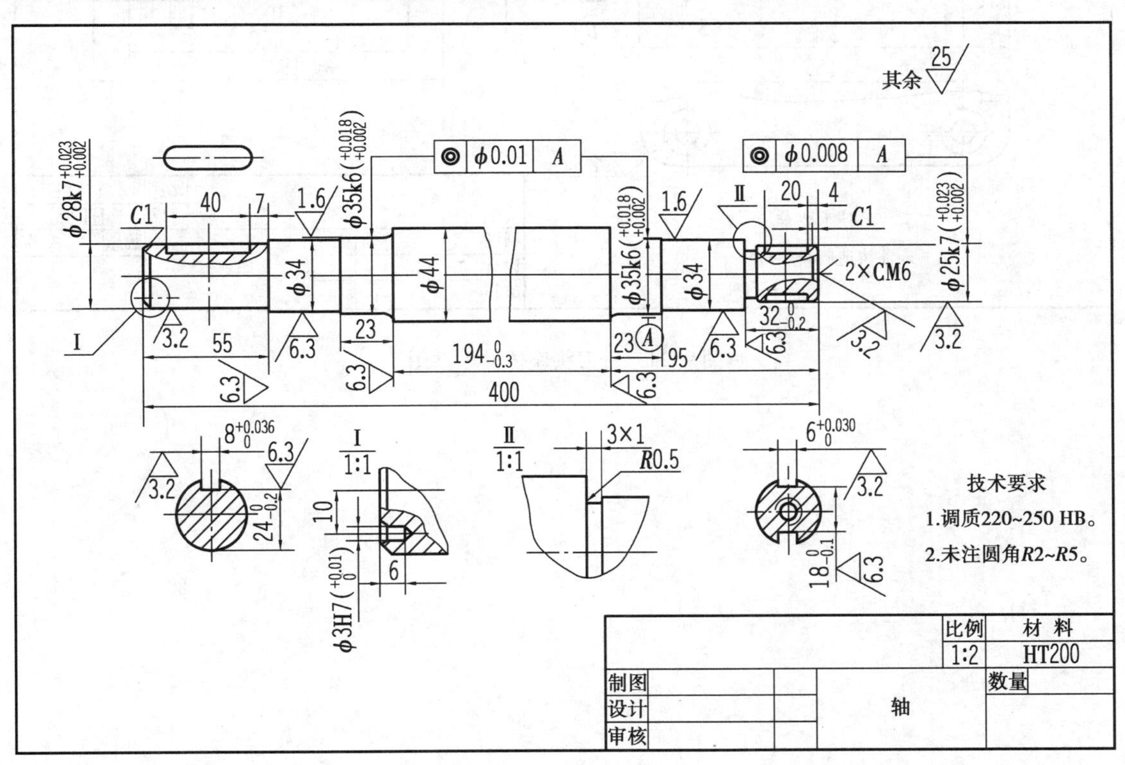

图 9.23　铣刀头轴的零件图

(5)填写标题栏

标出零件的名称、材料、比例、数量和制图者姓名等。零件材料，一般可凭经验用类比的方法和根据零件的用途来选定。

(6)检查校对

这是拆画零件图的最后一步。首先看视图是否将零件表达清楚，投影是否正确；然后校对尺寸是否有遗漏的，相互配合的相关尺寸是否一致，以及标题栏与技术要求等内容是否完全相等；最后完成零件图。

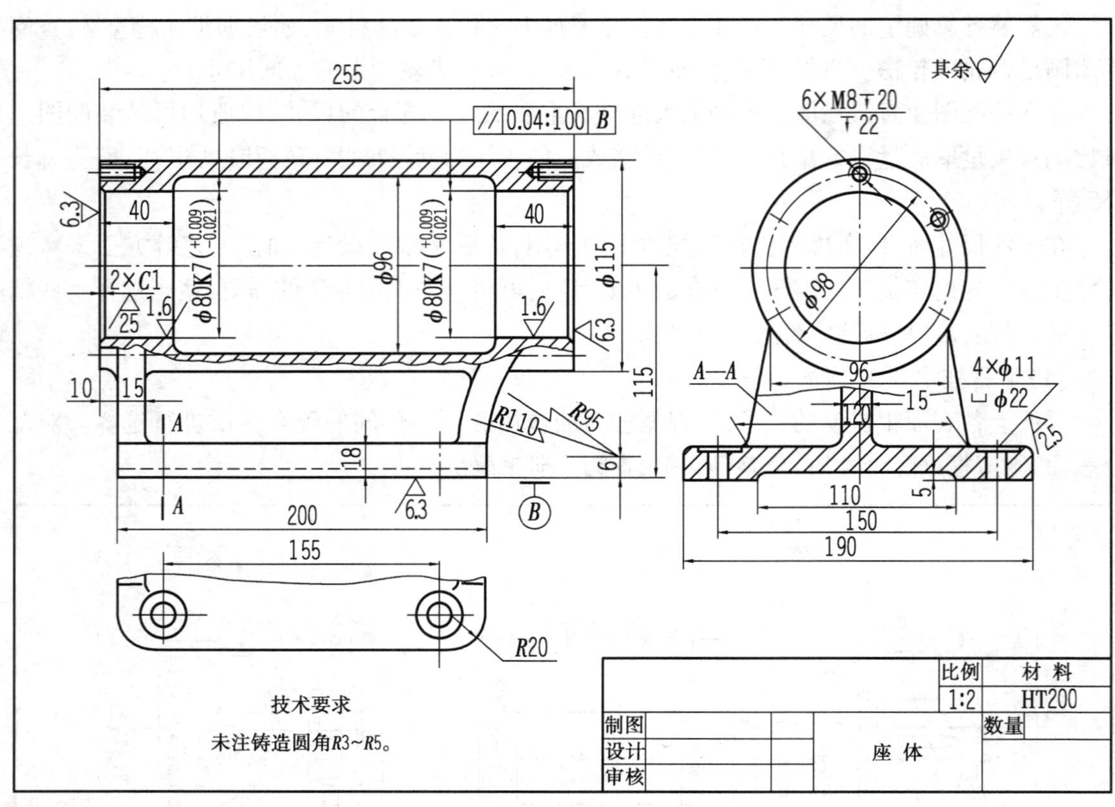

图 9.24 铣刀头座体的零件图

项目 10　AutoCAD 基础知识

【项目描述】

AutoCAD 是由美国 Autodesk 公司开发的一款通用计算机辅助设计软件，该软件具有易于掌握、使用方便、体系结构开放等优点，能绘制二维平面图形、三维立体图形、标注尺寸、渲染图形以及打印输出；广泛应用于机械、建筑、电子、航天、土木工程领域。

本项目将以 AutoCAD 2016 为基础，学习 AutoCAD 的基础知识与基本技能。

【学习目标】

通过本项目的学习，要求掌握以下基本知识：

1. 了解 CAD 与 AutoCAD 的发展。
2. 掌握 AutoCAD 的基本知识与技能。
3. 掌握图形界限和图层的设置。
4. 掌握“直线”和“删除”命令。
5. 能掌握使用 AutoCAD 绘制常用简单的几何图形和平面图形的基本方法。

【技能目标】

1. 能正确使用 AutoCAD 基本的绘图命令，能进行常用绘图环境的基本设置。
2. 能正确使用 AutoCAD 常用的编辑命令和坐标体系。
3. 掌握 AutoCAD 中图形的显示。
4. 能正确设置图形的界限、创建并使用图层的能力。
5. 能正确设置和使用对象捕捉、对象追踪、极轴追踪和栅格绘制图形的能力。
6. 能正确使用 AutoCAD 软件的启动和退出及图形文件的常用操作和命令的执行方法。

任务 1　AutoCAD 的基本操作

【任务描述】

能正确启动并正确使用 AutoCAD 2016 软件，并绘制如图 10.1 所示的简单平面图形，将图形文件命名为“简单平面图形”并保存，然后关闭 AutoCAD 2016，最后按保存路径打开此图形文件。

【任务要求】

1. 认识 AutoCAD 软件的基本操作知识与技能。
2. 熟练应用 AutoCAD 基本绘图命令绘制简单的平面图形。
3. 能掌握 AutoCAD 启动和退出的方法、图形文件的常用操作以及命令的执行方法。

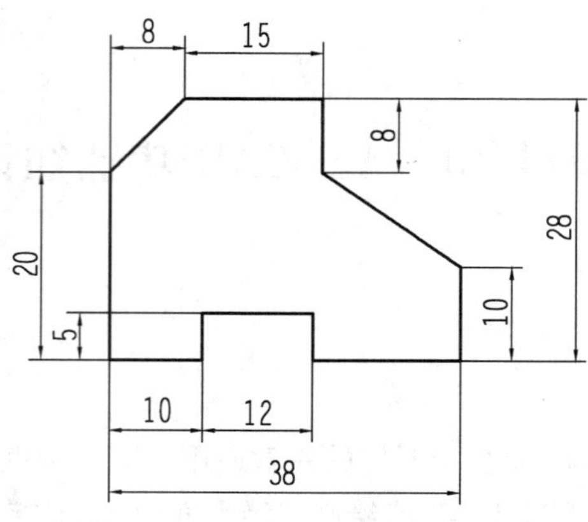

图 10.1 简单平面图形

【知识准备】

(1) AutoCAD 软件概述

1) CAD 与 AutoCAD 的介绍

计算机辅助设计(Computer-Aided Design,CAD)是指利用计算机来完成设计并产生图形图像的一种方法和技术。AutoCAD 是美国 Autodesk 公司推出的通用 CAD 软件包。

Autodesk 公司于 1982 开始开发绘图程序软件包 AutoCAD,经过不断完善,AutoCAD 现已成为国际上广为流行的绘图工具。下面重点介绍 AutoCAD 软件在日常工作,特别是在机械制图中常用的使用方法。

2) AutoCAD 软件的特点

①有完善的图形绘制功能。

②有强大的图形编辑功能。

③可采用多种方式进行二次开发。

④可进行多种图形格式的转换,具有较强的数据交换能力。

⑤支持多种硬件设备。

⑥支持多种操作平台。

⑦具有通用性、易用性。

经过不断地发展与完善,目前较新的 AutoCAD 2016 软件包系统增添了修订云线、使用了全新的用户界面、多文档设计环境、Internet、新对象捕捉、增强标注功能以及局部打开和局部加载等功能,使 AutoCAD 系统更加完善。

3) AutoCAD 2016 的运行环境和安装

①软件环境。AutoCAD 2016 运行的软件环境为 Windows 8 系列或 Windows 7 系列。

②硬件环境。AutoCAD 2016 运行的硬件要求 CPU 最小为 Intel® Pentium® 4 或 AMD Athlon™ 64 处理器;对于 32 位操作系统至少 2 GB 内存(建议使用 3 GB);对于 64 位操作系统至少 4 GB 内存(建议使用 8 GB)。

③安装。AutoCAD 2016 软件的安装与其他应用程序安装方法相同。安装完成后,桌面上会出现一个启动快捷图标。

(2) AutoCAD 2016 的启动和退出

成功安装 AutoCAD 2016 后,系统会在桌面创建 AutoCAD 2016 的快捷启动图标,并在程序文件夹中创建 AutoCAD 的程序组。

启动 AutoCAD 2016 的方法有很多,下面介绍 3 种常用的方法。

①双击启动快捷图标。

②单击"开始"→"所有程序"→"Autodesk"→"AutoCAD 2016-Simplified Chinese"→"AutoCAD 2016"。

③双击任意一个已经存在的 AutoCAD 图形文件。

启动 AutoCAD 2016 后,如图 10.2 所示是 AutoCAD 2016 的启动界面。

图 10.2 AutoCAD 2016 的启动界面

退出 AutoCAD 2016 的方法很多,下面介绍 3 种常用的方法。

①命令行:输入 quit 或 exit,按"Enter"键。

②菜单:"文件"→"退出"。

③单击 AutoCAD 2016 工作空间标题栏右侧的[关闭]。

(3) AutoCAD 2016 的工作空间

AutoCAD 2016 的工作界面有非常好的人性化设计理念,并为用户提供非常方便快捷的操作工具,可帮助用户快速熟悉操作环境,从而提高工作效率。

AutoCAD 2016 提供了"三维基础""三维建模"和"二维草图与注释"3 种基本的工作空间,对于习惯使用老版本的用户也可将原版本的"AutoCAD 经典"工作空间等导入继续按原版本的界面使用。若需要在各种工作空间之间切换,只需在快速访问工具栏中单击"工作空间"

工具栏的下拉按钮，打开“工作空间”下拉列表框，将出现工作空间的选择菜单，如图 10.3 所示。

在默认状态下，AutoCAD 将打开“草图与注释”空间，其界面主要由“菜单浏览器”按钮、“功能区”选项板、快速访问工具栏、文本窗口与命令行以及状态栏等元素组成。在“草图与注释”工作空间中，可以使用“绘图”“修改”“图层”“注释”及“块”等面板方便地绘制二维图。

用户也可根据工作需要及个人爱好，通过以下方法进行工作空间的设置：单击“工具”→“工作空间”，打开“工作空间”的子菜单，如图 10.4 所示，从中选择所需的工作空间。

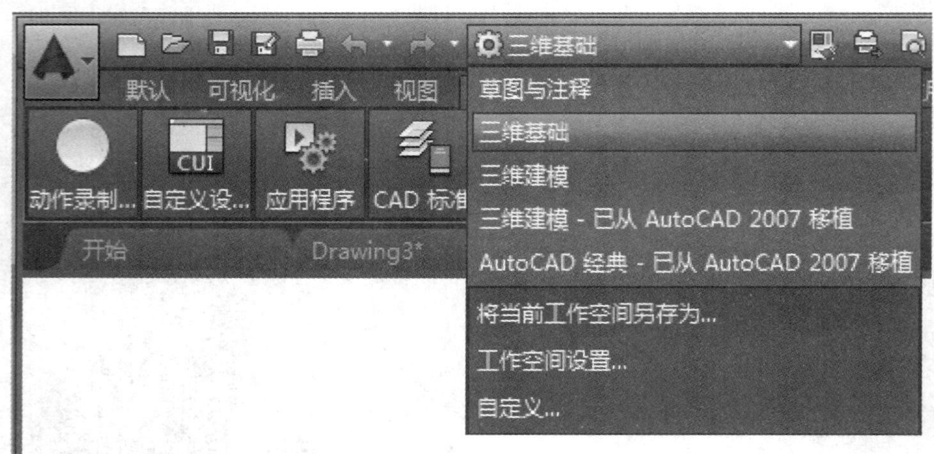

图 10.3 “工作空间”的下拉列表框

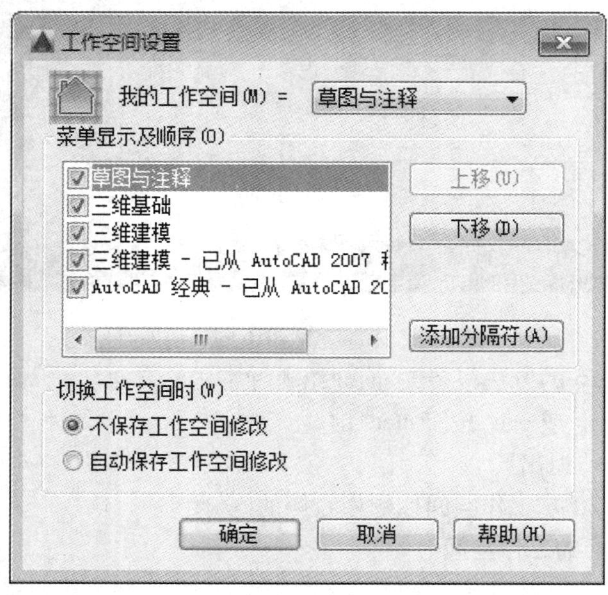

图 10.4 “工作空间设置”子菜单

对于习惯使用老版本的用户，建议使用“AutoCAD 经典”工作空间。该工作空间在风格上与 Windows 保持一致，而且注意保持与以前版本的连续性。“AutoCAD 经典”工作空间由标题栏、菜单浏览器、快速访问工具栏、绘图窗口、文本窗口、命令行窗口、坐标系图标及状态栏等组成。

在默认状态下,“草图与注释”“三维基础”和“三维建模”的工作界面显示和旧版本 AutoCAD 显示的界面不同,如图 10.5 所示的工作界面中不显示菜单栏;在这种界面中,若要显示菜单栏,则可在快速访问工具栏单击下拉菜单按钮,在弹出的快捷菜单中选择“显示菜单栏”命令即可;要关闭菜单栏,单击菜单栏,出现关闭选项,选择关闭即可。

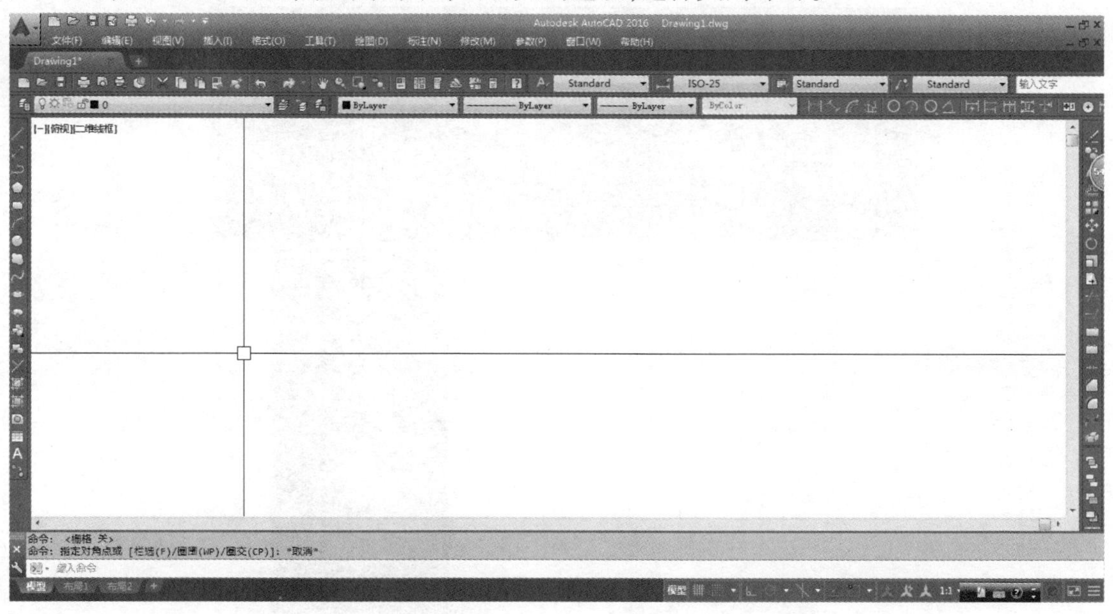

图 10.5 AutoCAD 2016 不显示菜单栏的工作界面

1)标题栏

如图 10.6 所示是 AutoCAD 2016 的标题栏。标题栏位于工作界面的顶部,用于显示当前正在运行的 AutoCAD 2016 应用程序名称和控制菜单图标及打开的文件名等信息。如果是 AutoCAD 2016 默认的图形文件,其名称为 Drawing n. dwg(其中,n 代表数字,如 Drawing1. dwg、Drawing2. dwg)。

标题栏由“文件菜单”按钮、“工作空间”按钮、“快速访问工具栏”、“当前图形标题”、“搜索栏”、“AUTODESK ONLINE ”以及窗口控制按钮组成。

将光标移至标题栏上,右击鼠标或按“Alt + 空格键”,将弹出窗口控制菜单,从中可执行窗口的最大化、还原、最小化、移动、关闭等操作。

单击标题栏左侧的控制菜单图标,将弹出窗口控制菜单,可完成最大化、还原、移动、关闭窗口等操作。

图 10.6 AutoCAD 2016 的标题栏

2)菜单栏

在“AutoCAD 经典”工作空间会显示如图 10.7 所示的菜单栏,其中包括文件(F)、编辑(E)、视图(V)、插入(I)、格式(O)、工具(T)、绘图(D)、标注(N)、修改(M)、参数(P)、窗口(W)、帮助(H)12 个主菜单。

图 10.7　AutoCAD 2016 的菜单栏

AutoCAD 2016 在默认设置下不显示菜单栏,用户可单击快速访问工具栏右栏的下接按钮 ;选择“显示菜单栏”命令来显示菜单栏,如图 10.8 所示。

图 10.8　显示菜单栏

3)菜单浏览器

菜单浏览器按钮位于界面的左上角。单击该按钮,将弹出 AutoCAD 2016 的菜单,如图 10.9 所示。在这个菜单中包含了 AutoCAD 2016 大部分常用的功能和命令,用户选择命令后即可执行相应的操作。

4)功能区

如图 10.10 所示是 AutoCAD 的功能区。功能区包含功能区选项卡、功能区面板和功能区按钮,其中功能区按钮是代替命令的简便工具,利用它们可完成绘图过程中的大部分工作,而且使用工具进行操作的效率比使用菜单要高得多。使用功能区时无须显示多个工具栏,它通过单一紧凑的工作界面使应用程序变得简洁有序,使绘图窗口变得更大。

在功能区面板中,单击面板标题右侧的“最小化面板按钮”,可以设置标题栏的最小化。

5)快速访问工具栏

“快速访问工具栏”是 AutoCAD 为用户提供执行命令的一种快捷方式。单击工具栏上的图标按钮,即可执行该图标按钮对应的命令。如果将光标移至工具栏按钮上停留片刻,则会显示该图标按钮对应的命令名。同时,在状态栏中将显示该图标按钮的功能说明和相应的命令名。

AutoCAD 2016 的快速访问工具栏中包含最常用的快捷按钮,便于用户使用。在默认状态下，快速访问工具栏中包含 7 个快捷按钮，分别为“新建”按钮、“打开”按钮、“保存”按钮、“另存为”按钮、“打印”按钮、“放弃”按钮和“重做”按钮，如图 10.11 所示。

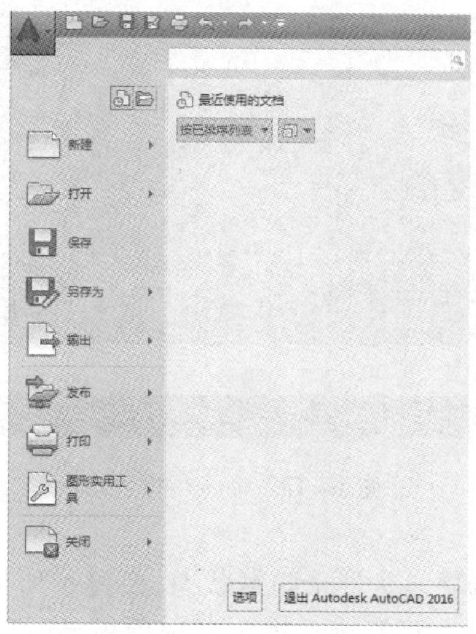

图 10.9　菜单浏览器的按钮菜单

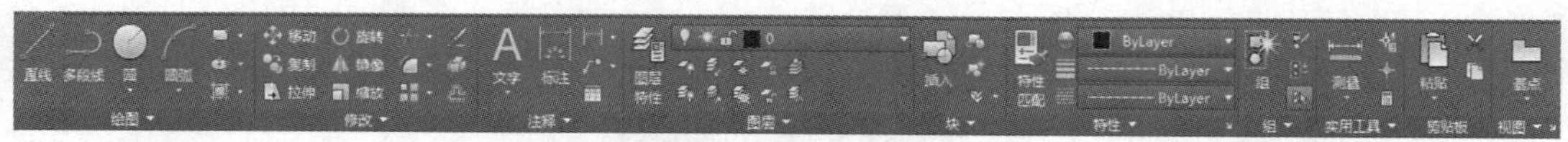

图 10.10　“功能区”选项板

图 10.11　快速访问工具栏

6）状态栏

如图 10.12 所示是 AutoCAD 2016 的状态栏，状态栏位于最底端。左侧显示的是当前十字光标在绘图区位置的坐标值。在绘图窗口中移动光标时，状态栏的坐标区将动态地显示当前的坐标值。坐标取决于用户所选择的模式和程序中运行的命令，有相对、绝对和无 3 种模式。

如果光标停留在工具栏或菜单上，则显示对应命令和功能说明。中间是绘图辅助工具的开关按钮，包括捕捉、栅格、正交、极轴、对象捕捉、对象追踪、DUCS、DYN、线宽和模型等，单击状态栏中的按钮，当其呈凹下状态时表示此功能打开，当其呈凸起状态时则表示此功能关闭。

另请注意的是，在 AutoCAD 2016 状态栏中包括一个图形状态栏，其中包括注释比例、注释可见性和自动缩放 3 个按钮。

图 10.12　AutoCAD 2016 的状态栏

7）命令行与文本窗口

命令行窗口由命令提示窗口和命令历史记录窗口组成，如图 10.13 所示。命令提示窗口用于显示用户从键盘输入的命令和提示信息。

在默认状态下，AutoCAD 2016 在命令历史记录窗口保留所执行的最后 3 行命令或提示信息。可通过拖动窗口边框的方式改变命令行窗口的大小,使其显示多于 3 行或少于 3 行的信息。

图 10.13　命令行窗口

8)工具板选项

AutoCAD 2016 的工具板选项通常处于隐藏状态,要显示所需的工具栏,用户可以切换到视图选择卡,然后在该选项卡的选择板中单击工具选项板,即可显示工具选项板,如图 10.14 所示。

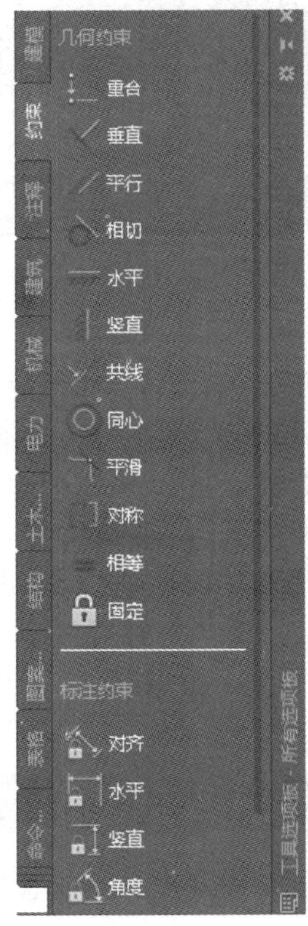

图 10.14　显示工具选项板的操作

9)绘图区

用户在绘图区绘制和编辑图形。AutoCAD 2016 的绘图区是无限大的,用户可通过缩放、平移等命令在有限的屏幕范围内观察绘图区中的图形。

在默认情况下，AutoCAD 2016 的绘图区是黑色的。如果要改变绘图区的背景颜色，操作方法为：单击"工具"→"选项"，打开"选项"对话框，在"显示"的"窗口元素"选项区单击"颜色"，打开"图形窗口颜色"对话框，在"背景"选项区选择"二维模型空间"选项，在"界面颜色"选项区选择"统一背景"选项，在"颜色"选项区对颜色进行设置。然后单击"应用并关闭"，返回"选项"对话框，单击"确定"即可。

(4) AutoCAD 2016 **新增功能**

AutoCAD 2016 具有优化界面、新标签页、功能区库、命令预览、帮助窗口、地理位置、实景计算、Exchang 应用程序、计划提要、线平滑等特点，在原有版本基础上增加了部分新功能，现简单介绍如下：

1) 用户界面

在 AutoCAD 2016 新版用户界面中，单击"新图形"按钮或在开始界面中单击"开始绘制"图标（见图 10.15），即可打开新的图形文件，如图 10.16 所示。与以往版本不同的是，新的图形文件会在新标签中打开，此时开始界面仍然存在。

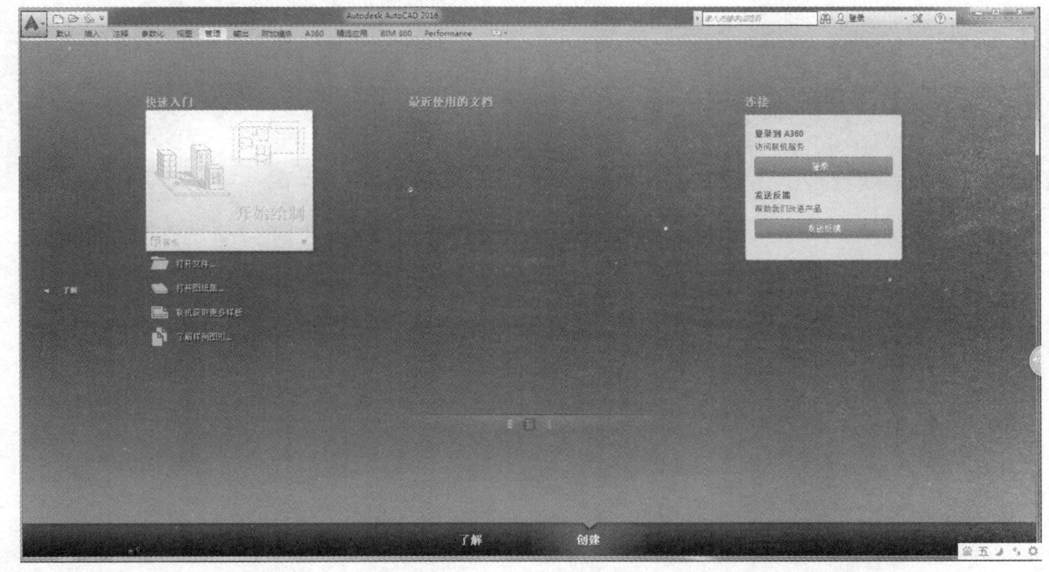

图 10.15 开始界面

2) 修订云线

修订云线功能增强，用户可直接绘制矩形和多边云线。在"注释"功能区的"标记"面板中，单击"修订云线"命令旁边的下三角按钮，可以看到新版本中增加云线绘制修订功能，如图 10.17 所示。此功能除了可直接绘制矩形及多边形的云线，还可根据现有的图形制作相应的云线。

3) 标注

全新的革命性的 DIM 命令得到了显著增强，这个命令非常古老，新版本中对它进行了重新设计，可以理解为智能标注，可基于用户选择的对象类型创建标注，几乎一个命令就可完成全部的基本标注，非常实用。在"默认"功能区的"注释"面板中，新增加了"标注"命令，快捷键为 dim，如图 10.18 所示。

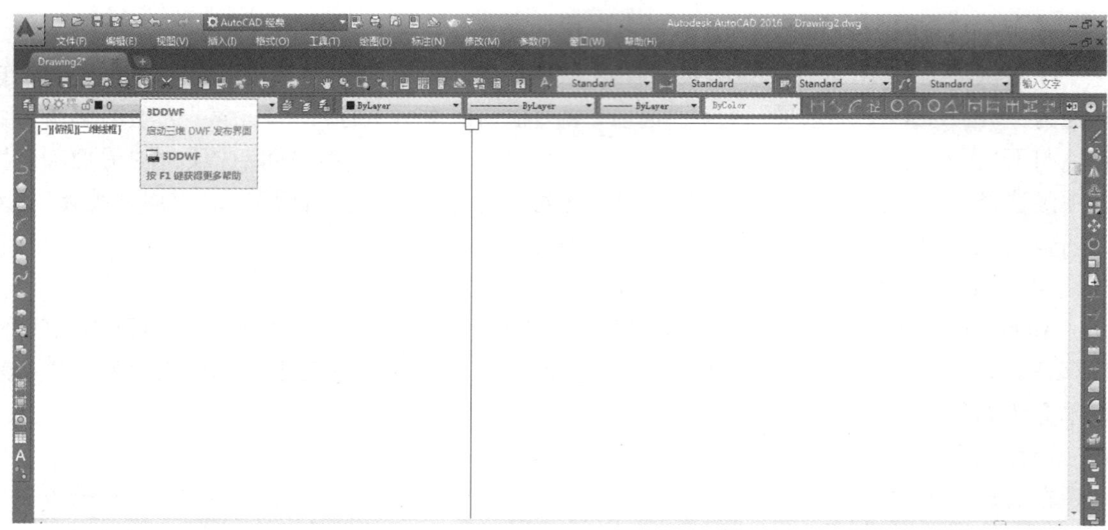

图 10.16　新的图形文件

图 10.17　“云图”制作的菜单

图 10.18　全新的“标注”命令

4)捕捉“几何中心”

在 AutoCAD 2016 中,对象捕捉设置添加了新的捕捉点:“几何中心”,如图 10.19 所示。这样用户可以捕捉到多线段、二维线段和二维样条曲线的几何中心点,如图 10.20 所示。

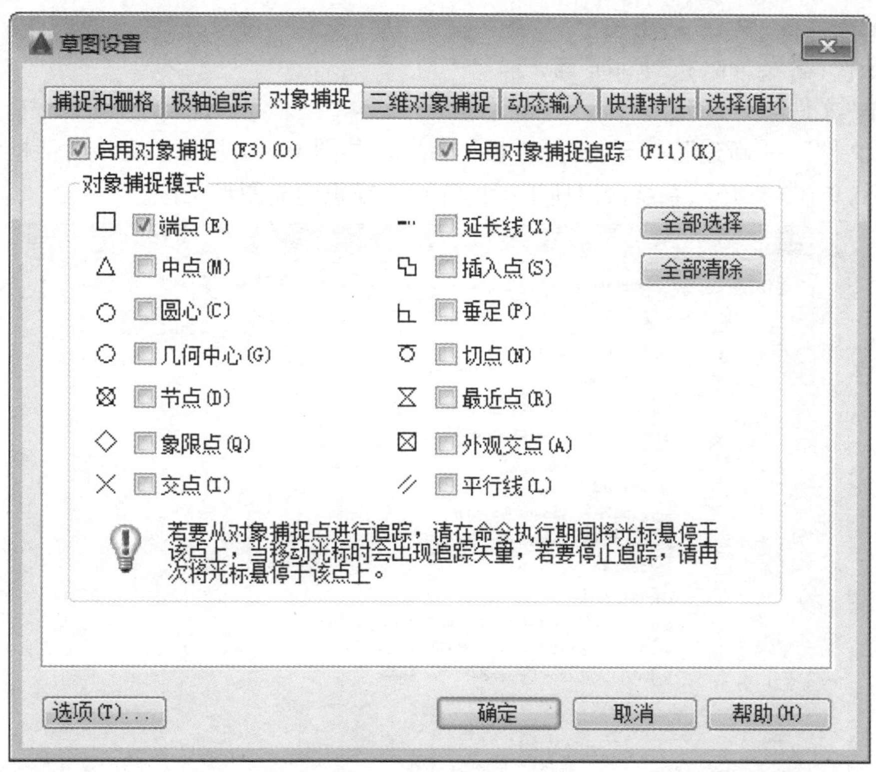

图 10.19　新的对象捕捉“几何中心”

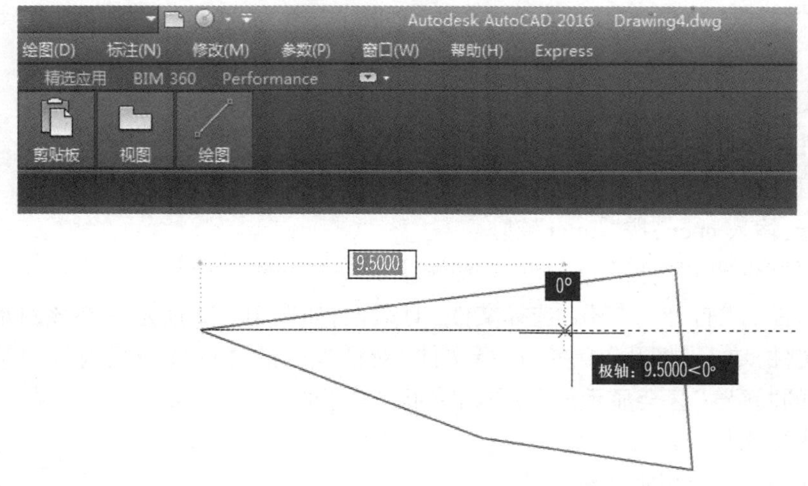

图 10.20　捕捉不规则图形的“几何中心”

5)增加系统变量监视器

新增加的系统变量监视器,如 filed 和 pickadd 这些变量,监视器可监视这些变量的变化,并且可恢复到默认状态。

(5)图形文件的管理

1)创建图形文件

图形文件的创建有以下 3 种方法:

①标准工具栏:单击“新建”。

②命令行:输入 new,按“Enter”键。

③菜单“文件”→“新建”。

单击“文件”→“新建”,打开“选择样板”对话框,如图 10.21 所示。在该对话框中,选择对应的样板后,单击“打开”,系统会以所选择的样板为模板建立图形文件。

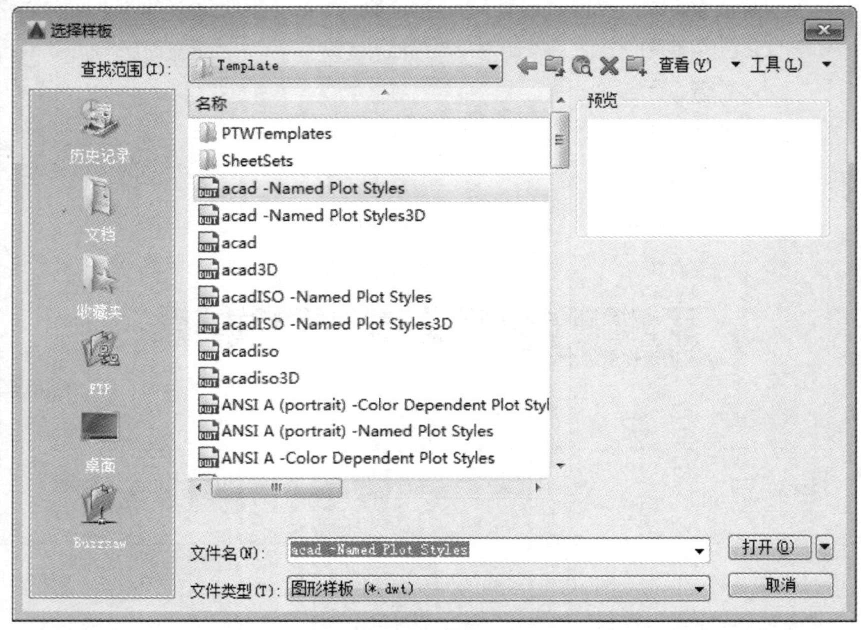

图 10.21 “选择样板”对话框

2)打开图形文件

图形文件的打开有以下 3 种方法:

①标准工具栏:单击“打开”。

②命令行:输入 open,按“Enter”键。

③菜单:“文件”→“打开”。

单击“文件”→“打开”,打开“选择文件”对话框,如图 10.22 所示。在该对话框中选择要打开的图形文件,单击“打开”。在“选择文件”对话框中的文件选择区内选中某一图形文件时,一般右边的“预览”区会显示该图形文件的预览图像。

3)保存图形文件

图形文件的保存有以下 3 种方法:

①标准工具栏:单击“保存”。

②命令行:输入 qsave 或 saveas,按“Enter”键。

③菜单:“文件”→“保存”或“文件”→“另存为”。

AutoCAD 2016 提供将图形文件直接保存和将图形文件换名保存两种保存方式,下面分别

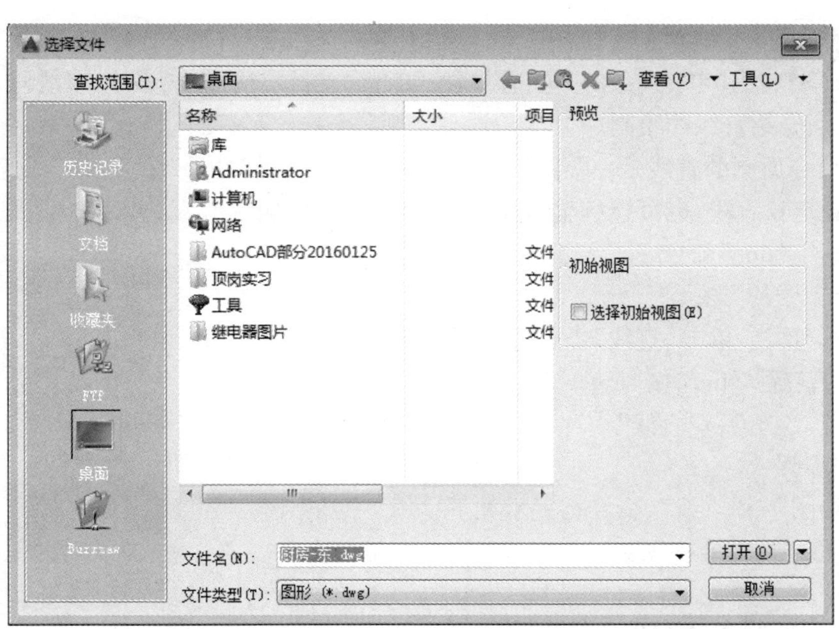

图 10.22 “选择文件”对话框

进行介绍。

单击“文件”→“保存”,如果当前图形文件是第一次保存,会打开“图形另存为”对话框,如图 10.23 所示。通过该对话框指定文件的保存路径及文件名后,单击“保存”;如果当前图形文件已经命名保存过,则 AutoCAD 2016 将直接以原文件名保存图形文件,不再要求用户指定图形文件的保存路径和文件名。

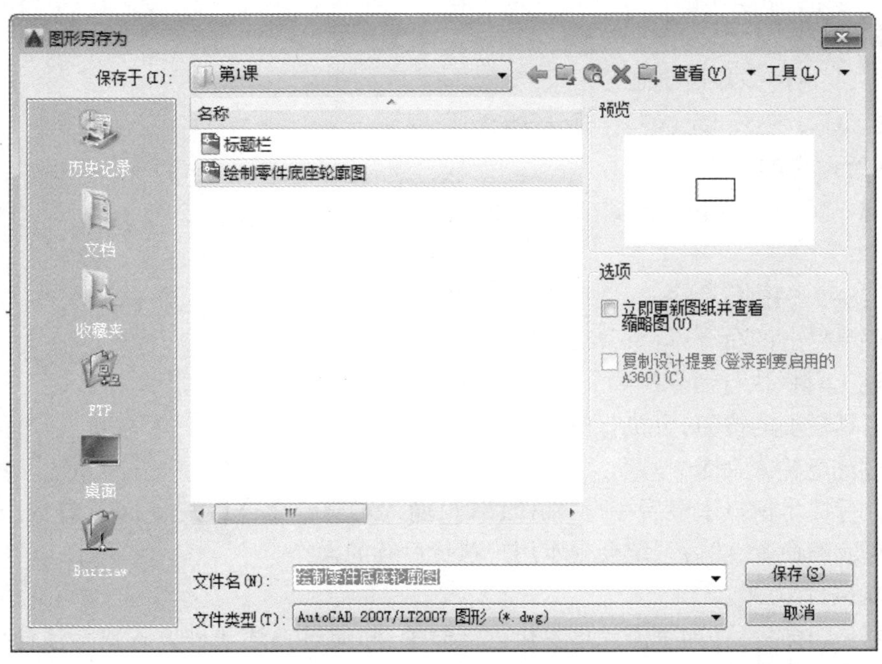

图 10.23 “图形另存为”对话框

(6)直线命令

在 AutoCAD 2016 中,线条的类型有多种,如直线、射线、构造线、多线、多线段、样条线以及矩形等。下面介绍直线的绘制。

“line”命令所画的直线是一幅图形中最基本的元素,执行“line”命令可在任意两点之间画直线段,可画定长直线,也可连续输入下一点绘制一系列连续的直线段,直到按“Enter”键或“Space”键结束“line”命令。

1)执行命令的方法

①绘图工具栏:单击“直线”。

②命令行:输入 line,按“Enter”键。

③菜单:“绘图”→“直线”。

2)操作步骤

单击“绘图”→“直线”,命令行提示如下:

命令:_line 指定第一点:	* 指定直线段的起点,单击指定点或输入点的坐标
指定下一点或[放弃(U)]:	* 指定直线段的端点
指定下一点或[放弃(U)]:	* 输入下一直线段的端点,也可右击或按“Enter”键结束直线的绘制
指定下一点或[闭合(C)/放弃(U)]:	* 输入下一直线段的端点,直到按“Enter”键或右击结束命令

3)有关说明及提示

①“line”命令所绘制的每一条直线段都是一个独立的对象。

②坐标输入时可以输入指定点坐标值。

③放弃(U):消去最后绘制的一条线。

④闭合(C):终点和起点重合,图形闭合。

(7)执行命令的方法

AutoCAD 2016 是人机交互式软件,绘图或进行其他操作时,首先要向系统发出命令,具体方法如下:

1)通过菜单栏执行命令

单击菜单栏上的命令,可执行对应的操作命令。

2)通过工具栏执行命令

单击工具栏上的按钮,可执行对应的操作命令。

3)通过键盘输入命令

当命令行提示窗口中最后一行“命令:”时,输入对应的命令后按“Enter”键或“Space”键,即可执行对应的命令,然后系统会提示用户执行后续的操作。

4)重复执行命令

执行完某一命令后,如果需要重复执行该命令,除通过上述 3 种方式执行该命令外,还可用以下方式重复执行命令。

①按“Enter”键或“Space”键。

②在绘图区右击，弹出快捷菜单，该菜单的第一行显示出重复执行上一次所执行的命令，单击此菜单项可重复执行对应的命令。

5）命令的放弃

"放弃"命令可从最后一个命令开始，逐一取消前面已经执行过的命令。执行命令的方式如下：

①标准工具栏：单击"放弃"。

②命令行：输入 undo 或 u，按"Enter"键。

③菜单："编辑"→"放弃"。

6）命令的重做

"重做"命令可恢复刚执行的"放弃"命令所放弃的操作。执行命令的方式如下：

①标准工具栏：单击"重做"。

②命令行：输入 redo，按"Enter"键。

③菜单："编辑"→"重做"。

7）命令的终止

命令执行过程中，可通过按"Esc"键，或在右击绘图区后弹出的快捷菜单中选择"取消"命令来终止命令。

【任务实施】

1. 启动 AutoCAD 2016

单击"开始"→"所有程序"→"Autodesk"→"AutoCAD 2016 Simplified Chinese"→"AutoCAD 2016"，启动 AutoCAD 2016。

2. 新建图形文件

单击"文件"→"新建"，打开"选择样板"对话框，如图 10.10 所示。在"模板"下拉列表框中选择"acad. Dwt"选项，单击"打开"，打开 AutoCAD 2016 绘图界面。单击"工作空间"工具栏的下三角按钮，选择"AutoCAD 经典"工作空间，如图 10.4 所示。

3. 绘制简单的平面图形

单击"绘图"工具栏中的"直线"，按图中直线的长度绘制直线段，按顺序绘制 11 段线段，最后闭合图形，完成后的图形如图 10.1 所示。

4. 图形文件的保存

在桌面新建一个文件夹，命名为"AutoCAD 2016 制图"。然后单击"文件"→"保存"，打开"图形另存为"对话框，如图 10.15 所示，在"保存于"下拉列表框中选择该文件夹，在文本框中输入"AutoCAD 2016 练习 1. dwg"，单击"保存"。

任务 2　AutoCAD 绘图环境的设置

【任务描述】

本次任务按步骤完成以下两个工作：首先，在教师的指导下练习设置 AutoCAD 的绘图环境，然后绘制如图 10.24 所示的简单组合体视图的主视图部分。

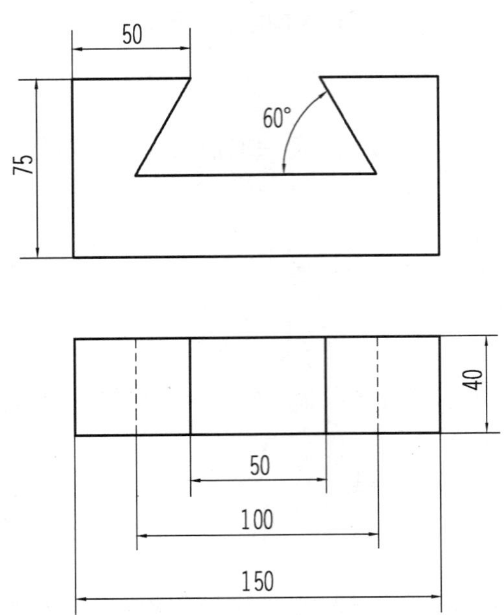

图 10.24　绘制简单组合体视图的主视图

【任务要求】

1. 学习 AutoCAD 2016 绘图环境的设置的基本命令,复习使用基本绘图命令。
2. 熟练掌握基本图形单位的设置;图形界限的设置、图层的设置与控制、删除命令。
3. 掌握绝对直角坐标、相对直角坐标、绝对极坐标、相对极坐标的定义。
4. 掌握图形的显示方法,能正确设置图形的界限、创建并使用图层的能力。
5. 能正确设置和使用对象捕捉、对象追踪、极轴追踪和栅格绘制图形的能力。

【知识准备】

(1)设置图形单位

1)概述

在使用 AutoCAD 绘图前,首先要对绘图区进行设置,以便能够确定绘制的图样与实际尺寸的关系,便于绘图。一般情况下,在绘制图形之前需先设置图形单位,然后设置图形界限。

图形中绘制的所有对象都是根据单位进行测量的。绘图前应首先确定度量单位,确定一个单位代表的距离。没有特殊情况,一般保持默认设置。

2)执行命令的方法

①命令行:输入 units,按“Enter”键。

②菜单:“格式”→“单位”。

3)操作步骤

①单击“格式”→“单位”,打开“图形单位”对话框,如图 10.25 所示。在该对话框中可设置图形的长度、角度单位的类型和精度,以确定所绘制对象的真实大小。

②选择单位类型，确定图形输入、测量及坐标显示的值。长度选项的类型设有“分数”“工程”“建筑”“科学”“小数”5 种单位可供选择，一般情况下采用“小数”类型，这是符合国家标准的长度单位类型。

③在“图形单位”对话框中设置角度类型及精度。

④单击“方向”，打开“方向控制”对话框，如图 10.26 所示。在该对话框中，可选择基准角度，通常以“东”作为 0°的方向。

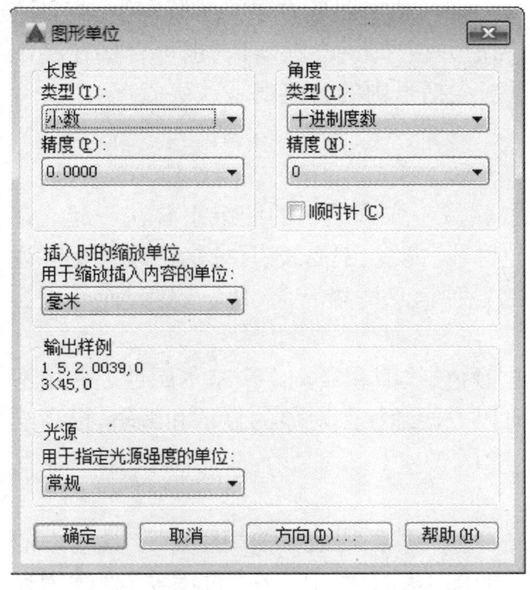

图 10.25 “图形单位”对话框

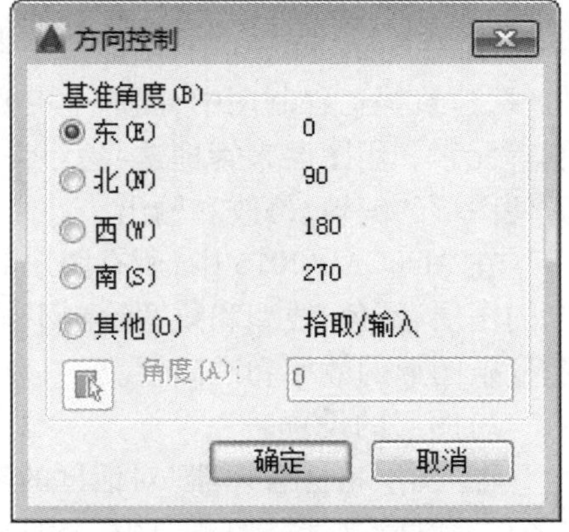

图 10.26 “方向控制”对话框

(2)设置图形界限

1)功能

图形界限用于标明用户的工作区和图纸的边界。设置图形界限就是为绘制的图形设置某个范围。国家标准规定的图纸基本幅面尺寸见表 10.1。

表 10.1 图纸基本幅面尺寸/mm

<table>
<tr><td>幅面代号</td><td>A0</td><td>A1</td><td>A2</td><td>A3</td><td>A4</td></tr>
<tr><td>宽×长($B\times L$)</td><td>841×1 189</td><td>594×841</td><td>420×594</td><td>297×420</td><td>210×297</td></tr>
<tr><td>e</td><td colspan="2">20</td><td colspan="3">10</td></tr>
<tr><td>c</td><td colspan="3">10</td><td colspan="2">5</td></tr>
<tr><td>a</td><td colspan="5">25</td></tr>
</table>

2)执行命令的方法

①命令行：输入 limits，按“Enter”键。

②菜单：“格式”→“图形界限”。

3)操作步骤

单击“格式”→“图形界限”，命令行提示如下：

指定左下角点或[开(ON)/关(OFF)]<0.00,0.00>:　　* 输入要绘制图纸区域的左下角点的坐标

指定右上角点<420.00,297.00>:　　* 输入要绘制图纸区域的右上角点的坐标

4)有关说明及提示

①开(ON):选择该选项,进行图形界限检查,不允许在超出图形界限的区域内绘制对象。

②关(OFF):选择该选项,不进行图形界限检查,允许在超出图形界限的区域内绘制对象。在该提示下设置图形左下角的位置,可输入一个坐标值并按“Enter”键确认,也可直接在绘图区单击指定一点。如果接受默认值,直接按“Enter”键,尖括号内的数值就是默认值。

(3)图层的设置与控制

1)图层的作用

在AutoCAD 2016中,图形中通常包含多个图层,就像一张张透明的图纸重叠在一起。在机械、建筑等工程制图中,图形中主要包括基准线、轮廓线、虚线、剖面线、尺寸标注以及文字说明等元素。用图层来管理这些元素,不仅会使图形的各种信息清晰有序、便于观察,而且也会方便图形的编辑、修改和输出。

在AutoCAD 2016中,所有图形对象都具有图层、颜色、线型和线宽4个基本属性。使用不同的图层、颜色、线型和线宽绘制不同的对象元素,可以方便地控制对象的显示和编辑,提高绘制复杂图形的效率和准确性。

2)图层的设置

①“图层特性管理器”对话框的组成。单击“格式”→“图层”,或单击“图层”工具栏中的“图层特性管理器”,打开“图层特性管理器”对话框,如图10.27所示。在“过滤器”列表中显示了当前图形中所有使用的图层、组过滤器。在“图层”列表中,显示了图层的详细信息。

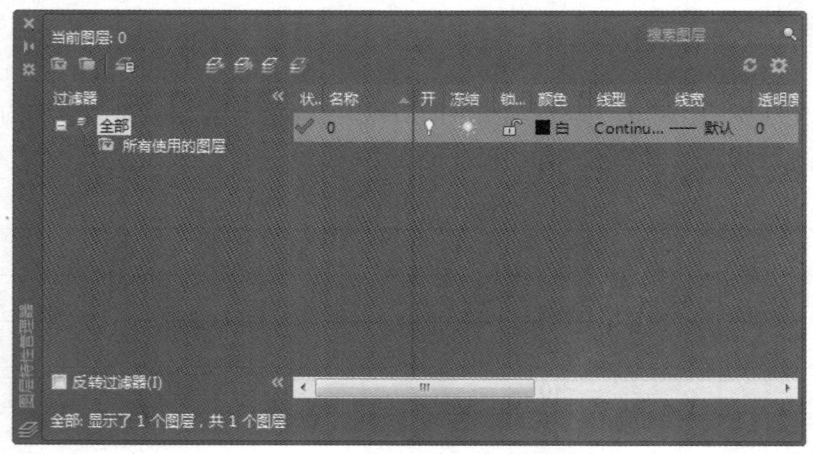

图10.27 “图层特性管理器”对话框

②新建图层与删除图层。单击“图层”工具栏中的“图层特性管理器”,打开“图层特性管理器”对话框,单击“新建图层”,创建一个图层,并为其命名,设置线条颜色、线型、线宽等属性。单击“在所有视口中都被冻结的新图层视口”,也可创建一个新图层,且该图层在所有的视口中都被冻结。单击“删除图层”,可将选中的图层删除。常用的图层属性见表10.2。

表 10.2　图层的属性

图层名称	颜　色	线　型	线宽/mm	功　能
中心线	红色	Center	0.25	绘制中心线
虚线	黄色	Hidden	0.25	绘制虚线
细实线	蓝色	Continuous	0.25	绘制细实线、尺寸线、尺寸界线
剖面线	绿色	Continuous	0.25	绘制剖面线
粗实线	白(黑)色	Continuous	0.50	绘制轮廓线及边框

③图层颜色的设置。新建图层后,要改变图层的颜色,可在“图层特性管理器”对话框中单击该图层对应的“颜色”选项,打开“选择颜色”对话框,如图 10.28 所示。

④线宽的设置。要设置图层的线宽,可在“图层特性管理器”对话框中单击该图层对应的“线宽”选项,打开“线宽”对话框,如图 10.29 所示,有 20 多种线宽可供选择。也可单击“格式”→“线宽”,打开“线宽设置”对话框,通过调整线宽比例,使图形中的线宽显示得更宽或更窄。

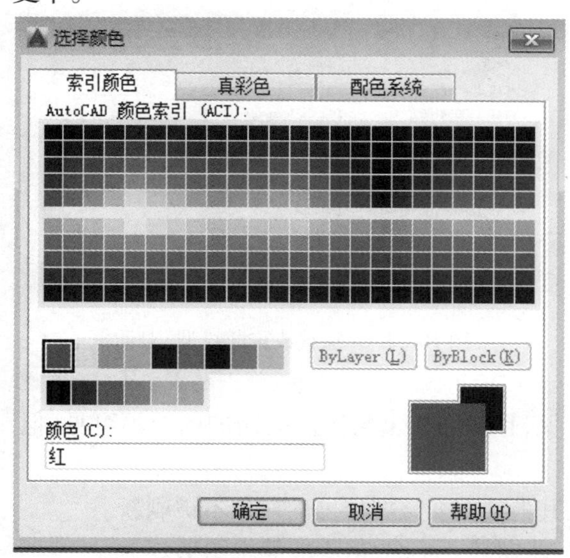

图 10.28　“选择颜色”对话框

图 10.29　“线宽”对话框

⑤线型的设置。线型是指图形基本元素中线条的组成和显示方式,如虚线和实线等。在 AutoCAD 2016 中既有简单线型,也有由一些特殊符号组成的复杂线型,以满足不同国家或行业标准的使用要求。常用的线型见表 10.3。

表 10.3　常用的线型

线　型	图线样式	图线宽度	主要用途
粗实线		b	绘制可见轮廓线,$b=0.5\sim2$ mm
细实线		$b/2$	绘制尺寸线、尺寸界线、剖面线、引出线
波浪线		$b/2$	绘制断裂处的边界线、视图和剖视图的分界线

续表

线　型	图线样式	图线宽度	主要用途
虚线	------------------	$b/2$	绘制不可见的轮廓线
点画线	—·——·——·—	$b/2$	绘制轴线、对称中心线
粗点画线	—·——·—	b	绘制有特殊要求的表面线
双点画线	——··——··—	$b/2$	绘制假想投影轮廓线、中断线
双折线	——\/——\/——	$b/2$	绘制断裂处的边界线

在“图形特性管理器”对话框中单击该图层对应的“线型”选项，打开“选择线型”对话框，如图10.30所示。系统默认只提供“Continuous”线型，如果需要其他线型，可以在此对话框中单击“加载”，打开“加载或重载线型”对话框，如图10.31所示。在该对话框中选中需要的线型后单击“确定”，返回“选择线型”对话框，将需要的线型选中后，然后单击“确定”。

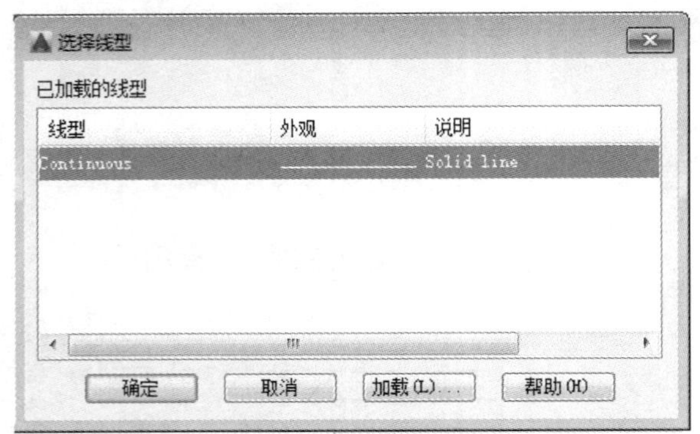

图10.30　“选择线型”对话框

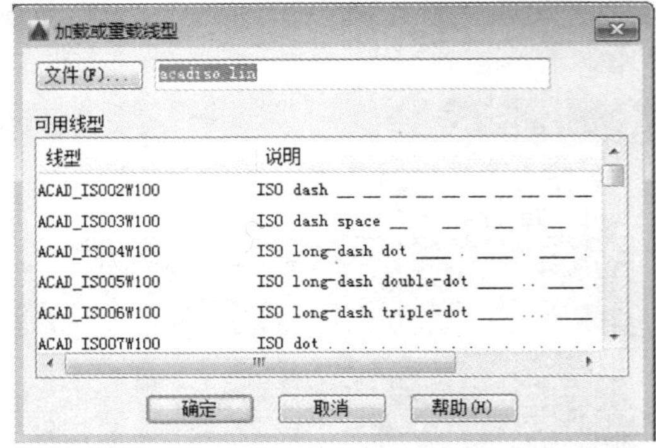

图10.31　“加载或重载线型”对话框

⑥图层的几种状态。

a. 开/关：当图层打开时，该图层上的对象可见，且能在其上绘图。关闭的图层不可见，但可绘图。

b. 冻结/解冻：冻结的图层不可见，且不能在其上绘图。该图层上的对象不被刷新。

c. 锁定/解锁：锁定的图层仍可见，能被捕捉，能在其上绘图，但不能编辑图形。

⑦当前图层的设置。

用户可根据需要设置多个图层。但在绘制对象时只能在一个图层中进行，这个图层称为当前图层。将某个图层设置为当前图层的方法是先选中该图层，然后单击“置为当前”。

(4)删除命令

1)功能

“erase”命令，可删除绘图过程中产生一些没有用的对象，如辅助线、错误图形等。

2)执行命令的方法

①修改工具栏：单击“删除”。

②命令行：输入 erase 或 e，按“Enter”键。

③菜单：“修改”→“删除”。

3）操作步骤

单击“修改”→“删除”，命令行提示如下：

命令：_erase

选择对象：　　＊选择要删除的对象

选择对象：　　＊选择要删除的对象，右击或按“Enter”键确认

4）有关说明及提示

执行“erase”命令后，十字光标变为正方形，此时选择要删除的对象。被选中的对象以虚线方式显示出来。

（5）绘图辅助工具的设置与使用

在绘图时，灵活运用 AutoCAD 所提供的绘图辅助工具进行准确定位，可以有效地提高绘图的精确性和效率。在 AutoCAD 2016 中，可使用“对象捕捉”“对象追踪”等功能，在不输入坐标的情况下快速、精确地绘制图形。

1）栅格

“栅格”是一些标定位置的小点，类似于坐标纸的作用，可提供直观的距离和位置参照。栅格在屏幕上显示，但不能打印出来。“栅格”的显示方法是：单击状态栏中的“栅格”，若工作空间中显示出栅格点，即为打开；如再单击该按钮，栅格点消失，即为关闭。

为使栅格点的分布更合理，用户可对栅格间距值进行设置。设置方法是右击状态栏中的“栅格”，在弹出的快捷菜单中选择“设置”命令，打开“草图设置”对话框，如图 10.32 所示。

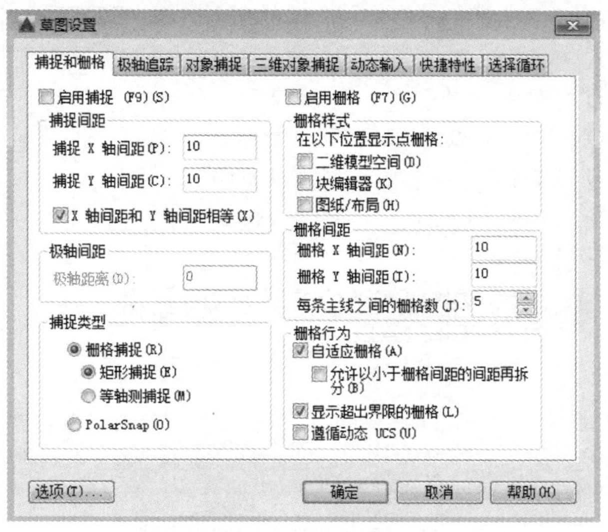

图 10.32　“草图设置”对话框

在“捕捉和栅格”中，勾选“启用栅格”复选框。如想改变栅格间距值，可在“栅格间距”选项区中的“栅格 X 轴间距”和“栅格 Y 轴间距”文本框中分别输入栅格点水平和垂直间距的值，单击“确定”，完成栅格间距的设置。

2）捕捉

“捕捉”是指捕捉模型空间或图纸空间内的不可见点的矩形阵列，“捕捉”的开启与“栅格”相似。在“捕捉和栅格”中，可以对捕捉间距和捕捉类进行设置。

3)正交

单击状态栏中的"正交",可以打开"正交"模式,能够方便地绘制出与当前 X 轴或 Y 轴平行或垂直的线段,也可按"F8"键打开或关闭"正交"模式。

4)对象捕捉

①打开和关闭"对象捕捉"模式的方法。在绘图过程中,使用"对象捕捉"模式的频率非常高。因此,AutoCAD 2016 又提供了一种自动对象捕捉模式。"自动捕捉"就是当把光标放在某个对象上时,系统自动捕捉对象上所有符合条件的几何特征点,如端点、中点、交点、垂足、圆心、切点等,并显示相应的标记。如果把光标放在捕捉点上多停留一会儿,系统还会显示捕捉的提示。在选点之前,就可预览和确认捕捉点。单击状态栏中的"对象捕捉",使其凹下即打开"对象捕捉"模式,再次单击凸起即关闭"对象捕捉"模式。

②设置对象捕捉。用户可根据自己的需要设置对象捕捉模式。右击状态栏中的"对象捕捉",在弹出的快捷菜单中选择"设置"命令,打开"草图设置"对话框,在"对象捕捉"中,勾选"启用对象捕捉"复选框,如图 10.33 所示,然后勾选所需对象捕捉模式的复选框,单击"确定"。

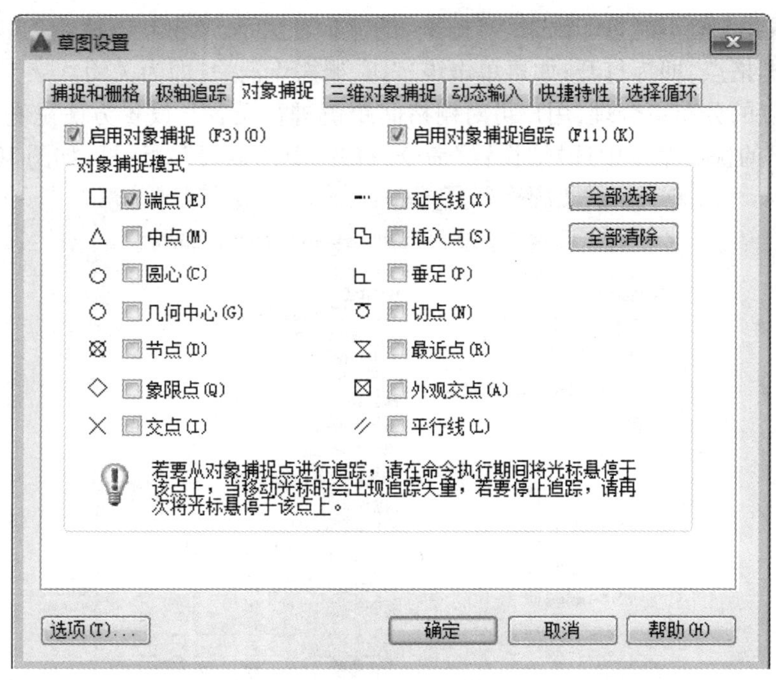

图 10.33 "草图设置"中的"对象捕捉"

③有关说明及提示。勾选"启用对象捕捉"复选框则表示打开"对象捕捉"模式,也可按"F3"键打开或关闭对象捕捉。单击"全部清除",可清除全部已选的对象捕捉模式;单击"全部选择",可选择所有的对象捕捉模式。

AutoCAD 2016 中共提供了 14 种"对象捕捉"的对象供选择,下面对主要功能作简要说明。

端点:在命令行提示指定点时,可使用该命令捕捉离光标最近图线的一个端点,还可捕捉圆弧、椭圆弧、直线、多线、多段线、样条曲线、面域和射线的端点,或捕捉实体以及三维面域的角点。

中点:在命令行提示指定点时,可使用该命令捕捉离光标最近图线的中点。该命令可捕捉圆弧、椭圆、椭圆弧、直线、多线、多段线、面域、实体、样条曲线或参照线的中点。

交点:在命令行提示指定点时,可使用该命令捕捉离光标最近两图线的交点。该命令可捕捉圆弧、圆、椭圆、椭圆弧、直线、多线、多段线、射线、面域、样条曲线或参照线的交点。

外观交点:在命令行提示指定点时,可使用该命令捕捉两条不相交图线的延伸交点。执行该命令后,分别单击这两条不相交的图线,则可自动捕捉到延伸交点;也可捕捉到虽不在同一平面但看起来在当前视图中相交的两个对象的外观交点。

延长线:在命令行提示指定点时,可使用该命令捕捉离光标最近图线的延伸点。当光标经过对象的端点时(不能单击),端点将显示小加号(+),继续沿着线段或圆弧的方向移动光标,显示临时直线或圆弧的延长线,以便用户在临时直线或圆弧的延长线上指定点。如果光标滑过两个对象的端点后,在其端点处出现小加号(+),移动光标到两对象延伸线的交点附近,可捕捉延伸交点。

圆心:在命令行提示指定点时,可使用该命令捕捉离光标最近曲线的圆心。该命令可捕捉圆弧、圆、椭圆或椭圆弧的圆心,还能捕捉实体或面域中圆弧的圆心。

象限点:在命令行提示指定点时,可使用该命令捕捉离光标最近曲线的象限点。该命令可捕捉圆弧、圆、椭圆或椭圆弧的象限点。

切点:在命令行提示指定点时,可使用该命令捕捉离光标最近的图线切点。该命令可捕捉到直线与曲线或曲线与曲线的切点。如果画两个圆的公切线,执行切点捕捉时,公切线的位置与选择切点的位置有关。

垂足:在命令行提示指定点时,可使用该命令捕捉外面一点到指定图线的垂足。也可用直线、圆弧、圆、多段线、射线、参照线、多线或三维实体的边等作为绘制垂直线的基础对象。

平行线:在命令行提示指定点时,可使用该命令捕捉与已知直线平行的直线。指定矢量的第一个点后,执行捕捉平行线命令,然后将光标移至已知直线上(注意,不要单击),该已知直线上会显示平行捕捉标记,然后移动光标到指定位置,屏幕上将显示一条与已知直线平行的虚线对齐路径,在此虚线上选择一点单击或输入距离数值,即可获得第二个点。

插入点:在命令行提示指定点时,可使用该命令捕捉离光标最近的块、形或文字的插入点。

节点:在命令行提示指定点时,可使用该命令捕捉离光标最近的点对象、标注定义点或标注文字起点。

最近点:在命令行提示指定点时,可使用该命令捕捉离光标最近的圆弧、圆、椭圆、椭圆弧、直线、多线、点、多段线、射线、样条曲线或参照线等图线上的点。

几何中心:可以捕捉到多线段、二维线段和二维样条曲线等平面图形的几何中心点。这是 AutoCAD 2016 新增加的功能。

5)极轴追踪

①打开和关闭"极轴追踪"模式的方法。在绘图过程中,绘制斜线是比较麻烦的,特别是在指定角度和长度的条件下,利用极坐标输入也很慢,因此,AutoCAD 设置了极轴追踪的方式,以显示图线与水平方向的夹角。

当移动光标接近设置的增量角的倍数时,将显示对齐路径和工具栏提示,可用直接输入距离数值法绘制斜线;若移开光标,则对齐路径和工具栏提示消失。

单击状态栏中的“极轴”，使其凹下即打开“极轴追踪”模式，再次单击凸起则关闭。

②设置极轴追踪。启用极轴追踪。右击状态栏中的“极轴”，在弹出的快捷菜单中选择“设置”命令，打开“草图设置”对话框，在“极轴追踪”中，勾选“启用极轴追踪”复选框，如图10.34所示。

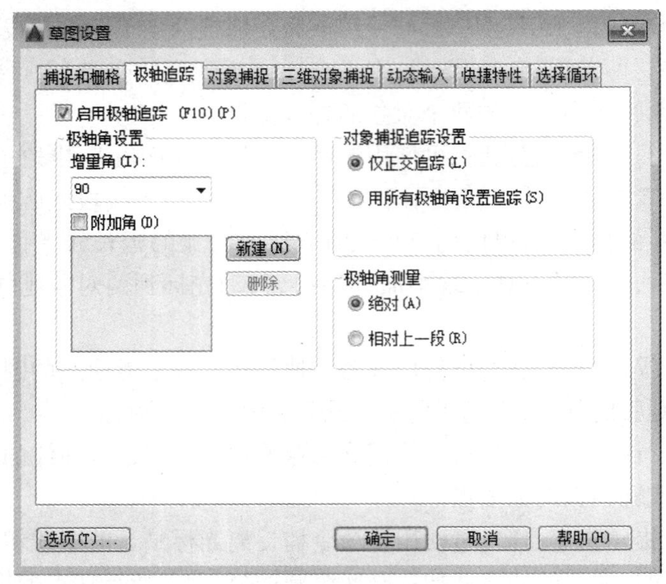

图10.34 “草图设置”中的“极轴追踪”

③设置增量角。在“增量角”下拉列表框中设置增量角的角度，默认角度为90。可输入任何角度，也可从“增量角”下拉列表框中选择90、45、30、22.5、18、15、10或5中的一个常用角度，在光标移动到增量角的倍数数值的位置时，将显示极轴(一条虚线)。

④附加角。附加角是对于极轴追踪使用列表中增加的一种附加角度。

打开“极轴追踪”模式，则“正交”模式自动关闭，“极轴追踪”模式与“正交”模式只能二选一，不能同时使用。绘制直线时，确定第一点后，绘图区内显示样式(增量角为15°)。用户可以移动光标，确定第二点的方向，即与X正方向的夹角，然后利用直接输入距离数值法，在命令行输入线段的长度，绘制图形。

6)对象追踪

①打开和关闭对象追踪。使用“对象追踪”模式可以快速、精确地定位点，这在很大程度上提高了绘图效率。单击状态栏中的“对象追踪”，使其凹下即打开，再次单击凸起即关闭。

②设置对象追踪。右击状态栏中的“对象追踪”，在弹出的快捷菜单中选择“设置”命令，打开“草图设置”对话框，如图10.34所示，在“对象捕捉”中，勾选“启用对象捕捉追踪”复选框。

7)动态输入

在AutoCAD 2016中，使用“动态输入”模式可以在指针位置处显示标注输入和命令提示等信息，从而方便绘图。

打开和关闭“动态输入”模式的方法为：单击状态栏中的[DYN]，使其凹下即打开，再次单击凸起即关闭；或按“F12”快捷键，快速打开或关闭“动态输入”模式。

①启用指针输入。在“草图设置”对话框中，切换到“动态输入”，如图 10.35 所示，勾选“启用指针输入”复选框后，单击“指针输入”选项区的“设置”，打开“指针输入设置”对话框，如图 10.36 所示。在该对话框中，可设置指针的格式和可见性。

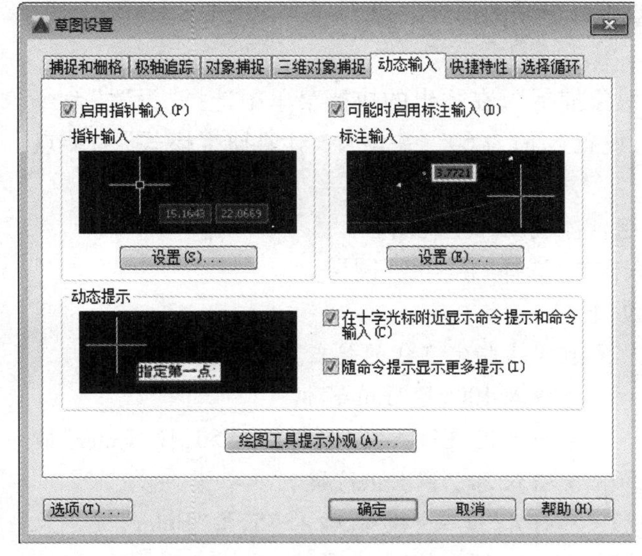

图 10.35 “动态输入”选项卡

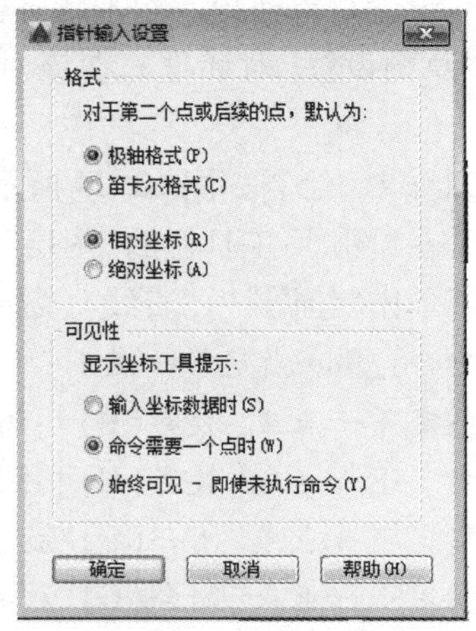

图 10.36 “指针输入设置”对话框

②启用标注输入。在图 10.35 所示的“动态输入”中，勾选“可能时启用标注输入”复选框后，单击“标注输入”选项区的“设置”，打开“标注输入的设置”对话框，如图 10.37 所示。在该对话框中，可以设置标注的可见性。

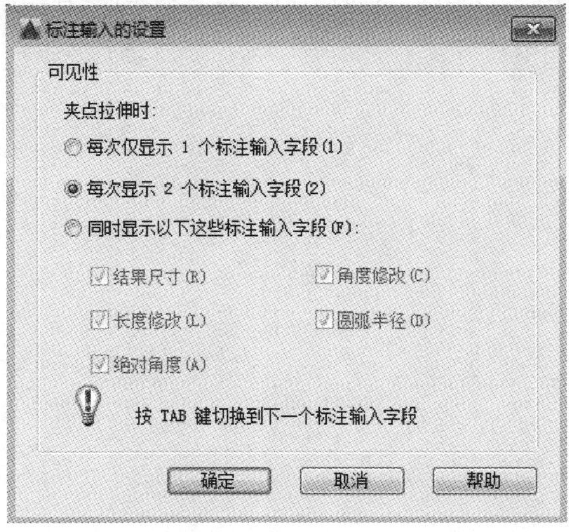

图 10.37 “标注输入的设置”对话框

【任务实施】

训练 1　在教师的指导下，练习设置绘图环境。

①设置绘图单位。单击“格式”→“单位”，打开“图形单位”对话框，在“长度”选项区，设

置“类型”为小数,“精度”为0.0;在“角度”选项区,设置“类型”为十进制度数,“精度”为0.0。

②设置图形界限。单击“格式”→“图形界限”,根据图形尺寸;将图形界限设置为297×210。

③单击“栅格”,打开“栅格”模式,在绘图区显示图形界限。

④根据表10.2创建图层。

⑤设置对象捕捉。右击状态栏中的“对象捕捉”,在弹出的快捷菜单中选择“设置”命令,打开“草图设置”对话框。在该对话框中,设置极轴为60°,并设置“对象捕捉模式”为端点、交点。

训练2　绘制如图10.24所示的简单组合体视图的主视图。

①在“图层”工具栏的“图层”下拉列表框中,选择“粗实线”图层。

②单击“绘图”→“直线”,命令行提示如下:

命令:_line 指定第一点　　* 单击指定直线的起点
指定下一点或[放弃(U)]:100　　* 输入100,按“Enter”键
指定下一点或[放弃(U)]:50　　* 先利用极轴捕捉60,再输入50,按“Enter”键
指定下一点或[闭合(C)/放弃(U)]:50　　* 输入50,按“Enter”键
指定下一点或[闭合(C)/放弃(U)]:75　　* 打开“正交”模式,输入75,按“Enter”键
指定下一点或[闭合(C)/放弃(U)]:150　　* 输入150,按“Enter”键
指定下一点或[闭合(C)/放弃(U)]:75　　* 输入75,按“Enter”键
指定下一点或[闭合(C)/放弃(U)]:50　　* 输入50,按“Enter”键
指定下一点或[闭合(C)/放弃(U)]:C　　* 输入c,按“Enter”键

③根据“长对正、高平齐、宽相等”的投影原则,绘制俯视图,在绘制俯视图中的虚线时,要把“虚线”图层置为当前图层。

项目 11　平面图形的绘制

【项目描述】

本项目将在项目 10 学习掌握 AutoCAD 基础知识与操作技能的基础上，进一步学习 AutoCAD 的基本绘图常用的技巧和如何应用 AutoCAD 绘制二维平面图形的技能。

【学习目标】

通过本项目的学习，要求掌握以下基本知识：

1. 掌握平面图形缩放和平移的基本知识与技能。
2. 掌握图层、尺寸设置和图形界限的基本知识。
3. 掌握对象选择与对象追踪的基本技能。

【技能目标】

1. 能对 AutoCAD 的基本平面图形进行缩放和平移操作。
2. 能根据绘制时的需要进行正确的设置和使用图层。
3. 能根据图形尺寸正确设置图形界限。
4. 能使用各种图形的绘制和编辑方法绘制简单二维图形。

任务 1　绘制简单的直线型平面图形

【任务描述】

在学习使用图形缩放、图形平移等命令的基础上，应用基本的绘图与编辑命令绘制如图 11.1 所示的简单平面直线型图形。

【任务要求】

学习并掌握 AutoCAD 软件中图形的缩放和平移命令的操作，学习掌握点的输入方法和对象捕捉的基本技能，能绘制简单的平面直线型图形。

【知识准备】

(1) 图形缩放

在使用 AutoCAD 绘图时，使用“缩放”命令可增大或减小图形在视窗中显示的比例，既能观察图形中复杂的细部结构，又能观看图形全貌。

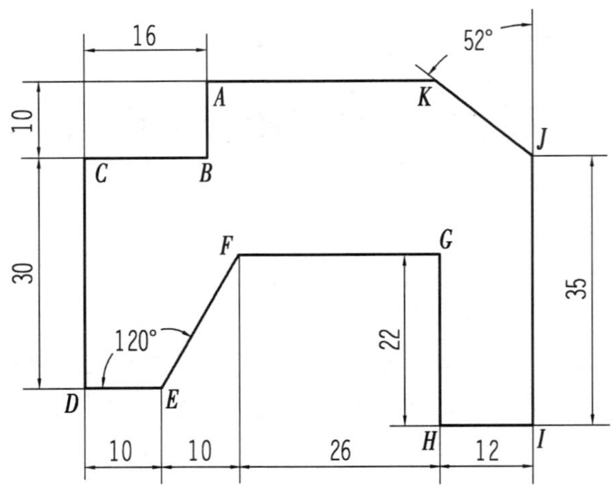

图 11.1 简单平面直线型图形

1)执行命令的方法

①菜单:“视图”→“缩放”→在子菜单中选择相应的命令,如图 11.2 所示的工具栏。

②“标准”→选择相应按钮,如图 11.3 所示。

图 11.2 “缩放”菜单命令

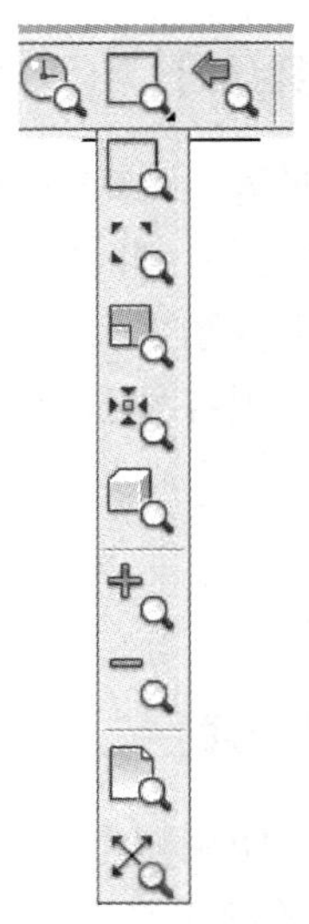

图 11.3 “标准”工具栏中相关按钮

③“缩放”→选择相应按钮,如图 11.4 所示。

键盘命令:ZOOM 或 Z。

2)操作步骤

以菜单命令为例,对“缩放”菜单中的各命令分别介绍如下:

①“实时(R)”命令。该选项使 AutoCAD 实现了动态缩放功能。选择此命令后,在屏幕上会出现一个放大镜形状的光标。拖动鼠标向上移动,可放大图形;拖动鼠标向下移动,可缩小图形。通过该选项,用户可以方便自如地观察图形。

②“上一步(P)”命令。该命令可使 AutoCAD 返回上一视图,连续使用该命令,可逐步后

退,返回到前面的视图。

③“窗口(W)”命令。该命令允许用户以输入一个矩形窗口的两个对角点的方式来确定要观察的区域,这两个点的指定既可通过键盘输入也可用鼠标拾取。此时窗口的中心变成新的显示中心,窗口内的区域被放大或缩小以满屏显示。

当所选择窗口的高宽比与绘图区的高宽比不同时,AutoCAD 将取选择窗口宽与高相对于当前视图放大倍数的较小者,以确保所选区域都能显示在视图中。

图 11.4 “缩放”工具栏的相关按钮

④“动态(D)”命令。该命令先临时显示整个图形,同时自动构造一个可移动的视图框,用此视图框来确定新视图的位置和大小。在该方式下,屏幕上有不同的区域:第一个区域是一个蓝色的虚线方框,显示图形界限和图形范围中较大的一个;第二个区域是一个绿色的虚线框,该框区域就是使用这一选项之前的视图区域;第三个区域是视图框,为一个黑色的细实线方框,它有两种状态:一种是平移视图框,其大小不能改变,只可任意移动;另一种是缩放视图框,不能平移,但其大小可以调节。这两种状态通过鼠标的单击进行切换。

通过移动和缩放视图框,可确定图形的最终显示位置。

⑤“比例(S)”命令。该命令将保持图形的中心点位置不变,允许用户输入新的缩放比例倍数对图形进行缩放。AutoCAD 提供了两种输入倍数的方式:一种是数字后加字母 X,表示相对于当前视图的缩放;另一种是数字后加字母 XP,表示相对于图纸空间的缩放。

⑥“中心点(C)”命令。该命令将根据用户所指定的新的中心点建立一个新的视图。选择该选项的用户可直接在屏幕上选择一个点作为新的中心点,确定中心点后,用户可重新输入放大系数或新视图的高度。如果输入的数值后加上字母 X,表示放大系数;如果未加 X,则表示新视图的高度。

⑦“对象(O)”命令。该命令用于在缩放时尽可能大地显示一个或多个选定的对象并使其位于绘图区域的中心。

⑧“放大(I)”“缩小(O)”命令。选择一次“放大”,将以 2 倍的比例对图形进行放大;选择一次“缩小”,将以 0.5 倍的比例对图形进行缩小。

⑨“全部(A)”命令。该命令将依照图形界限或图形范围的尺寸,在绘图区域内显示全部图形。图形显示的尺寸由图形界限与图形范围中尺寸较大者决定,即若图形文件中有图形处在图形界限以外的位置,则由图形范围决定显示尺寸,将所有图形都显示出来。

⑩“范围(E)”命令。该命令将所有图形全部显示在屏幕上,与“全部”选项不同的是本命令将最大限度地充满整个屏幕,且与图形的边界无关。该方式会引起图形的重新生成,对于大型图而言速度可能较慢。

(2)图形的平移

由于屏幕的大小是有限的,在 AutoCAD 中绘图时,如果图形比较大,必然会有部分内容无法显示在屏幕内。如果想查看处在屏幕外的图形,就可以使用平移命令。

1)“实时平移”模式

①菜单命令:“视图”→“平移”→“实时”。

②工具栏:“标准”→“实时平移”。

③键盘命令:PAN。

进入“实时平移”模式后,光标变成小手的形状,拖动鼠标可将图形沿相应的方向移动。要退出“实时平移”模式,可按“ESC”键或“Enter”键。实时缩放、实时平移均为透明命令(指在执行某一个命令的过程中去执行另一个命令)。

2)“定点平移”模式:调用命令的方式如下:

①菜单命令:“视图”→“平移”→“定点”。

②键盘命令:PAN。

在“定点平移”模式下,用户可输入两个点,然后根据这两个点的方向和距离来确定视图移动的方向和距离。

如果用户只输入第一个点,用空格或回车跳过第二个点的输入,AutoCAD 会认为该坐标是图形相对于原点的位移并据此作相应的移动。

(3)点的输入方法

在 AutoCAD 中,点的输入既可使用鼠标拾取,也可通过键盘输入。在上述实例中已有所应用,具体归纳如下:

1)鼠标直接拾取点(见图 11.5)

直接拾取即移动鼠标在绘图区单击拾取点,这种定点方法非常方便快捷,但不能用来精确定点。在实际应用中一般通过借助“对象捕捉”功能来拾取特殊点。

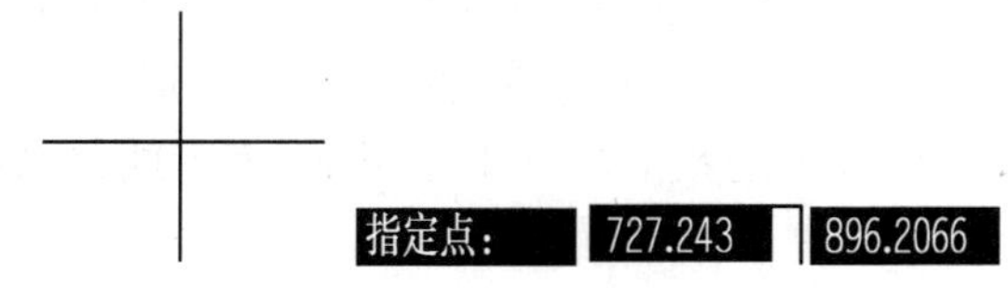

图 11.5 鼠标直接拾取点

2)键盘输入点坐标

使用键盘输入点坐标有 4 种方法,具体介绍如下:

①绝对直角坐标。表示某点相对于当前坐标原点的坐标值。通过直接输入 X、Y、Z 坐标值来表示(如果是绘制平面图形,Z 坐标默认为 O,可以不输入)。

例如,输入 10、10,表示当前点的 X、Y 坐标值均为 10。

②相对直角坐标。用相对于上一已知点之间的绝对直角坐标值的增量来确定输入点的位置。输入 X、Y 增量时,其前必须加“@”,格式为“@X、Y”。

例如,输入@10、10,表示当前点的 X、Y 坐标值相对于上一点分别增加了 10 mm。

如图 11.6 所示,点 4 的绝对坐标为“30,30”,点 B 的绝对坐标为“60,50”,点 B 相对点 A 的相对坐标为“@30,20”,点 A 相对点 B 的相对坐标为“@30,20”。

③绝对极坐标。绝对极坐标使用“长度 < 角度”来表示。这里的长度是指该点与坐标原点的距离,角度是指该点与坐标原点的连线与 X 轴正向之间的夹角,逆时针为正,顺时针为负。

④相对极坐标。用相对于上一已知点之间的距离和与上一已知点的连线与 X 轴正向之间的夹角来确定输入点的位置,格式为“@ 长度 < 角度”。

如图 11.7 所示,点 C 的绝对极坐标为“40 < 30”,点 D 相对点 C 的相对极坐标为“@ 20 < 60”,点 C 相对于点 D 的相对极坐标为“@ 20 < 240”。

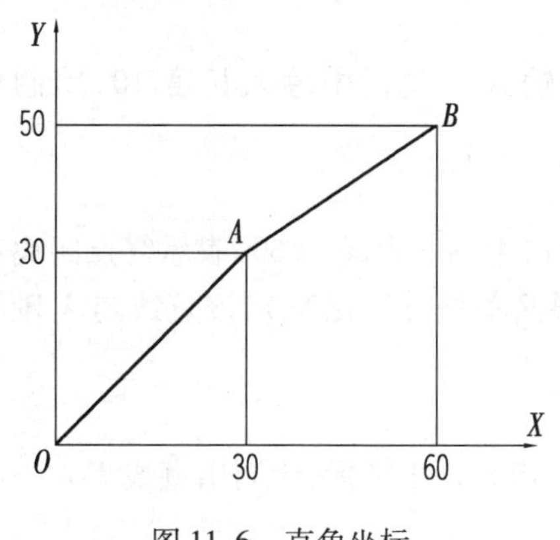

图 11.6　直角坐标

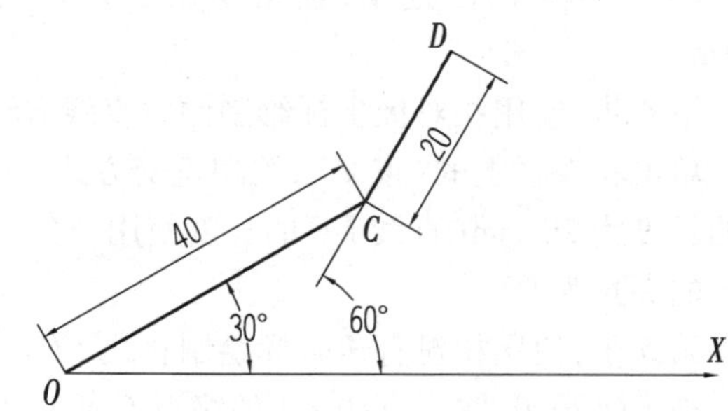

图 11.7　极坐标

(4) 对象追踪

对象追踪是一种捕捉工具,使用时按照指定的角度或与其他对象的特定关系绘制对象。由于可以沿预先指定的追踪方向精确定位,因此可作为有效的精确绘图辅助工具。

①单击状态栏中的“对象捕捉”和“对象追踪”,启用这两项功能。

②执行一个绘图命令后将十字光标移动到一个对象捕捉点处作为临时获取点,但此时不要点击它,当显示出捕捉点标志之后,暂时停顿片刻即可获取该点。获取点之后,移动鼠标时,将显示相对于获取点的水平、垂直或极轴对齐的追踪线。

【任务实施】

绘制任务要求中图 11.1 的简单图形。

第 1 步:设置图形界限。

(1) 单击“格式”→“图形界限”,根据操作实例中图形的尺寸,将图形界限的两个点分别设为(0,0)和(100,70)。

(2) 在命令行窗口中键入 ZOOM,回车执行后键入 A(即选择“全部(A)”选项),显示图形界限。

第 2 步:分析图形,确定关键点和绘制方法。

通过对图 11.1 的分析可知该图形比较简单,由一些水平线、垂直线和带角度的直线组成,因此,只要将各个点的位置确定,即可绘制图形。从该图形的特点来看,可将图中的点 A 定为关键点,使用“直线”命令,通过确定各直线的端点来绘制图形。

第 3 步:从关键点开始按逆时针方向绘制。

(1) 使用相对坐标绘制直线 AB,单击“绘图”→“直线”,在屏幕的适当位置单击,指定直线的起点 A。由于接下来的几条直线都是横平竖直的,因此可单击状态栏上的“正交”,打开正交状态,以便能快速方便地进行绘制。将鼠标向下拖动,当动态输入工具栏中的角度显示为 90°时,在动态输入工具栏中输入长度值 10,回车确定,指定直线的终点 B,得到直线 AB。

由于直线命令可以自动重复，即将上一条直线的终点作为下一条直线的起点，因此在绘制直线 *BC* 时，起点自动定为点 *B*，只需直接确定其终点 *C* 即可。将鼠标向左拖动，当角度显示为 180°时，在动态输入工具栏中输入长度 16，回车确定，得到直线 *BC*。

(2)将鼠标向下拖动，当角度显示为 90°时，在动态输入工具栏中输入长度 30，绘制直线 *CD*。

(3)将鼠标向右拖动，当角度显示为 0°时，在动态输入工具栏中输入长度 10，绘制直线 *DE*。

第 4 步：使用相对极坐标绘制倾斜直线 *EF*。

单击状态栏上的“正交”，关闭正交方式，在命令行窗口中输入@20 <60，表示终点距离起点的长度为 20 mm(直线 *EF* 的长度使用三角函数可以很简单地计算出来)，该直线与 *X* 轴正方向的夹角为 60°。

第 5 步：使用相对直角坐标绘制直线 *FG*。

输入@26,0，输入直线 *FG* 的终点 *G* 相对于起点 *F* 的相对直角坐标，绘制出直线 *FG*。

第 6 步：绘制直线 *GH*、*HI*、*IJ*。

使用相对直角坐标绘制直线 *GH* 时，应注意坐标的正负，由于该直线是从点 *G* 开始沿 *Y* 轴的负方向绘制，因此要输入@0,22。其他两条直线可按同样的方法进行绘制。

第 7 步：使用“对象追踪”绘制直线 *JK*。

直线 *JK* 与 *X* 轴正方向的夹角为 142°(90°+52°)，但长度不可能像直线 *EF* 一样通过简单的三角函数计算出来，不过从图形上看，*KA* 是一条水平线，即点 *K* 与点 *A* 的高度相同，可单击状态栏上的“对象追踪”，打开对象追踪后将鼠标移到点 *A* 上，然后向右移动，此时出现一条水平的追踪线(显示为一条虚线)即代表点 *A* 的高度，当极轴夹角显示为 142°时，单击即可将直线 *JK* 的终点确定下来。

第 8 步：使用“对象捕捉”绘制直线 *KA*。

将鼠标移动到直线 *AB* 的点 *A* 附近，在出现一个被称为拾取框的矩形框后，单击即可将点 *A* 捕捉作为直线 *KA* 的终点，至此图形绘制完毕，保存图形文件。

任务 2　绘制较复杂的直线型图形

【任务描述】

在认真学习本任务知识准备的基础上，应用前面任务中学习的主要绘图技能绘制如图 11.8 所示的较复杂的平面图形。

【任务要求】

1. 学习使用对象选择、对象删除、极轴追踪、修剪等命令的基本使用方法。
2. 能绘制较复杂的平面图形。

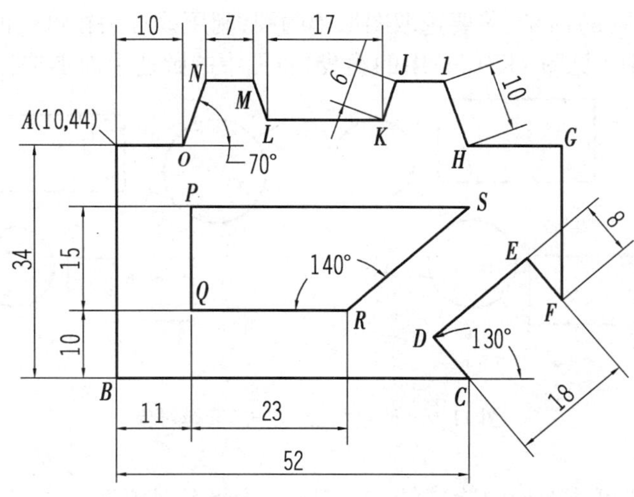

图 11.8　复杂的平面图形

【知识准备】

(1)对象的选择

在编辑图形时,需要选择被编辑的对象。当命令提示为“选择对象”时,鼠标变成拾取框,即可开始进行对象的选择。AutoCAD 提供了 7 种选择对象的方法,用户可以在不同的场合灵活使用这些方法。

1)点选方式

直接移动拾取框至被选对象后单击,即可逐个地拾取所需的对象,而被选择的对象将亮显,回车可结束对象的选择。这是系统默认的选择对象方法。

2)窗口方式

如果有较多对象需要选择,使用点选方式无疑很烦琐,但若这些对象比较集中,则可使用窗口方式,该方式通过指定两个角点确定一矩形窗口,完全包含在窗口内的所有对象将被选中,与窗口相交的对象不在选中之列。操作时应先拾取左上角,后拾取右下角。在 AutoCAD 2016 中使用“窗口方式”选择时选中区域用蓝色表示。

3)窗交方式

窗交方式也称交叉窗口方式,操作方法类似于窗口方式。不同之处在于窗交方式下,与窗口相交的对象和窗口内的所有对象都在选中之列。操作时应先拾取右下角,后拾取左上角。在 AutoCAD 2016 中使用“窗交方式”时选中区域用绿色表示。

4)栏选方式

使用选择栏可以很容易地选择复杂图形中的对象,选择栏看起来像一条多段线,仅选择它经过的对象。

当命令提示为“选择对象”时,按以下步骤进行操作:

选择对象:　　　　　　　　　　　＊输入 F,回车
指定第一个栏选点:　　　　　　　＊单击拾取第一点
指定下一个栏选点或[放弃(U)]:　＊单击拾取第二点

根据需要可拾取多个点,通过各点构成一条折线,与折线相交的对象将被选中,直至回车

结束拾取。如图 11.9(a)所示,若要选取图形中的圆,利用该方法在恰当的位置单击确定选择栏的转折点,利用折线(见图 11.9(b)中的虚线)将图中的圆选中而不选择矩形。

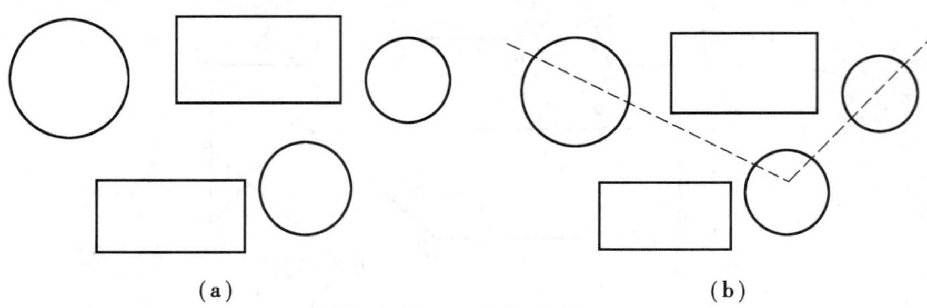

图 11.9　使用“栏选方式”选择对象

5)全部方式

使用“全部”方式可将图形中除冻结、锁定层上的所有对象选中。当命令提示为“选择对象”时,键入 ALL,回车即可。也可直接使用“Ctrl + A”快捷键进行全选。

6)上一个方式

如果需要将图形窗口内可见的元素中最后一个被创建的对象选中,可使用“上一个”方式进行选择。当命令提示为“选择对象”时,键入 L,回车即可。

7)“圈围”和“圈交”方式

当命令提示为“选择对象”时,键入 WP 或 CP 将分别对应于“圈围”和“圈交”两种方式,这两种方式允许用户通过构建一个多边形的方式来选择对象。二者的区别与“窗口方式”和“窗交方式”相同。“圈围”只选中完全包含在其中的对象,而“圈交”则将与其相交的对象和包含其中的所有对象都选中。

如图 11.10(a)所示为通过 5 个顶点构建的多边形,图 11.10(b)和图 11.10(c)所示分别为使用图 11.10(a)的多边形按“圈围”和“圈交”方式选择对象并删除的结果。在图 11.10(b)中只有完全被多边形包含的对象才会被选择并删除,在图 11.10(c)中与多边形相交和包含其中的对象都被选择并删除。

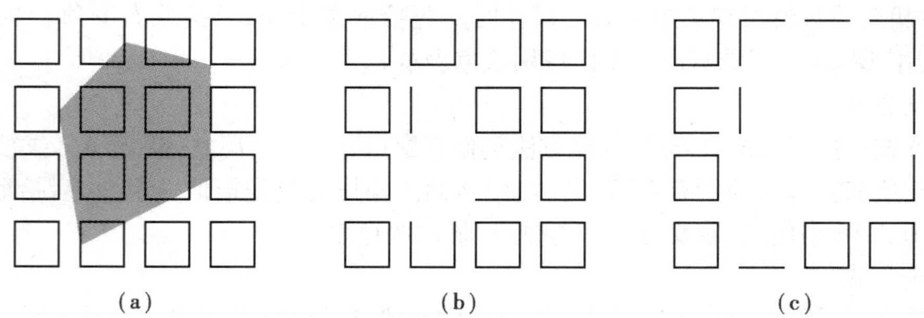

图 11.10　“圈围”与“圈交”的区别

(2)对象的删除

在绘图过程中,经常需要将多余的或绘制错误的对象删除。

①菜单命令:“编辑”→“删除”。

②工具栏:“修改”→“删除”。

③键盘命令:ERASE。

④键盘按键:DELETE。

在删除对象时,既可以先执行命令再选择对象,也可以先选择对象再执行命令。根据要删除对象的具体情况,可灵活使用前文所述方式进行对象的选择。

(3)极轴追踪

使用极轴追踪,光标将按指定角度进行移动,沿预先指定角度的追踪方向获得所需的点。使用“极轴捕捉”,光标将沿极轴角度按指定增量移动,在极轴角度方向上出现一条临时追踪辅助虚线,并提示追踪方向及当前光标点与前一点的距离,用户可以直接拾取、输入距离值或利用对象捕捉定点,如图 11.11 所示。

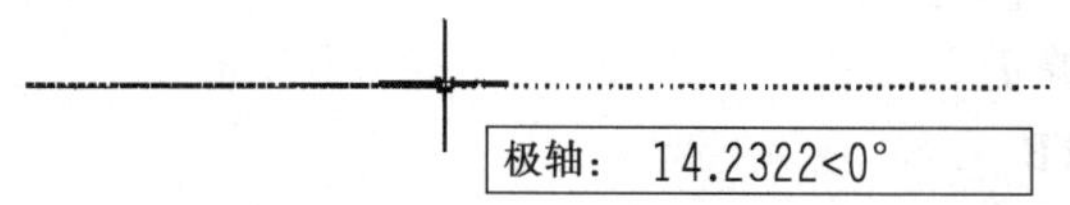

图 11.11 极轴追踪

在绘图过程中,可随时打开或关闭极轴追踪功能,主要有以下几种方法:

①快捷菜单:右击状态行上的“极轴”→“设置”→“极轴追踪”→选中(或不选中)“启用极轴追踪”复选框。

②工具栏:单击状态行上的“极轴”。

③键盘命令:功能键 F10。

右击“极轴”→“设置”→“极轴追踪”,通过设置极轴角度增量来确定极轴追踪方向,如图 11.12 所示。可以使用的角度有 90°、45°、30°、22.5°、18°、15°、10°和 5°,如果这些角度不能满足要求,可单击“附加角”后的“新建”来指定其他角度。光标移动时,如果接近极轴角,将显示追踪线和工具栏提示。如图 11.13 所示,当极轴角增量设置为 30°时,光标从 0°向 90°移动时显示的对齐路径。

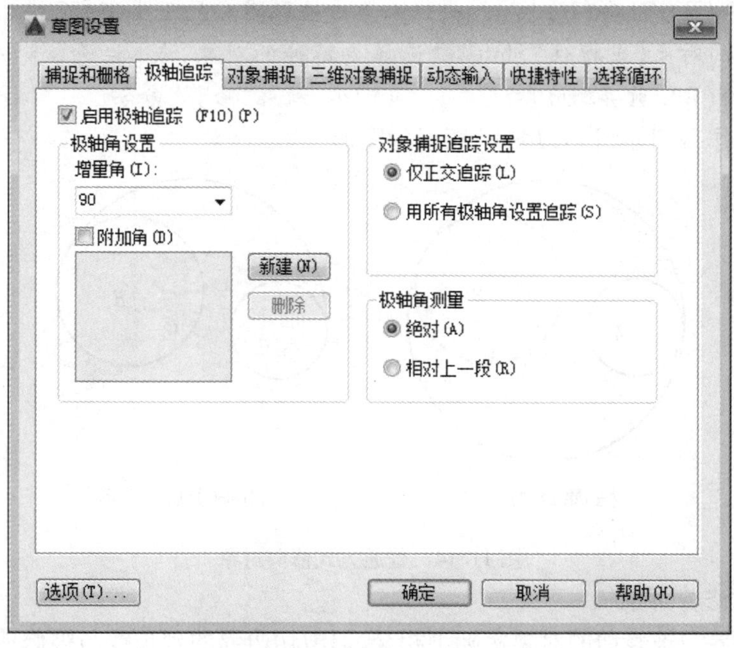

图 11.12 “极轴追踪”选项卡

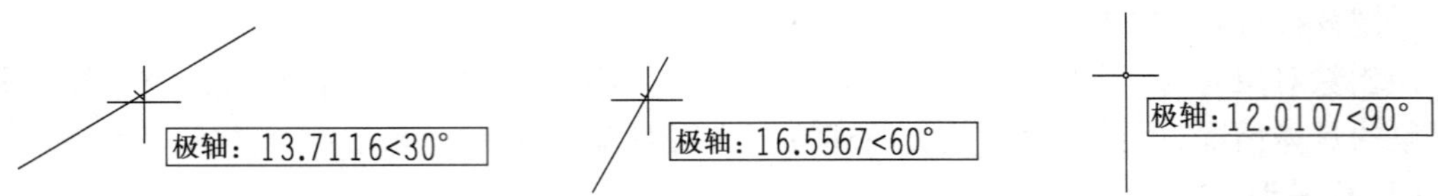

图 11.13　极轴追踪的追踪线和工具栏提示

(4)修剪

“修剪”命令可以方便快速地利用边界对图形实体进行修剪。

菜单命令:“修改”→“修剪”。

工具栏:“修改”→“修剪”。

键盘命令:TRIM 或 TR。

1)普通方式修剪对象

普通方式修剪对象,必须首先选择剪切边界,然后再选择被修剪的对象,且两者必须相交。如图 11.14(a)所示,以圆 *A*、圆 *B* 为边界修剪圆 *C* 的下半部分。

单击“修改”→“修剪”,操作步骤如下:

命令:_trim　　　　　　　　　　　　* 启动“修剪”命令

当前设置:投影 = UCS,边 = 无　　　　* 系统提示

选择剪切边…　　　　　　　　　　　　* 系统提示

选择对象或 <全部选择>:找到 1 个　　* 选择圆 A

选择对象:找到 1 个,总计 2 个　　　　* 选择圆 B

选择对象:↙　　　　　　　　　　　　* 回车,结束剪切边界对象的选择

选择要修剪的对象,或按住“Shift”键选择要延伸的对象,或[栏选(F)/窗交(C)/投影(P)/边(E)/删除(R)/放弃(U)]:　　* 单击拾取圆 C 的下半部分

选择要修剪的对象,或按住“Shift”键选择要延伸的对象,或[栏选(F)/窗交(C)/投影(P)/边(E)/删除(R)/放弃(U)]:↙　　* 回车,结束“修剪”命令

通过以上操作得到如图 11.14(b)所示的图形。

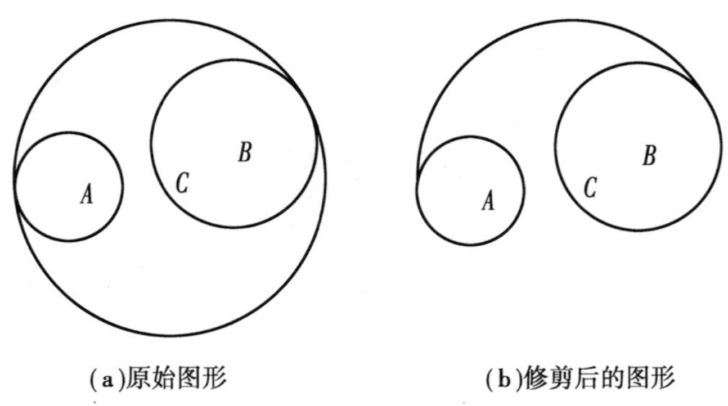

(a)原始图形　　(b)修剪后的图形

图 11.14　普通方式修剪对象

2)延伸模式修剪对象

如果剪切边界与被修剪的对象实际不相交,但剪切边界的延长线与被修剪对象有交点,则可采用延伸模式修剪。如图 11.15(a)所示,以两条直线为边界修剪圆到隐含的交点处。

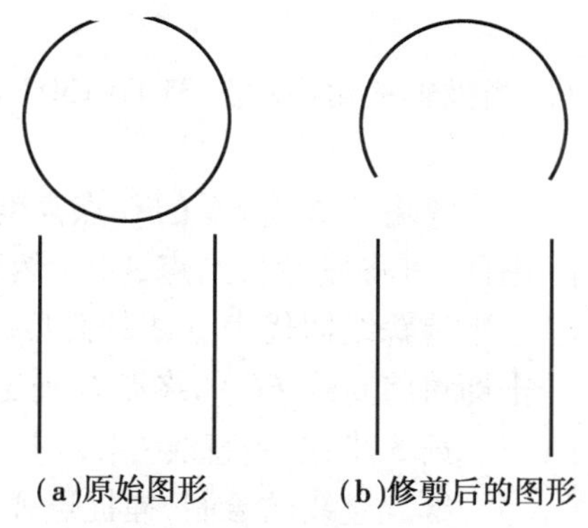

图 11.15　延伸模式修剪对象

单击“修改”→“修剪”,操作步骤如下:

命令:_trim　　* 启动“修剪”命令

当前设置:投影 = UCS,边 = 无　　* 系统提示

选择剪切边…　　* 系统提示

选择对象或 <全部选择>:指定对角点:找到 2 个　　* 选择两条直线

选择对象:↙　　* 回车,结束剪切边界对象的选择

选择要修剪的对象,或按住“Shift”键选择要延伸的对象,或[栏选(F)/窗交(C)/投影(P)/边(E)/删除(R)/放弃(U)]:　　* 选择需修剪的圆弧部分

选择要修剪的对象,或按住“Shift”键选择要延伸的对象,或[栏选(F)/窗交(C)/投影(P)/边(E)/删除(R)/放弃(U)]:↙　　* 回车,结束“修剪”命令

通过以上操作得到如图 11.15(b)所示的图形。

【任务实施】

绘制本次任务要求中,如图 11.8 所示的复杂直线图形。

第 1 步:设置图形界限。

根据图形尺寸,将图形界限的两个点分别设为(0,0)和(100,70)。执行“缩放”命令并选择“全部(A)”选项,显示图形界限。

第 2 步:分析图形,确定关键点和绘制方法。

通过对图 11.8 的分析可将左上角的 *A* 点定为关键点。使用“极轴追踪”“对象追踪”来绘制图形中外形的各条直线。

第 3 步:使用绝对坐标绘制直线 *AB*、*BC*。

单击“绘图”→“直线”,给定第一点 *A* 的坐标 10,44,此处按逆时针方向绘制,因此,下一点 *B* 为 10,10,接下来输入坐标 62,10,绘制直线 *BC*。

第 4 步:使用“极轴追踪”和“对象追踪”绘制直线 *CD*、*DE*、*EF*、*FG*。

①右击状态栏上的“极轴”→“设置”→“极轴追踪”→将增量角设置为 10°→“确定”。沿直线 *CD* 方向移动鼠标,当极轴夹角显示为 130°时,在动态输入工具栏中输入长度数值 8,回车确定。

②沿直线 *DE* 方向移动鼠标,当极轴夹角显示为 40° (130°,90°)时,在动态输入工具栏中

输入长度数值 18,回车确定。

③沿直线 *EF* 方向移动鼠标,当极轴夹角显示为 310°(130° + 180°)时,在动态输入工具栏中输入长度数值 8,回车确定。

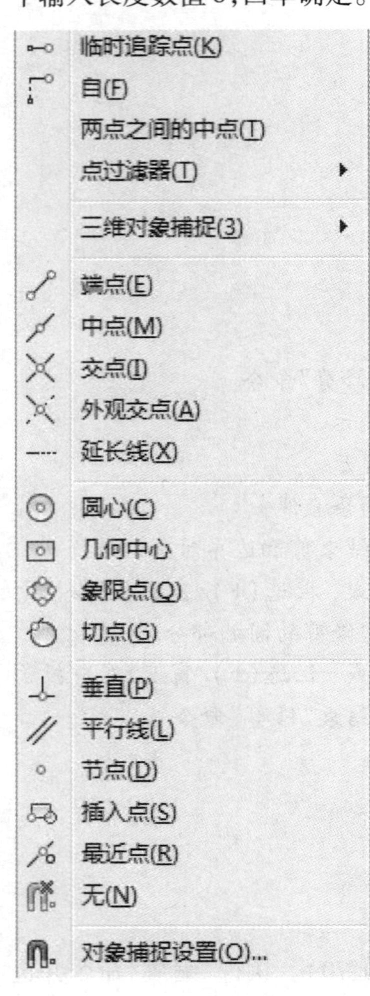

图 11.16　对象捕捉工具

④由于直线 *FG* 的 *G* 点高度与直线 *AB* 的 *A* 点高度一致,因此,可将鼠标移到点 *A* 上,然后向右移动,此时出现的一条水平追踪线即代表点 *A* 的高度,当极轴夹角显示为 90°时,单击即可将直线 *FG* 的终点 *G* 确定下来。

第 5 步:绘制直线 *GA*。

继续直线的绘制,捕捉点 *A* 后单击,绘制直线 *GA*,图形中需要的是 *OA* 和 *GH*,即需要在点 *O* 和点 *H* 处将直线 *GA* 断开,在后面的操作中再对其进行修剪。

第 6 步:使用"对象捕捉"和"极轴追踪"继续绘制直线。

①单击"绘图"→"直线",按住"Shift"键并右击,弹出如图 11.16 所示的菜单并单击"自",其操作步骤如下:

命令:_line 指定第一点:_from 基点:<偏移>:@ 10,0 ↙

*选择 A 点,输入相对 A 点的偏移量,回车确定

指定下一点或[放弃(U)]:10 ↙　　*将鼠标向上移动,当极轴夹角为 70°时,输入偏移量 10 mm,绘制直线 *ON*

②沿直线 *NM* 方向移动鼠标,当极轴夹角显示为 0°时,在动态输入工具栏中输入长度数值 7,回车确定。

③沿直线 *ML* 方向移动鼠标,当极轴夹角显示为 290°时,在动态输入工具栏中输入长度数值 6,回车确定。

④沿直线 *LK* 方向移动鼠标,当极轴夹角显示为 0°时,在动态输入工具栏中输入长度数值 17,回车确定。

⑤沿直线 *KJ* 方向移动鼠标,当极轴夹角显示为 70°时,在动态输入工具栏中输入长度数值 6,回车确定。

⑥沿直线 *JI* 方向移动鼠标,当极轴夹角显示为 0°时,在动态输入工具栏中输入长度数值 7,回车确定。

⑦沿直线 *IH* 方向移动鼠标,当极轴夹角显示为 290°时,捕捉到与直线 *GA* 的交点,单击即可绘制直线 *IH*。

第 7 步:修剪直线 *CA* 多余部分。

单击"修改"→"修剪",其操作步骤如下:

选择剪切边...

选择对象或<全部选择>:找到 1 个　　*选择直线 ON 作为剪切边界

选择对象:找到 1 个,总计 2 个　　*选择直线 IH 作为剪切边界

选择对象:↙　　*回车结束剪切边界的选择

选择要修剪的对象,或按住"Shift"键选择要延伸的对象,或[栏选(F)/窗交(C)/投影(P)/边(E)/删除(R)/放弃(U)]:　　*选择直线 *GA* 多余部分

选择要修剪的对象，或按住“Shift”键选择要延伸的对象，或[栏选(F)/窗交(C)/投影(P)/边(E)/删除(R)/放弃(U)]：　　＊按 ESC 结束命令

第 8 步：绘制图形的中间部分。

单击“绘图”→“直线”，按住“Shift”键并右击，弹出如图 11.16 所示菜单，其操作步骤如下：

命令：_line 指定第一点：_from 基点：<偏移>：@11.25↙　　＊点选点 B 作为基点后输入点 Q 相对点 B 的偏移量以确定点 Q 的位置

指定下一点或[放弃(U)]：15↙　　＊将鼠标向下移动，当极轴夹角为 90°时，输入偏移量 15 mm，绘制直线 PQ

指定下一点或[放弃(U)]：23↙　　＊将鼠标向右移动，当极轴夹角为 0° 时，输入偏移量 23 mm，绘制直线 QR

指定下一点或[闭合(C)/放弃(U)]：　　＊捕捉点 P，向右移动鼠标，当极轴夹角为 40°时，单击确定，绘制直线 R

指定下一点或[闭合(C)/放弃(U)]：C↙　　＊将图形闭合

第 9 步：保存图形文件。

任务 3　绘制平面组合图形

【任务描述】

本次任务要求在掌握绘图基本技能的基础上，绘制如图 11.17 所示的较复杂的平面图形。

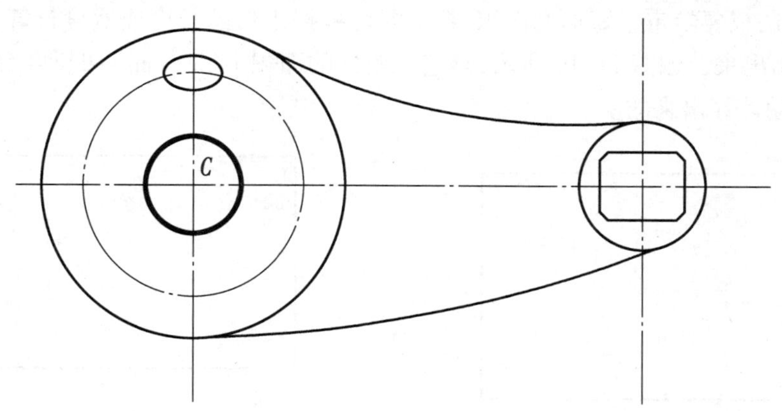

图 11.17　绘制复杂的平面图形

【任务要求】

1. 学习矩形的绘制命令和技巧。

2. 学习椭圆的绘制命令和技巧。

3. 应用学习知识与技能绘制平面组合型图形。

【知识准备】

(1)矩形的绘制

AutoCAD 专门提供了一个“矩形”命令，利用该命令可绘制不同形式的矩形，而不需要逐条线地绘制。矩形在 AutoCAD 中也是作为一个整体来处理的，调用命令的方式如下：

菜单命令：“绘图”→“矩形”。

工具栏：“绘图”→“矩形”。

键盘命令：RECTANG。

在 AutoCAD 中，绘制矩形有不同的选项，各有不同的作用，介绍如下：

1)指定角点

这是默认绘制矩形的方法，通过指定两个角点来确定矩形的大小和位置，如图 11.18 所示。在指定了第一个角点后，AutoCAD 除了可直接指定第二个角点外，还有 3 个选项可供选择：

①“面积(A)”选项。单击“绘图”→“矩形”，其操作步骤如下：

命令：_rectang　　＊启动“矩形”命令

指定第一个角点或[倒角(C)/标高(E)/圆角(F)/厚度(T)/宽度(W)]：　　＊指定第一个角点

指定另一个角点或[面积(A)/尺寸(D)/旋转(R)]：a↙　　＊选择“面积”选项

输入以当前单位计算的矩形面积 <100.0000 >：1600↙　　＊给定矩形面积

计算矩形标注时依据[长度(L)/宽度(W)] < 长度 >：L↙　　＊已知矩形的长度

输入矩形长度 < 10.0000 >：50↙　　＊给定矩形的长度为 50 mm

使用该方法只要给定了矩形的面积，系统即可根据矩形的长度或宽度计算出另一边的长度，并将其绘制出来。如图 11.19 所示，给定了矩形的面积 1 600 mm^2 和长度 50 mm，宽度 32 mm 是系统自动计算出来的。

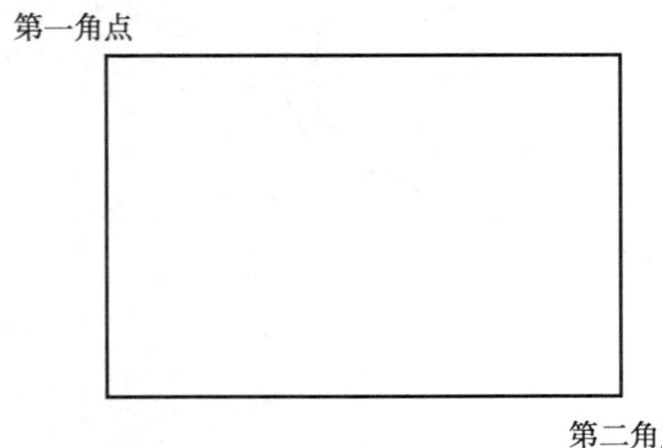

图 11.18　指定角点绘制矩形

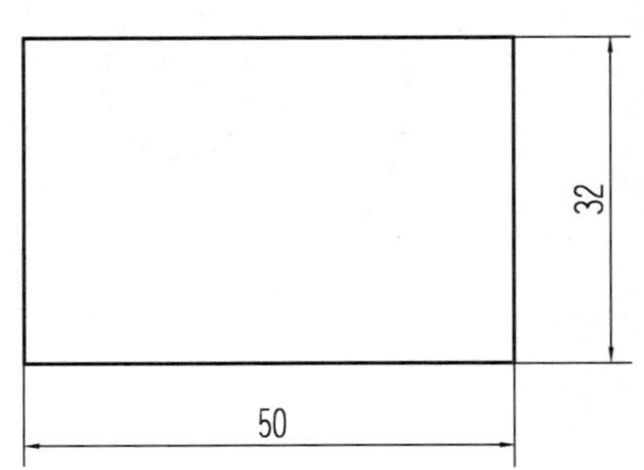

图 11.19　根据面积绘制矩形

②“尺寸(D)”选项：单击“绘图”→“矩形”，其操作步骤如下：

命令：_rectang　　＊启动“矩形”命令

指定第一个角点或[倒角(C)/标高(E)/
圆角(F)/厚度(T)/宽度(W)]:　　　　　　　　　　　　＊指定第一个角点
指定另一个角点或[面积(A)/尺寸(D)/旋转(R)]:d↙　＊选择“尺寸”选项
指定矩形的长度 <50.0000 >:↙　　　　　　　　　　　＊给定矩形的长度
指定矩形的宽度 <40.0000 >:↙　　　　　　　　　　　＊给定矩形的宽度

在给定长度和宽度后,可选择将第一个角点放置在左上角或左下角,从而使矩形处在不同的位置。

③“旋转(R)”选项:单击“绘图”→“矩形”,其操作步骤如下:

命令:_rectang　　　　　　　　　　　　　　　　　　＊启动“矩形”命令
指定第一个角点或[倒角(C)/标高(E)/
圆角(F)/厚度(T)/宽度(W)]:　　　　　　　　　　　　＊指定第一个角点
指定另一个角点或[面积(A)/尺寸(D)/旋转(R)]:r↙　＊选择“旋转”选项
指定旋转角度或[拾取点(P)] <0 >:30↙　　　　　　　＊指定旋转角度为 30°

指定了旋转角度后即可按前述方法绘制矩形,如图 11.20 所示,如果要根据已有直线确定矩形的旋转角度,则可选择“P”选项,根据先后拾取的两个点来确定矩形的旋转角度。如图 11.21所示为根据直线 *AB* 旋转的矩形。

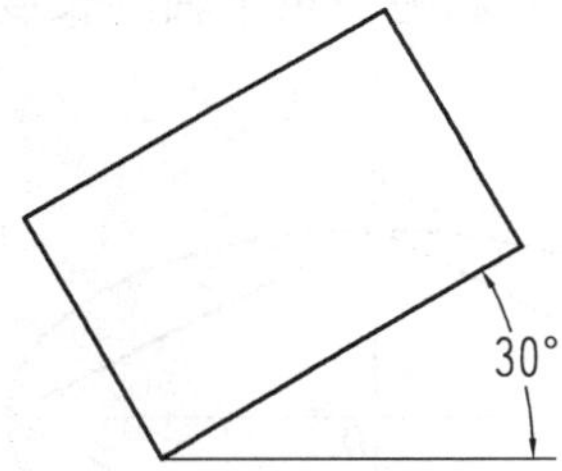

图 11.20　指定角度旋转矩形

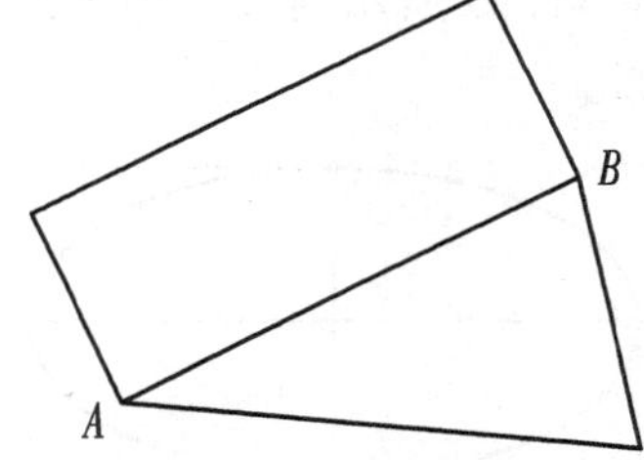

图 11.21　根据已有直线旋转矩形

2)“倒角(C)”和“圆角(F)”选项

有时需要绘制带倒角或圆角的矩形,可直接利用相关选项绘制而不必等绘制完矩形后再来进行有关处理。倒角方法如前面实例所述,圆角方法类似,按相应提示进行操作即可。

3)“标高(E)”选项

指定矩形所在的平面高度,该选项一般用于三维绘图。

4)“厚度(T)”选项

按给定的厚度绘制矩形,该选项一般用于三维绘图。

5)“宽度(W)”选项

按给定的宽度绘制矩形,即以指定的线宽绘制矩形。

(2)椭圆的绘制

利用“椭圆”命令可以绘制椭圆和椭圆弧。

菜单命令:“绘图”→“椭圆”。

工具栏:“绘图”→“椭圆”。

键盘命令:ELLIPSE。

椭圆命令有不同的选项,对应以下 3 种绘制方法。

1)根据椭圆的中心和半轴绘制椭圆

单击“绘图”→“椭圆”,其操作步骤如下:

命令:_ellipse　　* 启动“椭圆”命令

指定椭圆的轴端点或[圆弧(A)/中心点(C)]:c↙　　* 选择“中心点”参数

指定椭圆的中心点:　　* 捕捉椭圆的中心点

指定轴的端点:30↙　　* 水平向右追踪,输入椭圆长半轴长度

指定另一条半轴长度或[旋转(R)]:15↙　　* 垂直向上或向下追踪,输入椭圆短半轴长度

通过以上操作,得到如图 11.22 所示的椭圆。

2)根据椭圆两个端点及另一条半轴的长度绘制椭圆

单击“绘图”→“椭圆”,其操作步骤如下:

命令:_ellipse　　* 启动“椭圆”命令

指定椭圆的轴端点或[圆弧(A)/中心点(C)]:　　* 捕捉椭圆的一个端点 A

指定轴的另一个端点:　　* 捕捉椭圆的另一个端点 B

指定另一条半轴长度或[旋转(R)]:　　* 捕捉椭圆另一条半轴的端点 C

如图 11.23 所示为按上述操作步骤根据椭圆的两个端点 A、B 和另一条半轴的长度 OC 绘制的椭圆。

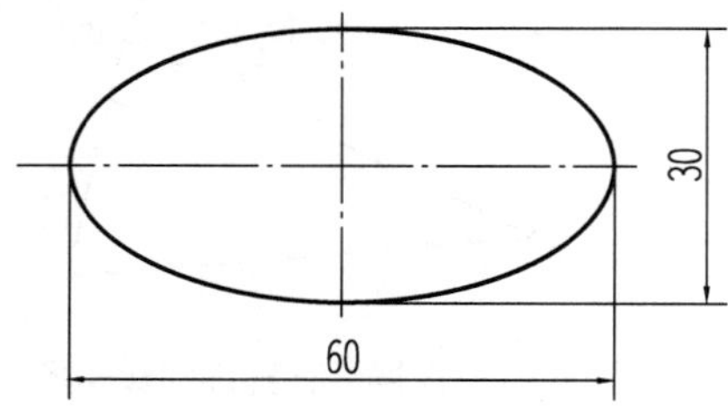

图 11.22　根据中心和半轴绘制椭圆

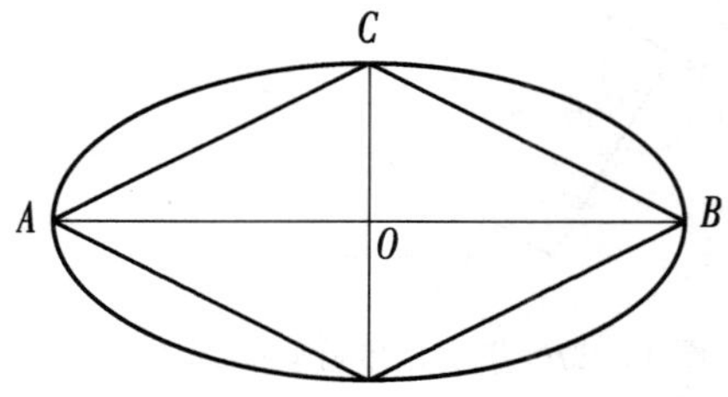

图 11.23　根据两个端点及另一条半轴绘制椭圆

3)绘制旋转椭圆

如果需要绘制旋转椭圆,则可选择“R”选项。这种方式实际上相当于将一个圆在三维空间中绕长轴转动一个角度以后投影在二维平面上,旋转角度范围为 0°～89.4°。当角度为 0°时是圆,为 60°时是长短轴之比为 2 的椭圆。

4)绘制椭圆弧

在绘制椭圆时选择参数“A”,则可绘制椭圆的一部分,即椭圆弧。

单击“绘图”→“椭圆”,操作步骤如下:

命令:_ellipse　　* 启动“椭圆”命令

指定椭圆的轴端点或[圆弧(A)/中心点(C)]:a↙　　* 选择“圆弧”选项

指定椭圆弧的轴端点或[中心点(C)]:　　* 捕捉椭圆的一个端点

指定轴的另一个端点:　　* 捕捉椭圆的另一个端点

指定另一条半轴长度或[旋转(R)]:　　* 捕捉椭圆另一条半轴的长度

指定起始角度或[参数(P)]:0↙　　* 给定椭圆弧的起始角度

指定终止角度或[参数(P)/包含角度(I)]:270↙　　　　＊给定椭圆弧的终止角度

通过以上操作,可得到如图 11.24 所示的椭圆弧。

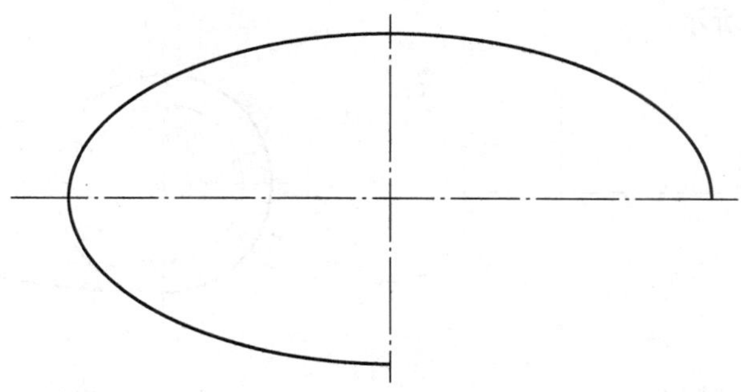

图 11.24　绘制椭圆弧

【任务实施】

绘制组合图形,如图 11.25 所示。

第 1 步:设置图形界限。

根据图形尺寸,将图形界限的两个点分别设为(0,0)和(90,50)。执行"缩放"命令的"全部(A)"选项,显示图形界限。

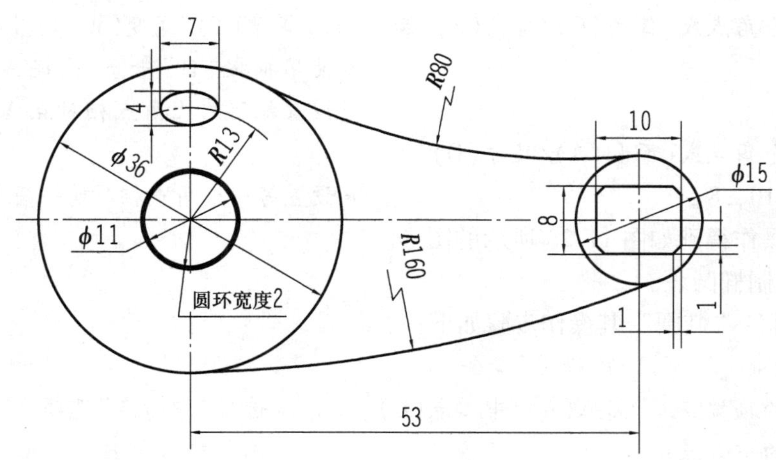

图 11.25　组合图形

第 2 步:在适当位置绘制中心线。

单击"图层"工具栏中"图层"下拉箭头,选择"点画线"图层,单击状态栏上的"正交",打开"正交"状态,利用"直线"命令绘制水平和垂直中心线。偏移复制垂直中心线,取消"正交"状态,绘制 $R13$ mm 的中心线圆(见图 11.26)。

第 3 步:绘制 $\phi36$ mm、$\phi15$ mm 的两个圆。

单击"图层"工具栏中"图层"下拉箭头,选择"粗实线"图层,分别捕捉到两个圆心,绘制 $\phi36$ mm、$\phi15$ mm 的两个圆。

第 4 步:绘制 $R80$ mm、$R160$ mm 的两个圆。

单击"绘图"→"圆",选择"相切、相切、半径(T)"方式,绘制 $R160$ mm 的相切圆。

单击“修改”→“修剪”,对相切圆多余的部分进行修剪。

单击“修改”→“圆角”,选择 $\phi 36$ mm 和 $\phi 15$ mm 两个圆作为倒圆角的对象,绘制 $R80$ mm 的相切圆,如图 11.27 所示。

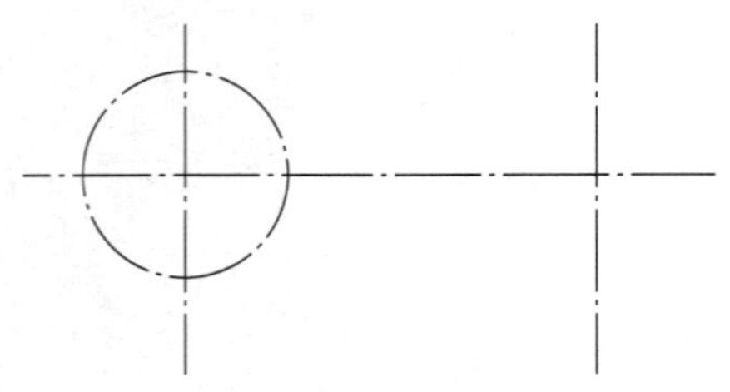

图 11.26　绘制中心线

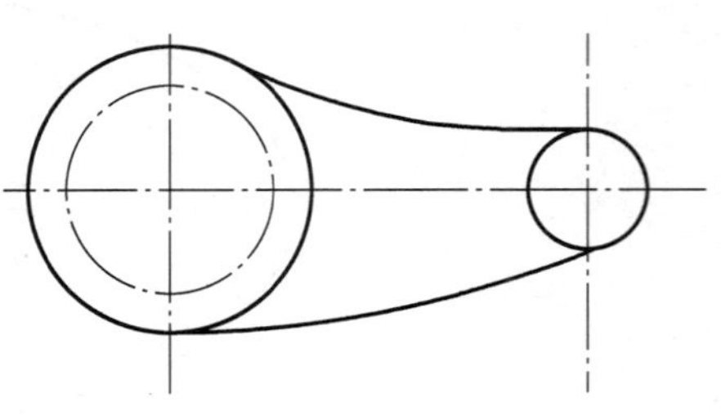

图 11.27　绘制外部轮廓

第 5 步:绘制倒角矩形。

单击“绘图”→“矩形”,其操作步骤如下:

命令:_rectang　　＊启动“矩形”命令

指定第一个角点或[倒角(C)/标高(E)/圆角(F)/厚度(T)/宽度(W)]:c↙　　＊选择“倒角”选项

指定矩形的第一个倒角距离 <0.0000>:1↙　＊设置“倒角”距离为 1 mm

指定矩形的第二个倒角距离 <1.0000>:↙　＊两边距离一样,回车确定

指定第一个角点或[倒角(C)/标高(E)/圆角(F)/厚度(T)/宽度(W)]:_from 基点:<偏移>:@5,4↙　　＊使用捕捉“自”命令,捕捉 A 点作为基点,设置矩形右上角点相对点 A 的偏移距离

指定另一个角点或[面积(A)/尺寸(D)/旋转(R)]:@.10,.8↙　　＊设置另一个角点相对前一角点的偏移距离

通过以上操作得到如图 11.28 所示的图形。

第 6 步:绘制椭圆。

单击“绘图”→“椭圆”,其操作步骤如下:

命令:_ellipse　　＊启动“椭圆”命令

指定椭圆的轴端点或[圆弧(A)/中心点(C)]:c↙　＊选择“中心点”选项

指定椭圆的中心点:　　＊选取中心点 B

指定轴的端点:3.5↙　　＊打开“极轴追踪”,水平向右追踪,输入椭圆长半轴长度

指定另一条半轴长度或[旋转(R)]:@2↙　　＊垂直向上追踪,输入椭圆短半轴长度

通过以上操作得到如图 11.29 所示的图形。

第 7 步:绘制圆环。

在工具栏中没有绘制圆环的图标,要绘制圆环可使用菜单命令。

单击“绘图”→“圆环”,其操作步骤如下:

命令:_donut　　＊启动“圆环”命令

指定圆环的内径 <0.5000>:10↙　＊指定圆环的内径

指定圆环的外径 <1.0000>:12↙　＊指定圆环的外径

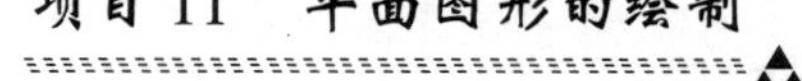

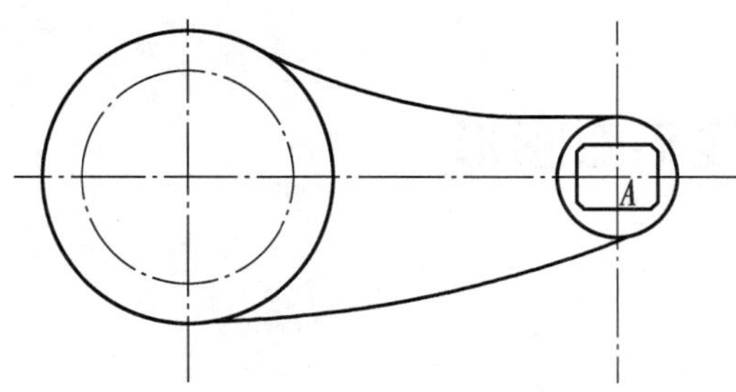

图 11.28　绘制倒角矩形

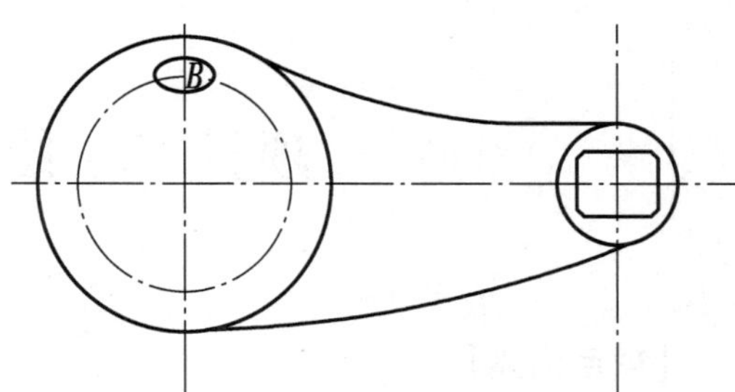

图 11.29　绘制椭圆

指定圆环的中心点或<退出>：　　　*捕捉圆环的中心点 C

通过以上操作得到如图 11.30 所示的图形,图中给定的圆环尺寸与圆环命令要求的参数不一致,必须通过计算才能确定。

第 8 步:对中心线进行裁剪。

按前述方法将过长的中心线进行裁剪,即可得到如图 11.25 所示的图形,保存图形文件。

项目 12　绘制曲线平面图形

【项目描述】

本项目将在掌握项目 11 和项目 12 所要求的 AutoCAD 基础知识与技能的基础上,学习绘制较复杂平面曲线图形的技巧与能力,主要涉及定数等分、移动、复制、旋转等编辑图形的能力与技巧。

【学习目标】

通过本项目的学习,要求掌握以下基本知识:

1. 掌握绘制圆弧的方法。
2. 掌握点的绘制方法,创建定数等分点、定距等分点及修改点样式的方法。
3. 掌握阵列、复制、合并、比例缩放等编辑命令的应用。
4. 掌握移动、延伸、镜像、倒角、拉长等编辑命令的应用。
5. 掌握旋转、对齐、拉伸等编辑命令的应用。
6. 掌握创建面域的方法并能对面域进行布尔运算。

【技能目标】

1. 能使用各种绘图和编辑命令绘制较复杂的二维图形。
2. 能根据图形特点灵活应用各种方法,快速高效地绘制图形。

任务 1　圆弧的绘制

【任务描述】

在学习本次任务基础知识的基础上,运用目前所掌握的 AutoCAD 知识与技能的基础上完成如图 12.1 所示带有圆弧的较复杂平面图形的绘制任务。

【任务要求】

1. 掌握绘制圆弧的基本方法。
2. 掌握点的绘制、创建定数等分点、定距等分点及修改点样式的方法。
3. 掌握绘制和编辑圆弧的基本方法与技巧。

【知识准备】

(1) 圆弧绘制的基本方法与技巧

菜单:“绘图”→“圆弧”。

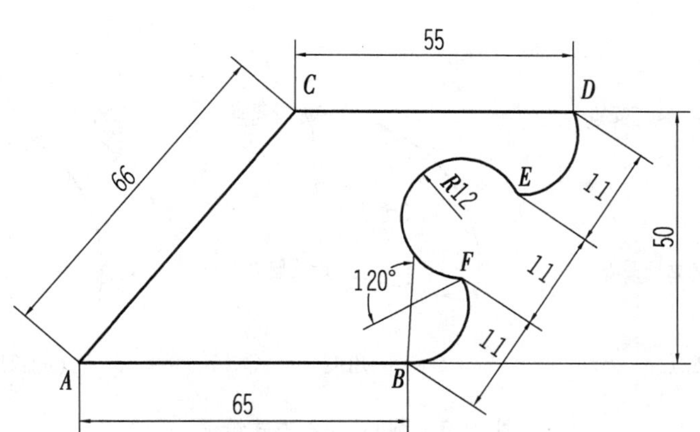

图 12.1 带圆弧的较复杂平面图形

工具栏:“绘图”→“圆弧”。

键盘命令:ARC 或 A。

绘制圆弧时,通过选择不同的选项能组合成 11 种不同的绘制方式,当然也可直接在如图 12.2 所示的菜单中选择命令来绘制圆弧。

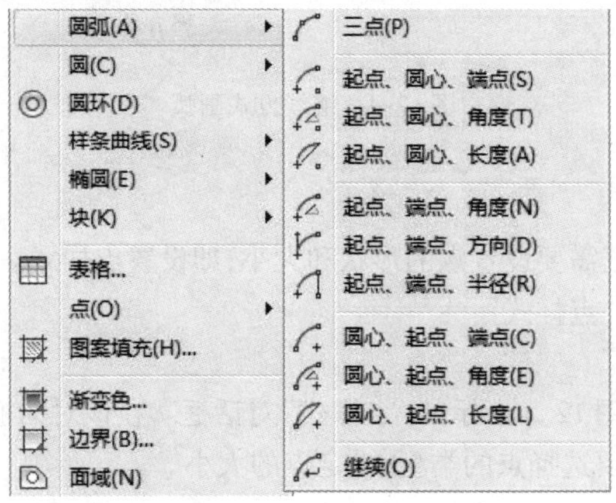

图 12.2 “圆弧”子菜单

①指定三点方式画弧。指定圆弧的起点、圆弧上的一点、端点(即终点)绘制圆弧。

②指定起点、圆心方式画弧。有“起点、圆心、端点”“起点、圆心、角度”和“起点、圆心、长度”3 种方式。

③指定起点、端点方式画弧。此种绘制方法下有“起点、端点、角度”“起点、端点、方向”和“起点、端点、半径”3 种方式。

④指定圆心、起点方式画弧。以此为例统一进行绘制方法的说明,基本都一样。例如此种绘图方法共有“圆心、起点、端点”“圆心、起点、角度”和“圆心、起点、长度”3 种方式方法,如图 12.3 所示,按图示方法即可很方便地进行绘图。

⑤继续方式画弧。该方式以刚画完的直线或圆弧的终点为起点绘制与该直线或圆弧相切的圆弧,如图 12.4 所示。

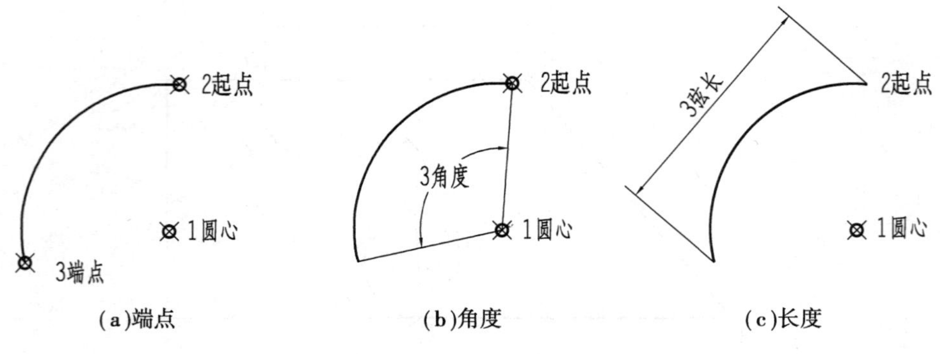

图 12.3　圆心、起点方式绘弧

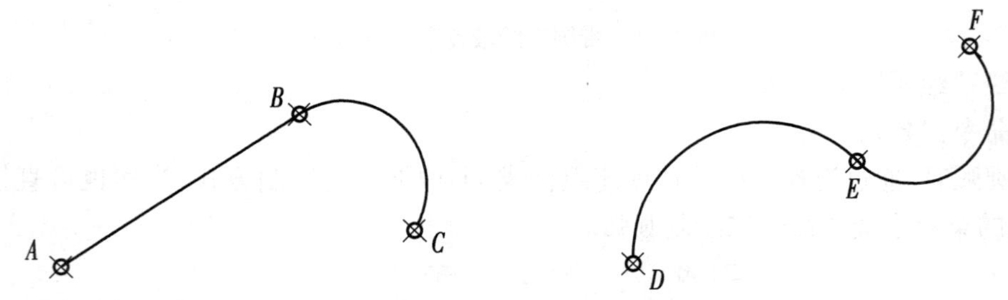

图 12.4　继续方式画弧

(2)点的绘制

1)点的样式设置

在 AutoCAD 中可根据需要设置点的形状和大小,即设置点样式。

菜单命令:“格式”→“点样式”。

键盘命令:DDPTYPE。

启动命令后,弹出如图 12.5 所示的“点样式”对话框。在该对话框中,共有 20 种不同类型的点样式,用户可根据需要选择点的类型,设定点的大小。

2)画点

利用画点命令可在指定位置绘制一个或多个点。

菜单命令:“绘图”→“点”→“单点”或“多点”。

工具栏:“绘图”→“点”。

键盘命令:POINT 或 PO。

3)定数等分

“定数等分”命令可用于将选定的对象等分成指定的段数。

菜单命令:“绘图”→“点”→“定数等分”。

键盘命令:DIVIDE 或 DIV。

在上述操作实例中将直线 *BD* 等分为 3 段就用到了定数等分方法。

4)定距等分

“定距等分”命令可用于将选定的对象按指定距离进行等分,直到余下部分不足一个间距为止。

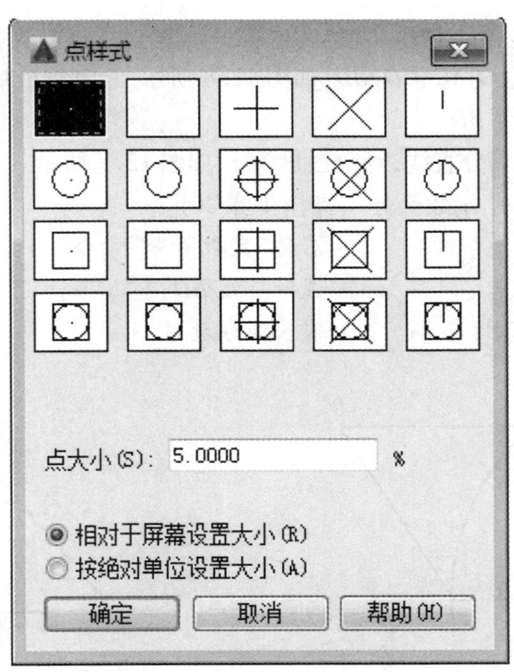

图 12.5　“点样式”对话框

菜单命令:“绘图”→“点”→“定距等分”。

键盘命令:MEASURE 或 ME。

【任务实施】

完成如图 12.1 所示“带圆弧的较复杂平面图形”绘制工作与编辑。

第 1 步:设置绘图环境,操作过程略。

第 2 步:绘制直线 *AB* 并偏移。

用“直线”命令绘制水平线 *AB*,长度为 65 mm;用“偏移”命令偏移复制该直线,距离为 50 mm,如图 12.6 所示。

第 3 步:绘制圆,得交点 *C*。

用“圆”命令以 *A* 为圆心,66 mm 为半径画一辅助圆,圆与偏移线相交于 *C* 点,如图 12.7 所示。

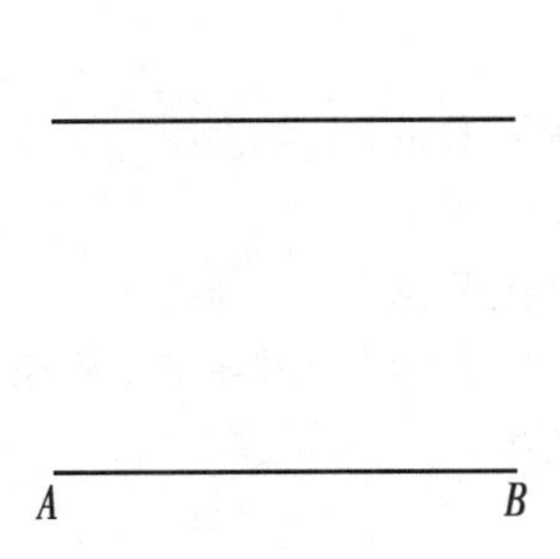

图 12.6　绘制直线 *AB* 并偏移

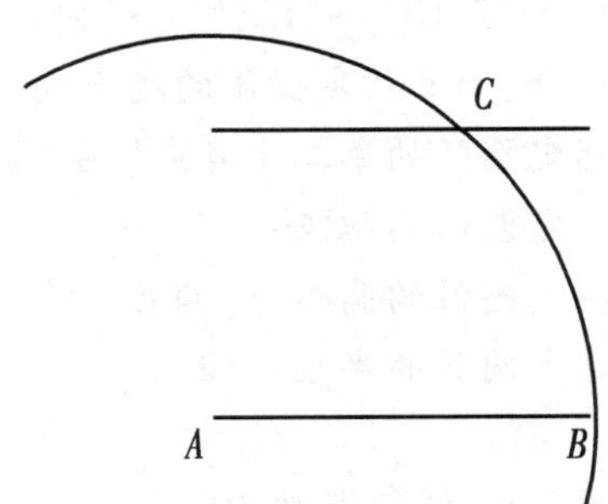

图 12.7　绘制圆,得交点 *C*

第 4 步:绘制直线 *AC*、*CD*、*BD*。

用“直线”命令绘制直线 *AC*、*CD*、*BD*,如图 12.8 所示,绘制完成后删除、修剪多余线条。

第 5 步:定数等分直线 *BD*。

采用“点”命令,定数等分直线,等分数量为 3,如图 12.9 所示。

单击“绘图”→“点”→“定数等分”,操作步骤如下:

命令:_divide　　　　　　　　　　* 启动“定数等分”命令
选择要定数等分的对象:　　　　　* 选择直线 BD
输入线段数目或[块(B)]:3↙　　　* 输入等分数目

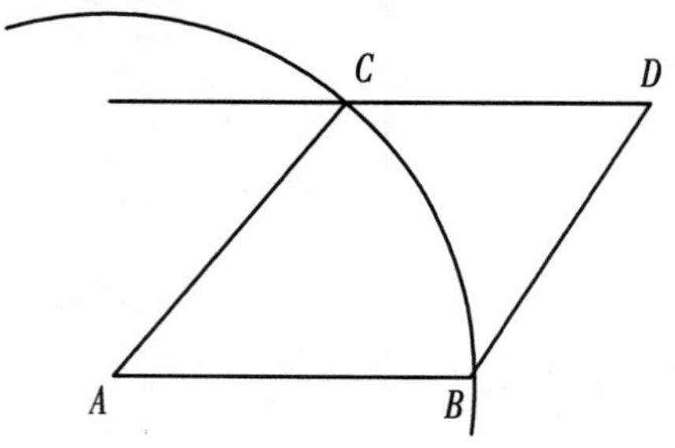

图 12.8　绘制直线 *AC*、*CD*、*BD*

C D E F A B

图 12.9　定数等分直线 *BD*

第 6 步:绘制圆弧 *ED*。

采用“圆弧”命令中的“起点、端点、方向”方式绘制圆弧,起点为 *E*,端点为 *D*,圆弧的起点切线方向为 0°,如图 12.10 所示。

单击“绘图”→“圆弧”→“起点、端点、方向”,操作步骤如下:

命令:_arc 指定圆弧的起点或[圆心(C)]:
指定圆弧的第二个点或[圆心(C)/端点(E)]:_e　　　　* 捕捉 E 点
指定圆弧的端点:　　　　　　　　　　　　　　　　　* 系统提示
指定圆弧的圆心或[角度(A)/方向(D)/半径(R)]:. d　* 捕捉 D 点
指定圆弧的起点切向:0　　　　　　　　　　　　　　* 指定圆弧的起点切线方向为 00

第 7 步:绘制圆弧 *EF*。

采用“圆弧”命令中的“起点、端点、半径”方式绘制圆弧,起点为 *E*,端点为 *F*,半径为 12 mm(画优弧),如图 12.11 所示。

单击“绘图”→“圆弧”→“起点、端点、半径”,操作步骤如下:

命令:_arc 指定圆弧的起点或[圆心(C)]:
指定圆弧的第二个点或[圆心(C)/端点(E)]:. e　　　　* 捕捉 E 点
指定圆弧的端点:　　　　　　　　　　　　　　　　　* 系统提示
指定圆弧的圆心或[角度(A)/方向(D)/半径(R)]:_r　　* 捕捉 F 点
指定圆弧的半径:. 12　　　　　　　　　　　　　　　* 系统提示:输入半径,半径为负优弧

第 8 步:绘制圆弧 *BF*。

采用“圆弧”命令中的“起点、端点、角度”方式绘制圆弧,起点为 *B*,端点为 *F*,包含角为 120°,如图 12.12 所示。

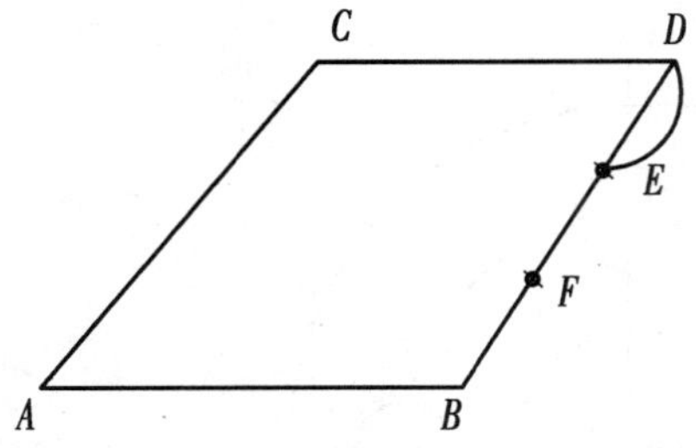

图 12.10 绘制圆弧 *ED*

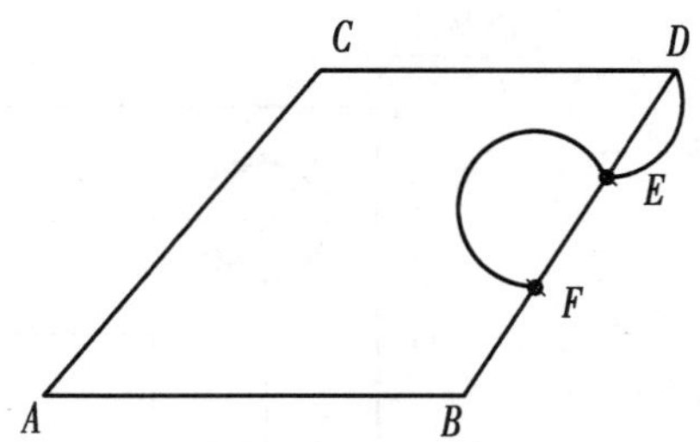

图 12.11 绘制圆弧 *EF*

单击“绘图”→“圆弧”→“起点、端点、角度”，操作步骤如下：

命令：_arc 指定圆弧的起点或[圆心(C)]：

指定圆弧的第二个点或[圆心(C)/端点(E)]：_e　　　＊捕捉 B 点

指定圆弧的端点：　　　＊系统提示

指定圆弧的圆心或[角度(A)/方向(D)/半径(R)]：_a　＊捕捉 F 点

指定包含角：120　　　＊系统提示：＊输入圆心角 120°

第 9 步：删除多余图线及点，完成全图，如图 12.13 所示。

第 10 步：保存图形文件。

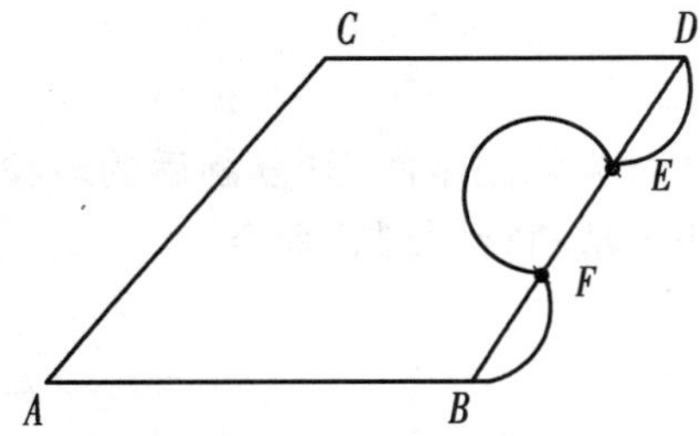

图 12.12 绘制圆弧 *BF*

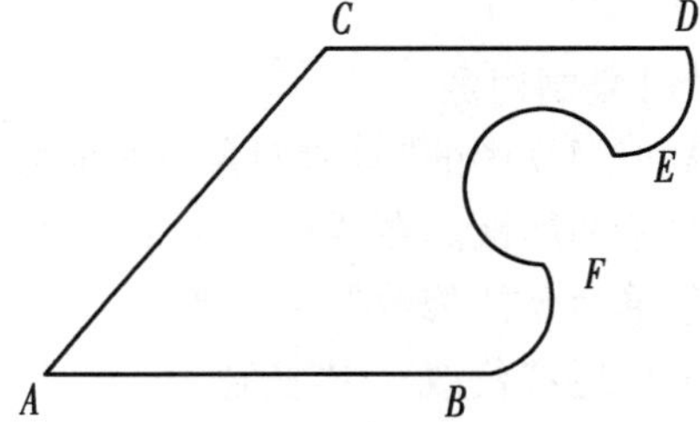

图 12.13 删除多余图线及点，完成全图

任务 2 底板的绘制

【任务描述】

本次任务绘制如图 12.14 所示的机械制图常用底板，要求巧妙地使用新学习的绘图和编辑方法。

【任务要求】

1. 掌握复制编辑命令的基本使用方法。
2. 掌握合并编辑的基本使用方法与技巧。
3. 掌握比例缩放编辑命令的应用。

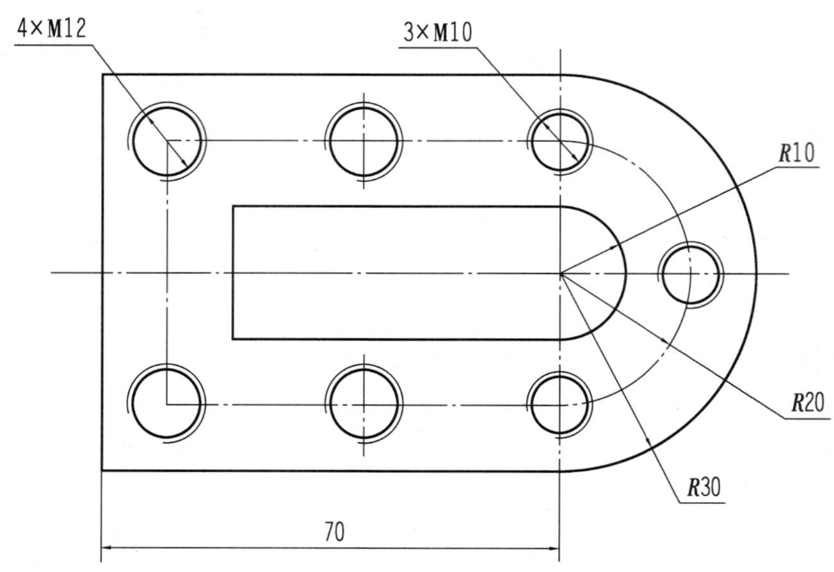

图 12.14　底板

【知识准备】

(1)复制对象

AutoCAD 中的“复制对象”是将原对象保留,移动原对象的副本图形,复制后的对象将继承原对象的属性。在 AutoCAD 2016 中,用户可通过以下方法执行“复制”命令。

菜单命令:“修改”→“复制”。

工具栏:“修改”→“复制”。

键盘命令:COPY、CO 或 CP。

执行上述命令后,命令行的提示内容如图 12.15 所示。

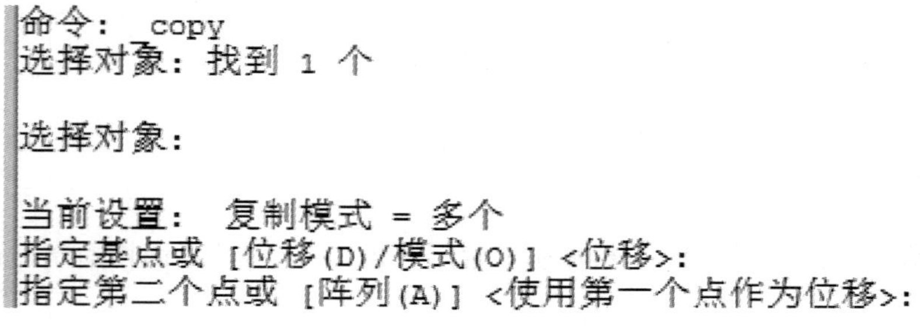

```
命令:  copy
选择对象: 找到 1 个

选择对象:

当前设置:  复制模式 = 多个
指定基点或 [位移(D)/模式(O)] <位移>:
指定第二个点或 [阵列(A)] <使用第一个点作为位移>:
```

图 12.15　复制命令显示

命令行的部分选项含义解释如下:

指定基点:确定复制的基点。

位移:确定复制的位移量。

模式:确定复制的模式是单个复制还是多个复制。

阵列:可输入阵列的项目数复制多个图形对象。

复制对象有两种方式:一种是指定两点方式;另一种是指定位移方式。

1）指定两点复制对象

指定两点复制对象的方式是先指定基点，随后指定第二点，以输入的两个点来确定复制的方向和距离。

2）指定位移复制对象

指定位移复制对象的方式是直接输入被复制对象的位移（即相对距离）。此时输入的坐标值可直接使用绝对坐标的形式，无须像通常情况下那样包含"@"标记，因为系统在此情况下默认为相对坐标形式。

（2）阵列图形

"阵列"命令是一种有规则的复制命令，利用"阵列"命令可将指定对象以矩形或环形排列方式进行复制，对于呈矩形或环形规律分布的相同结构，采用该命令绘制可大大提高绘图的效率。

AutoCAD 2016 提供的阵列图形有：矩形阵列、环形阵列、路径阵列 3 种方式。如图 12.16 和图 12.17 所示分别是 AutoCAD 2016 的阵列工具栏和阵列编辑工具栏。

菜单命令："修改"→"阵列"。

工具栏："修改"→"阵列"。

键盘命令：ARRAY 或 AR。

图 12.16　阵列工具栏

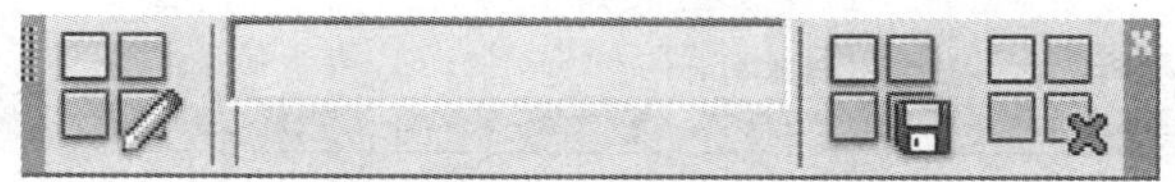

图 12.17　阵列编辑工具栏

1）矩形阵列对象

在 AutoCAD 2106 中，用户可通过以下方式执行"矩形阵列"命令。

在命令行中输入 ARRAY 命令后，将出现如图 12.18 所示的命令提示内容。执行"矩形阵列"命令后，图形将自动生成 3 行 4 列的矩形阵列。

```
命令: _arrayrect
选择对象: 找到 1 个

选择对象:
类型 = 矩形  关联 = 是
选择夹点以编辑阵列或 [关联(AS)/基点(B)/计数(COU)/间距(S)/列数(COL)/行数(R)/层

命令:
```

图 12.18　"矩形阵列"命令提示

命令行部分选项的含义简单解释如下：

关联：指定阵列的对象是关联的还是独立的。

基点：定义阵列基点和基点夹点的位置。

计数:指定行数和列数并使用户在移动光标时可动态观察结果。

间距:指定行间距和列间距并使用户在移动光标时可动态观察结果。

列数:编辑列数和列间距。

行数:指定阵列中的行数,它们之间的距离以及行之间的增量标高。

层:指三维阵列的层数和层间距。

如图 12.19 所示,单击阵列后的“图形对象”,即可打开“阵列”面板,进行阵列参数的设置。

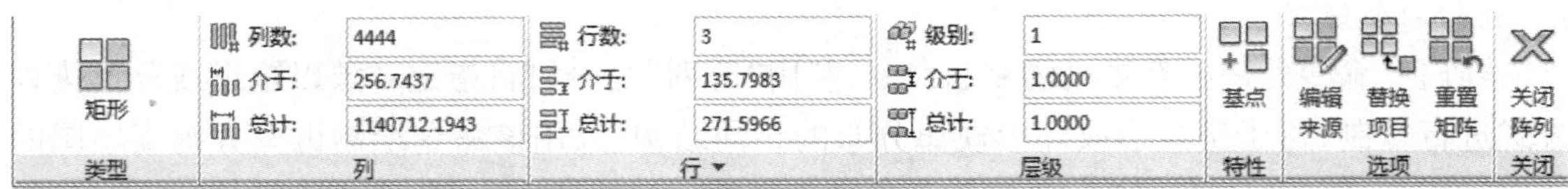

图 12.19　矩形阵列参数的设置选项卡

2)环形阵列对象

环形阵列能将选定的对象绕一个中心点作圆形或扇形排列复制,在命令行中输入 ARRAYPOLAR,然后按回车键。

执行环形阵列命令后,命令行提示内容如图 12.20 所示。

指定阵列的中心点或 [基点(B)/旋转轴(A)]:

ARRAYPOLAR 选择夹点以编辑阵列或 [关联(AS) 基点(B) 项目(I) 项目间角度(A) 填充角度(F) 行(ROW) 层(L) 旋转项目(ROT) 退出(X)] <退出>:

图 12.20　环形阵列命令行

命令行部分选项的含义简单解释如下:

中心点:指定分布阵列项目所围绕的点。旋转轴是当前 UCS 的 Z 轴。

旋转轴:指定由两个指定点定义的自定义旋转轴。

关联:指定阵列的对象是关联的还是独立的。

基点:定义阵列基点和基点夹点的位置。

项目:使用值或表达式指定阵列中的项目数。

项目间角度:使用值或表达式指定项目之间的角度。

填充角度:使用值或表达式指定阵列中第一和最后一个项目之间的角度。

旋转角度:控制排列项目时是否旋转项目。

如图 12.21 所示,单击阵列后的图形对象,即可打开“阵列”面板,进行阵列参数的设置。

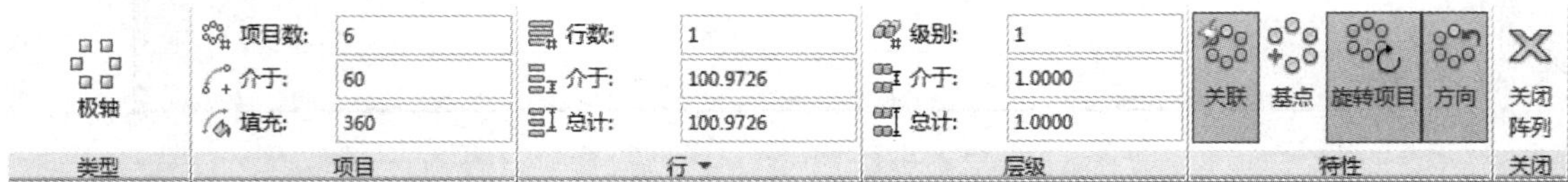

图 12.21　“阵列”面板参数设定

也可在命令行输入 ARRAYCLASSIC 命令打开如图 12.22 所示的 AutoCAD 典型阵列编辑命令对话框进行编辑。

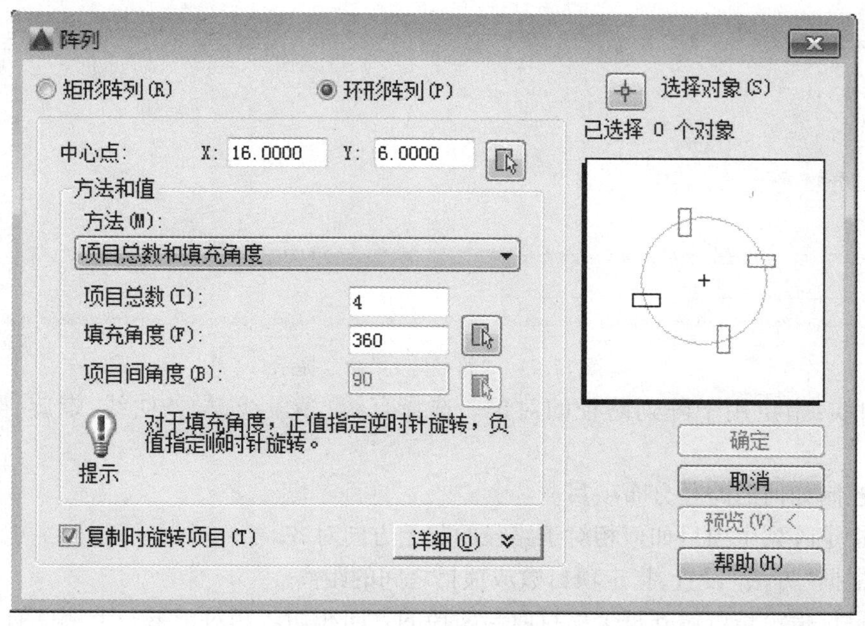

图 12.22　典型阵列编辑命令对话框

若要进行如图 12.23 所示的正六边形的环形阵列，其项目总数为 6 和填充角度设置 60°。

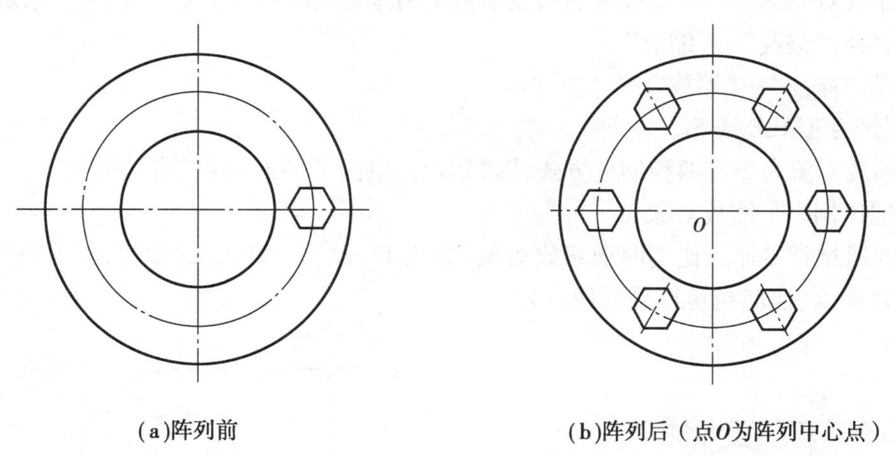

图 12.23　环形阵列

3)路径阵列图形

路径阵列是沿整个路径或部分路径平均分布对象副本，路径可以是曲线、弧线、折线等所有开放型线段。通过以下方法可执行路径阵列命令。

执行“修改”项目中“阵列”子项目中“路径阵列”命令(见图 12.24)。

在“默认”选项卡的“修改”面板中单击“路径阵列”按钮。

在命令中输入快捷命令 *AR*，选择“路径阵列”选项。

执行“路径阵列”命令后，命令行提示内容如下：

其中，命令行中部分选项的含义简介如下：

```
命令: ARR
ACTRECORD
命令: ARRAYPATH

选择对象: 找到 1 个

选择对象:

类型 = 路径  关联 = 是

选择路径曲线:

选择夹点以编辑阵列或 [关联(AS)/方法(M)/基点(B)/切向(T)/项目(I)/行(R)/层(L)/对齐项目(A)/z 方向(Z)/退出(X)] <退出>:

命令:
```

图 12.24 “路径阵列”命令提示

路径曲线:指定用于阵列路径的对象。选择直线、多段线、样条曲线、螺旋、圆弧、圆或椭圆。

方法:控制如何沿路径分布项目。

切向:指定阵列中项目如何相对于路径的起始方向对齐。

项目:根据“方法”设置,指定项目数或项目之间的距离。

对齐项目:指定是否对齐每个项目以与路径的方向相切。相对于第一个项目的方向对齐。

Z 方向:控制是否保持项目的原始 *Z* 方向或沿三维方向路径自然倾斜。

(3)比例缩放对象

比例缩放对象命令可以将选定的对象以指定的基点为中心按指定的比例放大或缩小。

菜单命令:“修改”→“缩放”。

工具栏:“修改”→“缩放”。

键盘命令:SCALE 或 SC。

比例缩放对象命令有两种缩放方式,即“指定比例因子”和“参照”方式缩放。

1)指定比例因子缩放对象

该方式通过直接输入比例因子缩放对象,如图 12.25 所示耳板的缩放,其比例因子为 2,缩放基点为 *B* 点(当然也可以是其他点)。

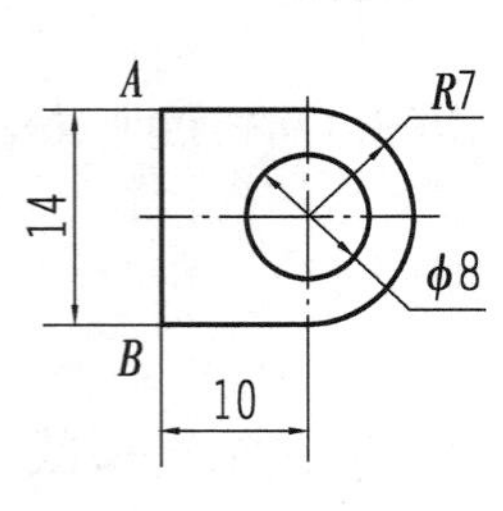

(a)原图

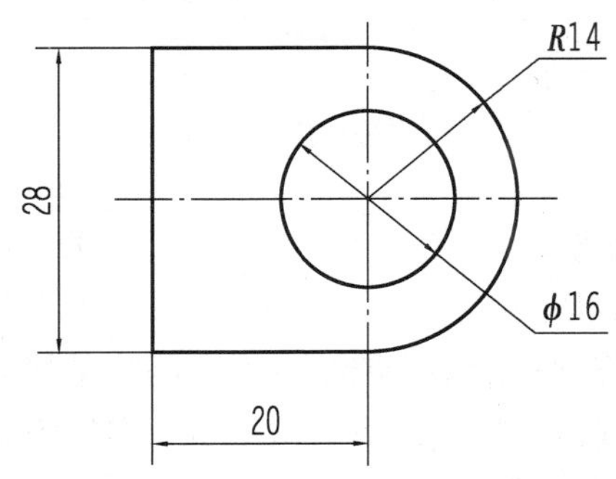

(b)缩放后(比例因子为2)

图 12.25 缩放图形

比例因子大于 1,放大对象;比例因子小于 1,缩小对象。

2)参照方式缩放对象

该方式由系统自动计算指定的新长度与参照长度的比值作为比例因子缩放所选对象。

【任务实施】

第 1 步:设置绘图环境,操作过程略。

第 2 步:在“点画线”图层绘制中心线及 60 mm×40 mm 的矩形和 R20 mm 的圆,修剪后如图 12.26 所示。

第 3 步:分别向两个方向偏移矩形和圆弧,偏移距离 10 mm,如图 12.27 所示。

第 4 步:采用变换图层的方法将偏移后的图线修改为粗实线,如图 12.28 所示。选中偏移后的图线,单击“图层”工具栏中的图层下拉列表,再点选要变换的图层即可,如图 12.29 所示。

第 5 步:绘制 M10 的螺纹孔。

①绘制 ϕ10 mm、ϕ8.5 mm 的两个同心圆(螺纹的简化画法中小径按大径的 0.85 倍绘制),如图 12.30 所示。

②用“打断”命令在点 1、点 2 之间打断螺纹孔的大径,如图 12.31 所示。

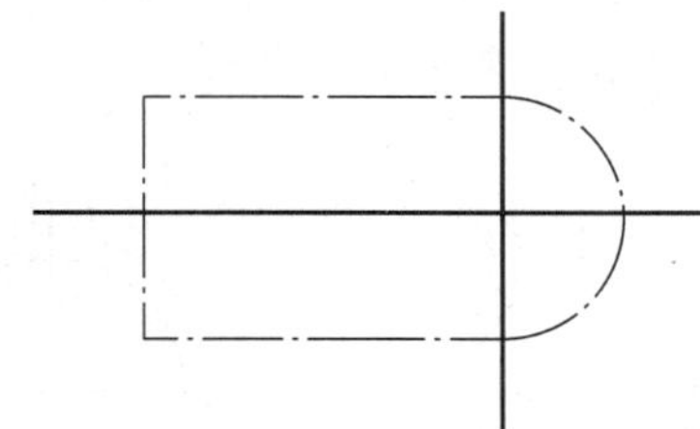

图 12.26　绘矩形和 R20 mm 的圆,并修剪

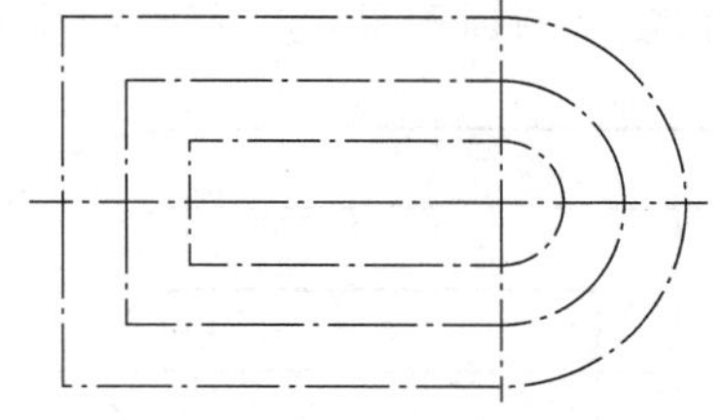

图 12.27　偏移矩形和圆弧

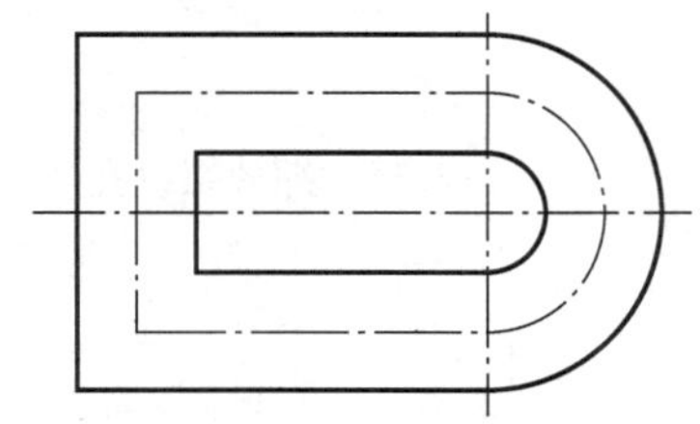

图 12.28　将偏移后的图线修改为粗实线

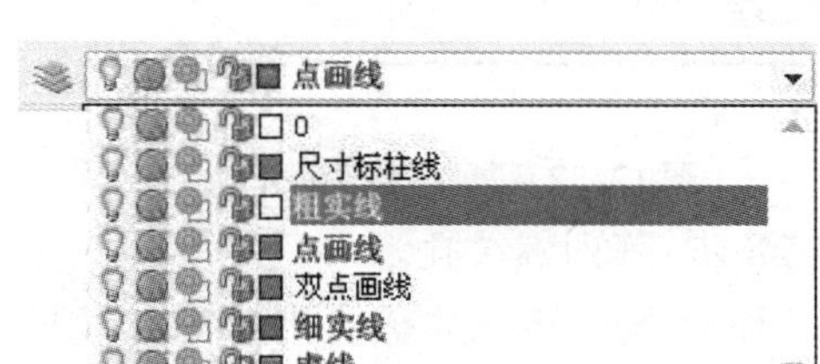

图 12.29　图层下拉列表

第 6 步:用“复制”命令复制螺纹孔,如图 12.32 所示。

单击“修改”→“复制”,操作步骤如下:

命令:_copy	* 启动“复制”命令
选择对象:指定对角点:找到两个	* 选择 M10 的螺纹孔
选择对象:↙	* 回车,结束选择
当前设置:复制模式 = 多个	* 系统提示
指定基点或[位移(D)/模式(O)]<位移>:	* 捕捉 M10 螺纹孔的圆心 A
指定第二个点或<使用第一个点作为位移>:	* 捕捉点 B
指定第二个点或[退出(E)/放弃(U)]<退出>:↙	* 结束命令

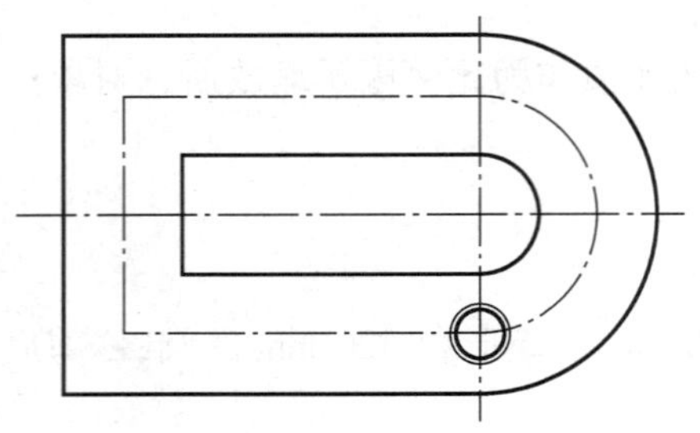

图 12.30 绘制 M10 的螺纹孔

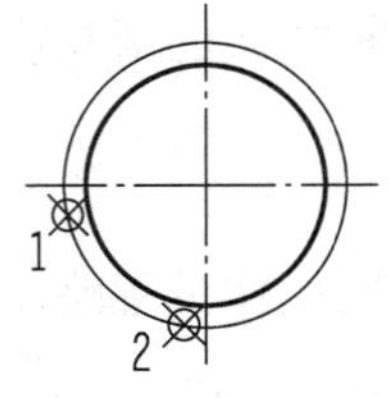

(a)打断前

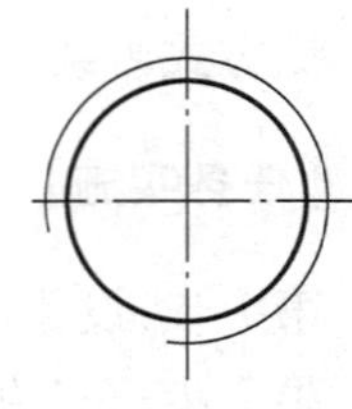

(b)打断后

图 12.31 打断螺纹孔的大径

第 7 步:用“缩放”命令放大螺纹孔,缩放比例 1.2(即由原 M10 放大到 M12),如图 12.33 所示。

单击“修改”→“缩放”,操作步骤如下:

命令:_scale　　* 启动“缩放”命令

选择对象:找到两个　　* 选择左下角 M10 的螺纹孔

选择对象:↙　　* 回车,结束对象选择

指定基点:　　* 捕捉 B 点作为缩放中心

指定比例因子或[复制(C)/参照(R)] <0.5000>:1.2↙　　* 输入比例因子

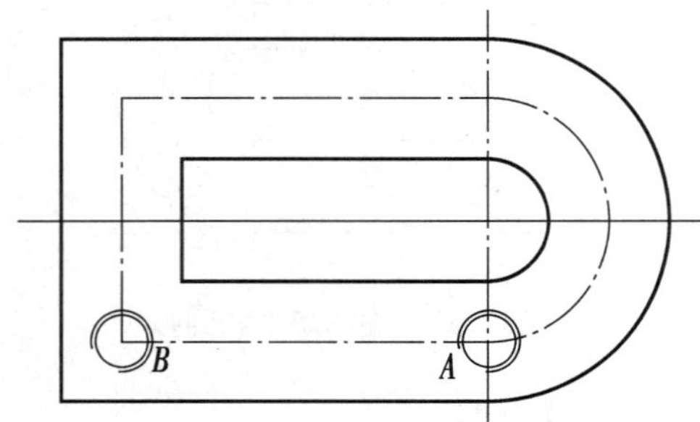

图 12.32 复制螺纹孔

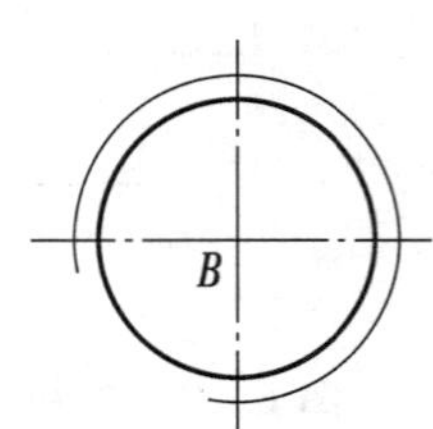

图 12.33 缩放螺纹孔

第 8 步:阵列螺纹孔。

1)环形阵列 M10 的螺纹孔,如图 12.34(a)所示。

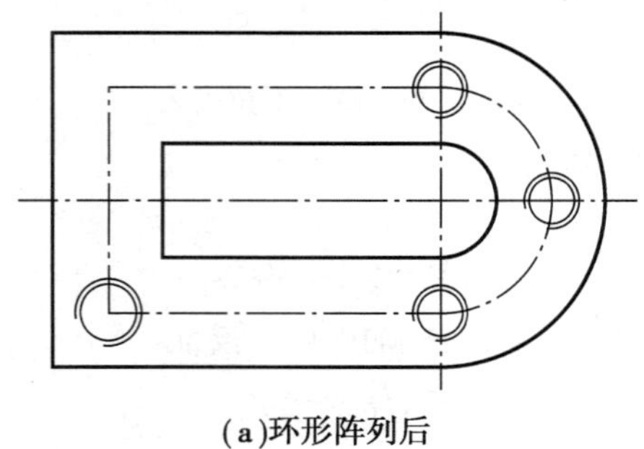

(a)环形阵列后

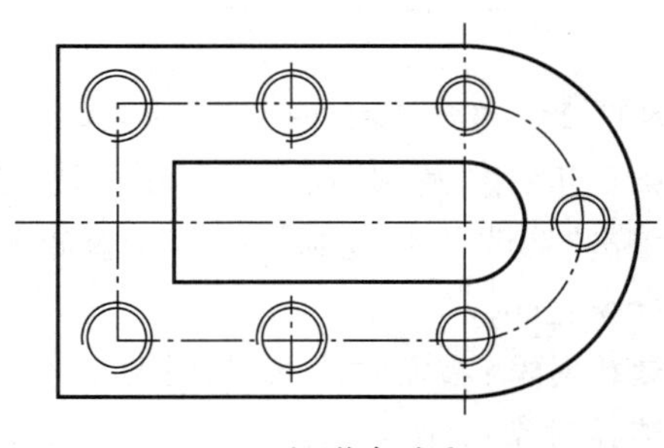

(b)矩形阵列后

图 12.34 阵列螺纹孔

环形阵列中心点为 $R30$ mm 圆的圆心,数量为 3 个,填充角度 180°。操作步骤如下:

①单击“修改”→“阵列”,弹出“阵列”对话框,选中“环形阵列”单选框。

②单击“选择对象(S)”按钮,返回到绘图区,拾取M10螺纹孔,回车。

③单击“拾取中心点”按钮,返回到绘图区,拾取R30 mm圆的圆心为阵列中心点。

④在“方法”列表下选择“项目总数和填充角度”。“项目总数”后输入“3”;“填充角度”后输入“180”。

⑤不勾选“复制时旋转项目”,即阵列时不旋转螺纹孔,单击“确定”。

2)矩形阵列M12螺纹孔。

选择M12螺纹孔后,单击“修改”→“阵列”,弹出“阵列”对话框,选中“矩形阵列”单选框,设置各参数,单击“确定”即可完成全图。

第9步:保存图形文件。

任务3 手柄的绘制

【任务描述】

绘制如图12.35所示的手柄。

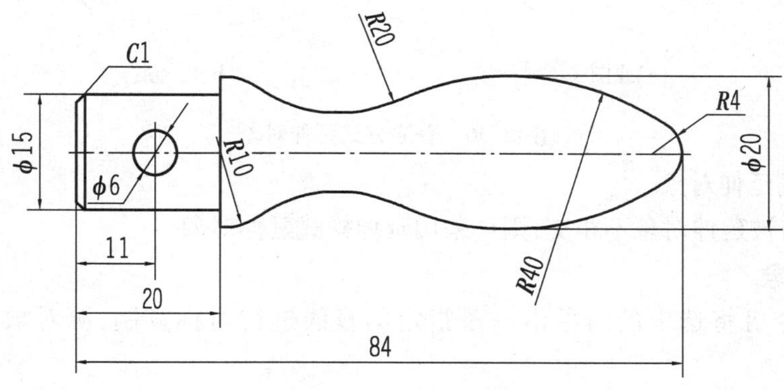

图12.35 手柄

【任务要求】

绘制如图12.35所示的手柄图形,要求在正确使用基本绘图命令的基础上,正确使用移动、延伸、镜像、倒角、拉长等编辑命令。

【知识准备】

(1)移动对象

“移动”命令可将选中的对象移到指定的位置。

菜单命令:“修改”→“移动”。

工具栏:“修改”→“移动”。

键盘命令:MOVE或M。

移动对象有两种方式:一种是“指定两点”方式;另一种是“指定位移”方式。

指定两点移动对象的方式先指定基点,随后指定第二点,以输入的两个点来确定移动的方向和距离。

(2)延伸对象

“延伸”命令可将指定的对象延伸到选定的边界。

菜单命令:“修改”→“延伸”。

工具栏:“修改”→“延伸”。

键盘命令:EXTEND 或 EX。

延伸对象有两种方式:一种是普通方式延伸对象;另一种是延伸模式延伸对象。

1)普通方式延伸对象

当边界与被延伸对象实际相交时,可采用普通方式延伸对象。如图 12.36 所示,以圆弧为边界,采用普通方式延伸水平直线。

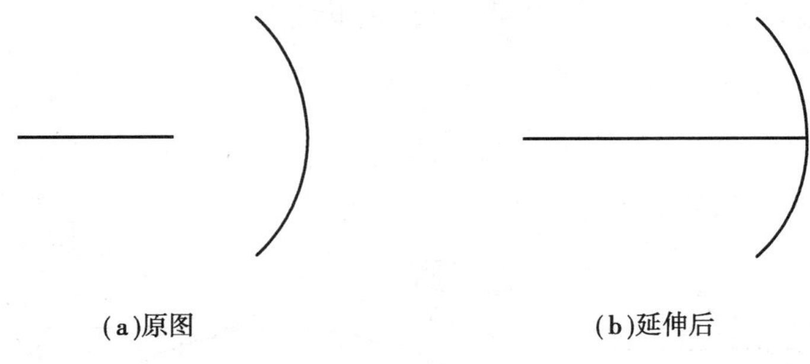

(a)原图　　(b)延伸后

图 12.36　普通方式延伸对象

2)延伸模式延伸对象

如果边界与被延伸对象不相交,则可采用延伸模式延伸对象。

(3)镜像对象

“镜像”命令可将选中的对象沿一条指定的直线进行对称复制,源对象可删除也可以不删。

菜单命令:“修改”→“镜像”。

工具栏:“修改”→“镜像”。

键盘命令:MIRROR 或 MI。

(4)倒角

指定两边距离倒角时,第一个倒角距离、第二个倒角距离与选择对象的先后次序有关。要绘制如图 12.37(b)所示的图形,若先选择直线 A,后选择直线 B,则第一个倒角距离为 10 mm,第二个倒角距离为 8 mm;反之,第一个倒角距离为 8 mm,第二个倒角距离为 10 mm。

指定距离和角度倒角。此方式是分别设置第一条直线的倒角距离和倒角角度并进行倒角处理,如图 12.37(c)所示。

(5)拉长对象

“拉长”命令可拉长或缩短直线、圆弧的长度。

菜单命令:“修改”→“拉长”。

工具栏:“修改”→“拉长”。

键盘命令:LENGTHEN 或 LEN。

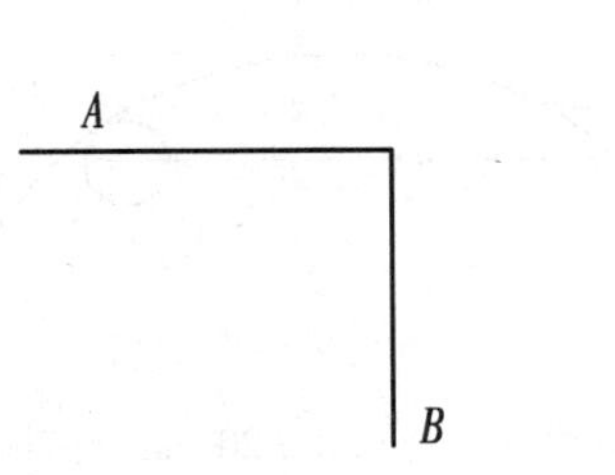

(a)原图

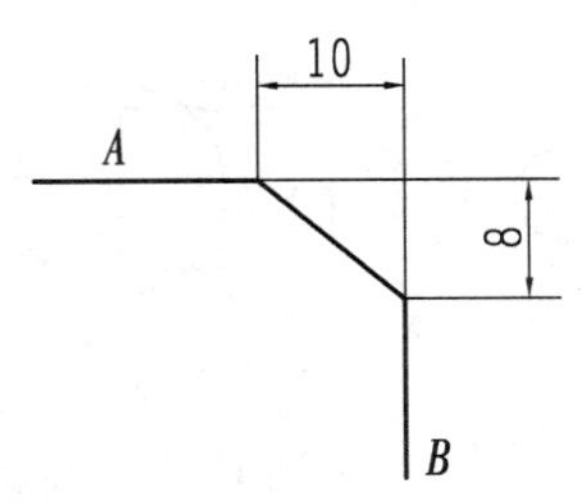

(b)指定两边距离倒角

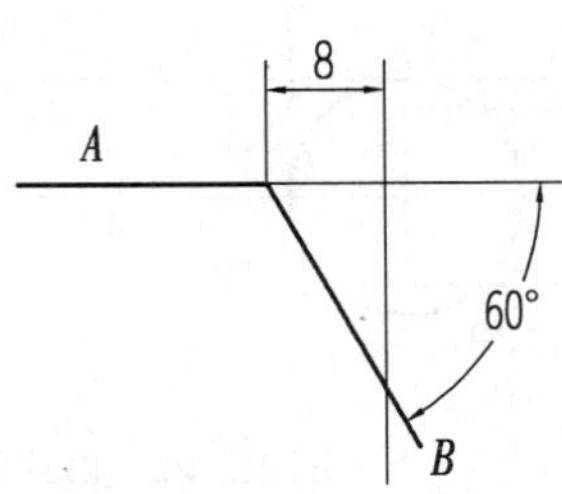

(c)指定距离和角度倒角

图 12.37　对两直线倒角

拉长对象有增量、百分数、全部、动态 4 种方式。

【任务实施】

第 1 步:设置绘图环境,操作过程略。

第 2 步:绘制 20 mm×15 mm 矩形,并将其分解。

第 3 步:在矩形左侧边的中点处绘制水平中心线,长度 84 mm。向上偏移该直线,偏移距离为 10 mm,如图 12.38 所示。

第 4 步:以点 O 为圆心绘制 $R4$ mm 和 $R10$ mm 两个同心圆,如图 12.39 所示。

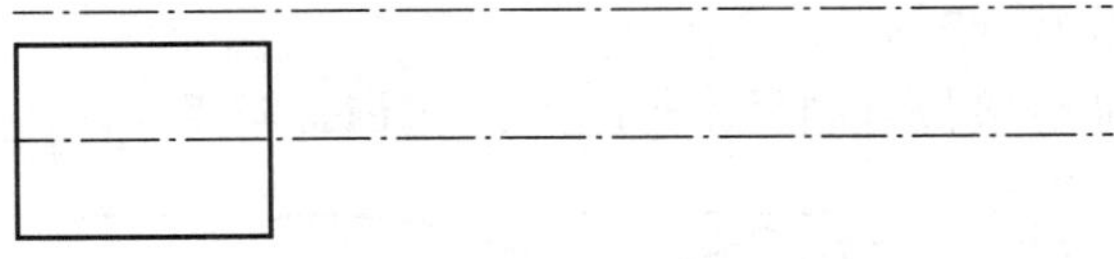

图 12.38　绘制矩形并分解,偏移中心线

图 12.39　绘制 $R4$ mm 和 $R10$ mm 两个同心圆

第 5 步:用"移动"命令平移 $R4$ mm 的圆,移动距离为 60 mm,如图 12.40 所示。

单击"修改"→"移动",操作步骤如下:

命令:_move　　* 启动"移动"命令
选择对象:找到 1 个　　* 选择 R4 mm 的圆
选择对象:↙　　* 回车,结束对象选择
指定基点或[位移(D)] <位移>:↙　　* 回车,选择默认的"位移"方式
指定位移 <0.0000,0.0000,0.0000>:60,0 ↙　　* 输入移动的距离

第 6 步:用"相切、相切、半径(T)"方式绘制 $R40$ mm 的圆;用圆角命令绘制 $R20$ mm 的圆弧,如图 12.41 所示。

第 7 步:用"延伸"命令以 $R10$ mm 的圆为边界延伸矩形的右侧边 AB。

单击"修改"→"延伸",操作步骤如下:

图 12.40　移动图

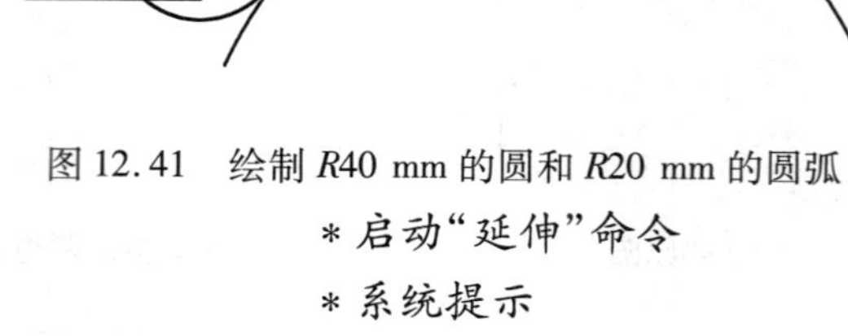

图 12.41　绘制 $R40$ mm 的圆和 $R20$ mm 的圆弧

命令:_extend	* 启动“延伸”命令
当前设置:投影 = UCS,边 = 无	* 系统提示
选择边界的边…	* 选择 R10 mm 的圆
选择对象或 <全部选择>:找到 1 个	* 系统提示
选择对象:↙	* 结束对象选择
选择要延伸的对象,或按住“Shift”键选择要修剪的对象,或[栏选(F)/窗交(C)/投影(P)/边(E)/放弃(U)]:	* 靠近 A 点处选择直线 AB
选择要延伸的对象,或按住“Shift”键选择要修剪的对象,或[栏选(F)/窗交(C)/投影(P)/边(E)/放弃(U)]:↙	* 靠近 B 点处选择直线 AB
选择要延伸的对象,或按住“Shift”键选择要修剪的对象,或[栏选(F)/窗交(C)/投影(P)/边(E)/放弃(U)]:↙	* 回车结束“延伸”操作

修剪多余线条,如图 12.42 所示。

第 8 步:用“镜像”命令镜像复制另一半图形,如图 12.43 所示。

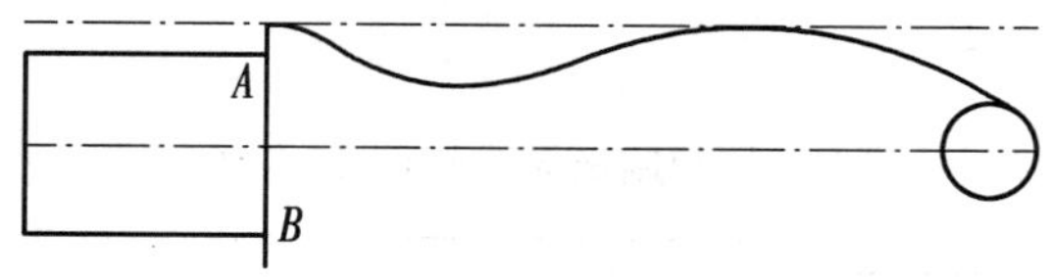

图 12.42　延伸并修剪多余线条

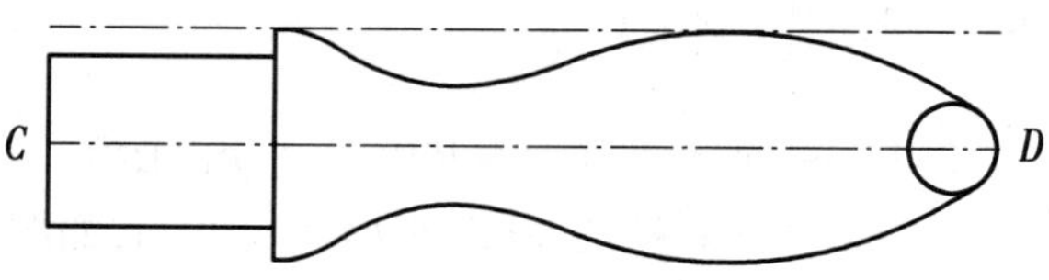

图 12.43　镜像复制另一半图形

单击“修改”→“镜像”,操作步骤如下:

命令:_mirror	* 启动“镜像”命令
选择对象:指定对角点:找到 3 个	* 用“窗口”方式选择 R10 mm、R20 mm、R40 mm 的圆弧
选择对象:↙	* 回车,结束对象选择
指定镜像线的第一点:	* 捕捉端点 C
指定镜像线的第二点:	* 捕捉端点 D
要删除源对象吗?[是(Y)/否(N)] <N>:↙	* 选择“否”选项,保留源对象

第 9 步：绘制 ϕ6 mm 的圆及其中心线。

第 10 步：用"倒角"绘制 *C*1 倒角，并绘制垂直线，修剪多余图线，如图 12.44 所示。

单击"修改"→"倒角"，操作步骤如下：

命令：_chamfer　　　　＊启动"倒角"命令

("修剪"模式)当前倒角距离 1 = 0.0000，距离 2 = 0.0000　　　　＊系统提示

选择第一条直线或[放弃(U)/多段线(P)/距离(D)/角度(A)/修剪(T/方式(E)/多个(M)]:d↙　　　　＊选择"距离"选项，设置倒角距离

指定第一个倒角距离 <0.0000>:1↙　　　　＊设置第一倒角距离为 1 mm

指定第二个倒角距离 <1.0000>:↙　　　　＊回车，接受默认第二倒角距离为 1 mm

选择第一条直线或[放弃(U)/多段线(P)/距离(D)/角度(A)/修剪(T)/方式(E)/多个(M)]:　　　　＊选择直线 1

选择第二条直线，或按住"Shift"键选择要应用角点的直线：　　＊选择直线 2

采用同样的方法绘制直线 2 与直线 3 之间的倒角，并绘制倒角处的垂直线。

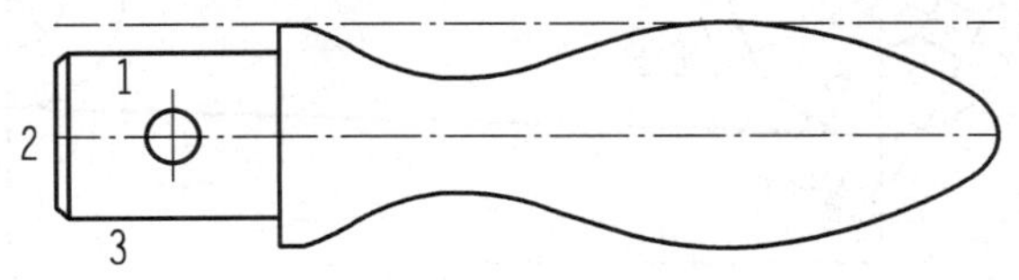

图 12.44　绘制 ϕ6 mm 的圆，绘制倒角

第 11 步：删除多余线，用"拉长"命令动态调整中心线的长度完成全图，如图 12.45 所示。

单击"修改"→"拉长"，操作步骤如下：

命令：_lengthen　　　　＊启动"拉长"命令

选择对象或[增量(DE)/百分数(P)/全部(T)/动态(DY)]:dy↙　　＊选择"动态"选项

选择要修改的对象或[放弃(U)]:　　　　＊拾取中心线

指定新端点：　　　　＊向外拉中心线至适当位置后单击确定

选择要修改的对象或[放弃(U)]:↙　　　　＊回车，结束"拉长"命令

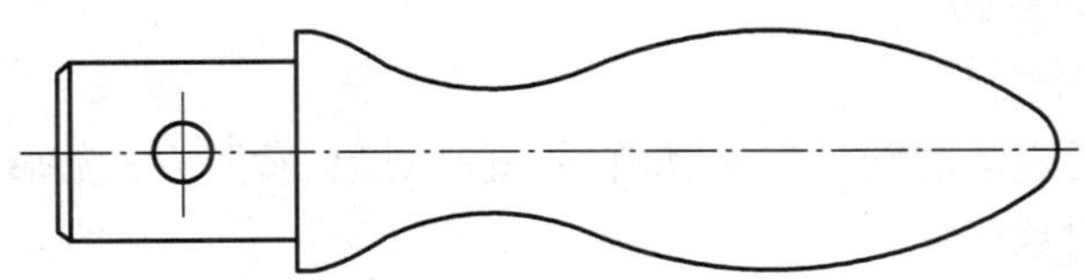

图 12.45　删除多余线，拉长中心线

第 12 步：保存图形文件。

任务4　斜板的绘制

【任务描述】

本次任务的实施请读者使用前面学习的绘图基本知识和技巧绘制如图 12.46 所示的斜板。

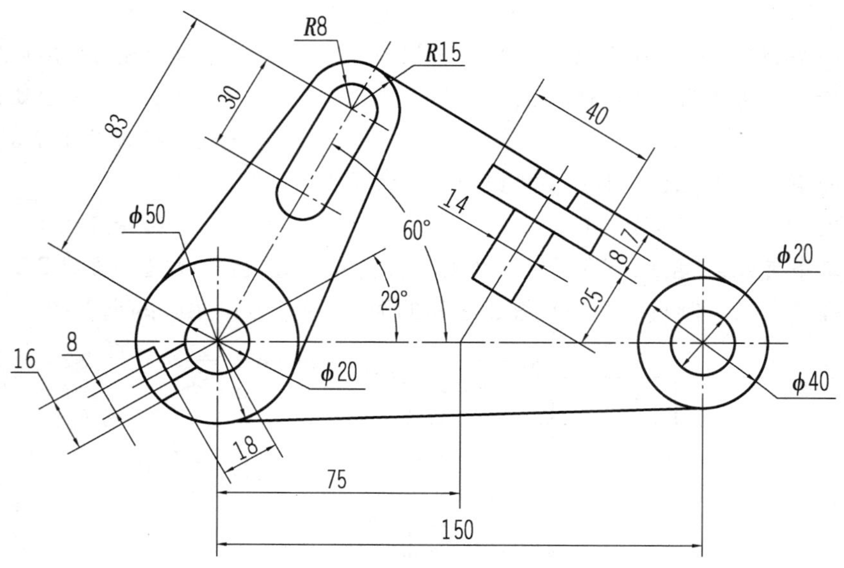

图 12.46　斜板的绘制

【任务要求】

掌握旋转、对齐编辑命令的应用。

【知识准备】

(1)旋转对象

利用“旋转”命令能将选定对象绕指定中心点旋转。

菜单命令:“修改”→“旋转”。

工具栏:“修改”→“旋转”。

键盘命令:ROTATE 或 RO。

旋转对象命令有指定角度旋转对象、旋转并复制对象、参照方式旋转对象 3 种方式。

1)指定角度旋转对象

指定角度旋转对象方式在选择基点(即旋转中心),输入旋转角度后,将选定的对象绕指定的基点旋转指定的角度,如图 12.47 所示的耳板。

2)旋转并复制对象

使用“旋转”命令的“复制(C)”选项,在旋转对象的同时还能保留源对象。

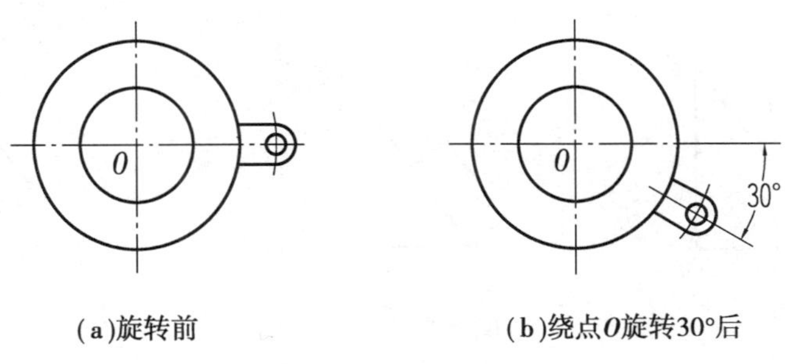

图 12.47　指定角度旋转对象

3)参照方式旋转对象

采用参照方式旋转对象,可通过指定参照角度和新角度将对象从指定的角度旋转到新的绝对角度。在旋转对象的过程中,如明确知道旋转角度,可采用指定角度方式旋转对象;如不能确定旋转的准确角度,可采用参照方式旋转对象;如在旋转的同时还要保留源对象,可采用旋转复制方式旋转对象。

(2)对齐对象

"对齐"命令可将选定对象移动、旋转或倾斜,使之与另一个对象对齐。

菜单命令:"修改"→"三维操作"→"对齐"。

键盘命令:ALIGN 或 AL。

对齐对象命令有用一对点对齐、两对点对齐、三对点对齐 3 种方式。

1)用一对点对齐两对象

用一对点对齐两对象能将选定对象从源位置移动到目标位置,此时"对齐"命令的作用与"移动"命令的作用相同,如图 12.48 所示,第一源点为 1,第一目标点为 1′。

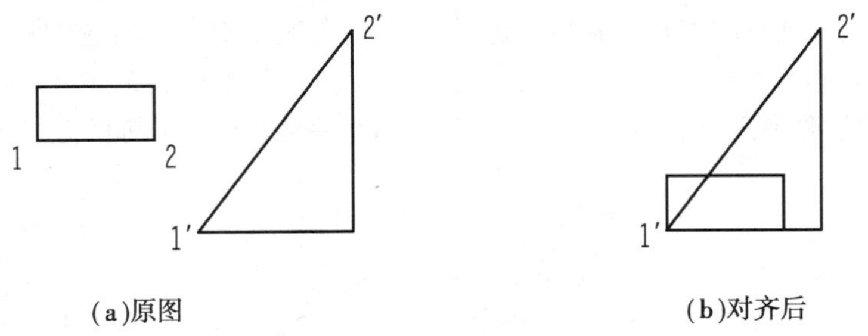

图 12.48　用一对点对齐两对象

2)用两对点对齐两对象

用两对点对齐两对象可以移动、旋转和缩放选定对象,如图 12.49 所示,第一源点为 1,第一目标点为 1′;第二源点为 2,第二目标点为 2′。

对齐并缩放对象时,系统以第一目标点 1′和第二目标点 2′之间的距离作为缩放对象的参考长度放大或缩小选择对象,如图 12.49(c)所示,点 1′与点 2′之间的距离大于点 1 与点 2 之间的距离,因此矩形被放大了,放大比例为直线 1′2′与直线 12 的长度之比值。用两对点对齐两对象的应用,如图 12.50 所示的腰形板。

第一对源点、目标点决定被对齐对象的位置;第二对源点、目标点与第一对源点、目标点一起决定被对齐对象的旋转角度。

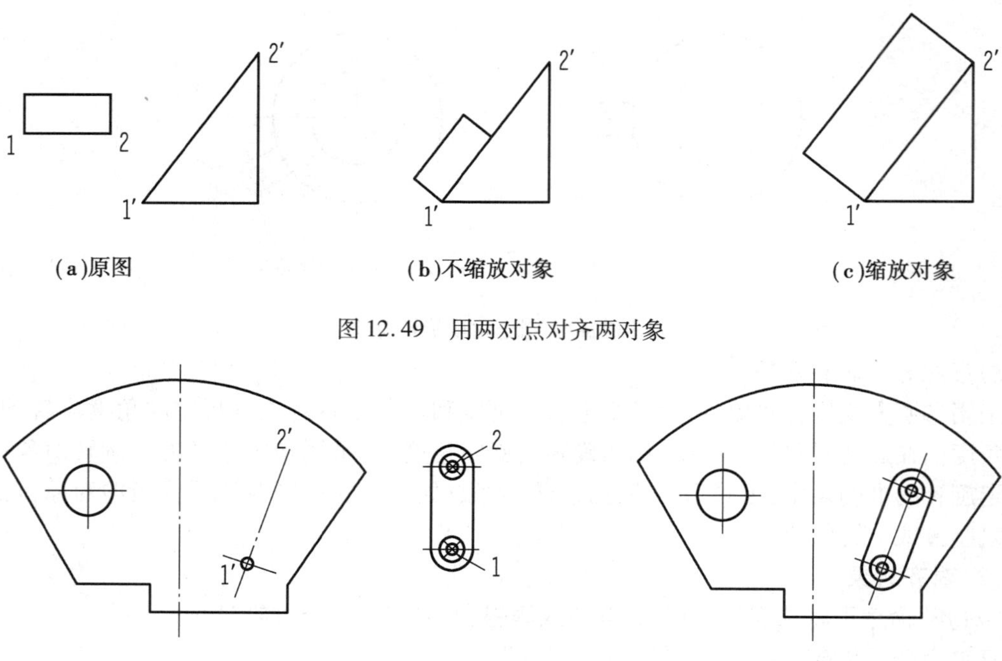

(a)原图　(b)不缩放对象　(c)缩放对象

图 12.49　用两对点对齐两对象

(a)原图　(b)对齐后

图 12.50　对齐腰形板

如图形中有倾斜的部分,采用先按水平或垂直位置进行绘制,再将其旋转或对齐到所需位置的方法能大大提高作图速度。

3)用三对点对齐两对象

该方式可以在三维空间移动和旋转选定对象,使之与其他对象对齐,如图 12.51 所示。图中所示的源点为点 1、点 2 和点 3,与之对应的目标点为点 1′、点 2′和点 3′。可以看出,用三对点对齐两对象,实现的是源平面(由源点 1、2、3 确定)与目标平面(由目标点 1′、2′、3′确定)的对齐。

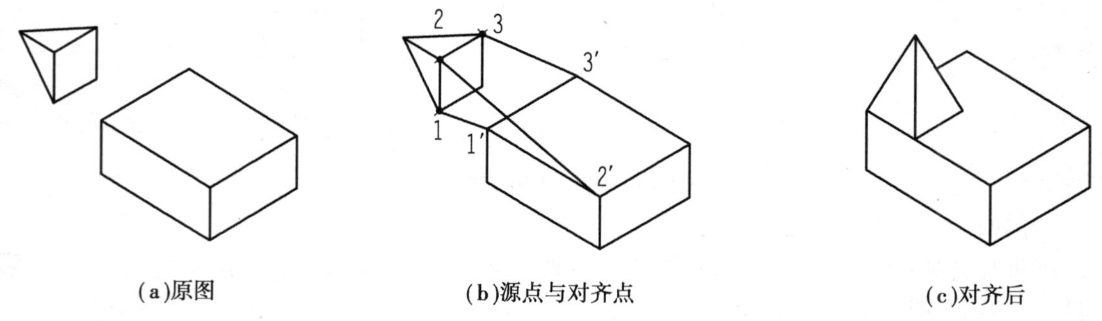

(a)原图　(b)源点与对齐点　(c)对齐后

图 12.51　用三对点对齐两对象

【任务实施】

第 1 步:设置绘图环境,操作过程略。

第 2 步:绘制中心线,绘制 $\phi50$ mm、$\phi40$ mm、$R15$ mm 的圆各一个,$\phi20$ mm 的圆两个,如图 12.52 所示。

第 3 步:绘制切线及倾斜的中心线,如图 12.53 所示。

第 4 步:用“直线”命令配合“极轴”“对象追踪”在 $\phi 20$ mm 的圆的正左方绘制倾斜部分 A,如图 12.54 所示。

第 5 步:用“旋转”命令,将图形 A 旋转 29°,如图 12.55 所示。

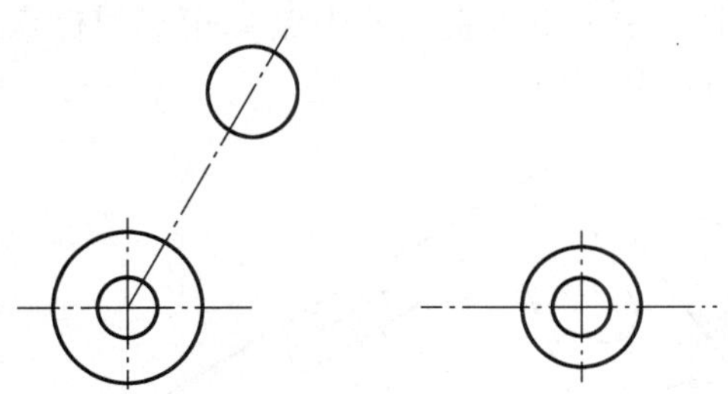

图 12.52 绘制中心线及圆

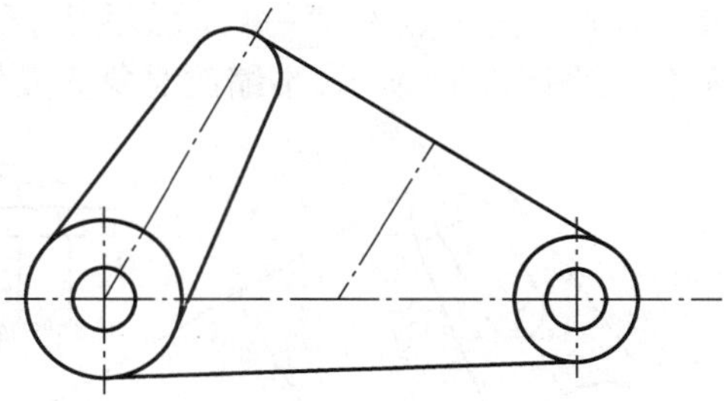

图 12.53 绘制切线及中心线

单击“修改”→“旋转”,操作步骤如下:

命令:_rotate　　* 启动“旋转”命令

UCS 当前的正角方向:ANGDIR = 逆时针 ANGBASE = 0　　* 系统提示

选择对象:指定对角点:找到 5 个　　* 用“窗口”方式选择图形 A

选择对象:↙　　* 回车,结束对象选择

指定基点:　　* 捕捉 $\phi 50$ mm 圆的圆心

指定旋转角度,或[复制(C)/参照(R)] <70>:29↙　　* 指定旋转角度

在 AutoCAD 中,默认状态下逆时针旋转角度为正值,顺时针旋转角度为负值。

第 6 步:在图形外绘制倾斜部分图形 B 和 C,如图 12.55 所示。

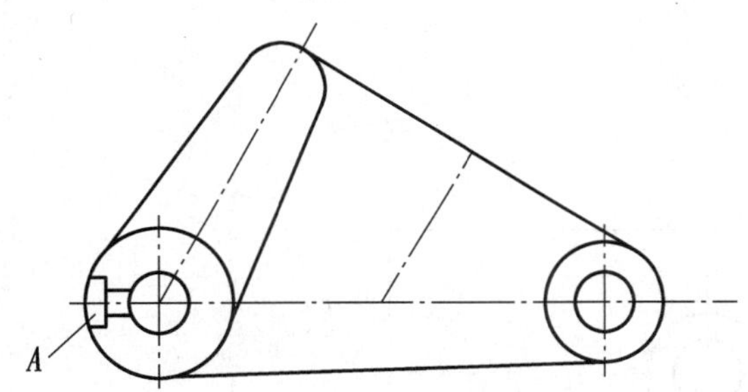

图 12.54 绘制图形 A

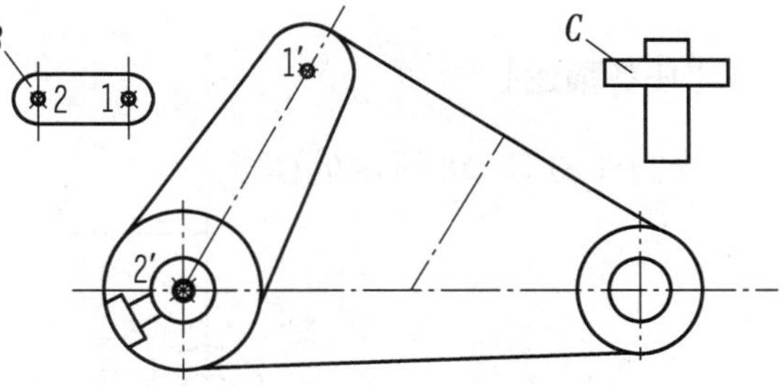

图 12.55 旋转图形 A,绘制图形 B 和 C

第 7 步:利用“对齐”命令将倾斜部分图形 B 对齐到图形中,如图 12.56 所示。

单击“修改”→“三维操作”→“对齐”,操作步骤如下:

命令:_align　　* 启动“对齐”命令

选择对象:找到 6 个　　* 选择图形 B

选择对象:↙　　* 回车,结束对象选择

指定第一个源点:　　* 捕捉圆心 1

指定第一个目标点:　　* 捕捉圆心 1′

指定第二个源点:　　* 捕捉圆心 2

指定第二个目标点:　　* 捕捉圆心 2′

指定第三个源点或 <继续>:↙　　* 回车,结束指定点

是否基于对齐点缩放对象？[是(Y)/否(N)]<否>:↙　　* 回车，选择默认不缩放图形，结束命令

第 8 步：利用“对齐”命令将倾斜部分 C 对齐到图形中。

操作过程与第 7 步相同，但选择对象时图形 C 最上方的直线不选；第一源点为图形 C 中最上方直线的中点 3，第一目标点为 3′；第二源点为图形 C 中最下方直线的中点 4，第二目标点为 4′，如图 12.57 所示，不缩放对象。操作完成后如图 12.46 所示。

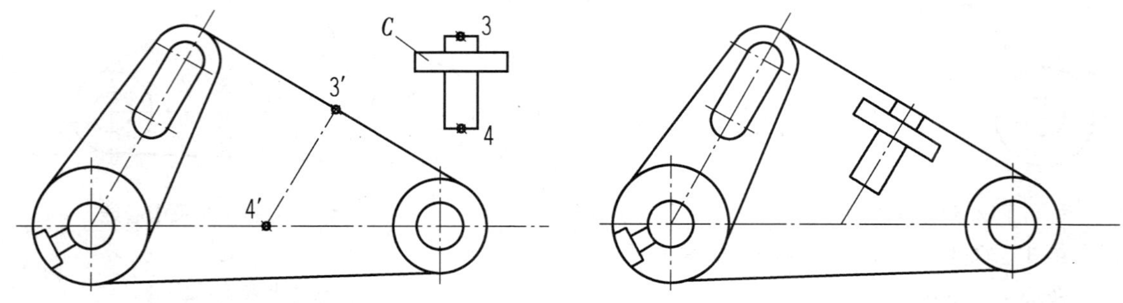

图 12.56　对齐图形 B　　　　图 12.57　对齐图形 C

第 9 步：修剪并删除多余图线，画倾斜部分 A 的中心线，用“拉长”命令修改倾斜部分 C 的中心线及水平中心线，完成全图。

第 10 步：保存图形文件。

任务 5　模板的绘制

【任务描述】

绘制如图 12.58 所示的模板。

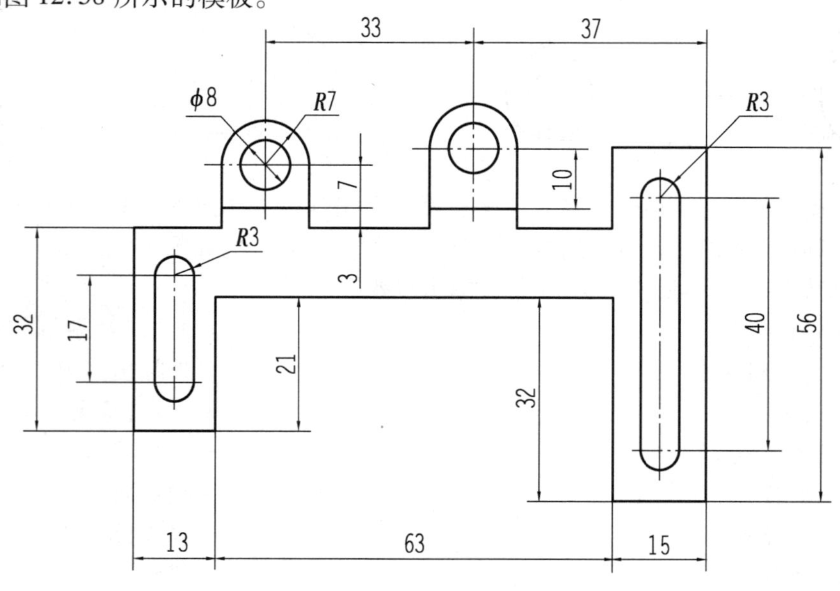

图 12.58　模板

【任务要求】

1. 拉伸编辑命令的应用。
2. 掌握夹点的编辑操作。

【知识准备】

(1)拉伸对象

“拉伸”命令可拉伸(或压缩)以“窗叉”方式或“圈叉”方式选中的对象,如图12.59所示。

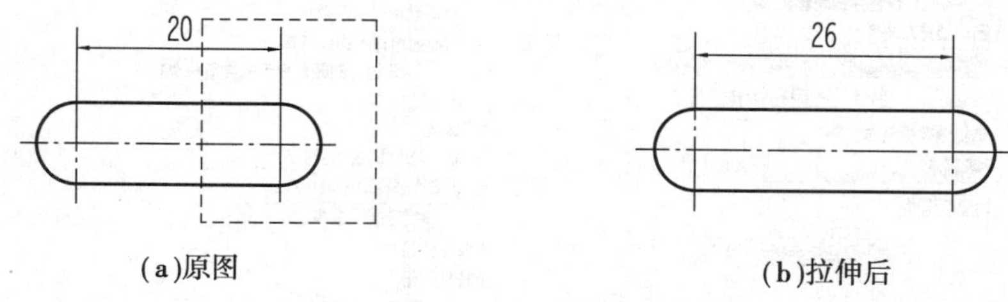

(a)原图　　(b)拉伸后

图12.59　拉伸键槽

菜单命令:“修改”→“拉伸”。

工具栏:“修改”→“拉伸”。

键盘命令:STRETCH或S。

必须以“窗叉”方式或“圈叉”方式选择要拉伸的对象,且与插口相交的图形对象被拉伸或压缩,完全位于窗口内的图形对象只作移动(见图12.59所示的右半圆弧)。

(2)夹点编辑

对象的夹点就是对象本身的一些特殊点。如图12.60所示,直线段的夹点是两个端点和中点,圆弧段的夹点是两个端点、中点和圆心,圆的夹点是圆心和四个象限点,椭圆的夹点是椭圆心和椭圆长、短轴的端点。

在“工具”→“选项”→“选择集”中,可设置是否启用夹点及夹点的大小、颜色等,如图12.61所示。

系统默认的设置是“启用夹点”,在这种情况下用户无须启动命令,只需选择对象,在该对象的特征点上就出现夹点,默认显示为蓝色;如再单击其中一个夹点,则这个夹点被激活,默认显示为红色。被激活的夹点,通过回车或空格键响应,能完成拉伸、移动、旋转、比例缩放、镜像5种编辑模式的操作,相应的提示顺序次序为:

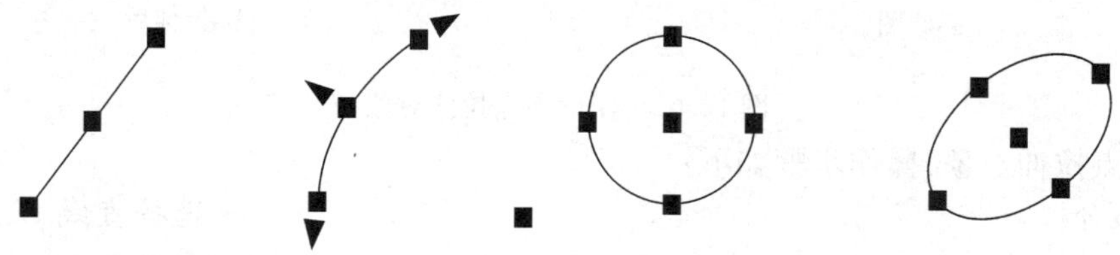

图12.60　对象的夹点

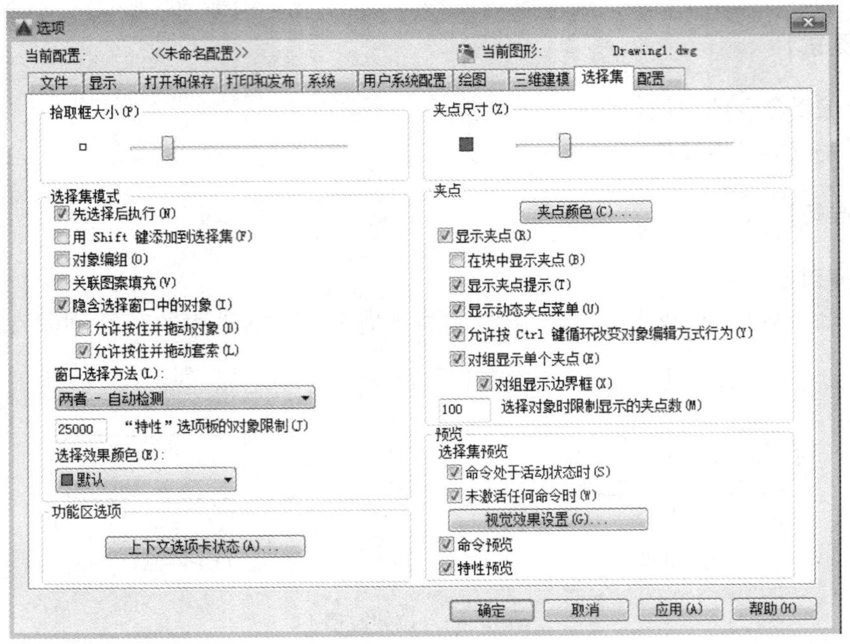

图 12.61 “选择集”选项卡的夹点设置

拉伸:指定拉伸点或[基点(B)/复制(C)/放弃(U)/退出(X)]:

移动:指定移动点或[基点(B)/复制(C)/放弃(U)/退出(X)]:

旋转:指定旋转角度或[基点(B)/复制(C)/放弃(U)/参照(R)/退出(X)]:

比例缩放:指定比例因子或[基点(B)/复制(C)/放弃(U)/参照(R)/退出(X)]:

镜像:指定第二点或[基点(B)/复制(C)/放弃(U)/退出(X)]:

1)使用夹点拉伸对象

该方式通过将选定夹点移动到新位置来拉伸对象。

使用夹点拉伸功能,将如图 12.62(a)所示的图形编辑成如图 12.62(b)所示。

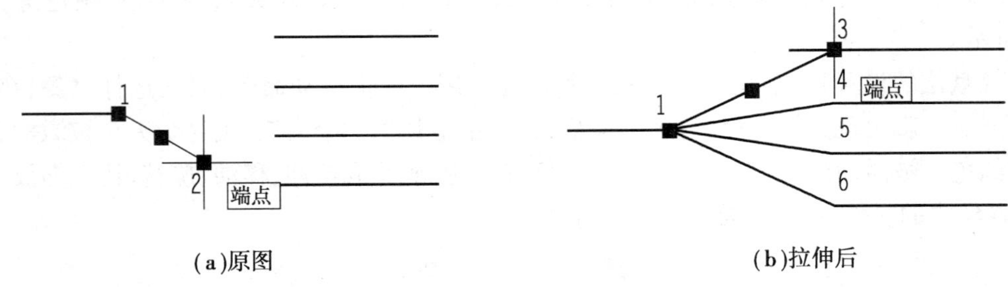

(a)原图　　(b)拉伸后

图 12.62 使用夹点拉伸对象

使用夹点拉伸对象,操作步骤如下:

命令:拉伸　　* 选择直线 12,出现夹点,激活点 2

指定拉伸点或[基点(B)/复制(C)/放弃(U)/退出(X)]:　　* 系统提示,默认为“拉伸”模式

命令:拉伸　　* 捕捉点 3,直线 12 变成 13

指定拉伸点或[基点(B)/复制(C)/放弃(U)/退出(X)]:c↙ *激活点 3
拉伸(多重) *系统提示
指定拉伸点或[基点(B)/复制(C)/放弃(U)/退出(X)]: *选择“多重拉伸”模式
拉伸(多重) *系统提示
指定拉伸点或[基点(B)/复制(C)/放弃(U)/退出(X)]: *捕捉点 4
拉伸(多重) *系统提示
指定拉伸点或[基点(B)/复制(C)/放弃(U)/退出(X)]: *捕捉点 5
拉伸(多重) *系统提示
指定拉伸点或[基点(B)/复制(C)/放弃(U)/退出(X)]:↙ *捕捉点 6
命令:取消 *系统提示
*回车,结束选择
*按“ESC”键,取消夹点

2)使用夹点移动对象

该方式可将选定的对象进行移动。

3)使用夹点旋转对象

该方式可将选定的对象绕基点旋转。

4)使用夹点比例缩放对象

该方式可将选定的对象进行缩放。

5)使用夹点镜像对象

该方式可将选定的对象进行镜像复制。

任何一种编辑模式下,选择选项“复制(C)”,系统都将按指定的编辑模式多重复制对象,直到按下“Enter”键结束。

【任务实施】

第 1 步:设置绘图环境,操作过程略。

第 2 步:绘制模板的外形轮廓线,如图 12.63 所示。

第 3 步:绘制线框 A、B,如图 12.64 所示。

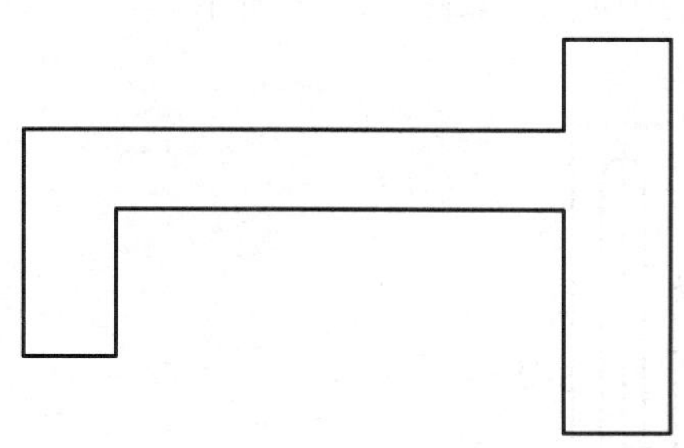

图 12.63 绘制外形轮廓线

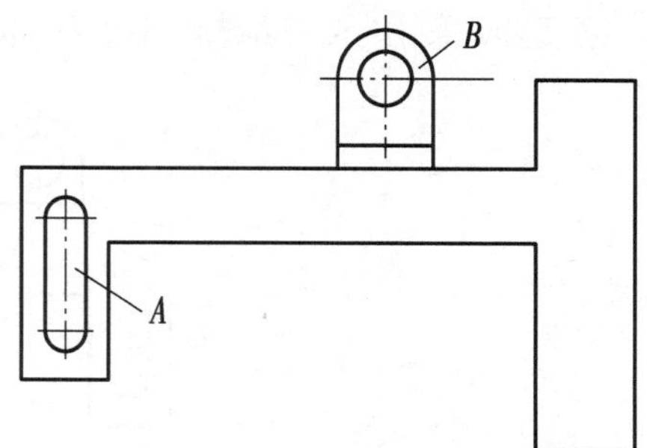

图 12.64 绘制线框 A、B

第 4 步:将线框 A、B 分别复制到 C、D 处,修剪后如图 12.65 所示。

第 5 步:采用“拉伸”命令,拉伸线框 C,拉伸距离 23 mm,如图 12.66 所示。

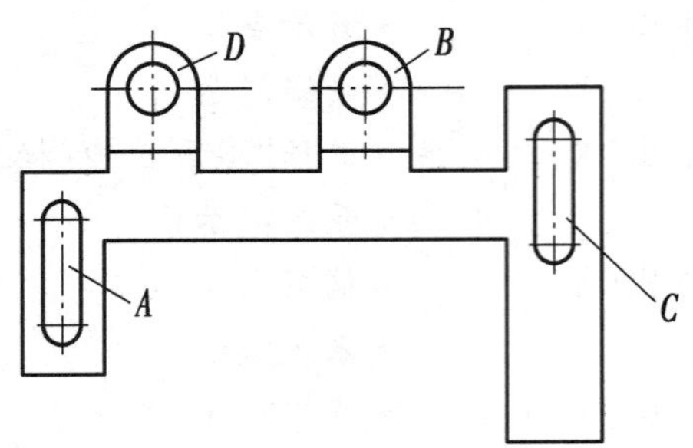

图 12.65　复制线框

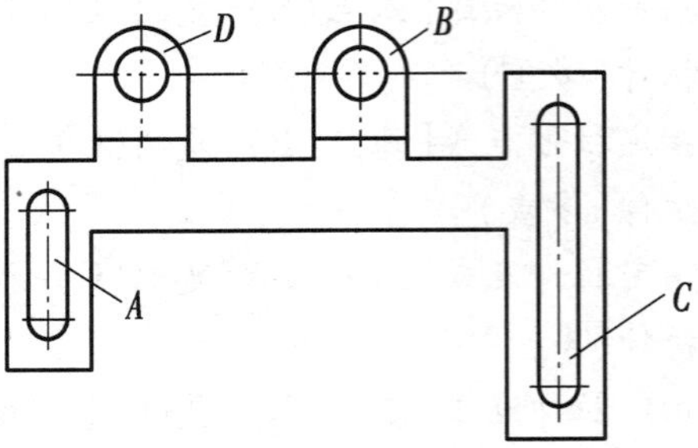

图 12.66　拉伸线框 C

单击“修改”→“拉伸”，操作步骤如下：

命令：_stretch	* 启动“拉伸”命令
以交叉窗口或交叉多边形选择要拉伸的对象…	* 系统提示
选择对象：指定对角点：找到 5 个	* 用“窗交”方式选择拉伸对象，如图 12.67(a)所示
选择对象：↙	* 结束选择
指定基点或[位移(D)]<位移>：	* 捕捉线框 C 下半圆的圆心
指定第二个点或<使用第一个点作为位移>：23 ↙	* 向下移动鼠标，输入拉伸距离 23 mm

第 6 步：采用“拉伸”命令拉伸线框 D，拉伸距离 3 mm，如图 12.67 所示（操作方法与第 5 步相同，拉伸对象的选择如图 12.67(b)所示）。

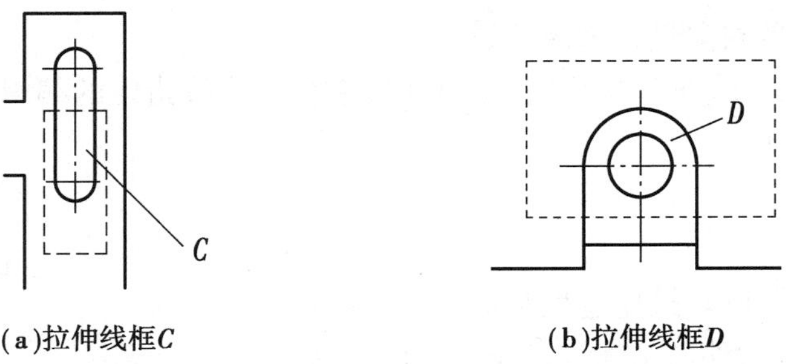

(a)拉伸线框 C　　(b)拉伸线框 D

图 12.67　拉伸对象的选择

第 7 步：采用“夹点编辑”中的拉伸，调整线框 B、C 的中心线，如图 12.68 所示。

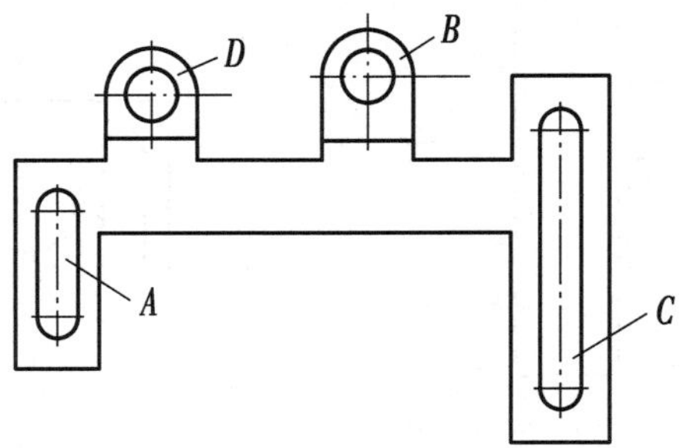

图 12.68　调整线框 B、C 的中心线

操作步骤如下：

命令：　　　　　　　　　* 选择中心线，出现夹点，如图12.69(a)所示
　　　　　　　　　　　　* 捕捉端点，激活夹点，如图 12.69(b)所示
拉伸　　　　　　　　　　* 系统提示，默认为"拉伸"模式
指定拉伸点或[基点(B)/复制(C)/放弃(U)/退出(X)]：　* 往左拉中心线至适当位置，单击确定

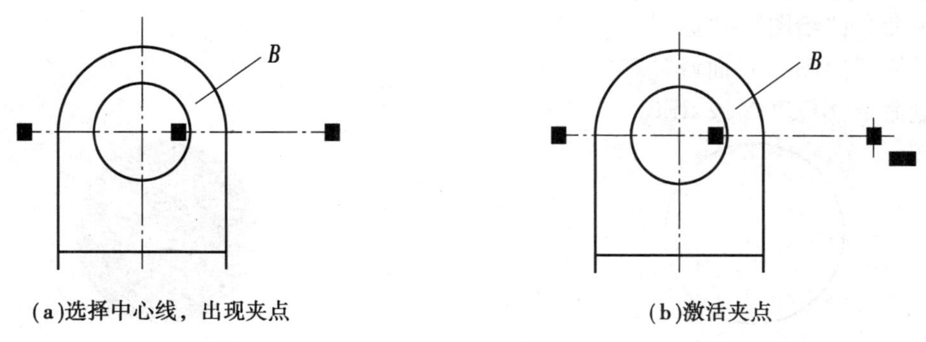

(a)选择中心线，出现夹点　　　　(b)激活夹点

图 12.69　夹点编辑

第 8 步：保存图形文件。

任务 6　槽轮的绘制

【任务描述】

绘制如图 12.70 所示槽轮的方法。

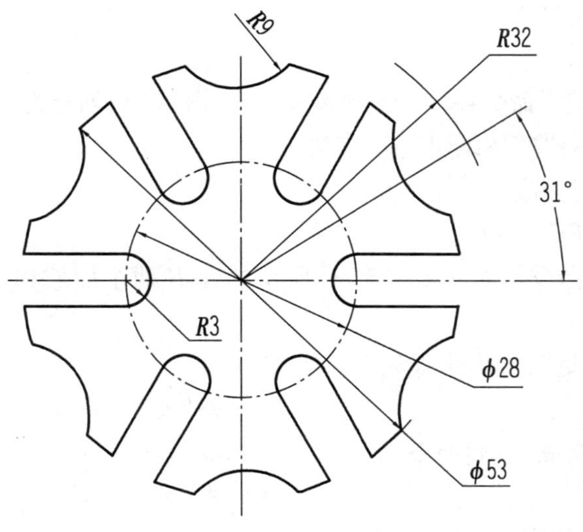

图 12.70　槽轮

【任务要求】

掌握创建面域的方法并能对面域进行布尔运算。

【知识准备】

(1)创建面域

面域是二维的平面,利用"面域"命令可将二维闭合线框转化为面域,如将图 12.71 所示的线框圆转化为如图 12.72 所示的圆平面。

菜单命令:"绘图"→"面域"。

工具栏:"绘图"→"面域"。

键盘命令:RECION 或 REG。

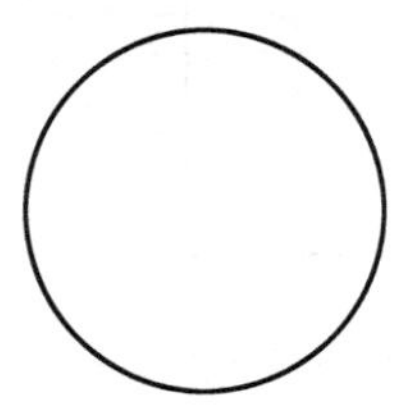

图 12.71 二维闭合线框

图 12.72 面域

(2)布尔运算

AutoCAD 中的布尔运算,是指对面域或实体进行"并""交""差"布尔逻辑运算,以创建新的面域或实体。

1)并运算

"并运算"通过"并集"命令将多个面域或实体合并为一个新面域或实体。

菜单命令:"修改"→"实体编辑"→"并集"。

工具栏:"建模"→"并集"。

键盘命令:UNION 或 UNI。

2)交运算

"交运算"通过"交集"命令将多个面域或实体相交的部分创建为一个新面域或实体。

菜单命令:"修改"→"实体编辑"→"交集"。

工具栏:"建模"→"交集"。

键盘命令:INTERSECT 或 IN。

举例:运用"交集"命令将如图 12.73(a)所示的 A、B 两个面域相交的部分创建成一个新的面域。

单击"建模"→"交集",操作步骤如下:

命令:_intersect	*启动"交集"命令
选择对象:指定对角点:找到两个	*选择面域 A、B
选择对象:↙	*回车,结束选择

可以对实体作同样的交集操作,如图 12.74 所示。

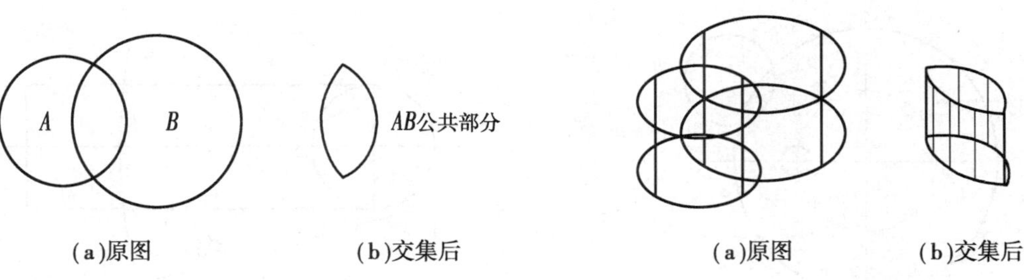

(a)原图　(b)交集后

图 12.73　面域交集

(a)原图　(b)交集后

图 12.74　实体交集

3)差运算

差运算通过"差集"命令从一个面域或实体选择集中减去另一个面域或实体选择集,从而创建一个新的面域或实体,如图 12.75 和图 12.76 所示。

菜单命令:"修改"→"实体编辑"→"差集"。

工具栏:"建模"→"差集"。

键盘命令:SUBTRACT 或 SU。

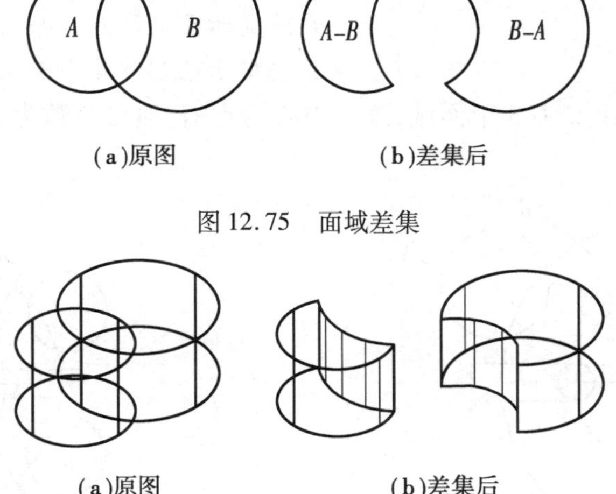

(a)原图　(b)差集后

图 12.75　面域差集

(a)原图　(b)差集后

图 12.76　实体差集

零件上分布较多的孔或槽,采用截建面域,用布尔运算的方法绘制,能大大简化绘图过程,从而提高绘图速度。

【任务实施】

第 1 步:设置绘图环境,操作过程略。

第 2 步:绘制中心线及 ϕ53 mm、ϕ28 mm、R3 mm、R9 mm 的圆各一个,如图 12.77 所示。

第 3 步:绘制一个矩形。矩形的一个角点在 R3 mm 圆的上象限点或下象限点上,另一角点在 ϕ53 mm 的圆之外(矩形宽为 6 mm,长度可任意,但必须超出 ϕ53 mm 的圆),如图 12.78 所示。

第 4 步:用"面域"命令将圆 A、B、D 及矩形 C 创建为面域,如图 12.79 所示。

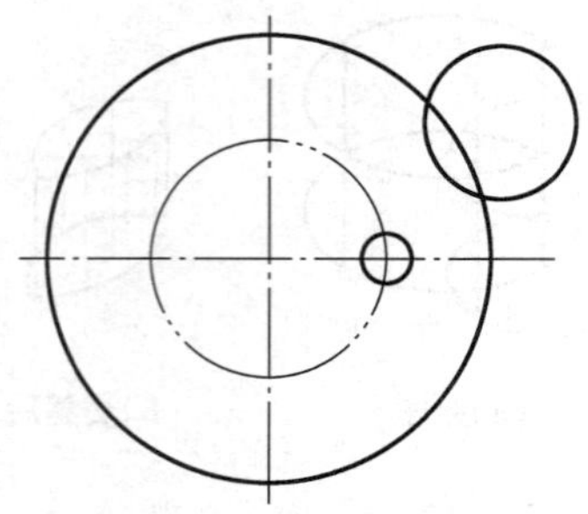

图 12.77　绘制中心线和圆

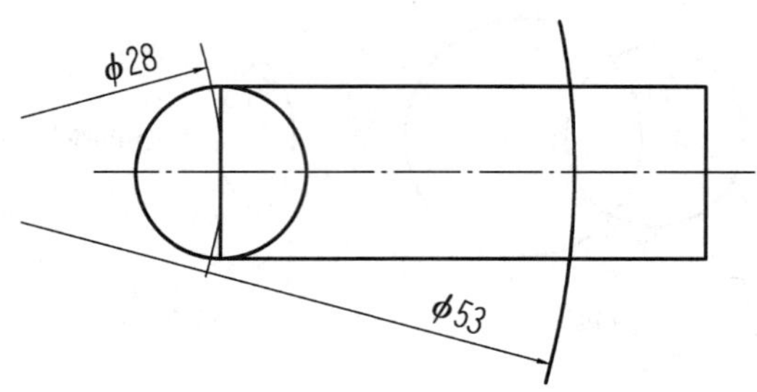

图 12.78　绘制矩形

单击“绘图”→“面域”，操作步骤如下：

命令:_region　　* 启动“面域”命令
选择对象:找到 1 个　　* 选择圆 A
选择对象:找到 1 个,总计 2 个　　* 选择圆 B
选择对象:找到 1 个,总计 3 个　　* 选择矩形 C
选择对象:找到 1 个,总计 4 个　　* 选择圆 D
选择对象:↙　　* 回车,结束对象选择
已提取 4 个环　　* 系统提示已提取到 4 个封闭线框
已创建 4 个面域　　* 系统提示已创建 4 个面域

第 5 步：环形阵列 A、C、D 3 个面域，阵列中心为点 O，项目总数为 6，填充角度为 360°，阵列后如图 12.80 所示。

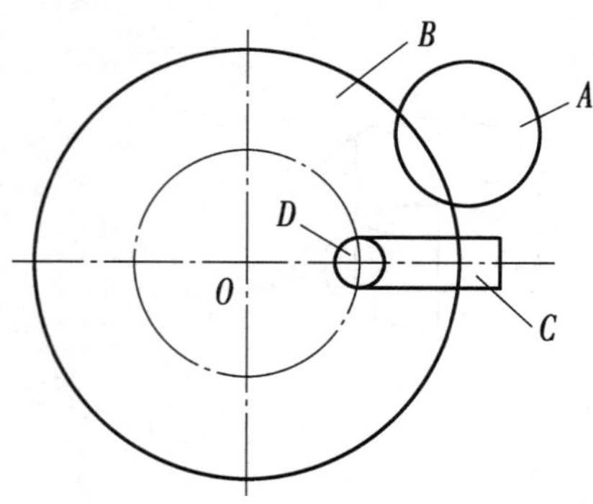

图 12.79　创建面域

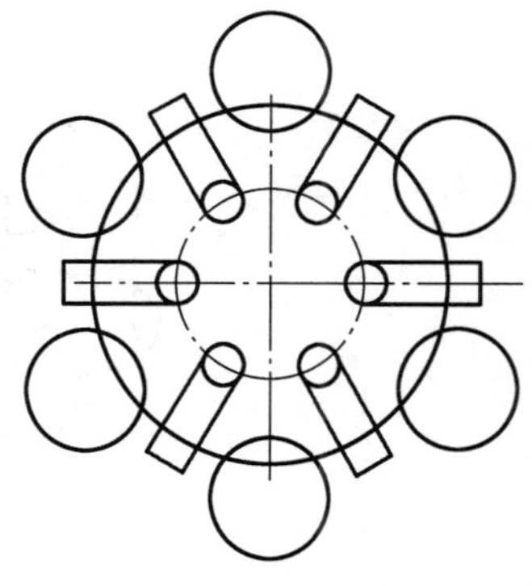

图 12.80　环形阵列

第 6 步：使用“差集”命令，用面域 B 减去其余所有的面域，如图 12.81(a)所示。

单击“建模”→“差集”，操作步骤如下：

命令:_subtract　　* 启动“差集”命令
选择要从中减去的实体或面域……　　* 选择面域 B
选择对象:找到 1 个　　* 系统提示
选择对象:↙　　* 回车,结束选择
选择要减去的实体或面域……　　* 选择除面域 B 以外的所有面域
选择对象:找到 18 个　　* 系统提示

选择对象:↙　　　　　　　　　　　　　＊回车,结束选择

第 7 步:使用“夹点”编辑中的“拉伸”方式,调整中心线,如图 12.81(b)所示。

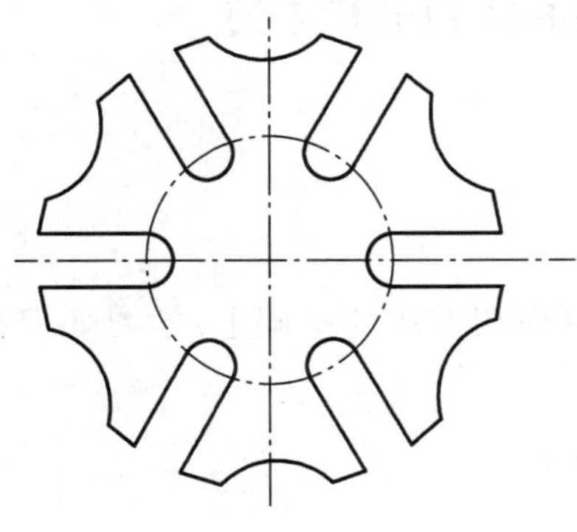

(a)差集运算

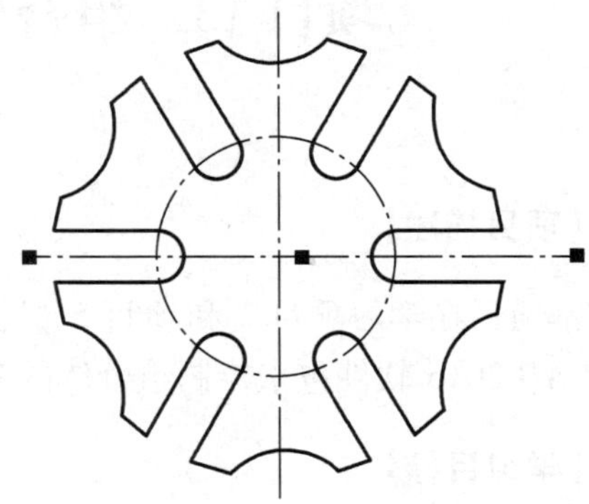

(b)使用夹点编辑，调整中心线

图 12.81　差集运算、拉伸中心线

第 8 步:保存图形文件。

项目 13　组合体三视图与标准件的绘制

【项目描述】

本项目在学习项目 2 和项目 5 机械制图基本作图原理和方法的基础上,学习如何利用 AutoCAD 2016 软件包来绘制组合体的三视图方法和技巧。

【学习目标】

通过本项目的学习,要求掌握以下基本知识:

1. 掌握构造线、射线、复制、移动、旋转、对齐、正多边形、镜像、圆角、倒角、延伸等命令的使用方法和夹点编辑的基本方法。

2. 在正确使用常用绘图命令的基础上,掌握绘制常用标准件的基本方法和技巧。

【技能目标】

掌握 AutoCAD 绘制组合体三视图的能力。

任务 1　绘制组合体的三视图

【任务描述】

利用学习过的 AutoCAD 的基本绘图命令和技巧与机械制图中关于组合体、三视图的基本知识,绘制如图 13.1 所示的组合体的三视图。

【任务要求】

1. 掌握“构造线”“射线”“复制”“移动”“旋转”和“对齐”命令。

2. 掌握夹点的编辑。

【知识准备】

(1)构造线的基本知识

构造线“xline”命令用于绘制通过给定点的双向无限长直线,一般用于绘制辅助线。

绘图工具栏:单击“构造线”。

命令行:输入 xline,按“Enter”键。

菜单:“绘图”→“构造线”。

1)绘制水平或垂直构造线

单击“绘图”→“构造线”,命令行提示如下:

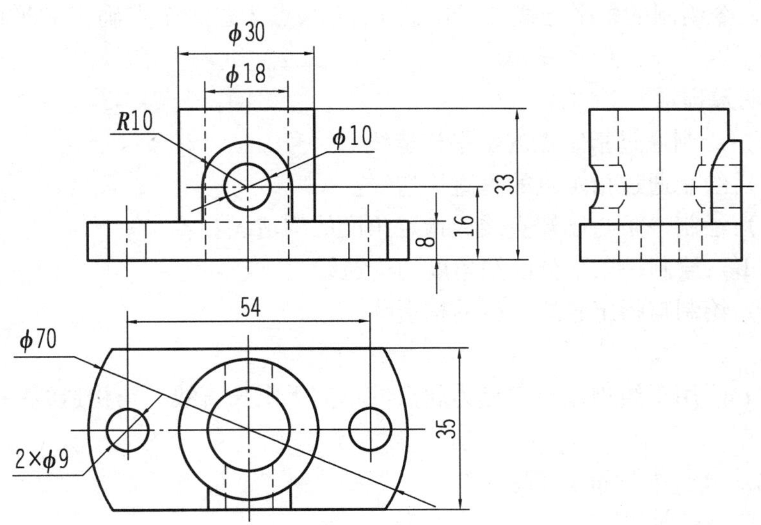

图 13.1 组合体的三视图

命令:xline 指定点或[水平(H)/垂直(V)/
角度(A)/二等分(B)/偏移(o)]: ＊输入 h 或 v,按"Enter"键,选择水平或垂直绘制构造线
指定通过点: ＊利用合适的定点方式指定构造线经过的点
指定通过点: ＊利用合适的定点方式指定另一条构造线要经过的点,或按"Enter"键

2)绘制二等分构造线

以绘制如图 13.2 所示角的平分线为例。

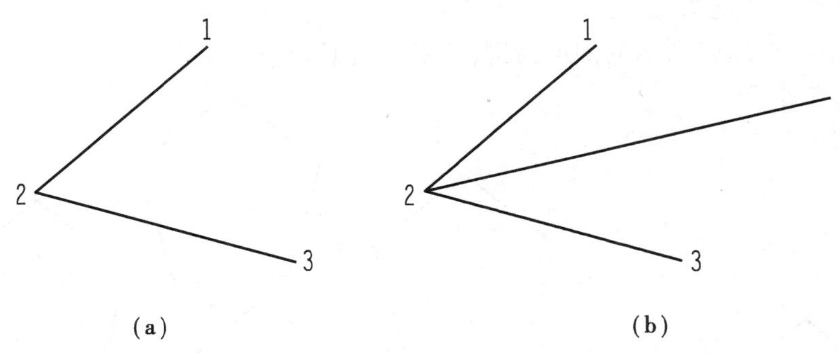

图 13.2 "二等分"方式绘制构造线

单击"绘图"→"构造线",命令行提示如下:

命令:xline 指定点或[水平(H)/垂直(v)/
角度(A)/二等分(B)/偏移(O)]: ＊输入 b,选择二等分选项,按"Enter"键
指定角的顶点: ＊指定图 13.2(a)中的点 2
指定角的起点: ＊指定图 13.2(a)中的点 1
指定角的端点: ＊指定图 13.2(a)中的点 3
指定角的端点: ＊按"Enter"键

用“xline”命令绘制的角平分线位于由点 1、点 2、点 3 这 3 个点确定的平面中，如图 13.2(b)所示。

3)有关说明及提示

①水平(H):绘制通过指定点的水平构造线。

②垂直(V):绘制通过指定点的垂直构造线。

③角度(A):绘制一条与已知直线成指定角度的构造线。

④二等分(B):绘制一条平分已知角度的构造线。

⑤偏移(O):绘制与指定直线平行的构造线。

(2)射线

射线命令“ray”用于绘制以指定点为起点的单向无限长直线。与构造线一样，射线通常作为作图辅助线。

命令行:输入 ray，按“Enter”键。

菜单:“绘图”→“射线”。

单击“绘图”→“射线”，命令行提示如下：

命令:_ray

指定起点:　　　　　　＊指定射线的起点

指定通过点:　　　　　＊指定射线要经过的另一个点

指定通过点:　　　　　＊指定另一条射线要经过的点，或按“Enter”键结束命令

(3)复制命令

复制命令“copy”用于将选定的对象在指定的位置上进行一次或多次复制。

修改工具栏:单击“复制”。

命令行:输入 copy，按“Enter”键。

菜单:“修改”→“复制”。

以复制如图 13.3(a)所示的图形为例，效果如图 13.3(b)所示。

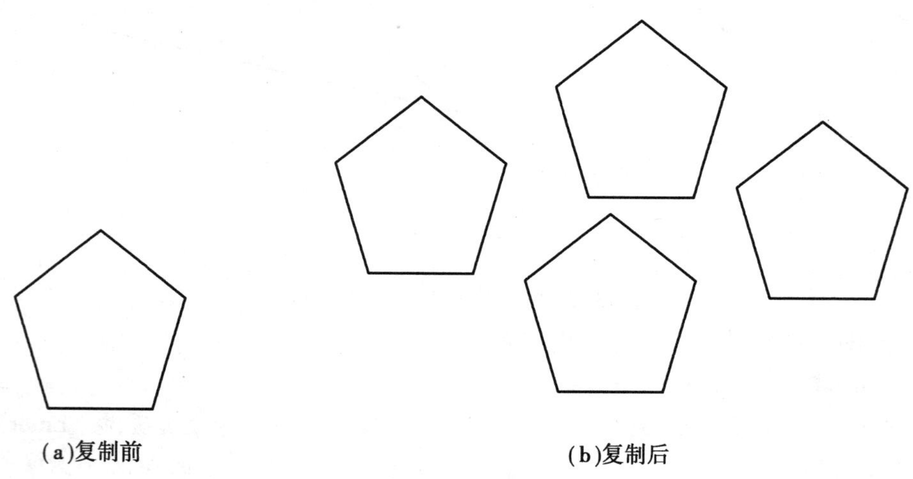

(a)复制前　　　　(b)复制后

图 13.3 “复制”命令效果

单击“修改”→“复制”，命令行提示如下：

命令:_copy
选择对象:找到 1 个　　　　　　　　　　　　　　* 选择要复制的图形
选择对象:　　　　　　　　　　　　　　　　　　* 按“Enter”键确认
当前设置:复制模式——单个　　　　　　　　　　　* 系统提示
指定基点或[位移(D)/模式(O)]<位移>:o　　　* 更改复制模式
指定基点或[位移(D)/模式(O)]<位移>:
指定第二个点或<使用第一个点作为位移>:
指定第二个点或[退出(E)/放弃(U)]<退出>:
指定第二个点或[退出(E)/放弃(U)]<退出>:
指定第二个点或[退出(E)/放弃(U)]<退出>:　* 按“Enter”键确认,共复制 3 个正多边形

(4)旋转命令

旋转命令“rotate”用于将选定的对象绕着指定的基点旋转指定的角度。

修改工具栏:单击“旋转”。

命令行:输入 rotate 或 ro,按“Enter”键。

菜单:“修改”→“旋转”。

以旋转如图 13.4(a)所示的图形为例,效果如图 13.4(b)所示。

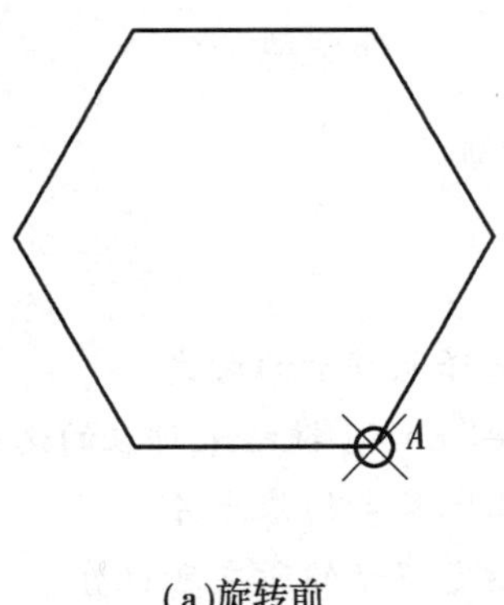

(a)旋转前

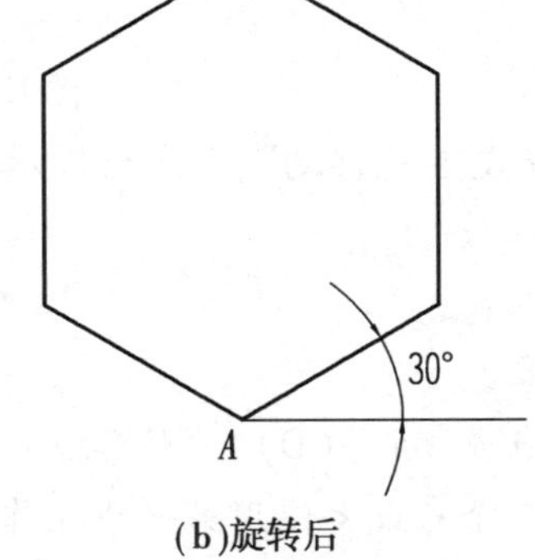

(b)旋转后

图 13.4　“旋转”命令效果

单击“修改”→“旋转”,命令行提示如下:

命令:_rotate 当前的正角方向:ANGDIR = 逆时针
ANGBASE = 0　　　　　　　　　　　　　　　　* 系统提示
选择对象:　　　　　　　　　　　　　　　　　* 选择要旋转的图形
选择对象:找到 1 个　　　　　　　　　　　　　* 继续选择对象或按“Enter”键确认,因为只旋转一个图形,故按“Enter”键
指定基点:　　　　　　　　　　　　　　　　　* 指定基点 A
指定旋转角度,或[复制(c)/参照(R)]f<0>:-30 * 输入旋转角度,因为是顺时针旋转,故为 -30

(5)移动命令

移动命令“move”用于将选定的对象从一个位置移到另一个位置。移动对象有两种方式：一种是“指定两点”方式;另一种是“指定位移”方式。

1)执行命令的方法

修改工具栏:单击“移动”。

命令行:输入 move 或 m,按“Enter”键。

菜单:“修改”→“移动”。

2)操作步骤

以 A 点作为基点,B 点为位移点移动如图 13.5(a)所示的图形,其效果如图 13.5(b)所示。

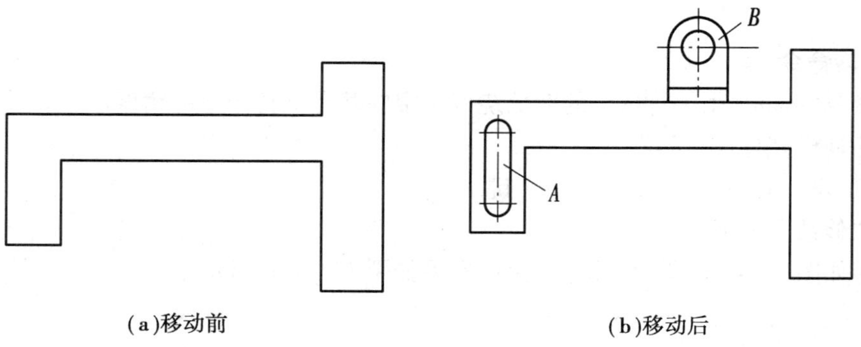

(a)移动前　　(b)移动后

图 13.5 “移动”命令示例

单击“修改”→“移动”,命令行提示如下:

命令:_move

选择对象:	* 选择要移动的对象
选择对象:	* 按“Enter”键结束对象的选择
指定基点或[位移(D)]<位移>:	* 指定移动的基点 A
指定第二个点或<使用第一个点作为位移>:	* 指定移动的所在新位置

(6)对齐命令

对齐命令“align”可以将选定的对象移动、旋转或倾斜,使其与另一个对象对齐。

1)执行命令的方法

命令行:输入 align 或 al,按“Enter”键。

菜单:“修改”→“三维操作”→“对齐”。

2)操作步骤

①一对点方式对齐两对象。利用“align”命令使如图 13.6(a)所示中的两个图形对齐,其效果如图 13.6(b)所示。

单击“修改”→“三维操作”→“对齐”,命令行提示如下:

命令:_align

选择对象:	* 选择以 Q 为圆心的圆
指定第一个源点:	* 指定点 Q

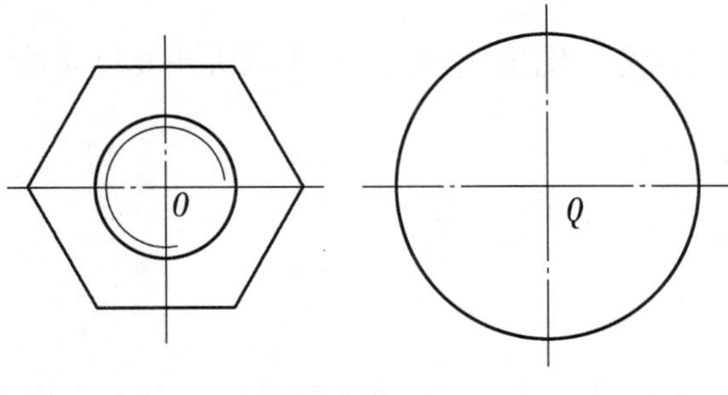

(a)对齐前　　(b)对齐后

图 13.6　一对点方式对齐两对象

指定第一个目标点：　　＊指定点 O

指定第二个源点：　　＊按“Enter”键

②两对点方式对齐两对象。使如图 13.7(a)所示的盘类零件与右侧的支座对齐，其效果如图 13.7(b)所示。

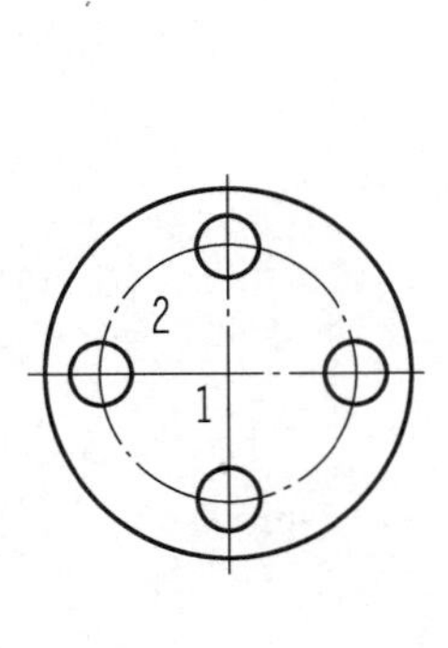

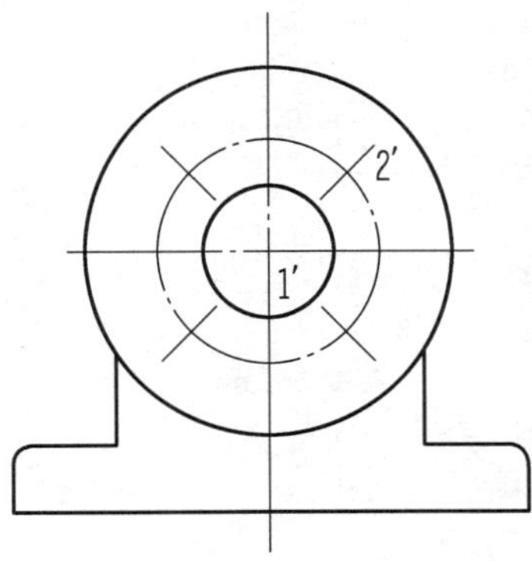

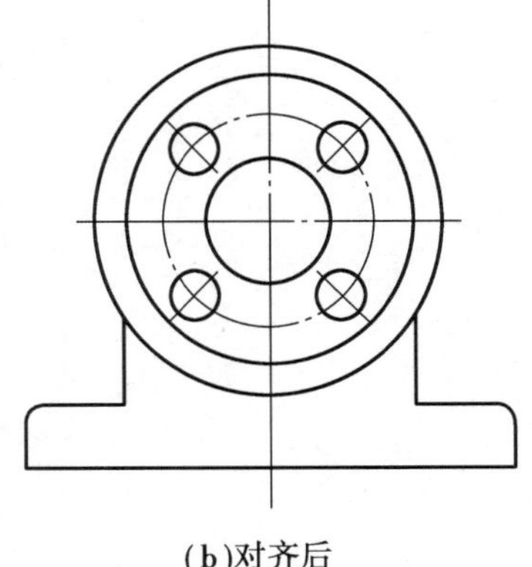

(a)对齐前　　(b)对齐后

图 13.7　两对点方式对齐两对象

单击“修改”→“三维操作”→“对齐”，命令行提示如下：

命令：_align

选择对象：　　＊选择盘类零件

指定第一个源点：　　＊指定点

指定第一个目标点：　　＊指定点 1

指定第二个源点：　　＊指定点 2

指定第二个目标点：　　＊指定点 2′

指定第三个源点 <继续>：　　＊按“Enter”键

是否基于对齐点缩放对象？[是(Y)/否(N)] <否>：　　＊输入 y，按“Enter”键，以第一目标点和第二目标点之间的距离作为缩放对象的参考长度使选定的对象进行缩放

(7)对象特性命令

对象特性命令“properties”用于编辑修改对象的图层、颜色、线型形状大小及尺寸等特性。

1)执行命令的方法

标准工具栏:单击“对象特性”。

命令行:输入 properties,按“Enter”键。

菜单:“修改”→“特性”。

2)操作步骤

单击“修改”→“特性”,打开“特性”面板,如图 13.8 所示。在“特性”面板中,选中要修改的对象特性,在其后面的文本框中直接输入改变后的值即可。对于颜色、线型、图层等特性,选择后会出现相应的下拉列表框,从中可以设置对象的特性。

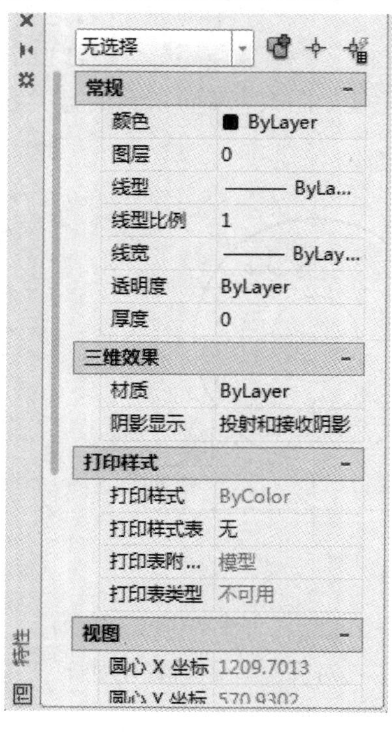

图 13.8 “特性”面板

(8)使用夹点编辑图形

在 AutoCAD 2016 中,夹点是控制对象的位置和大小的关键点,它提供了一种方便快捷的编辑操作途径。在选取图形对象后,就可以使用夹点对齐。

1)控制夹点显示

单击“工具”→“选项”,打开“选项”对话框,切换到“选择集”,如图 13.9 所示。在该选项卡中可设置是否启用夹点及夹点的大小、颜色等。

系统默认的设置是“启用夹点”,在这种情况下用户无须启动命令,只要选择对象,在该对象的特征点上就会出现一个色块,此即为夹点,默认显示为蓝色,如图 13.10 所示。单击某个夹点,则这个夹点被激活,默认显示为红色。被激活的夹点通过按“Enter”键或“Space”键执行命令,能完成拉伸、移动、复制、旋转、缩放或镜像 5 种操作。

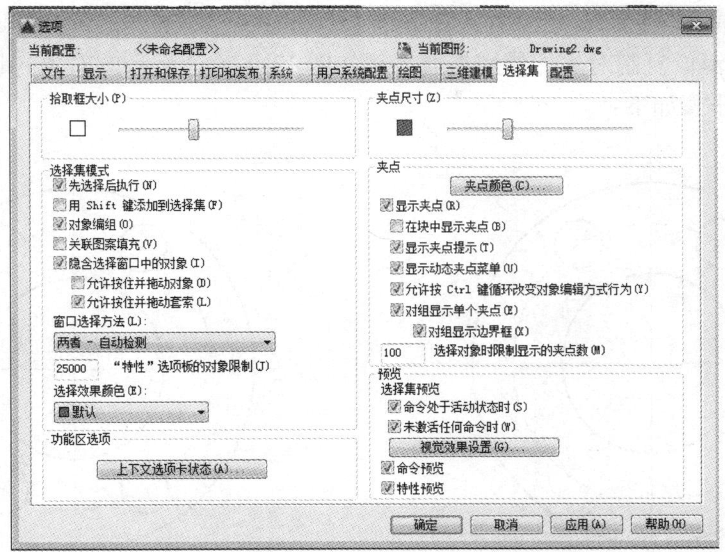

图 13.9　"选择集"选项卡

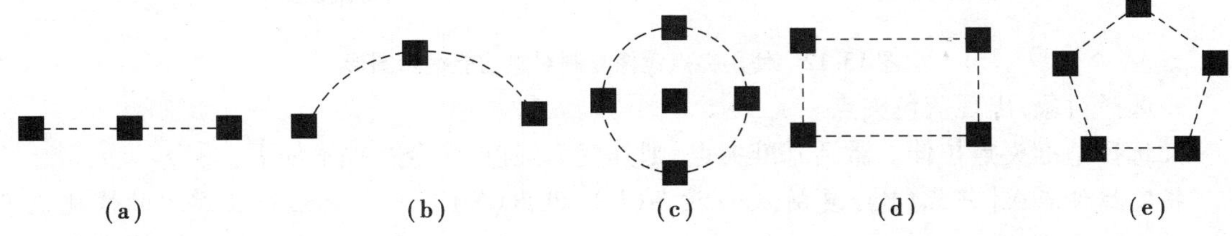

图 13.10　夹点显示图形

2)夹点编辑操作步骤

①使用夹点拉伸对象。使用夹点拉伸如图 13.11(a)所示的直线,操作步骤如下:

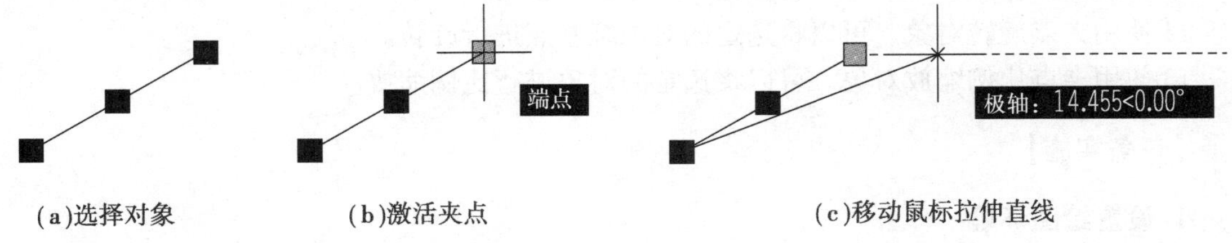

图 13.11　使用夹点拉伸对象

a. 选择对象,出现蓝色夹点,如图 13.11(a)所示。

b. 选择基准夹点拉伸。激活基准夹点,则其变为红色,如图 13.11(b)所示,命令行提示如下:

指定拉伸点或[基点(B)/复制(C)/放弃(U)/退出(X)]:　* 移动鼠标,则直线随着基准夹点的移动被拉伸,如图 13.11(c)所示,移至合适位置单击,即可完成夹点拉伸操作

c. 按“Esc”键,取消夹点。

②使用夹点镜像复制对象。使用夹点复制如图 13.12(a)所示的对象,其效果如图 13.12(b)所示。操作步骤如下:

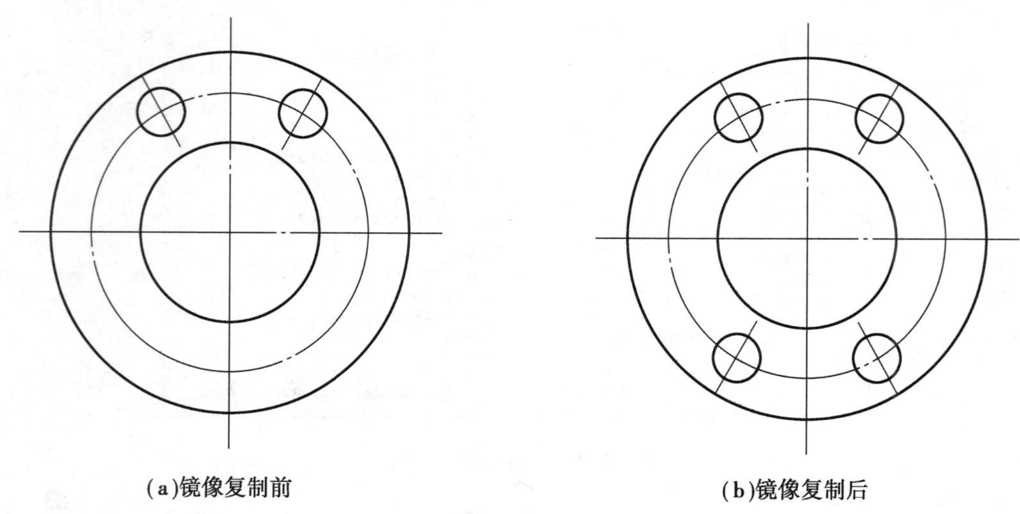

图 13.12 使用夹点镜像复制对象功能编辑图形

a. 选择对象,出现蓝色夹点。

b. 选择基准夹点拉伸。激活基准夹点,则其变为红色,命令行提示如下:

指定拉伸点或[基点(B)/复制(C)/放弃(U)/退出(X)]: * 右击在弹出的快捷菜单中选择“镜像”命令

指定第二点或[基点(B)/复制(C)/放弃(U)/退出(X)]: * 指定镜像线上的第二点

c. 按“Esc”键,取消夹点。

③使用夹点移动对象。可以将选定的对象进行移动。

④使用夹点旋转对象。可以将选定的对象绕基点进行旋转。

⑤使用夹点比例缩放对象。可以将选定的对象进行比例缩放。

【任务实施】

1. 设置绘图环境

①设置绘图单位。单击“格式”→“单位”,设置长度精度为小数点后 2 位,角度精度为小数点后 1 位。

②设置图形界限。单击“格式”→“图形界限”,根据图形尺寸,将图形界限设置为 297 mm×210 mm。

③打开栅格,显示图形界限。

④打开“图层特性管理器”对话框,根据表 10.2 创建图层。

⑤设置“对象捕捉模式”为端点、中点、圆心、象限点、交点,并设置极轴角增量为 15°,确定追踪方向。

2. 进行形体分析

通过形体分析,可将组合体分解成底板、铅垂圆柱、U 形凸台 3 个部分,注意各部分的相对位置。

3. 绘制底板俯视图

①绘制底板 ϕ70 mm 的圆。

②利用“自动追踪”功能绘制上下两条水平轮廓线及中心线。

③以两条水平轮廓线为边界，修剪 ϕ70 mm 圆多余的圆弧，修剪后的图形如图 13.13(a)所示。

④捕捉中心线交点，水平向左追踪 27 mm，以此为圆心绘制 ϕ9 mm 的圆。

⑤用“对象捕捉追踪”功能绘制 ϕ9 mm 的圆的垂直中心线，如图 13.13(b)所示。

⑥以垂直中心线为镜像线，镜像复制 ϕ9 mm 圆和 ϕ9 mm 圆的垂直中心线，如图 13.13(c)所示。

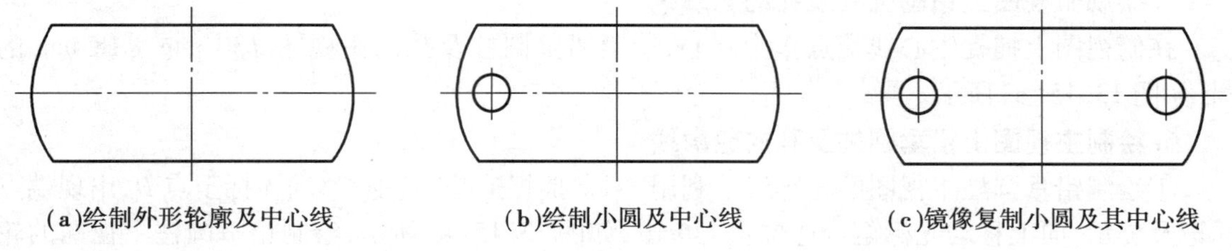

(a)绘制外形轮廓及中心线　　(b)绘制小圆及中心线　　(c)镜像复制小圆及其中心线

图 13.13 绘制底板俯视图

4. 绘制底板主视图

(1)绘制底板外形轮廓线

单击“绘图”→“直线”，命令行提示如下：

命令:_line

指定第一点：　　* 移动光标至点 A，出现端点标记及提示，向上移动光标至合适位置单击，如图 13.13(a)所示

指定下一点或[放弃(U)]:70　　* 向右移动鼠标，水平追踪，输入 70，按“Enter”键

指定下一点或[放弃(U)]:8　　* 向上移动鼠标，垂直追踪，输入 8，按“Enter”键

指定下一点或[闭合(C)/放弃(U)]:70　　* 向左移动鼠标，水平追踪，输入 70，按“Enter”键

指定下一点或[闭合(C)/放弃(U)]:c　　* 闭合图形

(2)绘制截交线

利用“对象捕捉追踪”功能绘制主视图上两条垂直截交线，如图 13.14(b)所示。

(3)绘制底板主视图的中心线和转向轮廓线

绘制底板主视图上左侧 ϕ9 mm 的圆的中心线和转向轮廓线，再分别将其改到“虚线”图层上；绘制对称中心线并镜像复制，如图 13.14(c)所示。

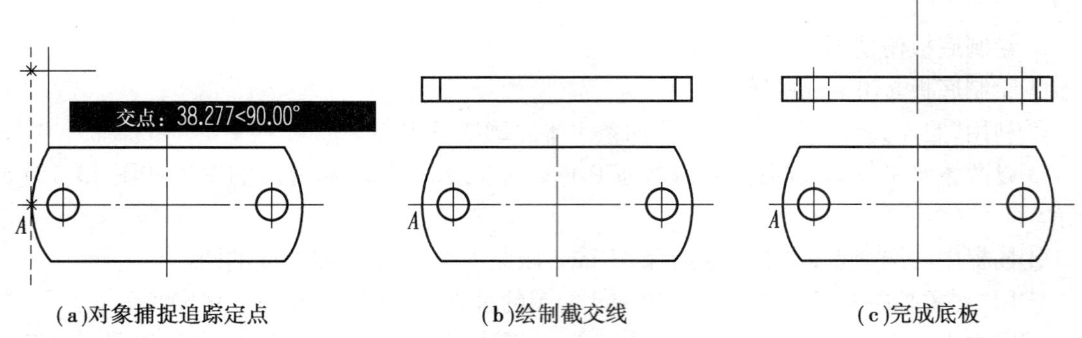

(a)对象捕捉追踪定点　(b)绘制截交线　(c)完成底板

图 13.14　绘制底板主视图

5. 绘制俯视图上铅垂圆柱及孔的轮廓线

在俯视图上捕捉中心线交点作为圆心，绘制铅垂圆柱及孔的俯视图 ϕ30 mm、ϕ18 mm 的圆，如图 13.15(a)所示。

6. 绘制主视图上铅垂圆柱及孔的轮廓线

①绘制铅垂圆柱主视图的轮廓线。利用“对象捕捉追踪”功能，移动光标至点 B，出现端点标记及提示，向上移动光标至合适位置上单击，如图 13.15(a)所示，绘制铅垂圆柱主视图的轮廓线。

②绘制主视图上 ϕ30 mm 孔的轮廓线。用同样的方法绘制 ϕ18 mm 孔的主视图的轮廓线，并将其改到“虚线”图层上，如图 13.15(b)所示。

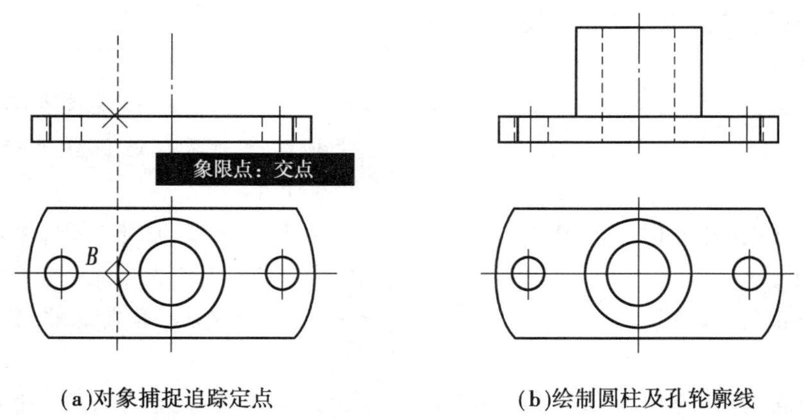

(a)对象捕捉追踪定点　(b)绘制圆柱及孔轮廓线

图 13.15　绘制主视图上铅垂圆柱及孔的轮廓线

7. 绘制 U 形凸台及孔的主视图

①捕捉追踪主视图底边中点，如图 13.16(a)所示，垂直向上追踪 16 mm，得到圆心，绘制 ϕ20 mm 的圆，再绘制 ϕ10 mm 的同心圆。

②绘制 ϕ20 mm 的圆的两条垂直切线，如图 13.16(b)所示。

③以上述两条切线为剪切边界，修剪 ϕ20 mm 圆的下半部分。

④绘制 ϕ20 mm 圆水平中心线，并将其改到“点画线”图层上，如图 13.16(c)所示。

⑤用“打断于点”命令将底板主视图上边在 C 点处打断。用同样的方法将底板上边在 D 点处打断，将 CD 线改到“虚线”图层上，完成主视图，如图 13.16(d)所示。

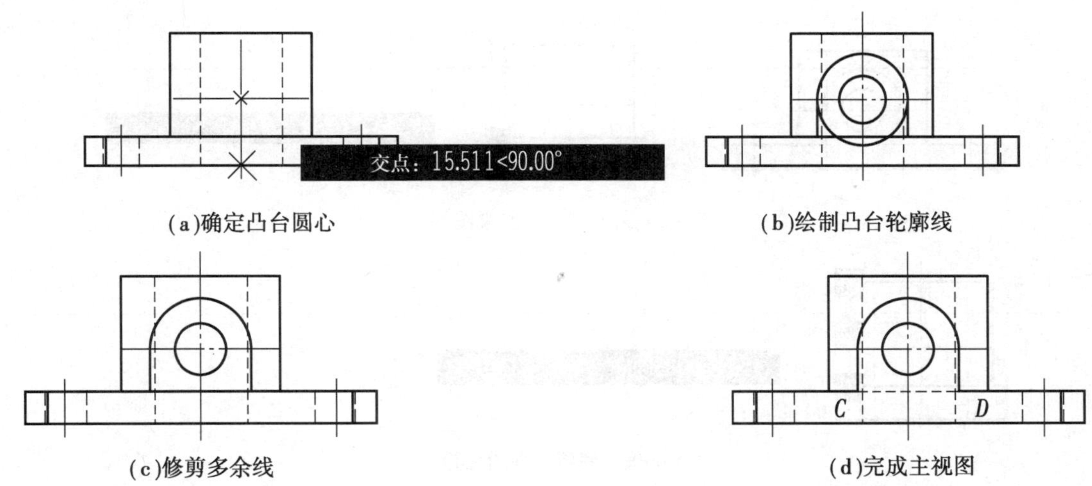

(a)确定凸台圆心　(b)绘制凸台轮廓线

(c)修剪多余线　(d)完成主视图

图 13.16　绘制 U 形凸台及孔的主视图

8. 绘制 U 形凸台及孔的俯视图

利用“对象捕捉追踪”功能绘制凸台俯视图轮廓线及孔的转向轮廓线，并将 ϕ10 mm 的孔的转向轮廓线改到“虚线”图层上。

9. 绘制左视图

①复制并旋转俯视图至合适的位置，作为辅助图形，如图 13.17(a)所示。

②利用“对象捕捉追踪”功能确定左视图位置，如图 13.17(b)所示，绘制底板和圆柱左视图。

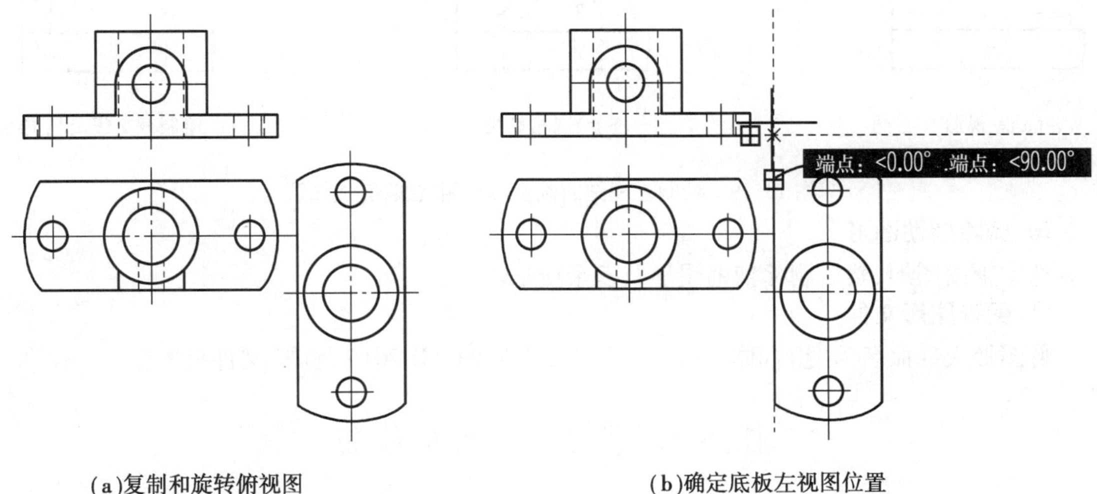

(a)复制和旋转俯视图　(b)确定底板左视图位置

图 13.17　确定左视图位置

③绘制 U 形凸台左视图。利用“夹点拉伸功能”将 E 点垂直向上拉伸至与主视图 U 形凸台的上象限点高平齐位置，如图 13.18(a)所示，再将圆柱转向线缩短，如图 13.18(b)所示。利用“对象捕捉追踪”功能绘制孔轴线、凸台半圆柱及孔的转向轮廓线，并修剪多余图线，如图 13.19(a)所示。

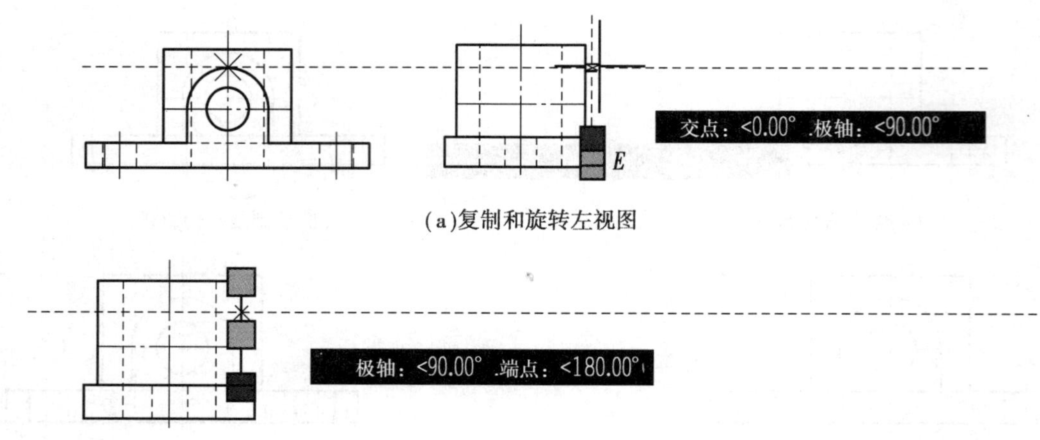

(a)复制和旋转左视图

(b)确定底板左视图位置

图 13.18 利用夹点编辑功能拉伸直线

④绘制截交线与相贯线。用“圆弧”命令的“起点、端点、半径”选项绘制相贯线 12 及内孔相贯线 34、56，并将相贯线 34、56 改为“虚线”图层，如图 13.19(b)所示。利用对象捕捉追踪功能绘制截交线 78，用“圆弧”命令的“起点、端点、半径”选项绘制相贯线 U 形凸台与 ϕ30 mm 圆柱的外形相贯线 89，完成左视图，如图 13.19(c)所示。

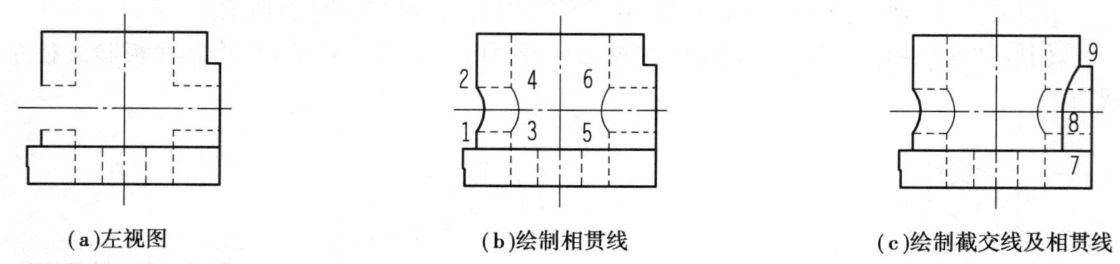

(a)左视图　(b)绘制相贯线　(c)绘制截交线及相贯线

图 13.19 绘制左视图的截交线与相贯线，完成图形

10. 删除辅助图形

选中辅助图形，然后删除辅助图形及多余线条。

11. 保存图形文件

将图形文件命名为“组合体三视图”，保存到“AutoCAD 2016 制图”文件夹中。

任务 2 机械标准件的绘制

【任务描述】

1. 掌握绘制机械零件中常用标准件的方法。
2. 绘制常用的典型标准机械零件滚动轴承 6206 及 M12。

【任务要求】

掌握正多边形、镜像、圆角、倒角、延伸等命令的使用方法；学习绘制标准件的基本方法。

【知识准备】

(1)正多边形命令

正多边形是指由3条以上(包括3条)各边长相等的线段构成的封闭实体,它是绘图中经常用到的一种简单图形。AutoCAD 2016中,利用“polygon”命令可以绘制边数为3~1 024的正多边形。

1)执行命令的方法

绘图工具栏:单击“正多边形”。

命令行:输入polygon,按“Enter”键。

菜单:“绘图”→“正多边形”。

2)操作步骤

单击“绘图”→“正多边形”,命令行提示如下:

命令:_polygon

输入边的数目 <4>:　　*输入正多边形的边数

指定正多边形的中心点或[边(E)]:　　*单击指定正多边形的中心

输入选项[内接于圆(I)/外切于圆(C)] <I>:　　*选择用内接于圆或外切于圆绘制正多边形,默认内接于圆的方法

指定圆的半径:　　*输入圆的半径

3)有关说明及提示

①边(E):指定正多边形的边数及一条边的两个端点。

②内接于网(I):指定该正多边形外接圆的圆心和半径。通过该外接圆绘制所需的正多边形。

③外切于圆(C):指定正多边形内切圆的圆心和半径。通过该内切圆绘制所需的正多边形。

圆的内接、外切正六边形如图13.20所示。

(2)镜像命令

在绘图过程中,有时需要绘制完全对称的图形,可以使用镜像命令“mirror”。以选定的镜像线为对称轴,生成与编辑对象完全对称的镜像,原来的编辑对象可以删除或保留。

1)执行命令的方法

修改工具栏:单击“镜像”。

命令行:输入mirror,按“Enter”键。

菜单:“修改”→“镜像”。

2)操作步骤

单击“修改”→“镜像”,命令行提示如下:

命令:_mirror

选择对象:找到1个　　*选择要镜像的对象

选择对象:找到1个,总计2个　　*选择要镜像的对象

选择对象:找到1个,总计3个　　*继续选择要镜像的对象

选择对象:　　*按“Enter”键结束对象的选择

指定镜像线的第一点: * 选择镜像线的第一点

指定镜像线的第二点: * 选择镜像线的第二点

要删除源对象吗?[是(Y)/否(N)]<N>: * 选择是否删除源对象,系统默认不删除源对象,按"Enter"键确认。如果要删除源对象,输入 y,按"Enter"键

镜像的效果如图 13.21 所示,镜像线是中间竖直的细实线。

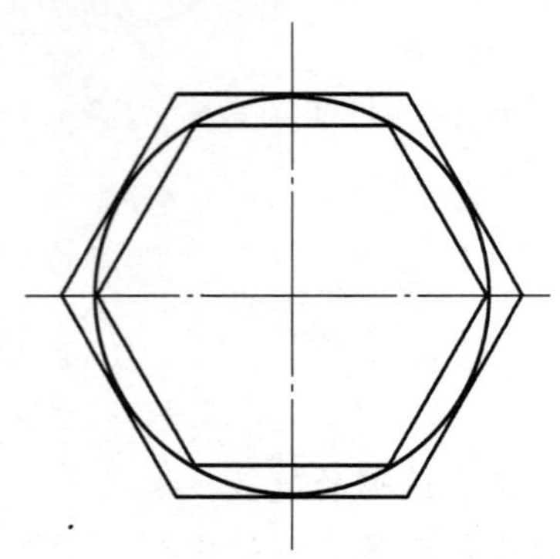

图 13.20 圆的内接、外切正六边形

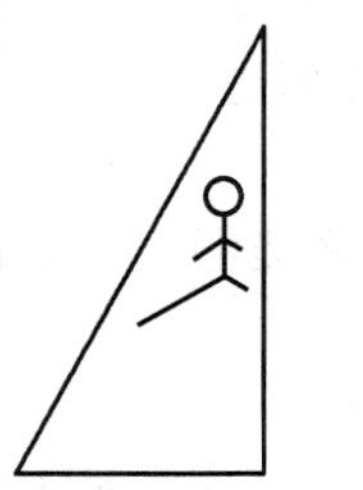

图 13.21 镜像效果示例

(3)圆角命令

圆角命令"fillet"用指定的半径对选定的两个对象(直线、圆弧或圆)或者对整条多段线进行光滑的圆弧连接。其中,内角点称为内圆角,外角点称为外圆角。

1)执行命令的方法

修改工具栏:单击"圆角"。

命令行:输入 fillet,按"Enter"键。

菜单:"修改"→"圆角"。

2)操作步骤

单击"修改"→"圆角",命令行提示如下:

命令:_fillet

当前设置:模式 = 修剪,半径 = 0.0000 * 系统提示

选择第一个对象或[放弃(U)/多段线(P)/半径(R)/修剪(T)/多个(M)]: * 输入 r,按"Enter"键,选择"半径"选项

指定圆角半径<0.0000>: * 输入圆角半径值,按"Enter"键

选择第一个对象或[放弃(U)/多段线(P)/半径(R)/修剪(T)/多个(M)]: * 选择要倒圆角的第一条边

选择第二个对象,或按住"Shift"键选择要应用角点的对象: * 选择要倒圆角的第二条边

3)有关说明及提示

①多段线(P):用于对多段线的所有顶点进行修圆角。

②半径(R):用于确定连接网角对象的圆弧的半径。

③修剪(T):用于设定是否裁剪过渡圆角。

④多个(M):重复多个角的网角过渡。

(4)倒角命令

利用倒角命令“chamfer”,可以用一条斜线连接两条不平行的直线。倒角有两种方式:一种是指定两边距离倒角;另一种是指定距离和角度倒角。

1)执行命令的方法

修改工具栏:单击“倒角”。

命令行:输入 chamfer 或 cha,按“Enter”键。

菜单:“修改”→“倒角”。

2)操作步骤

以“指定两边距离”倒角为例,操作步骤如下。

单击“修改”→“倒角”,命令行提示如下:

命令:_chamfer

(“修剪”模式)当前倒角距离 1 =0.00,距离 2 =0.00　　＊系统提示

选择第一条直线或[放弃(U)/多段线(P)/距离(D)/角度(A)/修剪(T)/方式(E)/多个(M)]:　　＊输入 d,按“Enter”键,选择“距离”选项

指定第一个倒角距离 <2.00 >:　　＊输入第一个倒角距离,按“Enter”键

指定第二个倒角距离 <2.00 >:　　＊输入第二个倒角距离,按“Enter”键

选择第一条直线或[放弃(U)/多段线(P)/距离(D)/角度(A)/修剪(T)/方式(E)/多个(M)]:　　＊选择要倒角的第一条边

选择第二条直线,或按“Shift”键选择要应用角点的直线:　＊选择要倒角的第二条边

3)有关说明及提示

①多段线(P):给多段线指定统一的倒角过渡,即多段线的倒角距离一致。

②角度(A):用于确定过渡圆弧的包络角。

③修剪(T):倒角时是否裁剪原来的对象,默认设置为裁剪。

④多个(M):重复多个角的倒角过渡。

(5)延伸命令

延伸命令“extend”用于将选中的对象(直线、圆弧等)延伸到指定的边界。

1)执行命令的方法

修改工具栏:单击“延伸”。

命令行:输入 extend 或 ex,按“Enter”键。

菜单:“修改”→“延伸”。

2)操作步骤

单击“修改”→“延伸”,命令行提示如下:

命令:_extend

当前设置:投影 = ucs,边 = 无　　＊启动“延伸”命令

选择边界的边……

选择对象或 <全部选择 >:　　＊选择需要延伸的圆

选择对象： ＊按“Enter”键，结束对象的选择

选择要延伸的对象，或按住“Shift”键选择要修剪的对象，或［栏选(F)/窗交(C)/投影(P)/边(E)/放弃(U)］：＊选择靠近圆一侧的直线

选择要延伸的对象，或按住“Shift”键选择要修剪的对象，或［栏选(F)/窗交(C)/投影(P)/边(E)/放弃(U)］：＊选择靠近圆一侧的圆弧

选择要延伸的对象，或按住“Shift”键选择要修剪的对象，或［栏选(F)/窗交(C)/投影(P)/边(E)/放弃(U)］：＊按“Enter”键

“extend”命令的效果如图13.22所示。

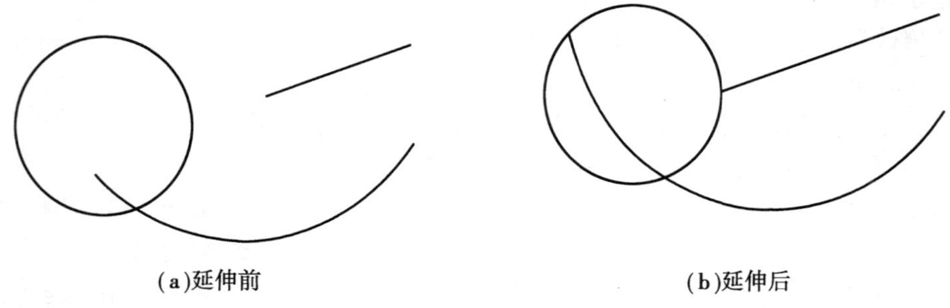

(a)延伸前　(b)延伸后

图13.22　延伸效果示例

【任务实施】

训练1　绘制滚动轴承6206。

以通用画法为例，操作步骤如下：

(1)设置绘图环境

①设置绘图单位。单击“格式”→“单位”，打开“图形单位”对话框，在“长度”选项区，设置“类型”为小数，“精度”为0.00；在“角度”选项区，设置“类型”为十进制度数，“精度”为0.0。

②设置图形界限。单击“格式”→“图形界限”，根据图形尺寸，将图形界限设置为297 mm×210 mm。

③打开栅格，显示图形界限。

④根据表1.2，创建“粗实线”图层和“中心线”图层。

⑤设置对象捕捉。右击状态栏中的“对象捕捉”，在弹出的快捷菜单中选择“设置”命令，打开“草图设置”对话框，在“对象捕捉”中，设置“对象捕捉模式”为端点、交点。

(2)绘制上一半

滚动轴承的通用画法是对称图形，因此，先绘制上一半，如图13.23所示。

(3)绘制另一半

利用“mirror”命令绘制另一半，操作步骤如下。

单击“修改”→“镜像”，命令行提示如下：

命令：_mirror

选择对象：找到6个 ＊此时指定对角点，将对象全选中

选择对象： ＊按“Enter”键，结束对象的选择

指定镜像线的第一点：　　　　　　　　＊指定镜像线的第一点
指定镜像线的第二点：　　　　　　　　＊指定镜像线的第二点
要删除源对象吗？［是(Y)/否(N)］<N>：　＊按“Enter”键

绘制完成的图样如图 13.24 所示。

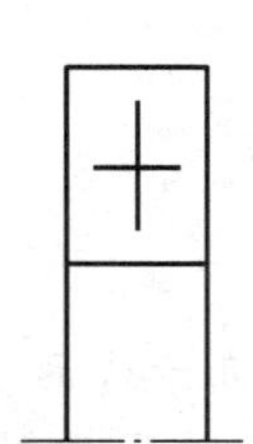

图 13.23　先绘制上一半

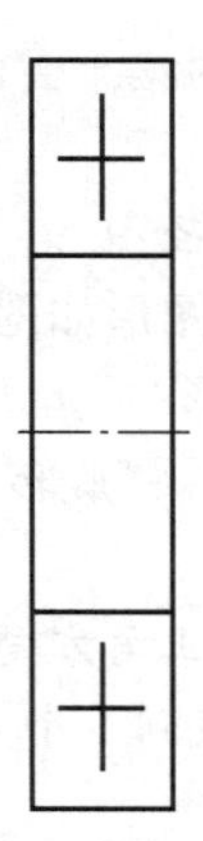

图 13.24　镜像绘制另一半

训练 2　绘制 M12 螺栓。

M12 螺栓的规定画法如图 13.25 所示。

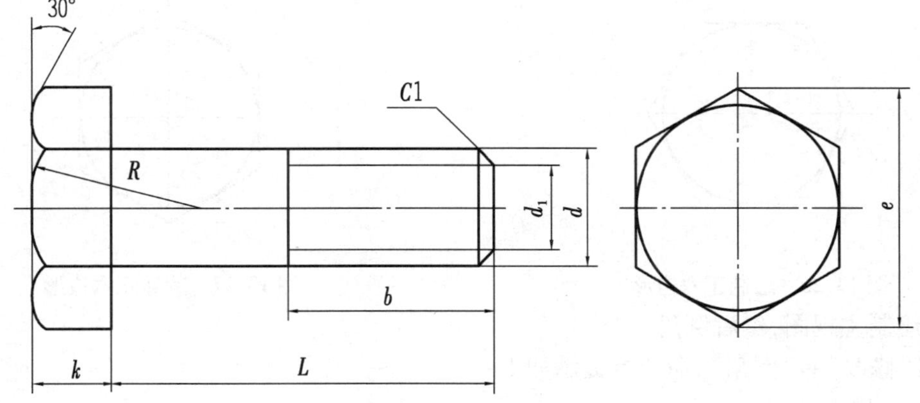

图 13.25　M12 螺栓的规定画法

(1)设置绘图环境

①设置绘图单位。单击“格式”→“单位”，打开“图形单位”对话框，在“长度”选项区，设置“类型”为小数，“精度”为 0.00；在“角度”选项区，设置“类型”为十进制数，“精度”为 0.0。

②设置图形界限。单击“格式”→“图形界限”，根据图形尺寸，将图形界限设置为 297 mm×210 mm。

③打开栅格，显示图形界限。

④根据表 1.2，创建“粗实线”图层和“中心线”图层。

(2)绘制左视图

①绘制一个 ϕ18 mm 的圆。

②绘制 ϕ18 mm 的圆的外切正六边形。单击“绘图”→“正多边形”，命令行提示如下：

命令:_polygon

输入边的数目 <6 >:6　　＊输入 6,按“Enter”键

指定正多边形的中心点或[边(E)]:　　＊指定 ϕ18 mm 圆的圆心为正多边形的中心点

输入选项[内接于圆(I)/外切于圆(c)] <c>:i　　＊输入 i,按“Enter”键,选择“内接于圆”选项

指定圆的半径:9　　＊输入 9,按“Enter”键

绘制完成的图形如图 13.26 所示。

(3)旋转图形

单击“修改”→“旋转”,命令行提示如下:

命令:_rotate

UCS 当前的正角方向:ANGDIR = 顺时针 ANGBASE = 0

选择对象:找到 1 个　　＊选择正六边形

选择对象:　　＊按“Enter”键,结束对象的选择

指定基点:　　＊指定圆心为基点

指定旋转角度,或[复制(C)/参照(R)] <O>: -30　　＊输入 -30,按“Enter”键

旋转后的图形如图 13.27 所示。

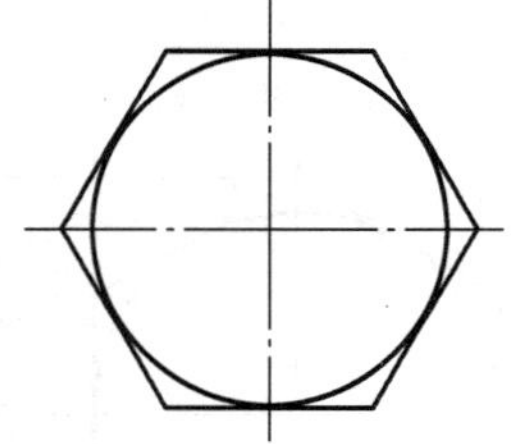

图 13.26　绘制正六边形

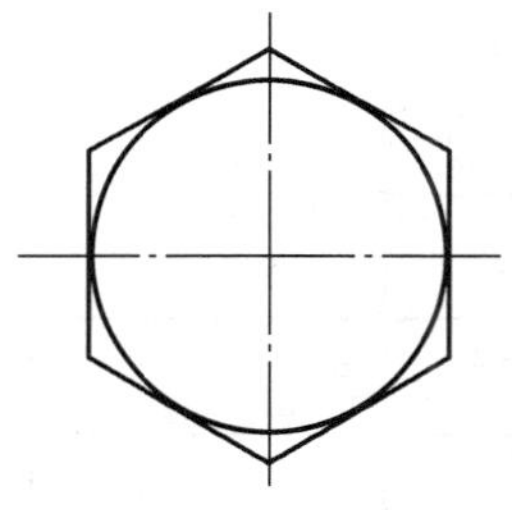

图 13.27　旋转正六边形

(4)绘制主视图,然后倒角

单击“修改”→“倒角”,命令行提示如下:

命令:_chamfer

(“修剪”模式)当前倒角距离 1 ~2.00,距离 2 ~2.00 选择第一条直线或[放弃(U)/多段线(P)/距离(D)/角度(A)/修剪(T)/方式(E)/多个(M)]:d　　＊输入 d,按“Enter”键,选择“距离”选项

指定第一个倒角距离 <2.00 >:1.2　　＊输入 1.2,按“Enter”键

指定第二个倒角距离 <1.20 >:1.2　　＊输入 1.2,按“Enter”键

选择第一条直线或[放弃(U)/多段线(P)/距离(D)/角度(A)/修剪(T)/方式(E)/多个(M)]:　　＊单击角的第一条边

选择第二条直线,或按“Shift”键选择要应用角点的直线:　　＊单击角的第二条边

(5)重复“chamfer”命令,完成图样绘制

重复“chamfer”命令,完成图样绘制,如图 13.25 所示。

项目 14　文字、尺寸的标注与编辑

【项目描述】

文字对象是 AutoCAD 图形中很重要的图形元素，也是机械制图绘图中不可缺少的组成部分。添加文字标注的目的是为了表达各种信息，机械制图的零件图和装配图中使用材料列表或添加技术要求等都需要用文字进行注释。

通过本项目的学习，可使用户掌握文字标注与编辑、文字样式的设置、单行和多行文字的应用等内容，从而轻松绘制出更加完善的机械图纸。

【学习目标】

通过本项目的学习，要求掌握以下基本知识：

1. 掌握创建、修改文字样式的方法。
2. 掌握单行文字、多行文字的注写方法。
3. 掌握编辑文字的方法。
4. 掌握创建、修改标注样式的方法。
5. 掌握尺寸的标注和编辑方法。

【技能目标】

1. 能根据需要正确创建、修改文字样式。
2. 能正确注写单行文字、多行文字。
3. 能根据需要正确创建、修改标注样式。
4. 能正确标注图形尺寸，且符合国家标准中关于机械制图的规定。
5. 能查询对象的各种信息。

任务 1　创建文字样式

【任务描述】

在进行文字标注前，应先对文字样式进行设置，从而方便、快捷地对图形进行标注、得到统一、标准、美观的文字注释。定义文字样式包括选择字体文件、设置文字高度、宽度比例等。

本次任务要求创建两种文字样式：一种样式为机械制图使用，样式名为“机械制图字”，选用“gbeitc. Shx”字体及“gbcbig. Shx”大字体；另一种样式为“长仿宋”字体，选用“仿宋_GB2312”字体，宽高比例为 0.7，并最后将“机械制图字”设置为当前文字样式。任务的完成将主要涉及“文字样式”对话框中参数的设置。

【任务要求】

1. 掌握创建、修改文字样式的方法。
2. 掌握单行文字、多行文字的注写方法。
3. 掌握编辑文字的方法。
4. 掌握创建、修改标注样式的方法。
5. 掌握尺寸的正确标注。
6. 掌握尺寸标注的编辑方法。

【知识准备】

(1)文字样式的创建

文字是机械工程图样中不可缺少的组成部分,文字样式是对文字特性的一种描述,包括字体、高度、宽度比例、倾斜角度及排列方式等。工程图样中所标注的文字往往需要采用不同的文字样式,因此,在注写文字之前首先应创建所需要的文字样式。

(2)执行命令的方法

菜单命令:“格式”→“文字样式”。

工具栏:“格式”→“文字样式”。

键盘命令:STYLE 或 ST。

执行上述命令后,弹出“文字样式”对话框,如图 14.1 所示,在该对话框内不但可以创建新的文字样式,也可以修改或删除已有的文字样式。

“文字样式”对话框中各选项介绍如下:

1)样式

样式选项显示图形中的样式列表。列表包括已定义的样式名并默认显示当前样式。“Standard”为系统默认使用的样式名,不允许重命名和删除,图形文件中已使用的文字样式不能被删除。

2)字体名

“字体名”下拉列表中显示了系统提供的字体文件名。表中有两类字体,其中 True Type 字体是由 Windows 系统提供的已注册的字体,Shx 字体为 AutoCAD 本身编译的,存放在 AutoCAD Fonts 文件夹中的字体。两种字体分别在字体文件名前用、前缀区别,只有在“使用大字体”复选框不被选中的情况下,才能选择 True Type 字体。

3)字体样式

字体样式用于指定字体格式,例如,斜体、粗体或者常规字体。选定“使用大字体”后,该选项变为“大字体”,用于选择大字体文件。

4)使用大字体

使用大字体用于指定亚洲语言的大字体文件。只有在“字体名”中指定 Shx 文件,才能使用“大字体”,常用的大字体文件为 gbcbig. shx。

5)高度

高度用于指定文字高度。文字高度的默认值为 0,表示字高是可变的,如果输入某一高度值,文字高度就为固定值。

6)效果

效果用于修改字体的特性,例如,宽度因子、倾斜角及是否颠倒显示、反向或垂直对齐。通过设置不同的参数可得到不同的文字效果。

【任务实施】

第 1 步:单击“格式”→“文字样式”,弹出“文字样式”对话框,如图 14.1 所示。

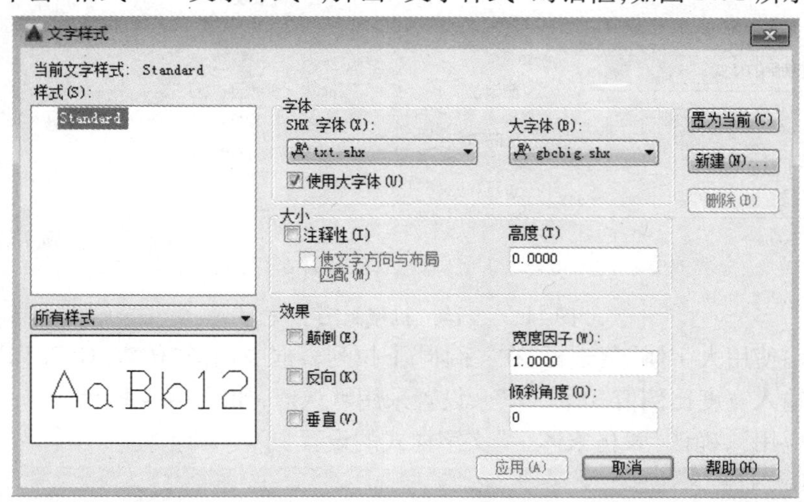

图 14.1　“文字样式”对话框

第 2 步:新建“机械制图字”文字样式。

①单击“新建”,弹出“新建文字样式”对话框。

②在“样式名”文本框中输入“机械制图字”,如图 14.2 所示。

图 14.2　“新建文字样式”对话框

③单击“确定”,返回到主对话框。

④在“字体”下拉列表框中选择“gbeitc. shx”,选择“使用大字体”复选框;在“大字体”下拉列表框中选择“gbcbig. shx”;其余设置采用默认值,如图 14.3 所示。

⑤单击“应用”,确认“机械制图字”文字样式的设置。

第 3 步:新建“长仿宋体字”文字样式。

①再次单击“新建”,弹出“新建文件样式”对话框。

②在“样式名”文本框中输入“长仿宋体字”。

③单击“确定”,返回到主对话框。

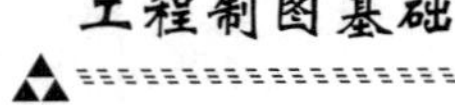

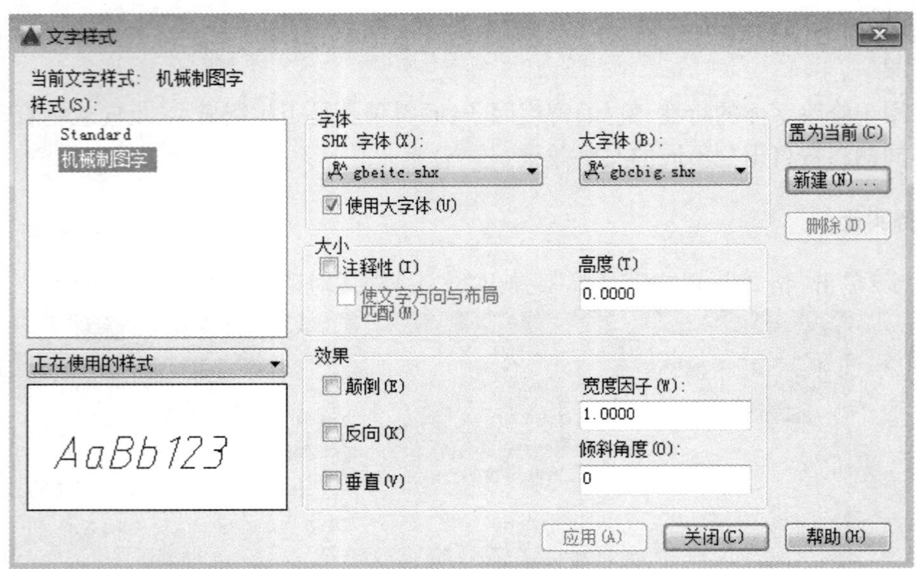

图 14.3　设置“机械制图字”样式

④不选择“使用大字体”复选框，在“字体”下拉列表框中选择“仿宋_GB2312”；在“宽度因子”文本框内输入宽度比例值“0.7”，其余设置采用默认值，如图 14.4 所示。

⑤单击“应用”，确认“长仿宋体字”文字样式的设置。

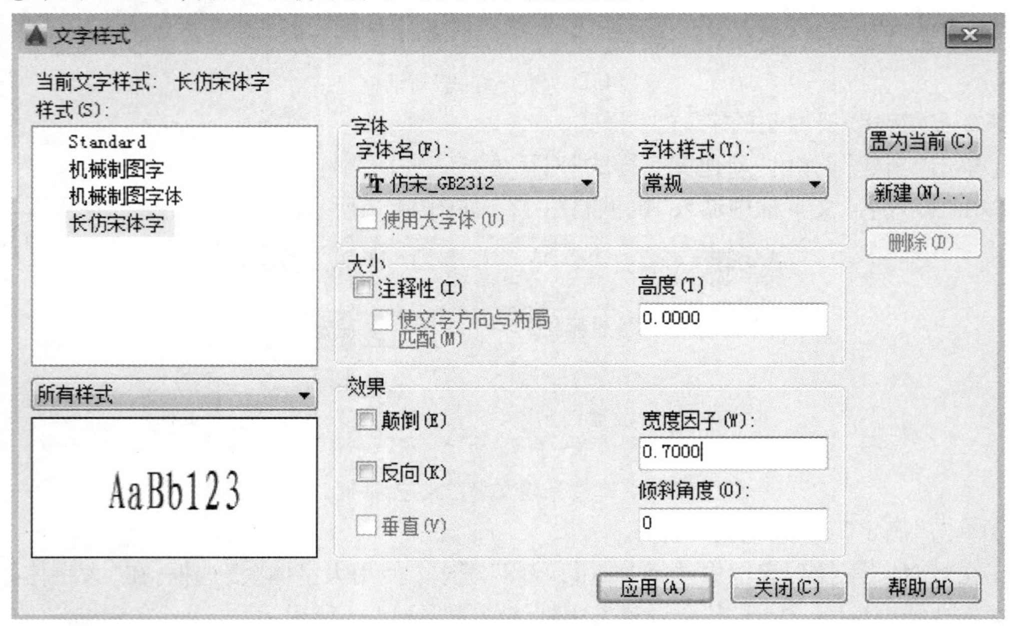

图 14.4　设置“长仿宋体字”样式

第 4 步：将“机械制图字”设置为当前文字。

①在“样式”列表框中选择“机械制图字”。

②单击“置为当前”，将“机械制图字”文字样式设置为当前文字样式。

第 5 步：单击“关闭”，关闭对话框，结束文字样式设置。

任务 2　注写齿轮技术要求

【任务描述】

本次任务要求对图 14.5 所示的齿轮零件图进行文字标注，主要涉及“文字对齐方式”“单行文字”“多行文字”“特殊符号的注写”及“文字的编辑”。

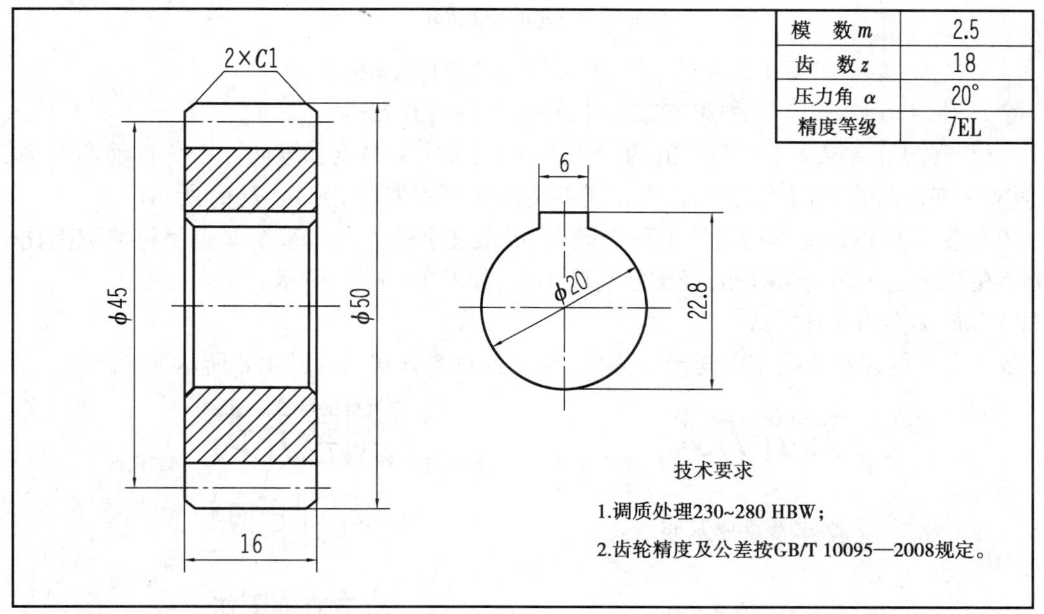

图 14.5　绘制齿轮并注写技术要求

【任务要求】

1. 掌握创建、修改文字样式的方法。
2. 掌握单行文字、多行文字的注写方法。
3. 掌握编辑文字的方法。
4. 掌握创建、修改标注样式的方法。
5. 掌握尺寸的正确标注。
6. 掌握尺寸标注的编辑方法。

【知识准备】

(1) 文字对齐方式

1) 单行文字的对齐方式

AutoCAD 为单行文字的水平文本行规定了 4 条定位线（顶线、中线、基线和底线）、13 个对齐点、15 种对齐方式，各对齐点即为文体的插入点，如图 14.6 所示。

顶线为大写字母顶部所对齐的线；基线为大写字母底部所对齐的线；中线处于顶线与基线

的正中间；底线为长尾小写字母底部所对齐的线。汉字书写在顶线和基线之间。

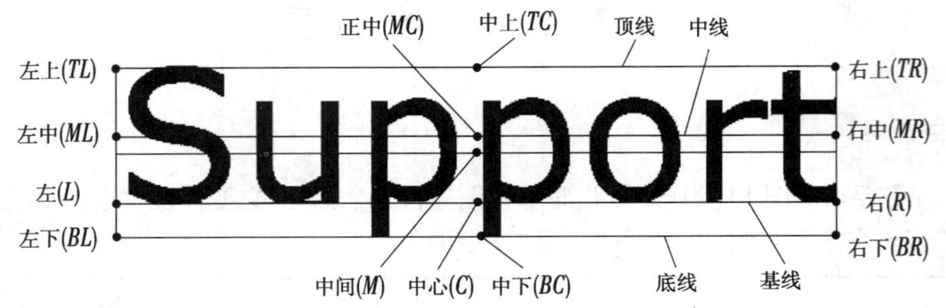

图 14.6　单行文字对齐方式（对齐、调整除外）

除如图 14.6 所示的 13 种对齐方式外，还有两种对齐方式：

①对齐（A）：指定文本行基线的两个端点，确定文字的高度和方向。系统自动调整字符高度，使文字在两端点之间均匀分布，而字符的宽高比例不变，如图 14.7（a）所示。

②调整（F）：指定文本行基线的两个端点，确定文字的方向。系统调整字符的宽高比例以使文字在两端点之间均匀分布，而文字高度不变，如图 14.7（b）所示。

2）多行文字的对齐方式

多行文字创建在所指定的矩形边界内，有 9 种对齐方式，如图 14.8 所示。

图 14.7　单行文字的对齐方式

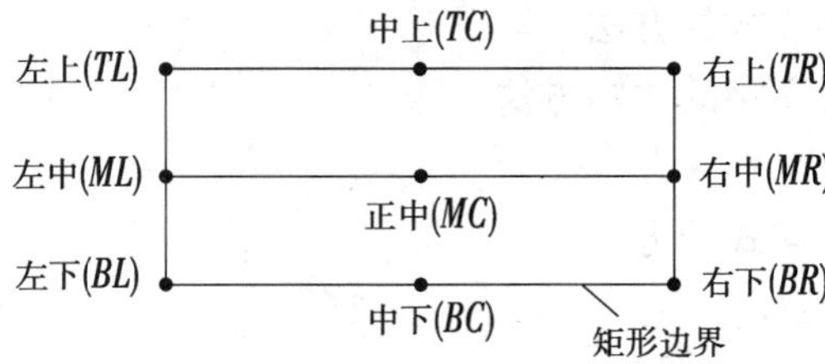

图 14.8　多行文字的对齐方式

（2）单行文字的注写

利用“单行文字”命令，可动态书写一行或多行文字，如图 14.9 所示，每一行文字为一个独立的对象，可单独进行编辑修改。

菜单命令：“绘图”→“文字”→“单行文字”。

工具栏：“文字”→“单行文字”。

键盘命令：DTEXT 或 TEXT、DT。

孔的直径ϕ20±0.21

AB与BC间夹角为30°

图 14.9　单行文字的注写

使用“单行文字”命令注写文字时，若要输入特殊字符（如直径符号、正负公差符号、度符号及上画线、下画线等），用户必须输入特定的控制代码来创建。常用的控制代码及其输入实例和输出效果见表 14.1。

表 14.1　常用的控制代码及其输入实例和输出效果

特殊字符	控制代码	输入实例	输出效果
度符号(°)	%%d	45%%d	45°
正负公差符号(±)	%%p	50%%p0.5	50±0.5
直径符号(ϕ)	%%c	%%c60	ϕ60
上画线(—)	%%o	%%oAB%%oCD	$\overline{AB}$CD
下画线(_)	%%u	%%uAB%%uCD	$\underline{AB}$CD
百分号(%)	%%%	30%%%	30%

(3)多行文字的注写

利用“多行文字”命令，可以在绘图窗口指定的矩形边界内创建多行文字，且所创建的多行文字为一个对象。使用“多行文字”命令，可以方便灵活地设置文字样式、字体、高度、加粗、倾斜，快速输入特殊字符，并可实现文字堆叠效果。

菜单命令：“绘图”→“文字”→“多行文字”。

工具栏：“文字”→“多行文字”或“绘图”→“多行文字”。

键盘命令：MTEXT 或 MT。

执行上述命令后，系统将提示用户指定一矩形边界，在用户指定后，弹出如图 14.10 所示的“文字编辑器”。

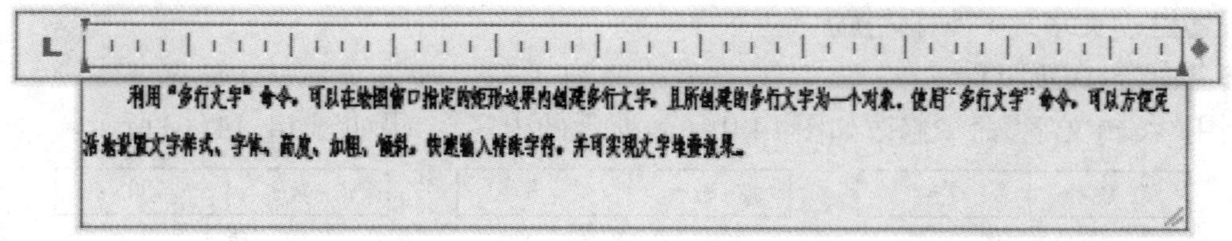

图 14.10　在位文字编辑器

用户可通过“文字编辑器”设置文字的样式、字体、高度等，如图 14.11 所示。

图 14.11　“文字编辑器”工具栏

“文字编辑器”中各按钮的作用大多与 Word 中的相同,不再赘述,在此介绍堆叠文字和特殊字符的输入。

堆叠文字是一种垂直对齐的文字或分数,需堆叠的文字间使用“/”“#”或“^”分隔,堆叠效果如图 14.12 所示。从图 14.12 可知:

堆叠字符“^”——创建公差堆叠。

堆叠字符“/”——创建水平分数堆叠。

堆叠字符“#”——创建斜分数堆叠。

注写类似于 4)36 -3.025 的公差(上偏差或下偏差中有一个为 0)时,为使上下偏差对齐,应在“0”的前面输入一个空格,即输入“ +360^ -0.025”,再选择“0^ -0.025”,单击按钮,如图 14.13 所示。

(a)堆叠前	(b)堆叠后
φ80+0.018^ -0.021	$\phi80^{+0.018}_{-0.021}$
3/4	$\frac{3}{4}$
3#4	¾
B^1	B_1
A2^	A^2

图 14.12 堆叠文字

(a)堆叠前	(b)堆叠后	
φ20+0.018^ 0	$\phi20^{+0.018}_{0}$	错误
φ20+0.018^ 0	$\phi20^{+0.018}_{\ 0}$	正确
φ360^ -0.025	$\phi36^{0}_{-0.025}$	错误
φ36 0^ -0.025	$\phi36^{\ \ 0}_{-0.025}$	正确

图 14.13 公差堆叠

(4)文字编辑

在文字注写之后,常常需要对文字的内容和特性进行编辑和修改。用户可采用“编辑文字”命令和对象“特性”选项板进行编辑。

1)“编辑文字”命令编辑文本

利用“编辑文字”命令可以打开“文字编辑器”,从而编辑、修改单行文本的内容和多行文本的内容及格式。

菜单命令:“修改”→“对象”→“文字”→“编辑”。

工具栏:“文字”→“编辑”。

键盘命令:DDEDIT。

利用“编辑文字”命令修改如图 14.14(a)所示的内容,结果如图 14.14(c)所示。

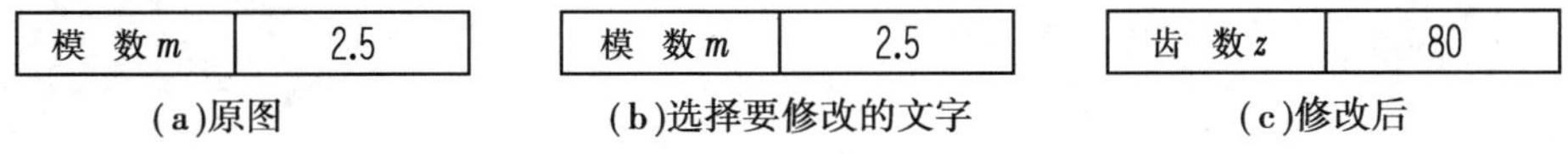

图 14.14 修改文字

单击“文字”→“编辑”,操作步骤如下:

命令:_ddedit　　* 启动命令

选择注释对象或[放弃(U)]:　　* 单击“模数 m”,显示“文字编辑器”,如图 14.14(b)所示

在“文字编辑器”中进行如下操作:

输入“齿数 z”后，单击 * 输入修改文字，单击，确认此处修改结束

选择注释对象或[放弃(U)]：单击“2.5” * 选择要修改的文字

采用与上相同的方法将“2.5”修改为“80”(过程略)

选择注释对象或[放弃(U)]：↙ * 回车，结束命令

2) 对象“特性”选项板编辑文本

利用对象“特性”选项板可以编辑、修改文本的内容和特性。

菜单命令：“修改”→“特性”。

工具栏：“标准”→“特性”。

键盘命令：PROPERTIES、DDMODIFY 或 PROPS。

执行该命令后，弹出文字对象的“特性”选项板，其中列出了选定文本的所有特性和内容，如图 14.15 所示。

图 14.15 文字对象的“特性”选项板

【任务实施】

第 1 步：设置绘图环境，新建一个图层，图层名为“文字”。

第 2 步:按尺寸绘制图形,剖面线可暂不绘制。

第 3 步:将“文字”图层置为当前层,将在任务 1 中创建的“机械制图”样式置为当前文字样式。

第 4 步:调用表格绘图命令,绘制如图 14.16 所示的尺寸的表格。

第 5 步:调用“单行文字”命令,注写参数表文字。采用“中间”对齐方式,文字高度为 5 mm。

①注写一行文字,如图 14.17 所示。

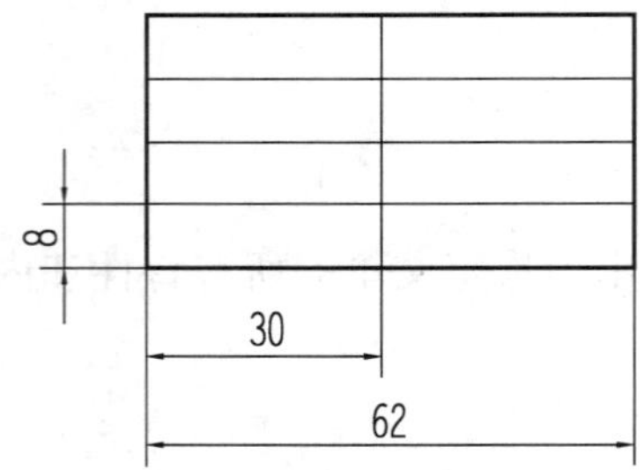

图 14.16 绘制参数表

模 数 *m*	2.5

图 14.17 注写一行文字

单击“绘图”→“文字”→“单行文字”,操作步骤如下:

命令:text/	＊启动“单行文字”命令
当前文字样式:“工程字”文字高度:7.0000 注释性:否	＊系统提示
指定文字的起点或[对正(J)/样式(S)]:j↙	＊选择“对正”选项
输入选项[对齐(A)/调整(F)/中心(C)/中间(M)/右(R)/左上(TL)/中上(TC)/右上(TR)/左中(ML)/正中(MC)/右中(MR)/左下(BL)/中下(BC)/右下(BR)]:M↙	＊指定“中间”对齐方式 ＊采用如图 14.18(b)所示的方法找到文字的中间点
指定文字的中点间:	＊指定文字高度为 5 mm
指定高度 <7.0000>:5↙	＊选择默认值,显示“文字编辑器”
指定文字的旋转角度 <0>:↙	＊输入文本,回车
输入文字:模数 m↙ ↙	＊回车,结束“单行文字”命令

采用同样的方法,注写“2.5”,操作过程略。

②复制文字到其余 3 行,以点 1 为基点,点 2、3、4 为位移点,复制后如图 14.18(a)所示。

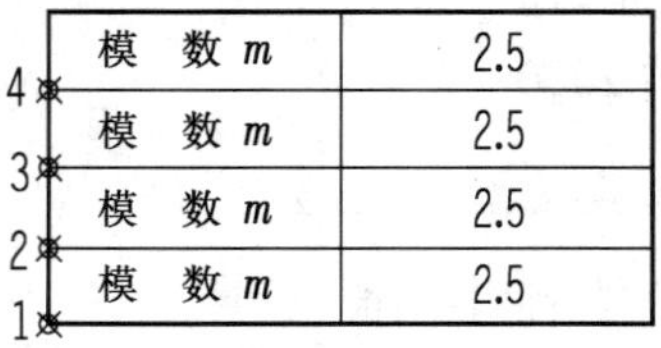

点		
4	模 数 *m*	2.5
3	模 数 *m*	2.5
2	模 数 *m*	2.5
1	模 数 *m*	2.5

(a)复制文字

模 数 *m*	2.5
齿 数 *z*	18
压力角 α	20°
精度等级	7EL

(b)编辑文字

图 14.18 填写参数表

③执行“修改”→“对象”→“文字”→“编辑”(或双击要修改的文字),编辑修改复制的文字,完成参数表的填写,如图14.18(b)所示,其中符号“0”可通过键盘输入控制代码“%%d”得到(参见表14.1)。

第6步:调用“多行文字”命令,注写技术要求。

单击“绘图”→“多行文字” ,操作步骤如下:

命令:_ mtext　　＊启动“多行文字”命令

当前文字样式:“工程字”文字高度:7 注释性:否　　＊系统提示

指定第一角点　　＊在适当位置单击,指定文本框第一角点

指定对角点或[高度(H)/对正(J)/行距(L)↙　　＊在适当位置单击,指定文本框另一角点,显示“在位文字编辑器”

旋转(R)/样式(S)/宽度(W)]:

在“在位文字编辑器”中进行如下操作　　＊输入文字,回车,换行

输入文字:技术要求↙

在“字高”下拉列表中选择“5”,或直接在文本框中输入“5”　　＊指定文字高度为5 mm

单击编号按钮　　＊将输入的文字设置成数字编号的列表形式

输入文字:调质处理230~280 HBW;↙　　＊输入第一点内容,回车,换行

输入文字:齿轮精度……规定。　　＊输入第二点内容

单击[确定]按钮　　＊结束“多行文字”命令

第7步:保存图形文件。

任务3 创建一种尺寸样式

【任务描述】

本任务要求利用“标注样式”命令以ISO-25为基础样式按表14.2、表14.3要求新建包含“角度”“半径”及“直径”3个子样式的“机械标注”样式,并将其置为当前样式(表中未涉及的变量采用默认值)。主要涉及“标注样式”对话框的设置。

表14.2 “机械标注”样式父样式变量设置一览表

选项卡	选项组	选项名称	变量值
线	尺寸线	基线间距	8
	尺寸界线	超出尺寸线	2
		起点偏移量	0

续表

选项卡	选项组	选项名称	变量值
符号和箭头	箭头	第一个	实心闭合
		第二个	实心闭合
		引线	实心闭合
		箭头大小	3
	半径标注折弯	折弯角度	45
文字	文字外观	文字样式	工程字
		文字高度	3.5
	文字位置	垂直	上方
		水平	居中
		从尺寸线偏移	1.5
	文字对齐	与尺寸线对齐	选中
主单位	线性标注	单位格式	小数
		精度	0
		小数分隔符	句点
	角度标注	单位格式	十进制数
		精度	0

表 14.3 “机械标注”样式子样式变量设置一览表

名　称	选项卡	选项组	选项名称	变量值
角度	文字	文字位置	垂直	上方
			水平	居中
		文字对齐	水平	选中
直径/半径	文字	文字对齐	ISO 标准	选中
	调整	调整选项	文字	选中

【任务要求】

1. 掌握创建、修改文字样式的方法。
2. 掌握单行文字、多行文字的注写方法。
3. 掌握编辑文字的方法。

4. 掌握创建、修改标注样式的方法。
5. 掌握尺寸的正确标注。
6. 掌握尺寸标注的编辑方法。

【知识准备】

(1)尺寸样式的创建

在标注尺寸之前，一般应先根据国家标准的有关要求创建尺寸样式。

菜单命令："格式"→"标注样式"或"标注"→"标注样式"。

工具栏："样式"→"标注样式" 或"标注"→"标注样式" 。

键盘命令：DIMSTYLE。

执行上述命令后，弹出如图 14.19 所示的"标注样式管理器"对话框，"样式"列表中列出了当前图形文件中所有已创建的尺寸样式，并显示出当前样式名及其预览图，默认的尺寸样式为"ISO-25"。

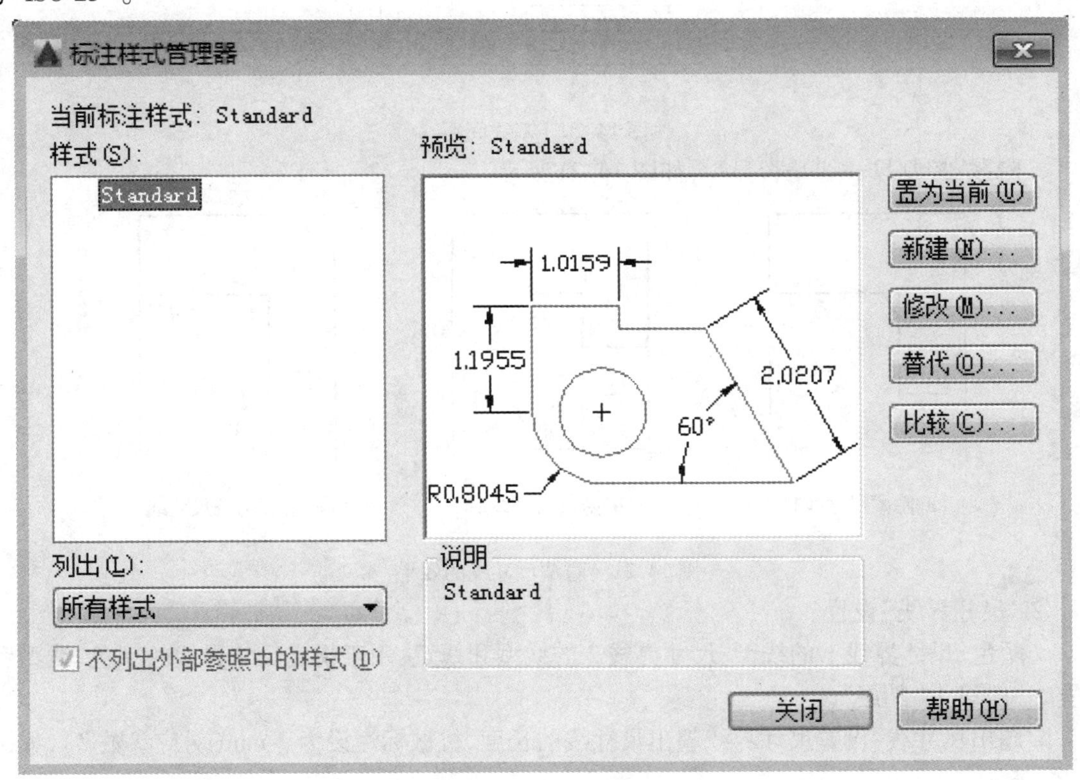

图 14.19 "标注样式管理器"对话框

(2)设置尺寸样式特性

从标注方法来讲，不论是标注线性尺寸、径向尺寸、角度尺寸还是坐标、弧长，其方法都是极简单的，如果不改变标注样式(各参数都取默认值)，最基本的标注过程是：指定两尺寸界线的位置、指定尺寸线的位置即可。但要使标注效果如用户所愿，就必须改动标注特性，创建自己的标注样式。牵涉标注效果的选项较多，软件将它们排列在线、符号和箭头、文字、调整、主单位、换算单位和公差 7 个选项卡中，对 7 个选项卡的各选项进行设置，也就设置了尺寸样式的特性。

1）设置尺寸线、尺寸界线

在“线”中设置尺寸线、尺寸界线的格式、位置等特性，其选项卡如图 14.43 所示。

①“尺寸线”设置。

a. 颜色、线型和线宽：用于指定尺寸线的颜色、线型和线宽，一般设为“随层”。

b. 基线间距：设置基线标注时相邻两尺寸线间的距离，如图 14.20 所示。一般机械标注中基线间距设置为 8 ~ 10 mm（对应参数为 8 ~ 10）。

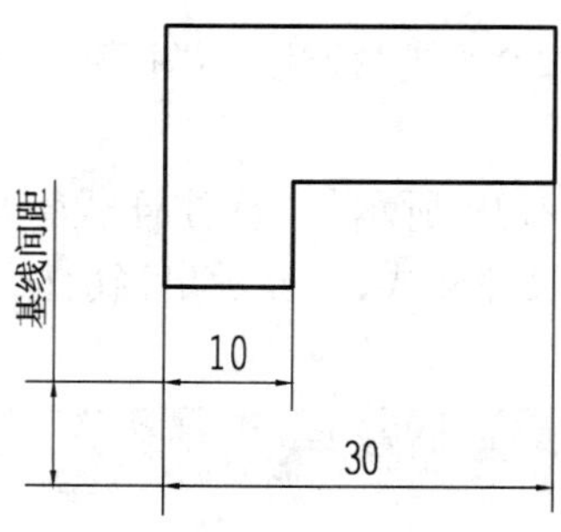

图 14.20　基线间距

c. 隐藏：控制尺寸线是否显示，如图 14.21 所示。

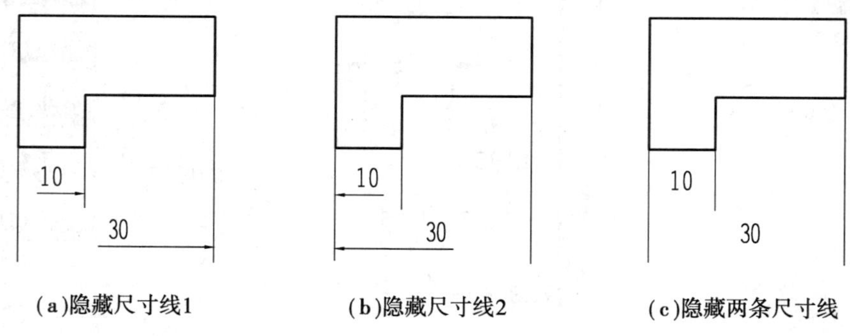

(a)隐藏尺寸线1　(b)隐藏尺寸线2　(c)隐藏两条尺寸线

图 14.21　隐藏尺寸线的效果

②“尺寸界线”设置。

a. 颜色、尺寸界线 1 的线型、尺寸界线 2 的线型和线宽：用于指定尺寸界线的颜色、线型和线宽，一般设为“随层”。

b. 超出尺寸线：设置尺寸界线超出尺寸线的长度，机械标注设为 2 mm（对应参数 2），如图 14.22 所示。

c. 起点偏移量：设置尺寸界线起点到图形轮廓线之间的距离，机械标注设为 0 或取默认值，如图 14.22 所示。

d. 隐藏：控制尺寸界线是否显示，如图 14.23 所示。

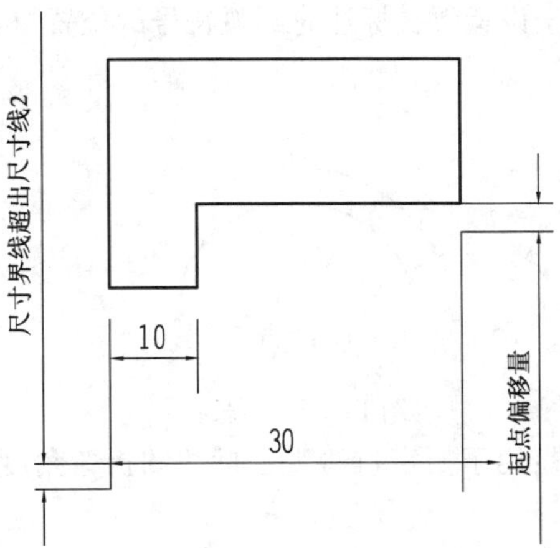

图 14.22 超出尺寸线和起点偏移量

(a)隐藏尺寸界线1　(b)隐藏尺寸界线2　(b)隐藏两条尺寸界线

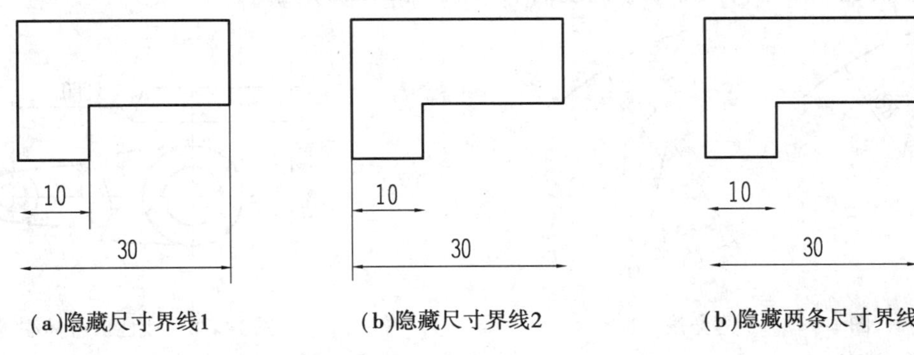

图 14.23 隐藏尺寸界线的效果

2)设置符号和箭头

在“符号和箭头”中设置箭头、圆心标记的形式和大小,以及弧长符号、半径折弯标注等特性,其选项卡如图 14.44 所示。

①“箭头”设置:用于指定箭头的形式和大小,机械标注箭头均为“实心闭合”形式,大小设为 2.5 mm 或 3 mm。

②“圆心标记”设置:用于设置在圆心处是否产生标记或中心线,机械标注一般选择“无”类型,如图 14.24 所示。

③“折断标注”设置:用于设置折断标注时的标注对象之间或与其他对象之间相交处打断的距离,如图 14.25 所示。

(a)无(标记)　(b)(十字)标记　(c)直线(标记)

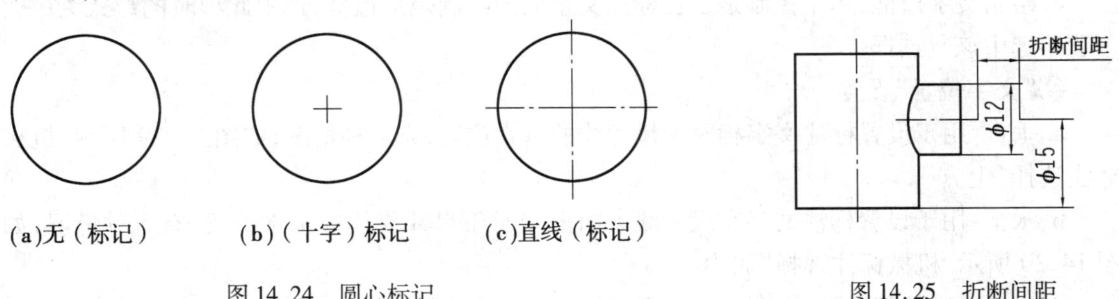

图 14.24 圆心标记

图 14.25 折断间距

④“弧长符号”设置:用于设置弧长标注时圆弧符号的位置,机械标注选择“标注文字的前缀”,如图 14.26 所示。

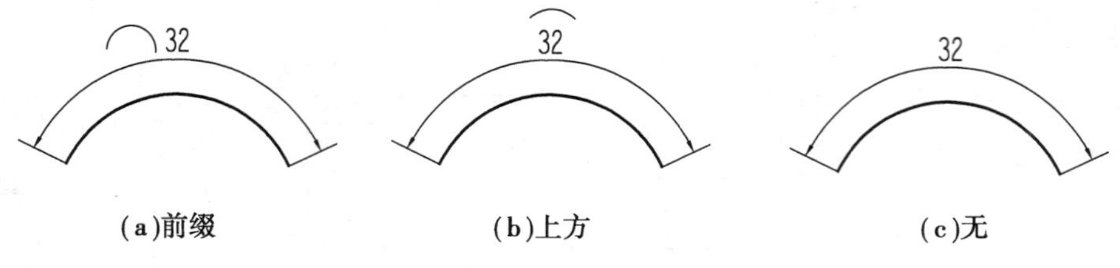

(a)前缀　　(b)上方　　(c)无

图 14.26　弧长符号

⑤“半径折弯标注”设置:用于指定折弯半径标注的折弯角度,机械标注设置为 45°,如图 14.27 所示。

⑥“线性折弯标注”设置:用于指定对线性折弯标注时折弯高度的比例因子。折弯高度等于折弯高度的比例因子与尺寸数字高度的乘积,如图 14.28 所示。

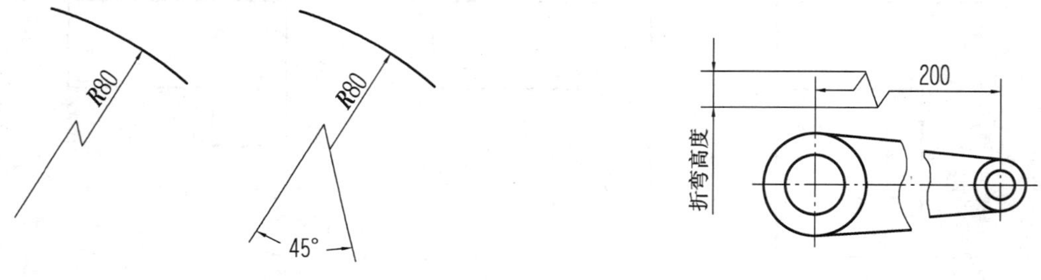

图 14.27　折弯角度　　图 14.28　线性折弯标注

3)设置文字

在“文字”中设置文字的外观、位置及对齐方式等特性,其选项卡如图 14.45 所示。

①“文字外观”设置。

a. 文字样式:用于设置尺寸标注时所使用的文字样式。默认样式为“Standard”,单击右侧的按钮...,打开“文字样式”对话框,可创建和修改标注文字样式。机械标注选择本模块任务 1 中创建的“工程字”样式。

b. 文字颜色:用于设置标注文字的颜色,一般设置成“随层”。

c. 填充颜色:用于设置标注文字的背景颜色,一般选择默认设置“无”。

d. 文字高度:用于设置标注文字的高度,机械标注的文字高度设为 3.5 mm。

e. 绘制文字边框:用于控制是否在标注文字周围绘制矩形边框,选中此项时的形式为 50,一般不选中该复选框。

②“文字位置”设置。

a. 垂直:用于设置标注文字相对于尺寸线的垂直位置,有 4 种情况,如图 14.29 所示,机械标注选择“上方”。

b. 水平:用于设置标注文字在尺寸线方向上相对于尺寸界线的水平位置,有 5 种情况,如图 14.30 所示,机械标注选择“居中”。

c. 从尺寸线偏移:用于设置标注文字离尺寸线的距离,机械标注取 1 ~ 1.5 mm 为宜。

根据标注文字的位置及是否带矩形边框,从尺寸线偏移的量有 3 种含义,如图 14.31 所示。

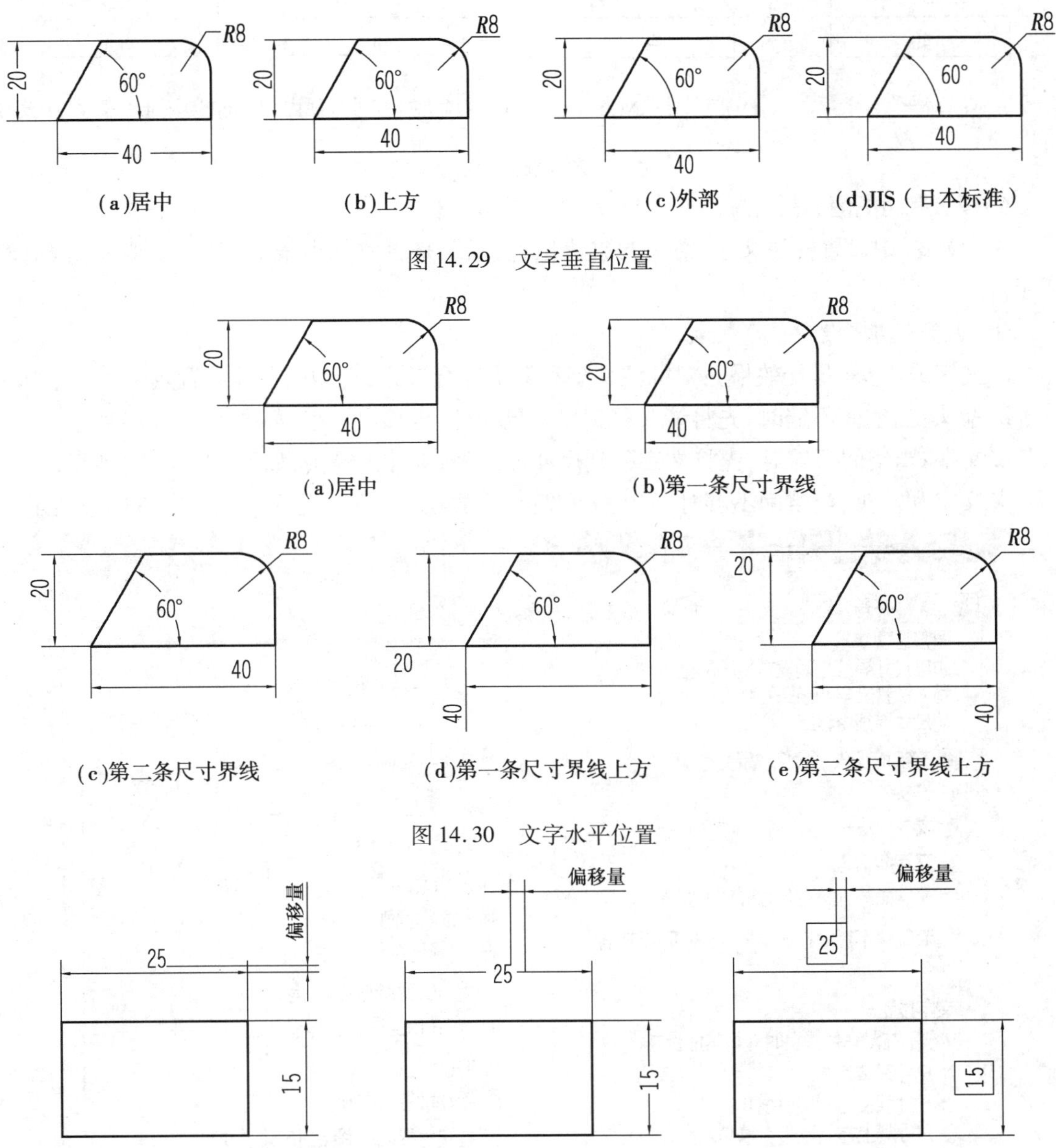

(a)居中　(b)上方　(c)外部　(d)JIS(日本标准)

图 14.29　文字垂直位置

(a)居中　(b)第一条尺寸界线

(c)第二条尺寸界线　(d)第一条尺寸界线上方　(e)第二条尺寸界线上方

图 14.30　文字水平位置

图 14.31　从尺寸线偏移的量

③"文字对齐"设置:用于设置标注文字的对齐方式,有 3 个选项,各效果如图 14.32 所示。其中"ISO 标准"的处理方法是当文字在尺寸界线内时,文字与所在位置处的尺寸线平行;当文字在尺寸界线外时,则将文字水平放置。机械标注选择"与尺寸线对齐"。

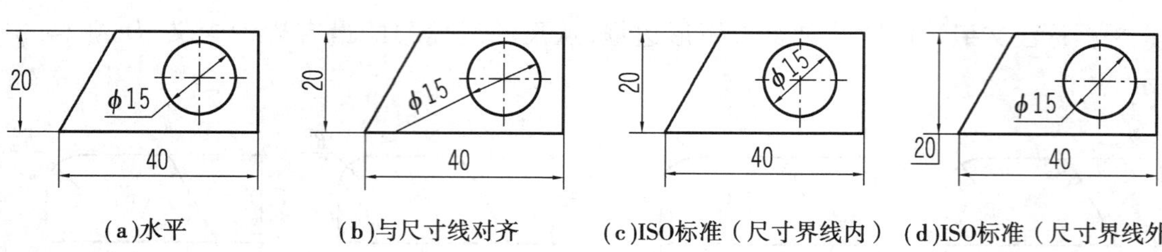

(a)水平 (b)与尺寸线对齐 (c)ISO标准（尺寸界线内） (d)ISO标准（尺寸界线外）

图 14.32 文字对齐方式

4)设置尺寸标注文字、箭头、引线和尺寸线的放置位置

在“调整”中设置标注文字、箭头的放置位置,以及是否添加引线等,其选项卡如图 14.33 所示。

①“调整选项”设置。

a. 文字或箭头(最佳效果):对标注文字和箭头综合考虑,自动取最佳放置效果。

b. 箭头:当空间不够时,先将箭头移到尺寸界线外,再移出文字,如图 14.34(a)所示。

c. 文字:当空间不够时,先将文字移到尺寸界线外,再移出箭头,如图 14.34(b)所示。

d. 文字和箭头:当空间不够时,将文字和箭头都放在尺寸界线之外,如图 14.34(c)所示。

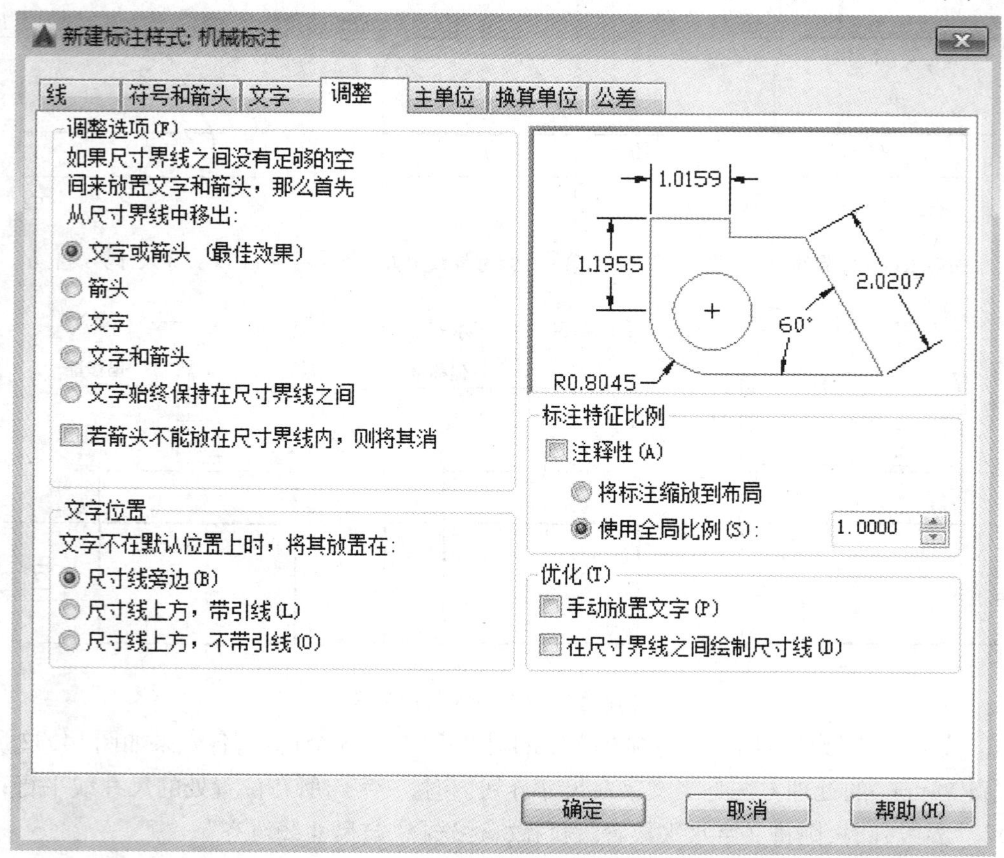

图 14.33 设置标注文字或箭头的放置位置

e. 文字始终保持在尺寸界线之间:不论什么情况均将文字放在尺寸界线之间,如图 14.34

(d)所示。

f. 若箭头不能放在尺寸界线内,则将其消除:若尺寸界线之间无足够的空间放置箭头,则不显示箭头。

②“文字位置”设置:用于设置当文字不在默认位置时,文字的放置位置,如图 14.35 所示,机械标注选择“尺寸线旁边”位置。

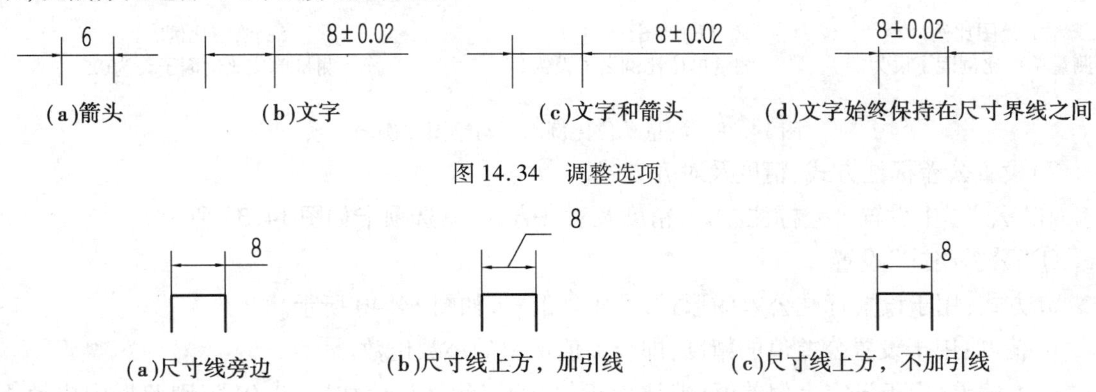

(a)箭头　(b)文字　(c)文字和箭头　(d)文字始终保持在尺寸界线之间

图 14.34　调整选项

(a)尺寸线旁边　(b)尺寸线上方，加引线　(c)尺寸线上方，不加引线

图 14.35　文字位置选项

③“标注特性比例”设置:用于设置全局标注比例值,如图 14.36 所示。

从图 14.36 可知,“使用全局比例”影响尺寸标注中各组成元素的显示大小,但不更改标注的测量值。

④“优化”设置:一般不选“手动放置文字”选项;在尺寸界线之间绘制尺寸线用于设置是否在尺寸界线内画出尺寸线,如图 14.37 所示。

(a)全局比例为1　(b)全局比例为2

图 14.36　全局比例对尺寸标注的影响

(a)未设置　(b)设置

图 14.37　在尺寸界线之间绘制尺寸线

5)设置尺寸标注的精度、测量单位比例

在“主单位”中设置尺寸标注的精度、测量单位比例,并设置文字的前缀和后缀等,一般取默认设置,其选项卡如图 14.46 所示。

用户应根据绘图比例的不同,在“测量单位比例”选项组的“比例因子”文本框中输入相应的线性尺寸测量单位的比例因子,以保证所注尺寸为物体的实际尺寸。如采用 1∶2 比例绘图时,测量单位的比例因子应设为 2;采用 2∶1 比例绘图时,测量单位的比例因子应设为 0.5,如图 14.38 所示。

6)设置换算单位

在“换算单位”选项卡中设置尺寸标注中换算单位的显示,以及不同单位之间的换算格式和精度。机械标注中较少使用此功能,在此不作详细介绍。

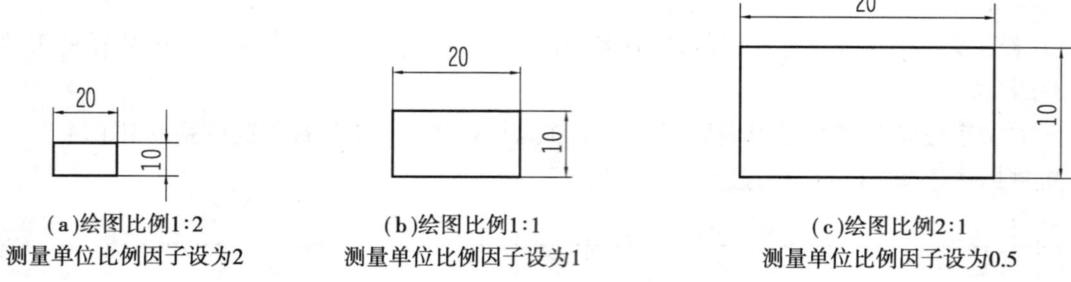

(a)绘图比例1:2 测量单位比例因子设为2　　(b)绘图比例1:1 测量单位比例因子设为1　　(c)绘图比例2:1 测量单位比例因子设为0.5

图 14.38　测量单位比例因子与绘图比例的关系

7)设置公差标注方式、精度及对齐方式

在“公差”中设置公差标注方式、精度及对齐方式,其选项卡如图 14.39 所示。

①“公差格式”设置。

a. 方式:用于设置标注公差的形式,有 4 种形式,如图 14.40 所示。

b. 精度:用于设置公差值的精度,即公差值保留的小数位数。

c. 上偏差:用于设定上偏差值,默认为正值,若实际是负值如“ -0.01”,则此框内应填入“ -0.01”。

d. 下偏差:用于设定下偏差值,默认为负值,若实际是正值如“ +0.01”,则此框内应填入“ -0.01”。

e. 高度比例:用于设置公差文字高度相对于基本尺寸文字高度的比例,若为 1,则公差高度与基本尺寸文字高度一样,机械标注中设为 0.6 ~0.8 为宜。

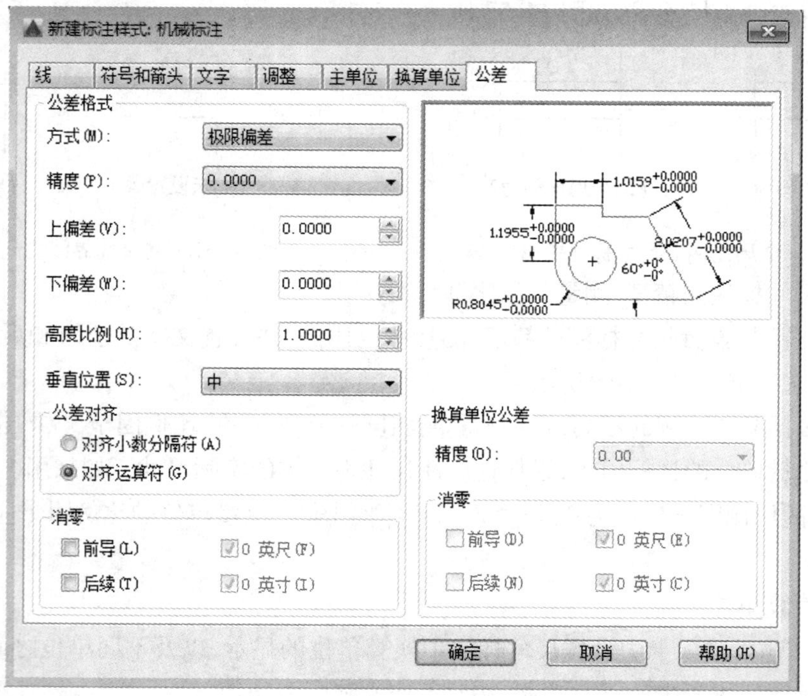

图 14.39　“公差”选项卡

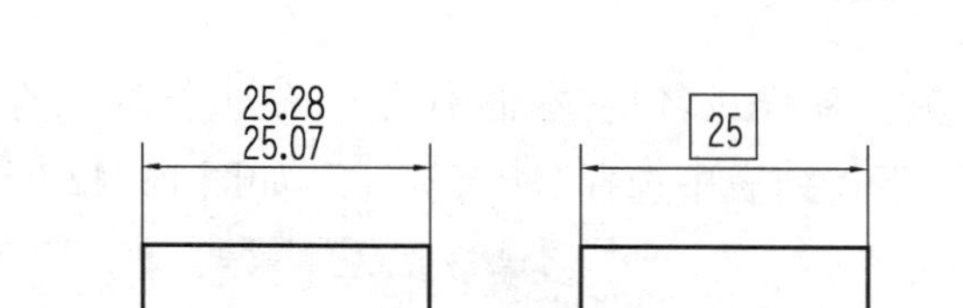

(a)对称　(b)极限偏差　(c)极限尺寸　(d)基本尺寸（理论尺寸）

图 14.40　尺寸公差形式

f.垂直位置:用于设置公差值在垂直方向的摆放位置,如图 14.41 所示,机械标注选择“中”。

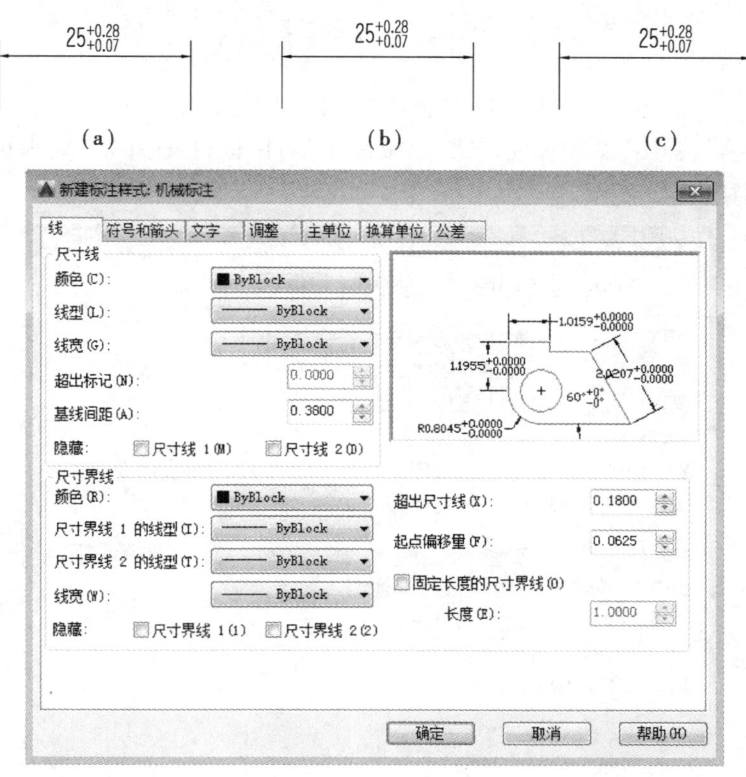

图 14.41　公差值的垂直位置

②“公差对齐”方式设置:用于设置尺寸公差上下偏差值的对齐方式,通常选择“对齐运算符”。

【任务实施】

第 1 步:创建“机械标注”父样式。

①单击“格式”→“标注样式”或“标注”→“标注样式”,弹出如图 14.19 所示的“创建新标注样式”对话框。

②在“标注样式管理器”对话框中,单击“新建”,弹出“创建新标注样式”对话框。

③在“新样式名”文本框中输入“机械标注”，在“基础样式”下拉列表中选择“ISO-25”，在“用于”下拉列表中选择“所有标注”，如图 14.42 所示。

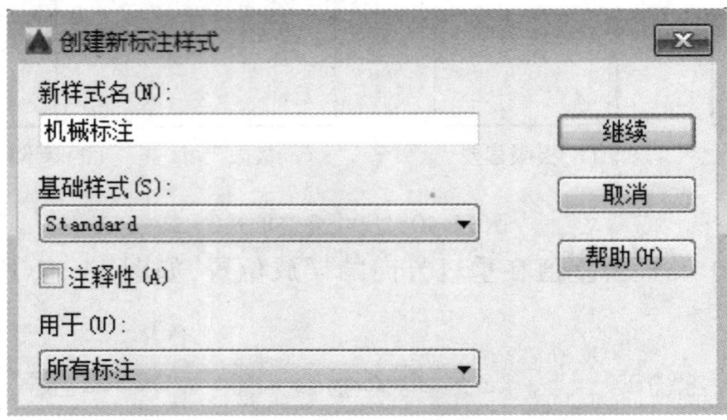

图 14.42　“创建新标注样式”对话框

④单击“继续”，弹出“新建标注样式:机械标注”对话框，按表 14.2 要求设置“线”选项卡中的各变量，如图 14.43 所示。

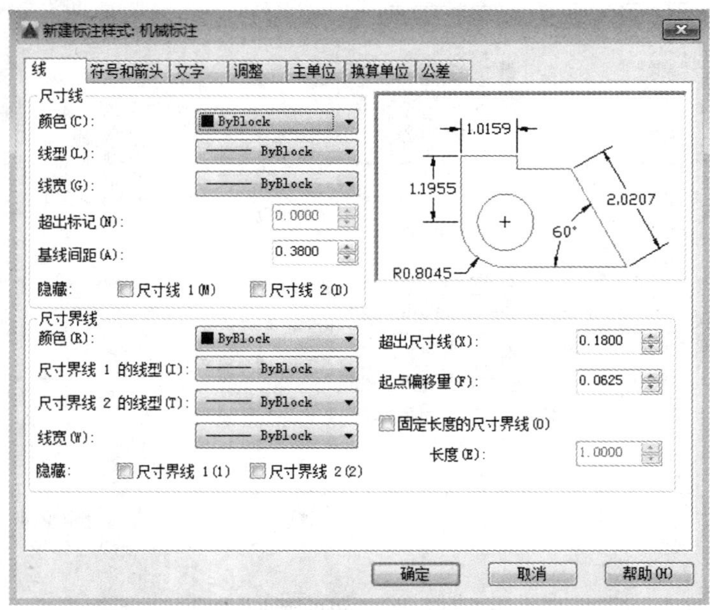

图 14.43　设置“尺寸线、尺寸界线”特性

⑤单击“符号和箭头”，按表 14.2 要求设置各变量，如图 14.44 所示。

⑥单击“文字”，按表 14.2 要求设置各变量，如图 14.45 所示。

⑦单击“主单位”，按表 14.2 要求设置各变量，如图 14.46 所示。

⑧单击“确定”，返回到主对话框，新标注样式显示在“样式”列表中，父样式的创建完成。

第 2 步:创建“角度”子样式。

①在“样式”列表中选择“机械标注”，单击“新建”，弹出“创建新标注样式”对话框。

②在“创建新标注样式”对话框中，基础样式默认为“机械标注”，在“用于”下拉列表中选

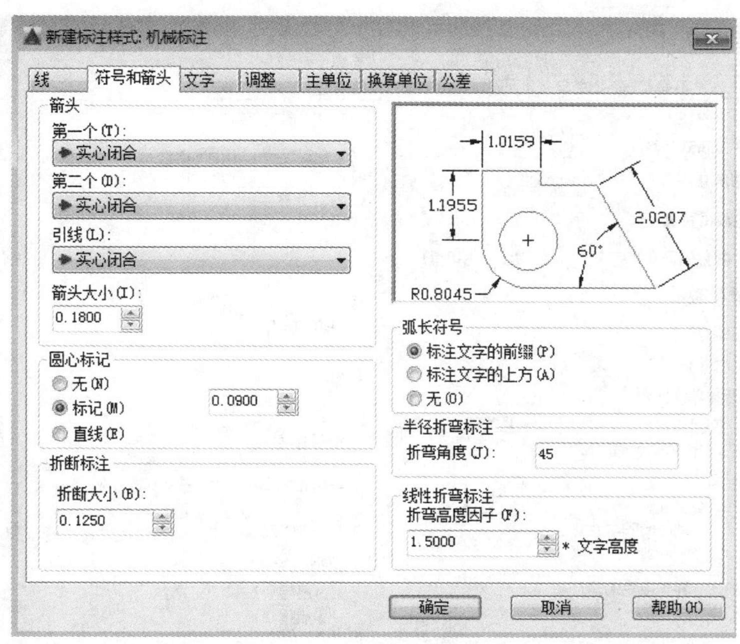

图 14.44　设置"符号和箭头"特性

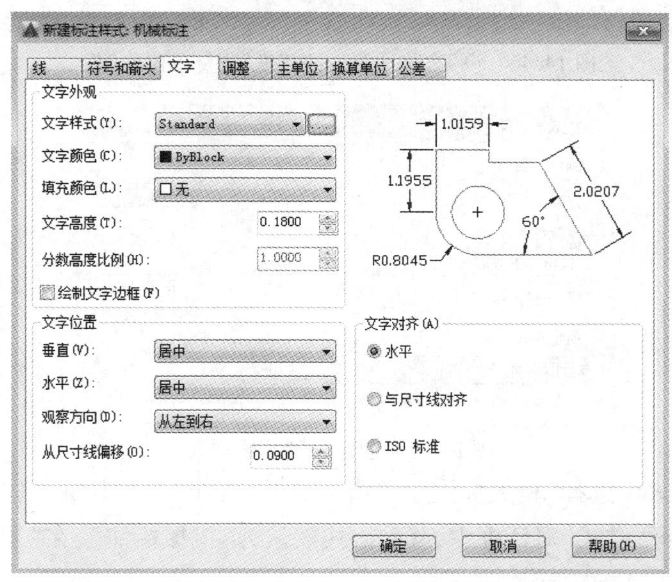

图 14.45　设置"文字"特性

择"角度标注"，如图 14.47 所示。

③单击"继续"，弹出"机械标注：角度"对话框。

④单击"文字"，按表 14.3 要求设置各变量，如图 14.48 所示。

⑤单击"确定"，返回到主对话框，在"机械标注"下面显示其子样式"角度"，如图 14.49 所示，"角度"子样式的创建完成。

第 3 步：创建"半径"子样式。

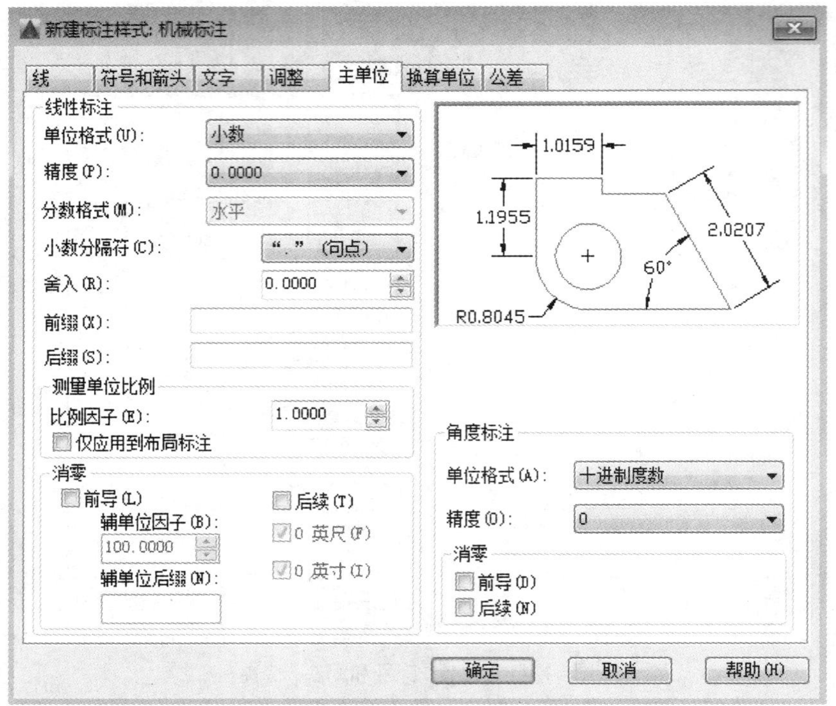

图 14.46　设置“尺寸标注的精度、测量单位比例”

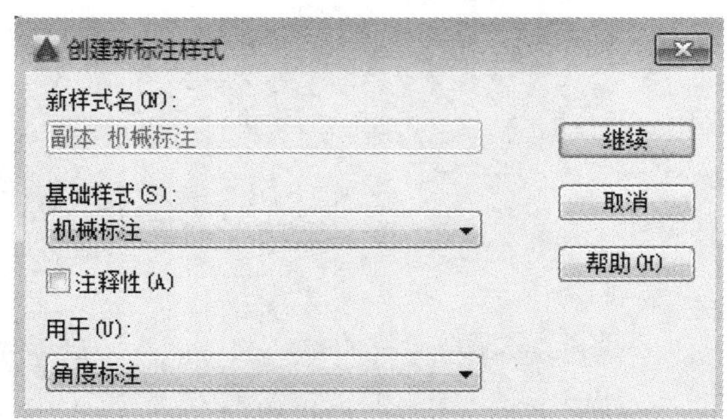

图 14.47　创建“角度”子样式

①在“样式”列表中选择“机械标注”,单击“新建”,弹出“创建新标注样式”对话框。

②在“创建新标注样式”对话框中,基础样式默认为“机械标注”,在“用于”下拉列表中选择“半径标注”,如图 14.50 所示。

③单击“继续”,弹出“机械标注:半径”对话框。

④单击“文字”,按表 14.3 要求设置“文字对齐”方式为“ISO 标准”,如图 14.51 所示。

⑤单击“调整”,按表 14.3 要求设置“调整选项”为“文字”,如图 14.52 所示。

⑥单击“确定”,返回到主对话框,在“机械标注”下显示其子样式“半径”,“半径”子样式的创建完成。

第 4 步:采用同样的方法创建“直径”子样式。

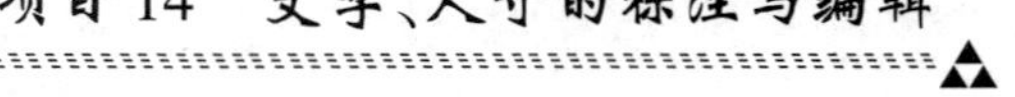

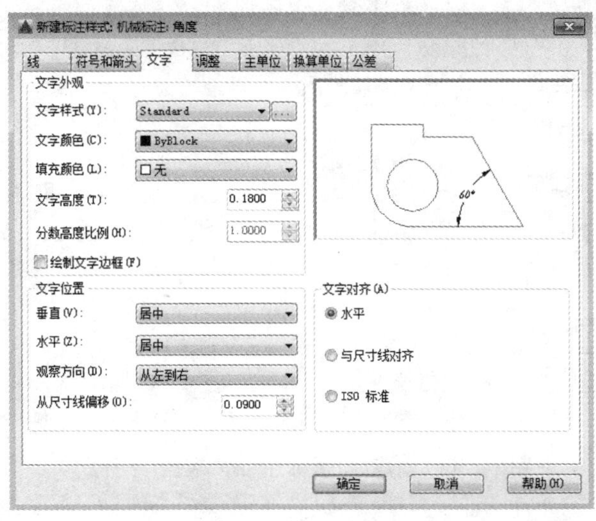

图 14.48　设置“角度”样式的文字对齐方式

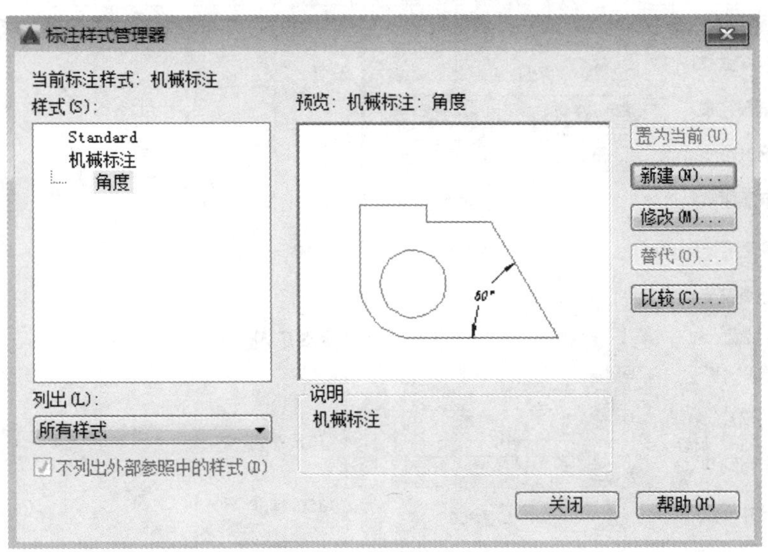

图 14.49　“角度”子样式

第 5 步:在“样式”列表中选择“机械标注”,单击“置为当前”,将“机械标注”样式置为当前样式。

第 6 步:单击“关闭”,关闭“标注样式管理器”对话框,完成设置。

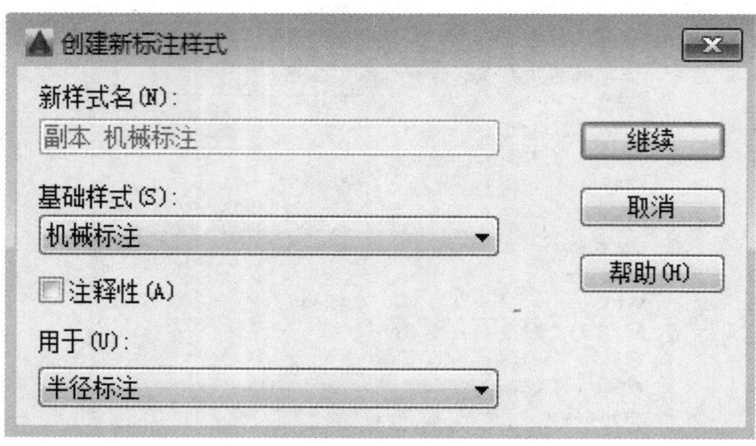

图 14.50　创建"机械标注"的"半径"子样式

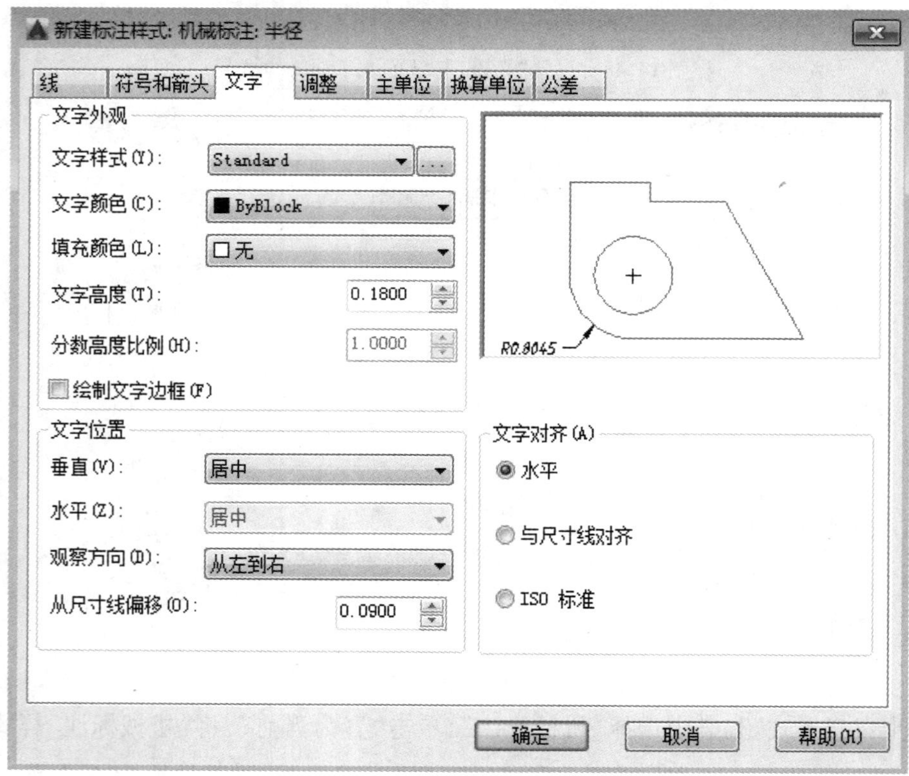

图 14.51　设置"半径"样式的文字对齐方式

图 14.52　设置“半径”样式的调整选项

项目 15　零件图与装配图的绘制

【项目描述】

本项目将在前面项目学习 AutoCAD 基础知识与基本技能的基础上,学习应用 AutoCAD 绘制零件图和装配图的基本方法和技巧。

【学习目标】

通过本项目的学习,要求掌握以下基本知识:

1. 掌握机械样板文件的建立和调用方法。
2. 掌握创建块、插入块的操作。
3. 掌握零件图绘制的基本方法和技能。
4. 掌握如何由零件图拼画装配图的方法。
5. 掌握创建表格的方法。

【技能目标】

1. 能建立符合我国机械制图国家标准的机械样板文件。
2. 能根据绘图需要创建各类块。
3. 能绘制中等复杂程度的零件图。
4. 能由已有的零件图拼画装配图。

任务 1　图块的知识及应用

【任务描述】

绘制如图 15.1 所示图形,要求使用图块的基本知识,并能巧妙使用图块。

【任务要求】

学习掌握图块的基本知识与应用技巧。

【知识准备】

(1)图块的概念

图块是多个图形对象的组合。对于绘图过程中相同的图形,不必重复地绘制,只需将它们创建为一个块,在需要的位置插入即可。用户还可给块定义属性,在插入时填写可变信息。

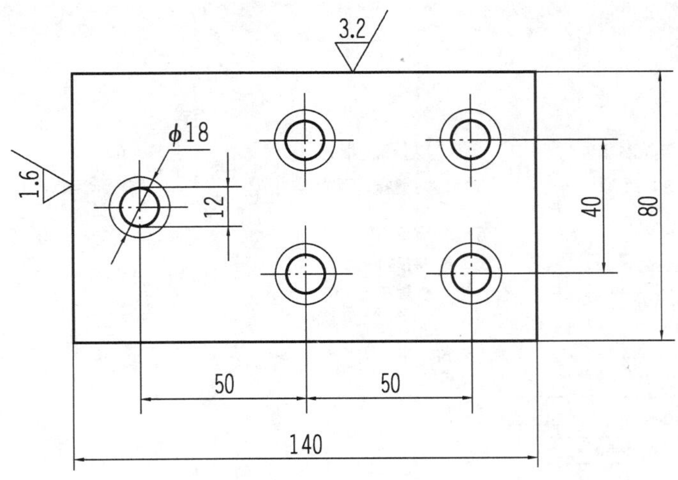

图15.1　图块的应用

(2)创建内部块

利用创建内部块命令可将一个或多个图形对象定义为新的单个对象,并保存在当前图形文件中,如图15.2所示。

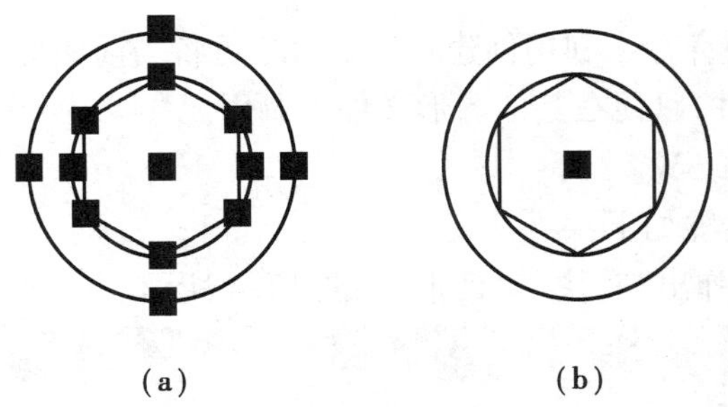

图15.2　创建为块前与创建块后的比较

菜单命令:“绘图”→“块”→“创建”。

工具栏:“绘图”→“创建块”。

键盘命令:BLOCK或B。

创建为块前有多个对象。

创建为块后是一个对象。

创建内部块的操作步骤如下:

①画出块定义所需的图形。

②调用BLOCK命令,弹出“块定义”对话框,如图15.3所示。

③在“名称”输入框中指定块名。

④在“基点”选项中指定块的插入点,有两种方法:一种是单击“拾取点”,在绘图区上拾取插入点,本操作实例采用的就是此种方法;另一种是直接输入插入点的X、Y、Z坐标。

⑤单击“选择对象”,在绘图区上拾取构成块的对象,回车,完成对象选择,返回对话框。

⑥在“对象”下选择一种对原选定对象的处理方式,有3种方式,即保留、删除和转换为块。

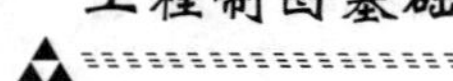

图 15.3 “块定义”对话框

⑦单击“确定”,完成内部块的创建。

(3)创建外部块

外部块又称写块或块存盘。利用创建外部块命令可将当前图形中的块或图形对象保存为独立的 AutoCAD 图形文件,以便在其他图形文件中调用。

键盘命令:WBLOCK 或 W。

创建外部块的操作步骤如下:

①调用“写块”命令,弹出“写块”对话框,如图 15.4 所示。

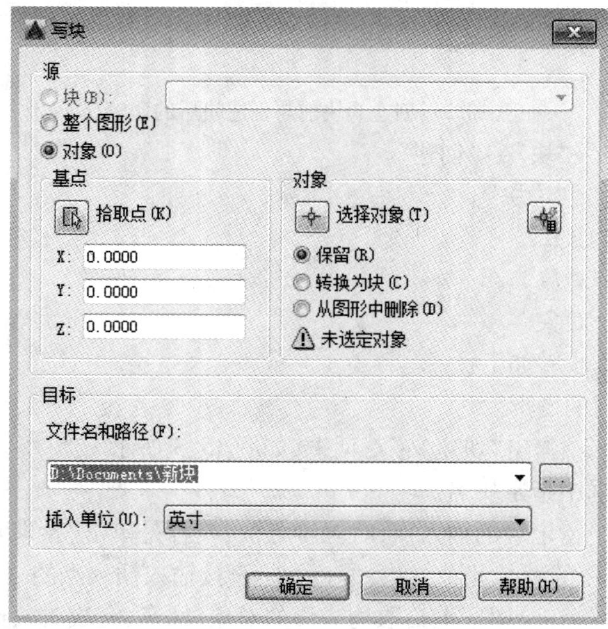

图 15.4 “写块”对话框

②在“源”选项区域中指定外部块的来源,有以下 3 种方式:

a. 块:在“块”下拉列表中选择现有的内部块来创建外部块。

b. 整个图形:选择当前整个图形来创建外部块。

c. 对象:从屏幕上选择对象并指定插入点来创建外部块。

在实际使用中,用户可根据实际情况选择其中一种方式,本操作实例中选择的是“对象”。

③在“基点”选项区域中指定块的插入点。

④单击“选择对象”,在绘图区上拾取构成块的对象,回车,完成对象选择,返回对话框。

⑤在“对象”选择区域中,选择一种对原选定对象的处理方式。

⑥在“目标”选项区域中,输入新图形的路径和文件名称,或单击下拉列表框后的[ ],以显示“选择文件”对话框,对新图形的路径和文件名称进行设定。

⑦单击“确定”,完成外部块的创建。

(4)插入块

图形被定义为块后,可通过“插入块”命令直接调用。插入图形中的块称为块参照。插入块时可一次插入一个,也可一次插入呈矩形阵列排列的多个块参照。

1)插入单个块

菜单命令:“插入”→“块”。

工具栏:“绘图”→“插入块”。

键盘命令:INSERT 或 I。

插入单个块的操作步骤如下:

①调用“插入块”命令。

②在“名称”下拉列表框中选择要插入的块名,或单击“浏览”,在弹出的“选择文件”对话框中选择要插入的外部块或其他图形文件。

③指定插入点、比例和旋转角度。

④单击“确定”,完成块的插入。

2)插入矩形阵列块

键盘命令:MINSERT。

插入矩形阵列块的操作步骤如下:

①调用“矩形阵列块”命令。

②根据命令提示,输入块的名称。

③根据命令提示,指定块的插入点。

④根据命令提示,指定插入块的缩放比例。

⑤根据命令提示,指定插入块的旋转角度。

⑥根据命令提示,输入阵列行数。

⑦根据命令提示,输入阵列列数。

⑧根据命令提示,输入行间距。

⑨根据命令提示,输入列间距。

(5)属性块

属性块由图形对象和属性对象组成。对块增加属性,就是使块中的指定内容可以变化。用户要创建带属性的块应首先定义属性。

执行命令的方法如下:

菜单命令:“绘图”→“块”→“定义属性”。

键盘命令:ATTDEF 或 ATT。

【任务实施】

训练 1　创建如图 15.5(a)所示的带属性的基准符号外部块。

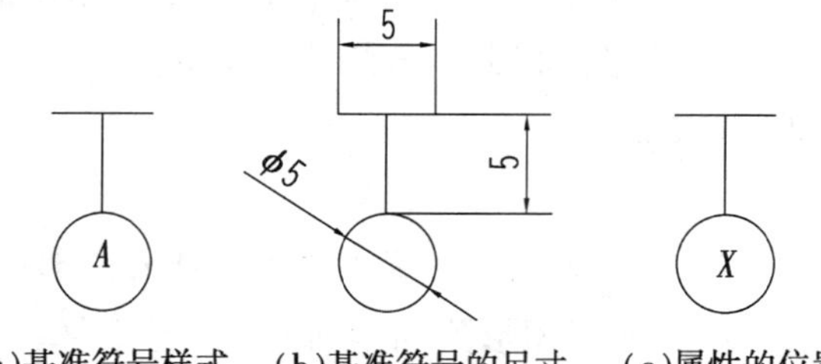

(a)基准符号样式　(b)基准符号的尺寸　(c)属性的位置

图 15.5　基准符号样式的创建

操作步骤如下:

①在 0 层绘制基准符号,尺寸如图 15.5(b)所示。

②将基准符号中的字母定义为属性。

a. 单击“绘图”→“块”→“定义属性”,弹出如图 15.6 所示的“属性定义”对话框,并按图示进行设置。

b. 单击“确定”,返回绘图区,拾取 $\phi5$ mm 圆的圆心,确定属性的位置,如图 15.5(c)所示。

图 15.6　“属性定义”对话框

③创建为外部块。

a. 键入 WBLOCK 命令。

b. 在“源”选项区域中选择“对象”。

c. 单击“选择对象”,在屏幕上拾取如图 15.5(c)所示的图形及属性,回车,返回对话框。

d. 单击“拾取点”,在屏幕上捕捉基准符号中水平线的中点。

e. 在“文件名和路径”下拉列表中指定保存路径,确定块名。

f. 单击“确定”,弹出“编辑属性”对话框,输入属性值。

g. 单击“确定”,关闭对话框,完成外部块的定义。

④保存图形文件。

训练 2　完成本任务螺钉的绘制

第 1 步:设置绘图环境,操作过程略。

第 2 步:按尺寸绘制图形及中心线,如图 15.7 所示。

第 3 步:将螺钉的端面视图创建为内部块。

①在 0 层绘制螺钉端面视图,如图 15.8 所示。

②单击“绘图”→“块”→“创建”,弹出“块定义”对话框。

③在“名称”下拉列表中输入“内六角螺钉-M12(端面视图)”。

④单击“对象”选项区域的“选择对象”,返回绘图区域,选择螺钉端面视图,回车,返回对话框。

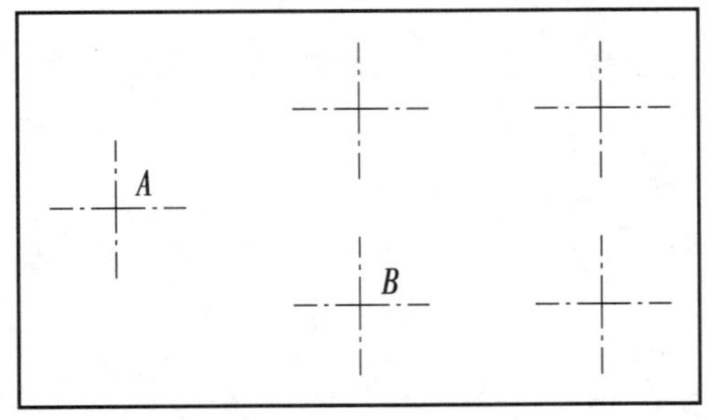

图 15.7　绘矩图形及中心线

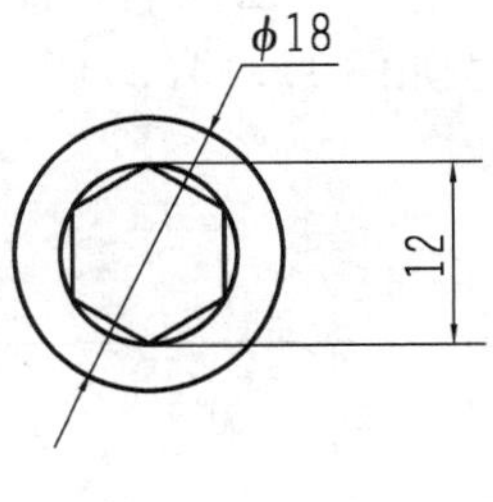

$\phi18$

12

图 15.8　螺钉端面视图

⑤单击“基点”选项区域的“拾取点”,返回绘图区域,拾取螺钉的中心点($\phi18$ mm 圆的圆心)作为块的插入点,拾取后返回对话框。

⑥选中“按统一比例缩放”,其余参数的设置按要求进行。

⑦单击“确定”,完成块的创建。

第 4 步:插入一个“螺钉”块。

①单击“插入”→“块”,弹出“插入”对话框,在“名称”下拉列表中选择“内六角螺钉-M12(端面视图)”,设置比例值为 1,旋转角度为 0°。

②单击“确定”,返回绘图区,拾取点 A,确定块的插入位置,如图 15.9(a)所示。

第 5 步:插入矩形阵列块,如图 15.9(b)所示。

键入 MINSERT 命令,插入矩形阵列块,操作步骤如下:

命令:MINSERT ↙　　　　　　　　　　＊启动命令

输入块名或[?]:内六角螺钉-M12(端面视图)↙　　　　* 输入块名称
单位:毫米转换:1.000 0　　　　* 系统提示
指定插入点或[基点(B)/比例(S)/旋转(R)]:　　　　* 捕捉点 B
指定比例因子 <1>:↙　　　　* 回车,默认插入比例为 1
指定旋转角度 <0>:↙　　　　* 回车,默认插入的旋转角度为 0
输入行数(---) <1>:2↙　　　　* 输入行数为 2
输入列数(---) <1>:2↙　　　　* 输入列数为 2
输入行间距或指定单位单元(---):40↙　　　　* 输入行间距 40 mm
指定列间距(---):50↙　　　　* 输入列间距 50 mm

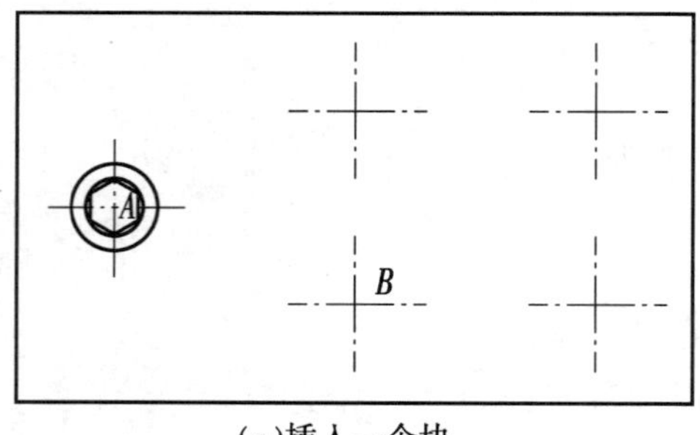

(a)插入一个块

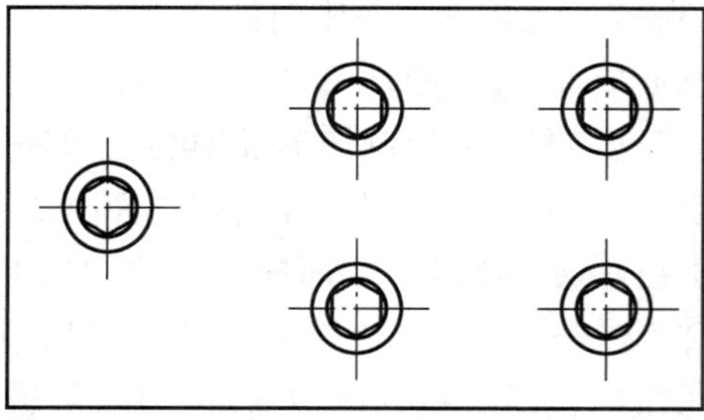
(b)插入矩形阵列块

图 15.9　插入块

第 6 步:将表面粗糙度符号创建为带属性的外部块。

①在 0 层绘制表面粗糙度符号。当尺寸数字高度为"3.5"时,表面粗糙度符号各部分的尺寸如图 15.10(a)所示。

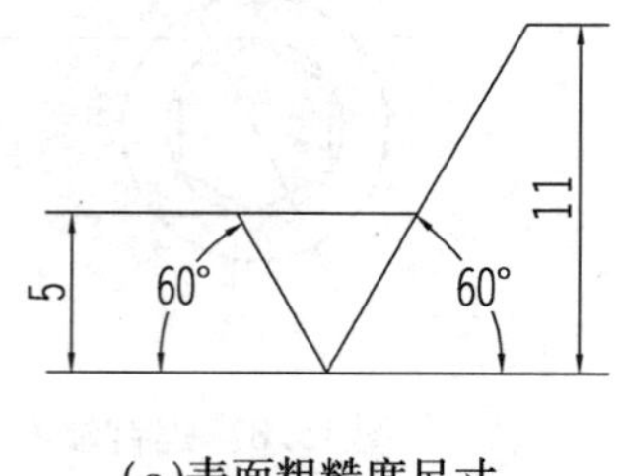

(a)表面粗糙度尺寸

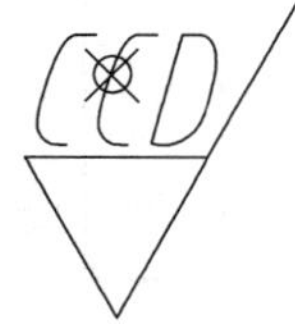

(b)定义对齐点

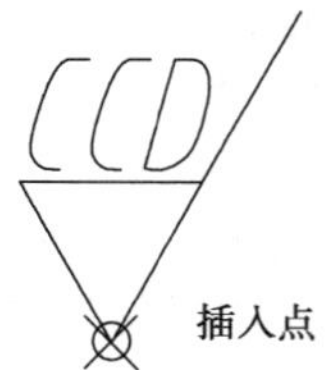

(c)定义插入点

图 15.10　创建表面粗糙度属性块

②定义表面粗糙度符号的属性。

a. 单击"绘图"→"块"→"定义属性",弹出如图 15.11 所示的"属性定义"对话框,并按图示进行设置。

b. 单击"确定",返回绘图区,在表面粗糙度符号水平线的上方,如图 15.10(b)所示的位置。

③创建表面粗糙度符号外部块。

a. 键入 WBLOCK 命令,弹出"写块"对话框。

b. 在"源"选项区域选择"对象",指定通过选择对象方式确定所要定义块的来源。

c. 单击"对象"选项区域的"选择对象",返回绘图区域,选择已定义属性的表面粗糙度符号，回车，返回对话框。

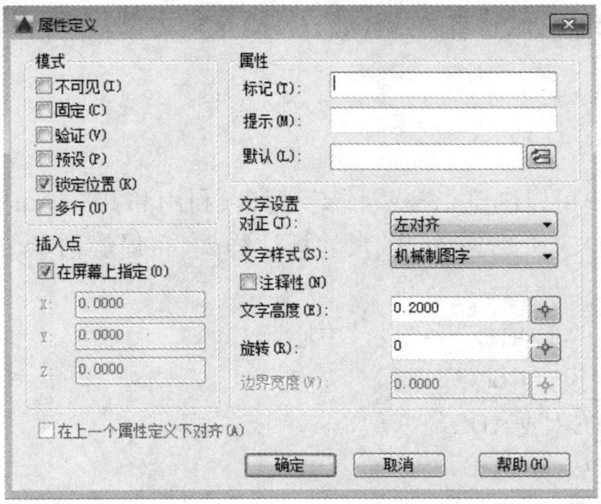

图 15.11　“属性定义”对话框

d. 单击“基点”选项区域的“拾取点”，返回绘图区域，拾取表面粗糙度符号最下方的点，作为块插入时的基点。

e. 在“文件名和路径”下拉列表中（或单击其右方）选择块的保存路径、确定块名，保存块名为“表面粗糙度”。

f. 单击“确定”，弹出“编辑属性”对话框，输入表面粗糙度值。

g. 单击“确定”，关闭对话框，完成外部块的定义。

第 7 步：插入表面粗糙度符号。

①单击“插入”→“块”，弹出对话框，在“名称”下拉列表中选择“表面粗糙度”。

②选中“统一比例”，比例值为 1.8，旋转角度为 0°。

③单击“确定”，返回绘图区，在矩形板上表面适当位置单击，确定插入块的位置。

④在命令栏中输入所需表面粗糙度值“3.2”，回车，完成块的插入。

⑤采用同样的方法，在矩形板左侧面插入另一个表面粗糙度符号，旋转角度为 90°，表面粗糙度值为“1.6”。

第 8 步：保存图形文件。

任务 2　机械制图样板文件的建立与调用

【任务描述】

建立符合我国国家标准的 A3 图纸横装机械样板文件的建立与调用，本次任务的完成将主要涉及“设计中心”等命令。

【任务要求】

AutoCAD 2016 虽然提供了许多样板文件，但这些样板文件和我国的国家标准不完全符合,因此不同的专业在绘图前都应建立符合各自专业国家标准的样板文件,保证图纸的规范性。下面以建立符合我国机械制图国家标准的样板文件为例,介绍创建机械样板文件的方法和步骤。

【知识准备】

通过设计中心,用户可以浏览、查找、预览、管理、利用和共享 AutoCAD 图形,还可使用其他图形文件中的图层定义、块、文字样式、尺寸标注样式、布局等信息,提高图形管理和图形设计的效率。

菜单命令:“工具”→“选项板”→“设计中心”。

工具栏:“标准”→“设计中心”。

键盘命令:ADCENTER 或 ADC。

1)“文件夹”选项卡

显示设计中心的资源,如图 15.12 所示。

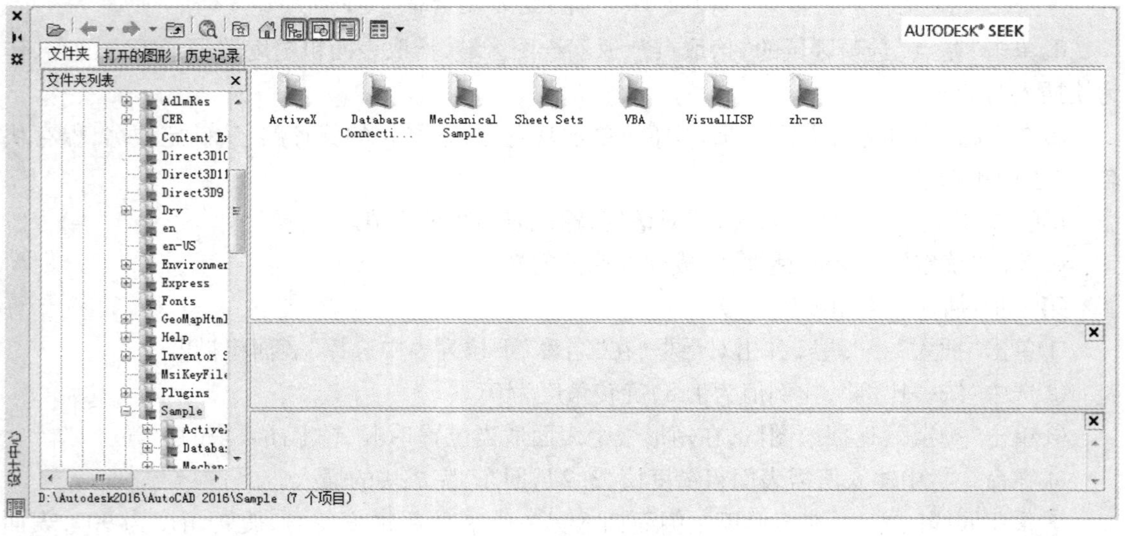

图 15.12 “文件夹”选项卡

2)“打开的图形”选项卡

显示当前已打开的所有图形文件的列表,如图 15.13 所示。单击某个图形文件,可将图形文件的内容加载到内容区中。

3)“历史记录”选项卡

列出最近两个通过设计中心访问过的图形文件列表,如图 15.14 所示。双击列表中的某个图形文件,可在“文件夹”选项卡中的树状视图中定位此图形文件,并将其内容加载到内容区中。

4)“联机设计中心”选项卡

提供联机设计中心 Web 页中的内容,包括块、符号库、制造商内容和联机目录。

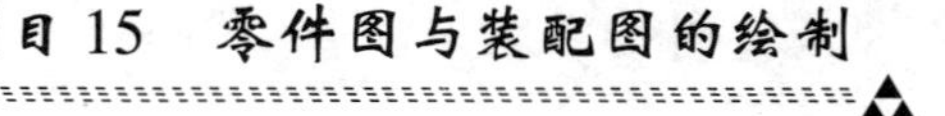

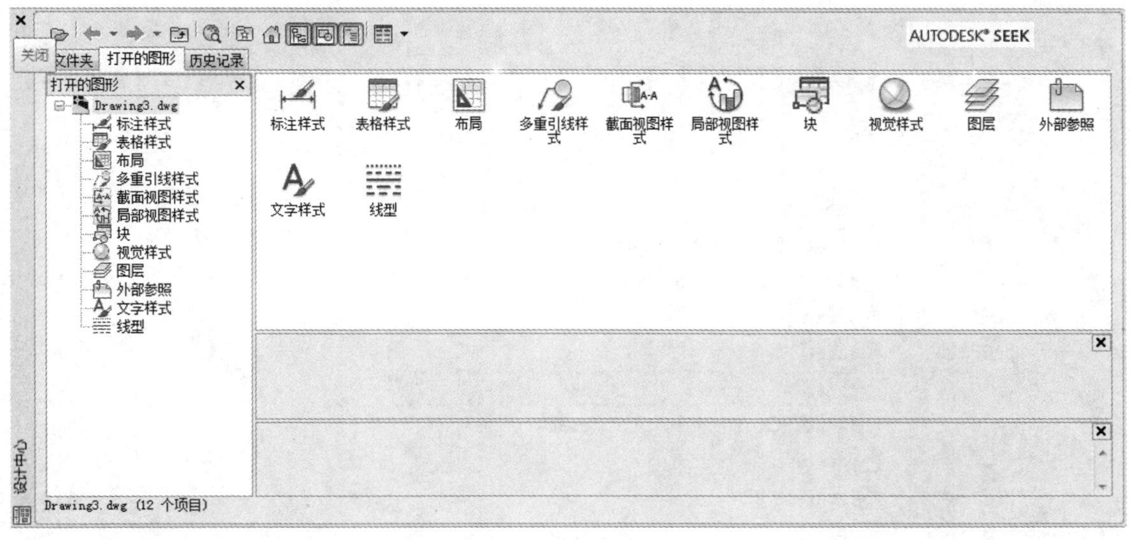

图 15.13 “打开的图形”选项卡

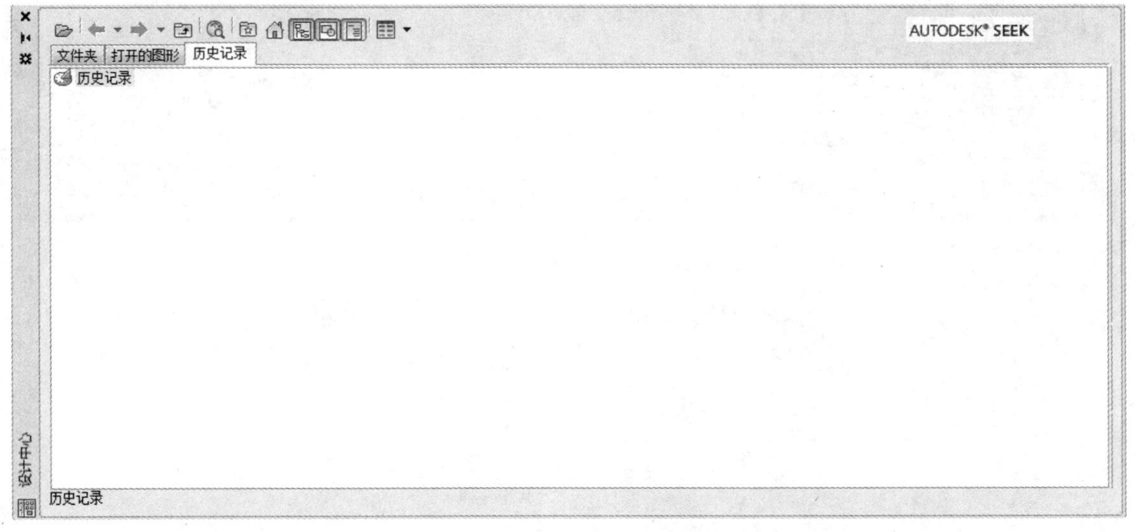

图 15.14 “历史记录”选项卡

【任务实施】

1. 样板文件的建立

第 1 步:设置绘图环境。

①创建新图形文件。单击“标准”→“新建”,弹出如图 15.15 所示的“选择样板”对话框,选择“acadiso. dwt”样板文件,单击“打开”,以此为基础建立样板文件。

②设置绘图单位。单击“格式”→“单位”,弹出如图 15.16 所示的“图形单位”对话框,设置长度“类型”为“小数”,“精度”为“0.0000”。设置角度“类型”为“十进制度数”,“精度”为“0.0”。

③设置 A3 图纸的图形界限。单击“格式”→“图形界限”,其操作步骤如下:

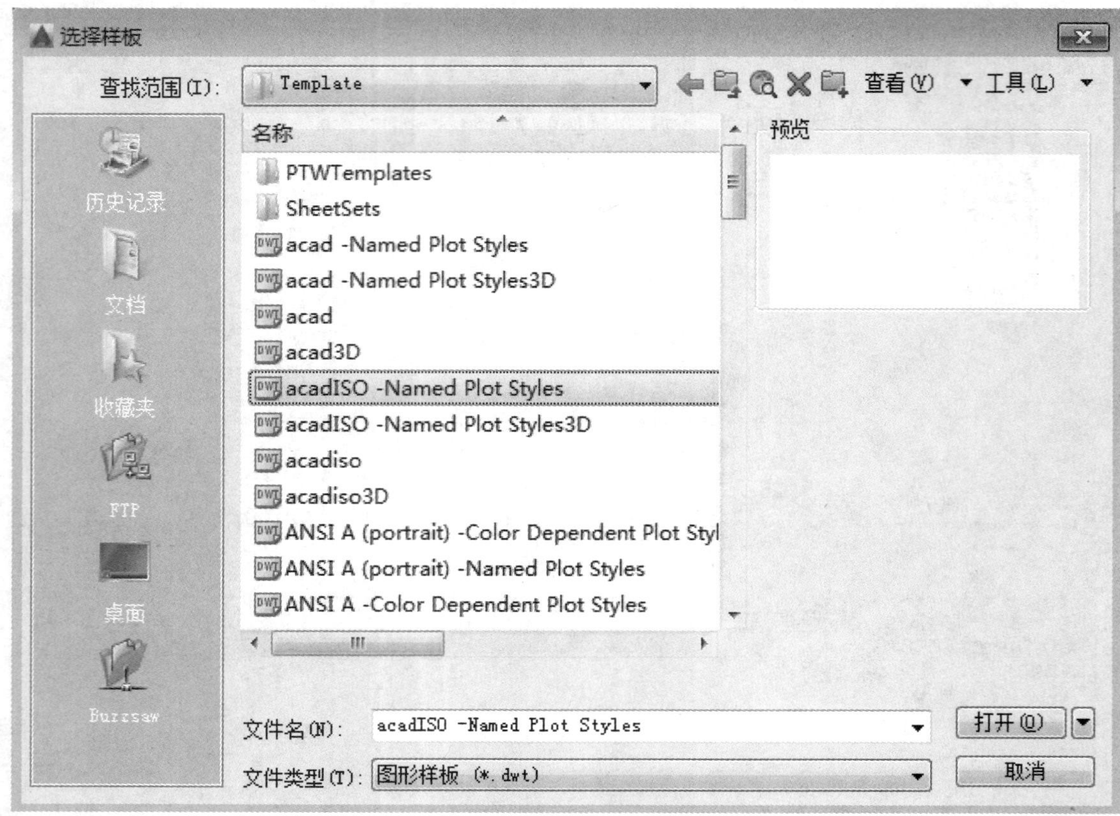

图 15.15 “选择样板”对话框

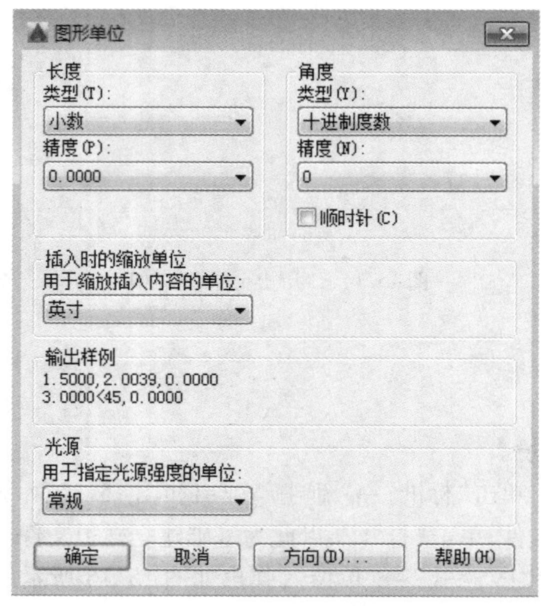

图 15.16 “图形单位”对话框

命令:limits　　　　　　　　　　　　　　　　　　　　　　　　* 启动命令

重新设置模型空间界限:　　　　　　　　　　　　　　　　　　　* 系统提示

指定左下角点或[开(ON)/关(OFF)] <0.0000,0.0000>:↙ * 回车,确定默认的左下角点坐标

指定右上角点<420.0000,297.0000>:↙ * 回车,确定默认的右上角点坐标

④使绘图界限充满显示区。键入 ZOOM,回车,键入 A,回车。

第 2 步:设置文字样式。

创建"工程字""长仿宋字"两种文字样式。"工程字"样式选用"gbeitc. shx"字体及"gbcbig shx"大字体;"长仿宋字"样式选用"仿宋_GB2312"字体,宽度比例为 0.7。创建方法在前面已述,在此不再赘述。

第 3 步:设置图层。

创建粗实线、细实线、点画线等 7 个常用图层,其要求及各参数设置见项目 1 的任务 3。

第 4 步:设置尺寸标注样式。

创建"机械标注"尺寸标注样式,其要求及各参数设置见项目 4 的任务 3。

第 5 步:绘制图框。

本例绘制 A3 图纸的图框,横装,留装订边,其尺寸如图 15.17 所示。

第 6 步:绘标题栏并将标题栏定义为属性块。

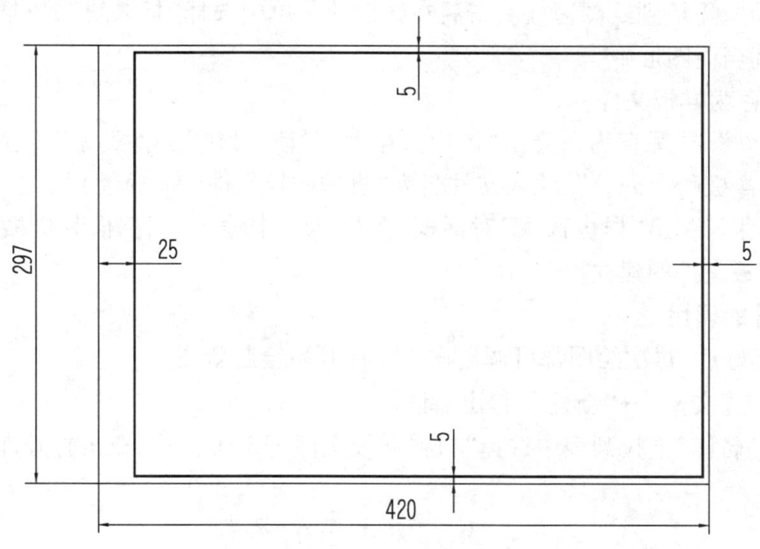

图 15.17 A3 图纸横装留装订边图框尺寸

①绘标题栏并填写内容,如图 15.18 所示。

②将如图 15.18 所示标题栏中带括号的文字定义为属性。

③将整个标题栏定义为块,块的插入点为右下角点。定义块的方法在任务 1 中已述,在此不再赘述。

第 7 步:定义常用符号图块。

用户可通过创建属性块的方法,自定义表面粗糙度、基准符号等图块,也可通过设计中心,将已有的符号的图形添加进来。前一种方法在任务 1 中已述,在此不再赘述。本例介绍通过设计中心添加的方法。

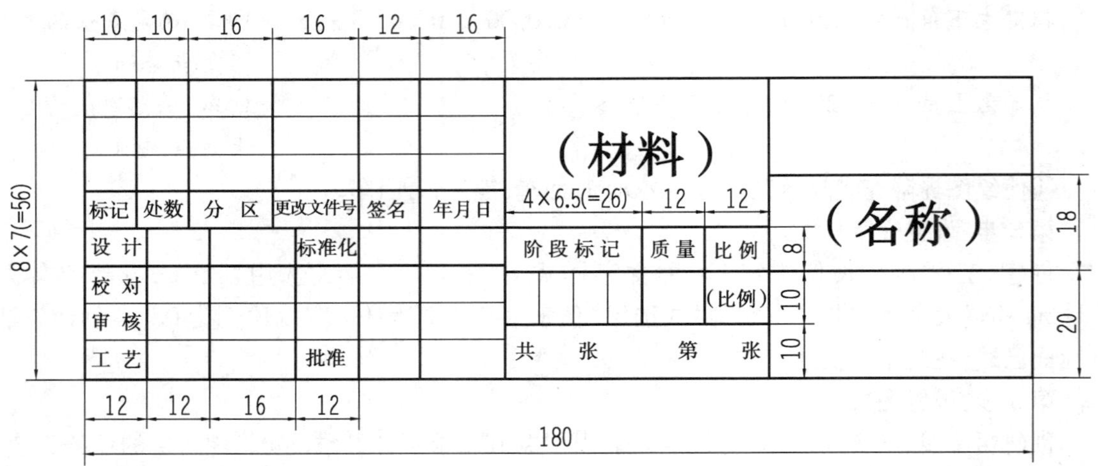

图 15.18 标题栏样式

①单击“标准”→“设计中心”。

②在“设计中心”树状视图窗口中,找到含有图形符号的文件。

③双击内容区中的“块”,则显示该文件中所有的图块。

④直接拖动所需块到绘图区或右击后在弹出的菜单中选择“插入块”,以插入块的方式将所需图块添加到当前图形中。

第 8 步:保存为样板文件。

①单击“文件”→“另存为”,弹出“图形另存为”对话框,在“文件类型”下拉列表框中选择“AutoCAD 图形样板(*.dwt)”,输入文件名为“机械样板文件(A3 横装)”。

②单击“保存”,弹出“样板选项”对话框,在“说明”中输入“国标横装机械样板图”,单击“确定”,完成样板文件的建立。

2. 样板文件的调用

样板文件建好后,每次绘图都可调用样板文件开始绘制新图。

第 1 步:单击“文件”→“新建”,弹出对话框。

第 2 步:在“名称”下拉列表中选择“机械样板文件(A3 横装)”,双击打开即可。

任务 3 零件图的绘制

【任务描述】

绘制如图 15.19 所示的联轴器,本次任务主要涉及绘制零件图的一般步骤及绘制零件图时需注意的问题等内容。

【任务要求】

准确绘制零件图是机械制图课的基本技能。运用 AutoCAD 软件绘制机械零件图时,要注意正确应用前面项目中学习的基本知识,并准备应用各种技能,并要注意机械制图中对零件图的特殊要求。

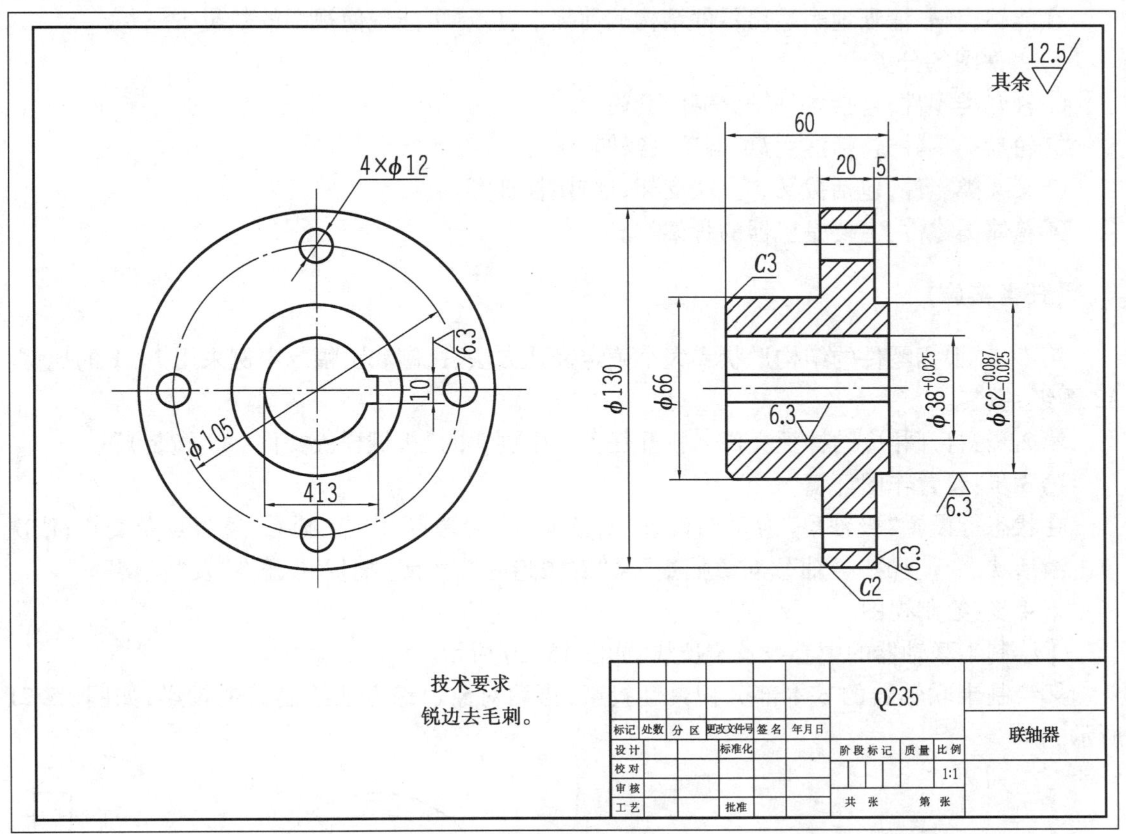

图 15.19　联轴器零件图

【知识准备】

表达零件结构形状、尺寸大小、加工和检验时所需要满足技术要求的图样，称为零件图。

(1)零件图的基本内容

1)一组图形

用视图、剖视图、断面图及其他方法，正确、完整、清晰地表达零件的内、外结构形状。

2)完整的尺寸

正确、完整、清晰、合理地表达出零件在制造和检验时所需要的全部尺寸。

3)技术要求

用规定的代号或文字注出零件在制造、检验和装配时应达到的要求，如表面粗糙度、尺寸公差、形状和位置公差、热处理等。

4)标题栏

说明零件的名称、件数、材料、比例、图号、制图及校核人的姓名、日期等。

(2)零件图视图的表达方案和选择

1)主视图的选择原则

显示形体特征的原则、考虑加工位置、工作位置和零件自然安放的原则。

2)其他视图的选择原则

在能够完整、清晰地表达出零件结构的前提下,应尽可能地使视图的数量少一些。

3)零件图的分类

①轴套类零件,包括各种轴、螺杆、套筒。

②轮盘类零件,包括法兰盘、端盖、各种轮子等。

③叉架类零件,包括拨叉、连杆、支架、摇臂、杠杆等。

④箱体类零件,主要是机器的骨架类。

【任务实施】

第 1 步:根据零件的结构形状和大小确定表达方法、比例和图幅。本例采用 1∶1 的比例,A3 图纸,横装。

第 2 步:打开相应的样板文件。打开任务 2 中创建的"机械样板文件(A3 横装)"。

第 3 步:设置作图环境。

在状态行设置"极轴角"为 30°;设置"对象捕捉"为端点、中点、圆心、象限点及交点;依次单击激活状态行上的"极轴""对象捕捉"及"对象追踪",关闭"捕捉""栅格"及"正交"。

第 4 步:绘制视图。

①绘制半联轴器的中心线及定位线,如图 15.20 所示。

②绘制半联轴器的基本部分积聚性投影,再用对象追踪方法绘制其他投影,如图 15.21 所示。

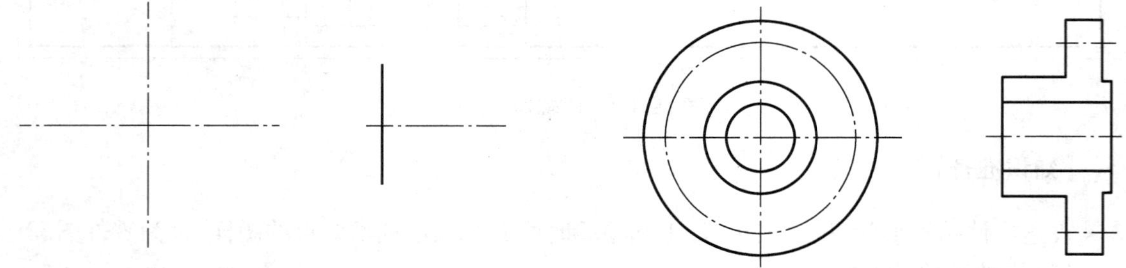

图 15.20　绘制中心线及定位线

图 15.21　绘制基本部分的投影

③使用绘图命令及"镜像""阵列""倒角"等编辑命令补齐所有对象的投影,如图 15.22 所示。

④对左视图进行剖切,绘制剖面线,如图 15.23 所示。

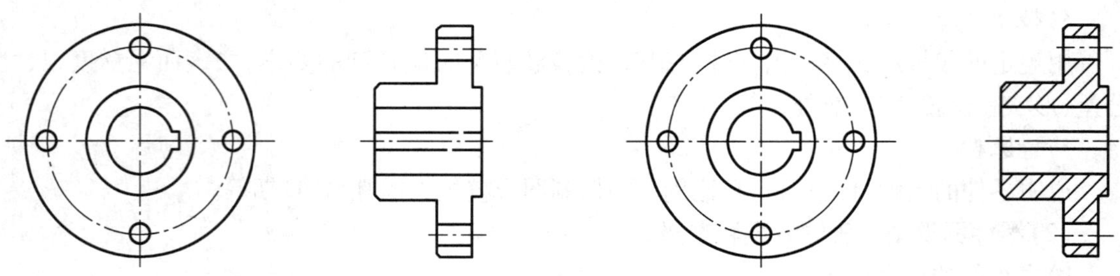

图 15.22　补齐所有对象的投影

图 15.23　绘制剖面线

第 5 步:标注尺寸,如图 15.24 所示。

第 6 步:标注表面粗糙度代号。表面粗糙度代号采用插入块(属性块)方式标注。

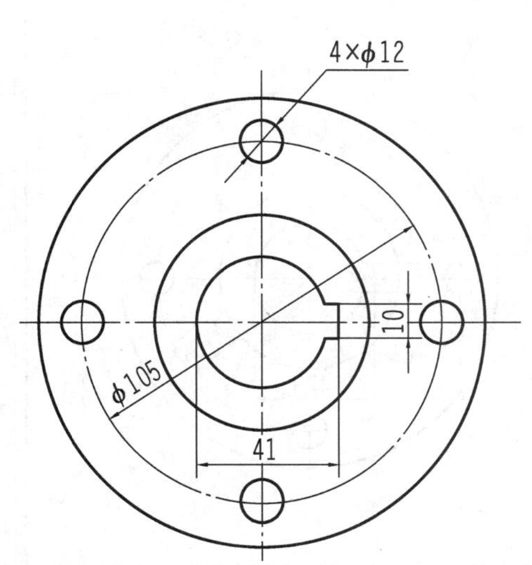

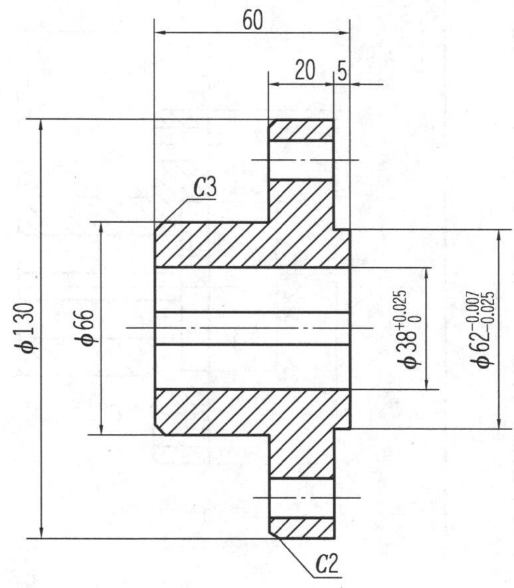

图 15.24　标注尺寸

第 7 步:编写技术要求及填写标题栏。

采用“多行文字”编写技术要求,“技术要求”的字高为“7”,各项具体要求字高为“5”。

任务 4　装配图的绘制

【任务描述】

本次任务要求利用如图 15.19 和图 15.25 所示的零件图拼画如图 15.26 所示的凸缘联轴器装配图。

【任务要求】

准确绘制装配图是机械制图课的基本技能。在本任务中运用 AutoCAD 软件绘制机械装配图时,要注意正确应用前面项目和本项目中学习的基本知识和基本技巧,还要注意机械制图中对装配图的一些特殊要求和特殊的表达方案。

【知识准备】

(1)装配图的作用

装配图是重要技术文件,主要是用来表示机器(或部件)的工作原理、各零件之间装配关系、传动路线和主要零件的结构形状等。在机器的设计中,首先要画出装配图,再根据装配图进行零件设计并画出零件图;在机器制造中,装配图是制订装配工艺规程、进行装配和检验的依据;在操作和维修设备时,需要通过装配图来了解机器的构造。

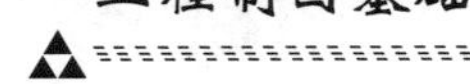

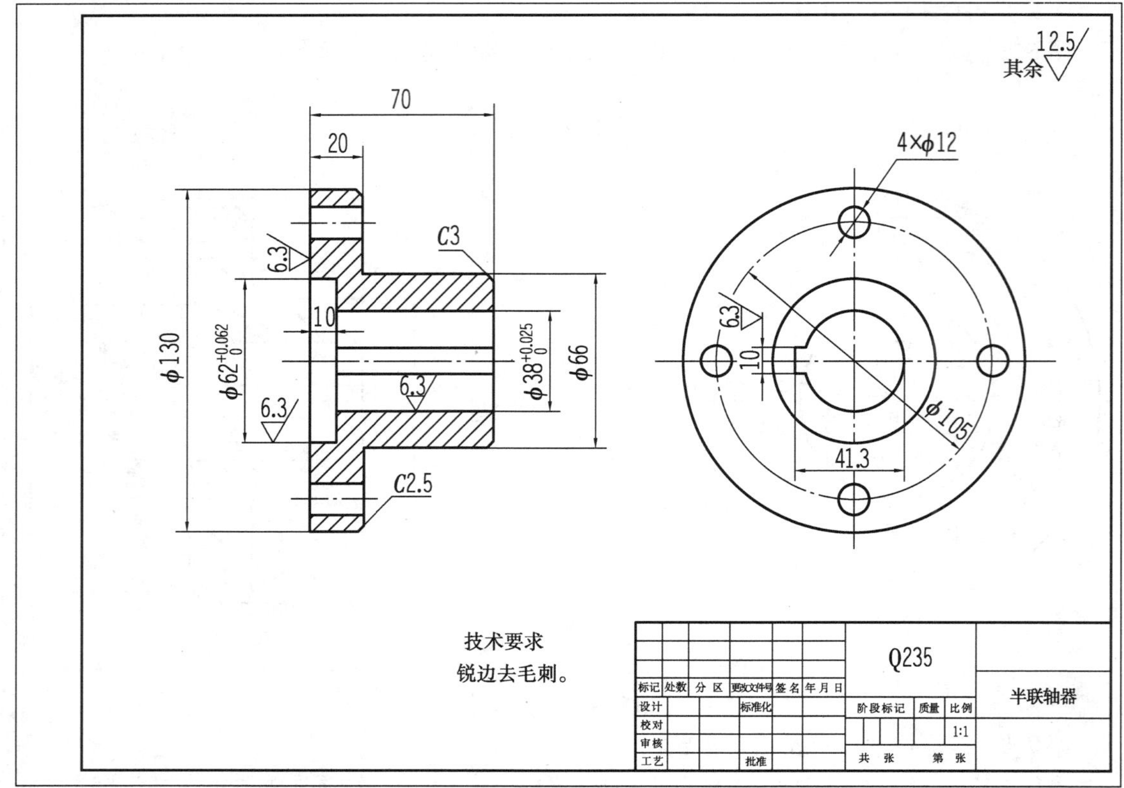

图 15.25　轴孔半联轴器零件图

(2)装配图的基本内容

如图 15.26 所示是凸缘联轴器装配图,由图可知,装配图基本内容有以下几个部分:

1)一组图形

用视图、剖视图或其他表达方案表达装配体工作原理、装配关系、传动路线、各零件的相对位置、连接方式和主要零件结构形状等的图形。

2)必要的尺寸

用于表明装配体规格、性能、装配、检验、安装时所必需的重要尺寸。

3)技术要求

用符号或文字说明装配体在装配、调试、安装和使用中的技术要求。

4)零件序号、明细栏和标题栏

为了便于看图,在装配图中必须对每个零件进行编号,并在标题栏上方按编号绘成明细栏,说明零件的名称、材料、数量等;在标题栏中填写装配体的名称、图号、比例、图样的有关责任者签名、日期等内容。

【任务实施】

在 AutoCAD 中,根据零件图拼画装配图主要采用的方法有 3 种:

①零件图块插入法:将零件图上的各个图形创建为图块,然后在装配图中插入所需的图块。

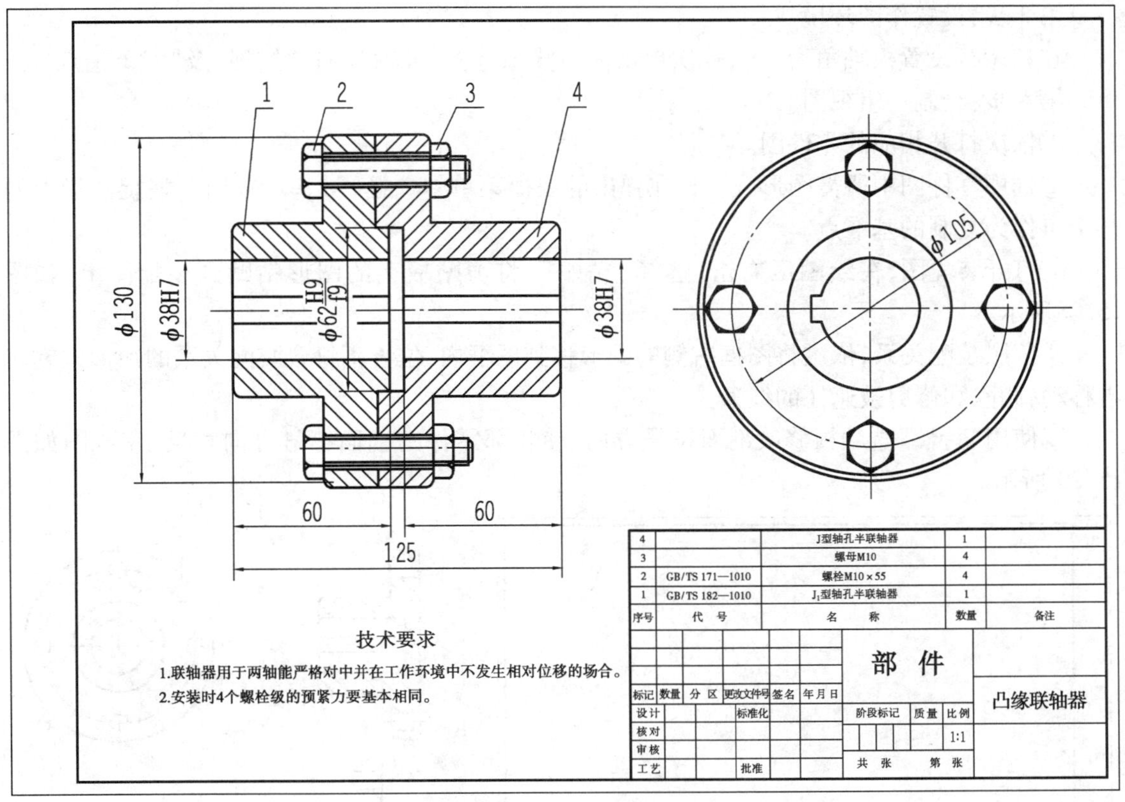

图 15.26　凸缘联轴器装配图

②零件图形文件插入法：用户可使用“INSERT”命令将零件的整个图形文件作为块，直接插入当前的装配图中，也可通过“设计中心”将多个零件图形文件作为块，插入当前装配图中。

③剪贴板交换数据法：利用 AutoCAD 的“复制”命令，将零件图中所需图形复制到剪贴板上，然后使用“粘贴”命令，将剪贴板上的图形粘贴到装配图所需的位置上。

在本次任务中采用第 3 种方法。绘制过程如下：

第 1 步：确定表达方法、比例和图幅。凸缘联轴器是连接两轴的一种装置。此联轴器由 4 种零件组成，其中螺栓和螺母为标准件，在简化画法中其尺寸如图 15.27 所示。在表达方法上选择主、左两个视图，主视图采用全剖，主要表达联轴器的结构特征和各部分的装配关系；左视图主要表达 4 个螺栓的分布情况。采用 1∶1 比例，A3 图纸，横装。

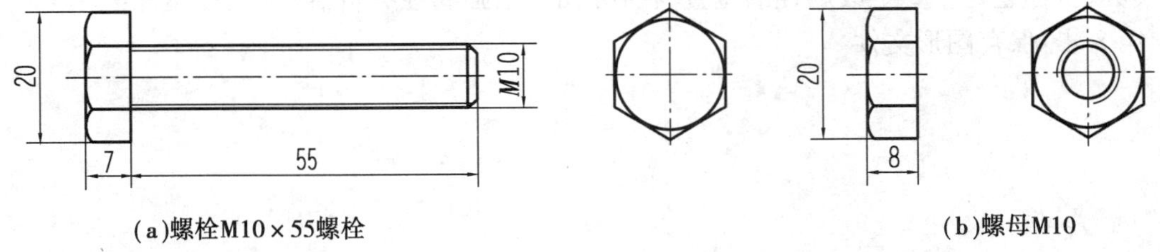

(a)螺栓M10×55螺栓　　(b)螺母M10

图 15.27　简化画法中螺栓螺母各部分尺寸

第 2 步：打开相应的样板图。本例打开前面任务中创建的“机械样板文件(A3 横装)”。

第 3 步:设置作图环境。

在状态行设置极轴角为 30°,依次单击激活状态行上“极轴”“对象捕捉”及“对象追踪”。

第 4 步:绘制一组视图。

①依次打开相应的零件图。

②选中零件图中所需图形,右击,在弹出的快捷菜单中选择“带基点复制”,捕捉图形上的某个点作为复制的基准点。

③打开装配图,在绘图区右击,选择“粘贴”,将剪贴板上的图形粘贴到装配图上,如图 15.28所示。

④按照装配关系,依次将图框右侧的图形移到图框内,位置不符合装配关系的图形先旋转再移动,删除和修剪被遮住的线条。

⑤使用“特性”选项板修改剖面符号方向,使相邻零件的剖面符号方向相反,完成图如图 15.29 所示。

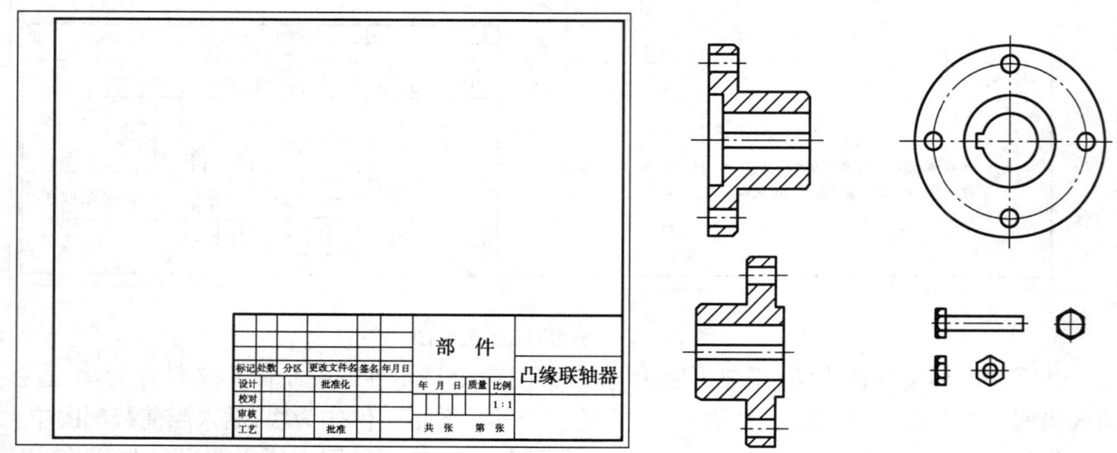

图 15.28　凸缘联轴器装配图视图的绘制过程

第 5 步:标注必要的尺寸。

第 6 步:编写技术要求。采用多行文字编辑器填写技术要求。

第 7 步:标注序号、填写明细栏及标题栏。

①采用“多重引线”标注序号。

②使用“表格”命令完成明细栏的创建与填写。

③双击标题栏中要更改属性的位置,在弹出的“增强属性编辑器”中填写属性值。

第 8 步:保存图形文件。

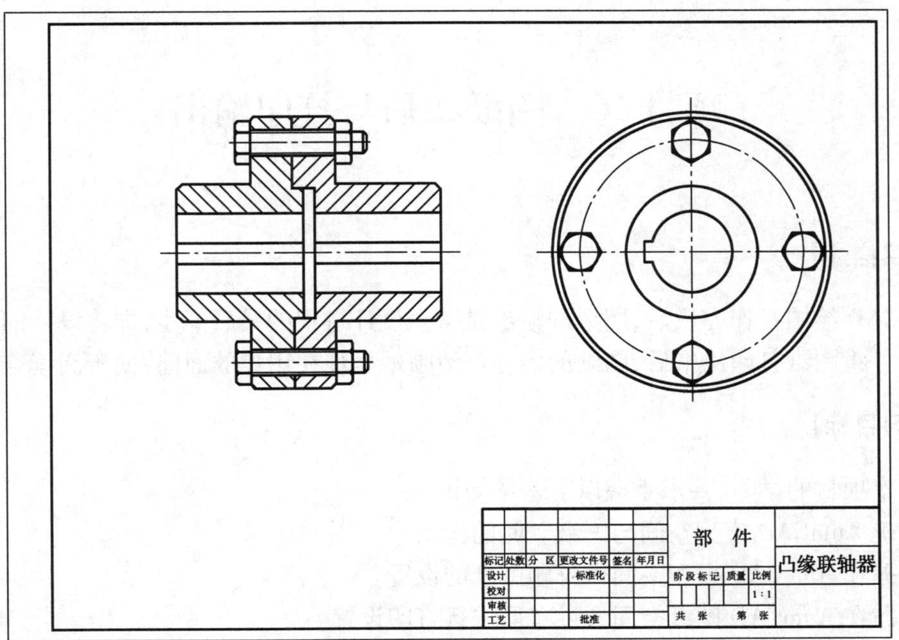

图 15.29　凸缘联轴器装配图视图

项目 16　图纸布局与打印输出

【项目描述】

AutoCAD 绘图工作完成后,图形的输出是整个设计过程的最后一步,即将设计的成果显示在图纸上。将图纸打印出来后,图纸的内容可清晰地呈现在用户的面前,便于阅读查看。

【学习目标】

通过本项目的学习,要求掌握以下基本知识:
1. 明确 AutoCAD 模型空间与图纸空间的作用。
2. 掌握在 AutoCAD 模型空间中打印图纸的设置。
3. 掌握在 AutoCAD 图纸空间通过布局进行打印设置。

【技能目标】

1. 能在模型空间中打印出图。
2. 能在图纸空间中布局打印出图。

任务 1　在模型空间中打印出图

【任务描述】

本次任务要求输出如图 16.1 所示轴承座三视图的方法,掌握在“模型空间”和“模型空间”打印出图的基本操作方法与技巧。

【任务要求】

掌握在模型空间中如何将图形正确、合格打印出来的方法和技巧。

【知识准备】

(1)模型空间与图纸空间的认知

在 AutoCAD 中有两个工作空间,分别是模型空间和图纸空间,用户通常是在模型空间进行比例为 1:1的设计绘图,完成尺寸标注和文字注释。但在技术交流、产品加工中都需要图纸来作为媒介,这就需要在图纸空间中进行排版,给图纸加上图框、标题栏或进行必要的文字、尺寸标注等,然后打印出图。

1)模型空间

模型空间是建立模型时所处的 AutoCAD 环境,它可以进行二维图形的绘制、三维实体的造型,全方位地显示图形对象,因此用户使用 AutoCAD 时,首先是在模型空间中工作。

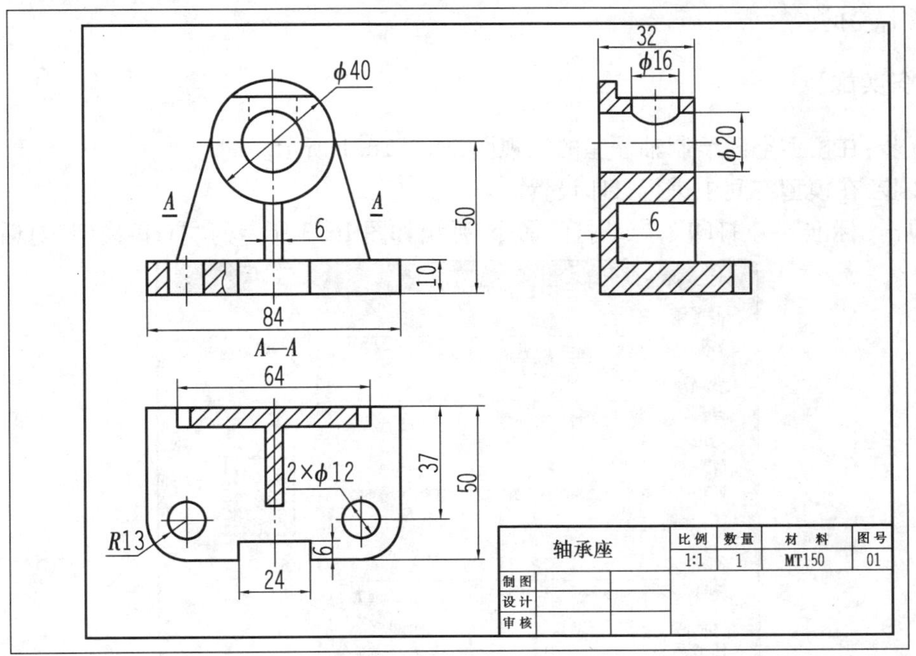

图 16.1　轴承座

2)图纸空间

图纸空间是设置和管理视图的 AutoCAD 环境,是一个二维环境。在图纸空间中可以按模型对象的不同方位显示多个视图,按合适的比例在图纸空间中表示出来,还可定义图纸的大小,生成图框和标题栏。

3)布局

一个布局实际上就是一个出图方案、一张图纸,利用布局可以在图纸空间中方便快捷地创建多张不同方案的图纸,因此,在一个图形文件中模型空间只有一个,而布局可以设置多个。

4)模型空间与图纸空间的转换

在实际工作中,常需要在模型空间与图纸空间之间进行相互切换,切换方法很简单,单击绘图区域下方的"模型"或"布局"即可,如图 16.2 所示。

图 16.2　模型空间与图纸空间的按钮

(2)打印的基本方法

利用"打印"命令可将图形输出到纸张或其他介质上。

菜单命令:"文件"→"打印"。

工具栏:"标准"→"打印"。

键盘命令:PLOT。

在模型空间中打印图纸比较简单,但不支持多视口、多比例视图打印,如果要进行非 1:1 比例的出图及缩放标注、文字等,如大型的装配图或建筑图在模型空间中以 1:1的比例绘图,但要以1:20的比例出图,在标注尺寸和文字时就必须放大20倍,在图纸空间中解决这样的问题是非常容易的。

【任务实施】

第1步:在模型空间绘制轴承座的三视图,如图16.1所示。

第2步:在模型空间中进行打印设置。

①单击“标准”→“打印”,启动打印命令,弹出如图16.3所示的“打印-模型”对话框。

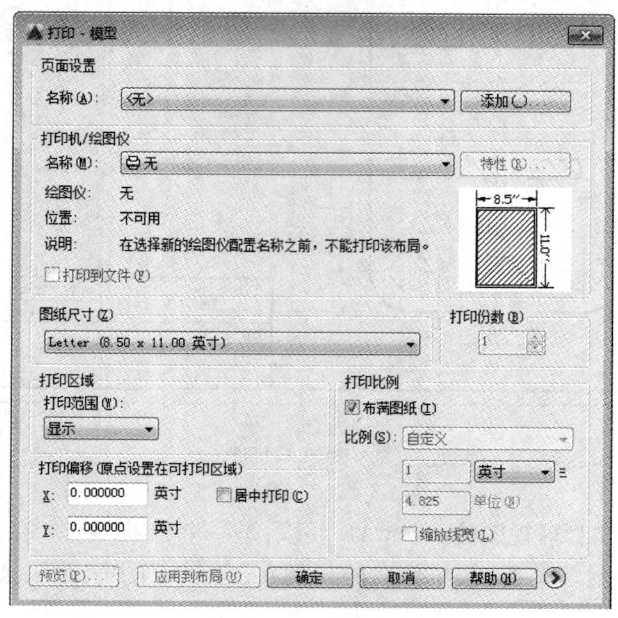

图16.3 “打印-模型”对话框

②单击该对话框右下角的“更多选项”,展开该对话框,如图16.4所示。

③在“打印机/绘图仪”选项组的“名称”下拉列表中选择打印机,如果计算机上已经安装了打印机,可选择已安装的打印机,否则可选择由系统提供的一个虚拟的电子打印机“DWF6 ePlot. pc3”。

④在“图纸尺寸”选项组中选择图纸,本例选择“ISO A4(297.00 mm×210.00 mm)”,这些图纸都是根据打印机的硬件信息列出的。

⑤在“打印区域”选项组的“打印范围”下拉列表中选择“窗口”,系统切换到绘图窗口(模型空间中),选择图形的左上角点和右下角点以确定要打印的图纸范围。

⑥去掉“打印比例”选项组的“布满图纸”的选择,在“比例”选项中选择1∶1,以保证打印出来的图纸是1∶1的工程图。

⑦在“打印偏移”选项组中选择“居中打印”。

⑧在“图纸方向”选项组中选择“横向”。

⑨单击“预览”,显示即将要打印的图样,如符合要求,可在预览图中右击,在弹出菜单中选择“打印”,开始打印;若不满意,选择“退出”,返回到对话框,再重新调整设置。

⑩当出现预览时图形不能完全显示的情况(见图16.5),可按以下步骤更改所选图纸的有

效打印区域，以增大打印的有效区域。

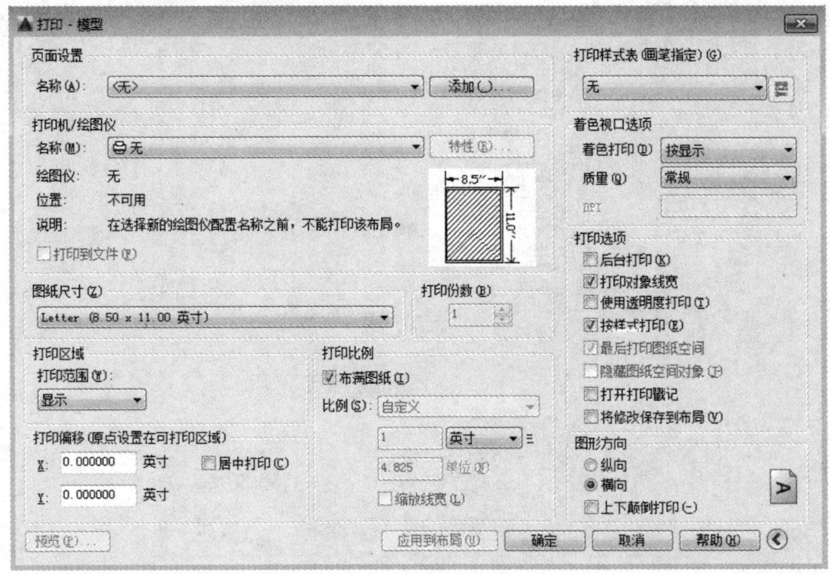

图 16.4　设置打印机、图纸、打印比例、图纸方向等

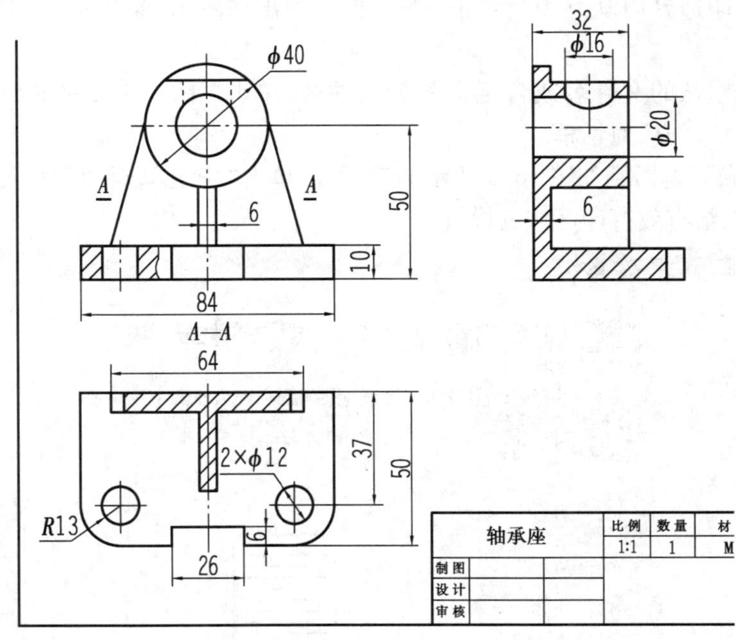

图 16.5　打印预览时出现的图形不能完全显示的情况

a. 在如图 16.4 所示“打印-模型”对话框中单击“打印机/绘图仪”选项组右方的“特性”，打开如图 16.6 所示的“绘图仪配置编辑器”对话框。

b. 在“设备和文档设置”中选择“用户定义图纸尺寸与校准”下的“修改标准图纸尺寸(可打印区域)”；在“修改标准图纸尺寸”下拉列表中找到要修改的图纸，本例为“ISO A4 (297 mm×210 mm)”，单击“修改”，打开如图 16.7 所示的“自定义图纸尺寸-可打印区域”对话框。

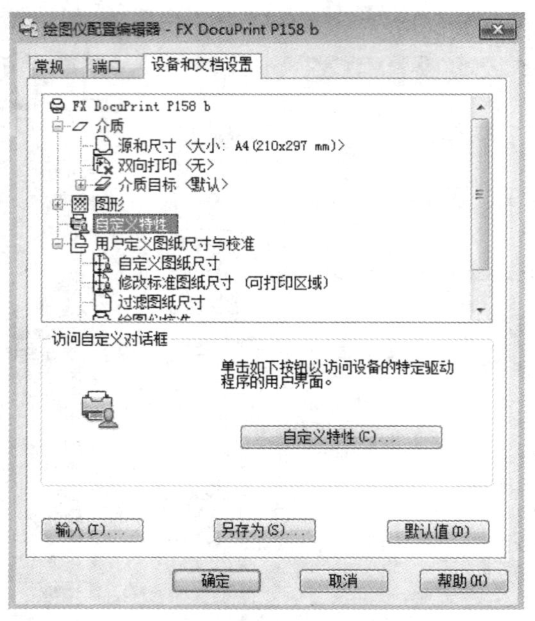

图 16.6 "绘图仪配置编辑器"对话框

c. 将图纸打印边界均设为"0",单击"下一步",弹出如图 16.8 所示的"自定义图纸尺寸-文件名"对话框。

d. 采用系统默认的文件名或自定义一个文件名,单击"下一步",弹出如图 16.9 所示的"自定义图纸尺寸-完成"对话框。

e. 单击"完成",返回到如图 16.6 所示的对话框;单击"确定",返回到如图 16.4 所示的对话框,至此完成图纸有效打印区域的设置。

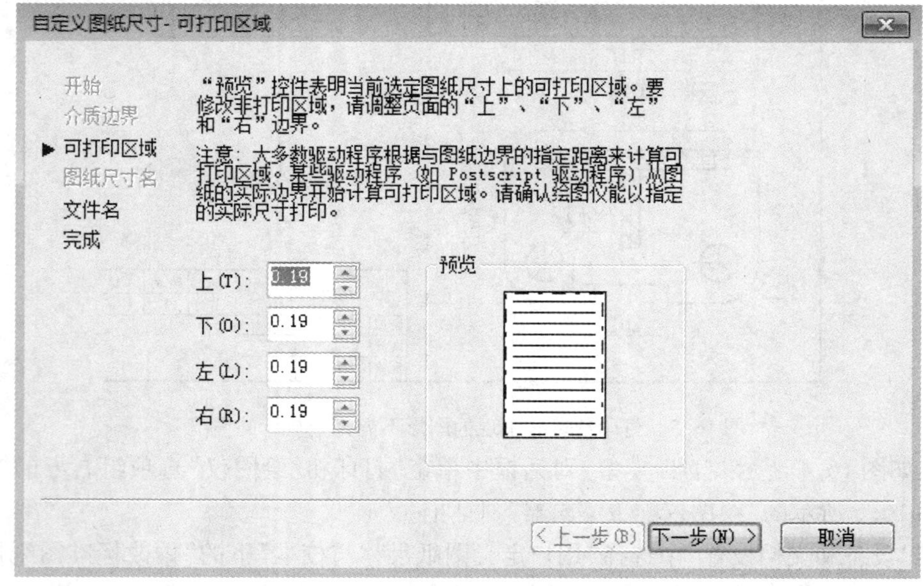

图 16.7 "自定义图纸尺寸-可打印区域"对话框

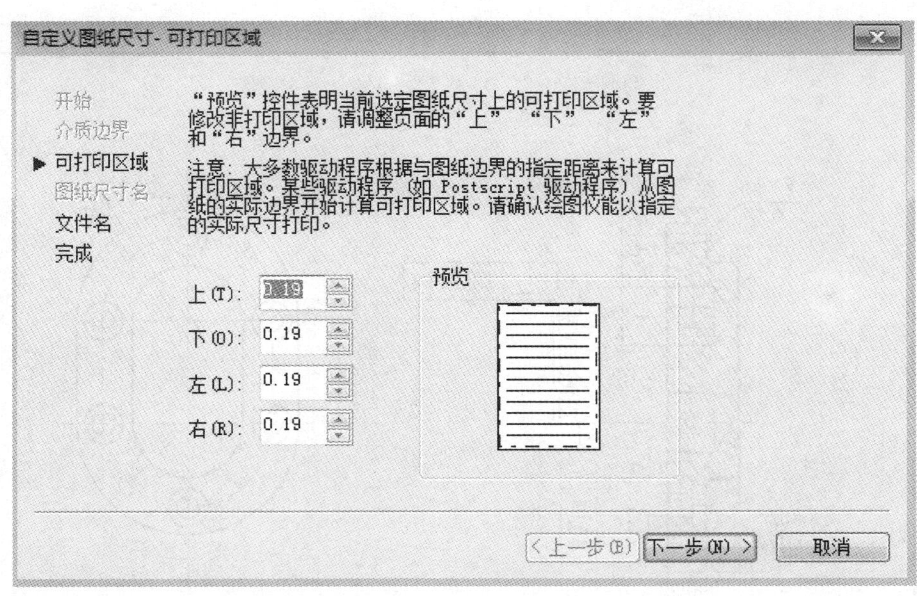

图 16.8　"自定义图纸尺寸-文件名"对话框

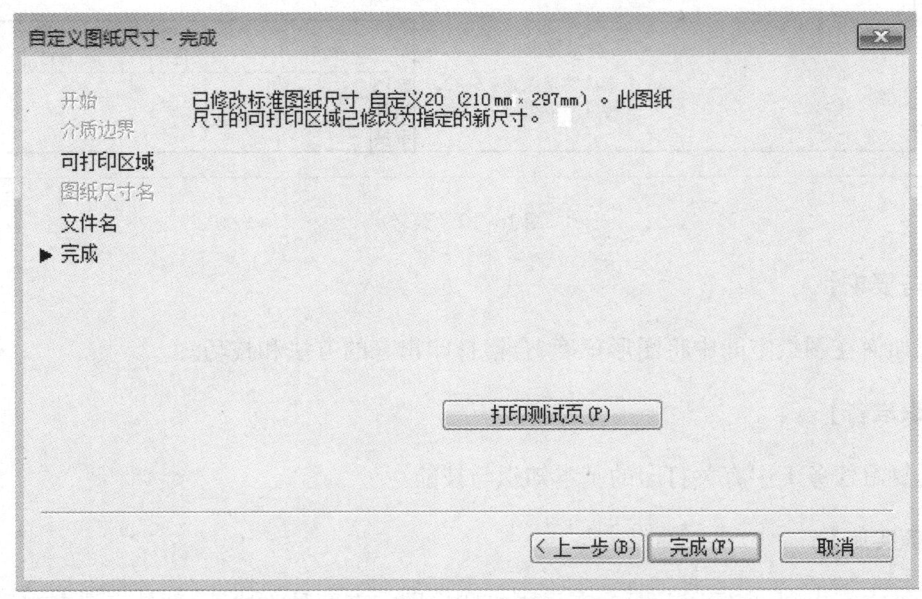

图 16.9　"自定义图纸尺寸-完成"对话框

任务 2　在图纸空间用布局打印出图

【任务描述】

在 AutoCAD 中输出如图 16.10 所示的泵盖工程图的方法，主要涉及在"图纸空间打印出图"的操作。

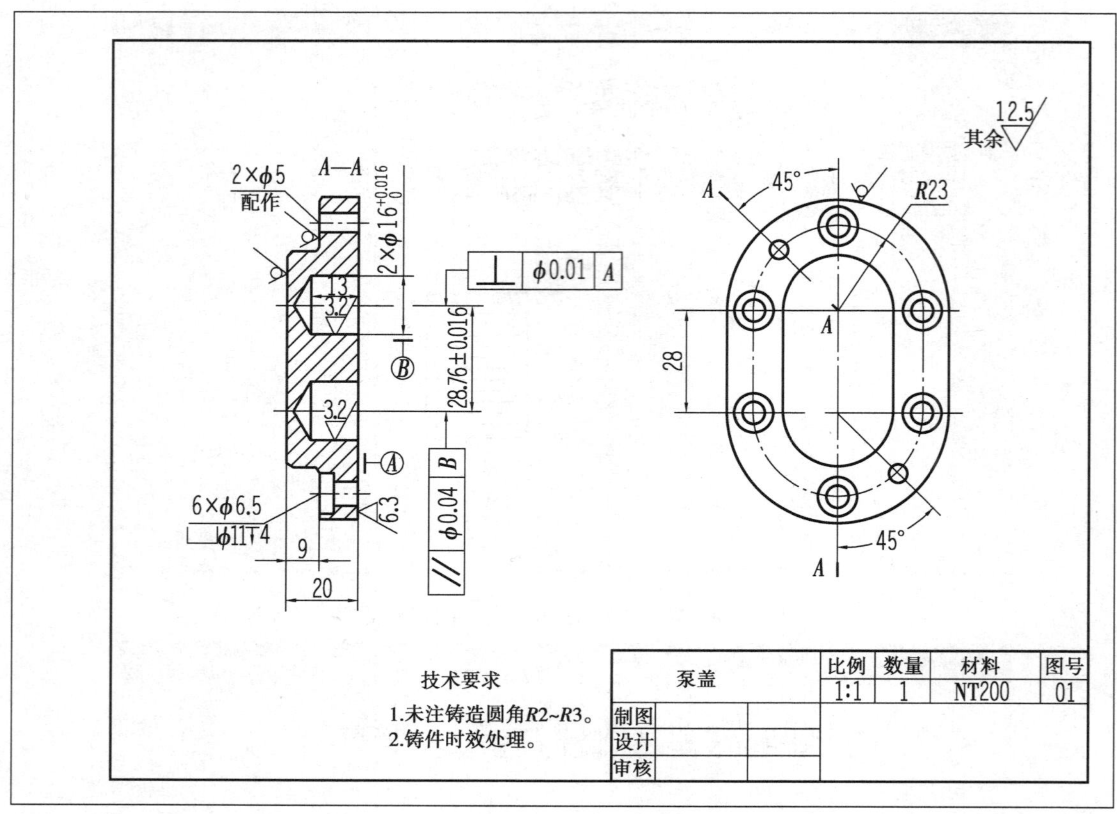

图 16.10 泵盖

【任务要求】

掌握如何在图纸空间中将图形正确、合格打印出来的方法和技巧。

【知识准备】

认真复习任务 1 中有关打印的基本知识与技能。

【任务实施】

在图纸空间出图,实际上就是先布局再打印出图。有两种方法:一种是直接在布局中打印图形;另一种是利用布局向导来创建布局并打印出图。分别介绍如下:

(1)直接在布局中打印图形

第 1 步:新建“视口”图层并置为当前层。

第 2 步:创建一个布局。

①单击绘图区域下方的“布局 1”或“布局 2”,弹出如图 16.11 所示的视口,虚线框内为图形打印的有效区域,打印时虚线框不会被打印。

②单击“文件”→“页面设置管理器”或右击“布局 1”,选择“页面设置管理器”,弹出如图 16.12 所示的“页面设置管理器”对话框。

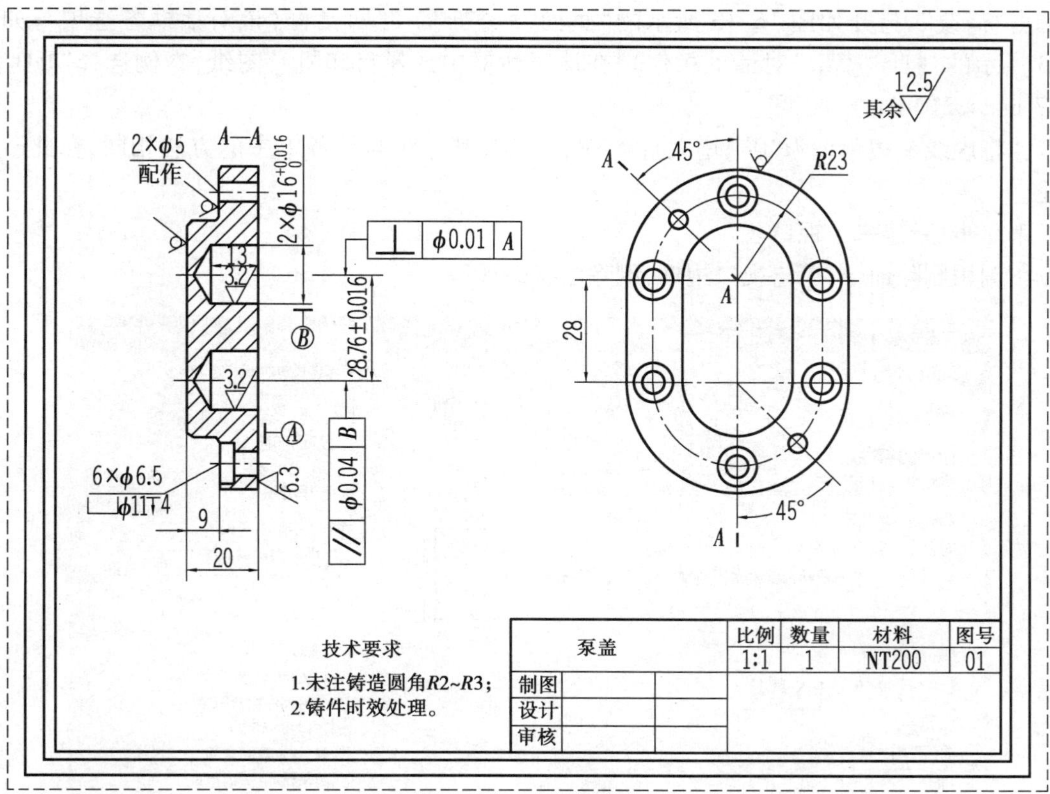

图 16.11　视口

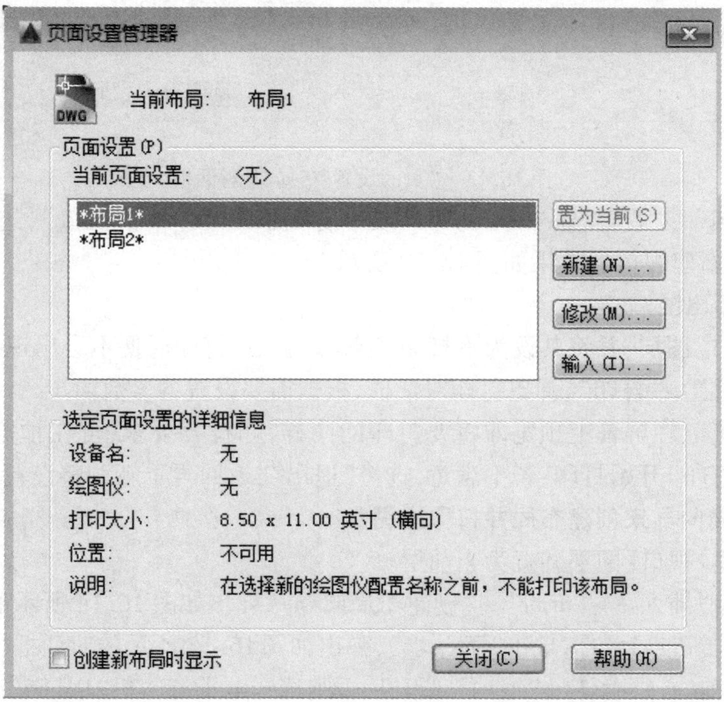

图 16.12　“页面设置管理器”对话框

③单击“修改”,打开如图 16.13 所示的“页面设置-布局 1”对话框(该对话框各选项与如图 16.3 所示的“打印-模型”对话框相似),在该对话框中选择打印机及图纸,本例选择“ISO A4 (297 mm×210 mm)”图纸。

④将虚线框边距设为“0”,增大打印有效区域,其方法与任务 1 中的方法相同,在此不再赘述。

第 3 步:新建一个视口。

①调用删除命令,单击视口边框,删除已有的视口。

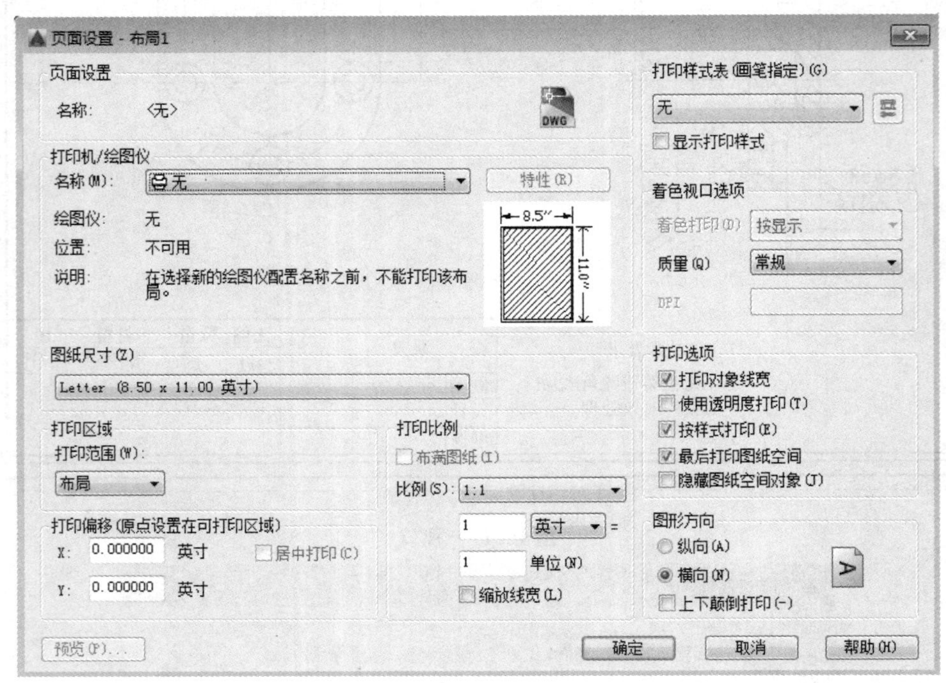

图 16.13 “页面设置-布局 1”对话框

②单击“视图”→“视口”→“一个视口”或单击“视口”→“单个视口”,选择“布满”方式,新建一个视口。新建视口后效果如图 16.10 所示。

第 4 步:打印出图。

①关闭“视口”图层,并将其设为不打印状态(设置后,打印时便不会出现视口边框)。

②单击“标准”→“打印”,弹出打印对话框,根据需要设置各参数。

③单击“预览”,在屏幕上预览即将要打印的图样,如符合要求,可在预览图中右击,在弹出菜单中选择“打印”开始打印;若不满意,选择“退出”,返回再重新调整设置。

(2)利用布局向导来创建布局并打印出图

第 1 步:新建“视口”图层并置为当前层。

第 2 步:单击“插入”→“布局”→“创建布局向导”,弹出如图 16.14 所示的对话框。

第 3 步:输入新布局名称,单击“下一步”,弹出如图 16.15 所示的对话框,进行打印机的设置。在创建布局前,必须确认已安装了打印机,否则选择电子打印机“DWF6 ePlot. pc3”。

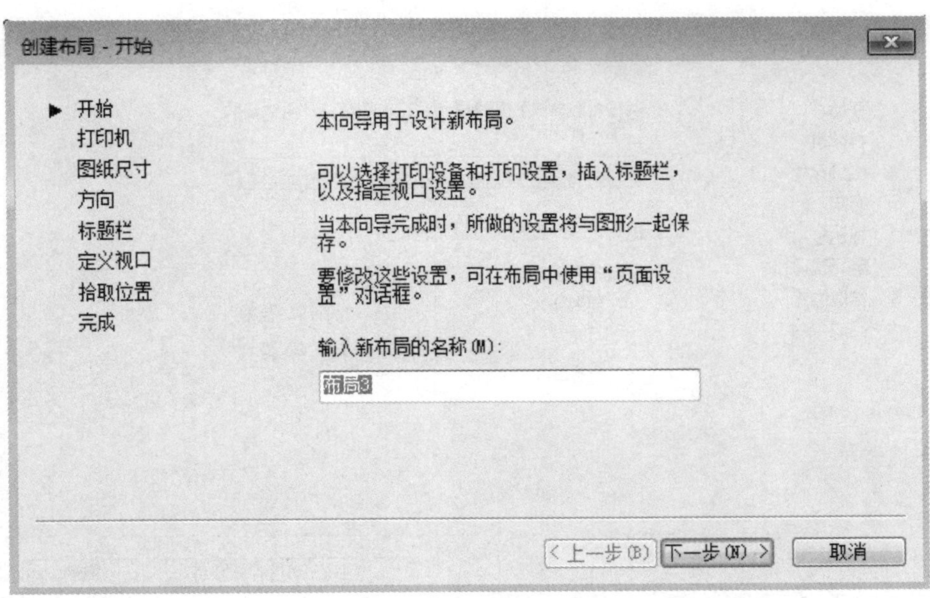

图 16.14　“创建布局-开始”对话框

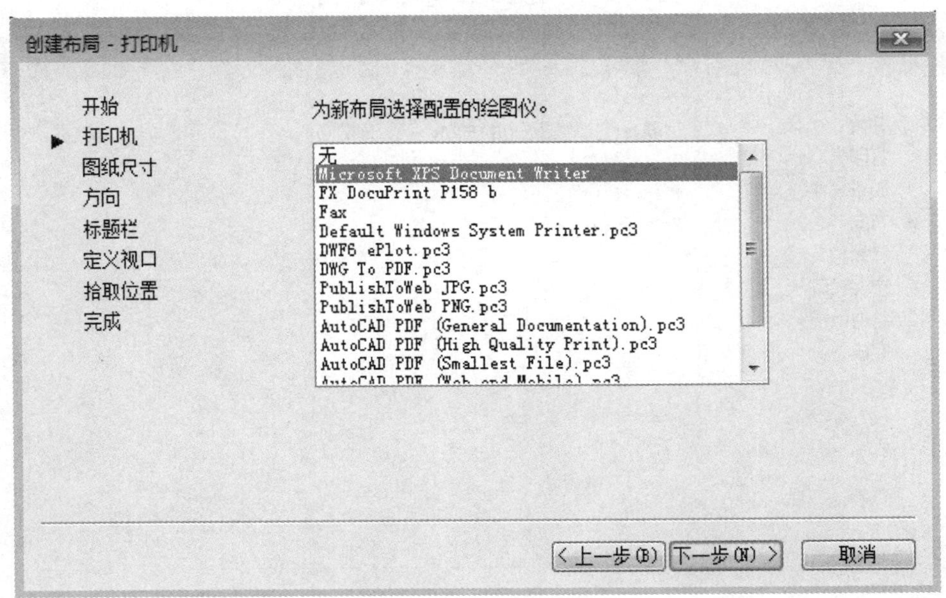

图 16.15　“创建布局-打印机”对话框

第 4 步：单击“下一步”，弹出如图 16.16 所示的对话框，设置图形单位和图纸尺寸大小。

第 5 步：单击“下一步”，弹出如图 16.17 所示的对话框，设置图纸方向。

第 6 步：单击“下一步”，弹出如图 16.18 所示的对话框，指定所选择的标题栏文件是作为块插入的。用户也可自己创建块，用 wblock 命令写入：

“X：\Documents and Settings\windows 登录用户名\Local Settings\Application Data\Autodesk\AutoCAD2016\R17.0\chs\Template”中(其中“X”代表 AutoCAD 的安装驱动器名)。

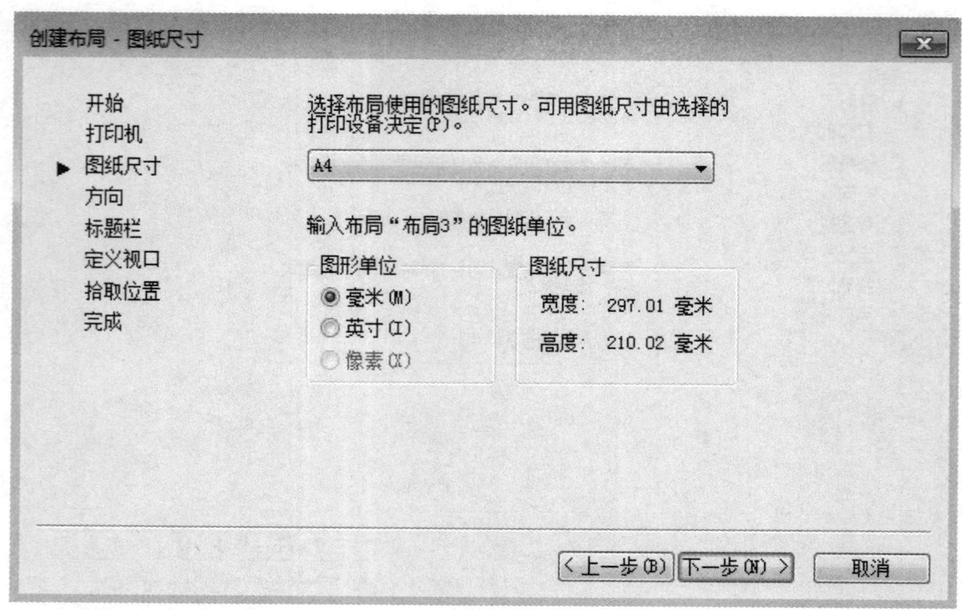

图 16.16 “创建布局-图纸尺寸”对话框

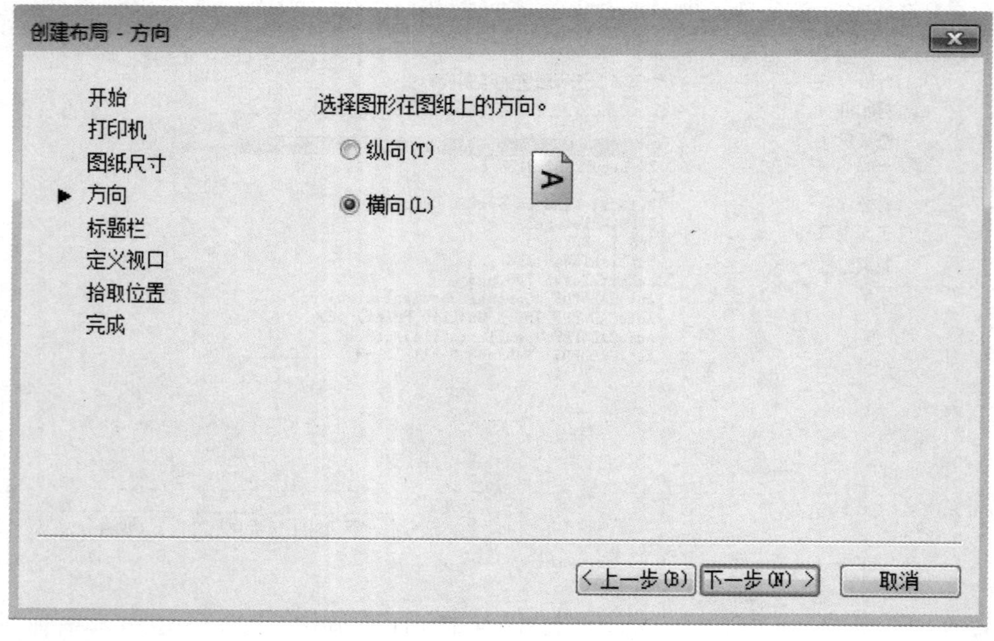

图 16.17 “创建布局-方向”对话框

第 7 步:单击“下一步”,弹出如图 16.19 所示的对话框,确定布局中视口的个数和方式及视口中的视图与模型中图的比例关系。

第 8 步:单击“下一步”,弹出如图 16.20 所示的对话框,单击“选择位置”,系统切换到绘图窗口,通过指定对角两点确定合适的视口大小和位置。指定后返回对话框,单击“完成”。

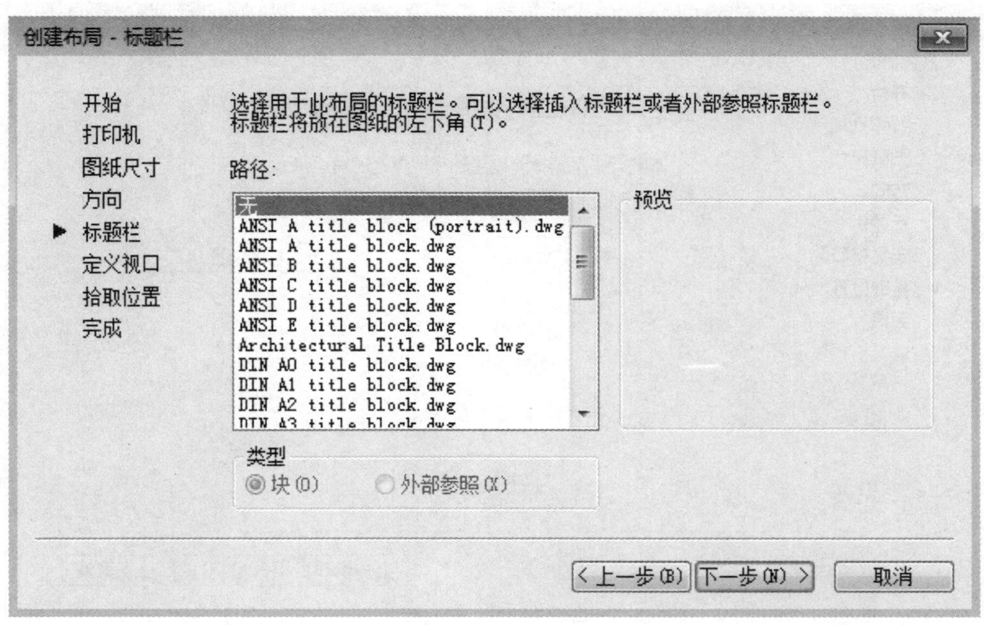

图 16.18　“创建布局-标题栏”对话框

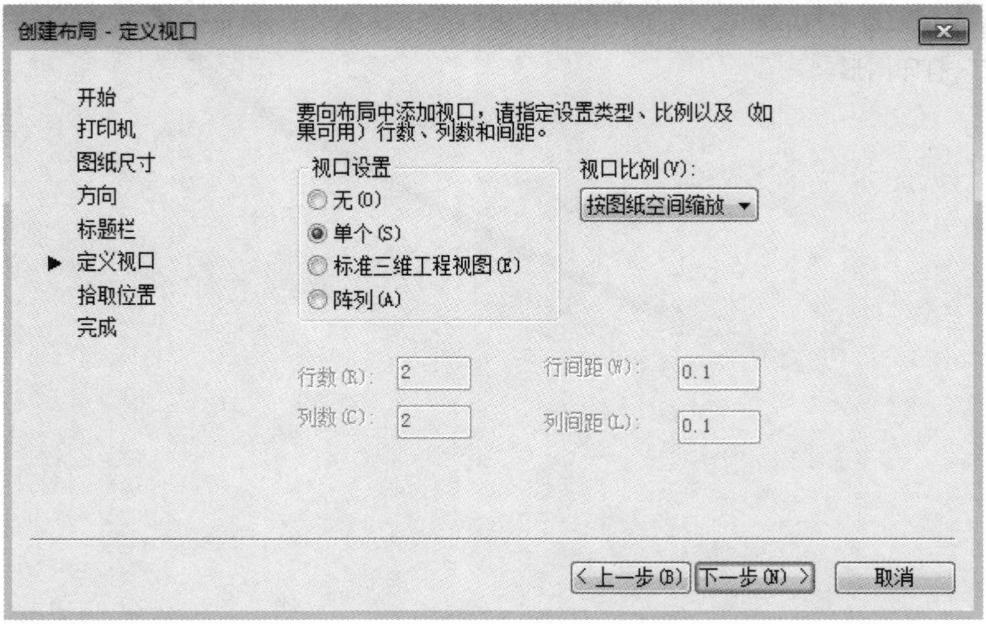

创建布局 - 定义视口

开始
打印机
图纸尺寸
方向
标题栏
定义视口
拾取位置
完成

要向布局中添加视口，请指定设置类型、比例以及（如果可用）行数、列数和间距。

视口设置
无(O)
单个(S)
标准三维工程视图(E)
阵列(A)

视口比例(V):
按图纸空间缩放

行数(R): 2
列数(C): 2
行间距(W): 0.1
列间距(L): 0.1

< 上一步(B)　下一步(N) >　取消

图 16.19　“创建布局-定义视口”对话框

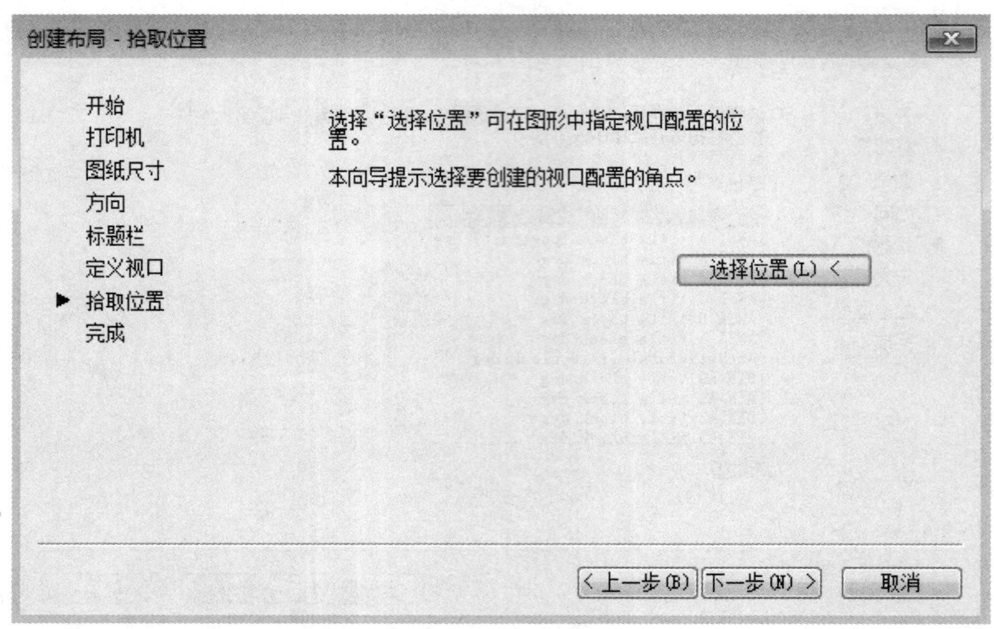

图 16.20 “创建布局-拾取位置”对话框

第 9 步:调整视口的显示比例及显示方位。

第 10 步:单击“标准”→“打印”,在弹出的“打印”对话框中,根据需要设置各参数,单击“确定”,打印图形。

附　录

附录 1　国家标准摘录

(1)螺纹

附表 1.1　普通螺纹直径与螺距(摘自 GB/T 196—197—1981)/mm

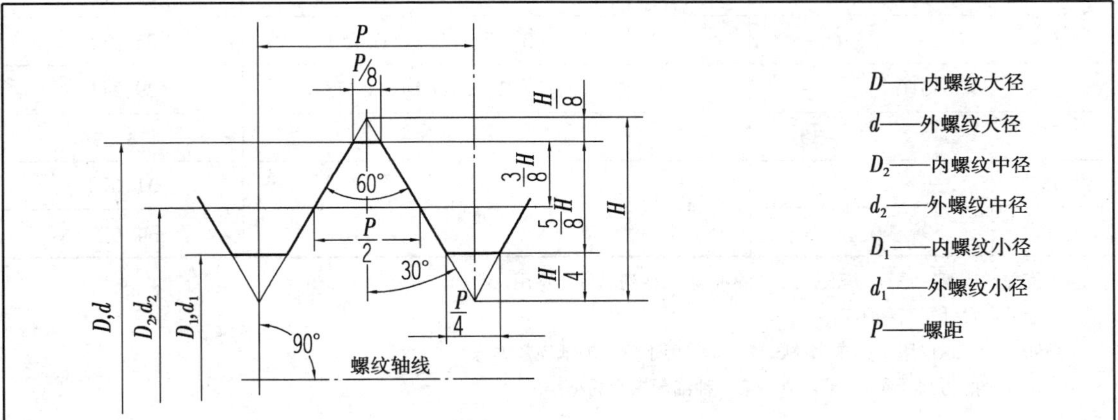

标记示例:

M10-6g(粗牙普通外螺纹、公称直径 $d=10$、右旋、中径及大径公差带均为 6 g、中等旋合长度)

M10×1LH-6H(细牙普通内螺纹、公称直径 $D=10$、螺距 $P=1$、左旋、中径及小径公差带均为 6 H、中等旋合长度)

公称直径 D、d/mm			螺距 P/mm		粗牙螺纹小径 D_1、d_1/mm
第一系列	第二系列	第三系列	粗　牙	细　牙	
4	—	—	0.7	0.5	3.242
5	—	—	0.8		4.134
6	—	—	1	0.75、(0.5)	4.917
	—	7			5.917
8	—	—	1.25	1、0.75、(0.5)	6.647
10	—	—	1.5	1.25、1、0.75、(0.5)	8.376
12	—	—	1.75	1.5、1.25、1、(0.75)、(0.5)	10.106
—	14	—	2		11.835
—	—	15	—	1.5、(1)	*13.376

续表

公称直径 D、d/mm			螺距 P/mm		粗牙螺纹小径 D_1、d_1/mm
第一系列	第二系列	第三系列	粗　牙	细　牙	
16	—	—	2	1.5、1、(0.75)、(0.5)	13.835
—	18	—	2.5	2、1.5、1、(0.75)、(0.5)	15.294
20	—	—			17.294
—	22	—			19.294
24	—	—	3	2、1.5、1,(0.75)	20.752
—	—	25	—	2、1.5、(1)	*22.835
—	27	—	3	2、1.5、1、(0.75)	23.752
30	—	—	3.5	(3)、2、1.5、1、(0.75)	26.211
—	33	—		(3)、2、1.5、(1)、(0.75)	29.211
—	—	35	—	1.5	*33.376
36	—	—	4	3、2、1.5、(1)	31.670
—	39	—			34.670

注:1. 优先选用第一系列,其次是第二系列,第三系列尽可能不用。

2. 括号内尺寸尽可能不用。

3. M14×1.25 仅用于火花塞;M35×1.5 仅用于滚动轴承锁紧螺母。

4. 带 * 号的为细牙参数,是对应于第一种细牙螺距的小径尺寸。

附表 1.2　管螺纹

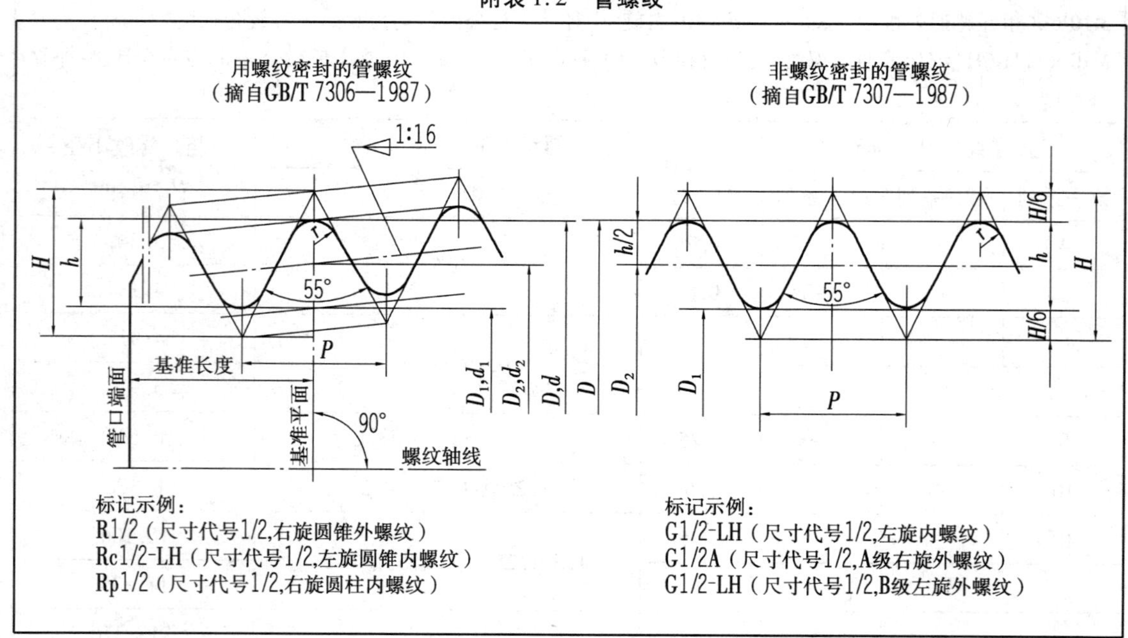

续表

尺寸代号	基面上的直径(GB/T 7306) 基本直径(GB/T 7307) 大径 $d=D$ /mm	中径 $d_2=D_2$ /mm	小径 $d_1=D_1$ /mm	螺距 P /mm	牙高 h /mm	圆弧半径 r /mm	每 25.4 mm 内的牙数 n	有效螺纹长度(GB/T 7306) /mm	基准的基本长度(GB/T 7306) /mm
1/16	7.723	7.142	6.561	0.907	0.581	0.125	25	6.5	4.0
1/8	9.728	9.147	8.566					6.5	4.0
1/4	13.157	12.301	11.445	1.337	0.856	0.184	19	9.7	6.0
3/8	16.662	15.806	14.950					10.1	6.4
1/2	20.955	19.793	18.631	1.814	1.162	0.249	14	13.2	8.2
3/4	26.441	25.279	24.117					14.5	9.5
1	33.249	31.770	30.291	2.309	1.479	0.317	11	16.8	10.4
$1^1/4$	41.910	40.431	28.952					19.1	12.7
$1^1/2$	47.803	46.324	44.845					19.1	12.7
2	59.614	58.135	56.656					23.4	15.9
$2^1/2$	75.184	73.705	72.226					26.7	17.5
3	87.884	86.405	84.926					29.8	20.6
4	113.030	111.551	110.072					35.8	25.4
5	138.430	136.951	135.472					40.1	28.6
6	163.830	162.351	160.872					40.1	28.6

附表 1.3 常用的螺纹公差带

螺纹种类	精度	外螺纹			内螺纹		
		S	N	L	S	N	L
普通螺纹(GB/T 197—1981)	中等	(5g 6g) (5h 6h)	[*6g], *6e *6h, *6f	7g6g (7h6h)	*5H (5G)	[*6H] (6G)	*7H (7G)
	粗糙	—	8g,(8h)	—	—	7H,(7G)	—
梯形螺纹(GB/T 5796.4—1986)	中等	—	7h,7e	8e	—	7H	8H
	粗糙	—	8e,8c	8c	—	8H	9H

注:1. 大量生产的精制紧固件螺纹,推荐采用带方框的公差带。

2. 带 * 的公差带优先选用,括号内的公差带尽可能不用。

3. 两种精度选用原则:中等——一般用途;粗糙——对精度要求不高时采用。

(2)常用的标准件

附表 1.4　六角头螺栓/mm

六角头螺栓　C级（摘自GB/T 5780—2000）

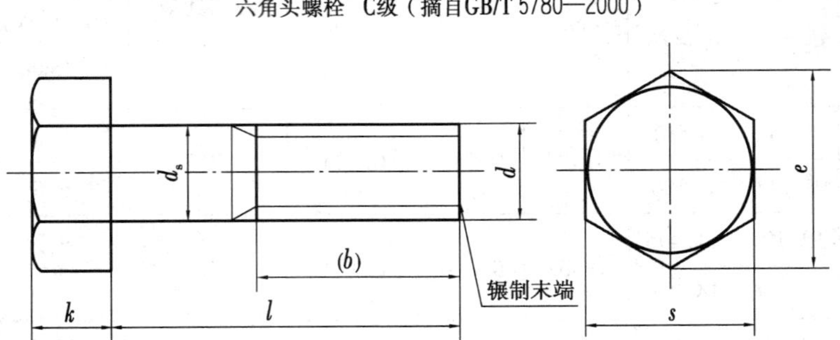

标记示例：

螺栓　GB/T 5780　M20×100　（螺纹规格 d = M20、公称长度 l = 100 mm、性能等级为 4.8 级、不经表面处理、杆身半螺纹、立品等级为 C 级的六角头螺栓）

六角头螺栓　全螺纹　C级（摘自GB/T 5781—2000）

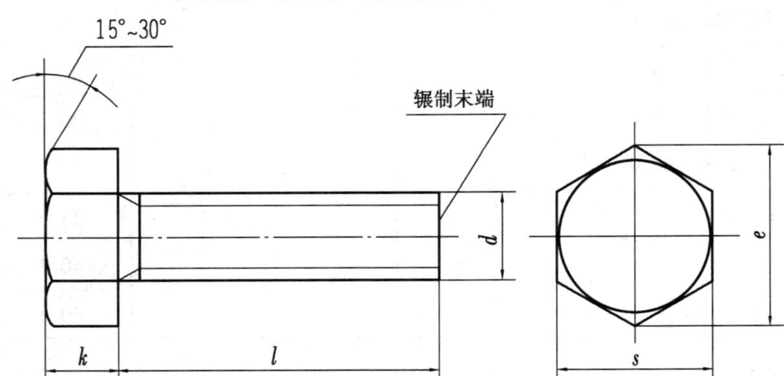

标记示例：

螺栓　GB/T 5781　M12×80　（螺纹规格 d = M12、公称长度 l = 80 mm、性能等级为 4.8 级、不经表面处理、全螺纹、立品等级为 C 级的六角头螺栓）

螺纹规格 d		M5	M6	M8	M10	M12	M16	M20	M24	M30	M36	M42	M48
$b_{参考}$	$l_{公称} \leqslant 125$	16	18	22	26	30	38	40	54	66	78	—	—
	$125 < l_{公称} \leqslant 1\ 200$	—	—	28	32	36	44	52	60	72	84	96	108
	$l_{公称} > 200$	—	—	—	—	—	57	65	73	85	97	109	121
$k_{公称}$		3.5	4.0	5.3	6.4	7.5	10	12.5	15	18.7	22.5	26	30
s_{max}		8	10	13	16	18	24	30	36	46	55	65	75
e_{max}		8.63	10.9	14.2	17.6	19.9	26.2	33.0	39.6	50.9	60.8	72.0	82.6
$d_{s\ max}$		5.48	6.48	8.58	10.6	12.7	16.7	20.8	24.8	30.8	37.0	45.0	49.0

续表

螺纹规格 d		M5	M6	M8	M10	M12	M16	M20	M24	M30	M36	M42	M48
$l_{范围}$	GB/T 5780	25~50	30~60	35~80	40~100	45~120	55~160	65~200	80~240	90~300	110~300	160~420	180~480
	GB/T 5781	10~40	12~50	16~65	20~80	25~100	35~100	40~100	50~100	60~100	70~100	80~420	90~480
$l_{系列}$		10、12、16、20~50(5 进位)、(55)、60、(65)、70~160(10 进位)、180、220~500(20 进位)											

注:1. 括号内的规格尽可能不用。末端按 GB/T 2 规定。

2. 螺纹公差:8g(GB/T 5780);6g(GB/T 5781);机械性能等级:$d \leq 39$ 时,按 3.6、4.6、4.8 级;$d > 39$ 时,按协议。

附表 1.5 螺柱(摘自 GB/T 897—900—1988)/mm

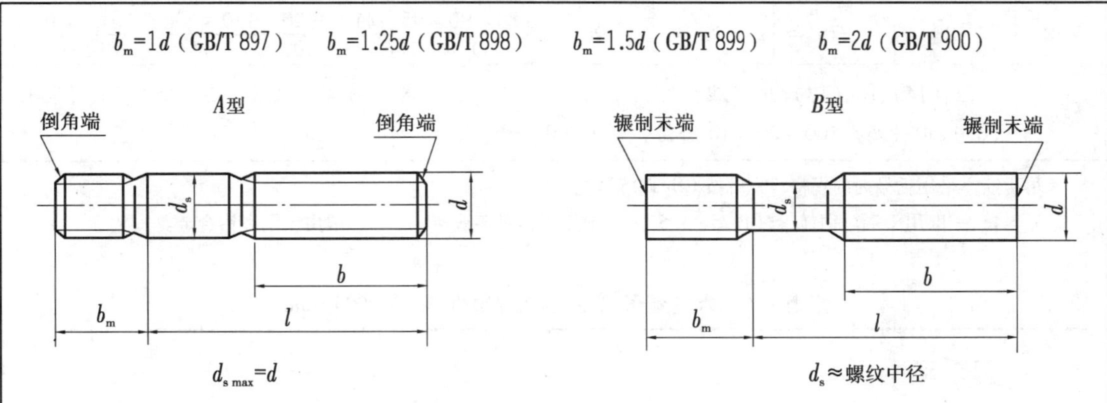

标记示例:

螺柱 GB/T 900 M10×50(两端均为粗牙普通螺纹、$d=10$、$l=50$、性能等级为 4.8 级、不经表面处理、B 型、$b_m=2d$ 的双头螺柱)

螺柱 GB/T 900 AM10-10×1×50 (旋入机体一端为粗牙普通螺纹、旋螺母端为螺距 $P=1$ 的细牙普通螺纹、$d=10$、$l=50$、性能等级为 4.8 级、不经表面处理、A 型、$b_m=2d$ 的双头螺柱)

螺纹规格 d	b_m(旋入机体端长度)				$\frac{l(螺柱长度)}{b(旋螺母端长度)}$
	GB/T 897	GB/T 898	GB/T 899	GB/T 900	
M4	—	—	6	8	$\frac{16\sim22}{8}$ $\frac{25\sim40}{14}$
M5	5	6	8	10	$\frac{16\sim22}{10}$ $\frac{25\sim50}{16}$
M6	6	8	10	12	$\frac{20\sim22}{10}$ $\frac{25\sim30}{14}$ $\frac{32\sim75}{18}$
M8	8	10	12	16	$\frac{20\sim22}{12}$ $\frac{25\sim30}{16}$ $\frac{32\sim90}{22}$
M10	10	12	15	20	$\frac{25\sim28}{14}$ $\frac{30\sim38}{16}$ $\frac{40\sim120}{26}$ $\frac{130}{32}$
M12	12	15	18	24	$\frac{25\sim30}{14}$ $\frac{32\sim40}{16}$ $\frac{45\sim120}{26}$ $\frac{130\sim180}{32}$

续表

螺纹规格 d	b_m(旋入机体端长度)				$\frac{l(\text{螺柱长度})}{b(\text{旋螺母端长度})}$
	GB/T 897	GB/T 898	GB/T 899	GB/T 900	
M16	16	20	24	32	$\frac{30 \sim 38}{16}$ $\frac{40 \sim 55}{20}$ $\frac{60 \sim 120}{30}$ $\frac{130 \sim 200}{36}$
M20	20	25	30	40	$\frac{35 \sim 40}{20}$ $\frac{45 \sim 65}{30}$ $\frac{70 \sim 120}{38}$ $\frac{130 \sim 200}{44}$
(M24)	24	30	36	48	$\frac{45 \sim 50}{25}$ $\frac{55 \sim 75}{35}$ $\frac{80 \sim 120}{46}$ $\frac{130 \sim 200}{52}$
(M30)	30	38	45	60	$\frac{60 \sim 65}{40}$ $\frac{70 \sim 90}{50}$ $\frac{95 \sim 120}{66}$ $\frac{130 \sim 200}{72}$ $\frac{210 \sim 250}{85}$
M36	36	45	54	72	$\frac{65 \sim 75}{45}$ $\frac{80 \sim 110}{60}$ $\frac{120}{78}$ $\frac{130 \sim 200}{84}$ $\frac{210 \sim 300}{97}$
M42	42	52	63	84	$\frac{70 \sim 80}{50}$ $\frac{85 \sim 110}{70}$ $\frac{120}{90}$ $\frac{130 \sim 200}{96}$ $\frac{210 \sim 300}{109}$
M48	48	60	72	96	$\frac{80 \sim 90}{60}$ $\frac{95 \sim 110}{60}$ $\frac{120}{102}$ $\frac{130 \sim 200}{108}$ $\frac{210 \sim 300}{121}$
$l_{系列}$	12、(14)、16、(18)、20、(22)、25、(28)、30、(32)、35、(38)、40、45、50、55、60、(65)、70、75、80、(85)、90、(95)、100 ~ 260(10 进位)、280、300				

注:1. 尽可能不采用括号内的规格。末端按 GB/T 2 规定。

2. $b_m = 1d$,一般用于钢对钢;$b_m = (1.25 \sim 1.5)d$,一般用于钢对铸铁;$b_m = 2d$,一般用于钢和铝合金。

附表 1.6 六角螺母 C 级(摘自 GB/T 41—2000)/mm

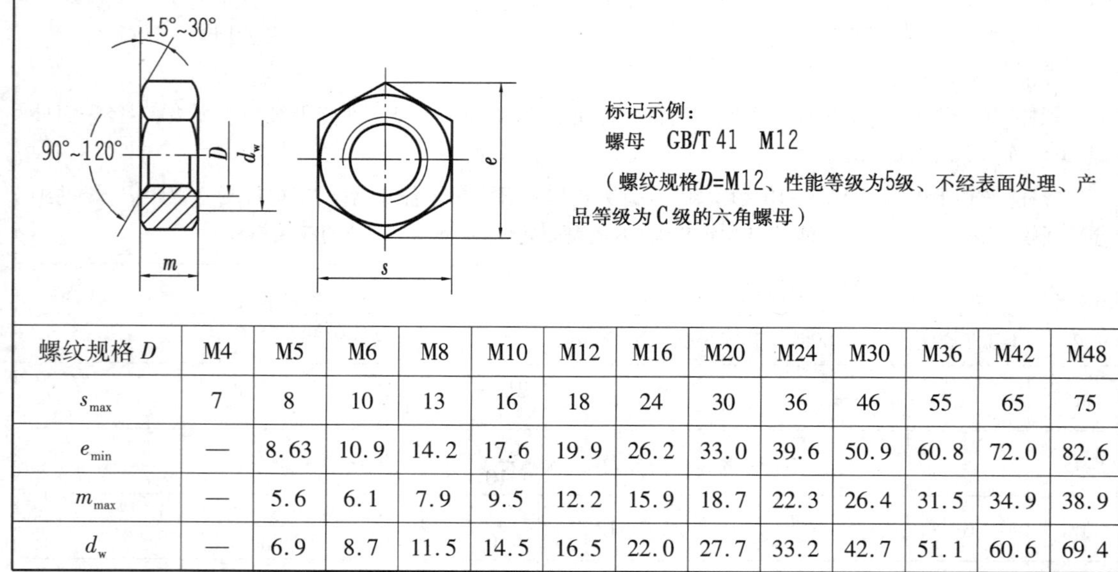

螺纹规格 D	M4	M5	M6	M8	M10	M12	M16	M20	M24	M30	M36	M42	M48
s_{max}	7	8	10	13	16	18	24	30	36	46	55	65	75
e_{min}	—	8.63	10.9	14.2	17.6	19.9	26.2	33.0	39.6	50.9	60.8	72.0	82.6
m_{max}	—	5.6	6.1	7.9	9.5	12.2	15.9	18.7	22.3	26.4	31.5	34.9	38.9
d_w	—	6.9	8.7	11.5	14.5	16.5	22.0	27.7	33.2	42.7	51.1	60.6	69.4

附表 1.7 垫圈/mm

平垫圈—A 级(摘自 GB/T 97.1—1985)　　平垫圈—C 级(摘自 GB/T 95—1985)

平垫圈 倒角型—A 级(摘自 GB/T 97.2—1985)　　标准型弹簧垫圈(摘自 GB/T 93—1987)

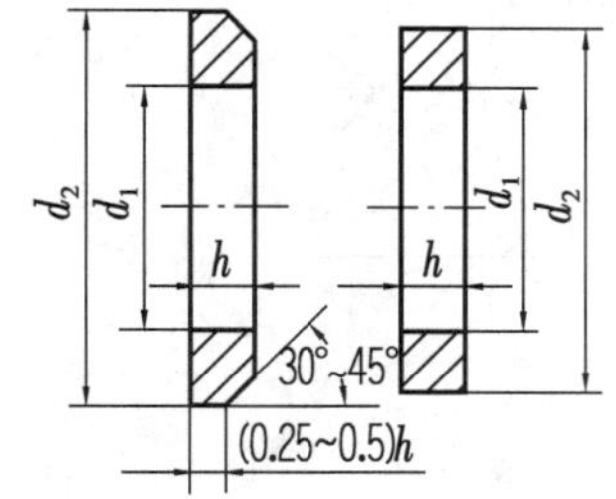

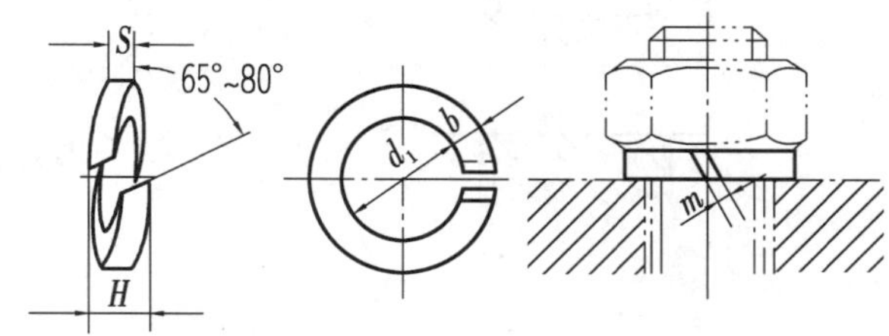

标记示例:

垫圈 GB/T 97.1　8(标准系列、规格 8 mm、性能等级为 140 HV 级、不经表面处理、产品等级为 A 级的平垫圈)

垫圈 GB/T 93　10(规格 10 mm、材料 65 Mn、表面氧化的标准型弹簧垫圈)

公称尺寸 d (螺纹规格)		4	5	6	8	10	12	14	16	20	24	30	36	42	48
GB/T 97.1 (A 级)	d_1	4.3	5.3	6.4	8.4	10.5	13.0	15	17	21	25	31	37	—	—
	d_2	9	10	12	16	20	24	28	30	37	44	56	66	—	—
	h	0.8	1	1.6	1.6	2	2.5	2.5	3	3	4	4	5	—	—
GB/T 97.2 (A 级)	d_1	—	5.3	6.4	8.4	10.5	13	15	17	21	25	31	37	—	—
	d_2	—	10	12	16	20	24	28	30	37	44	56	66	—	—
	h	—	1	1.6	1.6	2	2.5	2.5	3	3	4	4	5	—	—
GB/T 95 (C 级)	d_1	—	5.5	6.6	9	11	13.5	15.5	17.5	22	26	33	39	45	52
	d_2	—	10	12	16	20	24	28	30	37	44	56	66	78	92
	h	—	1	1.6	1.6	2	2.5	2.5	3	3	4	4	5	8	8
GB/T 93	d_1	4.1	5.1	6.1	8.1	10.2	12.2	—	16.2	20.2	24.5	30.5	36.5	42.5	48.5
	$S=b$	1.1	1.3	1.6	2.1	2.6	3.1	—	4.1	5	6	7.5	9	10.5	12
	H	2.8	3.3	4	5.3	6.5	7.8	—	10.3	12.5	15	18.6	22.5	26.3	30

注:1. A 级适用于精装配系列,C 级适用于中等装配系列。

2. C 级垫圈没有 $Ra3.2$ 和去毛刺的要求。

附表 1.8 平键及键槽各部尺寸(摘自 GB/T 1095—1096—1979)(1990 年确认有效)/mm

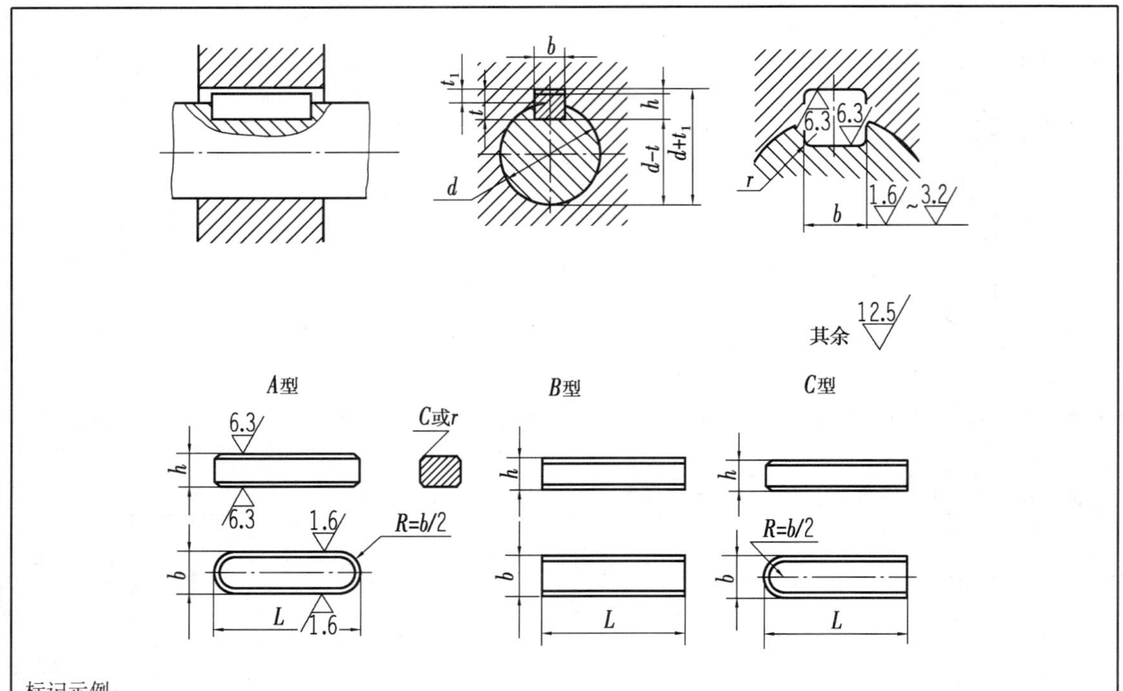

标记示例:

键 16×100 GB/T 1096 (圆头普通平键、$b=16$、$h=10$、$L=100$)

键 B16×100 GB/T 1096 (平头普通平键、$b=16$、$h=10$、$L=100$)

键 C16×100 GB/T 1096 (单圆头普通平键、$b=16$、$h=10$、$L=10$)

轴	键		键槽											
			宽度 b						深度				半径 r	
公称直径 d	公称尺寸 $b\times h$	长度 L	公称尺寸 b	极限偏差					轴 t		毂 t_1			
				较松键连接		一般键连接		较紧键连接	公称	偏差	公称	偏差		
				轴 H9	毂 D10	轴 N9	毂 JS9	轴和毂 P9					最大	最小
>10~12	4×4	8~45	4	+0.030 0	+0.078 +0.030	0 -0.030	±0.015	-0.012 -0.042	2.5	+0.1	1.8	+0.10	0.08	0.16
>12~7	5×5	10~56	5						3.0		2.3		0.16	0.25
>17~22	6×6	14~70	6						3.5		2.8			
>22~30	8×7	18~90	8	+0.036 0	+0.098 +0.040	0 -0.036	±0.018	-0.015 -0.051	4.0	+0.20	3.3	+0.20		
>30~38	10×8	22~110	10						5.0		3.3		0.25	0.40
>38~44	12×8	28~140	12	+0.043 0	+0.120 +0.050	0 -0.043	±0.022	-0.018 -0.061	5.0		3.3			
>44~50	14×9	36~160	14						5.5		3.8			
>50~58	16×10	45~180	16						6.0		4.3			
>58~65	18×11	50~200	18						7.0		4.4			
>65~75	20×12	56~220	20	+0.052 0	+0.149 +0.065	0 -0.052	±0.026	-0.022 -0.074	7.5		4.9		0.40	0.60
>75~85	22×14	63~250	22						9.0		5.4			
>85~95	25×14	70~280	25						9.0		5.4			
>95~110	28×16	80~320	28						10		6.4			
$L_{系列}$	6~22(2 进位)、25、28、32、36、40、45、50、56、63、70、80、90、100、110、125、140、160、180、200、220、250、280、320、360、400、450、500													

注:1. $(d-t)$ 和 $(d+t_1)$ 两组组合尺寸的极限偏差按相应的 t 和 t_1 的极限偏差选取,但 $(d-t)$ 极限偏差应取负号(-)。

2. 键 b 的极限偏差为 h9,键 h 的极限偏差为 h11,键长 L 的极限偏差为 h14。

附表 1.9　圆柱销　不淬硬钢和奥氏体不锈钢(摘自 GB/T 119.1—2000)/mm

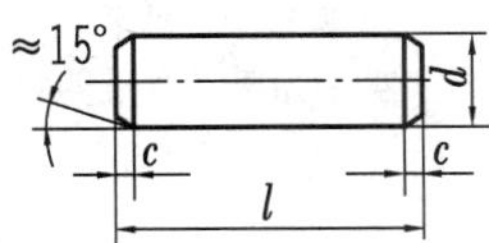

标记示例:

销　GB/T 119.1　10×90(公称直径 $d=10$ mm、公差为 m6、公称长度 $l=90$ mm、材料为钢、不经淬火、不经表面处理的圆柱销)

销　GB/T 119.1　10×90-A1(公称直径 $d=10$ mm、公差为 m6、公称长度 $l=90$ mm、材料为 A1 组奥氏体不锈钢、表面简单处理的圆柱销)

$d_{公称}$	2	3	4	5	6	8	10	12	16	20	25
$c\approx$	0.35	0.5	0.63	0.8	1.2	1.6	2.0	2.5	3.0	3.5	4.0
$l_{范围}$	6~20	8~30	8~40	10~50	12~60	14~80	18~95	22~140	26~180	35~200	50~200
$l_{系列}$	2、3、4、5、6~32(2 进位)、35~100(5 进位)、120~200(20 进位)										

附表 1.10　圆锥销(摘自 GB/T 117—2000)/mm

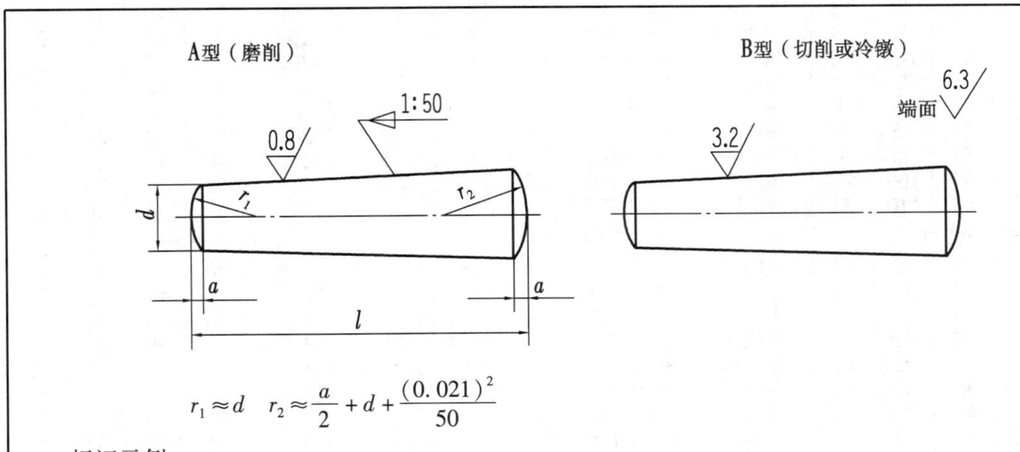

$$r_1 \approx d \quad r_2 \approx \frac{a}{2} + d + \frac{(0.021)^2}{50}$$

标记示例:

销　GB/T 117　10×60(公称直径 $d=10$ mm、公称长度 $l=60$ mm、材料为 35 钢、热处理硬度 28~38 HRC、表面氧化处理的 A 型圆锥销)

$d_{公称}$	2	2.5	3	4	5	6	8	10	12	16	20	25
$a\approx$	0.25	0.3	0.4	0.5	0.63	0.8	1.0	1.2	1.6	2.0	2.5	3.0
$l_{范围}$	10~35	10~35	12~45	14~55	18~60	22~90	22~120	26~160	32~180	40~200	45~200	50~200
$l_{系列}$	2、3、4、5、6~32(2 进位)、35~100(5 进位)、120~200(20 进位)											

附表 1.11　滚动轴承

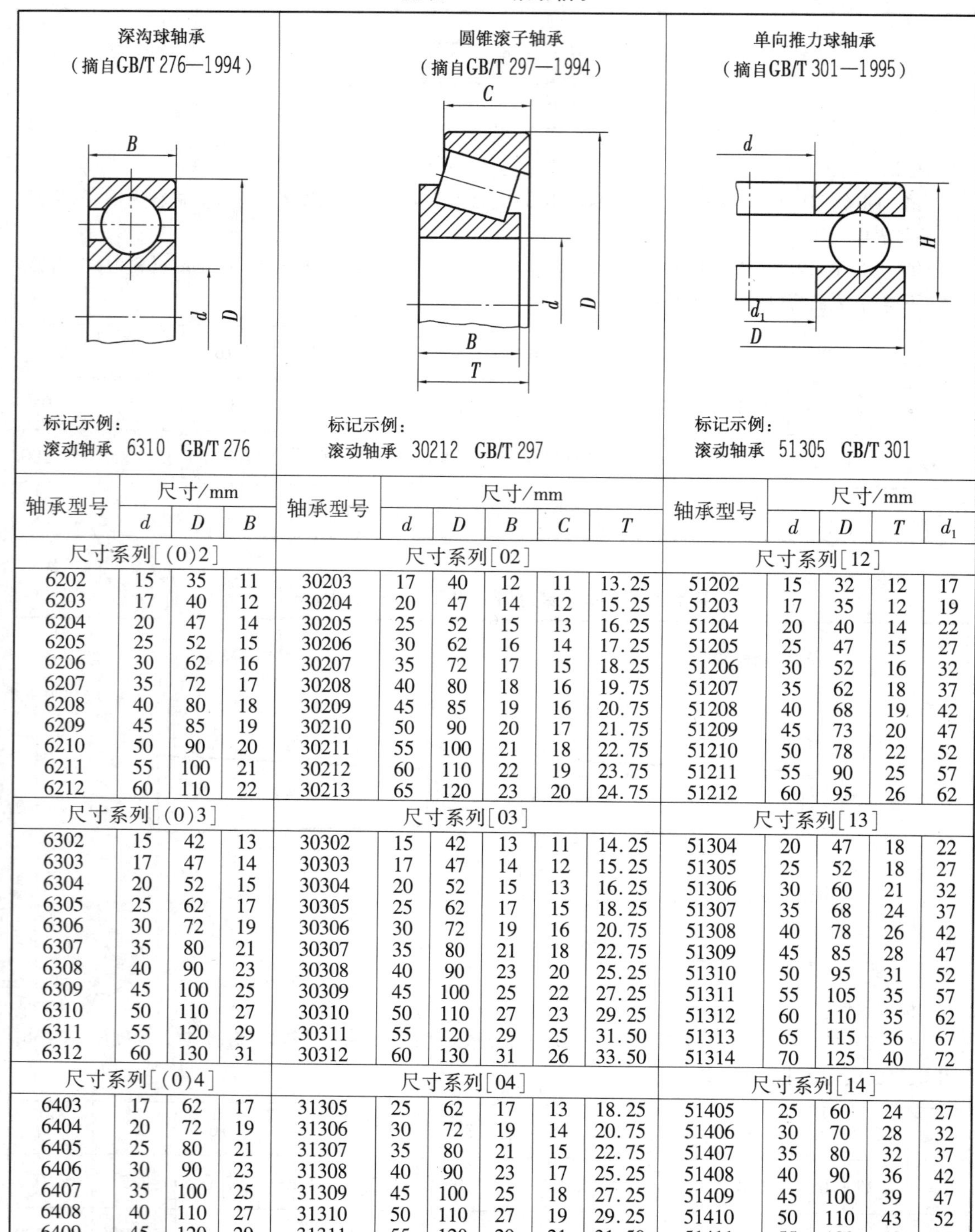

深沟球轴承（摘自GB/T 276—1994）

轴承型号	尺寸/mm		
	d	D	B
尺寸系列[(0)2]			
6202	15	35	11
6203	17	40	12
6204	20	47	14
6205	25	52	15
6206	30	62	16
6207	35	72	17
6208	40	80	18
6209	45	85	19
6210	50	90	20
6211	55	100	21
6212	60	110	22
尺寸系列[(0)3]			
6302	15	42	13
6303	17	47	14
6304	20	52	15
6305	25	62	17
6306	30	72	19
6307	35	80	21
6308	40	90	23
6309	45	100	25
6310	50	110	27
6311	55	120	29
6312	60	130	31
尺寸系列[(0)4]			
6403	17	62	17
6404	20	72	19
6405	25	80	21
6406	30	90	23
6407	35	100	25
6408	40	110	27
6409	45	120	29
6410	50	130	31
6411	55	140	33
6412	60	150	37
6413	65	160	37

圆锥滚子轴承（摘自GB/T 297—1994）

轴承型号	尺寸/mm				
	d	D	B	C	T
尺寸系列[02]					
30203	17	40	12	11	13.25
30204	20	47	14	12	15.25
30205	25	52	15	13	16.25
30206	30	62	16	14	17.25
30207	35	72	17	15	18.25
30208	40	80	18	16	19.75
30209	45	85	19	16	20.75
30210	50	90	20	17	21.75
30211	55	100	21	18	22.75
30212	60	110	22	19	23.75
30213	65	120	23	20	24.75
尺寸系列[03]					
30302	15	42	13	11	14.25
30303	17	47	14	12	15.25
30304	20	52	15	13	16.25
30305	25	62	17	15	18.25
30306	30	72	19	16	20.75
30307	35	80	21	18	22.75
30308	40	90	23	20	25.25
30309	45	100	25	22	27.25
30310	50	110	27	23	29.25
30311	55	120	29	25	31.50
30312	60	130	31	26	33.50
尺寸系列[04]					
31305	25	62	17	13	18.25
31306	30	72	19	14	20.75
31307	35	80	21	15	22.75
31308	40	90	23	17	25.25
31309	45	100	25	18	27.25
31310	50	110	27	19	29.25
31311	55	120	29	21	31.50
31312	60	130	31	22	33.50
31313	65	140	33	23	36.00
31314	70	150	35	25	38.00
31315	75	160	37	26	40.00

单向推力球轴承（摘自GB/T 301—1995）

轴承型号	尺寸/mm			
	d	D	T	d_1
尺寸系列[12]				
51202	15	32	12	17
51203	17	35	12	19
51204	20	40	14	22
51205	25	47	15	27
51206	30	52	16	32
51207	35	62	18	37
51208	40	68	19	42
51209	45	73	20	47
51210	50	78	22	52
51211	55	90	25	57
51212	60	95	26	62
尺寸系列[13]				
51304	20	47	18	22
51305	25	52	18	27
51306	30	60	21	32
51307	35	68	24	37
51308	40	78	26	42
51309	45	85	28	47
51310	50	95	31	52
51311	55	105	35	57
51312	60	110	35	62
51313	65	115	36	67
51314	70	125	40	72
尺寸系列[14]				
51405	25	60	24	27
51406	30	70	28	32
51407	35	80	32	37
51408	40	90	36	42
51409	45	100	39	47
51410	50	110	43	52
51411	55	120	48	57
51412	60	130	51	62
51413	65	140	56	68
51414	70	150	60	73
51415	75	160	65	78

注：圆括号中的尺寸系列代号，在轴承型号中省略。

附表 1.15 优先及常用配合孔的极限

代号		A	B	C	D	E	F	G	H					
基本尺寸/mm														
大于	至	11	11	*11	*9	8	*8	*7	6	*7	*8	*9	10	*11
—	3	+330 +270	+200 +140	+120 +60	+45 +20	+28 +14	+20 +6	+12 +2	+6 0	+10 0	+14 0	+25 0	+40 0	+60 0
3	6	+345 +270	+215 +140	+145 +70	+60 +30	+38 +20	+28 +10	+16 +4	+8 0	+12 0	+18 0	+30 0	+48 0	+7
6	10	+370 +280	+240 +150	+170 +80	+76 +40	+47 +25	+35 +13	+20 +5	+9 0	+15 0	+22 0	+36 0	+58 0	+90 0
10	14	+400 +290	+260 +150	+205 +95	+93 +50	+59 +32	+43 +16	+24 +6	+11 0	+18 0	+27 0	+43 0	+70 0	+110 0
14	18													
18	24	+430 +300	+290 +160	+240 +110	+117 +65	+73 +40	+53 +20	+28 +7	+13 0	+21 0	+33 0	+52 0	+84 0	+130 0
24	30													
30	40	+470 +310	+330 +170	+280 +120	+142 +80	+89 +50	+64 +25	+34 +9	+16 0	+25 0	+39 0	+62 0	+100 0	+160 0
40	50	+480 +320	+340 +180	+290 +130										
50	65	+530 +340	+380 +190	+330 +140	+174 +100	+106 +60	+76 +30	+40 +10	+19 0	+30 0	+46 0	+74 0	+120 0	+190 0
65	80	+550 +360	+390 +200	+340 +150										
80	100	+600 +380	+440 +220	+390 +170	+207 +120	+126 +72	+90 +36	+47 +12	+22 0	+35 0	+54 0	+87 0	+140 0	+220 0
100	120	+630 +410	+460 +240	+400 +180										
120	140	+710 +460	+510 +260	+450 +200	+245 +145	+148 +85	+106 +43	+54 +14	+25 0	+40 0	+63 0	+100 0	+160 0	+250 0
140	160	+770 +520	+530 +280	+460 +210										
160	180	+830 +580	+560 +310	+480 +230										
180	200	+950 +660	+630 +340	+530 +240	+285 +170	+172 +100	+122 +50	+61 +15	+29 0	+46 0	+72 0	+115 0	+185 0	+290 0
200	225	+1030 +740	+670 +380	+550 +260										
225	250	+1110 +820	+710 +420	+570 +280										
250	280	+1240 +920	+800 +480	+620 +300	+320 +190	+191 +110	+137 +56	+69 +17	+32 0	+52 0	+81 0	+130 0	+210 0	+320 0
280	315	+1370 +1050	+860 +540	+650 +330										
315	355	+1560 +1200	+960 +600	+720 +360	+350 +210	+214 +125	+151 +62	+75 +18	+36 0	+57 0	+89 0	+140 0	+230 0	+360 0
355	400	+1710 +1350	+1040 +680	+760 +400										
400	450	+1900 +1500	+1160 +760	+840 +440	+385 +230	+232 +135	+165 +68	+83 +20	+40 0	+63 0	+97 0	+155 0	+250 0	+400 0
450	500	+2050 +1650	+1240 +840	+880 +480										

注:带“*”者为优先选用的,其他为常用的。

扁差表(摘自 GB/T 1800.3—1999)/μm

	JS		K			M	N		P		R	S	T	U
公差等级														
12	6	7	6	*7	8	7	6	7	6	*7	7	*7	7	*7
+100 0	±3	±5	0 -6	0 -10	0 -14	-2 -12	-4 -10	-4 -14	-6 -12	-6 -16	-10 -20	-14 -24	—	-18 -28
+120 0	±4	±6	+2 -6	+3 -9	+5 -13	0 -12	-5 -13	-4 -16	-9 -17	-8 -20	-11 -23	-15 -27	—	-19 -31
+150 0	±4.5	±7	+2 -7	+5 -10	+6 -16	0 -15	-7 -16	-4 -19	-12 -21	-9 -24	-13 -28	-17 -32	—	-22 -37
+180 0	±5.5	±9	+2 -9	+6 -12	+8 -19	0 -18	-9 -20	-5 -23	-15 -26	-11 -29	-16 -34	-21 -39	—	-26 -44
+210 0	±6.5	±10	+2 -11	+6 -15	+10 -23	0 -21	-11 -24	-7 -28	-18 -31	-14 -35	-20 -41	-27 -48	—	-33 -54
													-33 -54	-40 -61
+250 0	±8	±12	+3 -13	+7 -18	+12 -27	0 -25	-12 -28	-8 -33	-21 -37	-17 -42	-25 -50	-34 -59	-39 -64	-51 -76
													-45 -70	-61 -86
+300 0	±9.5	±15	+4 -15	+9 -21	+14 -32	0 -30	-14 -33	-9 -39	-26 -45	-21 -51	-30 -60	-42 -72	-55 -85	-76 -106
											-32 -62	-48 -78	-64 -94	-91 -121
+350 0	±11	±17	+4 -18	+10 -25	+16 -38	0 -35	-16 -38	-10 -45	-30 -52	-24 -59	-38 -73	-58 -93	-78 -113	-111 -146
											-41 -76	-66 -101	-91 -126	-131 -166
+400 0	±12.5	±20	+4 -21	+12 -28	+20 -43	0 -40	-20 -45	-12 -52	-36 -61	-28 -68	-48 -88	-77 -117	-107 -147	-155 -195
											-50 -90	-85 -125	-119 -159	-175 -215
											-53 -93	-93 -133	-131 -171	-195 -235
+460 0	±14.5	±23	+5 -24	+13 -33	+22 -50	0 -46	-22 -51	-14 -60	-41 -70	-33 -79	-60 -106	-105 -151	-149 -195	-219 -265
											-63 -109	-113 -159	-163 -209	-241 -287
											-67 -113	-123 -169	-179 -225	-267 -313
+520 0	±16	±26	+5 -27	+16 -36	+25 -56	0 -52	-25 -57	-14 -66	-47 -79	-36 -88	-74 -126	-138 -190	-198 -250	-295 -347
											-78 -130	-150 -202	-220 -272	-330 -382
+570 0	±18	±28	+7 -29	+17 -40	+28 -61	0 -57	-26 -62	-16 -73	-51 -87	-41 -98	-87 -144	-169 -226	-247 -304	-369 -426
											-93 -150	-187 -244	-273 -330	-414 -471
+630 0	±20	±31	+8 -32	+18 -45	+29 -68	0 -63	-27 -67	-17 -80	-55 -95	-45 -108	-103 -166	-209 -272	-307 -370	-467 -530
											-109 -172	-229 -292	-337 -400	-517 -580

附表 1.14　优先及常用配合轴的极限偏差表

代号		a	b	c	d	e	f	g	h					
基本尺寸/mm														
大于	至	11	11	*11	*9	8	*7	*6	5	*6	*7	8	*9	10
—	3	-270 -330	-140 -200	-60 -120	-20 -45	-14 -28	-6 -16	-2 -8	0 -4	0 -6	0 -10	0 -14	0 -25	0 -40
3	6	-270 -345	-140 -215	-70 -145	-30 -60	-20 -38	-10 -22	-4 -12	0 -5	0 -8	0 -12	0 -18	0 -30	0 -48
6	10	-280 -338	-150 -240	-80 -170	-40 -76	-25 -47	-13 -28	-5 -14	0 -6	0 -9	0 -15	0 -22	0 -36	0 -58
10	14	-290 -400	-150 -260	-95 -205	-50 -93	-32 -59	-16 -34	-6 -17	0 -8	0 -11	0 -18	0 -27	0 -43	0 -70
14	18													
18	24	-300 -430	-160 -290	-110 -240	-65 -117	-40 -73	-20 -41	-7 -20	0 -9	0 -13	0 -21	0 -33	0 -52	0 -84
24	30													
30	40	-310 -470	-170 -330	-120 -280	-80 -142	-50 -89	-25 -50	-9 -25	0 -11	0 -16	0 -25	0 -39	0 -62	0 -100
40	50	-320 -480	-180 -340	-130 -290										
50	65	-340 -530	-190 -380	-140 -330	-100 -174	-60 -106	-30 -60	-10 -29	0 -13	0 -19	0 -30	0 -46	0 -74	0 -120
65	80	-360 -550	-200 -390	-150 -340										
80	100	-380 -600	-220 -440	-170 -390	-120 -207	-72 -126	-36 -71	-12 -34	0 -15	0 -22	0 -35	0 -54	0 -87	0 -140
100	120	-410 -630	-240 -460	-180 -400										
120	140	-460 -710	-260 -510	-200 -450	-145 -245	-85 -148	-43 -83	-14 -39	0 -18	0 -25	0 -40	0 -63	0 -100	0 -160
140	160	-520 -770	-280 -530	-210 -460										
160	180	-580 -830	-310 -560	-230 -480										
180	200	-660 -950	-340 -630	-240 -530	-170 -285	-100 -172	-50 -96	-15 -44	0 -20	0 -29	0 -46	0 -72	0 -115	0 -185
200	225	-740 -1030	-380 -670	-260 -550										
225	250	-820 -1110	-420 -710	-280 -570										
250	280	-920 -1240	-480 -800	-300 -620	-190 -320	-110 -191	-56 -108	-17 -49	0 -23	0 -32	0 -52	0 -81	0 -130	0 -210
280	315	-1050 -1370	-540 -860	-330 -650										
315	355	-1200 -1560	-600 -960	-360 -720	-210 -350	-125 -214	-62 -119	-18 -54	0 -25	0 -36	0 -57	0 -89	0 -140	0 -230
355	400	-1350 -1710	-680 -1040	-400 -760										
400	450	-1500 -1900	-760 -1160	-440 -840	-230 -385	-135 -232	-68 -131	-20 -60	0 -27	0 -40	0 -63	0 -97	0 -155	0 -250
450	500	-1650 -2050	-840 -1240	-480 -880										

注:带 * 者为优先选用的,其他为常用的。

（摘自 GB/T 1800.3、GB/T 1801—1999）/μm

		js	k	m	n	p	r	s	t	u	v	x	y	z
公差等级														
*11	12	6	*6	6	*6	*6	6	*6	6	*6	6	6	6	6
0 −60	0 −100	±3	+6 0	+8 +2	+10 +4	+12 +6	+16 10	+20 14	—	+24 +18	—	+26 +20	—	+32 +26
0 −75	0 −120	±4	+9 +1	+12 +4	+16 +8	+20 +12	+23 +15	+27 +19	—	+31 +23	—	+36 +28	—	+43 +35
0 −90	0 −150	±4.5	+10 +1	+15 +6	+19 +10	+24 +15	+28 +19	+32 +23	—	+37 +28	—	+43 +34	—	+51 +42
0 −110	0 −180	±5.5	+12 +1	+18 +7	+23 +12	+29 +18	+34 +23	+39 +28	—	+44 +33	—	+51 +40	—	+61 +50
									—		+50 +39	+56 +45	—	+71 +60
0 −130	0 −210	±6.5	+15 +2	+21 +8	+28 +15	+35 +22	+41 +28	+48 +35	—	+54 +41	+60 +47	+67 +54	+76 +63	+86 +73
									+54 +41	+61 +48	+68 +55	+77 +64	+88 +75	+101 +88
0 −160	0 −250	±8	+18 +2	+25 +9	+33 +17	+42 +26	+50 +34	+59 +43	+64 +48	+76 +60	+84 +68	+96 +80	+110 +94	+128 +112
									+70 +54	+86 +70	+97 +81	+113 +97	+130 +114	+152 +136
0 −190	0 −300	±9.5	+21 +2	+30 +11	+39 +20	+51 +32	+60 +41	+72 +53	+85 +66	+106 +87	+121 +102	+141 +122	+163 +144	+191 +172
							+62 +43	+78 +59	+94 +75	+121 +102	+139 +120	+165 +146	+193 +174	+229 +210
0 −220	0 −350	±11	+25 +3	+35 +13	+45 +23	+59 +37	+73 +51	+93 +71	+113 +91	+146 +124	+168 +146	+200 +178	+236 +214	+280 +258
							+76 +54	+101 +79	+126 +104	+166 +144	+194 +172	+232 +210	+276 +254	+332 +310
0 −250	0 −400	±12.5	+28 +3	+40 +15	+52 +27	+68 +43	+88 +63	+117 +92	+147 +122	+195 +170	+227 +202	+273 +248	+325 +300	+390 +365
							+90 +65	+125 +100	+159 +134	+215 +190	+253 +228	+305 +280	+365 +340	+440 +415
							+93 +68	+133 +108	+171 +146	+235 +210	+277 +252	+335 +310	+405 +380	+490 +465
0 −290	0 −460	±14.5	+33 +4	+46 +17	+60 +31	+79 +50	+106 +77	+151 +122	+195 +166	+265 +236	+313 +284	+379 +350	+454 +425	+549 +520
							+109 +80	+159 +130	+209 +180	+287 +258	+339 +310	+414 +385	+499 +470	+604 +575
							+113 +84	+169 +140	+225 +196	+313 +284	+369 +340	+454 +425	+549 +520	+669 +640
0 −320	0 −520	±16	+36 +4	+52 +20	+66 +34	+88 +56	+126 +94	+190 +158	+250 +218	+347 +315	+417 +385	+507 +475	+612 +580	+742 +710
							+130 +98	+202 +170	+272 +240	+382 +350	+457 +425	+557 +525	+682 +650	+822 +790
0 −360	0 −570	±18	+40 +4	+57 +21	+73 +37	+98 +62	+144 +108	+226 +190	+304 +268	+426 +390	+511 +475	+626 +590	+766 +730	+936 +900
							+150 +114	+244 +208	+330 +294	+471 +435	+566 +530	+696 +660	+856 +820	+1036 +1000
0 −400	0 −630	±20	+45 +5	+63 +23	+80 +40	+108 +68	+166 +126	+272 +232	+370 +330	+530 +490	+635 +595	+780 +740	+960 +920	+1140 +1100
							+172 +132	+292 +252	+400 +360	+580 +540	+700 +660	+860 +820	+1040 +1000	+1290 +1250

附表 1.13　孔的基本偏差数

基本尺寸/mm		基本偏差数																		
		下偏差 *EI*																		
		所有标准公差等级												IT6	IT7	IT8	≤IT8	>IT8	≤IT8	>IT8
大于	至	A	B	C	CD	D	E	EF	F	FG	G	G	JS	J			K		M	
—	3	+270	+140	+60	+34	+20	+14	+10	+6	+4	+2	0	偏差 = ±(IT_n)/2，式中IT_n是IT值数	+2	+4	+6	0	0	−2	−2
3	6	+270	+140	+70	+46	+30	+20	+14	+10	+6	+4	0		+5	+6	+10	−1 +Δ	—	−4 +Δ	−4
6	10	+280	+150	+80	+56	+40	+25	+18	+13	+8	+5	0		+5	+8	+12	−1 +Δ	—	−6 +Δ	−6
10	14	+290	+150	+95	—	+50	+32	—	+16	—	+6	0		+6	+10	+15	−1 +Δ	—	−7 +Δ	−7
14	18																			
18	24	+300	+160	+110	—	+65	+40	—	+20	—	+7	0		+8	+12	+20	−2 +Δ	—	−8 +Δ	−8
24	30																			
30	40	+310	+170	+120	—	+80	+50		+25	—	+9	0		+10	+14	+24	−2 +Δ	—	−9 +Δ	−9
40	50	+320	+180	+130																
50	65	+340	+190	+140	—	+100	+60	—	+30	—	+10	0		+13	+18	+28	−2 +Δ	—	−11 +Δ	−11
65	80	+360	+200	+150																
80	100	+380	+220	+170	—	+120	+72	—	+36	—	+12	0		+16	+22	+34	−3 +Δ	—	−13 +Δ	−13
100	120	+410	+240	+180																
120	140	+460	+260	+200	—	+145	+85	—	+43	—	+14	0		+18	+26	+41	−3 +Δ	—	−15 +Δ	−15
140	160	+520	+280	+210																
160	180	+580	+310	+230																
180	200	+660	+340	+240	—	+170	+100	—	+50	—	+15	0		+22	+30	+47	−4 +Δ	—	−17 +Δ	−17
200	225	+740	+380	+260																
225	250	+820	+420	+280																
250	280	+920	+480	+300	—	+190	+110	—	+56	—	+17	0		+25	+36	+55	−4 +Δ	—	−20 +Δ	−20
280	315	+1050	+540	+330																
315	355	+1200	+600	+360	—	+210	+125	—	+62	—	+18	0		+29	+39	+60	−4 +Δ	—	−21 +Δ	−21
355	400	+1350	+680	+400																
400	450	+1500	+760	+440	—	+230	+135	—	+68	—	+20	0		+33	+43	+66	−5 +Δ	—	−23 +Δ	−23
450	500	+1650	+840	+480																

注:1. 基本尺寸小于或等于 1 mm 时,基本偏差 A 和 B 及大于 IT8 的 N 均不采用。

2. 公差带 JS11,若 IT_n 值数是奇数,则取偏差 = ±(IT_n −1)/2。

3. 对小于或等于 IT8 的 K、M、N 和小于或等于 IT7 的 P 至 ZC,所需 Δ 值从表内右侧选取。例如,18 ~ 30 mm 段的 K7:Δ = 8 μm,所以 *E*

4. 特殊情况:250 ~ 315 mm 段的 M6,*ES* = −9 μm(代替 −11 μm)。

(摘自 GB/T 1800.3—1998)/μm

上偏差 ES															Δ值					
≤IT8	>IT8	≤IT7	标准公差等级大于 IT7												标准公差等级					
N		P 至 ZC	P	R	S	T	U	V	X	Y	Z	ZA	ZB	ZC	IT3	IT4	IT5	IT6	IT7	IT8
-4	-4	在大于IT7的相应数值上增加一个Δ值	-6	-10	-14	—	-18	—	-20	—	-26	-32	-40	-60	0	0	0	0	0	0
-8 +Δ	0		-12	-15	-19	—	-23	—	-28	—	-35	-42	-50	-80	1	1.5	2	3	6	7
-10 +Δ	0		-15	-19	-23	—	-28	—	-34	—	-42	-52	-67	-97	1	1.5	2	3	6	7
-12 +Δ	0		-18	-23	-28	—	-33	—	-40	—	-50	-64	-90	-130	1	2	3	3	7	9
								—	-45	—	-60	-77	-108	-150						
-15 +Δ	0		-22	-28	-35	—	-41	—	-54	—	-73	-98	-136	-188	1.5	2	3	4	8	12
						-41	-48	-55	-64	-75	-88	-118	-160	-218						
-17 +Δ	0		-26	-35	-43	-48	-60	-68	-80	-94	-112	-148	-200	-274	1.5	3	4	5	9	14
						-54	-71	-81	-97	-114	-136	-180	-242	-325						
-20 +Δ	0		-32	-43	-53	-66	-87	-102	-122	-144	-172	-226	-300	-405	2	3	5	6	11	16
				-53	-59	-75	-102	-120	-146	-174	-210	-274	-360	-480						
-23 +Δ	0		-37	-59	-71	-91	-124	-146	-178	-214	-258	-335	-445	-585	2	4	5	7	13	19
				-71	-79	-104	-144	-172	-210	-254	-310	-400	-525	-690						
-27 +Δ	0		-43	-79	-92	-122	-170	-202	-248	-300	-365	-470	-620	-800	3	4	6	7	15	23
				-92	-100	-134	-190	-228	-280	-340	-415	-535	-700	-900						
				-100	-108	-146	-210	-252	-310	-380	-465	-600	-780	-1000						
-31 +Δ	0		-50	-122	-122	-166	-236	-284	-350	-425	-620	-670	-880	-1150	3	4	6	9	17	26
				-130	-130	-180	-258	-310	-385	-470	-575	-740	-960	-1250						
				-140	-140	-196	-284	-340	-425	-520	-640	-820	-1050	-1350						
-34 +Δ	0		-56	-158	-158	-218	-315	-385	-475	-580	-710	-920	-1200	-1550	4	4	7	9	20	29
				-170	-170	-240	-350	-425	-525	-650	-790	-1000	-1300	-1700						
-37 +Δ	0		-62	-190	-190	-268	-390	-475	-590	-730	-900	-1150	-1500	-1900	4	5	7	11	21	32
				-208	-208	-294	-435	-530	-660	-820	-1000	-1300	-1650	-2100						
-40 +Δ	0		-68	-232	-232	-330	-490	-595	-740	-920	-1100	-1450	-1850	-2400	5	5	7	13	23	34
				-252	-252	-360	-540	-660	-820	-1000	-1250	-1600	-2100	-2600						

= -2 +8Δ = +6 μm;至 30 mm 段的 S6;Δ =4 μm,所以 *ES* = -35 +4 = -31 μm。

(3)极限与配合

附表 1.12 轴的基本偏差

基本尺寸/mm		基本偏差														
		上偏差 *es*														
		所有标准公差等级												IT5 和 IT6	IT7	IT8
大于	至	a	b	c	cd	d	e	ef	f	fg	g	h	js	j		
—	3	-270	-140	-60	-34	-20	-14	-10	-6	-4	-2	0	偏差=±(IT_n)/2，式中IT_n是IT值数	-2	-4	-6
3	6	-270	-140	-70	-46	-30	-20	-14	-8	-6	-4	0		-2	-4	—
6	10	-280	-150	-80	-56	-40	-25	-18	-13	-8	-5	0		-2	-5	—
10	14	-290	-150	-95	—	-50	-32	—	-16	—	-6	0		-3	-6	—
14	18															
18	24	-300	-160	-110	—	-65	-40	—	-20	—	-7	0		-4	-8	—
24	30															
30	40	-310	-170	-120	—	-80	-50	—	-25	—	-9	0		-5	-10	—
40	50	-320	-180	-130												
50	65	-340	-190	-140	—	-100	-60	—	-30	—	-10	0		-7	-12	—
65	80	-360	-150	-150												
80	100	-380	-220	-170	—	-120	-72	—	-36	—	-12	0		-9	-15	—
100	120	-410	-240	-180												
120	140	-460	-260	-200	—	-145	-85	—	-43	—	-14	0		-11	-18	—
140	160	-520	-280	-210												
160	180	-580	-310	-230												
180	200	-660	-340	-240	—	-170	-100	—	-50	—	-15	0		-13	-21	—
200	225	-740	-380	-260												
225	250	-820	-420	-280												
250	280	-920	-480	-300	—	-190	-110	—	-56	—	-17	0		-16	-26	—
280	315	-1 050	-540	-330												
315	355	-1 200	-600	-360	—	-210	-125	—	-62	—	-18	0		-18	-28	—
355	400	-1 350	-680	-400												
400	450	-1 500	-760	-440	—	-230	-135	—	-68	—	-20	0		-20	-32	—
450	500	-1 650	-840	-480												

注:1. 基本尺寸小于或等于 1 mm 时,基本偏差 *a* 和 *b* 均不采用。

2. 公差带 js7 ~ js11,若 IT_n 值是奇数,则取偏差 = ±(IT_n -1)/2。

附表 1.16　标准公差数值(摘自 GB/T 1800.3—1998)

基本尺寸/mm		标准公差等级																	
		IT1	IT2	IT3	IT4	IT5	IT6	IT7	IT8	IT8	IT10	IT11	IT12	IT13	IT14	IT15	IT16	IT17	IT18
大于	至	μm											mm						
—	3	0.8	1.2	2	3	4	6	10	14	25	40	60	0.1	0.14	0.25	0.4	0.6	1	1.4
3	6	1	1.5	2.5	4	5	8	12	18	30	48	75	0.12	0.18	0.3	0.45	0.75	1.2	1.8
6	10	1	1.5	2.5	4	6	9	15	22	36	58	90	0.15	0.22	0.36	0.58	0.9	1.5	2.2
10	18	1.2	2	3	5	8	11	18	27	43	70	110	0.18	0.27	0.43	0.7	1.1	1.8	2.7
18	30	1.5	2.5	4	6	9	13	21	33	52	84	130	0.21	0.33	0.52	0.84	1.3	2.1	3.3
30	50	1.5	2.5	4	7	11	16	25	39	62	100	160	0.25	0.39	0.62	1	1.6	2.5	3.9
50	80	2	3	5	8	13	19	30	46	74	120	190	0.3	0.46	0.74	1.2	1.9	3	4.6
80	120	2.5	4	6	10	15	22	35	54	87	140	220	0.35	0.54	0.87	1.4	2.2	3.5	5.4
120	180	3.5	5	8	12	18	25	40	63	100	160	250	0.4	0.63	1	1.6	2.5	4	6.3
180	250	4.5	7	10	14	20	29	46	72	115	185	290	0.46	0.72	1.15	1.85	2.6	4.6	7.2
250	315	6	8	12	16	23	32	52	81	130	210	320	0.52	0.81	1.3	2.1	3.2	5.2	8.1
315	400	7	9	13	18	25	36	57	89	140	230	360	0.57	0.89	1.4	2.3	3.6	5.7	8.9
400	500	8	10	15	20	27	40	63	97	155	250	400	0.63	0.97	1.55	2.5	4	6.3	9.7
500	630	9	11	16	22	32	44	70	110	175	280	440	0.7	1.1	1.75	2.8	4.4	7	11
630	800	10	13	18	25	36	50	80	125	200	320	500	0.8	1.25	2	3.2	5	8	12.5
800	1 000	11	15	21	28	40	56	90	140	230	360	560	0.9	1.4	2.3	3.6	5.6	9	14
1 000	1 250	13	18	24	33	47	66	105	165	260	420	660	1.05	1.65	2.6	4.2	6.6	10.5	16.5
1 250	1 600	15	21	29	39	55	78	125	195	310	500	780	1.25	1.95	3.1	5	7.8	12.5	19.5
1 600	2 000	18	25	35	46	65	92	150	230	370	600	920	1.5	2.3	3.7	6	9.2	15	23
2 000	2 500	22	30	41	55	78	110	175	280	440	700	1 100	1.75	2.8	4.4	7	11	17.5	28
2 500	3 150	26	36	50	68	96	135	210	330	540	860	1 350	2.1	3.3	5.4	8.6	13.5	21	33

注:1. 基本尺寸大于 500 mm 的 IT1 ~ IT5 的标准公差数值为试行值。

2. 基本尺寸小于或等于 1 mm 时,无 IT14 ~ IT18。

附录2　十个常见问题的解答

1. 光标为什么是跳动的?

用户可能打开了光标捕捉(状态栏上的"捕捉"呈按下状态),关掉光标捕捉即可。

2. 为什么光标有时不能在绘图区内正常操作,而在绘图区外又是正常的?

用户可能打开了光标捕捉,而且捕捉间距设置得太大(绘图范围又设置得相对较小),关掉光标捕捉或减小其间距值即可。

3. 为什么设置了线宽,但画出的线条宽度没有变化?

设置了线宽后,还需按下状态栏中的"线宽"才能看到线宽的变化。

4. 设置了中心线、虚线等非连续线的线型,为什么画出来的线看起来还是像连续的实线一样?

这是因为线型比例设置不当,在命令行键入 LTSCAIE(缩写名为"LTS"),修改比例因子即可。不一定一次就能达到满意的程度,可能需要多次尝试。

5. 输入的汉字怎么全是竖写或横放的?

用户在设置字形时,选中了带"@"的字体,如"@仿宋_GB2312",如用户不需要此方向的文字,可选择不带"@"的字体,如"仿宋_GB2312"。

6. 图形放大后,图中的圆或圆弧怎么变得不光滑甚至变成了多边形?

在 AutoCAD 图形中的圆或圆弧都是用极短的直线来表示的,当图形放大后这些直线也被放大,致使曲线不光滑。这时可选择"视图"→"重生成"(或"全部重生成"),系统会重新进行计算,圆或圆弧又会变得光滑了。

7. 刚绘制的图形为什么一下子就不见了? 或是正常操作却看不到绘制的图形?

可能是以下几种情况造成的,可作相应操作以显示图形:

①单击"撤销"(快捷键为"Ctrl + Z")或键入 U 后回车,查看是不是无意中作了"删除"操作。

②查看图层的状态,看是否有图层被关掉或冻结。

③键入 Zoom 命令,选择其中的"All"选项,以显示全图,查看是不是绘制到屏幕显示区之外了。

8. 怎样向工具栏添加或删除工具按钮?

单击"视图"→"工具栏",弹出"自定义用户界面"对话框,拖曳所需按钮至相应工具栏后松开鼠标即可向工具栏添加按钮。要删除工具按钮只需将其从工具栏中拖曳到"自定义用户界面"对话框即可。

9. 在两圆(或圆弧)间采用"圆"命令中的"相切、相切、半径"方式作圆弧相切连接时为什么不能达到预期效果?

因为采用该方式作圆弧连接,系统会根据所指定切点的位置来判断作哪种连接,因此当系统要求指定切点时应尽量靠近所要绘制切弧的切点位置进行拾取。如要作如附图 2.1(b)所示的内连接,在系统提示指定第一切点、第二切点时,应尽量靠近切点 1 和切点 2 进行选取。要作如附图 2.1(c)所示的混合连接,在系统提示指定第一切点、第二切点时,应尽量靠近切点

3 和切点 4 进行选取。

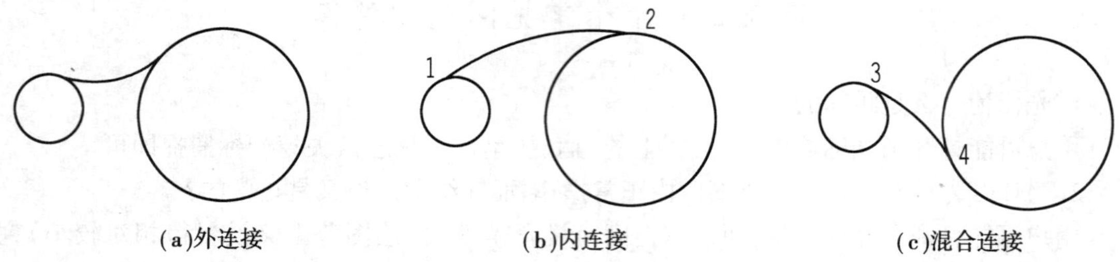

(a)外连接　(b)内连接　(c)混合连接

附图 2.1　圆弧相切连接

10. 三维绘图中坐标轴随着所设原点位置的不同在屏幕上频繁移动,怎样让其只显示在屏幕左下角?

默认情况下坐标轴是显示在坐标原点的。如想要其不在坐标原点显示,键入 UCSICON 命令,选择其中的“N”选项,坐标轴就会只显示在屏幕左下角。

附录 3　AutoCAD 常用执行命令的快捷键

(1)常用功能键

F1:AutoCAD 帮助

F2:AutoCAD 文本窗口

F3:对象捕捉

F7:栅格

F8:正交

(2)常用 Ctrl 类

Ctrl + 1:properties(修改特性)

Ctrl + 2:ADCENTER(设计中心)

Ctrl + O:open(打开文件)

Ctrl + B:捕捉

Ctrl + F:对象捕捉

Ctrl + G:栅格

Ctrl + L:正交

Ctrl + N:new(新建文件)

Ctrl + P:print(打印文件)

Ctrl + S:save(保存文件)

Ctrl + U:极轴

Ctrl + V:pasteclip(粘贴)

Ctrl + W:对象捕捉追踪

Ctrl + Z:undo(放弃)

(3)字母类

1)对象特性

r:redraw(重新生成)
v:view(视图管理器)
sn:snap(捕捉栅格)
ds:dsettings(设置极轴追踪)
os:osnap(设置捕捉模式)
bo:boundary(边界创建,包括创建闭合多段线和面域)
al:align(对齐)
la:layer(图层操作)
lt:linetype(线型设置)
lw:lweight(线宽设置)
to:toolbar(自定义用户界面)
aa:area(面积)
di:dist(距离)
ma:matchprop(属性匹配)
st:style(文字样式)
un:units(图形单位)
op:options(打开"选项"对话框中的"草图")
ch. mo:properties
adc:adcenter
col:color(设置颜色)
att:attdef(属性定义)
ren:rename(重命名)
pre:preview(打印预览)
exit:quit(退出)
exp:export(输出其他格式文件)
imp:import(输入文件)
print:plot(打印)
2)绘图命令
a:arc(圆弧)
b:block(块定义)
c:circle(圆)
l:line(直线)
t:mtext(多行文本)
i:insert(插入块)
w:wblock(定义块文件)
h:bbatch(填充)
do:donut(圆环)
el:elipse(椭圆)

po:point(点)
mt:mtext(多行文本)
xl:xline(射线)
pl:pline(多段线)
ml:mline(多线)
spl:spline(样条曲线)
pol:polygon(正多边形)
rec:rectang(矩形)
reg:region(面域)
div:divide(等分)
3)修改命令
f:fillet(圆角)
m:move(移动)
o:offset(偏移)
x:explode(分解)
s:stretch(拉伸)
tr:trim(修剪)
ex:extend(延伸)
pe:pedit(多段线编辑)
ed:edit(修改文本)
sc:scale(比例缩放)
br:break(打断)
co:copy(复制)
mi:mirror(镜像)
ar:array(阵列)
ro:rotate(旋转)
len:lengthen(直线拉长)
cha:chamfer(倒角)
4)视窗缩放
p:pan(平移)
Z:zoom
5)尺寸标注
d:dimstyle(标注样式)
le:qleader(快速引出标注)
dli:dimlinear(直线标注)
dal:dimaligned(对齐标注)
dra:dimradius(半径标注)
ddi:dimdiameter(直径标注)

dan:dimangular(角度标注)
dce:dimcenter(中心标注)
dor:dimordinate(点标注)
tol:tolerance(标注形位公差)
dba:dimbaseline(基线标注)
dco:dimcontinue(连续标注)
ded:dimedit(编辑标注)
6)文字输入
text:单行文字输入
mtext:多行文字输入

参考文献

[1] 蒋晓. AutoCAD 2008 中文版机械设计标准实例教程[M]. 北京:清华大学出版社,2008.

[2] 张国权,胡海芝,郭慧玲. AutoCAD 2008 中文版应用教程[M]. 北京:电子工业出版社,2007.

[3] 胡述印,许小荣,郜珍,等. AutoCAD 2005 中文版实训教程[M]. 北京:电子工业出版社,2007.

[4] 伊启中,殷铖. 模具 CAD/CAM[M]. 北京:机械工业出版社,2007.

[5] 胡仁喜. AutoCAD 2013 中文版从入门到精通[M]. 北京:机械工业出版社,2013.

[6] 周芳. 中文版 AutoCAD 2014 技术大全[M]. 北京:人民邮电出版社,2014.

[7] 刘德成,李慧. AutoCAD 实用教程[M]. 北京:邮电大学出版社,2012.

[8] 国家技术监督局. 技术制图与机械制图[M]. 北京:中国标准出版社,1996.

[9] 徐炳松. 画法几何及机械制图[M]. 2 版,北京:高等教育出版社,1999.

[10] 朱泗芳. 工程制图[M]. 3 版. 北京:高等教育出版社,1999.

[11] 金大鹰. 机械制图[M]. 5 版. 北京:机械工业出版社,2000.

[12] 胡建生. 化工制图[M]. 北京:高等教育出版社,2000.

[13] 冯秋官. 机械制图[M]. 北京:高等教育出版社,2000.

[14] 冯秋官. 机械制图与计算机绘图[M]. 3 版. 北京:机械工业出版社,2005.